高等学校嵌入式系统通用教材·ARM 嵌入式系统系列教程

ARM 嵌入式系统基础教程
（第3版）

周立功　主编

王祖麟　陈明计　严寒亮　张

北京航空航天大学出版社

内 容 简 介

本书是《ARM嵌入式系统系列教程》中的理论课教材，以NXP公司(原PHILIPS公司半导体部)LPC2000系列ARM微控制器为例，深入浅出地介绍嵌入式系统开发的各个方面。全书共分为3部分。第1章为理论部分，主要介绍嵌入式系统的概念。第2～5章为基础部分，主要介绍ARM7体系结构、指令系统、LPC2000系列ARM微控制器的结构原理及外围接口电路的设计方法。第6～7章为操作系统部分，先介绍μC/OS-II的程序设计基础，然后通过实例讲解如何进行系统设计。

本书可以作为高等院校电子、自动化、机电一体化、计算机等相关专业嵌入式系统课程的教材，也可作为嵌入式系统应用开发工程师的参考资料。

本书配套多媒体教学课件。

图书在版编目(CIP)数据

ARM嵌入式系统基础教程 / 周立功主编. -- 3版. --北京：北京航空航天大学出版社，2021.1

ISBN 978-7-5124-3227-7

Ⅰ. ①A… Ⅱ. ①周… Ⅲ. ①微处理器－系统设计－高等学校－教材 Ⅳ. ①TP332

中国版本图书馆CIP数据核字(2020)第021076号

ARM嵌入式系统基础教程(第3版)

周立功 主编

王祖麟 陈明计 严寒亮 张 斌 等 编著

策划编辑 胡晓柏 责任编辑 张冀青

*

北京航空航天大学出版社出版发行

北京市海淀区学院路37号(邮编100191) http://www.buaapress.com.cn

发行部电话：(010)82317024 传真：(010)82328026

读者信箱：emsbook@buaacm.com.cn 邮购电话：(010)82316936

涿州市新华印刷有限公司印装 各地书店经销

*

开本：710×1 000 1/16 印张：33.25 字数：709千字

2021年1月第3版 2025年1月第4次印刷 印数：9 001～10 000册

ISBN 978-7-5124-3227-7 定价：79.00元

序

1. ARM 嵌入式系统的发展趋势

由于网络与通信技术的发展，嵌入式系统在经历了近 20 年的发展历程后，又进入了一个新的历史发展阶段，即从普遍的低端应用进入到一个高、低端并行发展，并且不断提升低端应用技术水平的时代，其标志是近年来 32 位 MCU 的发展。

32 位 MCU 的应用不会走 8 位机百花齐放——百余种型号系列齐上阵的道路。这是因为在 8 位机的低端应用中，嵌入对象与对象专业领域十分广泛且复杂，而当前 32 位 MCU 的高端应用则多集中在网络、通信和多媒体技术领域，因此，32 位 MCU 将会集中在少数厂家发展的少数型号系列上。

在嵌入式系统高端应用的发展中，曾经有众多的厂家参与，很早就有许多 8 位嵌入式 MCU 厂家实施了 8 位、16 位和 32 位机的发展计划。后来，8 位和 32 位机的技术扩展侵占了 16 位机的发展空间。传统电子系统智能化对 8 位机的需求使这些厂家将主要精力放在 8 位机的发展上，形成了 32 位机发展迟迟不前的局面。当网络、通信和多媒体信息家电业兴起后，出现了嵌入式系统高端应用的市场；而在嵌入式系统的高端应用中，进行多年技术准备的 ARM 公司适时地推出了 32 位 ARM 系列嵌入式微处理器，以其明显的性能优势和知识产权平台扇出的运行方式，迅速形成 32 位机高端应用的主流地位，以至于使不少传统嵌入式系统厂家放弃了自己的 32 位发展计划，转而使用 ARM 内核来发展自己的 32 位 MCU。甚至在嵌入式系统发展史上做出卓越贡献的 Intel 公司以及将单片微型计算机发展到微控制器的 PHILIPS 公司（其半导体部已改名为 NXP 公司），在发展 32 位嵌入式系统时都不另起炉灶，而是转而使用 ARM 公司的嵌入式系统内核来发展自己的 32 位 MCU。

网络、通信、多媒体和信息家电时代的到来，无疑为 32 位嵌入式系统高端应用提供了空前巨大的发展空间；同时，也对力不从心的 8 位机向高端发展起到了接力作用。一般来说，嵌入式系统的高、低端应用模糊地界定为：高端用于具有海量数据处理的网络、通信和多媒体领域，低端则用于对象系统的控制领域。然而，控制系统的网络化、智能化的发展趋势要求在这些 8 位机的应用中提升海量数据处理能力。当 8 位机无法满足这些提升要求时，便会转而求助 32 位机的解决办法。因此，32 位机的市场需求发展由两方面所致：一方面是高端新兴领域（网络、通信、多媒体和信息家电）的拓展；另一方面是低端控制领域应用对数据处理能力的提升要求。

后PC时代的到来以及32位嵌入式系统的高端应用吸引了大量计算机专业人士的介入,加之嵌入式系统软/硬件技术的发展,导致了嵌入式系统应用模式的巨大变化,即使嵌入式系统应用进入到一个基于软/硬件平台、集成开发环境的应用系统开发时代,并带动了SoC技术的发展。

在众多嵌入式系统厂家参与下,基于ARM系列处理器的应用技术会在众多领域取得突破性进展。Intel公司将ARM系列向更高端的嵌入式系统发展;而NXP公司(原PHILIPS公司半导体部)则在向高端嵌入式系统发展的同时,向低端的8位和16位机的高端应用延伸。Intel公司和NXP公司的发展都体现了各自的特点,并充分发挥了各自的优势。因此,在32位嵌入式系统的应用中,ARM系列会形成ARM公司领军,众多厂家参与,计算机专业、电子技术专业以及对象专业人士共同推动的局面,形成未来32位嵌入式系统应用的主流趋势。这种集中分工的技术发展模式有利于嵌入式系统的快速发展。

面对这种形势,近年来,嵌入式系统业界人士掀起了广泛学习嵌入式系统理论及应用开发的热潮,相关的出版物和培训班如雨后春笋不断出现。无论是原有的嵌入式系统业界人士,还是刚进入嵌入式系统行业的人们,都渴望了解嵌入式系统理论,掌握嵌入式系统的应用技术。高等院校面对这种形式,也迫切需要开设相应的课程。为了满足高等院校嵌入式系统教学以及社会上各种培训的需要,作者结合几年来在嵌入式系统领域教学与开发的经验和特点,编写了本套《ARM嵌入式系统系列教程》。

2. 本套教程的组成

本套教程由理论教材、实验教材和学习指导3部分(共5册)组成,且配套的所有教学实验平台都是基于NXP公司的LPC2000系列ARM微控制器(基于ARM7TDMI-S核心)而设计的。

理论教材

《ARM嵌入式系统基础教程(第3版)》

——含开放式多媒体教学课件,可自行添加或删减内容

实验教材

《ARM嵌入式系统实验教程(一)》

——含开放式多媒体实验教学课件,可自行添加或删减内容

——配套EasyARM2200教学实验平台

《ARM嵌入式系统实验教程(二)》

——含开放式多媒体实验教学课件,可自行添加或删减内容

——配套SmartARM2200教学实验平台

《ARM嵌入式系统实验教程(三)》

——含开放式多媒体实验教学课件,可自行添加或删减内容

——配套 MagicARM2200 教学实验平台

《ARM 嵌入式系统实验教程(三)——扩展实验》

——含开放式多媒体实验教学课件,可自行添加或删减内容

——配套 MagicARM2200 教学实验平台

上述 5 本图书构成了一个完整的,可根据不同教学特点及时进行裁剪、配套的教材体系。

除此之外,还将我们近年来在 ARM 嵌入式系统领域的应用开发成果编辑成两册图书在北京航空航天大学出版社出版。选用本套教程作为教学或培训教材的师生以及工程技术开发人员,可选用下面两本图书作为参考资料。这两本参考资料可对 ARM 嵌入式系统的应用开发人员提供进一步的帮助。

参考资料

《ARM 嵌入式系统软件开发实例(一)》

《ARM 嵌入式系统软件开发实例(二)》

3. 本套教程的特点

本套教程可面对不同教学或培训需要,并配备有相对应的教学实验平台,配有开放式多媒体教学课件,具有完整性好、实践性强及便于教学等特点。

完整性好——体现在理论教材、实验教材及参考资料的完全配套性;

实践性强——体现在所提供的教学实验系统是成熟且易于上手的软/硬件应用平台;

便于教学——体现在针对不同教学要求,能方便地选择教学与实验教材的最佳组合,无论是理论教材,还是实验教材都配有多媒体教学课件。

4. 本套教程各册内容简介

《ARM 嵌入式系统基础教程(第 3 版)》 本套教程中的理论课教材。以 NXP 公司 LPC2000 系列 ARM 微控制器为例,深入浅出地介绍嵌入式系统开发的各个方面。全书共分为 3 部分。第 1 章为理论部分,主要介绍嵌入式系统的概念。第 2～5 章为基础部分,主要介绍 ARM7 体系结构、指令系统、LPC2000 系列 ARM 微控制器的结构原理及外围接口电路的设计方法。第 6～7 章为操作系统部分,先介绍 μC/OS-II 的程序设计基础,然后通过实例讲解如何进行系统设计。

《ARM 嵌入式系统实验教程(一)》 本套教程中的实验课教材之一。以具有丰富硬件资源的 EasyARM2200 教学实验平台为基础,以 ADS 1.2 集成开发环境、μC/OS-II 操作系统以及各种中间件为软件平台,搭建经济实用的 ARM 嵌入式系统教学实验体系。全书共分 5 章,共有 47 个实验例子。第 1 章全面介绍 EasyARM2200

教学实验平台的设计原理以及各种跳线、接口的使用说明。第2章重点介绍ADS 1.2集成开发环境的使用,包括建立工程、添加源文件、编译链接设置以及AXD调试操作等,并介绍LPC2200专用工程模板及EasyJTAG仿真器的安装与使用。第3章为无操作系统的基础实验。第4章为基于μC/OS-II操作系统的实验。第5章为综合实验。

《ARM嵌入式系统实验教程(二)》 本套教程中的实验课教材之二。以SmartARM2200为教学实验开发硬件平台,以ADS 1.2集成开发环境、μC/OS-II和μClinux嵌入式操作系统以及各种中间件、驱动程序为软件平台,搭建ARM嵌入式系统教学实验体系。全书共分6章,第1章全面介绍SmartARM2200教学实验开发平台的设计原理,以及各种跳线、接口的使用说明;第2章介绍无操作系统的基础实验;第3章介绍基于μC/OS-II操作系统的基础实验;第4章介绍基于μC/OS-II的综合实验;第5章介绍μClinux操作系统实验;第6章介绍MiniGUI图形界面实验。

《ARM嵌入式系统实验教程(三)》 本套教程中的实验课教材之三。以MagicARM2200为教学实验开发硬件平台,以ADS 1.2集成开发环境、μC/OS-II和μClinux嵌入式操作系统以及各种中间件、驱动程序为软件平台,搭建ARM嵌入式系统教学实验体系。全书共分6章,第1章全面介绍MagicARM2200教学实验开发平台的设计原理以及各种跳线、接口的使用说明;第2章介绍无操作系统的基础实验;第3章介绍基于μC/OS-II操作系统的基础实验;第4章介绍基于μC/OS-II的综合实验;第5章介绍μClinux操作系统实验;第6章介绍MiniGUI图形界面实验。

《ARM嵌入式系统实验教程(三)——扩展实验》 本书是基于MagicARM2200教学实验开发平台。全书共分8章,第1章主要介绍ADS 1.2集成开发环境的使用,以及LPC2200(for MagicARM2200)专用工程模板的使用和EasyJTAG仿真器的安装与使用;第2~4章分别介绍基础实验的扩展实验,以及基于μC/OS-II操作系统的扩展实验;第5章介绍MiniGUI (for μC/OS-II)在MagicARM2200上的移植和应用实验;第6章详细介绍μClinux开发平台的构建;第7章为μClinux的扩展实验;第8章重点介绍LPC2000系列ARM-CAN控制器的操作原理,CAN网络的基本连接、测试和调试方法,以及软硬件工具的使用。

以上4本实验教材的实验安排都是由浅入深、相对完整的,使读者更容易学习和掌握ARM嵌入式系统的开发应用。

两本参考资料的内容简介如下:

《ARM嵌入式系统软件开发实例(一)》 详细介绍当前几大热点ARM嵌入式系统软件模块的原理及其在ARM7上的实现。全书分为5章,每章介绍一种模块。第1章介绍FAT文件系统的基础知识,以及兼容FAT12、FAT16和FAT32的文件系统模块 ZLG/FS 的源码分析；第 2 章介绍 USB 从模块驱动程序的设计思想及实现过程；第 3 章详细介绍 CF 卡和 IDE 硬盘相应软件模块 ZLG/CF 的设计思想及实现过程；第 4 章详细介绍 TCP/IP 及相应软件模块 ZLG/IP 的设计思想及实现过程；第 5 章介绍 GUI 的基础知识及 GUI 模块 ZLG/GUI 的设计思想及实现过程。这些模块是在 NXP 公司通用 ARM7 微控制器 LPC2200 系列上调试通过的，可以很容易移植到基于其他处理器核的嵌入式系统上。

《ARM 嵌入式系统软件开发实例(二)》 本书继承了《ARM 嵌入式系统软件开发实例(一)》的风格，详细介绍当年几大热点嵌入式系统模块的原理与实现。全书共分 7 章，每章介绍一种模块。第 1 章基于 ISP1160A1 USB 主机控制器介绍 ZLG/Host Stack 主机协议栈的原理；第 2 章基于 ZLG/Host Stack 主机协议栈开发大容量类设备主机端驱动应用实例；第 3 章详细分析 SD/MMC 大容量卡读写软件包 ZLG/SD 的设计思想；第 4 章剖析 Modbus RTU/ASCII 协议，并详细介绍 ZLG/Modbus 协议栈的原理及应用；第 5 章介绍嵌入式系统的引用程序核心模块 ZLG/BOOT 软件包的设计思想及应用实例；第 6 章介绍支持多芯片的 K9F2808 驱动程序原理及应用；第 7 章介绍具有写平衡算法的 NAND Flash 驱动程序 ZLG/FFS 软件包原理及应用。

5. 本套教程的读者对象以及如何配套选用

本套教程适用于高等院校测控技术与仪器设计、智能化控制、电子工程、机电一体化、自动化以及计算机等专业开设嵌入式系统课程的教材，也可用作各种嵌入式系统应用开发工程技术人员的培训教材。

各高等学校及嵌入式系统应用开发工程技术人员，可以根据自己的需求及实验室的状况配套选用本套教程。作者给出了 3 种基本方案供参考，学校在建立实验室时也可以组合使用。

(1) 经济型方案

- 教材：《ARM 嵌入式系统基础教程(第 3 版)》《ARM 嵌入式系统实验教程(一)》。
- 实验器材：计算机、EasyJTAG 仿真器、EasyARM2200 教学实验平台(包含主芯片为 PDIUSBD12 的 USB1.1 PACK)、CF 卡(选件)、硬盘(选件)、SMG240128A 液晶模块(选件)、WH153PA12 微型热敏打印机(选件)以及其他电子实验常用设备(如万用表、面包板等)。
- 参考资料：《ARM 嵌入式系统软件开发实例(一)》。
- 软件：ADS 1.2、μC/OS－II v2.52 和 ZLGGUI。

(2) 高性价比方案

- 教材：《ARM 嵌入式系统基础教程(第 3 版)》《ARM 嵌入式系统实验教程(二)》。
- 实验器材：计算机、EasyJTAG 仿真器、SmartARM2200 教学实验平台(包含主芯片为 PDIUSBD12 的 USB1.1 PACK、2.2 英寸 TFT LCD 高清晰度彩色显示屏）、ISP1181B 的 USB1.1 PACK（选件）、ISP1160 或 ISP1161 的 USB HOST PACK（选件）、CF 卡（选件）、SD 卡（选件）、普通硬盘或 1 英寸微型硬盘（选件）、WH153PA12 微型热敏打印机（选件）以及其他电子实验常用设备（如万用表、面包板等）。

- 参考资料：《ARM 嵌入式系统软件开发实例(一)》《ARM 嵌入式系统软件开发实例(二)》。
- 软件：ADS 1.2、GCC、μC/OS-II v2.52、μClinux 2.4 和 MiniGUI。

(3) 全功能型方案

- 教材：《ARM 嵌入式系统基础教程(第 3 版)》《ARM 嵌入式系统实验教程(三)》。
- 实验器材：计算机、EasyJTAG 仿真器、MagicARM2200 教学实验平台（包含主芯片为 PDIUSBD12 的 USB1.1 PACK、ISP1160 或 ISP1161 的 USB HOST PACK、双路 CAN-bus 接口、5.2 英寸 STN LCD 触摸显示屏）、ISP1181B 的 USB1.1 PACK（选件）、CF 卡（选件）、SD 卡（选件）、GPS/GPRS 模块（选件）、MODEM（选件）、普通硬盘或 1 英寸微型硬盘（选件）、WH153PA12 微型热敏打印机（选件）以及其他电子实验常用设备（如万用表、面包板等）。
- 参考资料：《ARM 嵌入式系统软件开发实例(一)》《ARM 嵌入式系统软件开发实例(二)》。
- 软件：ADS 1.2、GCC、μC/OS-II v2.52、μClinux 2.4 和 MiniGUI。

我们相信，本套《ARM 嵌入式系统系列教程》的出版一定会对国内 32 位嵌入式系统的教学与实践起到推动作用；通过努力，一定会使我国嵌入式系统应用提升到一个更高的水平，并推动 32 位嵌入式系统的普及。

我们也真诚地欢迎广大读者给我们来信（zlg3@zlgmcu.com），将您对本套图书的意见及修改建议及时提供给我们，以便在本套图书再版时修订。我们真诚希望能够得到广大读者持续不断的支持。

作　者

2020 年 3 月

第3版前言

1. 嵌入式行业的窘境

嵌入式系统发展到今天，所面临的问题也日益复杂，而编程模式却没有多大的进步，这就是所面对的困境。相信大家都或多或少地感觉到了，嵌入式系统行业的环境已经发生了根本的改变，智能硬件和工业互联网等的快速崛起让人始料不及，危机感油然而生。

代码的优劣不仅直接决定了软件的质量，而且还将直接影响软件的成本。软件成本是由开发成本和维护成本组成的，而维护成本远高于开发成本，大量来之不易的资金被无声无息地吞没，整个社会的资源浪费严重。嵌入式行业蛮力开发的现象比比皆是，团队合作效率低、技术积累薄弱、积累复用困难、项目被工程师绑定等情况更是屡见不鲜。企业投入巨资不遗余力地组建了庞大的开发团队，产品开发完成后，从BOM(物料清单)与制造成本的角度来看，毛利还算不错，但是当扣除研发投入和合理的营销成本后，企业的利润所剩无几，结果是员工依然感到不满意。这就是传统企业管理者的窘境。

2. 利润模型

产品的BOM成本很低，毛利又很高，但很多上市公司的年利润却不及一套房，房子到底被谁买走了？这个问题值得我们反思！

伟大的企业除了愿景、使命和价值观之外，其核心指标就是利润。作为开发人员，最大的痛苦就是很难精准把握开发出好卖的产品，因为企业普遍都不知道利润从何而来，所以有必要建立一个利润模型，即“利润＝需求－设计”。“需求”致力于解决“产品如何好卖”的问题，“设计”致力于解决“如何降低成本”的问题。

Apple之所以成为全球最赚钱的手机公司，关键在于产品的性能超越了用户的预期，且其大量可重用的核心域知识，将综合成本做到了极致。Yourdon和Constantine在《结构化设计》一书中写道：将经济学作为软件设计的底层驱动力，软件设计应该致力于降低整体软件成本。但人们发现，软件的维护成本远高于它的初始成本，比如理解现有代码需要花费时间，而且容易出错，改动之后还要进行测试和部署。

更多时候，程序员不是在编码，而是在阅读代码。由于阅读代码需要从细节和概念上理解，因此修改程序的投入会远远大于最初编程的投入。基于这样的共识，对于让我们操心的一系列事情,需要不断地思考和总结,使之可以重用,这就是方法论的起源。

通过财务数据分析发现,由于决策失误,我们开发了一些周期长、技术难度大且回报率极低的产品。由于缺乏科学的软件工程方法,不仅软件难以复用,而且扩展和维护难度也很大,从而导致开发成本居高不下。

显而易见,从软件开发角度来看,软件工程与计算机科学是完全不同的两个领域的知识。它们的主要区别在于人,因为软件开发是以人为中心的过程。如果考虑人的因素,软件工程更接近经济学,而非计算机科学。如果不改变思维方式,则很难开发出既好卖成本又低的产品。

3. 核心域和非核心域

一个软件系统封装了若干领域的知识,其中一个领域的知识代表了系统的核心竞争力,这个领域被称为“核心域”,其他的领域被称为“非核心域”。

非核心域就是别人擅长的领域,比如底层驱动、操作系统和组件,即使你有一些优势,那也是暂时的,因为竞争对手可以通过其他渠道获得。非核心域的改进是必要的,但不绝对,还是要在自己的核心域上深入挖掘,让竞争对手无法轻易从第三方获得。基于核心域的深入挖掘,才是保持竞争力的根本手段。

要做到核心域的深入挖掘,有必要将“核心域”和“非核心域”分开考虑。因为过早地将各领域的知识混杂,会增加不必要的负担,待解决的问题规模一旦变大,而人脑的容量和运算能力有限,从而导致研发人员没有足够的脑力思考核心域中更深刻的问题。因此,必须分而治之,因为核心域和非核心域的知识都是独立的。比如一个系统要做到没有漏洞,其中的问题也很复杂,如果不使用状态图对领域逻辑显式建模,再根据模型映射到实现,而是直接下手编程,逻辑领域的问题靠临时去想,那么最终完成的代码肯定破绽百出。其实有利润的系统,其内部都很复杂,千万不要幼稚地认为“我的系统不复杂”。

4. 共性和差异性

不同产品的需求往往是五花八门的,尽管人们也做了巨大的努力,期望最大限度地降低开发成本,但还是难以做到高度重用人们通过艰苦卓绝的努力积累的知识。

有没有破解的方法呢?有,那就是“共性与差异分析”抽象工具。实际上,无论是何种MCU,也不管是哪家的OS,其设计原理都是一样的,只是实现方法和实体不一样,只要将其共性抽象为统一接口,差异性用特殊接口应对即可。

基于此,我们不妨做一个大胆的假设。虽然PCF85063、RX8025T和DS1302来自不同的半导体公司,但其共性都是RTC实时日历时钟芯片,即可高度抽象共用相同的驱动接口,其差异性用特殊的驱动接口应对。虽然FreeRTOS、OS-II、sys-BIOS、Linux、Windows各不相同,但OS、多线程、信号量、消息、邮箱、队列等是其共性，显然QT和emWin同样可以高度抽象为GUI框架。也就是说，不管什么MCU，也不管是否使用操作系统，只要修改相应的头文件，即可复用应用代码。

由此可见，无论选择何种MCU和OS，只要有AMetal（AWorks子系统）支持，就可以在目标板上实现跨平台运行。无论何种OS，它只是AMetal的一个组件，针对不同的OS，AMetal都提供相应的适配器，那么所有的组件都可以根据需求互换。AMetal采用高度复用的原则，以只针对接口编程思想为前提，则应用软件均可实现“一次编程，终身使用，跨平台”，其所带来的最大价值就是不需要再重新发明轮子。

5. 生态系统

如果仅有OS和应用软件框架就想构成生态系统，是远远不够的。在万物互联的时代，一个完整的IoT系统，还包括传感器、信号调理电路、算法和接入云端的技术，可以说异常复杂且包罗万象。这不是一个公司拿到需求就可以在几个月之内完成的，需要长时间的大量积累。

ZLG集团（ZLG集团目前包含两个子公司：广州致远电子有限公司，www.zlg.cn，简称致远电子；广州立功科技股份有限公司，www.zlgmcu.com，简称周立功单片机。为便于描述，后文统一将ZLG集团简称ZLG）在成立之初就做了长期的布局，我们并没有将自己定位于芯片代理或设计，也没有将自己定位于仪器制造，更没有将自己定位于方案供应商，但随着时间的推移和时代的发展，经过艰苦卓绝的努力自然而然成为“工业物联网生态系统”领导品牌。这不是刻意为之，而是长期奋斗顺理成章的结果。

ZLG的商业模式既可以是销售硬件也可以是销售平台，还可以针对某个特定行业提供系统服务于终端用户。与此同时，ZLG将在全国50所大学建立工业物联网生态系统联合实验室，通过产学研的模式培养人才以服务于工业界，还可以通过天使投资打造ZLG系，帮助更多人取得更大的成功，助推“中国制造2050”计划高速发展。

周立功

2020年11月10日

第 2 版前言

本书从 2005 年 1 月第 1 次出版以来，已先后印刷 11 次，共 53 000 册，受到了读者的广泛好评。很多高校的电子、自动化、机电一体化计算机等相关专业嵌入式系统课程选用本书作为教材，而且也对本书提出了很多宝贵的意见和建议，在此深表谢意。

自第 1 次出版的 3 年多来，嵌入式技术在飞速发展，高校嵌入式系统的教学也在不断走向成熟、规范。我们根据目前高校嵌入式系统的教学现状及嵌入式技术的发展状况，在采纳广大读者宝贵意见和建议的基础上，对本书第 1 版进行了修订。事实上，从本书第 1 版出版不久，我们就开始酝酿对第 1 版的修订，第 2 版的编写工作前后历时 3 年，其间几易其稿。

与第 1 版相比，第 2 版在内容上做了适当的修改和补充，删除了第 1 版中“嵌入式系统工程设计”、“移植 μC/OS－II 到 ARM7”和“嵌入式系统开发平台”三章内容。嵌入式操作系统是 ARM 中必不可少的部分，第 2 版增加了“μC/OS－II 程序设计基础”和“电脑自动打铃器设计与实现”两章，全面讲解 μC/OS－II 的使用方法。除此之外，还对“ARM7 体系结构”、“ARM7TDMI(-S)指令系统”、“LPC2000 系列 ARM 硬件结构”及“硬件电路和接口设计”这四章内容进行了全面改写，尽量做到理论与实际结合，图文并茂，内容深入浅出。

第 2 版在易读性和实用性方面与第 1 版相比，也有了很大提高，书中文字、图片都是根据作者多年工程实践经验以及教学经验总结而来，而并非简单照搬英文手册的内容。

作者在 3 年的编写过程中总结了不少写作和教学体会，希望能够与大家分享。

1. 从内核到外设

人们常说读书要“由厚到薄”，那么如何才能做到呢？答案是可以采用“图解法”——将文字用直观、简单易懂的图和表来描述的方法。以 ARM 为例，通过下面几幅图来看看图解法是否可以起到画龙点睛的作用。图 1 所示为 LPC2000 系列 ARM 中断系统简图，CPSR 寄存器的 I 位和 F 位是中断禁止标志位，用来使能或禁止 ARM 的 2 种外部中断源。其实所有 LPC2000 的外设都会与这 2 条中断线相连。当 I 置位时，IRQ 中断禁止；当 F 置位时，FIQ 中断

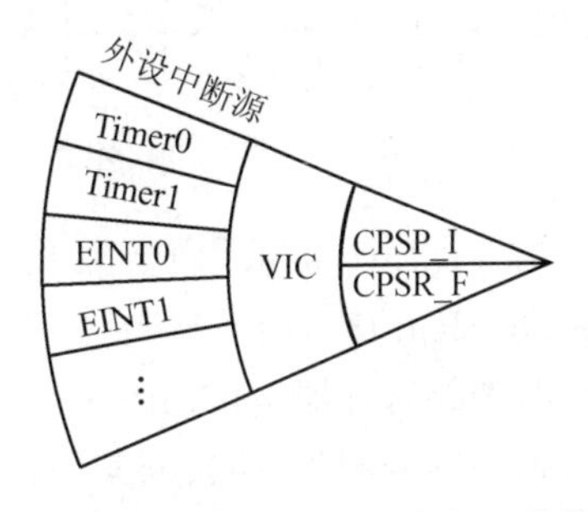

图 1　LPC2000 系列 ARM 中断系统简图

禁止。

注意: 当 I 位或 F 位为 0 时,IRQ 或者 FIQ 中断使能,即 CPU 内核可以响应中断。也就是说,如果I=F=1,此时即使外设产生中断,ARM 内核也不响应。那么,需要满足什么条件 CPU 才能响应外设中断呢?需要满足什么条件 CPU 外设才能产生中断呢?

如图 1 所示,LPC2000 系列 ARM 的中断系统可以分为 3 个层次。最外层是数量众多的外设部件,它们可以产生中断信号。处于最里层的是 ARM 内核,它通过 IRQ 和 FIQ 两根信号线接收外部的中断请求信号,并根据 CPSR 寄存器的 I 位和 F 位来决定是否响应中断请求。处于中间层的是向量中断控制器(VIC),它起着承前启后的作用,管理外层各个外设部件的中断信号,将这些中断信号分配到 ARM 内核的两根中断请求信号线上,从而很自然地得出如图 2 所示的 CPSR 与 IRQ、FIQ 中断的关系图。

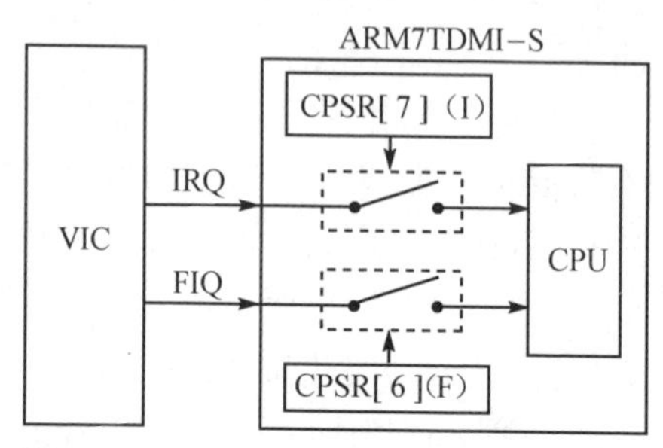

图 2　CPSR 与 IRQ、FIQ 中断的关系图

我们以定时器外设为例来看看 VIC 中断向量是如何响应(管理)外设中断的。如图 3 所示,定时器 0 和定时器 1 分别处于 VIC 的通道 4 和通道 5 上,中断使能寄存器 VICIntEnable 用来控制 VIC 通道的中断使能。

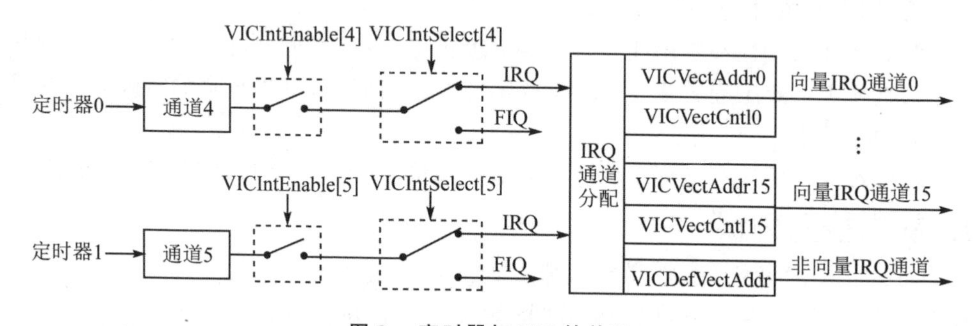

图 3　定时器与 VIC 的关系

- 当 VICIntEnable[4] = 1 时,通道 4(即定时器 0)中断使能;
- 当 VICIntEnable[5] = 1 时,通道 5(即定时器 1)中断使能。

中断选择寄存器 VICIntSelect 用来分配 VIC 通道的中断。当某一位为 1 时,对应的通道中断分配为 FIQ;当某一位为 0 时,对应的通道中断分配为 IRQ。VICIntSelect[4]和 VICIntSelect[5]分别用来控制通道 4 和通道 5,即

- 当 VICIntSelect[4] = 1 时,定时器 0 中断分配为 FIQ 中断;
- 当 VICIntSelect[4] = 0 时,定时器 0 中断分配为 IRQ 中断;

- 当 VICIntSelect[5] = 1 时，定时器 1 中断分配为 FIQ 中断；
- 当 VICIntSelect[5] = 0 时，定时器 1 中断分配为 IRQ 中断。

当定时器 0/1 分配为 IRQ 时，还需要设置对应的通道控制寄存器和地址寄存器。

LPC2000 系列 ARM 定时器计数溢出时不会产生中断，但是匹配时可以产生中断。每个定时器都具有 4 个匹配寄存器（MR0～MR3），可以用来存放匹配值，当定时器的当前计数值 TC 等于匹配值 MR 时，就可以产生中断。

寄存器 TnMCR 控制匹配中断的使能。以定时器 0 为例，定时器匹配控制寄存器 TnMCR 用来使能定时器的匹配中断，如图 4 所示。

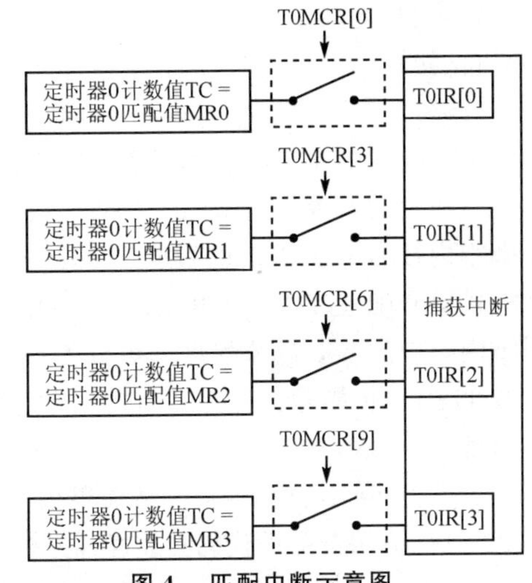

图 4　匹配中断示意图

- 当 T0TC = T0MR0 时，发生匹配事件 0，若 T0MCR[0] = 1，则 T0IR[0] 置位；
- 当 T0TC = T0MR1 时，发生匹配事件 1，若 T0MCR[3] = 1，则 T0IR[1] 置位；
- 当 T0TC = T0MR2 时，发生匹配事件 2，若 T0MCR[6] = 1，则 T0IR[2]置位；
- 当 T0TC = T0MR3 时，发生匹配事件 3，若 T0MCR[9] = 1，则 T0IR[3] 置位。

由此可见，中断作为主线贯穿整个 CPU，并渗透到各个功能部件，起到了极其重要的纽带作用。由内核到外设以中断为主干，以外设为枝叶，从而构成中断关联多叉树，这是学习和设计 ARM 嵌入式应用系统的关键所在。

从单片机、X86 到 ARM 半导体，能够真正明白原厂提供的很多功能部件内部结构图的人很少。事实上，无论是 8 位单片机还是 32 位 ARM，控制外设就是对外设寄存器的编程；寄存器的每一位不是 0，便是 1，据此画出寄存器逻辑开关关联图也就不难了，然后采取“填鸭式”的方法“按图索意”编程即可。

显而易见，只要抓住了中断关联多叉树和寄存器逻辑开关关联图，一切问题就会迎刃而解。

2. 嵌入式实时操作系统

《嵌入式实时操作系统 μC/OS-II（第 2 版）》[1]是一本好书，但对于初学者来说有一定的难度，且作为教材也有点不合适。那么怎样才能做到用最少的代价达到最佳的效果呢？

我们不妨猜想一下，该书作者在最初开发阶段编写的第一段代码一定很短，可能只有任务的调度，暂且命名为“μC/OS－II 最小内核”，即 0.1 版本。

当考虑到不常用的任务在运行完毕之后，如果不将其删除，势必要占用一定的 RAM 空间，于是又不得不添加一个新的函数，即删除任务函数 OSTaskDel()，暂且命名为 0.2 版本，称之为“μC/OS－II 微小内核”。

当任务间需要传递信息时，当然还有很多的需求，比如任务间同步、ISR 与任务间同步、资源同步，于是作者又编写了 0.3 版本的代码，即增加了创建信号量、发送信号量、接收信号量等函数，直至发布 1.0 版本。

基于上述思想，我们对 μC/OS－II v2.52 版本进行了恰当的裁剪，分别由小到大将 μC/OS－II v2.52 版本裁剪为 4 个只具备基本功能的微小内核。

通过查看裁剪出来的 4 个微小内核的源程序，可以看到其中代码量最大的一个微小内核 SOURCE4 也不过 1 100 行（指剔除文件头和函数头后的数目），而且仅移植代码和配置代码就占用了 1/4。对于初学者来说，最多只需要阅读 μC/OS－II 微小内核中的 800 行源程序即可。然而最基本的微小内核 SOURCE1 的核心代码只有 418 行（指剔除文件头和函数头后的数目），仅包含 5 个最基本的服务函数的最小内核。

μC/OS－II 微小内核虽然代码很少，但已经具备了 RTOS 的基本特性，而且这是 μC/OS－II 最核心的代码。故通过分析这些代码，对于初学者理解和使用 RTOS 已经足够了。由此可见，对于初学者来说，剖析 μC/OS－II 最小内核是学习嵌入式实时操作系统最好的入门方法。

由于篇幅有限，本书作为教材对这一部分内容就不再做介绍，请读者自行裁剪。

3. 基于 μC/OS－II 的程序设计

用简单易懂的语言、图、表以及简单的程序来说明复杂的理论知识，这是作者长期以来一直坚持的风格，但常常有人认为太简单，体现不出水平，殊不知这恰恰是最难的。

本书与程序设计基础有关的内容只用了 3 个器件，即一个 LED 发光二极管、一个蜂鸣器和一个按键。为了增加程序的可读性，还在按键上并接了一个用硬件去抖动的小电容，详见图 5。

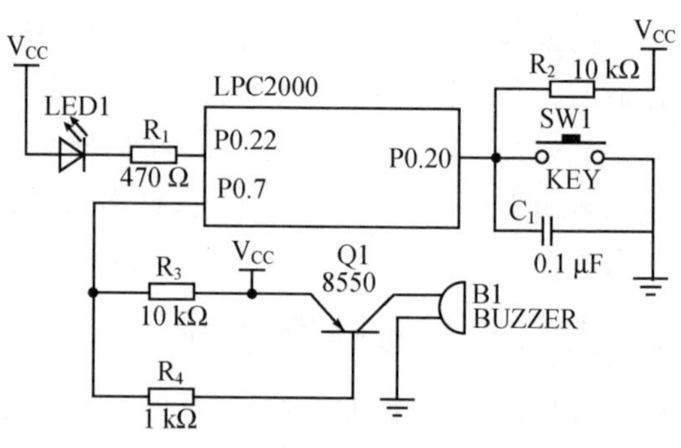

图 5　LED、蜂鸣器与按键原理图

为阐述互斥信号量、信号量、事件标志组、消息邮箱、消息队列与动态内存管理，本书选用了 28 个简单的例子，详细介绍了标志“与”、标志“或”、资源同步、ISR 与任务间同步、任务间同步、

在中断中获取信号量、任务间数据通信、数据通信、多任务接收数据等系统函数的使用。

4. 典型应用设计范例

本书以大家常见的“电脑自动打铃器”为例,全面阐述了设计要求,包括硬件电路的设计,任务的划分、数据结构设计和优先级设计,多任务之间的同步/互斥与信息传递,多任务环境下全局变量的保护与公共函数的编写,以及实时响应等相关知识。

参与本书编写的主要人员有周立功、王祖麟、陈明计、严寒亮、张斌。由周立功负责全书内容的规划设计、定稿与修改。另外,还有很多同事参与了本书内容的编写,而且还参与了本科生的教学辅导、实验指导、毕业设计,他们是黄绍斌、郑明远、周立山、陈锡炳、叶皓贲、滕欣欣、梁笑、张日进、李田甜、甘达等。

在本书编写过程中,还得到了北京航空航天大学何立民教授、清华大学邵贝贝教授、上海复旦大学陈章龙教授、东华理工学院周航慈教授的指点。与此同时,晨风也为编写本书提供了很多原始参考资料,在此一并表示感谢。与此同时,本书作为高等学校电类专业“3+1 嵌入式技术创新实验班”的教材,得到了长沙理工大学张一斌教授、宁波大学张卫强副教授、西安邮电学院刘军副教授的大力支持和教学实践,并提出了很多建设性的意见。感谢江西理工大学叶仁荪校长、罗嗣海副校长、机电学院院长刘政博士,以及自动化教研室全体同事的大力支持和帮助。

在修订过程中,尽管作者尽了很大努力,但由于作者的水平有限,书中一定还会有不妥之处,恳请广大读者批评指正。来信请发送到 zlg3@zlgmcu.com。

周立功

2008 年 5 月

第 1 版前言

本书为《ARM 嵌入式系统系列教程》中的理论课教材。

尽管一般情况下嵌入式系统对 CPU 处理能力的要求比个人计算机要低，但随着人们生活水平的提高和技术的进步，嵌入式系统对 CPU 处理能力的要求也在稳步提高，大量高速、与 MCS－51 体系结构兼容的微控制器的出现就证明了这一点。由于 8 位微控制器受限于体系结构，所以处理能力的提高始终有限；在性能上 16 位系统与 8 位机相比始终没有太大优势，在成本上与 32 位系统相比也没有什么优势。因此，在可预见的未来，32 位系统必然在嵌入式微控制器中占据重要位置。

基于 ARM 体系结构的 32 位系统占领了 32 位嵌入式系统的大部分份额。但长期以来，基于 ARM 体系结构的 32 位系统仅在嵌入式系统的高端（如通信领域、PDA）等场合使用，要么以专用芯片出现，要么以微处理器出现，并没有出现性价比高的通用微控制器。PHILIPS 公司发现了这一空档，推出了性价比很高的 LPC2000 系列微控制器，让更多的嵌入式系统具有 32 位处理能力，这也预示着 32 位系统即将成为嵌入式系统的主流。

基于 ARM 体系结构的芯片在中国推广已有数年，关于 ARM 的图书也已出版不少。有关 ARM 的图书主要有以下几类：

1. 关于 ARM 内核的图书，主要读者是芯片设计者，内容主要是介绍芯片设计。

2. 芯片应用类图书，主要读者为应用工程师。

3. 开发板类图书，主要介绍相应的 ARM 开发板，给应用开发者一些参考。

以上 3 类图书的侧重点都不是针对 ARM 应用开发教学的，用于大学本科和研究生教学不太适合。为了满足高等院校教学的要求，我们编写了本套《ARM 嵌入式系统系列教程》。本书为本套教程中的理论课教材。

本书各章内容安排如下：

第 1 章——嵌入式系统概述。简单介绍嵌入式系统，包括嵌入式系统的概念、嵌入式处理器和嵌入式操作系统。

第 2 章——嵌入式系统工程设计。主要介绍嵌入式系统项目开发的生命周期，并针对开发团队介绍各个阶段需要完成的任务，还介绍一些嵌入式系统开发的方法。

第 3 章——ARM7 体系结构。主要从应用角度（而不是从芯片设计者的角度）介绍 ARM7 的体系结构，包含许多使用 ARM7 必须了解的知识。如果读者想用好 ARM7，务必读透本章。

第4章——ARM7TDMI(-S)指令系统。ARM7TDMI和ARM7TDMI-S是基于ARM体系结构版本V4T的。本章仅介绍ARM体系结构版本V4T支持的指令，ARM体系结构版本V5及以上版本扩展的指令没有介绍。

第5章——LPC2000系列ARM硬件结构。主要介绍PHILIPS公司LPC2000系列基于ARM7TDMI-S的32位微控制器的硬件结构和功能部件。在介绍功能部件原理的同时，通过简单的程序片段加深读者对相应功能部件的理解。特别是在介绍特殊功能部件时，一并介绍启动代码的相关代码，使读者可以了解启动代码的来龙去脉。

第6章——接口技术与硬件设计。主要介绍如何围绕微控制器设计硬件电路以及微控制器的最小系统电路设计方法和多种外设的接口电路设计方法。本章介绍的是其他教科书中很少讲述且容易忽略的细节问题，要设计可靠的硬件必须了解本章内容。

第7章——μC/OS-II到ARM7的移植。详细介绍如何将嵌入式实时操作系统μC/OS-II移植到ARM7体系结构上，以及如何将移植代码应用到具体的基于ARM7核的微控制器上。与一般公开的移植不同，本移植的任务不必在特权模式下运行(在用户和/或系统模式下运行)，任务可以任意使用ARM指令和/或Thumb指令。

第8章——嵌入式系统开发平台。介绍嵌入式开发平台的概念以及使用嵌入式开发平台的必要性，并介绍建立嵌入式系统开发平台(主要为软件开发平台)的方法，以及一些组成软件开发平台的软件模块的使用方法。

参与本书编写工作的主要人员有陈明计、黄邵斌、戚军、叶皓贲、周立山、郑明远、刘英斌、岳宪臣和朱旻等，全书由周立功负责规划、内容安排、定稿与修改。

由于作者水平有限，书中难免有疏忽、不恰当甚至错误的地方，恳请各位老师及同行指正，并请您将阅读中发现的错误发送到arm@zlgmcn.com。

感谢北京航空航天大学出版社的大力支持，使本书得以快速出版；感谢PHILIPS美国半导体公司的CK Phua先生一如既往的支持和关心。

周立功

2004年11月

目　录

第1章 嵌入式系统概述

☞**本章导读**

嵌入式系统的应用可以说无处不在，渗透到了人们生活的每一个角落。只要是学习电类专业的，可以说离不开嵌入式系统。

与嵌入式系统相关的知识和内容非常广泛，可以通过多种渠道获取，本章仅仅起到画龙点睛、抛砖引玉的作用，引导初学者入门。

1.1 嵌入式系统

嵌入式计算机系统的出现，是现代计算机发展史上的里程碑。嵌入式系统诞生于微型计算机时代，与通用计算机的发展道路完全不同，形成了独立的单芯片的技术发展道路。由于嵌入式系统的诞生，现代计算机领域出现了通用计算机与嵌入式计算机两大分支。不可兼顾的技术发展道路，形成了两大分支的独立发展：通用计算机按照高速、海量的技术发展；嵌入式计算机则为满足对象系统按照嵌入式智能化控制要求发展。由于独立的分工发展，20世纪末，现代计算机的两大分支都得到了迅猛的发展。

经过几十年的发展，嵌入式系统已经在很大程度上改变了人们的生活、工作和娱乐方式，而且这些改变还在加速。嵌入式系统具有无数的种类，每种都具有自己独特的个性。例如，MP3、数码相机与打印机就有很大的不同。汽车中更是具有多个嵌入式系统，使汽车更轻快、更干净、更容易驾驶。

1.1.1 现实中的嵌入式系统

即使不可见，嵌入式系统也无处不在。嵌入式系统在很多产业中得到了广泛的应用并逐步改变着这些产业，包括工业自动化、国防、运输和航天领域。例如神舟飞船和长征火箭中有很多嵌入式系统，导弹的制导系统也是嵌入式系统，高档汽车中也有多达几十个嵌入式系统。

在日常生活中，人们使用各种嵌入式系统，但未必知道它们。图1.1就是一些比较新的、生活中比较常见的嵌入式系统。事实上，几乎所有带有一点“智能”的家电（全自动洗衣机、电脑电饭煲等）都有嵌入式系统。嵌入式系统广泛的适应能力和多样性，使得视听、工作场所甚至健身设备中到处都有嵌入式系统。

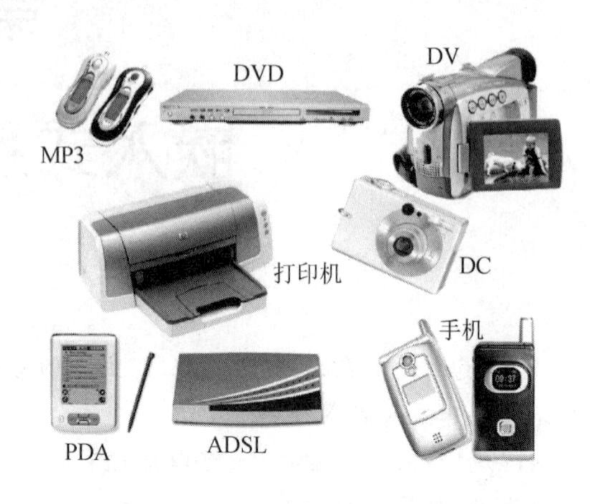

图1.1　常见的嵌入式系统应用实例

1.1.2　嵌入式系统的定义及特点

嵌入式系统源于微型计算机，是嵌入到对象体系中，实现嵌入对象智能化的计算机。由于微型计算机无法满足绝大多数对象体系嵌入式要求的体积、价位与可靠性，所以嵌入式系统迅速走上了独立发展的单片机道路。首先是将计算机芯片化，集成为单片微型计算机（SCMP）；其后，为满足对象体系的控制要求，单片机不断从单片微型计算机向微控制器（MCU）与片上系统（SoC）发展。但无论怎样发展变化，都改变不了“内含计算机”、“嵌入到对象体系中”及“满足对象智能化控制要求”的技术本质。

因此，可以将嵌入式系统定义成“嵌入到对象体系中的专用计算机应用系统”。

随着网络、通信时代的到来，不少嵌入式系统形成了一些独立的应用产品，如手机、PDA、MP3、数码伴侣等。这些产品不像电视机、电冰箱、空调、洗衣机、汽车等那样有明显的嵌入对象，这时嵌入式系统定义中的“嵌入到对象体系中”的含义，可以广义地理解成“内嵌有计算机”。

1. 嵌入式系统的特点

按照嵌入式系统的定义，嵌入式系统有3个基本特点，即“嵌入性”、“内含计算机”及“专用性”。

“嵌入性”由早期微型机时代的嵌入式计算机应用而来，专指计算机嵌入到对象体系中，实现对象体系的智能控制。当嵌入式系统变成一个独立应用产品时，可将嵌入性理解为内部嵌有微处理器或计算机。

“内含计算机”是对象系统智能化控制的根本保证。随着单片机向 MCU、SoC 发展，片内计算机外围电路、接口电路、控制单元日益增多，“专用计算机系统”演变成为“内含微处理器”的现代电子系统。与传统的电子系统相比较，现代电子系统由于内含微处理器，能实现对象系统的计算机智能化控制能力。

“专用性”是指在满足对象控制要求及环境要求下的软硬件裁剪性。嵌入式系统的软、硬件配置必须依据嵌入对象的要求，设计成专用的嵌入式应用系统。

2. 嵌入式系统的相关技术

嵌入式系统应用是计算机的一个重要分支。但是，作为一个重要的计算机工具，其有不断完善的基础技术与在各个领域中的应用技术，并且依靠着多学科，如计算机学科、电子技术学科、微电子学科、集成电路设计等的交叉与综合。

3. 嵌入式系统的技术前沿

目前，无论是嵌入式系统基础器件、开发手段，还是应用对象，都有了很大变化。未来无论是从事 8 位、16 位，还是 32 位的嵌入式系统应用，都应该了解嵌入式系统的技术前沿。这些技术前沿体现了嵌入式系统应用的一些基本观念，它们是：基于集成开发环境的应用开发、应用系统的用户 SoC 设计、操作系统的普遍应用、普遍的网络接入、先进的电源技术以及多处理器 SoC 技术。

1.1.3　嵌入式系统的未来

1990 年之前，嵌入式系统通常是很简单的且具有很长产品生命周期的自主设备。近些年来，嵌入式工业经历了巨大的变革：

- 产品市场窗口现在预计翻番的周期甚至达到 6～9 个月；
- 全球重新定义市场的机会和膨胀的应用空间；
- 互联网现在是一种需求而不是辅助性的手段，包括采用有线技术和刚刚显露头角的无线技术；
- 基于电子的产品更复杂化；
- 互联嵌入式系统能够产生新的依赖网络基础设施的应用；
- 微处理器的处理能力按莫尔定律（Moore’s Law）预计的速度在增强。该定律认为集成电路和晶体管个数每 18 个月翻一番。

如果说过去的趋势能指明未来，那么随着技术的革新，嵌入式软件将继续增加新的应用，并产生更加灵巧的产品种类。根据人们对于自身虚拟运行设备消费要求的提高而不断壮大的市场，以及由 Internet 创造的无限的机会，嵌入式系统将不断地重新塑造未来的世界。

1.2 嵌入式处理器

1.2.1 嵌入式处理器简介

普通个人计算机(PC)中的处理器是通用目的的处理器。它们的设计非常丰富,因为这些处理器提供全部的特性和广泛的功能,故可以用于各种应用中。使用这些通用处理器的系统有大量的应用编程资源。例如,现代处理器具有内置的内存管理单元(Memory Management Unit,MMU),提供内存保护和多任务能力的虚存和通用目的的操作系统。这些通用的处理器具有先进的高速缓存逻辑。许多这样的处理器具有执行快速浮点运算的内置数学协处理器。这些处理器提供接口,支持各种各样的外部设备。这些处理器能源消耗大,产生的热量高,尺寸也大。其复杂性意味着这些处理器的制造成本昂贵。早期的嵌入式系统通常用通用目的的处理器构造。

近年来,随着大量先进的微处理器制造技术的发展,越来越多的嵌入式系统用嵌入式处理器构造,而不再用通用目的的处理器。这些嵌入式处理器是为完成特殊的应用而设计的特殊目的的处理器。

一类嵌入式处理器注重尺寸、能耗和价格。因此,某些嵌入式处理器限定其功能,即处理器对于某类应用适用,而对于其他类的应用可能就不那么适用。这就是为何许多的嵌入式处理器没有太高的 CPU 速度的原因。例如,为个人数字助理(PDA)设备选择的就没有浮点协处理器,因为浮点运算没有必要,用软件仿真就足够了。这些处理器可以是 16 位地址体系结构,而不是 32 位的,原因是受内存储器容量的限制;可以是 200 MHz CPU 频率,因为应用的主要特性是交互和显示密集性的,而不是计算密集性的。这类嵌入式处理器很小,因为整个 PDA 装置尺寸很小并能放在手掌上。限制功能意味着降低能耗并延长电池供电时间,更小的尺寸可降低处理器的制造成本。

另一类嵌入式处理器更关注性能。这些处理器功能很强,并用先进的芯片设计技术包装,如先进的管道线和并行处理体系结构。这些处理器设计满足那些用通用目的处理器难以达到的密集性计算的应用需求。新出现的高度特殊的高性能的嵌入式处理器,包括为网络设备和电信工业开发的网络处理器。总之,系统和应用速度是人们关心的主要问题。

还有一类嵌入式处理器关注全部 4 个需求——性能、尺寸、能耗和价格。例如,移动电话中的嵌入式数字信号处理器(DSP)具有特殊性的计算单元、内存中的优化设计、寻址和带多个处理能力的总线体系结构,这样 DSP 可以非常快地实时执行复杂的计算。在同样的时钟频率下,DSP 执行数字信号处理要比通用目的的处理器速度快若干倍,这就是在移动电话的设计上用 DSP 而不用通用目的的处理器的原因。除此之外,DSP 具有非常快的速度和强大的嵌入式处理器,其价格也是相当合适的,这使得移动电话的整体价格具有相当的竞争力。DSP 的供电电池可以持续使用几十小时。

片上系统 SoC 处理器对嵌入式系统具有特别的吸引力。SoC 处理器具有 CPU 内核并带内置外设模块，如可编程通用目的计时器、可编程中断控制器、DMA 控制器和以太网接口。这样的自含设计使嵌入式设计可以用来建造各种嵌入式应用，而不需要附加外部设备，再次使最终产品的整个费用降低，尺寸减小。

1.2.2　嵌入式系统的分类

1. 嵌入式微处理器(Embedded Microprocessor Unit,EMPU)

嵌入式微处理器的基础是通用计算机中的 CPU。在应用中，将微处理器装配在专门设计的电路板上，只保留与嵌入式应用有关的母板功能，这样可以大幅减小系统的体积和功耗。虽然嵌入式微处理器在功能上与标准微处理器基本上是一样的，但为了满足嵌入式应用的特殊要求，在其工作温度、抗电磁干扰、可靠性等方面一般都做了各种增强。

与工业控制计算机相比，嵌入式微处理器具有体积小、重量轻、成本低及可靠性高的优点，但是在电路板上必须包括 ROM、RAM、总线接口，各种外设等器件，从而降低了系统的可靠性，技术保密性也较差。嵌入式微处理器及其存储器、总线，外设等安装在一块电路板上，称为单板计算机，如 STD - bus、PC104 等。近年来，德国、日本的一些公司又开发出了类似"火柴盒"式名片大小的嵌入式计算机系列 OEM 产品。

嵌入式微处理器目前主要有 Am186/88、386EX、SC - 400、Power PC、68000、MIPS、ARM 系列等。

2. 微控制器(Microcontroller Unit,MCU)

微控制器又称单片机，顾名思义，就是将整个计算机系统集成到一块芯片中。微控制器一般以某一种微处理器内核为核心，芯片内部集成 ROM/EPROM、RAM、总线、总线逻辑、定时/计数器、WatchDog、I/O、串行口、脉宽调制输出、A/D、D/A 等各种必要功能和外设。为适应不同的应用需求，一般一个系列的单片机具有多种衍生产品，每种衍生产品的处理器内核都是一样的，不同的是存储器和外设的配置及封装。这样可以使单片机最大限度地和应用需求相匹配，功能不多不少，从而减少功耗和成本。

与嵌入式微处理器相比，微控制器的最大特点是单片化，体积大大减小，从而使功耗和成本下降，可靠性提高。微控制器是目前嵌入式系统工业的主流。微控制器的片上外设资源一般比较丰富，适合于控制，因此称为微控制器。

微控制器目前的品种和数量最多，比较有代表性的通用系列包括 8051、P51XA、MCS - 251、MCS - 96/196/296、C166/167、MC68HC05/11/12/16、68300 和数目众

多的ARM芯片等。目前MCU约占嵌入式系统70%的市场份额。

3. DSP处理器(Digital Signal Processor,DSP)

DSP处理器对系统结构和指令进行了特殊设计,使其适合于执行DSP算法,编译效率较高,指令执行速度也较高。在数字滤波、FFT、频谱分析等方面,DSP算法正在大量进入嵌入式领域,DSP应用正在从通用单片机中以普通指令实现DSP功能,过渡到采用DSP处理器。

DSP处理器比较有代表性的产品是TI公司的TMS320系列和Freescale公司的DSP56000系列。TMS320系列处理器包括用于控制的C2000系列、移动通信的C5000系列以及性能更高的C6000和C8000系列。目前DSP56000已经发展成为DSP56000、DSP56100、DSP56200和DSP56300等几个不同系列的处理器。另外,PHILIPS公司近年也推出了基于可重置嵌入式DSP结构的采用低成本、低功耗技术制造的R. E. A. L DSP处理器,特点是具备双哈佛结构和双乘/累加单元,应用目标是大批量的消费类产品。

4. 片上系统(System on Chip,SoC)

随着EDI的推广、VLSI设计的普及化及半导体工艺的迅速发展,在一个硅片上实现一个更为复杂的系统的时代已来临,这就是SoC。各种通用处理器内核将作为SoC设计公司的标准库,与许多其他嵌入式系统外设一样,成为VLSI设计中一种标准的器件,用标准的VHDL等语言描述,存储在器件库中。用户只需定义出其整个应用系统,仿真通过后就可以将设计图交给半导体工厂制作样品。这样一来,除个别无法集成的器件以外,整个嵌入式系统大部分都可集成到一块或几块芯片中去,应用系统电路板将变得很简洁,对于减小体积和功耗,提高可靠性非常有利。

SoC可以分为通用和专用两类。通用系列包括Infineon公司的TriCore、Freescale公司的M-Core、某些ARM系列器件、Echelon和Freescale公司联合研制的Neuron芯片等。专用SoC通常专用于某个或某类系统中,不为一般用户所知。一个有代表性的产品是PHILIPS公司的Smart XA,它将XA单片机内核和支持超过2048位复杂RSA算法的CCU单元制作在一块硅片上,形成一个可加载JAVA或C语言的专用的SoC,可用于公众互联网(如Internet)的安全方面。

1.3 嵌入式操作系统

1.3.1 嵌入式操作系统简介

在计算机技术发展的初期,计算机系统中没有“操作系统”这个概念。为了给用户提供一个与计算机之间的接口,同时提高计算机的资源利用率,便出现了计算机监控(monitor)程序,使用户能通过监控程序来使用计算机。随着计算机技术的发展,计算机系统的硬件、软件资源也越来越丰富，监控程序已不能适应计算机应用的要求。于是在20世纪60年代中期监控程序又进一步发展，形成了操作系统（operating system）。发展到现在，广泛使用的有3种操作系统，即多道批量处理操作系统、分时操作系统以及实时操作系统。

多道批量处理系统一般用于计算中心较大的计算机系统中。由于其硬件设备比较全，价格较高，所以此类系统十分注意CPU及其他设备的充分利用，追求高的吞吐量，不具备实时性。

分时操作系统的主要目的是让多个计算机用户能共享系统的资源，能及时地响应和服务于联机用户，只具有很弱的实时功能，但与真正的实时操作系统仍然有明显的区别。

那么什么样的操作系统才能称为实时操作系统呢？IEEE的实时UNIX分委会认为实时操作系统应具备以下特点：

① 异步的事件响应。实时系统为了能在系统要求的时间内响应异步的外部事件，要求有异步I/O和中断处理能力。I/O响应时间常受内存访问、盘访问和处理机总线速度的限制。

② 切换时间和中断延迟时间确定。

③ 优先级中断和调度。必须允许用户定义中断优先级和被调度的任务优先级，并指定如何服务中断。

④ 抢占式调度。为保证响应时间，实时操作系统必须允许高优先级任务一旦准备好运行，就马上抢占低优先级任务的执行。

⑤ 内存锁定。必须具有将程序或部分程序锁定在内存的能力，锁定在内存的程序减少了为获取该程序而访问的时间，从而保证了快速响应时间。

⑥ 连续文件。应提供存取盘上数据的优化方法，使得存取数据时查找时间最少。通常要求把数据存储在连续文件上。

⑦ 同步。提供同步和协调共享数据使用和时间执行的手段。

总的来说，实时操作系统是事件驱动（event driven）的，能对来自外界的作用和信号在限定的时间范围内作出响应。它强调的是实时性、可靠性和灵活性，与实时应用软件相结合成为有机的整体，起着核心作用，由它来管理和协调各项工作，为应用软件提供良好的运行环境和开发环境。

从实时系统的应用特点来看，实时操作系统可以分为一般实时操作系统和嵌入式实时操作系统两种。

一般实时操作系统与嵌入式实时操作系统都是具有实时性的操作系统，它们的主要区别在于应用场合和开发过程。

- 一般实时操作系统应用于实时处理系统的上位机和实时查询系统等实时性较弱的实时系统中，并且提供了开发、调试、运用一致的环境。
- 嵌入式实时操作系统应用于实时性要求高的实时控制系统中，而且应用程序的开发过程是通过交叉开发来完成的,即开发环境与运行环境不一致。嵌入式实时操作系统具有规模小(一般在几KB到几十KB内)、可固化、实时性强(在ms或μs数量级上)的特点。

1.3.2 嵌入式操作系统基本概念

1. 前后台系统

对于基于芯片开发来说,应用程序一般是一个无限的循环,可称为前后台系统或超循环系统。循环中调用相应的函数完成相应的操作,这部分可以看成后台行为;中断服务程序处理异步事件,这部分可以看成前台行为。后台也可以叫做任务级,前台也可以叫做中断级。时间相关性很强的关键操作一定是靠中断服务程序来保证的。因为中断服务提供的信息一直要等到后台程序走到该处理这个信息时才能得到进一步处理,所以这种系统在处理的及时性上比实际要差。这个指标称做任务级响应时间。最坏情况下的任务级响应时间取决于整个循环的执行时间。因为循环的执行时间不是常数,程序经过某一特定部分的准确时间也不能确定。进而,如果程序修改了,则循环的时序也会受到影响。

很多基于微处理器的产品采用前后台系统设计,例如微波炉、电话机、玩具等。在另外一些基于微处理器应用中,从省电的角度出发,微处理器平时处在停机状态,所有事都靠中断服务来完成。

2. 操作系统

操作系统是计算机中最基本的程序,负责计算机系统中全部软硬资源的分配与回收、控制与协调等并发的活动;提供用户接口,使用户获得良好的工作环境;为用户扩展新的系统功能提供软件平台。

3. 实时操作系统

实时操作系统(RTOS)是一段在嵌入式系统启动后首先执行的背景程序,用户的应用程序是运行于RTOS之上的各个任务,RTOS根据各个任务的要求,进行资源(包括存储器、外设等)管理、消息管理、任务调度及异常处理等工作。在RTOS支持的系统中,每个任务均有一个优先级,RTOS根据各个任务的优先级,动态地切换各个任务,保证对实时性的要求。工程师在编写程序时,可以分别编写各个任务,不必同时将所有任务运行的各种可能情况记在心中。这样大大减少了程序编写的工作量,而且减少了出错的可能,保证最终程序具有高可靠性。实时多任务操作系统,以分时方式运行多个任务,看上去好像是多个任务"同时"运行。任务之间的切换应当以优先级为根据,只有优先服务方式的RTOS才是真正的实时操作系统,时间分片方式和协作方式的RTOS并不是真正的"实时"。

4. 代码的临界区

代码的临界区也称为临界区,指处理时不可分割的代码,运行这些代码不允许被打断。一旦这部分代码开始执行，则不允许任何中断打断（这不是绝对的，如果中断不调用任何包含临界区的代码，也不访问任何临界区使用的共享资源，这个中断可能可以执行）。为确保临界区代码的执行，在进入临界区之前要关中断，而临界区代码执行完成以后要立即开中断。

5. 资 源

程序运行时可使用的软、硬件环境统称为资源。资源可以是输入/输出设备，例如打印机、键盘、显示器；资源也可以是一个变量、一个结构或一个数组等。

6. 共享资源

可以被一个以上任务使用的资源叫做共享资源。为了防止数据被破坏，每个任务在与共享资源打交道时，必须独占该资源，这叫做互斥。

7. 任 务

一个任务也称做一个线程，是一个简单的程序，该程序可以认为 CPU 完全属于该程序本身。实时应用程序的设计过程，包括如何把问题分割成多个任务，每个任务都是整个应用的某一部分，被赋予一定的优先级，有它自己的一套 CPU 寄存器和自己的栈空间。

8. 任务切换

当多任务内核决定运行另外的任务时，保存正在运行任务的当前状态，即 CPU 寄存器中的全部内容。这些内容保存在任务的当前状态保存区，也就是任务自己的栈区之中。入栈工作完成以后，就把下一个将要运行的任务的当前状态从任务的栈中重新装入 CPU 的寄存器，并开始下一个任务的运行，这个过程就称为任务切换。这个过程增加了应用程序的额外负荷，CPU 的内部寄存器越多，额外负荷就越重。做任务切换所需要的时间取决于 CPU 有多少寄存器要入栈，实时内核的性能不应该以每秒钟能做多少次任务切换来评价。

9. 内 核

多任务系统中，内核负责管理各个任务，或者说为每个任务分配 CPU 时间，并且负责任务之间的通信。内核提供的基本服务是任务切换。之所以使用实时内核简化应用系统的设计，是因为实时内核允许将应用分成若干个任务，由实时内核来管理它们。内核本身也增加了应用程序的额外负荷。代码空间增加 ROM 的用量，内核本身的数据结构增加了 RAM 的用量。但更主要的是，每个任务要有自己的栈空间，这一块占用内存是相当多的。内核本身对 CPU 的占用时间一般在 2%～5%之间。

通过提供必不可少的系统服务，诸如信号量管理、消息队列、延时等，实时内核使得 CPU 的利用更为有效。一旦读者用实时内核做过系统设计，将决不再想返回到前后台系统。

10. 调　度

调度是内核的主要职责之一,调度就是决定该轮到哪个任务运行了。多数实时内核是基于优先级调度法的,每个任务根据其重要程序的不同被赋予一定的优先级。基于优先级的调度法指 CPU 总是让处在就绪态的优先级最高的任务先运行。然而究竟何时让高优先级任务掌握 CPU 的使用权,有两种不同的情况,这要看用的是什么类型的内核,是非占先式的还是占先式的内核。

11. 非占先式内核

非占先式内核要求每个任务自我放弃 CPU 的所有权。非占先式调度法也称做合作型多任务,各个任务彼此合作共享一个 CPU。异步事件还是由中断服务来处理,中断服务可以使一个高优先级的任务由挂起状态变为就绪状态。但中断服务以后,控制权还是回到原来被中断了的那个任务,直到该任务主动放弃 CPU 的使用权时,高优先级的任务才能获得 CPU 的使用权。

12. 占先式内核

当系统响应时间很重要时,要使用占先式内核,因此绝大多数商业上销售的实时内核都是占先式内核。最高优先级的任务一旦就绪,总能得到 CPU 的控制权。当一个运行着的任务使一个比它优先级高的任务进入了就绪状态,当前任务的 CPU 使用权就被剥夺了,或者说被挂起了,那个高优先级的任务立刻得到了 CPU 的控制权。如果是中断服务子程序使一个高优先级的任务进入就绪态,则中断完成时,中断了的任务被挂起,优先级高的那个任务开始运行。

13. 任务优先级

任务的优先级是表示任务被调度的优先程度,每个任务都具有优先级。任务越重要,赋予的优先级应越高,越容易被调度而进入运行态。

14. 中　断

中断是一种硬件机制,用于通知 CPU 有个异步事件发生了。中断一旦被识别,CPU 保存部分(或全部)上下文,即部分(或全部)寄存器的值,跳转到专门的子程序,称为中断服务子程序(ISR)。中断服务子程序做事件处理,处理完成后,则

① 在前后台系统中,程序回到后台程序;

② 对非占先式内核而言,程序回到被中断了的任务;

③ 对占先式内核而言,让进入就绪态的优先级最高的任务开始运行。

中断使得 CPU 可以在事件发生时才予以处理,而不必让微处理器连续不断地查询是否有事件发生。通过两条特殊指令——关中断和开中断,可以让微处理器不响应(或响应)中断。在实时环境中,关中断的时间应尽量短。

关中断影响中断延迟时间,关中断时间太长可能会引起中断丢失。微处理器一般允许中断嵌套,也就是在中断服务期间,微处理器可以识别另一个更重要的中断,

并服务于那个更重要的中断。

15. 时钟节拍

时钟节拍是特定的周期性中断，这个中断可以看作是系统心脏的脉动。中断之间的时间间隔取决于不同应用，一般在10～200 ms之间。时钟的节拍式中断使得内核可以将任务延时若干个整数时钟节拍，以及当任务等待事件发生时，提供等待超时的依据。时钟节拍率越快，系统的额外开销就越大。

1.3.3　使用嵌入式实时操作系统的必要性

嵌入式实时操作系统在目前的嵌入式应用中用得越来越广泛，尤其在功能复杂、系统庞大的应用中显得越来越重要。

首先，嵌入式实时操作系统提高了系统的可靠性。在控制系统中，出于安全方面的考虑，要求系统不能崩溃，而且还要有自愈能力；要求不仅在硬件设计方面提高系统的可靠性和抗干扰性，而且也应在软件设计方面提高系统的抗干扰性，尽可能地减少安全漏洞和隐患。长期以来，前后台系统软件设计在遇到强干扰时，运行的程序产生异常、出错、跑飞，甚至死循环，造成了系统的崩溃。而实时操作系统管理的系统，这种干扰可能只会导致若干进程中的一个被破坏，可以通过系统运行的系统监控进程对其进行修复。通常情况下，这个系统监视进程用来监视各进程运行状况，遇到异常情况时采取一些利于系统稳定可靠的措施，例如把有问题的任务清除掉。

其次，嵌入式实时操作系统提高了开发效率，缩短了开发周期。在嵌入式实时操作系统环境下，开发一个复杂的应用程序，通常可以按照软件工程中的解耦原则将整个程序分解为多个任务模块。每个任务模块的调试、修改几乎不影响其他模块。商业软件一般都提供了良好的多任务调试环境。

最后，嵌入式实时操作系统充分发挥了32位CPU的多任务潜力。32位CPU的速度比8位、16位CPU的速度快。另外，它本来是为运行多用户、多任务操作系统而设计的，特别适于运行多任务实时系统。32位CPU采用利于提高系统可靠性和稳定性的设计，使其更容易做到不崩溃。例如，CPU运行状态分为系统态和用户态，将系统堆栈和用户堆栈分开，实时地给出CPU的运行状态等，允许用户在系统设计中从硬件和软件两方面对实时内核的运行实施保护。如果还是采用以前的前后台方式，则无法发挥32位CPU的优势。

从某种意义上说，没有操作系统的计算机（裸机）是没有用的。在嵌入式应用中，只有把CPU嵌入到系统中，同时又把操作系统嵌入进去，才是真正的计算机嵌入式应用。

1.3.4　嵌入式实时操作系统的优缺点

在嵌入式实时操作系统环境下开发实时应用程序，使程序的设计和扩展变得容易，不需要大的改动就可以增加新的功能。通过将应用程序分割成若干独立的任务模块,使应用程序的设计过程更加简化;而且,对实时性要求苛刻的事件都得到了快速、可靠的处理。通过有效的系统服务,嵌入式实时操作系统使得系统资源得到更好的利用。

但是,使用嵌入式实时操作系统还需要额外的ROM/RAM开销、2%～5%的CPU额外负荷以及内核的费用。

1.3.5 常见的嵌入式实时操作系统

1. μClinux

μClinux是一个完全符合GNU/GPL公约的操作系统,完全开放代码,现在由Lineo公司支持维护。μClinux的发音是you-see-linux,它的名字来自于希腊字母μ和英文大写字母C结合。μ代表"微小"之意,字母C代表"控制器",所以从字面上就可以看出它的含义,即"微控制领域中的Linux系统"。

为了降低硬件成本及运行功耗,很多嵌入式CPU没有设计内存管理单元(MMU)功能模块。最初,运行于这类没有MMU的CPU之上的都是一些很简单的单任务操作系统,或者更简单的控制程序,甚至根本就没有操作系统而直接运行应用程序。在这种情况下,系统无法运行复杂的应用程序,或者效率很低,而且所有的应用程序需要重写,并要求程序员十分了解硬件特性。这些都阻碍了应用于这类CPU之上的嵌入式产品开发的速度。

μClinux从Linux 2.0/2.4内核派生而来,沿袭了主流Linux的绝大部分特性。它专门针对没有MMU的CPU,并且为嵌入式系统做了许多小型化的工作。μClinux适用于没有虚拟内存或MMU的处理器,例如ARM7TDMI。它通常用于具有很少内存或Flash的嵌入式系统。μClinux是为了支持没有MMU的处理器而对标准Linux作出的修正。它保留了操作系统的所有特性,为硬件平台更好地运行各种程序提供了保证。在GNU通用公共许可证(GNU/GPL)的保证下,运行μClinux操作系统的用户可以使用几乎所有的Linux API函数,不会因为没有MMU而受到影响。由于μClinux在标准的Linux基础上进行了适当的裁剪和优化,所以形成了一个高度优化的、代码紧凑的嵌入式Linux。虽然它的体积很小,但是μClinux仍然保留了Linux的大多数优点:稳定、良好的移植性,优秀的网络功能,完备的对各种文件系统的支持以及标准丰富的API等。

2. Windows CE

Windows CE是Microsoft公司开发的一个开放的、可升级的32位嵌入式操作系统,是基于掌上型电脑类的电子设备操作。它是精简的Windows 95。Windows CE的图形用户界面相当出色。其中CE中的C代表袖珍(compact)、消费(consumer)、通信能力(connectivity)和伴侣(companion);E代表电子产品(electronics)。与Windows 95/98、Windows NT不同的是,Windows CE是所有源代码全部由

Microsoft 公司自行开发的嵌入式新型操作系统，其操作界面虽来源于 Windows 95/98，但 Windows CE 是基于 Win32 API 重新开发的、新型的信息设备平台。Windows CE 具有模块化、结构化、基于 Win32 应用程序接口以及与处理器无关等特点。Windows CE 不仅继承了传统的 Windows 图形界面，并且在 Windows CE 平台上可以使用 Windows 95/98 上的编程工具(如 Visual Basic、Visual C++等)，使用同样的函数和同样的界面网格，绝大多数的应用软件只需简单地修改和移植就可以在 Windows CE 平台上继续使用。

3. VxWorks

VxWorks 操作系统是美国 WindRiver 公司于 1983 年设计开发的一种嵌入式实时操作系统，是嵌入式开发环境的关键组成部分。良好的持续发展能力、高性能的内核以及友好的用户开发环境，使其在嵌入式实时操作系统领域占据一席之地。它以良好的可靠性和卓越的实时性被广泛地应用在通信、军事、航空、航天等高精尖技术及实时性要求极高的领域中，如卫星通信、军事演习、弹道制导、飞机导航等。在美国的 F-16、FA-18 战斗机，B-2 隐形轰炸机和爱国者导弹上，甚至连 1997 年 4 月在火星表面登陆的火星探测器上也使用了 VxWorks。

VxWorks 具有以下特点：

① 可靠性　操作系统的用户希望在一个工作稳定、可以信赖的环境中工作，所以操作系统的可靠性是用户首先要考虑的问题。而稳定、可靠一直是 VxWorks 的一个突出优点。自从对中国的销售解禁以来，VxWorks 以其良好的可靠性在中国赢得了越来越多的用户。

② 实时性　实时性的核心含义在于确定性，而不是单纯的速度快，也就是说必须在规定的时间内做完应该做的事情，并有对外部的异步事件作出响应的能力。对于硬实时性来说，必须在任何情况下(100%)在规定的时间内完成所有的工作，所以实时性的强弱是以完成规定功能和作出响应时间的长短来衡量的。

VxWorks 的实时性做得非常好，其系统本身的开销很小，进程调度、进程间通信、中断处理等系统公用程序精练而有效，它们造成的延迟很短。VxWorks 提供的多任务机制中对任务的控制采用了优先级抢占(preemptive priority scheduling)和轮转调度(round robin scheduling)机制，也充分保证了可靠的实时性，使同样的硬件配置能满足更强的实时性要求，为应用的开发留下更大的余地。

③ 可裁剪性　用户在使用操作系统时，并不是操作系统中的每一个部件都要用到。例如图形显示、文件系统以及一些设备驱动在某些嵌入式系统中往往并不使用。

VxWorks 由一个体积很小的内核及一些可以根据需要进行定制的系统模块组成。VxWorks 内核最小为 8 KB，即使加上其他必要模块，所占用的空间也很小，且不失其实时、多任务的系统特征。由于它的高度灵活性，用户可以很容易地对这一操作系统进行定制或做适当开发，来满足实际应用需要。

4. μC/OS - II

一个源码公开、可移植、可固化、可裁剪、占先式的实时多任务操作系统，其绝大部分源码是用ANSI C写的。世界著名嵌入式专家Jean J. Labrosse(μC/OS - II的作者)出版了多本图书，详细分析了该内核的几个版本。μC/OS - II通过了联邦航空局(FAA)商用航行器认证，符合RTCA(航空无线电技术委员会)DO - 178B标准，该标准是为航空电子设备所使用软件的性能要求而制定的。自1992年问世以来，μC/OS - II已经被应用到数以百计的产品中。μC/OS - II在高校教学使用是不需要申请许可证的，但将μC/OS - II的目标代码嵌入到产品中去，应当购买目标代码销售许可证。

μC/OS - II的特点如下：

① 提供源代码　购买参考文献[1]，可以获得μC/OS - II v2.52版本的所有源代码。

② 可移植(portable)　μC/OS - II的绝大部分源代码是使用移植性很强的ANSI C编写的，与微处理器硬件相关的部分是使用汇编语言编写的。为了便于将μC/OS - II移植到不同架构的微处理器上，使用汇编语言编写的部分代码已经压缩到了最低的限度。

③ 可固化(ROMmable)　只要具备合适的软硬件工具，就可以将μC/OS - II嵌入到产品中，使其成为其中的一部分。

④ 可裁剪(scalable)　使用条件编译可实现对μC/OS - II的裁剪，用户只需编译必需的μC/OS - II的功能代码即可，而不必编译不需要的功能代码，其目的就是为了避免μC/OS - II占用程序和数据资源。

⑤ 可剥夺(preemptive)　μC/OS - II是完全可剥夺型的实时内核，μC/OS - II总是运行就绪条件下优先级最高的任务。

⑥ 多任务　μC/OS - II最多可以管理64个任务，然而，μC/OS - II的作者则建议用户一定要预留8个任务给μC/OS - II，那么这样留给用户的最多可用的任务只有56个。

⑦ 可确定性　绝大多数μC/OS - II的函数调用和服务的执行时间具有确定性，也就是说，用户总是能知道μC/OS - II的函数调用与服务执行了多长时间。

⑧ 任务栈　μC/OS - II的每个任务都有自己独立的栈，与此同时每个任务到底需要多少栈空间是可预知的。

⑨ 系统服务　μC/OS - II提供多种系统服务方式，如信号量、互斥信号量、事件标志、消息邮箱、消息队列、块大小固定的内存的申请与释放及时间管理函数等。

⑩ 中断管理　中断可以使正在执行的任务暂时挂起，如果优先级更高的任务被中断唤醒，则高优先级的任务在中断嵌套全部退出后立即执行，中断嵌套数最多可达255层。

⑪ 稳定性与可靠性　μC/OS - II是基于μC/OS的升级版本，μC/OS自1992年

以来已经有数百个商业应用。μC/OS-II与μC/OS的内核是一样的，只是提供了更多的功能而已。另外，2000年7月，μC/OS-II在一个航空项目中得到了美国联邦航空管理局对商用飞机的、符合RTCA DO—178B标准的认证。这一结论表明该操作系统的质量得到了认证，可以在任何应用中使用。

思考题与练习题

(1) 举出3个本书中未提到的嵌入式系统的例子。

(2) 什么叫嵌入式系统?

(3) 什么叫嵌入式处理器? 嵌入式处理器分为哪几类?

(4) 什么是嵌入式操作系统? 为何要使用嵌入式操作系统?

第2章

ARM7 体系结构

☞**本章导读**

LPC2000 系列 CPU 的核心是 ARM7，由于其 C 语言编译器已经考虑到了许多复杂的因素，所以作为初学者无需成为一个专家就可以使用 LPC2000。但是为了能够设计出可靠的应用系统和培养学习新技术的能力，作为初学者确实需要对 CPU 的运作机制及其独特的性能有更加深入的理解。

在本章中，将着眼于 ARM7 内核、处理器状态与模式、内部寄存器、程序状态寄存器、异常、中断及其向量表和存储系统的学习，这是成为一个应用工程师必备的基础。

本章程序范例除非特别声明，否则处理器均处于 ARM 状态，执行字方式的 ARM 指令。

2.1 ARM 简介

ARM 公司是一家知识产权(IP)供应商，它与一般的半导体公司最大的不同就是不制造芯片且不向终端用户出售芯片，而是通过转让设计方案，由合作伙伴生产出各具特色的芯片。ARM 公司利用这种双赢的伙伴关系迅速成为了全球性 RISC 微处理器标准的缔造者。这种模式也给用户带来了巨大的好处，因为用户只需掌握一种 ARM 内核结构及其开发手段，就能够使用多家公司相同 ARM 内核的芯片。

目前，总共有超过 100 家公司与 ARM 公司签订了技术使用许可协议，其中包括 Intel、IBM、LG、NEC、SONY、NXP 和 NS 这样的大公司。至于软件系统的合伙人，则包括 Microsoft、升阳和 MRI 等一系列知名公司。

ARM 架构是 ARM 公司面向市场设计的第一款低成本 RISC 微处理器。它具有极高的性价比、代码密度，以及出色的实时中断响应和极低的功耗，并且占用硅片的面积极少，从而使它成为嵌入式系统的理想选择。其应用范围非常广泛，比如手机、PDA、MP3/MP4 和种类繁多的便携式消费产品。2004 年 ARM 公司的合作伙伴生产了12亿片ARM处理器。

2.1.1 RISC结构特性

ARM内核采用精简指令集计算机（RISC）体系结构，是一款小门数的计算机。其指令集和相关的译码机制比复杂指令集计算机（CISC）要简单得多，其目标就是设计出一套能在高时钟频率下单周期执行，简单而有效的指令集。RISC的设计重点在于降低处理器中指令执行部件的硬件复杂度，这是因为软件比硬件更容易提供更大的灵活性和更高的智能化，因此ARM具备了非常典型的RISC结构特性。

- 具有大量的通用寄存器；
- 通过装载/保存（load/store）结构使用独立的load和store指令完成数据在寄存器与外部存储器之间的传送，处理器只处理寄存器中的数据，从而可以避免多次访问存储器；
- 寻址方式非常简单，所有装载/保存的地址都只由寄存器内容和指令域决定；
- 使用统一和固定长度的指令格式。

此外，ARM体系结构还有如下特性：

- 每一条数据处理指令都可以同时包含算术逻辑单元（ALU）的运算和移位处理，以实现对ALU和移位器的最大利用；
- 地址自动增加和自动减少的寻址方式优化了程序中的循环处理；
- load/store指令可以批量传输数据，从而实现最大数据吞吐量；
- 大多数ARM指令是可“条件执行”的，也就是说，只有当某个特定条件满足时指令才会被执行。通过使用条件执行，可以减少指令的数目，从而改善程序的执行效率和提高代码密度。

这些在基本RISC结构上增强的特性使ARM处理器在高性能、低代码规模、低功耗和小的硅片尺寸方面取得良好的平衡。

从1985年ARM1诞生至今，ARM指令集体系结构发生了巨大的改变，并且还在不断地完善和发展。为了清楚地表达每个ARM应用实例所使用的指令集，ARM公司定义了7种主要的ARM指令集体系结构版本，以版本号v1～v7表示。

2.1.2 常用ARM处理器系列

ARM公司开发了很多系列的ARM处理器核，应用比较多的是ARM7系列、ARM9系列、ARM10系列、ARM11系列，Intel的XScale系列和MPCore系列；还有针对低端8位MCU市场最新推出的Cortex-M3系列，其具有32位CPU的性能、8位MCU的价格。

1. Cortex－M3处理器

ARM Cortex－M3处理器具有成本低、引脚数目少以及功耗低的优势，是一款具有极高运算能力和中断响应能力的处理器内核。其问世于2006年，第一个推向市场的是美国LuminaryMicro半导体公司的LM3S系列ARM。

Cortex－M3处理器采用了纯Thumb2指令的执行方式，使得这个具有32位高性能的ARM内核能够实现8位和16位处理器级数的代码存储密度，非常适用于那些只需几KB存储器的MCU市场。在增强代码密度的同时，该处理器内核是ARM所设计的内核中最小的一个，其核心的门数只有33K，在包含了必要的外设之后的门数也只有60K。这使它的封装更为小型，成本更加低廉。在实现这些的同时，它还提供性能优异的中断能力，通过其独特的寄存器管理并以硬件处理各种异常和中断的方式，最大程度地提高了中断响应和中断切换的速度。

与相近价位的ARM7核相比，Cortex－M3采用了先进的ARMv7架构；具有带分支预测功能的3级流水线；以NMI的方式取代了FIQ/IRQ的中断处理方式；其中断延迟最大只需12个周期(ARM7为24～42个周期)；带睡眠模式；8段MPU(存储器保护单元)；具有1.25 MIPS/MHz的性能(ARM7为0.9 MIPS/MHz)，而且其功耗仅为0.19 mW/MHz (ARM7为0.28 mW/MHz)。目前最便宜的基于Cortex－M3内核的ARM单片机售价为1美元，由此可见Cortex－M3系列是冲击低成本市场的利器，而且性能比8位单片机更高。

2. Cortex－R4处理器

Cortex－R4处理器是首款基于ARMv7架构的高级嵌入式处理器，其目标主要为产量巨大的高级嵌入式应用方案，例如硬盘、喷墨式打印机，以及汽车安全系统等。

Cortex－R4处理器在节省成本与功耗上为开发者们带来了关键性的突破，在与其他处理器相近的芯片面积上提供了更为优越的性能。Cortex－R4为整合期间的可配置能力提供了真正的支持，通过这种能力，开发者可以让处理器更加完美地符合应用方案的具体要求。

Cortex－R4采用了90 nm生产工艺，最高运行频率可达400 MHz，该内核整体设计的侧重点在于效率和可配置性。

ARM Cortex－R4处理器拥有复杂完善的流水线架构，该架构基于低耗费的超量(双行)8段流水线，同时带有高级分支预测功能，从而实现了超过1.6 MIPS/MHz的运算速度。该处理器全面遵循ARMv7架构，同时还包含了更高代码密度的Thumb2技术、硬件划分指令、经过优化的一级高速缓存和TCM(紧密耦合存储器)、存储器保护单元、动态分支预测、64位的AXI主机端口、AXI从机端口及VIC端口等多种创新的技术和强大的功能。

3. Cortex-R4F处理器

Cortex-R4F处理器在Cortex-R4处理器的基础上加入了代码错误校正(ECC)技术、浮点运算单元(FPU)以及DMA综合配置的能力，增强了处理器在存储器保护单元、缓存、紧密耦合存储器、DMA访问以及调试方面的能力。

4. Cortex-A8处理器

Cortex-A8是ARM公司所开发的基于ARMv7架构的首款应用级处理器，同时也是ARM公司所开发的同类处理器中性能最好、效能最高的处理器。从600 MHz开始到1 GHz以上的运算能力使Cortex-A8能够轻易胜任那些要求功耗小于300 mW的耗电量最优化的移动电话器件，以及那些要求有2000 MIPS执行速度的、性能最优化的消费者产品的应用。Cortex-A8是ARM公司首款超量处理器，其特色是运用了可增加代码密度和加强性能的技术、可支持多媒体以及信号处理能力的NEON技术，以及能够支持JAVA 和其他文字代码语言(byte-code language)的提前和即时编译的Jazelle® RCT(Run-time Compilation Target运行时编译目标代码)技术。

ARM公司最新的Artisan® Advantage-CE库以其先进的泄漏控制技术使Cortex-A8处理器实现了优异的速度和效能。

Cortex-A8具有多种先进的功能特性。它是一个有序、双行、超标量的处理器内核，具有13级整数运算流水线、10级NEON媒体运算流水线，可对等待状态进行编程的专用的2级缓存，以及基于历史的全局分支预测；在功耗最优化的同时，实现了2.00 MIPS/MHz的性能。它完全兼容ARMv7架构，采用Thumb2指令集，带有为媒体数据处理优化的NEON信号处理能力，Jazelle RCJAVA加速技术，并采用了TrustZong技术来保障数据的安全性。它带有经过优化的1级缓存，还集成了2级缓存。众多先进的技术使其适用于家电以及电子行业等各种高端的应用领域。

5. ARM7系列

ARM7TDMI是ARM公司1995年推出的第一个处理器内核，是目前用量最多的一款内核。ARM7系列包括ARM7TDMI、ARM7TDMI-S、带有高速缓存处理器宏单元的ARM720T和扩充了Jazelle的ARM7EJ-S。该系列处理器提供Thumb 16位压缩指令集和Embedded ICE JTAG软件调试方式，适用于更大规模的SoC设计中。其中ARM720T高速缓存处理宏单元还提供8 KB缓存、读缓冲和具有内存管理功能的高性能处理器，支持Linux和Windows CE等操作系统。

6. ARM9系列

ARM9系列于1997年问世，该系列有ARM9TDMI、ARM920T和带有高速缓存处理器宏单元的ARM940T。所有的ARM9系列处理器都具有Thumb压缩指令集和基于 Embedded ICE JTAG 的软件调试方式。ARM9 系列兼容 ARM7 系列，而且能够比 ARM7 进行更加灵活的设计。

ARM926EJ－S 发布于 2000 年，ARM9E 系列为综合处理器，包括 ARM926EJ－S 和带有高速缓存处理器宏单元的 ARM966E－S、ARM946E－S。该系列强化了数字信号处理(DSP)功能，可应用于需要 DSP 与微控制器结合使用的情况，将 Thumb 技术和 DSP 都扩展到 ARM 指令集中，并具有 Embedded ICE－RT 逻辑(ARM 的基于 Embedded ICE JTAG 软件调试的增强版本)，更好地适应了实时系统的开发需要。同时，其内核在 ARM9 处理器内核的基础上使用了 Jazelle 增强技术，该技术支持一种新的 Java 操作状态，允许在硬件中执行 Java 字节码。

7. ARM10 系列

ARM10 发布于 1999 年，该系列包括 ARM1020E 和 ARM1022E 微处理器核。其核心在于使用向量浮点(VFP)单元 VFP10 提供高性能的浮点解决方案，从而极大地提高了处理器的整型和浮点运算性能，为用户界面的 2D 和 3D 图形引擎应用夯实基础，例如视频游戏机和高性能打印机等。

8. ARM11 系列

ARM1136J－S 发布于 2003 年，是针对高性能和高效能的应用而设计的。ARM1136J－S 是第一个执行 ARMv6 架构指令的处理器，它集成了一条具有独立的 load-store 和算术流水线的 8 级流水线。ARMv6 指令包含了针对媒体处理的单指令多数据流(SIMD)扩展，采用特殊的设计以改善视频处理性能。

ARM1136JF－S 就是为了进行快速浮点运算，而在 ARM1136J－S 增加了向量浮点单元。

9. XScale

XScale 处理器将 Intel 处理器技术和 ARM 体系结构融为一体，致力于为手提式通信和消费类电子设备提供理想的解决方案。另外，还可提供全性能、高性价比、低功耗的解决方案，支持 16 位 Thumb 指令和集成数字信号处理指令。

2.2 ARM7TDMI

ARM7TDMI 是基于 ARM 体系结构 v4 版本的低端 ARM 核(**注意**：核并非芯片，ARM 核与其他部件(如 RAM、ROM、片内外设)组合在一起才构成现实的芯片)。ARM7TDMI 是从 ARM6 核发展而来的，而 ARM6 核最早实现了 32 位地址空间编程模式，但是 ARM6 所使用的技术使它很难稳定地在低于 5 V 的电源电压下工作。而 ARM7 弥补了这一不足，并且在短时间增加了 64 位乘法指令(带 M 后缀的)、支持片上调试(带D后缀的)、高密度16位Thumb指令集扩展(带T后缀的)和Embedded ICE硬件仿真功能模块(带I后缀的),形成ARM7TDMI。

ARM7TDMI-S是ARM7TDMI的可综合(synthesizable)版本(软核),对应用工程师来说,除非芯片生产厂商对ARM7TDMI-S进行了裁剪,否则在逻辑上ARM7TDMI-S与ARM7TDMI没有太大区别,其编程模型与ARM7TDMI一致。

如果没有特殊说明,本章对ARM7TDMI和ARM7TDMI-S不加区分,统一称之为ARM7TDMI,以下简称ARM。

2.2.1 存储器的字与半字

由于ARM处理器使用了冯·诺依曼(von Neumann)结构,指令和数据共用一条32位总线,因此只有装载、存储和交换指令可以对存储器中的数据进行访问。

ARM处理器直接支持8位字节、16位半字或者32位字的数据类型。其中,以能被4整除的地址开始连续的4个字节构成1个字,字的数据类型为4个连续的字节。从偶数地址开始连续的2个字节构成一个半字,半字的数据类型为2个连续的字节。ARM指令的长度刚好是1个字,Thumb指令的长度刚好是一个半字。

如果一个数据是以字方式存储的,那么它就是字对齐的,否则就是非字对齐的。如果一个数据是以半字方式存储的,那么它就是半字对齐的,否则就是非半字对齐的,半字对齐与字对齐的实际情形见表2.1。

表2.1 半字对齐与字对齐

方　式	半字对齐	字对齐
地址	⋮ 0x4002 0x4004 0x4006 0x4008 ⋮	⋮ 0x4004 0x4008 0x400C 0x4010 ⋮
特征	bit0=0 其他位为任意值	bit1=0,bit0=0 其他位为任意值

编程小知识: ARM处理器直接支持对齐存放的半字或字数据的存取,也就是可以使用一条相应的指令来实现对应操作(详见第3章)。如果访问非对齐的半字或字数据,将需要多条指令组合才能实现对应操作,这对程序的执行效率影响较大。因此,在C语言编程中,定义的多字节变量或结构体,最好使其为对齐存放。

2.2.2 3 级流水线

ARM 处理器使用流水线来增加处理器指令流的速度,这样可使几个操作同时进行,并使处理和存储器系统之间的操作更加流畅、连续,能提供 0.9 MIPS/MHz 的指令执行速度。

3 级流水线如图 2.1 所示(其中 PC 为程序计数器),流水线使用 3 个阶段,因此指令分 3 个阶段执行:

① 取指 从存储器装载一条指令;

② 译码 识别将要被执行的指令;

③ 执行 处理指令并将结果写回寄存器。

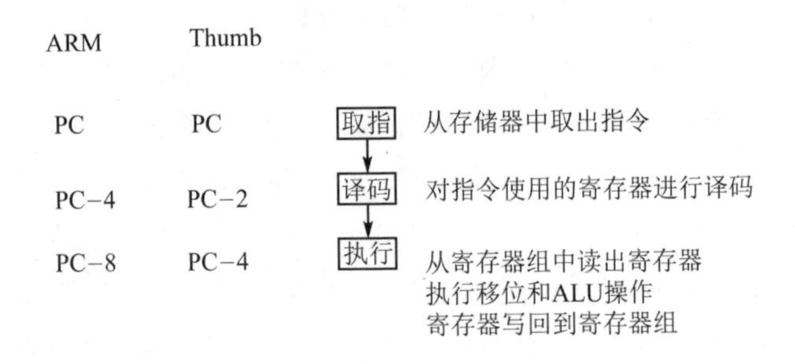

图 2.1 ARM7 的 3 级指令流水线

在传统的 80C51 单片机中,处理器只有完成一条指令的读取和执行后,才会开始下一条指令的处理,所以 PC 总是指向正在“执行”的指令。由于 ARM7 的指令流水线具有 3 个工位,将指令的处理分为 3 个阶段,分别为取指、译码和执行。因此 ARM“正在执行”第 1 条指令的同时对第 2 条指令进行译码,并将第 3 条指令从存储器中取出,那么一条 ARM7 流水线只有在取第 4 条指令时,第 1 条指令才算完成执行。也就是说,在流水线中同时存在 3 条指令,它们分别处于不同的处理阶段。

下面用图 2.2 来进一步阐述 3 级流水线的处理机制,这样更加具体和形象。该图反映了处理器处于第三周期时的 PC 指向。除此之外,在执行“指令 1”的同时对“指令 2”进行译码,并将“指令 3”从存储器中取出。也就是说,只有“指令 1”完成执行时,才开始“指令 4”的取指处理。

无论处理器处于何种状态,程序计数器 R15(即 PC)总是指向“正在取指”的指令,而不是指向“正在执行”的指令或正在“译码”的指令。一般来说,人们习惯性约定将“正在执行的指令作为参考点”,称之为当前第 1 条指令。因此,PC 总是指向第 3 条指令,或者说 PC 总是指向当前正在执行的指令地址再加 2 条指令的地址。

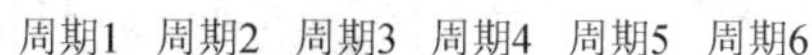

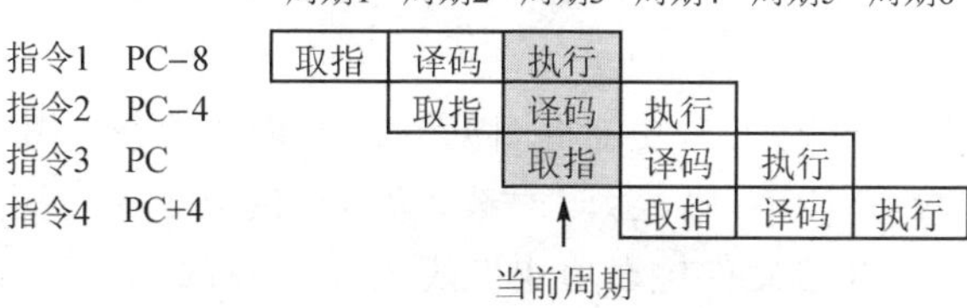

图2.2　3级流水线结构的指令执行顺序

当处理器处于ARM状态时，每条指令长为4字节，所以PC的值为正在执行的指令地址加8字节，即

PC值＝当前程序执行位置＋8字节

当处理器处于Thumb状态时，每条指令长为2字节，所以PC的值为正在执行的指令地址加4字节，即

PC值＝当前程序执行位置＋4字节

下面通过示例程序来进一步了解实际读取PC时要注意的问题，如程序清单2.1所示。

程序清单2.1　PC的读取

```
0x4000    ADD   PC,PC,#4        ；正在被执行的指令，将地址值PC+4写到PC
0x4004    …                     ；正在被译码的指令
0x4008    …                     ；正在被取指的指令，PC=0x4008
0x400C    …                     ；PC+4=0x400C
```

假设地址0x4000上的ADD指令是处理器“正在执行”的第1条指令，该指令的功能是把PC＋4的值放到PC寄存器里（通常用于程序跳转）。由于PC总是指向第三条指令，即0x4008就是“正在取指”的指令的地址，从而可以得出地址：PC＋4＝0x4008＋4＝0x400C，于是将地址值0x400C写入PC寄存器，千万不要误认为是写入地址值0x4004。

编程小知识：从上面的描述可以发现只有流水线被指令填满时才能发挥最大效能，即每时钟周期完成一条指令的执行（仅指单周期指令）。如果程序发生跳转，流水线会被清空，这将需要几个时钟才能使流水线再次填满。因此，尽量少地使用跳转指令可以提高程序执行效率，解决方案就是尽量使用指令的“条件执行”功能，详见第3章。

2.3　ARM 的模块、内核和功能框图

ARM 的模块框图见图 2.3,功能框图见图 2.4,内核框图见图 2.5。

ARM 模块包含了 CPU 协处理器接口信号、读与写数据总线(WDATA 和 RDATA)、Embedded ICE 硬件仿真功能模块和片上调试系统等必备的功能。数据总线上没有双向路径,图 2.3 对这些作了简化。

如图 2.4 所示,ARM 微处理器与传统的 8 位单片机相比,在很多地方都有相似之处。例如,同样也包含了时钟、存储器接口、存储器管理接口、总线控制、仲裁等基本功能模块;所不同的是增加了功能更加强大的协处理器接口、调试接口、同步的 Embedded ICE - RT 扫描调试访问接口等。

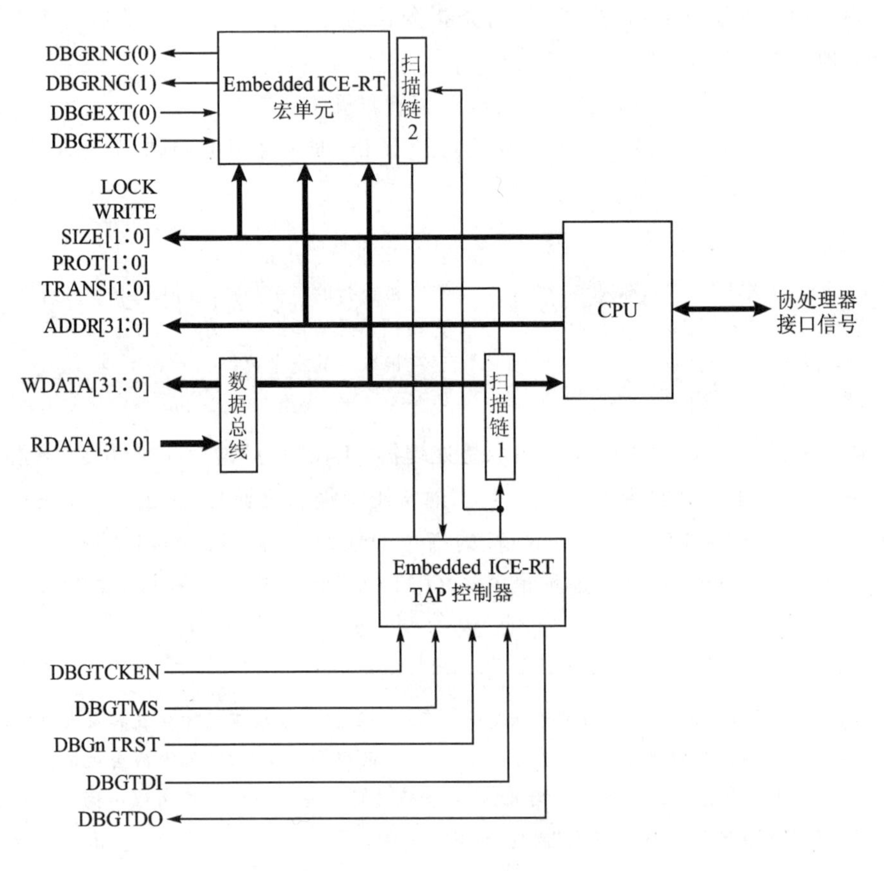

图 2.3　ARM 模块框图

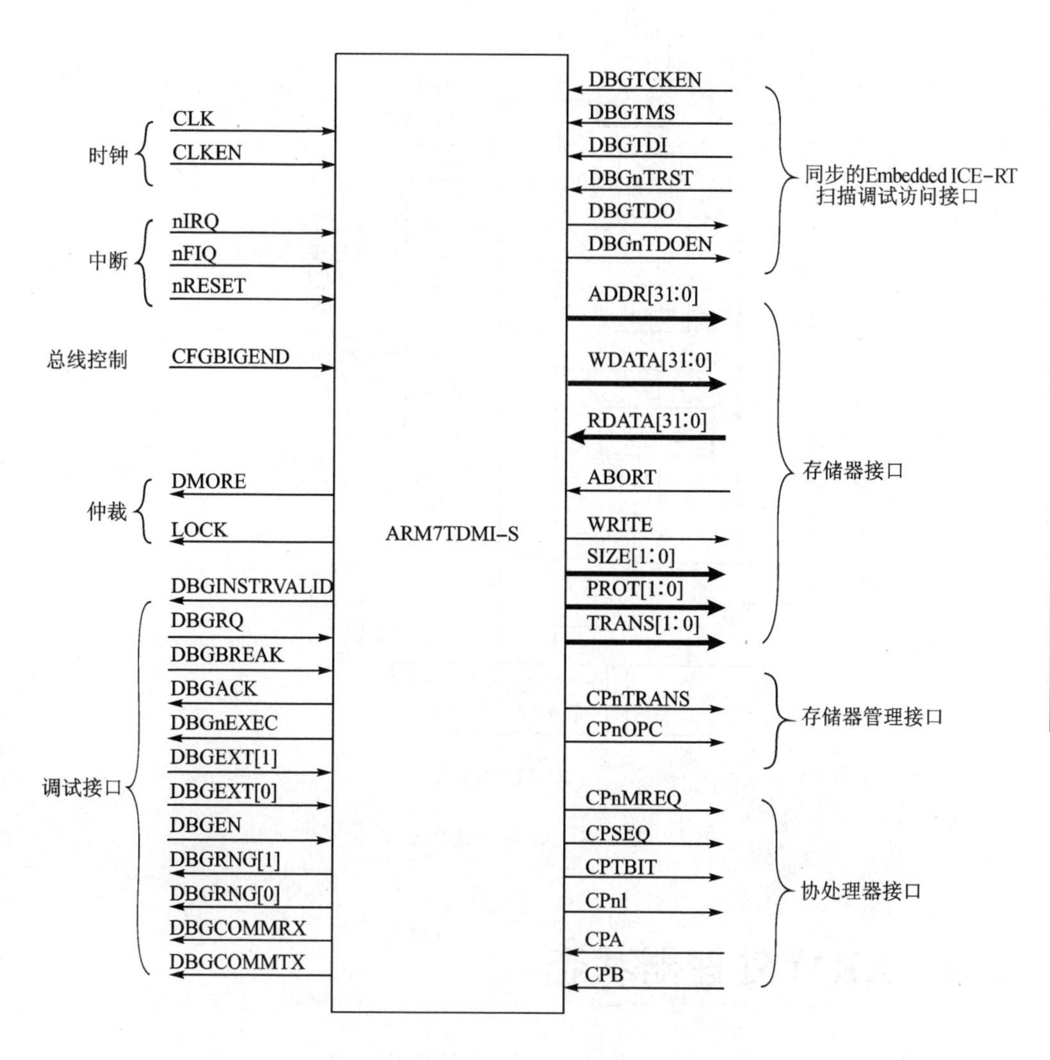

时钟
CLK
CLKEN
中断
nIRQ
nFIQ
nRESET
总线控制
CFGBIGEND
仲裁
DMORE
LOCK
DBGINSTRVALID
调试接口
DBGRQ
DBGBREAK
DBGACK
DBGnEXEC
DBGEXT[1]
DBGEXT[0]
DBGEN
DBGRNG[1]
DBGRNG[0]
DBGCOMMRX
DBGCOMMTX
ARM7TDMI-S
DBGTCKEN
DBGTMS
DBGTDI
DBGnTRST
DBGTDO
DBGnTDOEN
同步的Embedded ICE-RT
扫描调试访问接口
ADDR[31:0]
WDATA[31:0]
RDATA[31:0]
ABORT
WRITE
SIZE[1:0]
PROT[1:0]
TRANS[1:0]
存储器接口
CPnTRANS
CPnOPC
存储器管理接口
CPnMREQ
CPSEQ
CPTBIT
CPnl
CPA
CPB
协处理器接口

图 2.4　ARM 功能框图

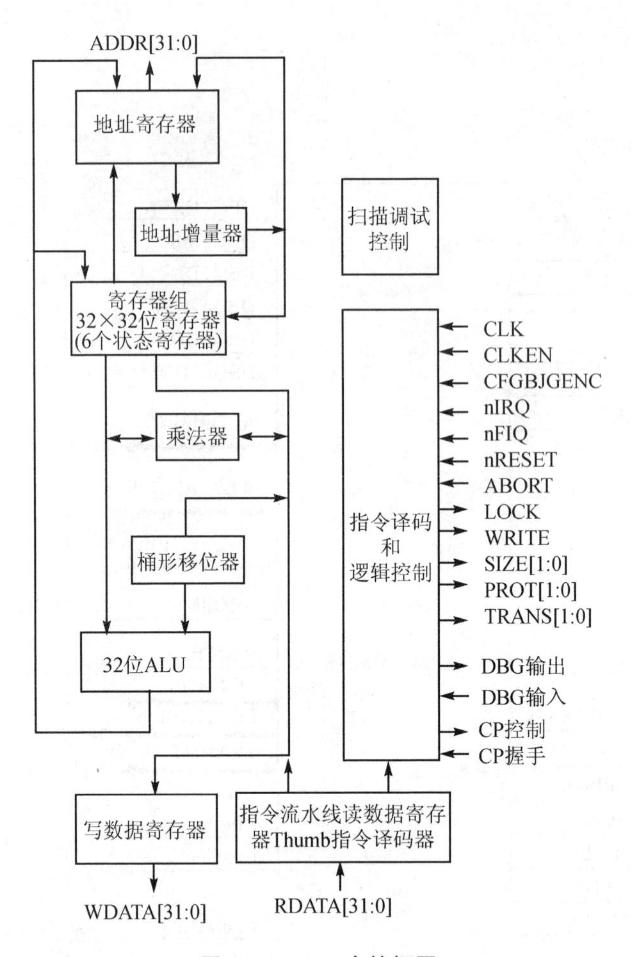

图 2.5　ARM 内核框图

2.4　ARM 处理器状态

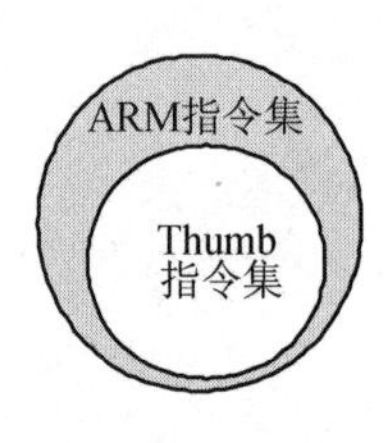

图 2.6　两种指令集的关系

嵌入式系统在某些应用场合对存储成本或空间要求比较苛刻，为了让用户更好地控制代码量，于是设计了 2 套指令系统，分别为 ARM 指令集和 Thumb 指令集。其中 ARM 指令集为 32 位(字)长度，具有最完整的功能；Thumb 指令集为 16 位(半字)长度，能实现 ARM 指令集的大部分功能。在功能上可以认为 Thumb 是 ARM 指令集的子集(见图 2.6)，但其却具有极高的代码密度(平均缩减 30％的代码量)。既然 ARM 处理器共存 2 种指令集，那么到底何时执行 ARM 指令集，何时执行 Thumb 指令集呢？ARM 处理器有 2 个处理器状态与这 2 套指令集分别对应。

以“当前程序状态寄存器 CPSR”中的控制位 T 反映处理器正在操作的状态，即哪种指令集正在执行(详见 2.7.2 小节)。当 T=0 时，处理器处于 ARM 状态，执行 ARM 指令；当 T=1 时，处理器处于 Thumb 状态，执行 Thumb 指令。由此可见，ARM 处理器的 2 种操作状态分别为：

- ARM 状态：32 位，处理器执行字方式的 ARM 指令，处理器在系统上电时默认为 ARM 状态。
- Thumb 状态：16 位，处理器执行半字方式的 Thumb 指令。

注意：ARM 和 Thumb 状态间的切换并不影响处理器模式或寄存器内容。

只有当处理器处于 ARM 状态时，ARM 指令集才有效，反之只能使用 Thumb 指令集。当处理器处于 Thumb 状态，处理器“只能”执行 16 位的 Thumb 指令；也就是说，无论处理器处于何种状态，ARM 指令集与 Thumb 指令集不能同时混合使用。

从一个 ARM 例程调用另一个 Thumb 例程时，内核必须切换状态，反之亦然。下面使用 BX 分支指令将 ARM 内核的操作状态在 ARM 和 Thumb 之间进行切换，见程序清单 2.2。

程序清单 2.2 状态的切换

```
;从 ARM 状态切换到 Thumb 状态
        CODE32                      ;下面的指令为 ARM 指令
        LDR     R0,=Lable+1         ;R0 的 bit0=1,BX 自动将 CPSR 中的 T 置 1
        BX      R0                  ;切换到 Thumb 状态,并跳转到 Lable 处执行
        CODE16                      ;下面的指令为 Thumb 指令
Lable   MOV     R1,#12
;从 Thumb 状态切换到 ARM 状态
        CODE16                      ;下面的指令为 Thumb 指令
        LDR     R0,=Lable           ;R0 的 bit0=0,BX 自动将 CPSR 中的 T 置 0
        BX      R0                  ;切换到 ARM 状态,并跳转到 Lable 处执行
        CODE32                      ;下面的指令为 ARM 指令
Lable   MOV     R1,#10
```

编程小知识：BX 指令是在程序跳转的同时进行状态切换。前面提到，在程序发生跳转时流水线会被清空，所以使用 BX 指令进行状态切换后，流水线中按原来处理器状态进行取指和译码的指令(与当前处理器状态不符的指令)会被清除，也就不会引起处理器的错误。在第 3 章会介绍一条可以直接修改 PSR 寄存器的“MSR——写状态寄存器指令”，通过它来修改 T 位可以实现状态切换；但是，因为它不会清空流水线，所以这种方法是不安全的。因此强烈推荐使用 BX 指令进行安全的状态切换。

2.5 ARM处理器模式

ARM处理器共支持7种处理器模式,并以当前程序状态寄存器CPSR中的控制位M[4:0]反映处理器正在操作的模式,如表2.2所列。除了用户(user,usr)模式之外的其他6种处理器模式称之为特权(privileged)模式,它们分别是系统(system,sys)模式和异常模式。其中,管理(supervisor,svc)模式、中止(abort,abt)模式、未定义(undefined,und)模式、中断(interrupt request,irq)模式及快速中断(fast interrupt request,fiq)模式都是异常模式。

表2.2 ARM处理器模式

<table>
<tr><th colspan="3">处理器模式</th><th>说 明</th><th>备 注</th></tr>
<tr><td colspan="3">用户(usr)</td><td>正常程序运行的工作模式</td><td>不能直接从用户模式切换到其他模式</td></tr>
<tr><td rowspan="6">特权模式</td><td colspan="2">系统(sys)</td><td>用于支持操作系统的特权任务等</td><td>与用户模式类似,但具有直接切换到其他模式等特权</td></tr>
<tr><td rowspan="5">异常模式</td><td>管理(svc)</td><td>供操作系统使用的一种保护模式</td><td>只有在系统复位和软件中断响应时,才进入此模式</td></tr>
<tr><td>中止(abt)</td><td>用于虚拟内存和(或)存储器保护</td><td>在ARM7内核中没有多大用处</td></tr>
<tr><td>未定义(und)</td><td>支持软件仿真的硬件协处理器</td><td>只有在未定义指令异常响应时,才进入此模式</td></tr>
<tr><td>中断(irq)</td><td>中断请求处理</td><td>只有在IRQ异常响应时,才进入此模式</td></tr>
<tr><td>快速中断(fiq)</td><td>快速中断请求处理</td><td>只有在FIQ异常响应时,才进入此模式</td></tr>
</table>

只有在特权模式下才允许对当前程序状态寄存器CPSR的所有控制位直接进行读/写访问,而在非特权模式下只允许对CPSR的控制位进行间接访问。

1. 异常模式

管理模式、中止模式、未定义模式、中断模式和快速中断模式这5种处理器模式统称之为异常模式。通过程序修改CPSR可以进入异常,程序清单2.3就是从系统模式切换到管理模式的示例。除此之外,也可以在内核对异常或者中断响应时由硬件切换到异常模式。

程序清单2.3 从系统模式切换到管理模式

```
MSR     CPSR_c,#(NoInt | SVC32Mode)        //从系统模式切换到管理模式
```

注意: 当一个异常发生时,处理器总是切换到ARM状态而非Thumb状态。

每一种异常与处理器的一种模式相对应,一旦应用程序发生特定的异常中断时,

处理器便进入相应的异常模式,处理器内核立即跳转到向量表中的某个入口地址,执行相应的处理程序。与此同时,在每一种异常模式中都有对应的寄存器,供相应的异常处理程序使用,从而可以保证处理器在进入异常模式时,用户模式下的寄存器不被破坏。

究竟何时进入异常模式,具体规定如下:

- 处理器复位之后进入管理模式,操作系统内核通常处于管理模式;
- 当处理器访问存储器失败时,进入数据访问中止模式;
- 当处理器遇到不支持的指令时,进入未定义模式;
- 中断模式与快速中断模式分别对 ARM 处理器两种不同级别的中断作出响应。

2. 系统模式

用户模式是程序正常运行的工作模式。系统模式与用户模式具有完全相同的寄存器,由于系统模式是一种特权模式,因此可以访问所有的系统资源,也可以直接进行处理器模式切换;但系统模式主要供操作系统的任务使用,允许对 CPSR 进行读/写访问。

通常操作系统的任务需要访问所有的系统资源,有了系统模式,操作系统就可以访问用户模式下相应的寄存器了,而不是使用异常模式下相应的寄存器,这样就可以保证当异常中断发生时任务的状态不被破坏。

注意: 用户模式与系统模式不能由异常进入,也就是说要想进入系统模式,必须通过修改 CPSR 才能实现,程序清单 2.4 就是从管理模式切换到系统模式的示例。

程序清单 2.4 从管理模式切换到系统模式

```
MSR     CPSR_c,#(NoInt | SYS32Mode)          //从管理模式切换到系统模式
```

2.6 ARM 内部寄存器

在 ARM 处理器内部共有 37 个用户可访问的 32 位寄存器,其中有 6 个 32 位宽的状态寄存器,目前只使用了其中 12 位。37 个寄存器分别为:

- 31 个通用 32 位寄存器:R0~R15、R13_svc、R14_svc、R13_abt、R14_abt、R13_und、R14_und、R13_irq、R14_irq、R8_fiq、R9_fiq、R10_fiq、R11_fiq、R12_fiq、R13_fiq、R14_fiq。
- 6 个状态寄存器:CPSR、SPSR_svc、SPSR_abt、SPSR_und、SPSR_irq、SPSR_fiq。

ARM 处理器共有 7 种不同的处理器模式,每种模式都有一组相应的寄存器组。

注意：这些寄存器不能同时被访问，究竟何时才能访问上述寄存器，完全取决于处理器状态和处理器模式。

2.6.1 ARM 状态下的寄存器

1. 各种模式下实际访问的寄存器

寄存器文件包含了程序员实际能访问的所有寄存器，但是究竟哪些寄存器对程序员来说当前是可用的，则完全取决于当前的处理器模式。因此，在各种处理器模式下，程序员实际能访问的寄存器的权限是完全不一样的。

在 ARM 状态中，可在任何时候同时访问 R0～R15 这 16 个通用寄存器和 1 个或 2 个状态寄存器(CPSR 和 SPSR)。用户模式与系统模式具有完全相同的寄存器，其中 R0～R7 为所有模式所共享的通用寄存器。具有特殊用途的寄存器 R13(堆栈指针 SP)、R14(链接寄存器 LR)、R15(程序计数器 PC)尽管也可以作为通用寄存器来使用，但由于程序编译器通常认为 R13 始终指向一个有效的堆栈结构，所以一定要注意将 R13 当作通用寄存器来使用是非常危险的。在特权模式中，可以访问与模式相关的寄存器组，如表 2.3 所列为每种模式所能访问的寄存器。

表 2.3 ARM 状态各种模式下的寄存器

寄存器类别	寄存器在汇编中的名称	各种模式下实际访问的寄存器						
		用户	系统	管理	中止	未定义	中断	快速中断
通用寄存器和程序计数器	R0(a1)	R0						
	R1(a2)	R1						
	R2(a3)	R2						
	R3(a4)	R3						
	R4(v1)	R4						
	R5(v2)	R5						
	R6(v3)	R6						
	R7(v4)	R7						
	R8(v5)	R8						R8_fiq
	R9(SB,v6)	R9						R9_fiq
	R10(SL,v7)	R10						R10_fiq
	R11(FP,v8)	R11						R11_fiq
	R12(IP)	R12						R12_fiq
	R13(SP)	R13		R13_svc	R13_abt	R13_und	R13_irq	R13_fiq
	R14(LR)	R14		R14_svc	R14_abt	R14_und	R14_irq	R14_fiq
	R15(PC)	R15						

续表 2.3

寄存器类别	寄存器在汇编中的名称	各种模式下实际访问的寄存器						
		用户	系统	管理	中止	未定义	中断	快速中断
状态寄存器	CPSR	CPSR						
	SPSR	—		SPSR_svc	SPSR_abt	SPSR_und	SPSR_irq	SPSR_fiq

注：括号内为 ATPCS 中寄存器的命名，可以使用 Rn 汇编伪指令将寄存器定义多个名字。其中，ADS1.2 的汇编程序直接支持这些名称，但注意 a1～a4、v1～v8 必须用小写字母，详见参考文献[2]。

2. 一般的通用寄存器

寄存器 R0～R7 为保存数据或地址值的通用寄存器，这是因为在任何处理器模式下，R0～R7 中的每一个寄存器都是同一个 32 位物理寄存器。

寄存器 R0～R7 是完全通用的寄存器，不会被体系结构作为特殊的用途，并且可用于任何使用通用寄存器的指令。

注意： 在由用户模式进入异常中断之后，可能会造成寄存器中的数据丢失，因此应该对重要数据进行备份。

寄存器 R8～R14 所对应的物理寄存器取决于当前的处理器模式，几乎所有允许使用通用寄存器的指令都允许使用寄存器 R8～R14。

寄存器 R8～R12 有 2 组不同的物理寄存器，如表 2.4 所列。其中，一组用于除 FIQ 模式之外的所有寄存器模式(R8～R12)，另一组用于 FIQ 模式(R8_fiq～R12_fiq)。在进入 FIQ 模式后就不必为保护寄存器而浪费时间，程序可以直接使用 R8_fiq～R12_fiq 来执行操作了，从而实现快速的中断处理。

表 2.4 分组寄存器

通用寄存器	用　户	系　统	管　理	中　止	未定义	中　断	快速中断
R8(v5)	R8						R8_fiq
R9(SB,v6)	R9						R9_fiq
R10(SL,v7)	R10						R10_fiq
R11(FP,v8)	R11						R11_fiq
R12(IP)	R12						R12_fiq

寄存器 R13 和 R14 分别有 6 个不同的物理寄存器，其中的 1 个是用户模式和系统模式共用的，其余的 5 个分别对应于其他 5 种异常模式。

3. 堆栈指针 R13(SP)

严格来说，“堆栈”实际上是指“堆”和“栈”，这是两个不同的概念，但是为了符合通常的表述习惯，在以后的内容中如果没有特别指出，堆栈一词仅表示“栈”的意思。堆栈是在内存中划分出的一段存储空间，这个存储空间就像是一个大的数据仓库，用于暂时保存一些数据。堆栈操作通常会发生在子程序调用、异常发生或者是程序运行过程中寄存器数量不够时。

在前两种情况下，通常是把子程序或者异常服务程序将要用到的寄存器内容保存到堆栈中。在子程序或者异常处理程序结束返回时再将保存在堆栈中的值重装到相应的寄存器中，这样便可确保原有的程序状态不会被破坏。

还有一种情况是，如果程序运行过程中，局部变量的数量太多，以至于处理器内部的寄存器无法全部装下时，程序员或者编译器会使用堆栈来作为数据暂存空间，将暂时未用到的数据压栈处理，当需要用到时再取出来。

堆栈的结构就像是一个弹匣，只有一个子弹（数据）出入口，如图 2.7 所示。不同之处在于有子弹（数据）出入时，弹匣的出入口位置不变而弹匣内的子弹位置变化，而堆栈是栈中的数据位置不变而出入口变化。

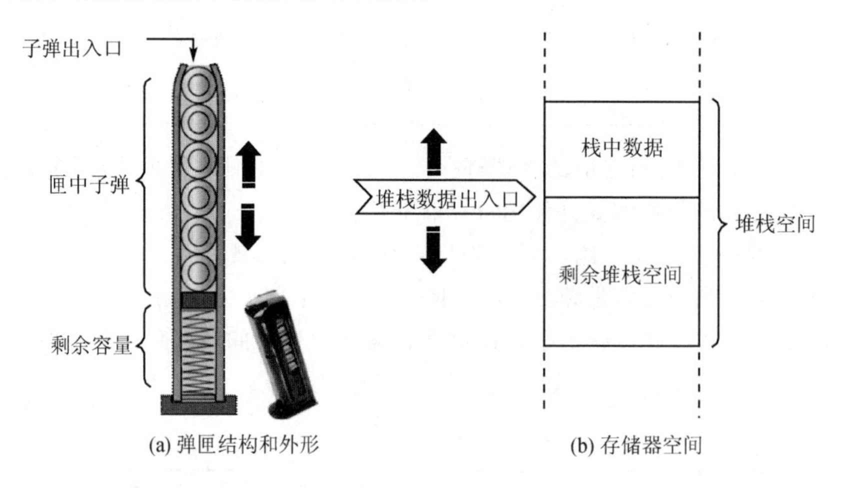

图 2.7　堆栈结构与弹匣结构类似

由图 2.7(a)可知，最先压入的子弹（数据）将会在最后弹出，这就是“栈”的一个重要特性——先入后出（或称为后入先出）。堆栈操作分为“入栈”和“出栈”。入栈是往栈中写入数据，每写入一个数据，栈的剩余空间就减少一个（就像往弹匣中压入了一颗子弹）。出栈是从栈中取走数据，每取走一个数据，栈的剩余空间就增加一个（就像从弹匣中发射出去一颗子弹）。堆栈实际是一段内存空间，那么堆栈的出入口其实就是一个地址，程序在进行堆栈操作时需要能非常方便地知道当前的出入口是在哪里。堆栈指针就像是一个指引程序前往这个出入口的向导，这个向导始终记着出入口的地址。

通常称堆栈指针指向的存储单元为“栈顶”，而堆栈区域中保存第一个堆栈数据的存储单元被称之为“栈底”。如果把堆栈比作是一个水桶，那么桶底就相当于栈底，而桶中的水面就相当于栈顶。

在 ARM 处理器中通常将寄存器 R13 作为堆栈指针(SP)，用于保存堆栈出入口处的地址。ARM 处理器一共有 6 个堆栈寄存器，其中用户模式和系统模式共用一个，每种异常模式都有专用的 R13 寄存器。它们通常指向各模式所对应的专用堆栈，也就是说 ARM 处理器允许用户程序有 6 个不同的堆栈空间。这些堆栈指针分别为 R13、R13_svc、R13_abt、R13_und、R13_irq、R13_fiq，如表 2.5 所列。

表 2.5　堆栈指针

堆栈指针	用　户	系　统	管　理	中　止	未定义	中　断	快速中断
R13(SP)	R13		R13_svc	R13_abt	R13_und	R13_irq	R13_fiq

ARM 处理器的堆栈操作具有非常大的灵活性，根据堆栈指针的增减方向和指针指向的存储单元是否为空，共有 4 种堆栈方式：满递增、空递增、满递减和空递减。

注意：相关内容将在 3.2.1 小节中的“ARM 存储器访问指令”部分作详细介绍。

---

4. 链接寄存器 R14(LR)

寄存器 R14 也称为链接寄存器(LR)，子程序的返回地址将自动地存入到 R14 中。每种异常模式都有专用的 R14 寄存器用于保存子程序返回地址，它们分别为 R14_svc、R14_abt、R14_und、R14_irq、R14_fiq，如表 2.6 所列。

表 2.6　链接寄存器

链接寄存器	用　户	系　统	管　理	中　止	未定义	中　断	快速中断
R14(LR)	R14		R14_svc	R14_abt	R14_und	R14_irq	R14_fiq

在结构上 R14 有 2 种特殊功能：

① 当使用 BL 指令调用子程序时，返回地址将自动存入 R14 中。在子程序结束时，将 R14 复制到程序计数器 PC 中即可实现子程序的返回。通常有 2 种方式实现子程序的返回操作。

➢ 执行下列任何一条指令：

```
MOV     PC,LR
BX      LR
```

➢ 在子程序入口，使用 STMFD 指令将 R14 和其他寄存器的内容保存到堆栈 SP 中：

```
STMFD    SP!,{<registers>,LR}
```

在子程序结束时,使用批量寄存器读取指令 LDMFD,将返回地址从堆栈中复制到程序计数器 PC 中,即可实现子程序的返回。

```
LDMFD  SP!,{<registers>,PC}^
```

② 当发生异常中断时,应注意保证异常处理程序不会破坏 LR,因为 LR 保存的是异常处理程序的返回地址,即将异常处理程序的返回地址保存到 LR 对应的异常模式寄存器中。异常处理程序完成后的返回是通过将 LR 的值写入 PC,同时从 SPSR 寄存器中恢复 CPSR 来实现的。

寄存器 R14 在其他任何时候都可作为一个通用寄存器。

5. 程序计数器 R15(PC)

寄存器 R15 保存程序计数器(PC),也就是说,R15 总是指向正在"取指"的指令。

(1) 读 R15

由于 ARM 指令是字对齐的,PC 值的结果 bit[1:0]总为 0。

当使用 STR 或 STM 指令保存 R15 时,R15 保存的可能是当前指令地址加 8 字节,或者是当前指令地址加 12 字节(将来还可能出现别的数据)。偏移量究竟是 8 还是 12(或是其他数值)取决于 ARM 的芯片设计。对于某个具体的芯片,它是个常量。

由于上述原因,最好避免使用 STR 和 STM 指令来保存 R15,否则会影响程序的可移植性。如果确实很难做到,那么应当在程序中使用一些合适的指令代码来确定当前使用的芯片所使用的偏移量。例如,使用程序清单 2.5 所示的指令代码将这个偏移量存入 R0 中。

程序清单 2.5 测试具体芯片关于存储 PC 时的偏移量

```
SUB     R1,PC,#4          ;R1 存放下面 STR 指令的地址
STR     PC,[R0]           ;保存"STR 指令地址+偏移量"到 R0 中
LDR     R0,[R0]           ;然后重装
SUB     R0,R0,R1          ;计算偏移量=PC-STR 地址
```

(2) 写 R15

当执行一条写 R15 的指令时,写入 R15 的正常结果值被当成一个指令地址,程序从这个地址处继续执行(相当于执行一次无条件跳转)。

由于 ARM 指令是字对齐的,写入 R15 值的结果 bit[1:0]必须为 0b00,否则结果将不可预测。在 Thumb 指令集中,指令是半字对齐的,处理器将忽略 bit0,即写入 R15 的地址值必须首先与"0xFFFF FFFE"做"与"操作再写入 R15 当中。

6. CPSR 与 SPSR

所有模式全部共享一个程序状态寄存器 CPSR，ARM 内核就是通过使用 CPSR 来监视和控制内部操作的。

在异常模式中，允许访问用于保存 CPSR 当前值的备份程序状态寄存器 SPSR，每种异常都有相应的 SPSR，它们分别为 SPSR_svc、SPSR_abt、SPSR_und、SPSR_irq、SPSR_fiq，如表 2.7 所列。

表 2.7 CPSR 与 SPSR 状态寄存器

状态寄存器	用　户	系　统	管　理	中　止	未定义	中　断	快速中断
CPSR	CPSR						
SPSR	—		SPSR_svc	SPSR_abt	SPSR_und	SPSR_irq	SPSR_fiq

注意： 由于用户模式和系统模式不是异常中断，所以它们没有 SPSR。因此在用户模式和系统模式中不要访问 SPSR，否则将会产生不可预知的结果。

除用户模式之外，每一种处理器模式都可以通过改写 CPSR 中的模式位来改变。除用户模式和系统模式共用一组分组寄存器之外，所有处理器模式都有一组自己的分组寄存器。如果改变处理器的模式，新模式的分组寄存器将取代原来模式的分组寄存器组。

例如，当处理器处于中断模式时，执行的指令可访问的仍然是 R13 和 R14 寄存器，但实际上是访问分组寄存器 R13_irq 和 R14_irq，而用户模式下的 R13_usr 和 R14_usr 不会受到任何影响，程序仍然可以正常访问 R0～R12 寄存器。

CPSR 与 SPSR 相互之间的关系：

- 当一个特定的异常中断发生时，将 CPSR 的当前值保存到相应异常模式下的 SPSR，然后设置 CPSR 为相应的异常模式；
- 从异常中断程序退出返回时，可通过保存在 SPSR 中的值来恢复 CPSR。

注意： 当通过程序直接改写 CPSR 来切换模式时，CPSR 不会被保存到 SPSR，因此只有发生异常或者中断时，才需要将 CPSR 备份到 SPSR。

编程小知识： 根据 ATPCS 规定（规定了子程序间调用的基本规则），子程序中的局部变量使用内部寄存器 R4～R11 来保存（Thumb 状态为 R4～R7，如果寄存器不够用则存放在内存中）。因为这些寄存器都是 32 位的，所以程序处理 32 位长度的变量时效率最高。如果把局部变量定义为 8 位或者 16 位，它们也独占着一个 32 位寄存器，非但没有减少寄存器的使用量，还会导致编译器使用额外的指令来限定变量的内容。比如，使用“与”指令来屏蔽 32 位寄存器中的高位。因此，在定义局部变量时请尽量定义为 32 位长度的，比如用于循环计数的变量。

2.6.2 Thumb状态下的寄存器

1. 各种模式下实际访问的寄存器

Thumb状态寄存器集是ARM状态集的子集，程序员可直接访问：

- 8个通用寄存器(R0～R7)；
- 程序计数器(PC)；
- 堆栈指针(SP)；
- 链接寄存器(LR)；
- 程序状态寄存器(CPSR)。

每个特权模式都有分组的SP和LR，Thumb寄存器的详细情况见表2.8。

表2.8 Thumb状态各种模式下的寄存器

寄存器类别	寄存器在汇编中的名称	各种模式下实际访问的寄存器						
		用户	系统	管理	中止	未定义	中断	快速中断
通用寄存器和程序计数器	R0(a1)	R0						
	R1(a2)	R1						
	R2(a3)	R2						
	R3(a4)	R3						
	R4(v1)	R4						
	R5(v2)	R5						
	R6(v3)	R6						
	R7(v4,WR)	R7						
	SP	R13		R13_svc	R13_abt	R13_und	R13_irq	R13_fiq
	LR	R14		R14_svc	R14_abt	R14_und	R14_irq	R14_fiq
	PC	R15						
状态寄存器	CPSR	CPSR						

注：括号内为ATPCS中寄存器的命名，可以使用Rn汇编伪指令将寄存器定义多个名字。其中，ADS 1.2的汇编程序直接支持这些名称，但注意a1～a4、v1～v4必须用小写字母。详见参考文献[2]。

2. 一般的通用寄存器

在汇编语言中寄存器R0～R7为保存数据或地址值的通用寄存器，对于任何处理器模式，它们中的每一个都对应于相同的32位物理寄存器。它们是完全通用的寄存器，不会被体系结构作为特殊的用途，并且可用于任何使用通用寄存器的指令。

3. 堆栈指针SP

堆栈指针SP对应ARM状态的寄存器R13，Thumb指令集带有传统的PUSH

和POP指令用于堆栈操作处理,它们以“满递减堆栈”的方式来实现,详见2.6.1小节关于“堆栈指针R13”部分和第3章指令集部分内容。

4. 链接寄存器LR

链接寄存器LR对应ARM状态寄存器R14,在结构上有2种特殊功能,详见2.6.1小节中的“链接寄存器R14”部分。

5. ARM状态寄存器与Thumb状态寄存器之间的关系

ARM状态寄存器与Thumb状态寄存器有如下的关系:

① Thumb状态R0~R7与ARM状态R0~R7相同。

② Thumb状态CPSR(无SPSR)与ARM状态CPSR相同。由于Thumb指令集不包含MSR和MRS指令,如果用户需要修改CPSR的任何标志位,必须回到ARM模式。通过BX和BLX指令来改变指令集模式,而且当完成复位(Reset)或者进入到异常模式时,将会被自动切换到ARM模式。

注意: 所有的异常处理都是在ARM状态下执行的,在Thumb状态下,如果有任何中断或者异常标志出现,那么处理器就会自动切换到ARM状态去进行异常处理,当异常处理完毕返回时,处理器又会自动切换返回到Thumb状态,状态切换过程如图2.8所示。

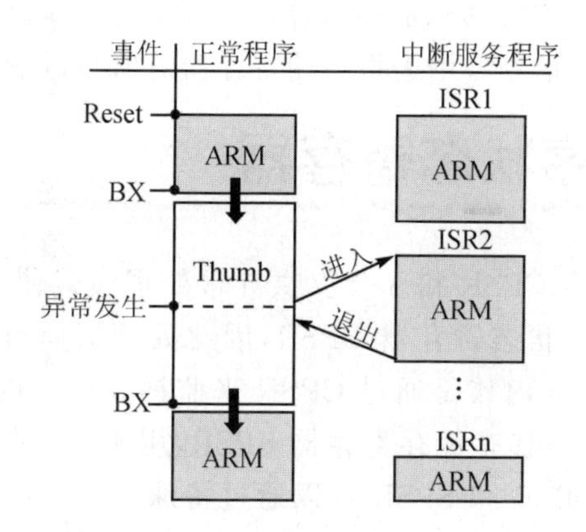

图2.8 状态切换过程

③ Thumb状态SP映射到ARM状态R13。

④ Thumb状态LR映射到ARM状态R14。

⑤ Thumb状态PC映射到ARM状态R15(PC)。

这些关系如图2.9所示。

6. 在Thumb状态中访问高端寄存器

Thumb指令集并不能访问寄存器架构中的所有寄存器,但所有数据处理指令都可以访问R0~R7;然而,可以对R8~R12访问的指令只有以下几条,它们分别为

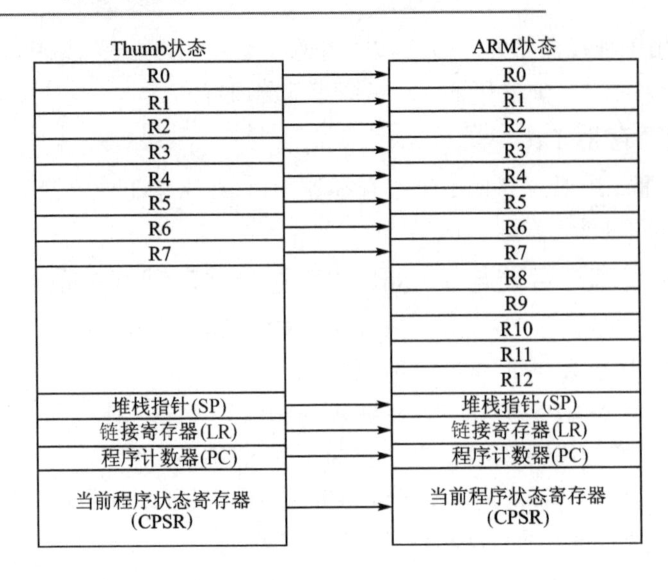

注：寄存器 R0～R7 为低端寄存器，寄存器 R8～R12 为高端寄存器。

图 2.9 Thumb 寄存器在 ARM 状态寄存器上的映射

MOV、ADD、CMP。

可以使用 MOV 指令的特殊变量将一个值从低端寄存器(R0～R7)转移到高端寄存器，或者从高端寄存器转移到低端寄存器。CMP 指令可用于比较高端寄存器和低端寄存器的值。ADD 指令可用于将高端寄存器的值与低端寄存器的值相加。

2.7 当前程序状态寄存器

ARM 内核包含 1 个 CPSR 和 5 个仅供异常处理模式使用的 SPSR。由于所有模式全部共享一个程序状态寄存器 CPSR，因此处理器所有的状态全部都保存在 CPSR 中，也就是说 ARM 内核是通过 CPSR 来监视和控制内部操作的。每种异常模式都有一个对应的程序状态保存寄存器 SPSR，用于保存任务在异常发生之前的 CPSR 状态的当前值，CPSR 和 SPSR 可以通过特殊指令进行访问，详细的信息请参阅第 3 章。图 2.10 给出了 CPSR 的基本格式，CPSR 具体含义如下：

- 4 个条件代码标志(负标志 N、零标志 Z、进位标志 C 和溢出标志 V)；
- 2 个中断禁止位(IRQ 禁止与 FIQ 禁止)；
- 5 个对当前处理器模式进行编码的位(M[4：0])；
- 1 个用于指示当前执行指令状态的位(ARM 指令还是 Thumb 指令)。

注意：为了保持与将来的 ARM 处理器兼容，并且作为一种良好的习惯，在更改 CPSR 时，建议使用读—修改—写的方法。

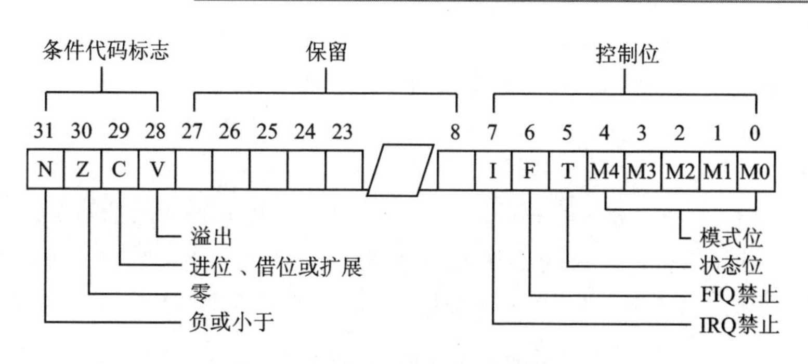

图2.10 程序状态寄存器的格式

2.7.1 条件代码标志

大多数数值处理指令可以选择是否修改条件代码标志。一般地，如果指令带S后缀，则指令会修改条件代码标志；但有一些指令总是改变条件代码标志。

N、Z、C和V位都是条件代码标志，可以通过算术和逻辑操作来设置这些位。这些标志还可通过MSR和LDM指令进行设置。ARM处理器对这些位进行测试以决定是否执行一条指令，这样就可以不用程序跳转也能实现条件执行。

各标志位的含义如下：

➢ 负标志N　运算结果的第31位值，记录标志设置操作的结果；

➢ 零标志Z　如果标志设置操作的结果为0，则置位；

➢ 进位标志C　记录无符号加法溢出，减法无借位，循环移位；

➢ 溢出标志V　记录标志设置操作的有符号溢出。

在ARM状态中，所有指令都可按条件来执行。在Thumb状态中，只有分支指令可条件执行。

2.7.2 控制标志位

CPSR的最低8位为控制位，它们分别是：

➢ 中断禁止标志位I和F；

➢ 处理器状态位T；

➢ 处理器模式位M0～M4。

当发生异常时，控制位改变。当处理器在一个特权模式下操作时，可用软件操作这些位。

1. 中断禁止标志位

标志位I和F都是中断禁止标志位，用来使能或禁止ARM的2种外部中断源。以后可以看到，所有LPC2000的外设都会与这2条中断线相连。针对这2位编程时应当格外小心。为了禁止任一个中断源，该位必须设置为1而不是想象中的0。具体设置如下：

- 当控制位 I 置位时，IRQ 中断被禁止，否则允许 IRQ 中断使能；
- 当控制位 F 置位时，FIQ 中断被禁止，否则允许 FIQ 中断使能。

注意： 当 I 或者 F 控制位为 0 时，则允许 IRQ 或者 FIQ 中断（使能），即 CPU 内核可以响应中断了。那么到底需要满足什么条件，CPU 才能响应外设中断？到底需要满足什么条件，CPU 外设才能产生中断？这里的关键词是“响应中断”、“响应外设中断”与“产生中断”，具体的内容请参考 4.9 节以及相关的功能部件介绍。

如图 2.11 所示，LPC2000 系列 ARM 的中断系统可以分为 3 个层次。最外层是数量众多的外设部件，它们可以产生中断信号。处于最里层的是 ARM 内核，它通过 IRQ 和 FIQ 两根信号线接收外部的中断请求信号，并根据 CPSR 寄存器的 I 和 F 位来决定是否响应中断请求。处于中间层的是向量中断控制器（VIC），它起着承前启后的作用，管理着外层各个外设部件的中断信号，将这些中断信号分配到 ARM 内核的两根中断请求信号线上。VIC 是 LPC2000 系列 ARM 中一个非常重要的部件，在第 4 章中将有详细的介绍。

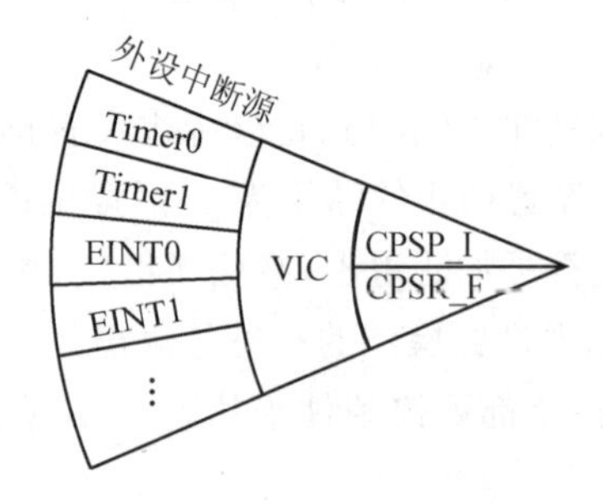

图 2.11　LPC2000 系列 ARM 中断系统简图

由此可见，以中断为主线贯穿整个 CPU 渗透到各个功能部件，起到了极其重要的纽带作用，由内核到外设以中断为主干线、外设为枝构成“中断关联多叉树”，这是学习和设计 ARM 嵌入式应用系统的关键所在，希望能够引起大家的关注。剩下的问题比较简单，那就是如何使用外设。显而易见，只要抓住了中断和外设的使用，一切问题将迎刃而解。

2. 控制位 T

控制位 T 反映了正在操作的状态：

- 当控制位 T 置位时，处理器正在 Thumb 状态下运行；
- 当控制位 T 清零时，处理器正在 ARM 状态下运行。

警告: 绝对不要强制改变 CPSR 寄存器中的控制位 T,如果这样做,处理器会进入一个无法预知的状态。

3. 模式控制位

M4、M3、M2、M1 和 M0 位(即 M[4:0])都是模式控制位,这些位决定处理器的操作模式,见表 2.9。不是所有模式位的组合都定义了有效的处理器模式,因此不要使用表中没有列出的组合。

表 2.9 CPSR 模式位值

M[4:0]	模　式	可见的 Thumb 状态寄存器	可见的 ARM 状态寄存器
10000	用户	R0~R7、SP、LR、PC、CPSR	R0~R14、PC、CPSR
10001	快速中断	R0~R7、SP_fiq、LR_fiq、PC、CPSR	R0~R7、R8_fiq~R14_fiq、PC、CPSR、SPSR_fiq
10010	中断	R0~R7、SP_irq、LR_irq、PC、CPSR	R0~R12、R13_irq、R14_irq、PC、CPSR、SPSR_irq
10011	管理	R0~R7、SP_svc、LR_svc、PC、CPSR	R0~R12、R13_svc、R14_svc、PC、CPSR、SPSR_svc
10111	中止	R0~R7、SP_abt、LR_abt、PC、CPSR	R0~R12、R13_abt、R14_abt、PC、CPSR、SPSR_abt
11011	未定义	R0~R7、SP_und、LR_und、PC、CPSR	R0~R12、R13_und、R14_und、PC、CPSR、SPSR_und
11111	系统	R0~R7、SP、LR、PC、CPSR	R0~R14、PC、CPSR

注:如果将非法值写入 M[4:0]中,处理器将进入一个无法恢复的模式。

2.7.3 保留位

CPSR 中的保留位被保留,以便将来使用。当改变 CPSR 标志和控制位时,请确认没有改变这些保留位。另外,请确保程序不依赖于包含特定值的保留位,因为将来的处理器可能会将这些位设置为 1 或者 0。

2.8 ARM 体系的异常、中断及其向量表

只要正常的程序被暂时中止,处理器就进入异常模式。例如,在用户模式下执行程序时,外设向处理器内核发出中断请求,将导致内核从用户模式切换到异常中断模式。

如果同时发生两个或更多异常,那么将按照固定的顺序来处理异常,详见 2.8.3 小节。

2.8.1　异常入口/出口汇总

如表 2.10 所列为异常进入以及退出异常处理程序所推荐使用的指令。

表 2.10　异常入口/出口指令汇总

异常入口	返回指令	返回地址
SWI	MOVS　PC,R14_svc	R14
未定义的指令	MOVS　PC,R14_und	R14
预取指中止	SUBS　PC,R14_abt,#4	R14－4
快速中断	SUBS　PC,R14_fiq,#4	R14－4
中断	SUBS　PC,R14_irq,#4	R14－4
数据中止	SUBS　PC,R14_abt,#8	R14－8
复位	无	—

注："MOVS　PC,R14_svc"是指在管理模式下执行"MOVS　PC,R14"指令。同样类似的指令还有"MOVS　PC,R14_und"、"SUBS　PC,R14_abt,#4"等。

2.8.2　异常向量表

如表 2.11 所列为异常向量地址一览表。其中,I 和 F 表示先前的值。每种处理器操作模式都有一个相关联的中断向量,当一个异常发生时,ARM 将会改变模式,而程序计数器 PC 将会被强行指向异常向量。异常向量表从地址 0 的复位向量开始,之后每 4 个字节就是一个异常向量。

表 2.11　异常向量地址一览表

地　址	异　常	进入时的模式	进入时 I 的状态	进入时 F 的状态
0x0000 0000	复位	管理	禁止	禁止
0x0000 0004	未定义指令	未定义	I	F
0x0000 0008	软件中断	管理	禁止	F
0x0000 000C	中止(预取)	中止	I	F
0x0000 0010	中止(数据)	中止	I	F
0x0000 0014	保留	保留	—	—
0x0000 0018	IRQ	中断	禁止	F
0x0000 001C	FIQ	快速中断	禁止	禁止

在异常向量表中有一个保留的异常入口,其位于 0x0000 0014 地址处。这个位置在早期的 ARM 结构中会被用到,而在 ARM7 中则是保留的,以确保软件能与不同的 ARM 结构兼容。然而,在 LPC2000 系列 ARM 中,这 4 个字节已经用作非常重要的特殊用途(详见第 4 章)。

编程小知识： 在发生异常后，为了让 ARM 内核可以转移到对应的中断服务程序上，必须在异常入口地址(0x00～0x1C)处放置一些跳转指令。这些指令组成的一段代码，称之为“异常向量表”。实际上 ARM 应用系统的存储结构会比较复杂，可能同时存在 Flash、RAM、ROM 等多个存储器，而且可以在其中的任何一个存储器上运行程序。也就是说，编写的异常向量表可能不在 0x0000 这个地址上。那么，当 ARM 处理器在发生异常后怎样找到曾安排的异常向量表，并跳转到想要的服务程序上呢？在 LPC2000 上可以用“存储器映射”功能来解决，具体原理和操作方法在第 4 章详细介绍。

2.8.3　异常优先级

当多个异常同时发生时，一个固定的优先级系统决定它们被处理的顺序，见表 2.12。

有些异常不能同时发生：

- 由于未定义指令与 SWI 优先级相同，所以未定义的指令和 SWI 不能同时发生，也就是说正在执行的指令不可能既是一条未定义的指令，又是一条 SWI 指令。
- 在一个数据中止处理程序中，由于没有禁止 FIQ 异常中断，所以可以发生 FIQ 异常。当 FIQ 使能，并且在发生 FIQ 的同时产生了一个数据中止时，ARM 内核进入数据中止处理程序，然后立即转到 FIQ 向量。当 FIQ 服务完成之后，恢复执行数据中止处理程序。

表 2.12　异常优先级

优先级		异　常
最高	1	复位
↓	2	数据中止
	3	FIQ
	4	IRQ
	5	预取指中止
	6	未定义指令
最低	6	软件中断 SWI

2.8.4　异常中断的进入与退出

1. 进入异常

当一个异常导致模式切换时，内核自动地做如下处理：

- 将异常处理程序的返回地址保存到相应异常模式下的 LR，异常处理程序完成后的返回可通过将 LR 的值减去偏移量后写入 PC；
- 将 CPSR 的当前值保存到相应异常模式下的 SPSR，异常处理程序完成后的返回地址可通过保存在 SPSR 中的值来恢复 CPSR；
- 设置 CPSR 为相应的异常模式；
- 设置 PC 为相应异常处理程序的中断入口向量地址，跳转到相应的异常中断处理程序执行。

ARM 内核在中断异常时置位中断禁止控制位，这样可防止不受控制的异常嵌套。

注意：异常总是在 ARM 状态中进行处理，当处理器处于 Thumb 状态时发生了异常，在异常向量地址装入 PC 时，会自动切换到 ARM 状态。

---

2. 退出异常

当异常处理程序结束时，异常处理程序必须执行如下操作：

- 返回到发生异常中断的指令的下一条指令处执行，也就是说，将 LR 中的值减去偏移量后移入 PC，偏移量根据异常的类型而有所不同，见表 2.10；
- 将 SPSR 的值复制回 CPSR；
- 在入口处置位的中断禁止控制位清零。

注意：恢复 CPSR 的动作会将控制位 T、F 和 I 自动恢复为异常发生前的值。

2.8.5 复位异常

当 nRESET 信号被拉低时（一般外部复位引脚电平的变化和芯片的其他复位源会改变这个内核信号），ARM 处理器放弃正在执行的指令。

当 nRESET 信号再次变为高电平时，ARM 处理器执行以下操作：

- 强制 M[4：0]变为 b10011，系统进入管理模式；
- 将 CPSR 中的控制位 I 和 F 置位，IRQ 与 FIQ 中断禁止；
- 将 CPSR 中的控制位 T 清零，处理器处于 ARM 状态；
- 强制 PC 从地址 0x00 开始对下一条指令进行取指；
- 返回到 ARM 状态并恢复执行。

在系统复位后，进入管理模式对系统初始化。复位后，除 PC 和 CPSR 之外的所有寄存器的值都是随机的。

2.8.6 中断请求异常 IRQ

只有当 CPSR 中相应的中断屏蔽被清除时，才可能发生中断请求（IRQ）异常，IRQ 异常是一个由 nIRQ 输入端的低电平所产生的正常中断。

当一个 IRQ 异常中断发生时，内核切换到中断模式，表明产生了中断。内核自动地做如下处理：

① 将异常处理程序的返回地址保存到异常模式下的 R14（R14_irq 或者 LR）中。如图 2.12 所示，由于 ARM 处理器的 3 级流水线结构，当异常发生时，程序计数器 PC 总是指向返回位置的下一条指令即第 3 条指令，也就是说异常处理程序的正确返回

地址为PC－4，且在PC－8的地址处发生异常中断程序跳转，由此可见，R14（R14_irq或者LR）保存的是指向第3条指令的程序计数器PC（地址），即“中断返回地址＋4”。

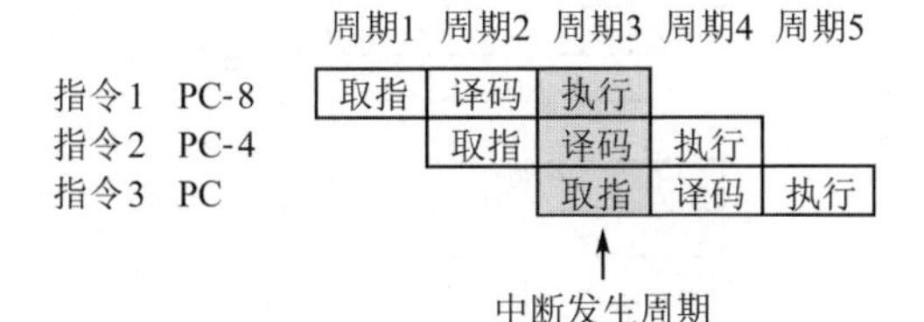

图2.12　中断和返回

② 用户模式的CPSR被保存到新的IRQ中断异常模式SPSR_irq中。

③ 修改CPSR。将I位置1，禁止新的IRQ中断产生，但是不限制FIQ中断的发生（F位保持原有状态）。清零T标志位，CPU进入ARM状态。修改模式位，设置为IRQ模式，此时用户模式下的R13和R14将不可操作，而IRQ模式下的R13和R14变为可操作，即R13_irq保存IRQ中断模式的堆栈指针，R14_irq保存“IRQ中断返回地址＋4”。

④ 设置IRQ模式下的PC为IRQ异常处理程序的中断入口向量地址，在IRQ模式下，该向量地址为0x0000 0018。

由用户模式进入IRQ异常模式的流程示例如图2.13所示，按照上述说明完成①～④步流程后，软件处理程序开始执行，并且调用适当的中断服务程序来为中断源服务。

注意： 用户模式下的R13（R13_usr）和R14（R14_usr）将被保护不会受到影响。

如图2.14所示，一旦异常中断程序执行完毕返回用户模式时，可通过SPSR_irq恢复原来的CPSR，回到原来被保护的用户寄存器R13和R14，并清除中断禁止控制位。

由于流水线的特性，在IRQ中断处理程序的入口，R14指向的地址比返回地址多4个字节，IRQ处理程序使用减法指令将R14的值减去4存入PC中，并从中断返回。

```
SUBS    PC,R14_irq,#4        ;PC=R14-4
```

注意： 实际上在中断模式下执行的是“SUBS　PC，R14，#4”指令，同时在SUB指令尾部有一个S，并且PC是目的寄存器，所以CPSR将自动从SPSR寄存器中恢复。

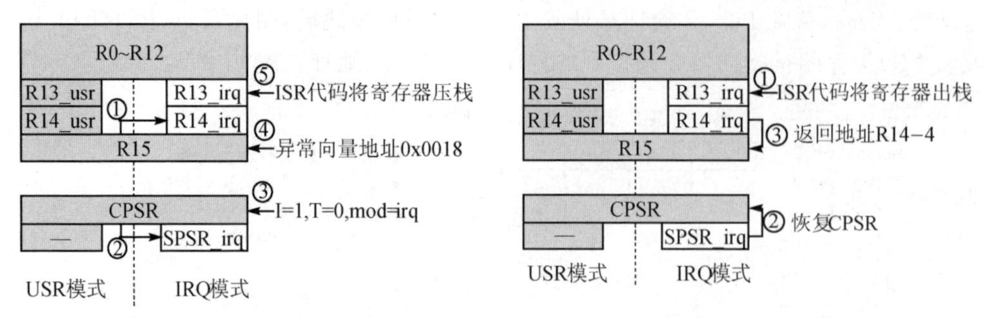

图 2.13　进入 IRQ 异常模式

图 2.14　退出 IRQ 异常模式

如果用户需要嵌套 IRQ 中断，那么必须在中断服务程序中重新使能 IRQ 中断，并将 R14 压入堆栈 R13 之中以预先保留返回地址。通过异常 IRQ 中断向量，程序将跳到异常中断服务程序 ISR。程序应当首先通过压入 IRQ 堆栈来预先保留 ISR 将会使用的 R0～R12 的值，这时就可以对异常进行处理了。

2.8.7　快速中断请求异常 FIQ

有些嵌入式系统的应用对实时性要求比较高，需要足够快的中断响应速度，比如数据转移或通道处理。ARM 在设计上充分地考虑了嵌入式系统的这一特点，在 IRQ 异常之外还设计了一种快速中断请求(FIQ)异常，并在硬件结构和资源分配上给予了足够的支持。

只有当 CPSR 中相应的 F 位被清零时，才可能发生 FIQ 异常。在 ARM 状态中，快速中断模式有 8 个专用的寄存器，可用来满足寄存器保护的需要(这是上下文切换的最小开销)。

将 ARM 内核的 nFIQ 信号拉低可实现外部产生 FIQ，FIQ 异常是优先级最高的中断。内核进入 FIQ 处理程序之后，FIQ、IRQ 同时禁止任何外部中断源再次发生中断，除非在软件中重新使能 IRQ、FIQ 请求。

在特权模式中，可通过置位 CPSR 中的 F 控制位来禁止 FIQ 异常。当 F 控制位被清零时，ARM 在每条指令结束时检测 FIQ 同步器输出端的低电平。

FIQ 异常进入与退出的流程与 IRQ 类似，请参考 2.8.6 小节。

编程小知识： FIQ 具有专有的 8 个寄存器，那么从其他模式切换到 FIQ 模式后，这 8 个寄存器就不需要压栈，提高了程序的处理速度。在中断入口地址的安排上，FIQ 处于所有异常入口的最后，这种考虑是为了让用户可以从 FIQ 异常入口处(0x001C)就开始安排服务程序，而不需要再次跳转。这些硬件设计上的考虑可以尽量提高 FIQ 中断响应的速度。另外，在安排 FIQ 中断源时，尽量不要把多个中断源分配给 FIQ 中断，因为这需要在程序中花时间来判断中断源。

2.8.8 未定义的指令异常

未定义指令异常是内部异常中断。当 ARM 处理器遇到一条自己和系统内任何协处理器都无法执行的指令时，就会发生未定义指令异常，从而进入中断处理程序；同时软件可使用这一机制通过仿真未定义的协处理器指令来扩展 ARM 指令集。

在仿真失败的指令后，捕获处理器执行下面的指令：

```
MOVS    PC,R14_und              ；即在未定义模式下执行“MOVS  PC,R14”指令
```

MOVS 指令将 R14 的值写入 PC，CPSR 将自动从 SPSR 寄存器中恢复并返回到未定义指令之后的指令。

2.8.9 中止异常

中止表示当前对存储器的访问不能被完成，这是由外部 ABORT 输入信号引起的异常中断。中止有 2 种类型：

- 预取指中止　由程序存储器引起的中止异常；
- 数据中止　由数据存储器引起的中止异常。

1. 预取指中止异常

由于 ARM7 没有 MMU，预取指中止异常中断处理程序只是简单地报告错误，然后退出。

当发生预取指中止时，ARM 内核将预取的指令标记为无效，但在指令到达流水线的执行阶段时才进入异常。如果指令在流水线中因为发生分支而没有被执行，中止将不会发生。

在处理中止的原因之后，不管处于哪种处理器操作状态，处理程序都会执行下面的指令：

```
SUBS    PC,R14_abt,#4           ；即在中止模式下执行“SUBS  PC,R14,#4”指令
```

SUBS 指令将 R14 的值写入 PC，CPSR 将自动从 SPSR 寄存器中恢复并重试被中止的指令。

2. 数据中止异常

数据中止异常表明数据存储器不能识别 ARM 处理器的读数据请求，说明此次 ARM 处理器的读数据操作无效。由于 ARM7 不包含 MMU，数据中止异常中断处理程序只是简单地报告错误，然后退出。

当发生数据中止异常时，异常会在“导致异常的指令”执行后的下一条指令发生。在这种情况下，理想的状况是进入数据中止异常的 ISR，然后在内存中挑选出问题，再重新执行导致异常的指令。于是就会将 PC 返回 2 条指令，即被放弃的指令和导致异常的指令，也就是将 R14 的值减去 8，并将结果存入 PC。

在修复产生中止的原因后,不管处于哪种处理器操作状态,处理程序都必须执行下面的返回指令:

```
SUBS    PC,R14_abt,#8           ;即在中止模式下执行“SUBS  PC,R14,#8”指令
```

SUBS指令将R14的值写入PC,CPSR将自动从SPSR寄存器中恢复并重试被中止的指令。

编程小知识:LPC2000系列ARM是基于ARM7TDMI内核的,不具有MMU,所以不应该发生中止异常;但是初学者却时常会遇到中止异常。大多数时候是程序存在问题,一般是因为指针操作不当引起的,比如,通过一个没有赋初值的指针(被称为“野指针”)来读/写数据,如果该指针指向的区域没有存储器可供访问,那么将引起中止异常。

在调试阶段如果进入了中止异常模式,该如何找出问题所在呢?可以通过中止模式下的R14找到进入异常前的程序位置(原理见2.8.4小节中的“进入异常”部分内容)。如果意外地发生了未定义异常,可以采取类似的处理方法。

2.8.10 SWI软件中断异常

事实上,所有的任务都是在用户模式下运行的,因此任务只能读CPSR而不能写CPSR。任务切换到特权模式的唯一途径,就是使用一个SWI指令调用。SWI指令强迫处理器从用户模式切换到SVC管理模式,并且IRQ中断自动关闭,所以软件中断方式常被用于系统调用。只有处理器切换到系统模式时,中断才能继续使用。

如图2.15所示是进入和退出临界区代码时的系统调用流程,其他系统调用的过程与此类似,只是调用的功能函数不同而已。

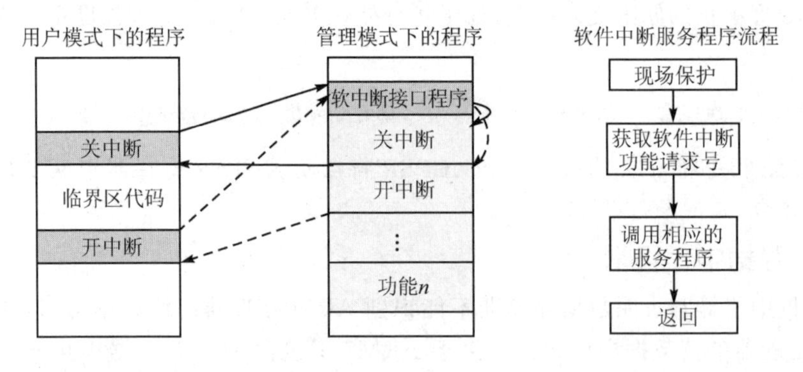

图2.15 软件中断使用方式

SWI处理程序通过执行下面的指令返回:

```
MOVS    PC,R14_svc              ;即在管理模式下执行“MOVS  PC,R14”指令
```

MOVS指令将R14的值写入PC,CPSR将自动从SPSR寄存器中恢复并返回

到 SWI 之后的指令。

注意：SWI 的详细用法见第 3 章的相关介绍。

2.8.11　中断延迟

中断是为了从系统中得到更好响应的一个工具，人们常常会问：系统对每个中断的响应速度到底有多快？这个问题取决于 4 个因素：

① 中断被禁止的最长时间；

② 任一个优先级更高的中断的中断程序的执行时间；

③ CPU 停止当前任务、保存必要的信息以及执行中断程序中的指令，这一过程需要花费的时间；

④ 从中断程序保存上下文到完成一次响应需要的时间。

中断延迟也就是系统响应一个中断所需要的时间，在某些系统中如果对中断进行处理不及时，系统可能会显得非常迟钝甚至出现崩溃的现象。

通过软件处理程序来缩短中断延迟的方法有 2 种，它们分别是中断嵌套和使用高优先级。

中断嵌套允许正在为一个中断服务的同时，再次响应一个新的中断，而不是等待中断处理程序全部完成之后才允许新的中断产生。一旦嵌套的中断服务完成之后，则又回到前一个中断服务程序。高优先级就是利用中断优先权打断正在执行的低优先级的中断。

2.9　ARM 体系的存储系统

ARM 处理器采用冯·诺依曼(von Neumann)结构，指令和数据共用一条 32 位数据总线，只有装载、保存和交换指令可访问存储器中的数据。

ARM 的规范仅定义了处理器核与存储系统之间的信号及局部总线，而实际的芯片一般在外部总线与处理器核的局部总线之间有一个存储器管理部件将局部总线的信号和时序转换为现实的外部总线信号和时序。因此，外部总线的信号和时序与具体的芯片相关，不是 ARM 的标准。具体到某个芯片的外部存储系统的设计需要参考芯片的使用手册。

ARM 处理器将存储器看作是一个从 0 开始的线性递增的字节集合：

- 字节 0～3 保存第 1 个存储的字；
- 字节 4～7 保存第 2 个存储的字；
- 字节 8～11 保存第 3 个存储的字，以此类推。

ARM 处理器可以将存储器中的字以下列格式存储：

- 大端(Big-endian)格式；
- 小端(Little-endian)格式。

2.9.1 地址空间

ARM结构使用2^{32}个8位字节地址空间，字节地址的排列从$0\sim2^{32}-1$。

地址空间也可以看作是包含2^{30}个32位字，地址以字为单位进行分配。也就是将地址除以4，地址为A的字包含4个字节，地址分别为A、A+1、A+2和A+3。

与此同时，地址空间还可被看作包含2^{31}个16位半字，地址按照半字进行分配。地址为A的半字包含2个字节，地址分别为A和A+1。

通常地址计算通过普通的整数指令来实现。这意味着如果地址向上或向下溢出地址空间，通常会发生翻转，也就是说计算的结果以2^{32}为模。如果地址的计算没有发生翻转，那么结果仍然位于$0\sim2^{32}-1$范围内。

一般来说，大多数指令都是通过指令所指定的偏移量与PC值相加并将结果写入PC来计算目标地址。如果用公式

$$\text{PC}+\text{偏移值}=(\text{当前程序执行位置}+8)+\text{偏移量}$$

来确定溢出地址空间，那么该指令依赖于地址的翻转。由此可见，这在技术上是不可预测的，因此程序应保证穿过地址0xFFFF FFFF的向前转移和穿过地址0x0000 0000的向后转移的情况都不发生。

另外，正常连续执行的指令实际上是通过“(当前程序执行位置)+4”来确定下一条将要执行的指令。如果该计算溢出了地址空间的顶端，结果同样不可预测。换句话说，程序不应在地址0xFFFF FFFC处的指令之后连续执行位于地址0x0000 0000的指令。

注意：上述原则不只适用于执行的指令，还包括指令条件代码检测失败的指令。大多数ARM在执行当前的指令之前执行预取指令，如果预取操作溢出了地址空间的顶端，则不会产生执行动作并导致不可预测的结果，除非预取的指令实际上已经执行。

LDR、LDM、STR和STM指令在增加的地址空间访问一连串的字，每次装载或保存，存储器地址都会加4。如果计算溢出了地址空间的顶端，那么结果是不可预测的。换句话说，程序应保证在使用这些指令时不使其溢出地址空间的顶端。

2.9.2 存储器格式

地址空间要求字地址A的规则如下：

- 位于地址A的字包含的字节位于地址A、A+1、A+2和A+3；
- 位于地址A的半字包含的字节位于地址A和A+1；

➤ 位于地址 A+2 的半字包含的字节位于地址 A+2 和 A+3；

➤ 位于地址 A 的字包含的半字位于地址 A 和 A+2。

但是这样并不能完全定义字、半字和字节之间的映射，存储器系统使用下列 2 种映射机制中的一种。

(1) 小端存储器系统

在小端格式中，一个字当中最低地址的字节被看作是最低位字节，最高地址的字节被看作是最高位字节，因此存储器系统字节 0 连接到数据线 7～0，如图 2.16 所示。

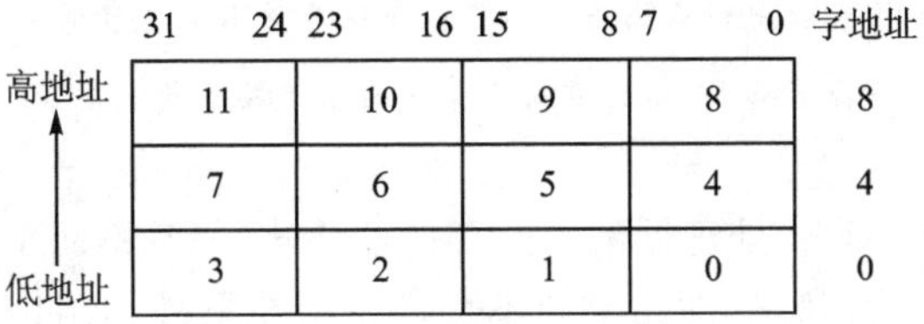

	31　　24	23　　16	15　　8	7　　0	字地址
高地址	11	10	9	8	8
↑	7	6	5	4	4
低地址	3	2	1	0	0

图 2.16　字内字节的小端地址

(2) 大端存储器系统

在大端格式中，ARM 处理器将最高位字节保存在最低地址，最低位字节保存在最高地址。因此存储器系统字节 0 连接到数据线 31～24，如图 2.17 所示。

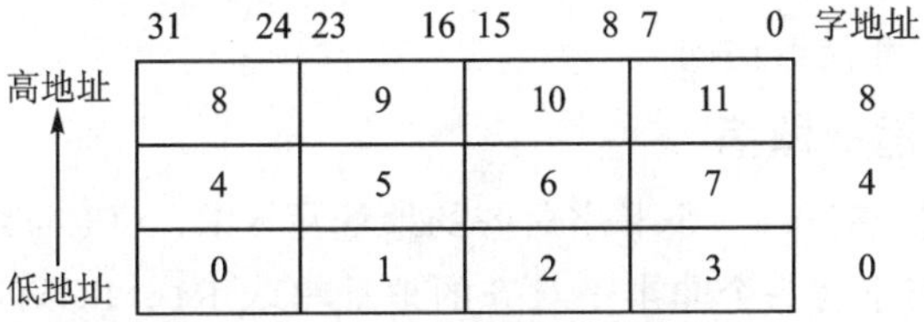

	31　　24	23　　16	15　　8	7　　0	字地址
高地址	8	9	10	11	8
↑	4	5	6	7	4
低地址	0	1	2	3	0

图 2.17　字内字节的大端地址

一个基于 ARM 的实际芯片可能只支持小端存储器格式，也可能只支持大端存储器格式，还可能两者都支持。

ARM 指令集不包含任何直接选择大小端存储器格式的指令，但是一个同时支持大小端存储器格式基于 ARM 的芯片可以通过硬件配置（一般使用芯片的引脚来配置）来匹配存储器系统所使用的规则。如果芯片有一个标准系统控制协处理器，系统控制协处理器寄存器 1 的 bit7 可用于改变配置。

注意： LPC2000 系列 ARM 指定为小端模式，无论采取任何措施都不可改变。

如果一个基于 ARM 的芯片将存储器系统配置为其中一种存储器格式（如小端），而实际连接的存储器系统配置为相反的格式（如大端），那么只有以字为单位的

指令取指、数据装载和数据保存能够可靠实现，其他的存储器访问将出现不可预期的结果。

当标准系统控制协处理器连接到支持大小端的 ARM 处理器时，协处理器寄存器 1 的 bit7 在复位时清零，这表示 ARM 处理器在复位后立即配置为小端存储器系统。如果它连接到一个大端存储器系统，复位处理程序要尽早做的事情之一就是切换到大端存储器系统，并且必须在任何可能的字节或半字数据访问发生之前或 Thumb 指令执行之前执行。

注意： 存储器格式的规则意味着字的装载和保存并不受配置的大小端的影响，因此不可能通过保存一个字改变存储器格式，然后重装已保存的字使该字当中字节的顺序翻转。

一般来说，改变 ARM 处理器配置的存储器格式，使其不同于连接的存储器系统并没有什么用处，因为这样做的结果并不会产生一个额外的结构定义的操作。因此通常只在复位时改变存储器格式的配置使其匹配存储器系统的存储器格式。

2.9.3　非对齐的存储器访问

ARM 结构通常期望所有的存储器访问都合理对齐，具体就是字访问的地址通常是字对齐的，而半字访问使用的地址是半字对齐的。不按这种方式对齐的存储器访问，称为非对齐的存储器访问。

1. 非对齐的指令取指

如果在 ARM 状态下将一个非字对齐的地址写入 R15(PC)，结果通常不可预测。如果在 Thumb 状态下将一个非半字对齐的地址写入 R15(PC)，地址位 bit0 通常被忽略。结果在 ARM 状态下有效代码从 R15(PC)读出值的 bit[1：0]为 0，而在 Thumb 状态下读出的 R15(PC)值的 bit0 为 0。

当规定忽略这些位时，ARM 实现不要求在指令取指时将这些位清零。可以将写入 R15 的值不加改变地发送到存储器，并在 ARM 或 Thumb 指令取指时请求系统忽略地址位 bit[1：0]或 bit0。

2. 非对齐的数据访问

执行非对齐访问的装载/保存指令时，会出现下列定义的动作之一：

- 不可预测。
- 忽略造成访问不对齐的低地址位。这意味着在半字访问时，忽略地址位最低位(即 bit0)；而在字访问时，忽略地址位最低 2 位(即 bit[1：0])。
- 在存储器访问过程中，忽略造成访问不对齐的低地址位，然后使用这些低地址位控制装载数据循环右移(**注意：** 该动作只适用于 LDR 和 SWP 指令)。

例如：内存数据

0x4000 1000——0x00

0x4000 1001——0x11

0x4000 1002——0x22

0x4000 1003——0x33

0x4000 1004——0x44

执行指令：

```
LDR    R1,=0x40001001
LDR    R2,[R1]
```

指令执行时，首先忽略造成访问不对齐的低地址位 bit[1∶0]，所以 R2 开始读到的数据是 0x3322 1100；接下来，R2 中的数据又循环右移了 1 个字节，变为 0x0033 2211；因此，上述指令执行完毕后，R2 中的数据为 0x0033 2211。

这 3 个选项中的哪一个适用于装载/保存指令取决于具体的指令，详见第 3 章。

在将地址发送到存储器时，ARM 内核不要求将造成不对齐的低地址位清零，可以把装载/保存指令计算出的地址不加改变地发送到存储器，然而在半字访问或字访问时请求存储器系统忽略地址位 bit0 或 bit[1∶0]。

思考题与练习题

1. 基础知识

(1) ARM7TDMI 中的 T、D、M、I 的含义是什么？

(2) ARM7TDMI 采用几级流水线？使用何种存储器编址方式？

(3) ARM 处理器模式和 ARM 处理器状态有何区别？

(4) 分别列举 ARM 的处理器模式和状态。

(5) PC 和 LR 分别使用哪个寄存器？

(6) R13 寄存器的通用功能是什么？

(7) CPSR 寄存器中哪些位用来定义处理器状态？

(8) 描述一下如何禁止 IRQ 和 FIQ 的中断？

2. 存储器格式

定义 R0=0x1234 5678，假设使用存储指令将 R0 的值存放在 0x4000 单元中。如果存储器格式为大端格式，请写出在执行加载指令将存储器 0x4000 单元的内容取出存放到 R2 寄存器操作后所得 R2 的值。如果存储器格式改为小端格式，所得的 R2 值又为多少？低地址 0x4000 单元的字节内容分别是多少？

3. 处理器异常

请描述一下 ARM7TDMI 产生异常的条件是什么？各种异常会使处理器进入哪种模式？进入异常时内核有何操作？各种异常的返回指令又是什么？

第3章

ARM7TDMI(-S)指令系统

☞**本章导读**

在应用传统的8位单片机设计产品时，由于受到存储空间以及产品成本的限制，开发工程师经常是毫无选择地使用汇编语言设计程序，不仅开发的劳动强度大，更重要的是软件的可读性、可移植性极差。尽管从知识管理的角度来看，这种开发模式所带来的危害迫使技术成果几乎不可“复用”，但又无可奈何。

相对传统的复杂指令CISC结构，RISC的设计重点在于降低由硬件执行的指令的复杂度。RISC对编译器有更高的要求，事实证明：ARM公司功能强大的编译器最大限度地提高了RISC结构软件代码的效率。

面向32位ARM嵌入式系统的应用开发，相对来说由于廉价、海量存储等特征的出现，因此使用C语言开发产品毫无疑问将成为独一无二的优选方案。如果是培养嵌入式“应用人才”，只需要初步学习和掌握基本的指令系统以及基本的汇编程序设计技术，能够达到一边查找指令手册，一边阅读汇编源代码的程度即可；而如果是培养嵌入式“专项人才”，则必须扎扎实实地掌握本章的内容。因为编写启动代码、移植OS与阅读或者编写自己的OS等工作都需要有较好的汇编程序功底，所以芯片制造商、OS软件开发厂商或者第三方技术合作伙伴都会为了方便开发工程师而做好这些准备工作。

面对复杂多变的ARM汇编指令集，本章重点介绍实用价值大、有一定难度且理解起来容易出错的指令，以点带面达到全面掌握ARM汇编指令集的目的。由于教材的篇幅有限，请读者结合配套的课件一起来学习。从某种意义上来说，课件也是教材很重要的内容之一，也可以说课件是教材内容的延伸。

3.1 ARM处理器寻址方式

ARM处理器是基于精简指令集计算机(RISC)原理设计的，指令集和相关译码机制较为简单。ARM7TDMI(-S)具有32位ARM指令集和16位Thumb指令集，

ARM 指令集效率高，但是代码密度较低；而 Thumb 指令集具有较高的代码密度，并且保持 ARM 的大多数性能上的优势，它是 ARM 指令集的子集。所有的 ARM 指令都是可以有条件执行的，而 Thumb 指令仅有一条指令(分支指令 B)具备条件执行功能。ARM 程序和 Thumb 程序可相互调用，相互之间的状态切换开销几乎为零。

说明：本章中的 ARM7TDMI(-S)表示 ARM7TDMI 或 ARM7TDMI-S。

寻址方式是根据指令中给出的地址码字段来实现寻找真实操作数地址的方式。ARM 处理器具有 8 种基本寻址方式。

1. 寄存器寻址

寄存器寻址是指操作数的值在寄存器中，指令中的地址码字段指出的是寄存器编号，指令执行时直接取出寄存器值来操作。

应用示例：

```
MOV     R1,R2              ；将 R2 的值存入 R1
SUB     R0,R1,R2           ；将 R1 的值减去 R2 的值，结果保存到 R0
```

2. 立即寻址

立即寻址指令中的操作码字段后面的地址码部分即是操作数本身，也就是说，数据就包含在指令当中，取出指令也就取出了可以立即使用的操作数(这样的数称为立即数)。

应用示例：

```
SUBS    R0,R0,#1           ；R0 减 1，结果放入 R0，并且影响标志位
MOV     R0,#0xFF000        ；将立即数 0xFF000 装入 R0 寄存器
```

前缀“#”号表示立即数，“0x”表示十六进制数值。

3. 寄存器移位寻址

寄存器移位寻址是 ARM 指令集特有的寻址方式。当第 2 个操作数是寄存器移位方式时，第 2 个寄存器操作数在与第 1 个操作数结合之前，选择进行移位操作。

应用示例：

```
MOV     R0,R2,LSL #3       ；R2 的值左移 3 位，结果放入 R0，即 R0=R2×8
ANDS    R1,R1,R2,LSL R3    ；R2 的值左移 R3 位，然后和 R1 相“与”操作，结果放入 R1
```

可采用的移位操作如下：

LSL　逻辑左移(Logical Shift Left)，寄存器中字的低端空出的位补 0；

LSR　逻辑右移(Logical Shift Right)，寄存器中字的高端空出的位补 0；

ASR　算术右移(Arithmetic Shift Right)，移位过程中保持符号位不变，若源操作数为正数，则字的高端空出的位补 0，否则补 1；

ROR　循环右移(ROtate Right)，由字的低端移出的位填入字的高端空出的位；

RRX 带扩展的循环右移(Rotate Right eXtended by 1 place),操作数右移1位,高端空出的位用原C标志值填充。

各种移位操作如图3.1所示。

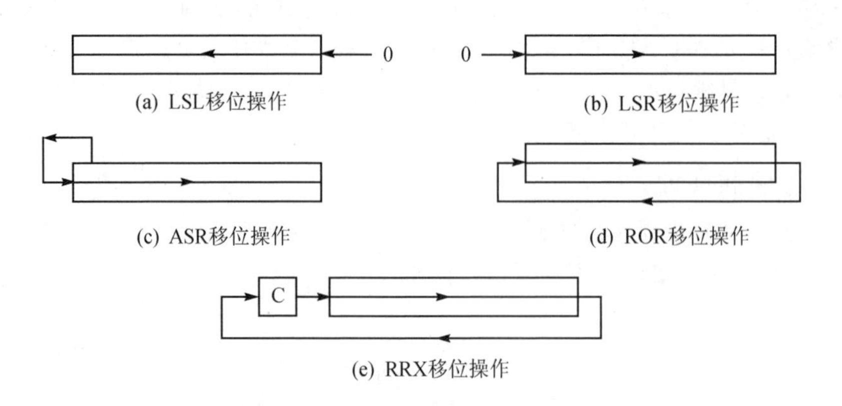

图3.1 移位操作示意图

4. 寄存器间接寻址

寄存器间接寻址指令中的地址码给出的是一个通用寄存器的编号,所需的操作数保存在寄存器指定地址的存储单元中,即寄存器为操作数的地址指针。

应用示例:

```
LDR    R1,[R2]            ;将R2指向的存储单元的数据读出,保存在R1中
SWP    R1,R1,[R2]         ;将寄存器R1的值和R2指定的存储单元的内容交换
```

5. 基址寻址

基址寻址就是将基址寄存器的内容与指令中给出的偏移量相加,形成操作数的有效地址。基址寻址用于访问基址附近的存储单元,常用于查表、数组操作、功能部件寄存器访问等。

应用示例:

```
LDR    R2,[R3,#0x0C]      ;读取R3+0x0C地址上的存储单元的内容,存入R2
STR    R1,[R0,#-4]!       ;先R0=R0-4,然后把R1的值保存到R0指定的
                          ;存储单元
LDR    R1,[R0,R3,LSL #1]  ;将R0+R3×2地址上的存储单元的内容读出,
                          ;存入R1
```

6. 多寄存器寻址

多寄存器寻址是指一次可传送几个寄存器值,允许一条指令传送16个寄存器的任何子集或所有寄存器。

应用示例:

```
LDMIA    R1!,{R2-R7,R12}    ;将R1指向的单元中的数据读出到R2～R7、R12中
                            ;(R1自动加1)
STMIA    R0!,{R2-R7,R12}    ;将R2～R7、R12的值保存到R0指向的存储单元中
                            ;(R0自动加1)
```

使用多寄存器寻址指令时，寄存器子集的顺序按由小到大的顺序排列，连续的寄存器可用"-"连接，否则用","分隔书写。

7. 堆栈寻址

在2.6.1小节的"堆栈指针R13(SP)"中介绍了堆栈的定义和作用，接下来讲述堆栈在ARM7中的特性。

前面讲过对堆栈操作都是通过堆栈指针(SP)来进行的，随着堆栈内容的增减，堆栈指针也做相应的移动。那么有个问题，当写入数据时堆栈指针是如何变化的呢？

把堆栈指针的移动方向称为"堆栈的生长方向"，ARM7可以支持2种，如图3.2所示。

- 向上生长　在向堆栈写入数据后，堆栈指针的值变大，也就是向高地址方向生长，称之为递增堆栈；
- 向下生长　在向堆栈写入数据后，堆栈指针的值变小，也就是向低地址方向生长，称之为递减堆栈。

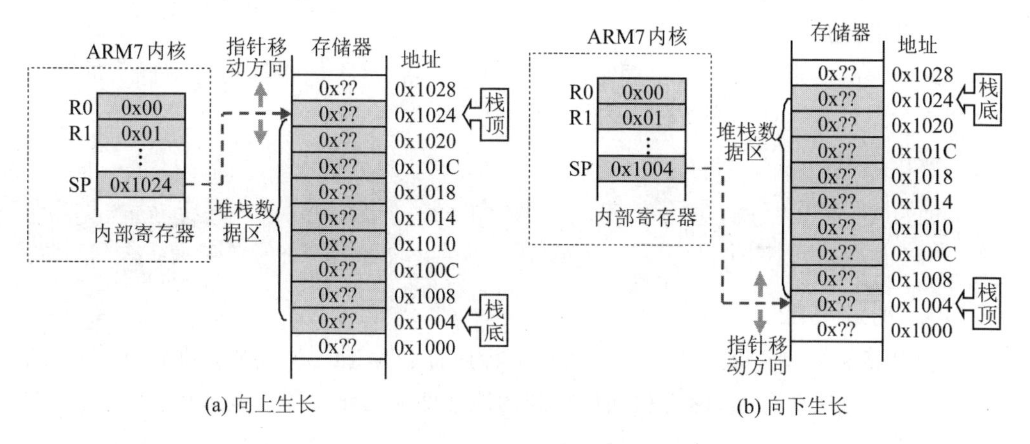

图3.2　堆栈的生长方向

除了要考虑堆栈指针的增长方向之外，还要考虑堆栈指针指向的存储单元是否已经保存有堆栈数据，或者说在入栈时是否可以直接向堆栈指针指向的存储单元写入数据。

ARM7支持2种情况，分别为"满堆栈"和"空堆栈"，如图3.3所示。

- 堆栈指针指向最后压入栈的有效数据项，称为满堆栈，这种堆栈的入栈操作要先调整指针再写入数据；
- 堆栈指针指向下一个待压入数据的空位置，称为空堆栈，这种堆栈的入栈操作

要先写入数据再调整指针。

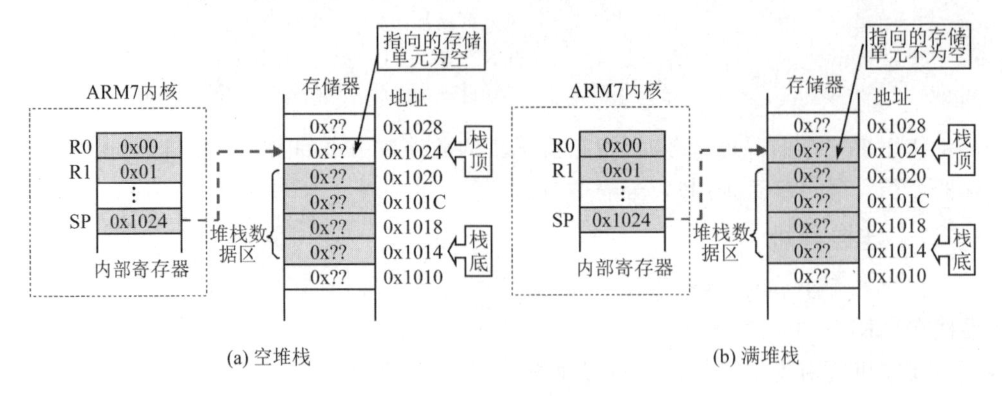

图3.3　堆栈的满空特性

综合前面的堆栈生长方向和堆栈的满空特性，可以得到4种堆栈类型，分别为：

- 满递增　堆栈通过增大存储器的地址向上增长，堆栈指针指向内含有效数据项的最高地址。如指令LDMFA、STMFA等。
- 空递增　堆栈通过增大存储器的地址向上增长，堆栈指针指向堆栈上的第一个空位置。如指令LDMEA、STMEA等。
- 满递减　堆栈通过减小存储器的地址向下增长，堆栈指针指向内含有效数据项的最低地址。如指令LDMFD、STMFD等。
- 空递减　堆栈通过减小存储器的地址向下增长，堆栈指针指向堆栈下的第一个空位置。如指令LDMED、STMED等。

应用示例：

```
STMFD    SP!,{R1-R7,LR}    ;将R1～R7、LR入栈，满递减堆栈
LDMFD    SP!,{R1-R7,LR}    ;数据出栈，放入R1～R7、LR寄存器，满递减堆栈
```

8. 相对寻址

相对寻址是基址寻址的一种变通。由程序计数器PC提供基准地址，指令中的地址码字段作为偏移量，两者相加后得到的地址即为操作数的有效地址。

应用示例：

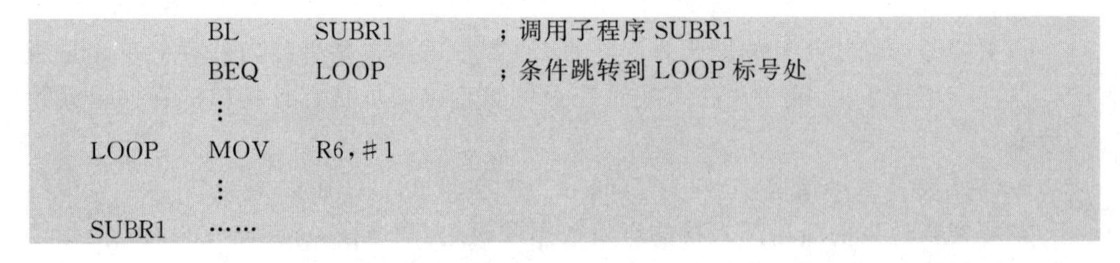

```
        BL      SUBR1        ;调用子程序SUBR1
        BEQ     LOOP         ;条件跳转到LOOP标号处
        ⋮
LOOP    MOV     R6,#1
        ⋮
SUBR1   ……
```

3.2　指令集介绍

本节介绍 ARM7TDMI(-S) 的指令集,包括 ARM 指令集和 Thumb 指令集。首先介绍 ARM 指令的基本格式及灵活的操作数,然后介绍条件码。重点介绍 ARM 指令集,对 Thumb 指令集,仅作简要介绍。

在介绍 ARM 指令集之前,先看一个简单的 ARM 汇编程序,了解有关 ARM 汇编指令格式、程序结构和基本风格,完整代码如程序清单 3.1 所示。

程序清单 3.1　寄存器相加

```
;文件名: TEST1.S                                                        ①
;功  能: 实现两个寄存器相加                                               ②
;说  明: 使用 ARMulate 软件仿真调试                                       ③
            AREA    Example1,CODE,READONLY      ;声明代码段 Example1      ④
            ENTRY                               ;标识程序入口             ⑤
            CODE32                              ;声明 32 位 ARM 指令      ⑥
START       MOV     R0,#0                       ;设置参数                 ⑦
            MOV     R1,#10                                                ⑧
LOOP        BL      ADD_SUB                     ;调用子程序 ADD_SUB       ⑨
            B       LOOP                        ;跳转到 LOOP              ⑩
                                                                          ⑪
ADD_SUB                                                                   ⑫
            ADDS    R0,R0,R1                    ;R0 = R0 + R1             ⑬
            MOV     PC,LR                       ;子程序返回               ⑭
                                                                          ⑮
            END                                 ;文件结束                 ⑯
```

第①～③行为程序说明,使用分号“;”进行注释,分号“;”号后面至行结束均为注释内容。

第④行声明一个代码段,ARM 汇编程序至少要声明一个代码段。

第⑤行标识程序入口,在仿真调试时会从指定入口处开始运行程序。

第⑥行声明 32 位 ARM 指令,ARM7TDMI(-S)复位后是 ARM 状态。

第⑦～⑭行为实际代码,标号要顶格书写(如 START、LOOP、ADD_SUB),而指令不能顶格书写。BL 为调用子程序指令,它会把返回地址(即下一条指令的地址)存到 LR,然后跳转到子程序 ADD_SUB。子程序 ADD_SUB 处理结束后,将 LR 的值装入 PC 即可返回。

第⑪、⑮行为空行,目的在于增强程序的可读性。

第⑯行用于指示汇编源文件结束,每一个 ARM 汇编文件均要用 END 声明结束。

3.2.1 ARM指令集

1. 指令格式

ARM指令的基本格式如下：

〈指令助记符〉{〈执行条件〉}{S}　〈目标寄存器〉,〈操作数1的寄存器〉{,〈第2操作数〉}

〈opcode〉{<cond>}{S}　〈Rd〉,〈Rn〉{,〈operand2〉}

其中,〈〉号内的项是必需的;{}号内的项是可选的。例如〈opcode〉是指令助记符,这是必须书写的,而{〈cond〉}为指令执行条件,是可选项。若不书写则使用默认条件AL(无条件执行)。

opcode　指令助记符,如LDR、STR等。

cond　执行条件,如EQ、NE等,参考表3.1。

S　是否影响CPSR寄存器的值,书写时影响CPSR。

Rd　目标寄存器。

Rn　第1个操作数的寄存器。

operand2　第2个操作数。

指令格式应用举例：

```
LDR     R0,[R1]          ;读取R1地址上的存储器单元内容,执行条件AL
BEQ     DATAEVEN         ;分支指令,执行条件码为EQ,即相等则跳转到DATAEVEN
ADDS    R1,R1,#1         ;加法指令,R1+1→R1,影响CPSR寄存器(S)
SUBNES  R1,R1,#0x10      ;条件执行减法运算(NE),R1-0x10→R1,影响CPSR寄存器(S)
```

在ARM指令中,灵活地使用第2个操作数能够提高代码效率。第2个操作数有如下几种形式：

- immed_8r——常数表达式。该常数必须对应8位位图(pattern),即常数是由一个8位的常数循环移位偶数位得到的。

合法常量：0x3FC(0xFF≪2)、0、0xF0000000(0xF0≪24)、200(0xC8)、0xF0000001(0x1F≪28)。

非法常量：0x1FE、511、0xFFFF、0x1010、0xF0000010。

常数表达式应用举例：

```
MOV     R0,#1              ;R0=1
AND     R1,R2,#0x0F        ;R2与0x0F,结果保存在R1
LDR     R0,[R1],#-4        ;读取R1地址上的存储器单元内容,且R1=R1-4
```

- Rm——寄存器方式。在寄存器方式下,操作数即为寄存器的数值。

寄存器方式应用举例：

```
SUB     R1,R1,R2            ; R1－R2→R1
MOV     PC,R0               ; PC=R0,程序跳转到指定地址
LDR     R0,[R1],－R2        ; 读取R1地址上的存储器单元内容并存入R0,且
                            ; R1=R1－R2
```

- Rm,shift——寄存器移位方式。将寄存器的移位结果作为操作数,但Rm值保持不变,移位方法如下:

  ASR #n　算术右移 n 位($1 \leqslant n \leqslant 32$)。

  LSL #n　逻辑左移 n 位($1 \leqslant n \leqslant 31$)。

  LSR #n　逻辑右移 n 位($1 \leqslant n \leqslant 32$)。

  ROR #n　循环右移 n 位($1 \leqslant n \leqslant 31$)。

  RRX　带扩展的循环右移1位。

  type Rs　type为ASR、LSL、LSR和ROR中的一种;Rs为偏移量寄存器,低8位有效。若Rs值大于或等于32,则第2个操作数的结果为0(ASR、ROR例外)。

寄存器移位方式应用举例:

```
ADD     R1,R1,R1,LSL #3     ; R1=R1×9
SUB     R1,R1,R2,LSR #2     ; R1=R1－R2/4
```

R15为处理器的程序计数器PC,一般不要对其进行操作,而且有些指令是不允许使用R15的,如UMULL指令。

2. 条件码

使用指令条件码可实现高效的逻辑操作,提高代码执行效率。所有的指令条件码如表3.1所列。

表3.1 指令条件码列表

操作码	条件码助记符	标　志	含　义	操作码	条件码助记符	标　志	含　义
0000	EQ	Z=1	相等	1000	HI	C=1,Z=0	无符号数大于
0001	NE	Z=0	不相等	1001	LS	C=0,Z=1	无符号数小于或等于
0010	CS/HS	C=1	无符号数大于或等于	1010	GE	N=V	有符号数大于或等于
				1011	LT	N!=V	有符号数小于
0011	CC/LO	C=0	无符号数小于	1100	GT	Z=0,N=V	有符号数大于
0100	MI	N=1	负数	1101	LE	Z=1,N!=V	有符号数小于或等于
0101	PL	N=0	正数或零	1110	AL	任意	无条件执行(指令默认条件)
0110	VS	V=1	溢出				
0111	VC	V=0	没有溢出	1111	NV	任意	从不执行(不要使用)

对于 Thumb 指令集,只有 B 指令具有条件码执行功能。此指令的条件码同表 3.1。但如果为无条件执行时,条件码助记符 AL 不能在指令中书写。

应用示例:

① 比较两个值大小,并进行相应加 1 处理,C 代码如下:

```
if(a>b)     a++;
else        b++;
```

对应的 ARM 指令如下(其中 R0 为 a,R1 为 b):

```
CMP      R0,R1          ; R0 与 R1 比较
ADDHI    R0,R0,#1       ; 若 R0>R1,则 R0=R0+1
ADDLS    R1,R1,#1       ; 若 R0≤R1,则 R1=R1+1
```

② 若两个条件均成立,则将这两个数值相加,C 代码如下:

```
if( (a! =10)&&(b! =20) ) a = a+b;
```

对应的 ARM 指令如下(其中 R0 为 a,R1 为 b):

```
CMP      R0,#10         ; 比较 R0 是否为 10
CMPNE    R1,#20         ; 若 R0 不为 10,则比较 R1 是否为 20
ADDNE    R0,R0,R1       ; 若 R0 不为 10 且 R1 不为 20,指令执行 R0=R0+R1
```


3. ARM 存储器访问指令

ARM 处理器是 RISC 架构的处理器,它无法像 CISC 架构的处理器一样让存储器中的内容直接参与运算,而是需要将存储单元的内容先读取到内部寄存器中。ARM 处理器是加载/存储体系结构的典型的 RISC 处理器,对存储器的访问只能使用加载和存储指令实现。ARM 的加载/存储指令可实现字、半字、无符号字节和有符号字节的操作;多寄存器加载/存储指令可实现一条指令加载/存储多个寄存器的内容,大大提高了效率;SWP 指令是一条寄存器和存储器内容交换的指令,可用于信号量操作等。ARM7 处理器是冯·诺依曼体系结构,程序空间、RAM 空间及 I/O 映射空间统一编址,对这些空间的访问均须通过加载/存储指令进行。ARM 存储器访问指令如表 3.2 所列。

表 3.2 ARM 存储器访问指令

助记符	说 明	操 作	条件码位置
LDR Rd,addressing	加载字数据	Rd←[addressing],addressing 索引	LDR{cond}
LDRB Rd,addressing	加载无符号字节数据	Rd←[addressing],addressing 索引	LDR{cond}B

续表 3.2

助记符		说 明	操 作	条件码位置
LDRT	Rd,addressing	以用户模式加载字数据	Rd←[addressing],addressing 索引	LDR{cond}T
LDRBT	Rd,addressing	以用户模式加载无符号字节数据	Rd←[addressing],addressing 索引	LDR{cond}BT
LDRH	Rd,addressing	加载无符号半字数据	Rd←[addressing],addressing 索引	LDR{cond}H
LDRSB	Rd,addressing	加载有符号字节数据	Rd←[addressing],addressing 索引	LDR{cond}SB
LDRSH	Rd,addressing	加载有符号半字数据	Rd←[addressing],addressing 索引	LDR{cond}SH
STR	Rd,addressing	存储字数据	[addressing]←Rd,addressing 索引	STR{cond}
STRB	Rd,addressing	存储字节数据	[addressing]←Rd,addressing 索引	STR{cond}B
STRT	Rd,addressing	以用户模式存储字数据	[addressing]←Rd,addressing 索引	STR{cond}T
STRBT	Rd,addressing	以用户模式存储字节数据	[addressing]←Rd,addressing 索引	STR{cond}BT
STRH	Rd,addressing	存储半字数据	[addressing]←Rd,addressing 索引	STR{cond}H
LDM{mode}	Rn{!},reglist	多寄存器加载	reglist←[Rn…],Rn 回写等	LDM{cond}{mode}
STM{mode}	Rn{!},reglist	多寄存器存储	[Rn…]←reglist,Rn 回写等	STM{cond}{mode}
SWP	Rd,Rm,Rn	寄存器和存储器字数据交换	Rd←[Rn],[Rn]←Rm (Rn≠Rd 或 Rm)	SWP{cond}
SWPB	Rd,Rm,Rn	寄存器和存储器字节数据交换	Rd←[Rn],[Rn]←Rm (Rn≠Rd 或 Rm)	SWP{cond}B

(1) LDR/STR——加载/存储指令

LDR 指令用于从内存中读取数据放入寄存器中;STR 指令则相反,它用于将寄存器中的数据保存到内存中。LDR 和 STR 指令搭配不同的后缀可以实现字节、半字或字数据的访问。

① 加载/存储字和无符号字节指令

指令格式:

```
LDR{cond}{T}      Rd,〈地址〉    ;加载指定地址上的数据(字),放入 Rd 中
STR{cond}{T}      Rd,〈地址〉    ;存储数据(字)到指定地址的存储单元,
                                ;要存储的数据在 Rd 中
LDR{cond}B{T}     Rd,〈地址〉    ;加载字节数据,放入 Rd 中,即 Rd 最低字
```

```
                                  ; 节有效,高 24 位清零
STR{cond}B{T}    Rd,〈地址〉      ; 存储字节数据,要存储的数据在 Rd,最低
                                  ; 字节有效
```

其中,T 为可选后缀。若指令有 T,那么即使处理器是在特权模式下,存储系统也将访问看成是处理器是在用户模式下。T 在用户模式下无效,不能与前索引偏移一起使用 T。

LDR/STR 指令寻址是非常灵活的,由两部分组成,一部分为一个基址寄存器,可以为任一个通用寄存器;另一部分为一个地址偏移量,它有 3 种格式。

(a) 立即数:立即数可以是一个无符号的数值。这个数据可以加到基址寄存器,也可以从基址寄存器中减去这个数值。

应用示例:

```
LDR  R1,[R0,#0x12]     ; 将 R0+0x12 地址处的数据读出,保存到 R1 中(R0 的值不变)
LDR  R1,[R0,#-0x12]    ; 将 R0-0x12 地址处的数据读出,保存到 R1 中(R0 的值不变)
LDR  R1,[R0]           ; 将 R0 地址处的数据读出,保存到 R1 中(零偏移)
```

(b) 寄存器:寄存器中的数值可以加到基址寄存器,也可以从基址寄存器中减去这个数值。

应用示例:

```
LDR  R1,[R0,R2]        ; 将 R0+R2 地址处的数据读出,保存到 R1 中(R0 的值不变)
LDR  R1,[R0,-R2]       ; 将 R0-R2 地址处的数据读出,保存到 R1 中(R0 的值不变)
```

(c) 寄存器与移位常数:寄存器移位后的值可以加到基址寄存器,也可以从基址寄存器中减去这个数值。

应用示例:

```
LDR  R1,[R0,R2,LSL #2]      ; 将 R0+R2×4 地址处的数据读出,保存到 R1 中
                            ; (R0 和 R2 的值不变)
LDR  R1,[R0,-R2,LSL #2]     ; 将 R0-R2×4 地址处的数据读出,保存到 R1 中
                            ; (R0 和 R2 的值不变)
```

从寻址方式的地址计算方法分,加载/存储指令有以下 4 种形式。

(a) 零偏移:Rn 的值作为传送数据的地址,即地址偏移量为 0。

应用示例:

```
LDR    Rd,[Rn]
```

(b) 前索引偏移:在数据传送之前,将偏移量加到 Rn 中,其结果作为传送数据的存储地址。若使用后缀“!”,则结果写回到 Rn 中,且 Rn 的值不允许为 R15。

应用示例:

```
LDR    Rd,[Rn,#0x04]!
LDR    Rd,[Rn,#-0x04]
```

(c) 程序相对偏移：程序相对偏移是前索引形式的另一个版本。汇编器由PC寄存器计算偏移量，并将PC寄存器作为Rn生成前索引指令，不能使用后缀“!”。

应用示例：

```
LDR    Rd,label          ;将标号label的地址上放置的数据装载到Rd中
```

说明：label为程序标号，label必须是在当前指令的±4 KB范围内。

(d) 后索引偏移：Rn的值用作传送数据的存储地址。在数据传送后，将偏移量与Rn相加，结果写回到Rn中，Rn不允许是R15。

应用示例：

```
LDR    Rd,[Rn],#0x04
```

地址对齐——大多数情况下，必须保证用于32位传送的地址是32位对齐的。

② 加载/存储半字和有符号字节

指令格式：

```
LDR{cond}SB    Rd,〈地址〉  ;加载指定地址上的数据(有符号字节)，
                           ;放入Rd中
LDR{cond}SH    Rd,〈地址〉  ;加载指定地址上的数据(有符号半字)，
                           ;放入Rd中
LDR{cond}H     Rd,〈地址〉  ;加载半字数据，放入Rd中，即Rd最低
                           ;16位有效，高16位清零
STR{cond}H     Rd,〈地址〉  ;存储半字数据，要存储的数据在Rd，
                           ;最低16位有效
```

这类LDR/STR指令可加载有符号字节、加载有符号半字以及加载/存储无符号半字。偏移量格式、寻址方式与加载/存储字和无符号字节指令相同。

说明：有符号位半字/字节加载是指用符号位加载扩展到32位；无符号位半字加载是指零扩展到32位。

地址对齐——对半字传送的地址必须为偶数。非半字对齐的半字加载将使Rd内容不可靠；非半字对齐的半字存储将使指定地址的2字节存储内容不可靠。

应用示例：

```
LDRSB  R1,[R0,R3]   ;将R0+R3地址上的字节数据读出到R1,高24位用符号位扩展
LDRSH  R1,[R9]      ;将R9地址上的半字数据读出到R1,高16位用符号位扩展
LDRH   R6,[R2],#2   ;将R2地址上的半字数据读出到R6,高16位用零扩展,R2=R2+2
STRH   R1,[R0,#2]!  ;将R1的数据保存到R0+2地址中,只存储低2字节数据,R0=R0+2
```

LDR/STR 指令用于对内存变量的访问、内存缓冲区数据的访问、查表、外围部件的控制操作等。若使用 LDR 指令加载数据到 PC 寄存器,则实现程序跳转功能,这样也就实现了程序散转。

③ LDR 指令在异常向量表中的散转应用

在第 2 章中了解到每个异常都有自己的入口地址,那么在这些入口地址上放置的跳转指令所组成的一段代码,称之为异常向量表。异常向量表的作用就是让处理器在发生异常时能顺利地找到相应的服务程序。

而异常向量表就是使用了 LDR 指令来实现程序散转的,异常向量表的部分代码如程序清单 3.2 所示。

程序清单 3.2 LDR 用于异常向量表实现程序散转

```
Reset
            LDR        PC,ResetAddr              //复位入口
            LDR        PC,UndefinedAddr          //未定义异常入口
            LDR        PC,SWI_Addr               //软件中断异常入口
             ⋮
            LDR        PC,IRQ_Addr               //中断异常入口
            LDR        PC,FIQ_Addr               //快中断异常入口

ResetAddr       DCD    ResetInit                 //复位程序地址
UndefinedAddr   DCD    Undefined                 //未定义异常服务程序地址
SWI_Addr        DCD    SoftwareInterrupt         //软件中断异常服务程序地址
                 ⋮
IRQ_Addr        DCD    IRQ_Handler               //中断异常服务程序地址
FIQ_Addr        DCD    FIQ_Handler               //快中断异常服务程序地址
```

通过观察这些 LDR 指令可以发现,它们使用的是“程序相对偏移”寻址方式。比如,复位异常入口处的指令“LDR PC,ResetAddr”,它是将程序标号 ResetAddr 地址处存放的数据读取到 PC 寄存器中,该地址上存放的是程序标号 ResetInit,它是复位异常服务程序的地址。因此一旦发生复位,处理器执行复位异常入口处的指令,便可实现向复位服务程序的跳转动作。更具体的应用示例请参考第 4 章。

④ LDR/STR 指令在变量操作中的应用

在使用 C 语言时常定义一些全局变量,编译器通常会将全局变量安排存放在存储器中,所以在访问该全局变量时就要用到 LDR 或 STR 指令。

例如,在 C 语言下要实现两个全局变量之间的参数传递,只需参见程序清单 3.3 代码。

程序清单 3.3 用 C 语言完成全局变量的参数传递

```
uint8   OSPrioHighRdy,OSPrioCur;        //全局变量定义
OSPrioCur=OSPrioHighRdy;                //将 OSPrioHighRdy 的内容传递给 OSPrioCur
```

该C代码被编译器编译后便会生成如程序清单3.4所示的汇编代码。代码的前两条LDR指令是伪指令,它用于将一个常数存放到寄存器中(LDR伪指令的详细介绍参看本小节的“ARM伪指令”)。它们在本程序中的用途是将全局变量OSPrioCur和OSPrioHighRdy的地址分别存放到R4和R5中(见图3.4)。在获取到变量的地址后,第③句程序使用LDRB指令把OSPrioHighRdy变量的内容取出,该指令的B后缀使它只读取1字节数据。在第④句程序中,使用STRB指令把获取到的OSPrioHighRdy变量内容写入到OSPrioCur变量中。整个代码的执行过程如程序清单3.4所示。

程序清单3.4 用LDR和STR指令实现全局变量的访问

```
LDR     R4,=OSPrioCur          //① 获取OSPrioCur变量的地址
LDR     R5,=OSPrioHighRdy      //② 获取OSPrioHighRdy变量的地址
LDRB    R6,[R5]                //③ 通过OSPrioHighRdy变量的地址获取其内容
STRB    R6,[R4]                //④ 将获取的内容写入到OSPrioCur变量中
```

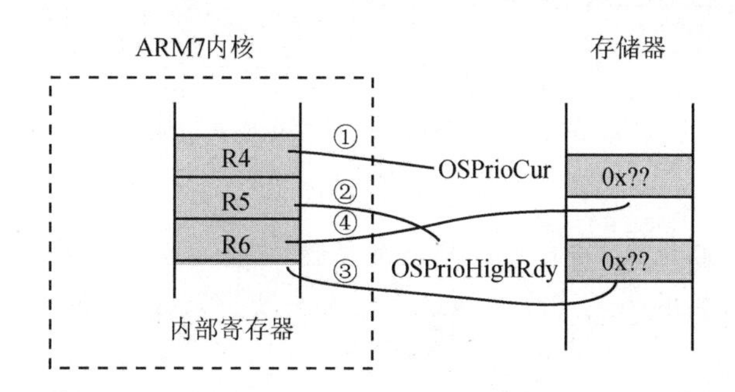

图3.4 全局变量访问过程

(2) LDM/STM——多寄存器加载/存储指令

指令格式:

LDM{cond}〈模式〉 Rn{!},reglist{^}

STM{cond}〈模式〉 Rn{!},reglist{^}

指令功能:多寄存器加载/存储指令可以实现在一组寄存器和一块连续的内存单元之间传输数据。LDM为加载多个寄存器;STM为存储多个寄存器。允许一条指令传送16个寄存器的任何子集或所有寄存器。

指令说明:LDM和STM的主要用途是现场保护、数据复制、参数传送等。其指令格式如图3.5所示。

图3.5中“模式”有如下8种(前面4种用于数据块的传输,后面4种是堆栈操作):

① IA 每次传送后地址加4;

② IB 每次传送前地址加4;

③ DA 每次传送后地址减4;

④ DB 每次传送前地址减 4；

⑤ FD 满递减堆栈；

⑥ ED 空递减堆栈；

⑦ FA 满递增堆栈；

⑧ EA 空递增堆栈。

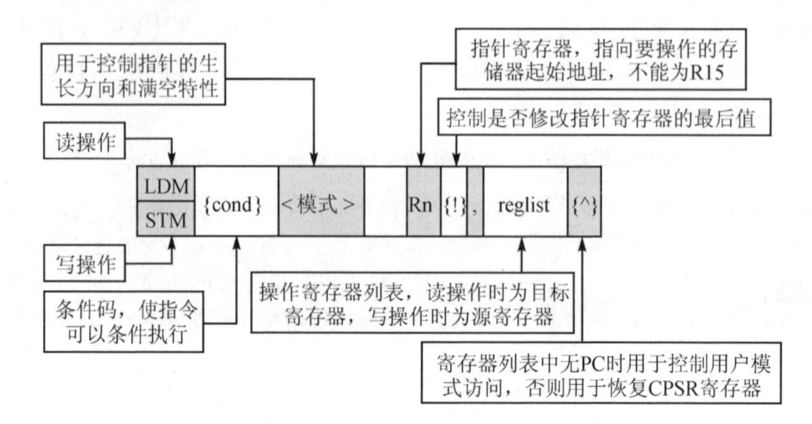

图 3.5 LDM 和 STM 指令格式说明

注意事项：

① 指令格式中的 Rn 寄存器为基址寄存器，它保存了所要操作存储单元的起始地址，从该地址开始的一段连续的地址空间都是要进行读/写的存储单元。Rn 不允许为 R15(PC)。

② Rn 的内容是一个指针，在指令执行前它指向起始地址，在指令执行结束后有两种选择：一种是保持 Rn 的内容前后不变化，其中，Rn 无“!”后缀，如图 3.6(b)所示；另一种是让 Rn 指向操作结束的地址，后缀“!”就是用于该功能的控制，如果加上“!”后缀，表示最后的地址写回到 Rn 中，如图 3.6(c)所示。带“!”后缀的 LDM 指令见程序清单 3.5。

程序清单 3.5 带“!”后缀的 LDM 指令

```
LDMIA    R0,{R1 - R4}     ；加载 R0 指向的地址上的多字数据，保存到 R1～R4 中，
                          ；R0 值不变
LDMIA    R0!,{R1 - R4}    ；加载 R0 指向的地址上的多字数据，保存到 R1～R4 中，
                          ；R0 值变化
```

③ 寄存器列表 reglist 可包含多于一个寄存器或包含寄存器范围，使用“,”分开，例如，{R1,R2,R6 - R9}，寄存器就是由小到大排列。

④ 寄存器与内存单元的对应关系是，编号低的寄存器对应于内存中低地址单元，编号高的寄存器对应于内存中高地址单元。

⑤ “^”后缀不允许在用户模式或系统模式下使用，若在 LDM 指令且寄存器列表

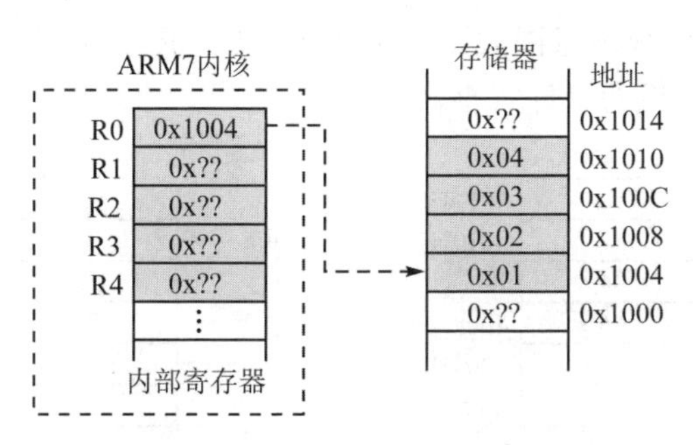

(a) LDM指令执行前

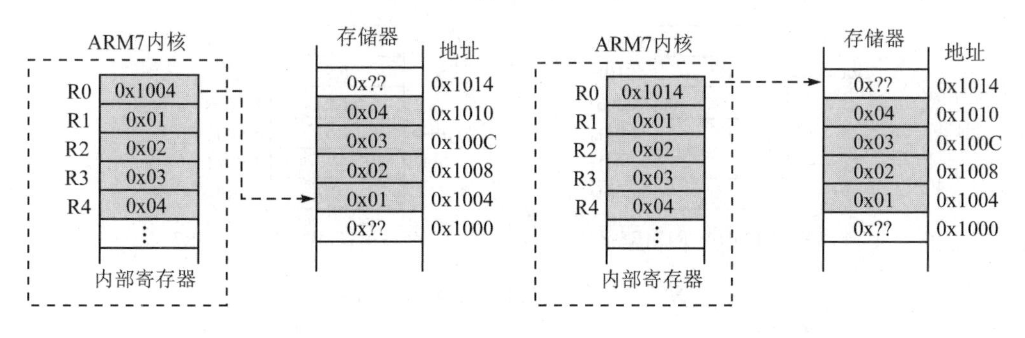

(b) 无"!"后缀执行结果　　(c) 有"!"后缀执行结果

图 3.6 LDM 指令执行前后寄存器状态

中包含有 PC 时使用，那么除了正常的多寄存器传送外，还会把 SPSR 也复制到 CPSR 中，这可用于异常处理返回。

⑥ 使用"^"后缀进行数据传送且寄存器列表不包含 PC 时，则加载/存储的是用户模式的寄存器，而不是当前模式的寄存器。

⑦ 当 Rn 在寄存器列表中且使用后缀"!"时，对于 STM 指令，若 Rn 为寄存器列表中的最低数字的寄存器，则会将 Rn 的初值保存；其他情况下 Rn 的加载值和存储值不可预知。

地址对齐——这些指令忽略地址的 bit[1：0]。

应用示例：

```
LDMIA   R0!,{R3-R9}    ;加载 R0 指向的地址上的多字数据，保存到 R3～R9 中，
                       ;R0 值更新
STMIA   R1!,{R3-R9}    ;将 R3～R9 的数据存储到 R1 指向的地址上，R1 值更新
```

在进行数据复制时，先设置好源数据指针和目标指针，然后使用块复制寻址指令 LDMIA/STMIA、LDMIB/STMIB、LDMDA/STMDA、LDMDB/STMDB 进行读取和存储。进行堆栈操作时，要先设置堆栈指针，一般使用 SP，然后使用堆栈寻址指令 STMFD/LDMFD、STMED/LDMED、STMFA/LDMFA 和 STMEA/LDMEA 实现堆栈操作。

多寄存器传送指令示意图如图 3.7 所示,其中 R1 为指令执行前的基址寄存器,R1'则为指令执行完后的基址寄存器。

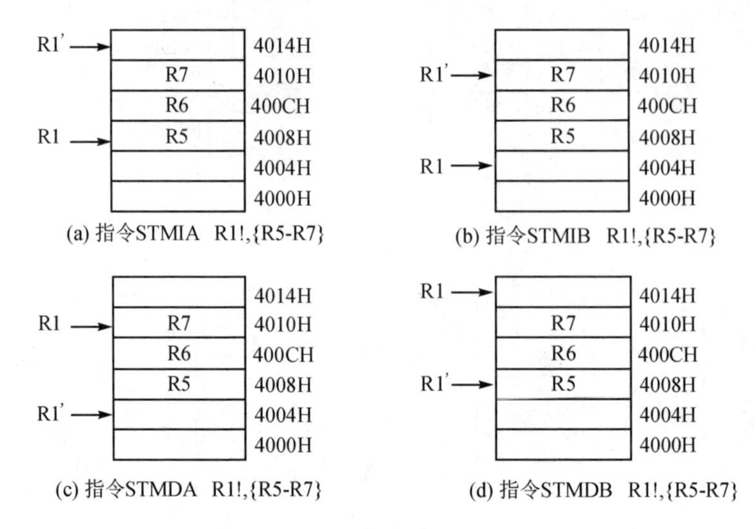

(a) 指令STMIA R1!,{R5-R7}　(b) 指令STMIB R1!,{R5-R7}
(c) 指令STMDA R1!,{R5-R7}　(d) 指令STMDB R1!,{R5-R7}

图 3.7 多寄存器传送指令示意图

使用多寄存器传送指令时,基址寄存器的地址是向上增长还是向下增长,地址是在加载/存储数据之前还是之后增加/减少,其对应关系如表 3.3 所列。

表 3.3 多寄存器传送指令映射

增长的方向 / 增长的先后		向上生长		向下生长	
		满	空	满	空
地址增加	指令执行之前	STMIB STMFA			LDMIB LDMED
	指令执行之后		STMIA STMEA	LDMIA LDMFD	
地址减少	指令执行之前		LDMDB LDMEA	STMDB STMFD	
	指令执行之后	LDMDA LDMFA			STMDA STMED

因为在实际应用中通常使用 C 语言进行程序编写,所以此时的堆栈形式与编译器有关,对于 ADS 工具自带的 C 编译器使用的是“满递减”的堆栈形式。如程序清单 3.6 所示,该指令是将寄存器 R0~R7 保存到堆栈之中,指令执行前后的寄存器和存储器内容变化如图 3.8 所示。通过仔细观察可以发现,堆栈指针 SP 寄存器所指向的存储器始终是保存有堆栈数据的。

程序清单 3.6　满递减堆栈的压栈操作

```
STMFD    SP!,{R0-R7 ,LR}    ；现场保存，将 R0～R7 和 LR 寄存器内容入栈
```

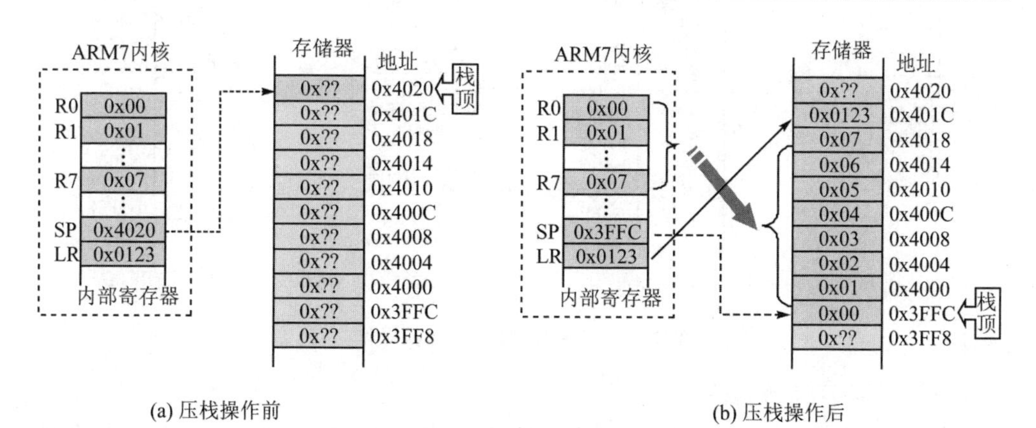

图 3.8　使用 STM 压栈指令的前后对比

与压栈操作相对应的出栈操作是通过 LDM 指令来实现的。需要特别注意，为了让堆栈指针能正确移动，出栈和压栈时的 LDM 指令后缀必须都是一致的。比如程序清单 3.6 中使用的是 FD 后缀，那么出栈时也同样要使用 FD 后缀，如程序清单 3.7 和程序清单 3.8 所示。因为出栈操作常发生在函数返回时，所以通常在出栈的同时将之前入栈的 LR 寄存器内容恢复到 PC 寄存器中，实现程序的返回。

程序清单 3.7　使用 LDM 指令出栈

```
LDMFD   SP!,{R0-R7 ,PC}     ；现场恢复，出栈恢复 R0～R7 和 LR 寄存器的内容
```

程序清单 3.8　使用 LDM 指令出栈并恢复 CPSR 寄存器

```
LDMFD   SP!,{R0-R7 ,PC}^   ；恢复 R0～R7 和 LR 寄存器的内容，同时恢复 CPSR
                           ；寄存器的内容
```

仔细观察程序清单 3.7 和程序清单 3.8 会发现，后者的指令上多了一个“^”符号。这个符号的功能是，如果操作寄存器组中存在 PC 寄存器，那么在恢复寄存器的同时将当前模式下的 SPSR 寄存器内容恢复到 CPSR 寄存器中。因此，程序清单 3.7 常用于子程序调用的出栈返回，而程序清单 3.8 常用于中断服务程序的出栈返回，它们的使用效果如图 3.9 所示。

(3) SWP——寄存器和存储器交换指令

指令格式：

SWP{cond}{B}　　Rd,Rm,[Rn]

指令功能：SWP 指令用于将一个内存单元(该单元地址放在寄存器 Rn 中)的内容读取到一个寄存器 Rd 中，同时将另一个寄存器 Rm 的内容写入到该内存单元中。

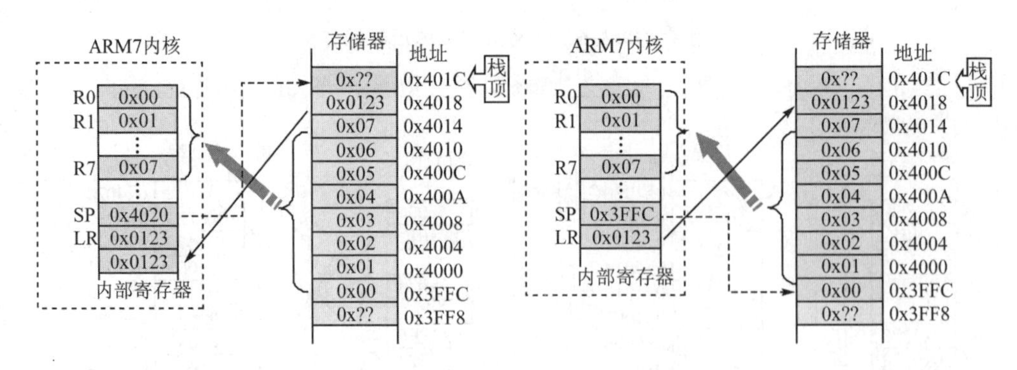

(a) 不恢复CPSR寄存器的压栈操作　　(b) 恢复CPSR寄存器的压栈操作

图 3.9　使用 LDM 指令出栈操作

使用 SWP 可实现信号量操作。

其中,B 为可选后缀,若有 B,则交换字节,否则交换 32 位字;Rd 为数据从存储器读出后的目标保存寄存器;Rm 的数据存储到存储器中,若 Rm 与 Rn 相同,则寄存器与存储器内容进行交换;Rn 为要进行数据交换的存储器地址,Rn 不能与 Rd 和 Rm 相同。

应用示例:

```
SWP     R1,R1,[R0]      ;将 R1 的内容与 R0 指向的存储单元的内容进行交换
SWPB    R1,R2,[R0]      ;将 R0 指向的存储单元的内容读取 1 字节数据到 R1 中(高 24 位
                        ;清零),并将 R2 的内容写入到该内存单元中(最低字节有效)
```

4. ARM 数据处理指令

数据处理指令大致可分为 3 类:数据传送指令(如 MOV、MVN)、算术逻辑运算指令(如 ADD、SUB、AND)和比较指令(如 CMP、TST),见表 3.4,其用法比较简单。

表 3.4　ARM 数据处理指令

助记符	说　明	操　作	条件码位置
数据传送指令			
MOV　Rd,operand2	数据传送指令	Rd←operand2	MOV{cond}{S}
MVN　Rd,operand2	数据非传送指令	Rd←(~operand2)	MVN{cond}{S}
算术逻辑运算指令			
ADD　Rd,Rn,operand2	加法运算指令	Rd←Rn+operand2	ADD{cond}{S}
SUB　Rd,Rn,operand2	减法运算指令	Rd←Rn-operand2	SUB{cond}{S}
RSB　Rd,Rn,operand2	逆向减法指令	Rd←operand2-Rn	RSB{cond}{S}
ADC　Rd,Rn,operand2	带进位加法指令	Rd←Rn+operand2+Carry	ADC{cond}{S}
SBC　Rd,Rn,operand2	带进位减法指令	Rd←Rn-operand2-(NOT)Carry	SBC{cond}{S}
RSC　Rd,Rn,operand2	带进位逆向减法指令	Rd←operand2-Rn-(NOT)Carry	RSC{cond}{S}

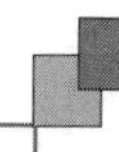

续表 3.4

助记符		说　明	操　作	条件码位置
AND	Rd,Rn,operand2	逻辑与操作指令	Rd←Rn & operand2	AND{cond}{S}
ORR	Rd,Rn,operand2	逻辑或操作指令	Rd←Rn | operand2	ORR{cond}{S}
EOR	Rd,Rn,operand2	逻辑异或操作指令	Rd←Rn ^ operand2	EOR{cond}{S}
BIC	Rd,Rn,operand2	位清除指令	Rd←Rn & (~operand2)	BIC{cond}{S}
比较指令				
CMP	Rn,operand2	比较指令	标志 N、Z、C、V←Rn－operand2	CMP{cond}
CMN	Rn,operand2	负数比较指令	标志 N、Z、C、V←Rn＋operand2	CMN{cond}
TST	Rn,operand2	位测试指令	标志 N、Z、C、V←Rn & operand2	TST{cond}
TEQ	Rn,operand2	相等测试指令	标志 N、Z、C、V←Rn ^ operand2	TEQ{cond}

数据处理指令只能对寄存器的内容进行操作。所有 ARM 数据处理指令均可选择使用 S 后缀,并影响状态标志。比较指令 CMP、CMN、TST 和 TEQ 不需要后缀 S,它们会直接影响状态标志。

CMP 指令将寄存器 Rn 的值减去 operand2 的值,根据操作的结果更新 CPSR 中的相应条件标志位,以便后面的指令根据相应的条件标志来判断是否执行。

指令格式:

CMP{cond}　　Rn,operand2

应用示例:

```
CMP     R1,#10                  ;R1 与 10 比较,设置相关标志位
CMP     R1,R2                   ;R1 与 R2 比较,设置相关标志位
```

CMP 指令与 SUBS 指令的区别在于 CMP 指令不保存运算结果。在进行两个数据的大小判断时,常用 CMP 指令及相应的条件码来操作。程序清单 3.9 为使用 CMP 指令实现传入参数的匹配操作。

程序清单 3.9　使用 CMP 指令实现数据比较

```
CMP       R0,#3                 ;将 R0 与常数 3 进行比较
LDRLO     PC,[PC,R0,LSL #2]     ;如果 R0 小于 3,则根据 R0 的值进入不同的
                                ;程序入口
MOVS      PC,LR                 ;否则程序返回
DCD       Fun0                  ;函数 0 的入口地址
DCD       Fun1                  ;函数 1 的入口地址
DCD       Fun2                  ;函数 2 的入口地址
```

5. 乘法指令

ARM7TDMI(-S)具有 32×32 乘法指令、32×32 乘加指令,32×32 结果为 64 位的

乘/乘加指令。ARM 乘法指令见表 3.5,由于其用法比较简单,在此不再作详细介绍。

表 3.5　ARM 乘法指令

助记符	说　明	操　作	条件码位置
MUL　Rd,Rm,Rs	32 位乘法指令	Rd←Rm * Rs,(Rd≠Rm)	MUL{cond}{S}
MLA　Rd,Rm,Rs,Rn	32 位乘加指令	Rd←Rm * Rs+Rn,(Rd≠Rm)	MLA{cond}{S}
UMULL　RdLo,RdHi,Rm,Rs	64 位无符号乘法指令	(RdLo,RdHi)←Rm * Rs	UMULL{cond}{S}
UMLAL　RdLo,RdHi,Rm,Rs	64 位无符号乘加指令	(RdLo,RdHi)←Rm * Rs+(RdLo,RdHi)	UMLAL{cond}{S}
SMULL　RdLo,RdHi,Rm,Rs	64 位有符号乘法指令	(RdLo,RdHi)←Rm * Rs	SMULL{cond}{S}
SMLAL　RdLo,RdHi,Rm,Rs	64 位有符号乘加指令	(RdLo,RdHi)←Rm * Rs+(RdLo,RdHi)	SMLAL{cond}{S}

6. ARM 分支指令

在 ARM 中有两种方式可以实现程序的跳转,一种是使用分支指令直接跳转;另一种则是直接向 PC 寄存器赋值实现跳转。分支指令有分支指令 B、带链接的分支指令 BL、带状态切换的分支指令 BX,见表 3.6。由于其用法比较简单,在此不再作详细介绍。

表 3.6　ARM 分支指令

助记符	说　明	操　作	条件码位置
B　label	分支指令	PC←label	B{cond}
BL　label	带链接的分支指令	LR←PC-4,PC←label	BL{cond}
BX　Rm	带状态切换的分支指令	PC←label,切换处理器状态	BX{cond}

(1) B——分支指令

指令格式:

B{cond}　label

指令编码格式:

31　28	27 26 25	24	23　0
cond	1 0 1	L	signed_immed_24

signed_immed_24　24 位有符号立即数(偏移量)。

L　　　　　　　区别分支(L为0)或带链接的分支指令(L为1)。

指令功能：B指令跳转到指定的地址去执行程序。

应用示例：

```
B      WAITA                ；跳转到 WAITA 标号处
B      0x1234               ；跳转到绝对地址 0x1234 处
```

分支指令B限制在当前指令的±32 MB地址范围内(ARM指令为字对齐，最低2位地址固定为0)。

(2) BL——带链接的分支指令

指令格式：

BL{cond}　label

指令编码格式：

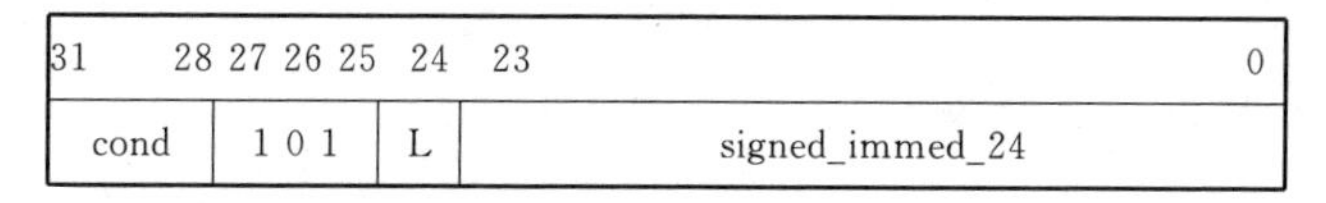

31–28	27 26 25	24	23–0
cond	1 0 1	L	signed_immed_24

signed_immed_24　24位有符号立即数(偏移量)。

L　　　　　　　区别分支(L为0)或带链接的分支指令(L为1)。

指令功能：BL指令先将下一条指令的地址复制到R14(即LR)链接寄存器中，然后跳转到指定地址，运行程序。

应用示例：

```
BL     DELAY
```

带链接的分支指令BL限制在当前指令的±32 MB地址范围内，BL指令用于子程序调用。

(3) BX——带状态切换的分支指令

指令格式：

BX{cond}　　Rm

Rm　目标地址寄存器。

指令功能：BX指令跳转到Rm指定的地址去执行程序。若Rm的bit0为1，则跳转时自动将CPSR中的标志T置位，即把目标地址的代码解释为Thumb代码；若Rm的bit0为0，则跳转时自动将CPSR中的标志T复位，即把目标地址的代码解释为ARM代码。

应用示例：

```
ADRL     R0,ThumbFun+1
BX       R0                 ；跳转到 R0 指定的地址，并根据 R0 的最低位来切换处理器状态
```

7. ARM 杂项指令

ARM 杂项指令见表 3.7。

表 3.7 ARM 杂项指令

助记符	说　明	操　作	条件码位置
SWI　immed_24	软件中断指令	产生软中断,处理器进入管理模式	SWI{cond}
MRS　Rd,psr	读状态寄存器指令	Rd←psr,psr 为 CPSR 或 SPSR	MRS{cond}
MSR　psr_fields,Rd/#immed_8r	写状态寄存器指令	psr_fields←Rd/#immed_8r,psr 为 CPSR 或 SPSR	MSR{cond}

(1) SWI——软件中断指令

指令格式:

SWI{cond}　　immed_24

immed_24　24 位立即数,为 0～16777215 之间的整数,常被用于参数传递。

指令编码格式:

31　　28	27 26 25 24	23　　　　　　　　　　0
cond	1 1 1 1	immed_24

指令功能:SWI 指令用于产生软件中断,从而实现从用户模式到管理模式的变换(请参看第 2 章相关内容)。在切换时,CPSR 寄存器内容将保存到管理模式的 SPSR 中,同时程序跳转到 SWI 异常向量入口处。在其他模式下也可使用 SWI 指令,处理器同样会切换到管理模式。

应用示例:

```
SWI     0               ;软件中断,中断立即数为 0
SWI     0x123456        ;软件中断,中断立即数为 0x123456
```

在 2.8.10 小节中,SWI 常用于系统功能调用,在软件中断服务器程序中根据程序传递的功能号来执行对应的服务程序。因此在使用软件中断时,功能号的传递和处理是一个很重要的步骤。通常使用以下两种方法进行功能号的传递,这两种方法均是用户软件协定。

① 指令中 24 位立即数指定了用户请求的服务类型,参数通过通用寄存器传递。SWI 异常中断处理程序要通过读取引起软件中断的 SWI 指令,以取得 24 位立即数。

```
MOV     R0,#34          ;设置子功能号为 34
SWI     12              ;调用 12 号软件中断
```

② 指令中的24位立即数被忽略,用户请求的服务类型由寄存器R0的值决定,参数通过其他通用寄存器传递。

```
MOV     R0,#12          ;调用12号软件中断
MOV     R1,#34          ;设置子功能号为34
SWI     0
```

在SWI异常中断处理程序中,读取SWI立即数的步骤为:首先,确定引起软件中断的SWI指令是ARM指令还是Thumb指令,这可通过对SPSR访问得到;然后,取得该SWI指令的地址,这可通过访问LR寄存器得到;最后,读出指令,分解出立即数,如程序清单3.10所示。

程序清单3.10 读取SWI立即数

```
T_bit   EQU         0x20
SWI_Handler
        STMFD       SP!,{R0-R3,R12,LR}      ;现场保护
        MRS         R0,SPSR                 ;读取SPSR
        STMFD       SP!,{R0}                ;保存SPSR
        TST         R0,#T_bit               ;测试T标志位
        LDRNEH      R0,[LR,#-2]             ;若是Thumb指令,读取指令码(16位)
        BICNE       R0,R0,#0xFF00           ;取得Thumb指令的8位立即数
        LDREQ       R0,[LR,#-4]             ;若是ARM指令,读取指令码(32位)
        BICEQ       R0,R0,#0xFF000000       ;取得ARM指令的24位立即数
        ⋮
        LDMFD       SP!,{R0-R3,R12,PC}^     ;SWI异常中断返回
```


(2) MRS——读状态寄存器指令

指令格式:

MRS{cond}　　Rd,psr

Rd　目标寄存器,Rd不允许为R15。

psr　CPSR或SPSR。

指令功能:在ARM处理器中,只有MRS指令可以将状态寄存器CPSR或SPSR读出到通用寄存器中。

应用示例:

```
MRS     R1,CPSR     ;将CPSR状态寄存器读取,保存到R1中
MRS     R2,SPSR     ;将SPSR状态寄存器读取,保存到R2中
```

MRS指令读取CPSR,可用来判断ALU的状态标志,或IRQ、FIQ中断是否使能等。在异常处理程序中,读SPSR可知道进行异常前的处理器状态等。MRS与MSR配合使用,实现CPSR或SPSR寄存器的读—修改—写操作,可用来进行处理

器模式切换、使能/禁止 IRQ/FIQ 中断等设置,如程序清单 3.11、程序清单 3.12 所示。另外,进程切换或使能异常中断嵌套时,也需要使用 MRS 指令读取 SPSR 状态值,并保存起来。

程序清单 3.11 使能 IRQ 中断

```
ENABLE_IRQ
    MRS     R0,CPSR
    BIC     R0,R0,#0x80                 /* 清除 CPSR 的 I 位 */
    MSR     CPSR_c,R0
    MOV     PC,LR
```

程序清单 3.12 禁止 IRQ 中断

```
DISABLE_IRQ
    MRS     R0,CPSR
    ORR     R0,R0,#0x80                 /* 置 1 CPSR 的 I 位 */
    MSR     CPSR_c,R0
    MOV     PC,LR
```

(3) MSR——写状态寄存器指令

指令格式:

```
MSR{cond}    psr_fields,#immed_8r
MSR{cond}    psr_fields,Rm
```

psr　　CPSR 或 SPSR。

fields　　指定传送的区域。fields 可以是以下的一种或多种(字母必须为小写):

- c　控制域屏蔽字节(psr[7:0]);
- x　扩展域屏蔽字节(psr[15:8]);
- s　状态域屏蔽字节(psr[23:16]);
- f　标志域屏蔽字节(psr[31:24])。

各个域在 CPSR 寄存器中的位置如图 3.10 所示。

immed_8r　　要传送到状态寄存器指定域的立即数,8 位。

Rm　　要传送到状态寄存器指定域的数据的源寄存器。

指令功能:在 ARM 处理器中,只有 MSR 指令可以直接设置状态寄存器 CPSR 或 SPSR。

应用示例:

```
MSR    CPSR_c,#0xD3       ; CPSR[7..0]=0xD3,即切换到管理模式
MSR    CPSR_cxsf,R3       ; CPSR=R3
```

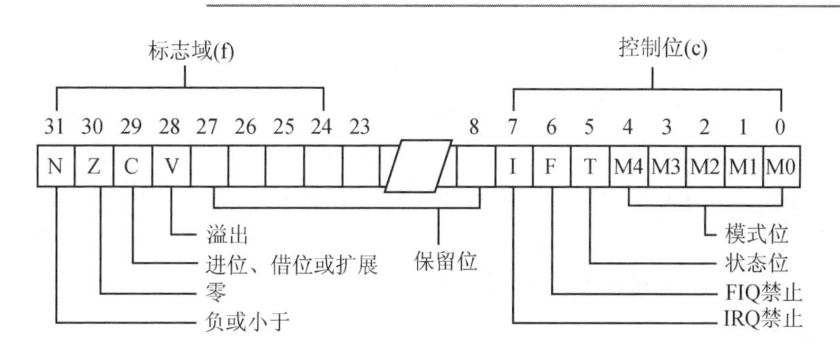

图 3.10 程序状态寄存器的域位置

注：只有在特权模式下才能修改状态寄存器。

程序中不能通过 MSR 指令直接修改 CPSR 中的 T 控制位来实现 ARM 状态/Thumb 状态的切换，必须使用 BX 指令完成处理器状态的切换（因为 BX 指令属分支指令，它会打断流水线状态，实现处理器状态切换）。MRS 与 MSR 配合使用，实现 CPSR 或 SPSR 寄存器的读—修改—写操作，可用来进行处理器模式切换、使能/禁止 IRQ/FIQ 中断等设置，如程序清单 3.13 所示。

程序清单 3.13 堆栈指令初始化

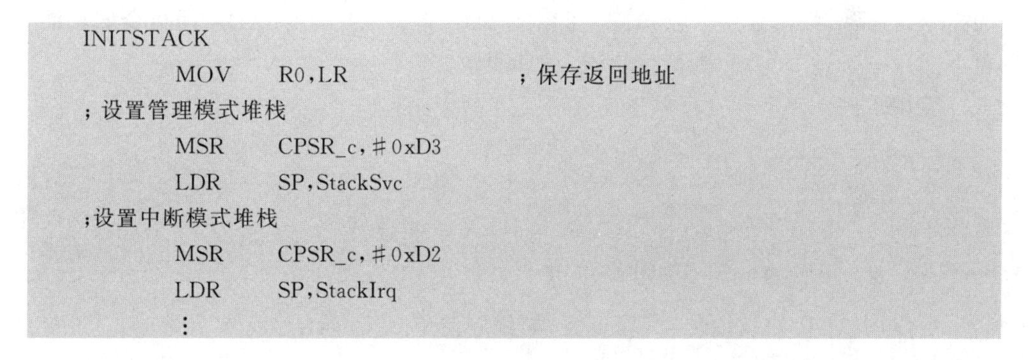

```
INITSTACK
        MOV     R0,LR                   ；保存返回地址
；设置管理模式堆栈
        MSR     CPSR_c,#0xD3
        LDR     SP,StackSvc
；设置中断模式堆栈
        MSR     CPSR_c,#0xD2
        LDR     SP,StackIrq
        ⋮
```

程序清单 3.13 中“MSR CPSR_c,#0xD3”指令的操作结果如图 3.11 所示。

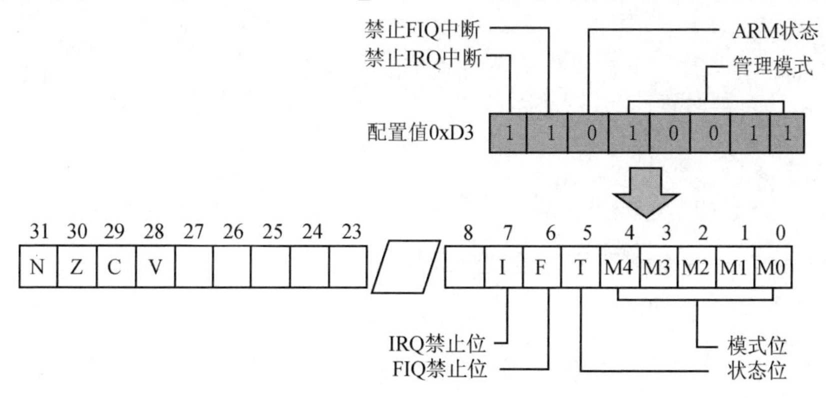

图 3.11 向 CPSR 控制位域写操作的结果

8. ARM伪指令

ARM伪指令不是ARM指令集中的指令,只是为了编程方便,编译器定义了伪指令,使用时可以像其他ARM指令一样使用,但在编译时这些指令将被等效的ARM指令代替。ARM伪指令有4条,分别为ADR伪指令、ADRL伪指令、LDR伪指令、NOP伪指令。

(1) ADR——小范围的地址读取伪指令

指令格式:

```
ADR{cond}      register,expr
```

register　加载的目标寄存器。

expr　地址表达式。当地址值是非字对齐时,取值范围为－255～255字节;当地址值是字对齐时,取值范围为－1020～1020字节。对于基于PC相对偏移的地址值时,给定范围是相对当前指令地址后两个字处(因为ARM7TDMI为3级流水线)。

指令功能:ADR指令将基于PC相对偏移的地址值或基于寄存器相对偏移的地址值读取到寄存器中。在汇编编译源程序时,ADR伪指令被编译器替换成一条合适的指令。通常,编译器用一条ADD指令或SUB指令来实现该ADR伪指令的功能,若不能用一条指令实现,则产生错误,编译失败。

应用示例:

```
LOOP    MOV     R1,#0xF0
         ⋮
        ADR     R2,LOOP                  ;将LOOP的地址放入R2
        ADR     R3,LOOP+4
```

可以用ADR加载地址,实现查表,如程序清单3.14所示。

程序清单3.14　小范围地址的加载

```
         ⋮
        ADR     R0,DISP_TAB              ;加载转换表地址
        LDRB    R1,[R0,R2]               ;使用R2作为参数,进行查表
         ⋮
DISP_TAB
        DCB     0xC0,0xF9,0xA4,0xB0,0x99,0x92,0x82,0xF8,0x80,0x90
```

(2) ADRL——中等范围的地址读取伪指令

指令格式:

```
ADRL{cond}      register,expr
```

register　加载的目标寄存器。

expr　　　地址表达式。当地址值是非字对齐时，取值范围为－64～64 KB；
　　　　　当地址值是字对齐时，取值范围为－256～256 KB。

指令功能：ADRL 指令将基于 PC 相对偏移的地址值或基于寄存器相对偏移的地址值读取到寄存器中，比 ADR 伪指令读取更大的地址范围。在汇编编译源程序时，ADRL 伪指令被编译器替换成两条合适的指令。若不能用两条指令实现 ADRL 伪指令功能，则产生错误，编译失败。

应用示例：

```
        ADRL    R0,DATA_BUF
        ⋮
        ADRL    R1,DATA_BUF+80
        ⋮
DATA_BUF
        SPACE   100                 ;定义 100 字节缓冲区
```

可以用 ADRL 加载地址，实现程序跳转，如程序清单 3.15 所示。

程序清单 3.15　中等范围地址的加载

```
        ADR  LR,RETURN1             ;设置返回地址
        ADRL R1,Thumb_Sub+1         ;取得 Thumb 子程序入口地址，且 R1 的 0 位置 1
        BX   R1                     ;调用 Thumb 子程序，并切换处理器状态
RETURN1
        ⋮
        CODE 16
Thumb_Sub
        MOV  R1,#10
```

(3) LDR——大范围的地址读取伪指令

指令格式：

LDR{cond}　　register,=expr/label-expr

register　　　加载的目标寄存器。
expr　　　　　32 位立即数。
label-expr　　基于 PC 的地址表达式或外部表达式。

指令功能：LDR 伪指令用于加载 32 位的立即数或一个地址值到指定寄存器。在汇编编译源程序时，LDR 伪指令被编译器替换成一条合适的指令。若加载的常数未超出 MOV 或 MVN 的范围，则使用 MOV 或 MVN 指令代替该 LDR 伪指令，否则汇编器将常量放入文字池，并使用一条程序相对偏移的 LDR 伪指令从文字池读出常量。

应用示例：

```
LDR    R0,=0x12345678          ;加载32位立即数0x12345678
LDR    R0,=DATA_BUF+60         ;加载DATA_BUF地址+60
⋮
LTORG                          ;声明文字池
⋮
```

伪指令LDR常用于加载芯片外围功能部件的寄存器地址(32位立即数),以实现各种控制操作,如程序清单3.16所示。

程序清单3.16　加载32位立即数

```
⋮
LDR    R0,=IOPIN               ;加载GPIO的寄存器IOPIN的地址
LDR    R1,[R0]                 ;读取IOPIN寄存器的值
⋮
LDR    R0,=IOSET
LDR    R1,=0x00500500
STR    R1,[R0]                 ;IOSET=0x00500500
⋮
```


从PC到文字池的偏移量必须小于4 KB。与ARM指令的LDR相比,伪指令的LDR的参数有"="号。

(4) NOP——空操作伪指令

指令格式：

NOP

指令功能：NOP伪指令在汇编时将会被代替成ARM中的空操作,比如可能为"MOV　R0,R0"指令等。NOP可用于延时操作,如程序清单3.17所示。

程序清单3.17　软件延时

```
          ⋮
DELAY1
          NOP
          NOP
          NOP
          SUBS      R1,R1,#1
          BNE       DELAY1
          ⋮
```

3.2.2　Thumb指令集

Thumb指令集可以看作是ARM指令压缩形式的子集,是针对代码密度的问题

而提出的,它具有16位的代码密度。Thumb不是一个完整的体系结构,不能指望处理器只执行Thumb指令而不支持ARM指令集。因此,Thumb指令只需要支持通用功能,必要时可以借助于完善的ARM指令集,比如,所有异常自动进入ARM状态。

在编写Thumb指令时,先要使用伪指令CODE16声明,但是在ARM指令中要使用BX指令跳转到Thumb指令,以切换处理器状态。编写ARM指令时,则可使用伪指令CODE32声明,由ARM状态切换到Thumb状态的代码,如程序清单3.18所示。

程序清单3.18 ARM到Thumb的状态切换

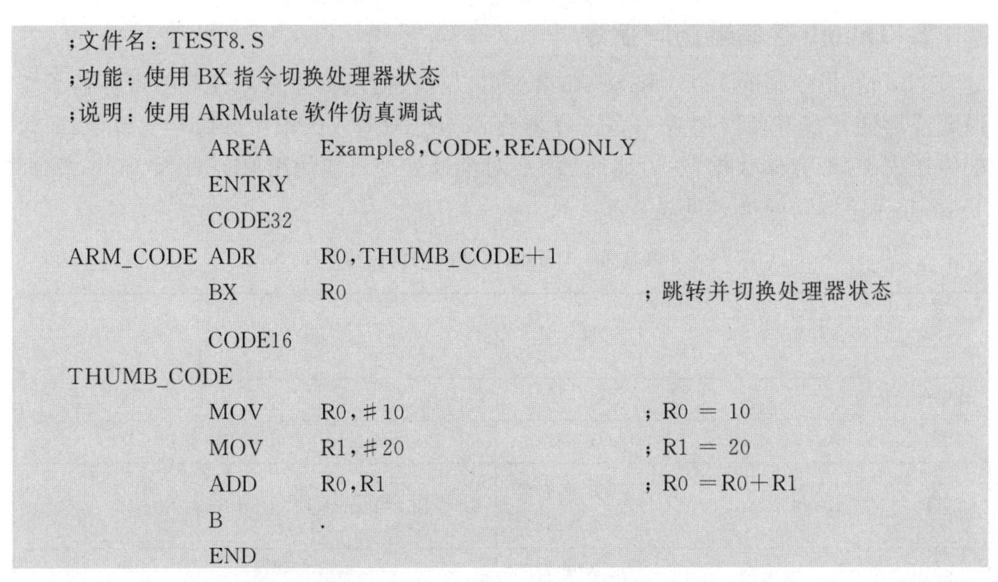

```
;文件名: TEST8.S
;功能: 使用BX指令切换处理器状态
;说明: 使用ARMulate软件仿真调试
            AREA    Example8,CODE,READONLY
            ENTRY
            CODE32
ARM_CODE    ADR     R0,THUMB_CODE+1
            BX      R0                          ;跳转并切换处理器状态
            CODE16
THUMB_CODE
            MOV     R0,#10                      ;R0 = 10
            MOV     R1,#20                      ;R1 = 20
            ADD     R0,R1                       ;R0 =R0+R1
            B       .
            END
```

程序首先在ARM状态下使用“ADR R0,THUMB_CODE+1”伪指令装载THUMB_CODE的地址,为了使R0的bit0为1,所以使用了“THUMB_CODE+1”,这样使用BX即可把处理器状态切换到Thumb状态。

1. Thumb指令集与ARM指令集的区别

Thumb指令集没有协处理器指令、信号量指令以及访问CPSR或SPSR的指令,没有乘加指令及64位乘法指令等,并且指令的第二操作数受到限制;除了分支指令B有条件执行功能外,其他指令均为无条件执行;大多数Thumb数据处理指令采用2地址格式。Thumb指令集与ARM指令集的区别一般有如下4点:

① 分支指令。程序相对转移,特别是条件跳转与ARM代码下的跳转相比,在范围上有更多的限制,转向子程序是无条件的转移。

② 数据处理指令。数据处理指令是对通用寄存器进行操作,在大多数情况下,操作的结果须放入其中一个操作数寄存器中,而不是第3个寄存器中。数据处理操作比ARM状态的更少。访问寄存器R8~R15受到一定限制。除MOV和ADD指

令访问寄存器 R8～R15 外，其他数据处理指令总是更新 CPSR 中的 ALU 状态标志。访问寄存器 R8～R15 的 Thumb 数据处理指令不能更新 CPSR 中的 ALU 状态标志。

③ 单寄存器加载和存储指令。在 Thumb 状态下，单寄存器加载和存储指令只能访问寄存器 R0～R7。

④ 多寄存器加载和多寄存器存储指令。LDM 和 STM 指令可以将任何范围为 R0～R7 的寄存器子集加载或存储。PUSH 和 POP 指令使用堆栈指令 R13 作为基址实现满递减堆栈。除 R0～R7 外，PUSH 指令还可以存储链接寄存器 R14，并且 POP 指令可以加载程序指令 PC。

2. Thumb 存储器访问指令

Thumb 指令集的 LDM 和 STM 指令可以将任何范围为 R0～R7 的寄存器子集加载或存储。多寄存器加载和多寄存器存储指令只有 LDMIA、STMIA 指令，即每次传送先加载/存储数据，然后地址加 4。对堆栈处理只能使用 PUSH 及 POP 指令。Thumb 存储器访问指令见表 3.8。

表 3.8 Thumb 存储器访问指令

助记符	说 明	操 作	影响标志
数据传送指令			
LDR Rd,[Rn,#immed_5×4]	加载字数据	Rd←[Rn,#immed_5×4],Rd、Rn 为 R0～R7	无
LDRH Rd,[Rn,#immed_5×2]	加载无符号半字数据	Rd←[Rn,#immed_5×2],Rd、Rn 为 R0～R7	无
LDRB Rd,[Rn,#immed_5×1]	加载无符号字节数据	Rd←[Rn,#immed_5×1],Rd、Rn 为 R0～R7	无
STR Rd,[Rn,#immed_5×4]	存储字数据	[Rn,#immed_5×4]←Rd,Rd、Rn 为 R0～R7	无
STRH Rd,[Rn,#immed_5×2]	存储无符号半字数据	[Rn,#immed_5×2]←Rd,Rd、Rn 为 R0～R7	无
STRB Rd,[Rn,#immed_5×1]	存储无符号字节数据	[Rn,#immed_5×1]←Rd,Rd、Rn 为 R0～R7	无
LDR Rd,[Rn,Rm]	加载字数据	Rd←[Rn,Rm],Rd、Rn、Rm 为 R0～R7	无
LDRH Rd,[Rn,Rm]	加载无符号半字数据	Rd←[Rn,Rm],Rd、Rn、Rm 为 R0～R7	无
LDRB Rd,[Rn,Rm]	加载无符号字节数据	Rd←[Rn,Rm],Rd、Rn、Rm 为 R0～R7	无

续表 3.8

助记符	说　明	操　作	影响标志
LDRSH　Rd,[Rn,Rm]	加载有符号半字数据	Rd←[Rn,Rm],Rd、Rn、Rm 为 R0～R7	无
LDRSB　Rd,[Rn,Rm]	加载有符号字节数据	Rd←[Rn,Rm],Rd、Rn、Rm 为 R0～R7	无
STR　Rd,[Rn,Rm]	存储字数据	[Rn,Rm]←Rd,Rd、Rn、Rm 为 R0～R7	无
STRH　Rd,[Rn,Rm]	存储无符号半字数据	[Rn,Rm]←Rd,Rd、Rn、Rm 为 R0～R7	无
STRB　Rd,[Rn,Rm]	存储无符号字节数据	[Rn,Rm]←Rd,Rd、Rn、Rm 为 R0～R7	无
LDR　Rd,[PC,#immed_8×4]	基于 PC 加载字数据	Rd←[PC,#immed_8×4],Rd 为 R0～R7	无
LDR　Rd,label	基于 PC 加载字数据	Rd←[label],Rd 为 R0～R7	无
LDR　Rd,[SP,#immed_8×4]	基于 SP 加载字数据	Rd←[SP,#immed_8×4],Rd 为 R0～R7	无
STR　Rd,[SP,#immed_8×4]	基于 SP 存储字数据	[SP,#immed_8×4]←Rd,Rd 为 R0～R7	无
LDMIA　Rn{!},reglist	多寄存器加载指令	reglist←[Rn…],Rn 回写等(R0～R7)	无
STMIA　Rn{!},reglist	多寄存器存储指令	[Rn…]←reglist,Rn 回写等(R0～R7)	无
PUSH　{reglist[,LR]}	寄存器入栈指令	[SP…]←reglist[,LR],SP 回写等(R0～R7、LR)	无
POP　{reglist[,PC]}	寄存器出栈指令	reglist[,PC]←[SP…],SP 回写等(R0～R7、PC)	无

Thumb 存储器访问指令中,STR/LDR、STM/LDM 的使用方法与 ARM 指令集中相对应的指令类似,不再详细介绍。

3. Thumb 数据处理指令

大多数 Thumb 数据处理指令采用 2 地址格式,数据处理操作比 ARM 状态的更少,访问寄存器 R8～R15 受到一定限制。

Thumb 数据处理指令见表 3.9,所有指令使用方法和 ARM 指令集相对应的指令类似,这里不再作详细的介绍。

表3.9　Thumb数据处理指令

助记符	说　明	操　作	影响标志
数据传送指令			
MOV　Rd,#expr	数据传送指令	Rd←expr,Rd为R0～R7	影响N、Z
MOV　Rd,Rm	数据传送指令	Rd←Rm,Rd、Rm均可为R0～R15	Rd和Rm均为R0～R7时,影响N、Z、C、V
MVN　Rd,Rm	数据非传送指令	Rd←(～Rm),Rd、Rm均为R0～R7	影响N、Z
NEG　Rd,Rm	数据取负指令	Rd←(-Rm),Rd、Rm均为R0～R7	影响N、Z、C、V
ADD　Rd,Rn,Rm	加法运算指令	Rd←Rn+Rm,Rd、Rn、Rm均为R0～R7	影响N、Z、C、V
ADD　Rd,Rn,#expr3	加法运算指令	Rd←Rn+expr3,Rd、Rn均为R0～R7	影响N、Z、C、V
ADD　Rd,#expr8	加法运算指令	Rd←Rd+expr8,Rd为R0～R7	影响N、Z、C、V
ADD　Rd,Rm	加法运算指令	Rd←Rd+Rm,Rd、Rm均可为R0～R15	Rd和Rm均为R0～R7时,影响N、Z、C、V
ADD　Rd,Rp,#expr	SP/PC加法运算指令	Rd←SP+expr或PC+expr,Rd为R0～R7	无
ADD　SP,#expr	SP加法运算指令	SP←SP+expr	无
SUB　Rd,Rn,Rm	减法运算指令	Rd←Rn-Rm,Rd、Rn、Rm均为R0～R7	影响N、Z、C、V
SUB　Rd,Rn,#expr3	减法运算指令	Rd←Rn-expr3,Rd、Rn均为R0～R7	影响N、Z、C、V
SUB　Rd,#expr8	减法运算指令	Rd←Rd-expr8,Rd为R0～R7	影响N、Z、C、V
SUB　SP,#expr	SP减法运算指令	SP←SP-expr	无
ADC　Rd,Rm	带进位加法指令	Rd←Rd+Rm+Carry,Rd、Rm为R0～R7	影响N、Z、C、V
SBC　Rd,Rm	带进位减法指令	Rd←Rd-Rm-(NOT)Carry,Rd、Rm为R0～R7	影响N、Z、C、V
MUL　Rd,Rm	乘法运算指令	Rd←Rd*Rm,Rd、Rm为R0～R7	影响N、Z
AND　Rd,Rm	逻辑与操作指令	Rd←Rd & Rm,Rd、Rm为R0～R7	影响N、Z
ORR　Rd,Rm	逻辑或操作指令	Rd←Rd | Rm,Rd、Rm为R0～R7	影响N、Z

续表 3.9

助记符	说 明	操 作	影响标志
EOR Rd,Rm	逻辑异或操作指令	Rd←Rd ^ Rm,Rd、Rm 为 R0～R7	影响 N、Z
BIC Rd,Rm	位清除指令	Rd←Rd & (～Rm),Rd、Rm 为 R0～R7	影响 N、Z
ASR Rd,Rs	算术右移指令	Rd←Rd 算术右移 Rs 位,Rd、Rs 为 R0～R7	影响 N、Z、C
ASR Rd,Rm,#expr	算术右移指令	Rd←Rm 算术右移 expr 位,Rd、Rm 为 R0～R7	影响 N、Z、C
LSL Rd,Rs	逻辑左移指令	Rd←Rd ≪ Rs,Rd、Rs 为 R0～R7	影响 N、Z、C
LSL Rd,Rm,#expr	逻辑左移指令	Rd←Rm ≪ expr,Rd、Rm 为 R0～R7	影响 N、Z、C
LSR Rd,Rs	逻辑右移指令	Rd←Rd ≫ Rs,Rd、Rs 为 R0～R7	影响 N、Z、C
LSR Rd,Rm,#expr	逻辑右移指令	Rd←Rm ≫ expr,Rd、Rm 为 R0～R7	影响 N、Z、C
ROR Rd,Rs	循环右移指令	Rd←Rm 循环右移 Rs 位,Rd、Rs 为 R0～R7	影响 N、Z、C
CMP Rn,Rm	比较指令	状态标志←Rn－Rm,Rn、Rm 均可为 R0～R15	影响 N、Z、C、V
CMP Rn,#expr	比较指令	状态标志←Rn－expr,Rn 为 R0～R7	影响 N、Z、C、V
CMN Rn,Rm	负数比较指令	状态标志←Rn＋Rm,Rn、Rm 为 R0～R7	影响 N、Z、C、V
TST Rn,Rm	位测试指令	状态标志←Rn & Rm,Rn、Rm 为 R0～R7	影响 N、Z、C、V

4. Thumb 分支指令

Thumb 分支指令见表 3.10。

表 3.10 Thumb 分支指令

助记符	说 明	操 作	条件码位置
B label	分支指令	PC←label	B{cond}
BL label	带链接的分支指令	LR←PC－4,PC←label	无
BX Rm	带状态切换的分支指令	PC←label,切换处理器状态	无

5. Thumb 杂项指令

SWI——软件中断指令

指令格式:

```
SWI    immed_8
```

immed_8　8 位立即数,值为 0～255 之间的整数。

指令编码格式:

15							8	7　　　　　　　0
1	1	0	1	1	1	1	1	immed_8

指令功能:SWI 指令用于产生软件中断,从而实现从用户模式转换到管理模式,

CPSR 保存到管理模式的 SPSR 中,执行转移到 SWI 向量。在其他模式下也可使用 SWI 指令,处理器同样地切换到管理模式。

应用示例:

```
SWI    1                    ;软件中断,中断立即数为 1
SWI    0x55                 ;软件中断,中断立即数为 0x55
```

使用 SWI 指令时,通常使用以下两种方法进行传递参数,SWI 异常中断处理程序就可以提供相关的服务。这两种方法均是由用户自己选择。SWI 异常中断处理程序要通过读取引起软件中断的 SWI 指令,以取得 8 位立即数。

① 指令中的 8 位立即数指定了用户请求的服务类型,参数通过通用寄存器传递。

```
MOV    R0,#34               ;设置子功能号为 34
SWI    18                   ;调用 18 号软件中断
```

② 指令中的 8 位立即数被忽略,用户请求的服务类型由寄存器 R0 的值决定,参数通过其他的通用寄存器传递。

```
MOV    R0,#18               ;调用 18 号软件中断
MOV    R1,#34               ;设置子功能号为 34
SWI    0
```


6. Thumb 伪指令

(1) ADR——小范围的地址读取伪指令

指令格式:

ADR　　register,expr

register　加载的目标寄存器。

expr　　地址表达式。偏移量必须是正数并小于 1 KB。expr 必须局部定义,不能被导入。

指令功能:ADR 指令将基于 PC 相对偏移的地址值读取到寄存器中。

应用示例:

```
        ADR     R0,TxtTab
        ⋮
TxtTab
        DCB     "ARM7TDMI",0
```

(2) LDR——大范围的地址读取伪指令

指令格式:

LDR　　register,=expr/label-expr

register　　加载的目标寄存器。
expr　　32位立即数。
label-expr　基于PC的地址表达式或外部表达式。

指令功能：LDR伪指令用于加载32位的立即数或一个地址值到指定寄存器。在汇编编译源程序时，LDR伪指令被编译器替换成一条合适的指令。若加载的常数未超出MOV的范围，则使用MOV或MVN指令代替该LDR伪指令，否则汇编器将常量放入文字池，并使用一条程序相对偏移的LDR指令从文字池读出常量。

应用示例：

```
LDR    R0,=0x12345678          ;加载32位立即数0x12345678
LDR    R0,=DATA_BUF+60         ;加载DATA_BUF地址+60
⋮
LTORG                          ;声明文字池
⋮
```

从PC到文字池的偏移量必须是正数并小于1 KB。与Thumb指令的LDR相比，伪指令的LDR的参数有"="号。

(3) NOP——空操作伪指令

指令格式：

NOP

指令功能：NOP伪指令在汇编时将会被代替成ARM中的空操作，比如可能为"MOV　R0,R0"指令等。NOP可用于延时操作。

思考题与练习题

1. 基础知识

(1) ARM7TDMI(-S)有几种寻址方式？"LDR　R1,[R0,#0x08]"属于哪种寻址方式？

(2) ARM指令的条件码有多少个？默认条件码是什么？

(3) ARM指令中第2个操作数有哪几种形式？列举5个8位图立即数。

(4) LDR/STR指令的偏移形式有哪4种？LDRB指令和LDRSB指令有何区别？

(5) 请指出MOV指令与LDR加载指令的区别及用途。

(6) CMP指令是如何执行的？写一程序，判断R1的值是否大于0x30，是则将R1减去0x30。

(7) 调用子程序是用B指令还是用BL指令？请写出返回子程序的指令。

(8) 请指出LDR伪指令的用法。指令格式与LDR加载指令的区别是什么？

(9) ARM 状态与 Thumb 状态的切换指令是什么？请举例说明。

(10) Thumb 状态与 ARM 状态的寄存器有区别吗？Thumb 指令对哪些寄存器的访问受到一定限制？

(11) Thumb 指令集的堆栈入栈、出栈指令是哪两条？

(12) Thumb 指令集的 BL 指令转移范围为何能达到±4 MB？其指令编码是怎样的？

2. 有符号和无符号加法

下面给出 A 和 B 的值，可以先手动计算 A+B，并预测 N、Z、V 和 C 标志位的值。然后修改程序清单 3.1 中 R0、R1 的值，将这两个值装载到这两个寄存器中(使用 LDR 伪指令，如"LDR　R0，=0x FFFF0000")，使其执行两个寄存器的加法操作。调试程序，每执行一次加法操作就将标志位的状态记录下来，并将所得结果与预先计算得出的结果相比较。如果两个操作数看作是有符号数，如何解释所得标志位的状态？同样，如果把这两个操作数看作是无符号数，所得标志位又当如何理解？

0xFFFF000F	0x7FFFFFFF	67654321	(A)
+ 0x0000FFF1	+ 0x02345678	+ 23110000	(B)
(　　　　)	(　　　　)	(　　　　)	

第 4 章

LPC2000 系列 ARM 硬件结构

☞**本章导读**

开设嵌入式系统基础训练课程的目标是为了培养嵌入式产品应用型开发人才，因此配合学习《嵌入式系统中的数据结构与算法》《嵌入式实时操作系统原理与程序设计技术》以及相关的专业课程，如《智能仪器原理与应用设计》等相关内容。本章内容起着承上启下极其重要的衔接作用，因此实践是一个十分重要的环节。

建议三分之一的时间用于理论学习，三分之二的时间投入实验环节，完全符合工程教学在“做中学”(learning by doing)行之有效的先进教学理念；其关键是为了打好基础，软硬件相结合并重，而不是纯粹地学习一些基本的软件设计技术；其目的是达到全面培养学生学习能力和工程设计技术(模拟技术、数字技术、软件技术、产品工程化技术、系统设计、项目管理、知识管理、开发文档写作以及适合市场需要的产品功能的定义、整合与规划)的能力，只有这样才能举一反三、一通百通。

4.1 LPC2000 系列 ARM 简介

LPC2114/2124/2210/2220/2212/2214 是基于一个支持实时仿真和跟踪的 16/32 位 ARM7TDMI－S CPU 的微控制器，并带有 0/128/256 KB 嵌入的高速片内 Flash 存储器，片内 128 位宽度的存储器接口和独特的加速结构使 32 位代码能够在最大时钟速率下运行。对代码规模有严格控制的应用可使用 16 位 Thumb 模式将代码规模降低 30%，而性能的损失却很小。

由于 LPC2114/2124/2210/2220/2212/2214 具有较小的 64 引脚封装和 144 引脚封装，极低的功耗，多个 32 位定时器，4 路 10 位 ADC 或 8 路 10 位 ADC(64 引脚和 144 引脚封装)以及多达 9 个外部中断，因此特别适用于工业控制、医疗系统、访问控制和 POS 机。

在 64 引脚的封装中，最多可使用 46 个 GPIO；在 144 引脚的封装中，可使用的

GPIO 高达 76(使用了外部存储器)～112 个(单片应用)。由于内置了多种串行通信接口,它们也非常适合于通信网关、协议转换器、嵌入式软 MODEM 以及其他各种类型的应用。

4.1.1　特　性

- 32 位 64/144 引脚 ARM7TDMI－S 微控制器。
- 16 KB 静态 RAM。
- 0/128/256 KB 片内 Flash 程序存储器。128 位宽度接口/加速器实现高达 60 MHz 的操作频率。
- 外部 8、16 或 32 位总线(144 引脚封装)。
- 通过外部存储器接口可将存储器配置成 4 组,每组的容量高达 16 MB。
- 片内 Boot 装载程序实现在系统编程(ISP)和在应用中编程(IAP)。Flash 编程时间：1 ms 可编程 512 字节,扇区擦除或整片擦除只需 400 ms(针对片内有 Flash 的型号)。
- 串行 Boot 装载程序通过 UART0 将应用程序装入器件的 RAM 中并使其在 RAM 中执行(针对 LPC2210/2220)。
- Embedded ICE－RT 接口使能断点和观察点。当前台任务使用片内 Real-Monitor 软件调试时,中断服务程序可继续执行。
- 嵌入式跟踪宏单元(ETM)支持对执行代码进行无干扰的高速实时跟踪。
- 4/8 路(64/144 引脚封装)10 位 A/D 转换器,转换时间低至 2.44 ms。
- 2 个 32 位定时器(带 4 路捕获和 4 路比较通道)、PWM 单元(6 路输出)、实时时钟和看门狗。
- 多个串行接口,包括 2 个 16C550 工业标准 UART、高速 I^2C 接口(400 kb/s)和 2 个 SPI 接口。
- 通过片内 PLL 可实现最大为 60 MHz 的 CPU 操作频率。
- 向量中断控制器。可配置优先级和向量地址。
- 多达 46 个(64 引脚封装)或 112 个(144 引脚封装)通用 I/O 口(可承受 5 V 电压),12 个独立外部中断引脚(EINT 和 CAP 功能)。
- 晶振频率范围为 1～30 MHz,若使用 PLL 或 ISP 功能,则为 10～25 MHz。
- 2 个低功耗模式：空闲和掉电。
- 通过外部中断将处理器从掉电模式中唤醒。
- 可通过个别使能/禁止外部功能来优化功耗。
- 双电源：

- CPU 操作电压范围为 1.65～1.95 V(1.8 V,±8.3%);
- I/O 操作电压范围为 3.0～3.6 V(3.3 V,±10%)。

4.1.2 器件信息

LPC2114/2124/2210/2220/2212/2214 器件信息见表 4.1。

表 4.1 LPC2114/2124/2210/2220/2212/2214 器件信息

器 件	引脚数	片内 RAM/KB	片内 Flash/KB	10 位 A/D 通道数	注 释
LPC2114	64	16	128	4	—
LPC2124	64	16	256	4	—
LPC2210	144	16	—	8	带外部存储器接口
LPC2220	144	64	—	8	带外部存储器接口
LPC2212	144	16	128	8	带外部存储器接口
LPC2214	144	16	256	8	带外部存储器接口

关于 LPC2000 系列其他器件的详细介绍请登录网站 http://www.zlgmcu.com 相关栏目查阅。

4.1.3 结 构

LPC2114/2124/2210/2220/2212/2214 的结构见图 4.1,它们包含一个支持仿真的 ARM7TDMI-S CPU,与片内存储器控制器接口的 ARM7 局部总线,与中断控制器接口的 AMBA 高性能总线(AHB)和连接片内外设功能的 VLSI 外设总线(VPB,ARM AMBA 总线的兼容超集),LPC2114/2124/2210/2220/2212/2214 将 ARM7TDMI-S 配置为小端字节顺序。

AHB 外设分配了 2 MB 的地址范围,它位于 4 GB ARM 存储器空间的最顶端。每个 AHB 外设都分配了 16 KB 的地址空间。LPC2114/2124/2210/2220/2212/2214 的外设功能(中断控制器除外)都连接到 VPB 总线。AHB 到 VPB 的桥将 VPB 总线与 AHB 总线相连。VPB 外设也分配了 2 MB 的地址范围,从 3.5 GB 地址点开始。每个 VPB 外设在 VPB 地址空间内都分配了 16 KB 地址空间。

片内外设与器件引脚的连接由引脚连接模块控制,软件可以通过控制该模块让引脚与特定的片内外设相连接。

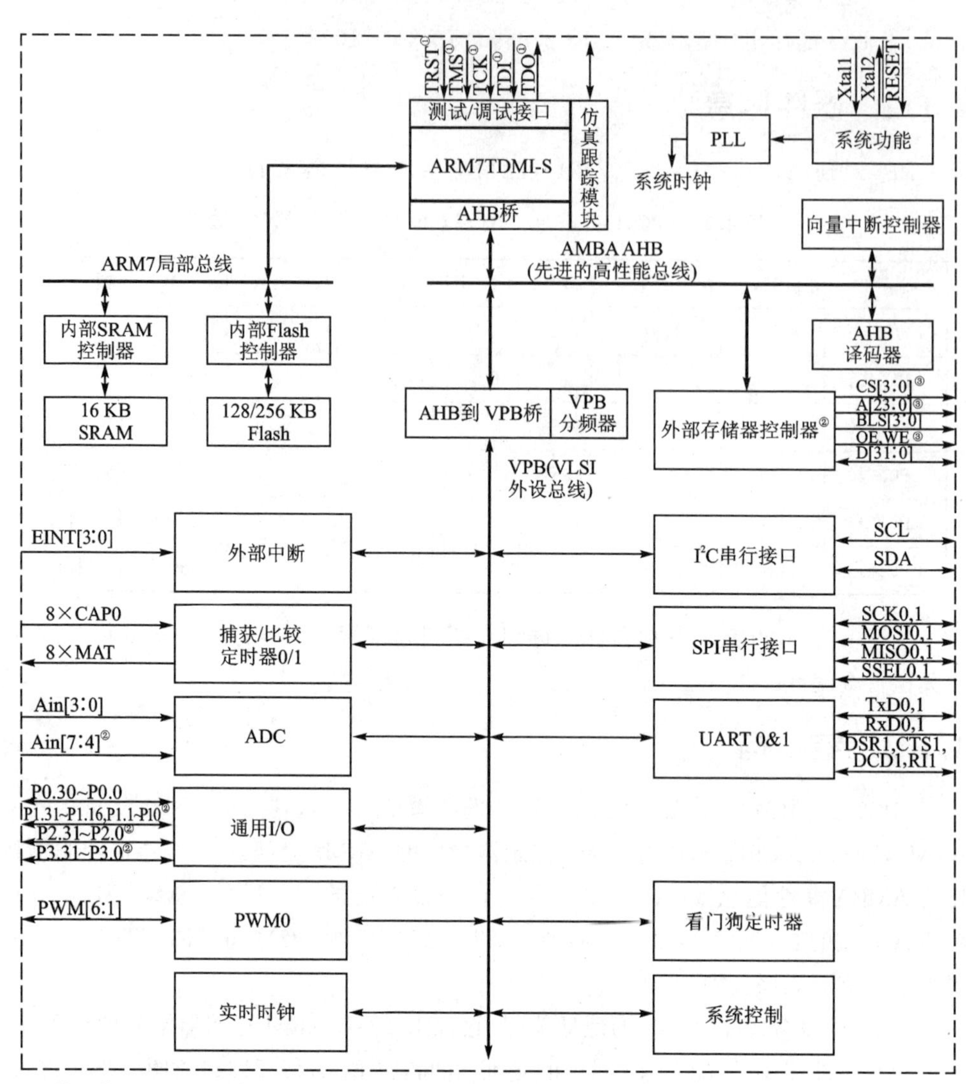

① 当使用测试/调试接口时，共用这些引脚的GPIO及其他功能都不可用。
② 仅对LPC2210/2212/2214有效。
③ 与CPIO共用。

图 4.1　LPC2114/2124/2210/2220/2212/2214 结构框图

4.2　LPC2000 系列引脚描述

LPC2114/2124 的引脚分布如图 4.2 所示。

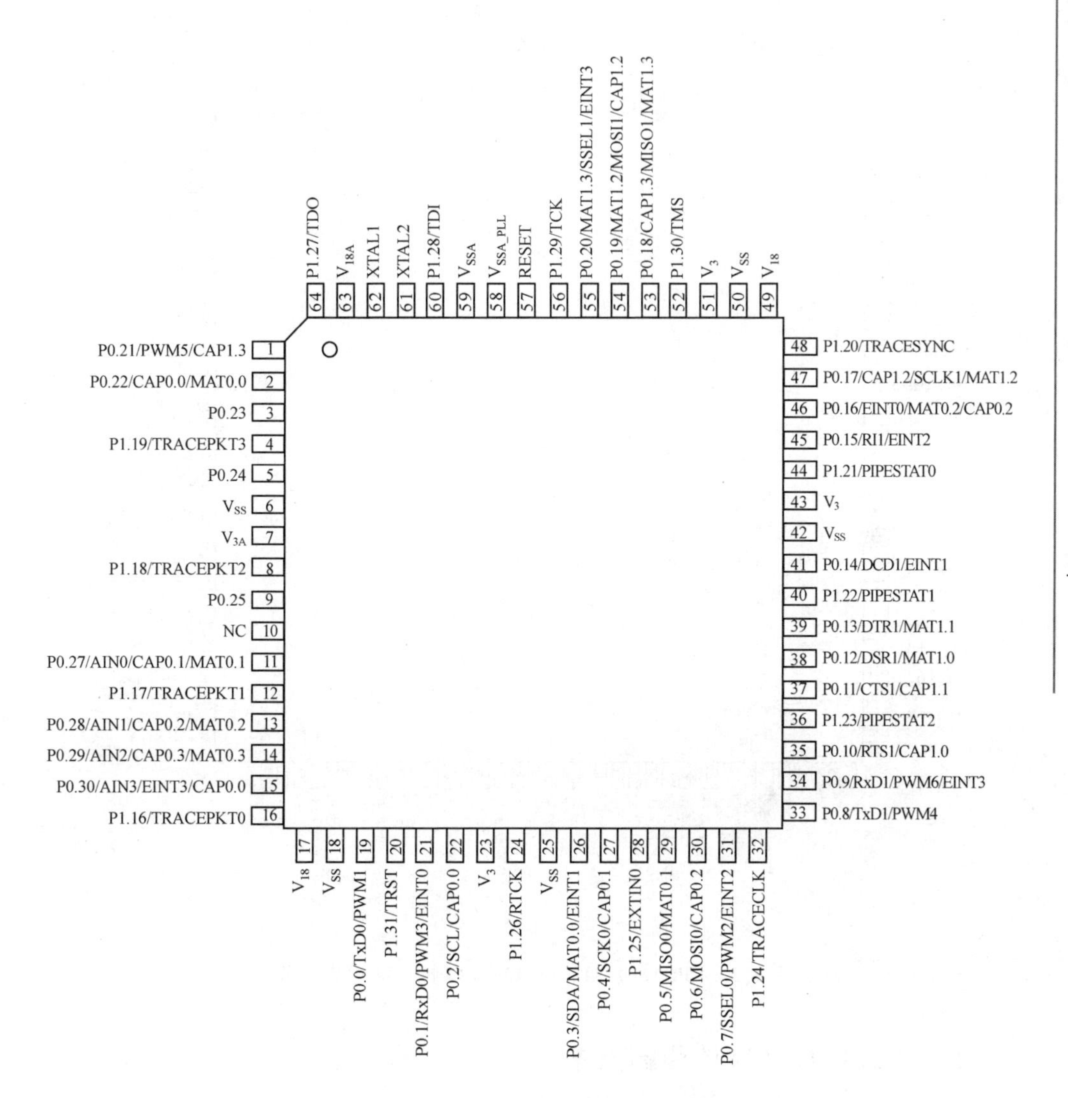

图 4.2　LPC2114/2124 的 64 引脚封装

LPC2210/2220/2212/2214 的引脚分布如图 4.3 所示。

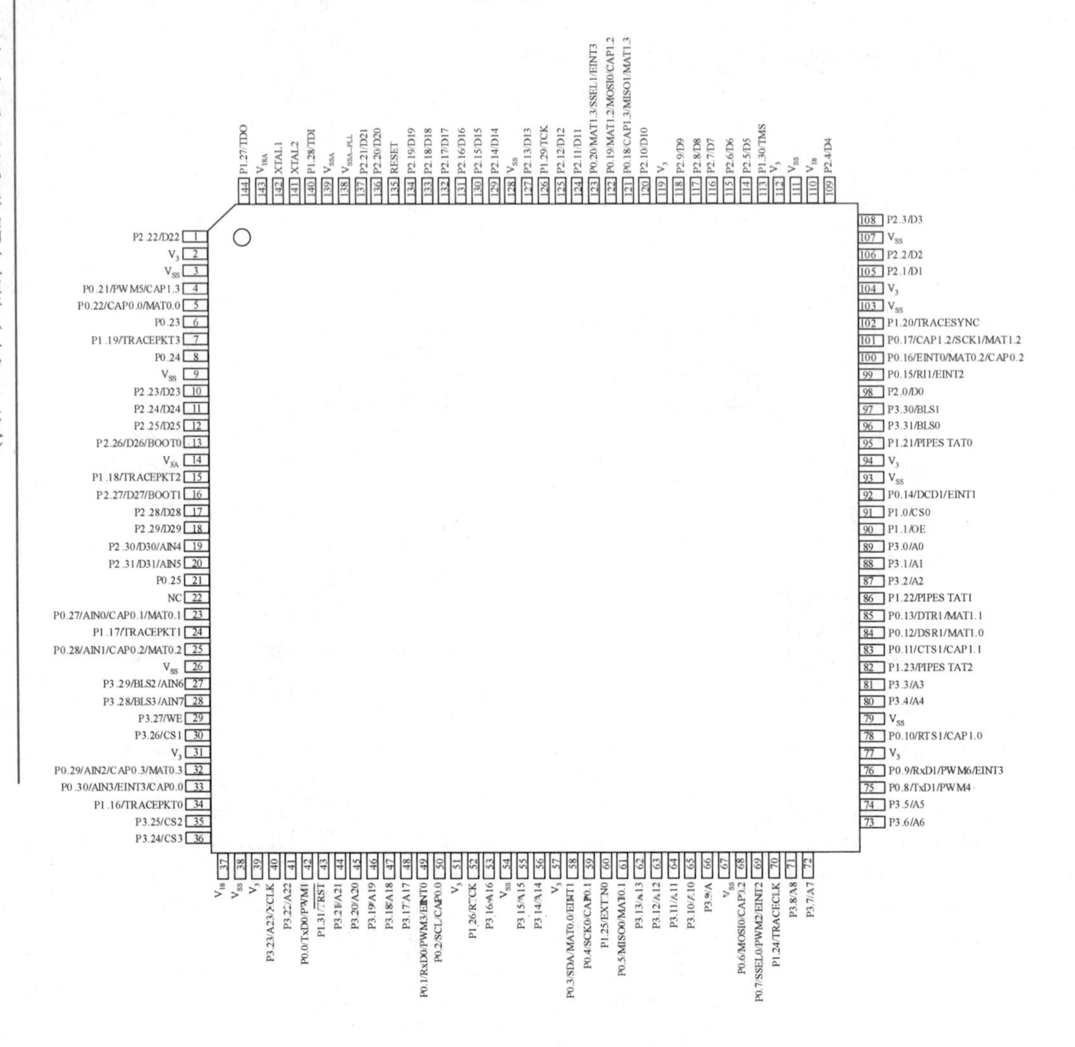

图 4.3　LPC2210/2220/2212/2214 的 144 引脚封装

1. LPC2114/2124 的引脚描述

LPC2114/2124 的 LQFP 64 引脚描述见表 4.2。

表4.2　LPC2114/2124的引脚描述

引脚名称及编号		类　型	描　述		
P0.0～P0.1		I/O	P0口：P0口是一个32位双向I/O口，每位的方向可单独控制。P0口的功能取决于引脚连接模块的引脚功能选择。P0.26和P0.31引脚未用		
	19	O	P0.0	TxD0	UART0发送输出端
		O		PWM1	脉宽调制器输出1
	21	I	P0.1	RxD0	UART0接收输入端
		O		PWM3	脉宽调制器输出3
		I		EINT0	外部中断0输入
P0.2～P0.16	22	I/O	P0.2	SCL	I^2C时钟输入/输出，开漏输出
		I		CAP0.0	TIMER0的捕获输入通道0
	26	I/O	P0.3	SDA	I^2C数据输入/输出，开漏输出
		O		MAT0.0	TIMER0的匹配输出通道0
				EINT1	外部中断1输入
	27	I/O	P0.4	SCK0	SPI0的串行时钟，SPI时钟从主机输出，从机输入
		I		CAP0.1	TIMER0的捕获输入通道1
	29	I/O	P0.5	MISO0	SPI0主机输入从机输出端，数据输入到SPI主机或从SPI从机输出
		O		MAT0.1	TIMER0的匹配输出通道1
	30	I/O	P0.6	MOSI0	SPI0主机输出从机输入端，数据从SPI主机输出或输入到SPI从机
		I		CAP0.2	TIMER0的捕获输入通道2
	31	I	P0.7	SSEL0	SPI0从机选择，选择SPI接口用作从机
		O		PWM2	脉宽调制器输出2
		I		EINT2	外部中断2输入
	33	O	P0.8	TxD1	UART1发送输出端
		O		PWM4	脉宽调制器输出4
	34	I	P0.9	RxD1	UART1接收输入端
		O		PWM6	脉宽调制器输出6
		I		EINT3	外部中断3输入
	35	O	P0.10	RTS1	UART1请求发送输出端
		I		CAP1.0	TIMER1的捕获输入通道0
	37	I	P0.11	CTS1	UART1清除发送输入端
		I		CAP1.1	TIMER1的捕获输入通道1
	38	I	P0.12	DSR1	UART1数据设备就绪端
		O		MAT1.0	TIMER1的匹配输出通道0
	39	O	P0.13	DTR1	UART1数据终端就绪端
		O		MAT1.1	TIMER1的匹配输出通道1
	41	I	P0.14	DCD1	UART1数据载波检测输入端
		I		EINT1	外部中断1输入
			注意： 在器件复位过程中，如果P0.14为低电平，将使器件进入ISP状态，而不执行用户程序		

续表4.2

引脚名称及编号		类型	描述		
P0.2~P0.16	45	I	P0.15	RI1	UART1铃响指示输入端
		I		EINT2	外部中断2输入
	46	I	P0.16	EINT0	外部中断0输入
		O		MAT0.2	TIMER0的匹配输出通道2
		I		CAP0.2	TIMER0的捕获输入通道2
P0.17~P0.30	47	I	P0.17	CAP1.2	TIMER1的捕获输入通道2
		I/O		SCK1	SPI1串行时钟,SPI时钟从主机输出或输入到从机
		O		MAT1.2	TIMER1的匹配输出通道2
	53	I	P0.18	CAP1.3	TIMER1的捕获输入通道3
		I/O		MISO1	SPI1主机输入从机输出端,数据输入到SPI主机或从SPI从机输出
		O		MAT1.3	TIMER1的匹配输出通道3
	54	O	P0.19	MAT1.2	TIMER1的匹配输出通道2
		I/O		MOSI1	SPI1主机输出从机输入端,数据从SPI主机输出或输入到SPI从机
		O		CAP1.2	TIMER1的捕获输入通道2
	55	O	P0.20	MAT1.3	TIMER1的匹配输出通道3
		I		SSEL1	SPI1从机选择,选择SPI接口用作从机
		I		EINT3	外部中断3输入
	1	O	P0.21	PWM5	脉宽调制器输出5
		I		CAP1.3	TIMER1的捕获输入通道3
	2	I	P0.22	CAP0.0	TIMER0的捕获输入通道0
		O		MAT0.0	TIMER0的匹配输出通道0
	3	I/O	P0.23		通用双向数字端口
	5	I/O	P0.24		通用双向数字端口
	9	I/O	P0.25		通用双向数字端口
	11	I	P0.27	AIN0	A/D转换器输入0,该模拟输入总是连接到相应的引脚上
		I		CAP0.1	TIMER0的捕获输入通道1
		O		MAT0.1	TIMER0的匹配输出通道1
	13	I	P0.28	AIN1	A/D转换器输入1,该模拟输入总是连接到相应的引脚上
		I		CAP0.2	TIMER0的捕获输入通道2
		O		MAT0.2	TIMER0的匹配输出通道2
	14	I	P0.29	AIN2	A/D转换器输入2,该模拟输入总是连接到相应的引脚上
		I		CAP0.3	TIMER0的捕获输入通道3
		O		MAT0.3	TIMER0的匹配输出通道3
	15	I	P0.30	AIN3	A/D转换器输入3,该模拟输入总是连接到相应的引脚上
		I		EINT3	外部中断3输入
		I		CAP0.0	TIMER0的捕获输入通道0

续表 4.2

引脚名称及编号		类 型	描 述
P1.16～P1.31		I/O	P1 口：P1 口是一个 32 位双向 I/O 口，每位的方向可单独控制。P1 口的功能取决于引脚连接模块的引脚功能选择，只有 P1.16～P1.31 引脚可用
	16	O	P1.16 TRACEPKT0 跟踪包位 0，带内部上拉的标准 I/O 口
	12	O	P1.17 TRACEPKT1 跟踪包位 1，带内部上拉的标准 I/O 口
	8	O	P1.18 TRACEPKT2 跟踪包位 2，带内部上拉的标准 I/O 口
	4	O	P1.19 TRACEPKT3 跟踪包位 3，带内部上拉的标准 I/O 口
	48	O	P1.20 TRACESYNC 跟踪同步，带内部上拉的标准 I/O 口。$\overline{RESET}$ 为低时，该引脚线上的低电平使 P1.25～P1.16 复位后用作跟踪端口 **注意：**在器件复位过程中，如果 P1.20 保持为低电平，将使 P1.25～P1.16 复位后用作跟踪端口
	44	O	P1.21 PIPESTAT0 流水线状态位 0，带内部上拉的标准 I/O 口
	40	O	P1.22 PIPESTAT1 流水线状态位 1，带内部上拉的标准 I/O 口
	36	O	P1.23 PIPESTAT2 流水线状态位 2，带内部上拉的标准 I/O 口
	32	O	P1.24 TRACECLK 跟踪时钟，带内部上拉的标准 I/O 口
	28	I	P1.25 EXTIN0 外部触发输入，带内部上拉的标准 I/O 口
	24	I/O	P1.26 RTCK 返回的测试时钟输出，它是加载在 JTAG 接口的额外信号。辅助调试器与处理器频率的变化同步。双向引脚带内部上拉。$\overline{RESET}$ 为低时，该引脚线上的低电平使 P1.31～P1.26 复位后用作一个调试端口 **注意：**在器件复位过程中，如果 P1.26 保持为低电平，将使 P1.31～P1.26 复位后用作一个调试端口
	64	O	P1.27 TDO JTAG 接口的测试数据输出
	60	I	P1.28 TDI JTAG 接口的测试数据输入
	56	I	P1.29 TCK JTAG 接口的测试时钟
	52	I	P1.30 TMS JTAG 接口的测试方式
	20	I	P1.31 $\overline{TRST}$ JTAG 接口的测试复位
NC	10	—	引脚悬空
$\overline{RESET}$	57	I	外部复位输入：当该引脚为低电平时，器件复位，I/O 口和外围功能进入默认状态，处理器从地址 0 开始执行程序。复位信号是具有迟滞作用的 TTL 电平。引脚可承受 5 V 电压
XTAL1	62	I	振荡器电路和内部时钟发生电路的输入
XTAL2	61	O	振荡放大器的输出
Vss	6,18,25,42,50	I	地：0 V 电压参考点

续表 4.2

引脚名称及编号		类 型	描 述
V_{SSA}	59	I	模拟地：0 V电压参考点。它与V_{SS}的电压相同，但为了降低噪声和出错几率，两者应当隔离
V_{SSA_PLL}	58	I	PLL模拟地：0 V电压参考点。它与V_{SS}的电压相同，但为了降低噪声和出错几率，两者应当隔离
V_{18}	17,49	I	1.8 V内核电源：内部电路的电源电压
V_{18A}	63	I	模拟1.8 V内核电源：内部电路的电源电压。它与V_{18}的电压相同，但为了降低噪声和出错几率，两者应当隔离
V_3	23,43,51	I	3.3 V端口电源：I/O口电源电压
V_{3A}	7	I	模拟3.3 V端口电源：它与V_3的电压相同，但为了降低噪声和出错几率，两者应当隔离

2. LPC2210/2220/2212/2214的引脚描述

LPC2210/2220/2212/2214的LQFP 144引脚描述见表4.3。

表4.3 LPC2210/2220/2212/2214的引脚描述

引脚名称及编号		类 型	描 述		
P0.0～P0.6		I/O	P0口：P0口是一个32位双向I/O口，每位的方向可单独控制。P0口的功能取决于引脚连接模块的引脚功能选择。P0.26和P0.31引脚未用		
	42	O O	P0.0	TxD0 PWM1	UART0发送输出端 脉宽调制器输出1
	49	I O I	P0.1	RxD0 PWM3 EINT0	UART0接收输入端 脉宽调制器输出3 外部中断0输入
	50	I/O I	P0.2	SCL CAP0.0	I^2C时钟输入/输出，开漏输出 TIMER0的捕获输入通道0
	58	I/O O I	P0.3	SDA MAT0.0 EINT1	I^2C数据输入/输出，开漏输出 TIMER0的匹配输出通道0 外部中断1输入
	59	I/O I	P0.4	SCK0 CAP0.1	SPI0的串行时钟，SPI时钟从主机输出，从机输入 TIMER0的捕获输入通道1
	61	I/O O	P0.5	MISO0 MAT0.1	SPI0主机输入从机输出端，数据输入到SPI主机或从SPI从机输出 TIMER0的匹配输出通道1
	68	I/O I	P0.6	MOSI0 CAP0.2	SPI0主机输出从机输入端，数据从SPI主机输出或输入到SPI从机 TIMER0的捕获输入通道2

续表 4.3

引脚名称及编号		类　型	描　述		
P0.7～P0.20	69	I	P0.7	SSEL0	SPI0 从机选择，选择 SPI 接口用作从机
		O		PWM2	脉宽调制器输出 2
		I		EINT2	外部中断 2 输入
	75	O	P0.8	TxD1	UART1 发送输出端
		O		PWM4	脉宽调制器输出 4
	76	I	P0.9	RxD1	UART1 接收输入端
		O		PWM6	脉宽调制器输出 6
		I		EINT3	外部中断 3 输入
	78	O	P0.10	RTS1	UART1 请求发送输出端
		I		CAP1.0	TIMER1 的捕获输入通道 0
	83	I	P0.11	CTS1	UART1 清除发送输入端
		I		CAP1.1	TIMER1 的捕获输入通道 1
	84	I	P0.12	DSR1	UART1 数据设备就绪端
		O		MAT1.0	TIMER1 的匹配输出通道 0
	85	O	P0.13	DTR1	UART1 数据终端就绪端
		O		MAT1.1	TIMER1 的匹配输出通道 1
	92	I	P0.14	DCD1	UART1 数据载波检测输入端
		I		EINT1	外部中断 1 输入
			注意：在器件复位过程中，如果 P0.14 为低电平，将使器件进入 ISP 状态，而不执行用户程序		
	99	I	P0.15	RI1	UART1 铃响指示输入端
		I		EINT2	外部中断 2 输入
	100	I	P0.16	EINT0	外部中断 0 输入
		O		MAT0.2	TIMER0 的匹配输出通道 2
		I		CAP0.2	TIMER0 的捕获输入通道 2
	101	I	P0.17	CAP1.2	TIMER1 的捕获输入通道 2
		I/O		SCK1	SPI1 串行时钟，SPI 时钟从主机输出或输入到从机
		O		MAT1.2	TIMER1 的匹配输出通道 2
	121	I	P0.18	CAP1.3	TIMER1 的捕获输入通道 3
		I/O		MISO1	SPI1 主机输入从机输出端，数据输入到 SPI 主机或从 SPI 从机输出
		O		MAT1.3	TIMER1 的匹配输出通道 3
	122	O	P0.19	MAT1.2	TIMER1 的匹配输出通道 2
		I/O		MOSI1	SPI1 主机输出从机输入端，数据从 SPI 主机输出或输入到 SPI 从机
		O		CAP1.2	TIMER1 的捕获输入通道 2
	123	O	P0.20	MAT1.3	TIMER1 的匹配输出通道 3
		I		SSEL1	SPI1 从机选择，选择 SPI 接口用作从机
		I		EINT3	外部中断 3 输入

续表4.3

引脚名称及编号		类　型	描　述		
P0.21～P0.30	4	O	P0.21	PWM5	脉宽调制器输出5
		I		CAP1.3	TIMER1的捕获输入通道3
	5	I	P0.22	CAP0.0	TIMER0的捕获输入通道0
		O		MAT0.0	TIMER0的匹配输出通道0
	6	I/O	P0.23		通用双向数字端口
	8	I/O	P0.24		通用双向数字端口
	21	I/O	P0.25		通用双向数字端口
	23	I	P0.27	AIN0	A/D转换器输入0,该模拟输入总是连接到相应的引脚上
		I		CAP0.1	TIMER0的捕获输入通道1
		O		MAT0.1	TIMER0的匹配输出通道1
	25	I	P0.28	AIN1	A/D转换器输入1,该模拟输入总是连接到相应的引脚上
		I		CAP0.2	TIMER0的捕获输入通道2
		O		MAT0.2	TIMER0的匹配输出通道2
	32	I	P0.29	AIN2	A/D转换器输入2,该模拟输入总是连接到相应的引脚上
		I		CAP0.3	TIMER0的捕获输入通道3
		O		MAT0.3	TIMER0的匹配输出通道3
	33	I	P0.30	AIN3	A/D转换器输入3,该模拟输入总是连接到相应的引脚上
		I		EINT3	外部中断3输入
		I		CAP0.0	TIMER0的捕获输入通道0
P1.0～P1.23		I/O	P1口:P1口是一个32位双向I/O口,每位的方向可单独控制,P1口的功能取决于引脚连接模块的引脚功能选择,P1.2～P1.15引脚未用		
	91	O	P1.0	CS0	低有效片选0信号(bank0地址范围为8000 0000～80FF FFFF)
	90	O	P1.1	OE	低有效输出使能信号
	34	O	P1.16	TRACEPKT0	跟踪包位0,带内部上拉的标准I/O口
	24	O	P1.17	TRACEPKT1	跟踪包位1,带内部上拉的标准I/O口
	15	O	P1.18	TRACEPKT2	跟踪包位2,带内部上拉的标准I/O口
	7	O	P1.19	TRACEPKT3	跟踪包位3,带内部上拉的标准I/O口
	102	O	P1.20	TRACESYNC	跟踪同步,带内部上拉的标准I/O口,当 $\overline{\text{RESET}}$ 为低时,该引脚线上的低电平使P1.25～P1.16复位后用作跟踪端口
			注意:在器件复位过程中,如果P1.20保持为低电平,将使P1.25～P1.16复位后用作跟踪端口		

续表 4.3

引脚名称及编号		类 型	描 述		
P1.0～P1.23	95	O	P1.21	PIPESTAT0	流水线状态位 0,带内部上拉的标准 I/O 口
	86	O	P1.22	PIPESTAT1	流水线状态位 1,带内部上拉的标准 I/O 口
	82	O	P1.23	PIPESTAT2	流水线状态位 2,带内部上拉的标准 I/O 口
P1.24～P1.31	70	O	P1.24	TRACECLK	跟踪时钟,带内部上拉的标准 I/O 口
	60	I	P1.25	EXTIN0	外部触发输入,带内部上拉的标准 I/O 口
	52	I/O	P1.26	RTCK	返回的测试时钟输出。它是加载在 JTAG 接口的额外信号,辅助调试器与处理器频率的变化同步,带内部上拉的双向引脚。$\overline{\text{RESET}}$为低时,该引脚线上的低电平使 P1.31～P1.26 复位后用作一个调试端口 **注意:**在器件复位过程中,如果 P1.26 保持为低电平,将使 P1.31～P1.26 复位后用作一个调试端口
	144	O	P1.27	TDO	JTAG 接口的测试数据输出
	140	I	P1.28	TDI	JTAG 接口的测试数据输入
	126	I	P1.29	TCK	JTAG 接口的测试时钟
	113	I	P1.30	TMS	JTAG 接口的测试方式
	43	I	P1.31	$\overline{\text{TRST}}$	JTAG 接口的测试复位
P2.0～P2.22		I/O	P2 口:P2 口是一个 32 位双向 I/O 口,每位的方向可单独控制。P2 口的功能取决于引脚连接模块的引脚功能选择		
	98	I/O	P2.0	D0	外部存储器数据线 0
	105	I/O	P2.1	D1	外部存储器数据线 1
	106	I/O	P2.2	D2	外部存储器数据线 2
	108	I/O	P2.3	D3	外部存储器数据线 3
	109	I/O	P2.4	D4	外部存储器数据线 4
	114	I/O	P2.5	D5	外部存储器数据线 5
	115	I/O	P2.6	D6	外部存储器数据线 6
	116	I/O	P2.7	D7	外部存储器数据线 7
	117	I/O	P2.8	D8	外部存储器数据线 8
	118	I/O	P2.9	D9	外部存储器数据线 9
	120	I/O	P2.10	D10	外部存储器数据线 10
	124	I/O	P2.11	D11	外部存储器数据线 11
	125	I/O	P2.12	D12	外部存储器数据线 12
	127	I/O	P2.13	D13	外部存储器数据线 13

续表 4.3

引脚名称及编号		类 型	描 述		
P2.0～P2.22	129	I/O	P2.14	D14	外部存储器数据线 14
	130	I/O	P2.15	D15	外部存储器数据线 15
	131	I/O	P2.16	D16	外部存储器数据线 16
	132	I/O	P2.17	D17	外部存储器数据线 17
	133	I/O	P2.18	D18	外部存储器数据线 18
	134	I/O	P2.19	D19	外部存储器数据线 19
	136	I/O	P2.20	D20	外部存储器数据线 20
	137	I/O	P2.21	D21	外部存储器数据线 21
	1	I/O	P2.22	D22	外部存储器数据线 22
P2.23～P2.31	10	I/O	P2.23	D23	外部存储器数据线 23
	11	I/O	P2.24	D24	外部存储器数据线 24
	12	I/O	P2.25	D25	外部存储器数据线 25
	13	I/O I	P2.26	D26 BOOT0	外部存储器数据线 26 当RESET为低时，BOOT0与BOOT1一同控制引导和内部操作。引脚的内部上拉确保了引脚未连接时呈现高电平
	16	I/O I	P2.27	D27 BOOT1	外部存储器数据线 27 当RESET为低时，BOOT1与BOOT0一同控制引导和内部操作。引脚的内部上拉确保了引脚未连接时呈现高电平 BOOT[1：0]=00 选择引导CS0控制的8位存储器 BOOT[1：0]=01 选择引导CS0控制的16位存储器 BOOT[1：0]=10 选择引导CS0控制的32位存储器 BOOT[1：0]—11 选择内部Flash存储器
	17	I/O	P2.28	D28	外部存储器数据线 28
	18	I/O	P2.29	D29	外部存储器数据线 29
	19	I/O I	P2.30	D30 AIN4	外部存储器数据线 30 A/D转换器输入4，该模拟输入总是连接到相应的引脚上
	20	I/O I	P2.31	D31 AIN5	外部存储器数据线 31 A/D转换器输入5，该模拟输入总是连接到相应的引脚上
P3.0～P3.11		I/O	P3口：P3口是一个32位双向I/O口，每位的方向可单独控制。P3口的功能取决于引脚连接模块的引脚功能选择		
	89	O	P3.0	A0	外部存储器地址线 0
	88	O	P3.1	A1	外部存储器地址线 1
	87	O	P3.2	A2	外部存储器地址线 2

续表 4.3

引脚名称及编号		类　型	描　述		
P3.0～P3.11	81	O	P3.3	A3	外部存储器地址线 3
	80	O	P3.4	A4	外部存储器地址线 4
	74	O	P3.5	A5	外部存储器地址线 5
	73	O	P3.6	A6	外部存储器地址线 6
	72	O	P3.7	A7	外部存储器地址线 7
	71	O	P3.8	A8	外部存储器地址线 8
	66	O	P3.9	A9	外部存储器地址线 9
	65	O	P3.10	A10	外部存储器地址线 10
	64	O	P3.11	A11	外部存储器地址线 11
P3.12～P3.31	63	O	P3.12	A12	外部存储器地址线 12
	62	O	P3.13	A13	外部存储器地址线 13
	56	O	P3.14	A14	外部存储器地址线 14
	55	O	P3.15	A15	外部存储器地址线 15
	53	O	P3.16	A16	外部存储器地址线 16
	48	O	P3.17	A17	外部存储器地址线 17
	47	O	P3.18	A18	外部存储器地址线 18
	46	O	P3.19	A19	外部存储器地址线 19
	45	O	P3.20	A20	外部存储器地址线 20
	44	O	P3.21	A21	外部存储器地址线 21
	41	O	P3.22	A22	外部存储器地址线 22
	40	I/O	P3.23	A23	外部存储器地址线 23
		O		XCLK	时钟输出
	36	O	P3.24	CS3	低有效片选 3 信号(bank3 地址范围为 8300 0000～83FF FFFF)
	35	O	P3.25	CS2	低有效片选 2 信号(bank2 地址范围为 8200 0000～82FF FFFF)
	30	O	P3.26	CS1	低有效片选 1 信号(bank1 地址范围为 8100 0000～81FF FFFF)
	29	O	P3.27	WE	低有效写使能信号
	28	O	P3.28	BLS3	字节定位选择信号(bank3)，低有效
		I		AIN7	A/D 转换器输入 7，该模拟输入总是连接到相应的引脚上
	27	O	P3.29	BLS2	字节定位选择信号(bank2)，低有效
		I		AIN6	A/D 转换器输入 6，该模拟输入总是连接到相应的引脚上

续表 4.3

引脚名称及编号		类 型	描 述
P3.12～P3.31	97	O	P3.30 BLS1 字节定位选择信号(bank1),低有效
	96	O	P3.31 BLS0 字节定位选择信号(bank0),低有效
NC	22	—	引脚悬空
$\overline{\text{RESET}}$	135	I	外部复位输入：当该引脚为低电平时，器件复位，I/O口和外围功能进入默认状态，处理器从地址0开始执行程序。复位信号是具有迟滞作用的TTL电平，引脚可承受5 V电压
XTAL1	142	I	振荡器电路和内部时钟发生电路的输入
XTAL2	141	O	振荡放大器的输出
V_{SS}	3,9,26,38,54,67,79,93,103,107,111,128	I	地：0 V电压参考点
V_{SSA}	139	I	模拟地：0 V电压参考点。它与V_{SS}的电压相同，但为了降低噪声和出错几率，两者应当隔离
V_{SSA_PLL}	138	I	PLL模拟地：0 V电压参考点。它与V_{SS}的电压相同，但为了降低噪声和出错概率，两者应当隔离
V_{18}	37,110	I	1.8 V内核电源：内部电路的电源电压
V_{18A}	143	I	模拟1.8 V内核电源：内部电路的电源电压。它与V_{18}的电压相同，但为了降低噪声和出错几率，两者应当隔离
V_3	2,31,39,51,57,77,94,104,112,119	I	3.3 V端口电源：I/O口电源电压
V_{3A}	14	I	模拟3.3 V端口电源：它与V_3的电压相同，但为了降低噪声和出错几率，两者应当隔离

4.3 存储器寻址

4.3.1 片内存储器

1. 片内Flash程序存储器

LPC2000系列中除了LPC2220/2210/2290外，其他的ARM微控制器内部都带有容量不等的Flash，这为ARM芯片的单片应用带来了可能。LPC2114/2212集成了一个128 KB的Flash存储器系统，而LPC2124/2214集成了256 KB的Flash存储器系统，如图 4.4 所示（其他器件资料请登录 www.zlgmcu.com 网站查阅），这些存储器可用作代码和数据的存储。片内 Flash 通过 128 位宽的总线与 ARM 内核相连，具有很高的速度，加上后面要介绍的存储器加速功能，可以使程序直接在 Flash 上运行，而不需要像其他公司的 ARM 微控制器一样把程序复制到 RAM 中运行。

对片内 Flash 的编程有 3 种方法来实现：

① 使用 JTAG 仿真/调试器，通过芯片的 JTAG 接口下载程序。

② 使用在系统编程技术（即 ISP），通过 UART0 接口下载程序。

③ 使用在应用编程技术（即 IAP）。使用这种方式，可以实现用户程序运行时对 Flash 进行擦除或编程，这样就为数据存储和现场固件的升级都带来了极大的灵活性。

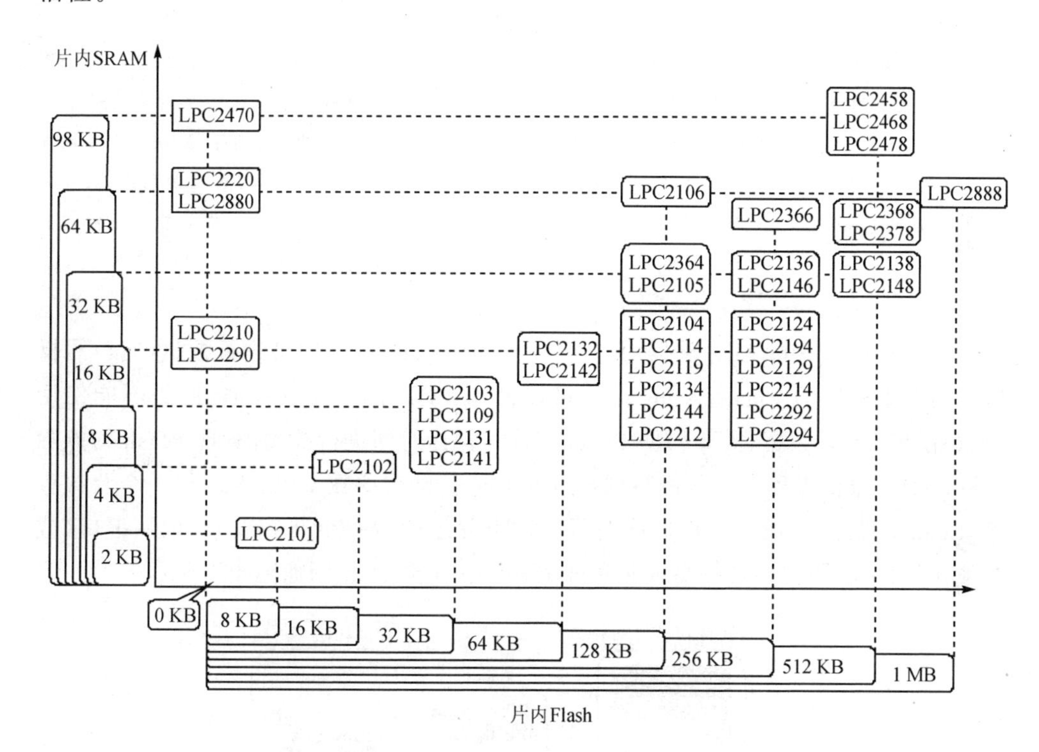

图 4.4　LPC2000 系列 ARM 的内部存储器大小

2. 片内静态 RAM

LPC2000 系列 ARM 的片内 RAM 为静态 RAM(SRAM)，芯片容量如图 4.4 所示，它们可用作代码或数据的存储。SRAM 支持 8 位、16 位和 32 位的读/写访问。

4.3.2　片外存储器

在CPU外部扩展连接的存储器芯片称为片外存储器，这些器件通常都具有数据线、地址线和控制线等。而LPC2100系列ARM微控制器不具备这种总线接口，所以只能通过I/O口模拟总线时序来操作片外存储器（读写一次需要较多的指令），或者使用I^2C、SPI等串行接口连接片外存储器。

LPC2200系列ARM微控制器具备符合ARM公司的PL090标准的外部存储器接口，通过它可以连接8位、16位或32位的片外存储器。最多可以扩展4个bank的存储器组（bank0～bank3），每个存储器组的寻址范围最大为16 MB。实际应用中，使用16位总线宽度的存储器可以获得较好的性价比。

小知识： 存储器的总线宽度主要分为8位、16位和32位，宽度越大器件越贵，宽度越小则操作同样大小的数据或指令需要更多的读写次数，会降低程序的执行速度。比如从外部存储器读取一条32位长的ARM指令，那么32位宽度的存储器只需1个读写周期即可完成，而16位宽度的需要2个周期，8位宽度的需要4个周期。其中16位宽度的器件用量最大，平均成本最低，如果使用16位的Thumb指令只需1个读周期即可完成取指动作，在速度和价格上可以获得比较好的平衡。

对于外扩的SRAM存储器，只需一条LDR（STR）指令即可进行数据的读/写操作。而对于外扩的Flash（NOR型），可以使用LDR指令读取数据，但是不能使用STR指令直接写数据，需要根据Flash芯片写操作时序进行控制，实现Flash的擦除编程。如果需要将程序代码烧写到扩展的Flash，则需要在CPU内运行一个装载程序（Loader程序，一般由用户自行编写），这个程序就像一个装卸工人，把从串口（或其他接口）接收的代码数据写入到片外Flash中，连接示意图如图4.5所示。

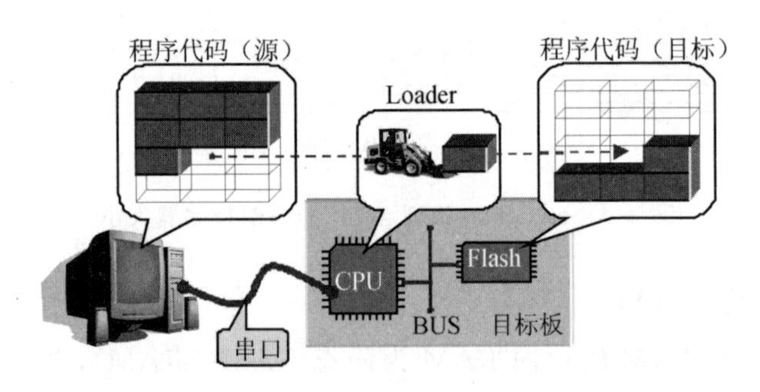

图4.5　片外Flash存储器Loader连接示意图

4.3.3　存储器映射

前面介绍了 ARM 芯片可以存在片内和片外存储器，程序是根据这些存储单元的地址来进行操作的。存储器本身不具有地址的信息（就像一堆没有编号的纸盒，无法区分和使用一样），它们在芯片中的地址是由芯片厂家或用户分配的，所以给存储器分配地址的过程称为存储器映射。初次接触“映射”这个术语的读者，可以简单地把它看作存储器地址分布。

LPC2000 绝大部分存储单元的地址是在芯片设计生产时就确定的，用户无法修改，这就是下面要介绍的存储器映射，见图 4.6～图 4.9。图 4.6 所示为复位后从用户角度所看到的整个地址空间映射。

部分存储单元的地址可以由用户重新指定，这部分内容会在 4.3.5 小节中详细介绍。

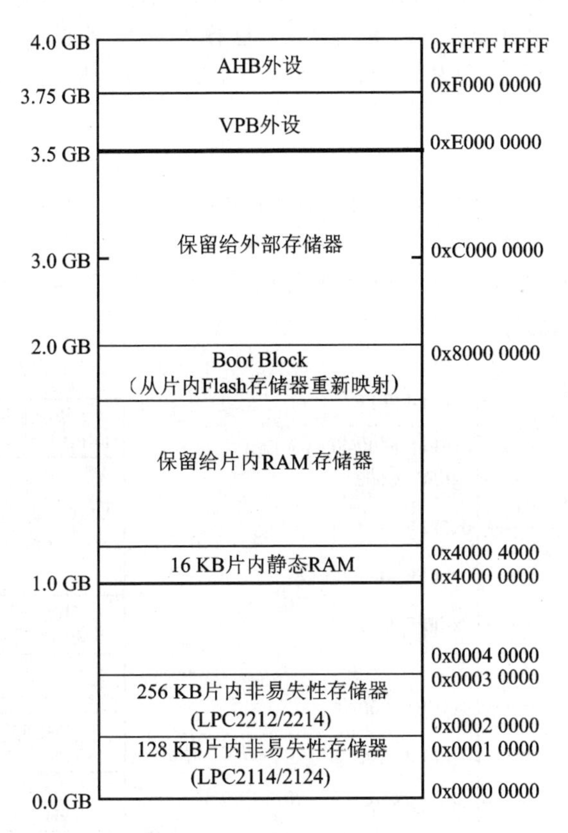

图 4.6　系统存储器映射

图 4.7～图 4.9 显示了从不同角度所观察到的外设地址空间。AHB 和 VPB 外设区域都为 2 MB，可各自分配最多 128 个外设。其中 AHB 外设是挂接在芯片内部 AHB 总线上的外设部件，具有较高的速度，比如向量中断控制器部件和外部

存储器控制器部件等。VPB 外设是挂接在芯片内部 VPB 总线（由 AHB 总线转换而来）上的外设部件，速度通常比 AHB 外设要低，比如 GPIO 部件和 UART 部件等，具体内容可参见 4.1.3 小节。ARM 处理器访问这些外设的控制寄存器时就像访问内存一样，使用 LDR（STR）指令即可完成读/写，也就是说外设的控制寄存器与存储器是统一编址的。每个外设空间的规格都为 16 KB，这样简化了每个外设的地址译码。所有外设寄存器不管规格大小，地址都是字对齐的（32 位边界）。这样不管是字节、半字还是字长度的寄存器都是一次性访问。例如，不可能对一个字寄存器的最高字节执行单独的读或写操作。

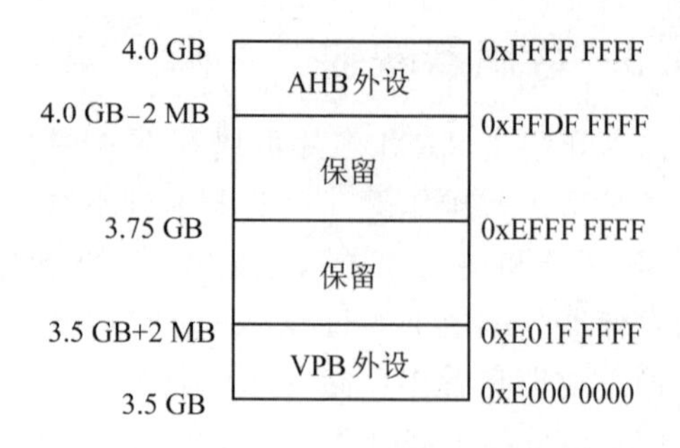

注：AHB 部分是 128×16 KB 的范围（共 2 MB）；
VPB 部分是 128×16 KB 的范围（共 2 MB）。

图 4.7　外设存储器映射

小知识： 向量中断控制器的寄存器没有按顺序放在 AHB 外设中，而是固定在地址的最高端，因为这里离异常向量表最近（地址 0x0000 0000 与 0xFFFF FFFF 可认为是彼此相邻的），当发生 IRQ 或者 FIQ 异常时，只需一条指令即可访问到向量中断控制器的相关寄存器。

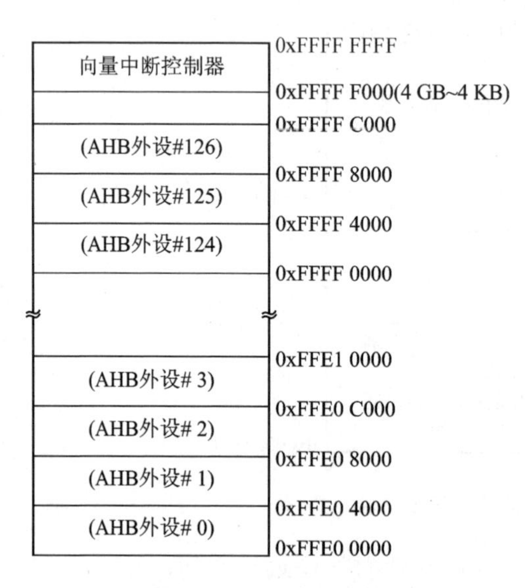

图 4.8　AHB 外设映射

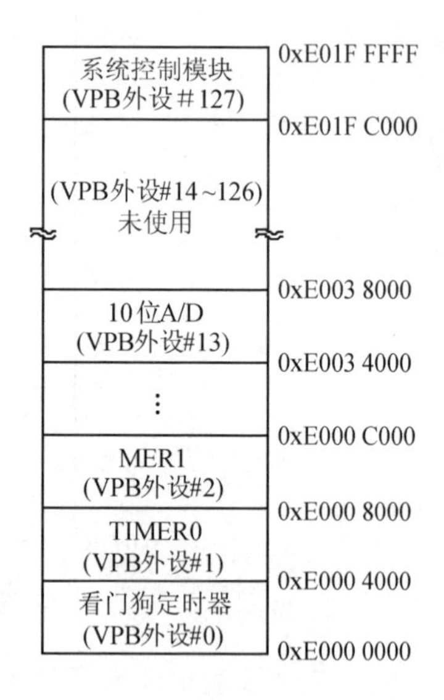

图 4.9　VPB 外设映射

4.3.4 预取指中止和数据中止异常

如果试图访问一个保留地址或未分配区域的地址，LPC2000 系列 ARM 将产生预取指中止或数据中止异常。这些区域包括两个部分，如图 4.10 所示。

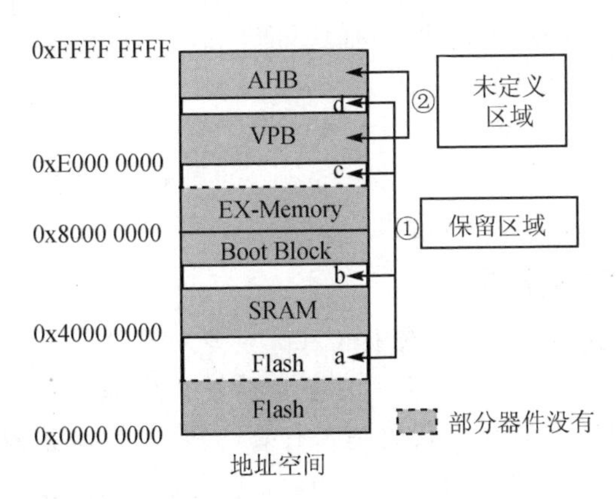

图 4.10　会引起中止的区域

① 特定的 ARM 器件所没有的存储器映射区域，大致分为 4 个部分，如图 4.10 所示的 a、b、c、d 区。

a 区　片内非易失性存储器与片内 SRAM 之间保留给片内存储器的地址空间。对于无 Flash 器件，它们的地址范围为 0x0000 0000～0x3FFF FFFF；对于 128 KB Flash 器件，它们的地址范围为 0x0002 0000～0x3FFF FFFF；对于 256 KB Flash 器件，它们的地址范围为 0x0004 0000～0x3FFF FFFF。

b 区　片内静态 RAM 与外部存储器之间保留给片内存储器的地址空间。地址范围为 0x4000 3FFF～0x7FFF DFFF。

c 区　外部存储器区域中无法通过外部存储器控制器（EMC）来访问的地址空间。

d 区　AHB 和 VPB 空间的保留区域，详见图 4.7。

② AHB 和 VPB 外设空间中未分配的区域，详见图 4.8 和图 4.9。

对于以上这些区域，无论是对数据的访问还是对指令的取指都会产生异常。

4.3.5 存储器重映射及引导块

1. 存储器重映射

在 4.3.3 小节讲到，为存储器分配地址的过程称为存储器映射。但是为了增加系统的灵活性，系统中有部分存储单元可以同时出现在不同的地址上，这称为存储器重映射。这部分存储单元主要包括引导块（Boot Block）和用于保存异常向量表的少量存储单元。下面分别介绍它们为什么要重映射，以及如何重映射。

需要特别注意的是，存储器重映射并不是对映射单元的内容进行了复制，只是将多个地址指向了同一个存储单元，这种效果是通过芯片内部的“存储器管理部件”实现的。如图4.11所示，右侧的实际物理存储器经过存储器管理部件重映射处理后，出现了图中左侧的存储器映射状况，这也是程序运行时所能访问到的。

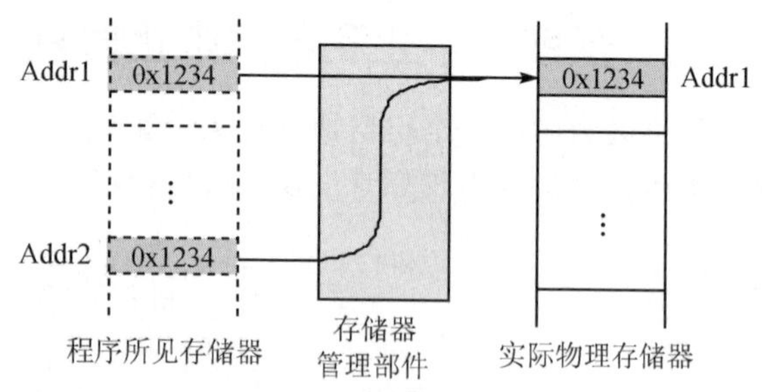

图4.11　存储器重映射

2. 引导块及其重映射

Boot Block是芯片设计厂家在LPC2000系列ARM内部固化的一段代码，用户无法对其修改或删除。这段代码在芯片复位后被首先运行，其功能主要是判断运行哪个存储器上的程序，检查用户代码是否有效，判断芯片是否被加密，芯片的在应用编程（IAP）以及在系统编程功能（ISP）。Boot Block的功能说明见4.4.4小节，本节主要说明其重映射原因，以及如何实现重映射。

LPC2200系列芯片的Boot Block为8 KB，它们占用了用户的Flash空间。如图4.12所示，LPC2214有256 KB片内Flash，但是除去Boot Block占用的8 KB后，剩下248 KB用户可用。LPC2130系列芯片的Boot Block为12 KB，除了LPC2138占用用户的Flash空间外，该系列中其他的芯片不占用用户Flash空间，比如

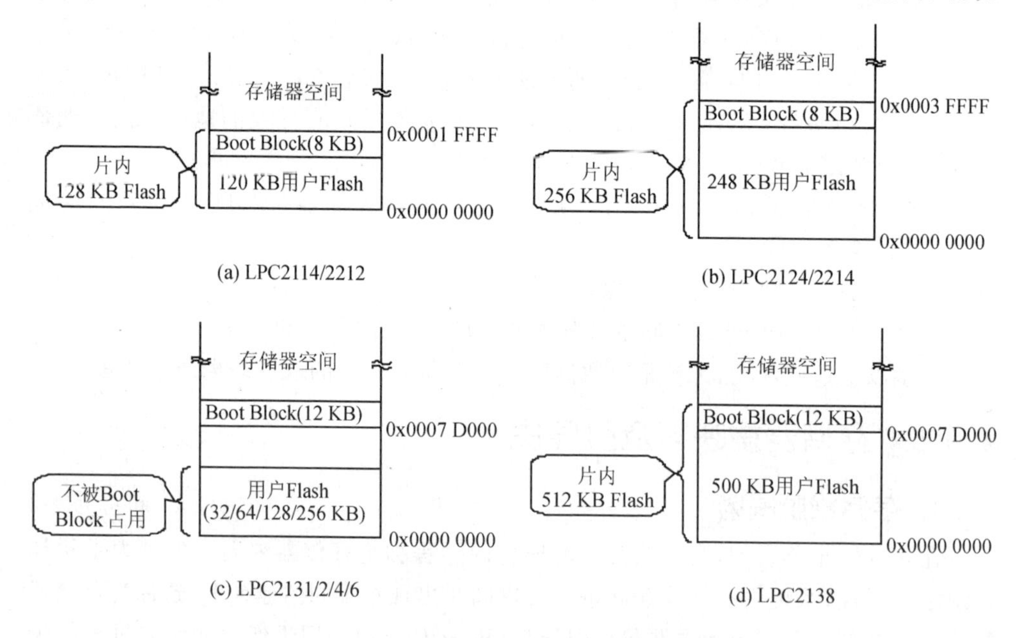

图4.12　Boot Block在片内Flash中的存在状态

LPC2131有32 KB用户Flash空间,那么这32 KB就是用户可实际使用的存储空间。

需要注意的是,部分器件内部虽然没有用户Flash空间(比如LPC2210/2220/2290),但它们仍然存在Boot Block,并且复位后会被首先运行。

因为Boot Block中有一些程序是可以被用户调用的,比如擦写片内Flash的IAP代码。为了增加用户代码的可移植性,所以最好能把Boot Block的代码固定在某个地址上。但是,因为各芯片的片内Flash大小不尽相同,如果把Boot Block的地址安排在片内Flash结束的位置上,那么就无法实现Boot Block地址的固定。芯片厂家很好地解决了这个问题,他们把Boot Block的地址重映射到片内存储器空间的最高处,即接近2 GB(0x8000 0000)的地方,这样无论片内存储器大小如何变化,都不会影响Boot Block的地址。可以让包含有IAP操作的用户代码,不用修改IAP操作地址,就可以在不同的LPC2000系列ARM上运行。对于片内Flash大小不同的器件,其Boot Block的重映射示意如图4.13所示。

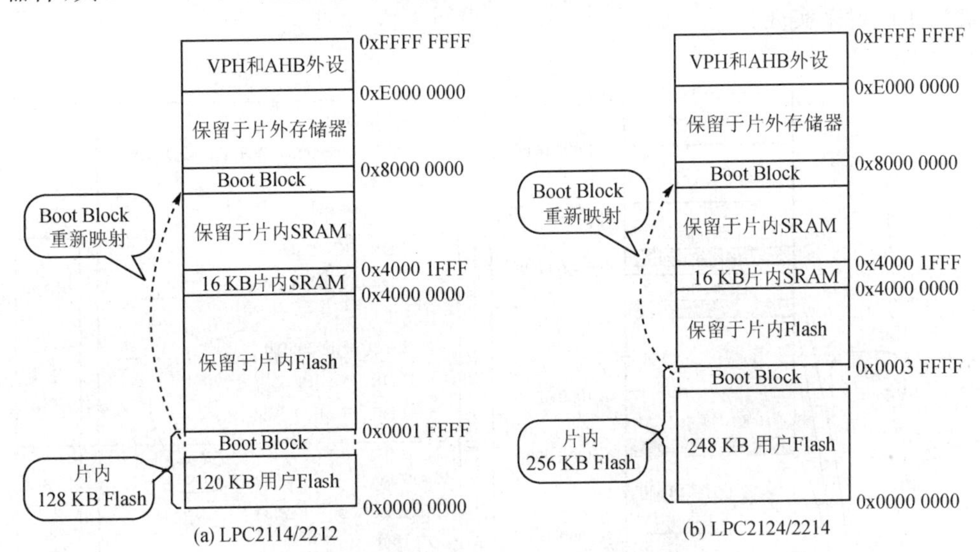

图4.13 不同器件的Boot Block重映射

3. 异常向量表及其重映射

在第2章讲到,ARM内核在发生异常后,会使程序跳转到位于0x0000~0x001C的异常向量表处(异常向量位置如表4.4所列),再经过向量表跳转到异常服务程序;但是,因为单条ARM指令的寻址范围有限,无法用一条指令实现4G范围内的任意跳转,所以除了在0x0000~0x001C地址上放置跳转指令外,还在其后的0x0020~0x003F地址上放置了跳转目标,这样就可以实现任意跳转。由此可知一个异常向量表实际占用了16个字(64字节)的存储单元。

表 4.4　ARM 异常向量位置

地　址	异　常	地　址	异　常
0x0000 0000	复位	0x0000 0010	数据中止(访问存储器数据出错)
0x0000 0004	未定义指令	0x0000 0014	保留*
0x0000 0008	软件中断	0x0000 0018	IRQ
0x0000 000C	预取指中止(从存储器取指出错)	0x0000 001C	FIQ

*　实际应用中该保留字被用于判别用户程序是否有效,具体内容见 4.4.4 小节。

ARM 微控制器的存储结构通常比较复杂,可能同时存在片内 Flash、片内 SRAM 和片外存储器等,它们在存储器映射上的起始地址都不一样。LPC2000 系列 ARM 可以执行这些存储器中的代码。也就是说,ARM 内核要访问的异常向量表可能不在 0x0000～0x001C 这个地址上,如图 4.14 所示(各个区域的异常向量表不尽相同)。那么,该如何控制 ARM 内核访问用户设置的中断向量表呢？这可以通过存储器重映射来实现。

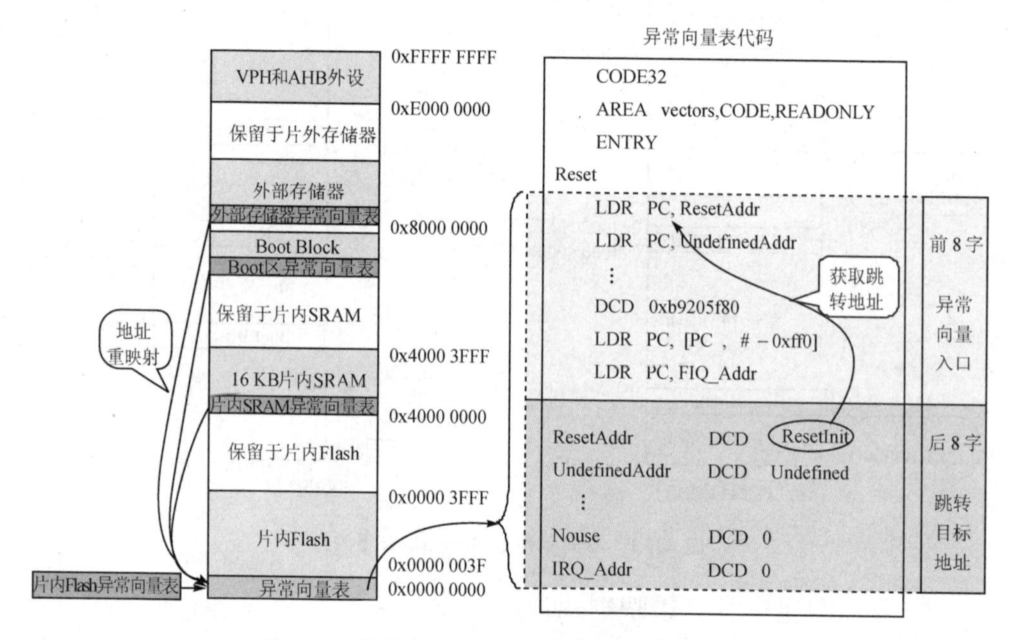

图 4.14　异常向量表可以来自不同的存储器区域

需要注意的是,Boot Block 中也存在异常向量表,而且在复位后,这段代码首先映射到 0x0000～0x001C 地址,也就是说,复位后首先运行的是 Boot Block 程序。

由图 4.14 可知异常向量表可以来自 4 个不同的存储器区域,通过表 4.5 所列的激活方式,可以在 0x0000～0x003F 处访问到从其他存储区域重映射过来的异常向量表。读者可能会有疑问,当其他存储区域的异常向量表重映射到地址空间的最底部后，片内Flash中0x0000～0x003F地址的存储单元怎么访问呢？实际上，除了“用户片内Flash模式”外，其他模式下都无法访问片内Flash的0x0000～0x003F区域。

表4.5　LPC2114/2124/2210/2220/2212/2214存储器映射模式

模　式	激　活	用　途
Boot Block模式	由任何复位硬件激活	在任何复位后都会执行Boot装载程序，Boot Block异常向量映射到存储器的底部以便允许处理异常，并在Boot装载过程中使用中断
用户片内Flash模式	由Boot代码软件激活	复位后，当Boot程序未进入ISP模式，并且片内Flash用户代码有效时，Boot程序将程序执行权交给Flash中的用户代码。此时不需要重映射，0x0000～0x003F地址即位于片内Flash的地址
用户片内RAM模式	由用户程序软件激活	由用户程序激活，具体内容见4.4.8小节，异常向量重新映射到静态RAM的底部
用户外部存储器模式	复位时BOOT[1:0]不为11时激活	当一个或两个BOOT引脚在$\overline{\text{RESET}}$低电平结束时为低，由Boot装载程序激活，中断向量从外部存储器映射的底部重新映射。 **注：该模式只适用于具有外部存储器接口的器件，如LPC2210**

对于LPC2200系列ARM，当$\overline{\text{RESET}}$为低时，BOOT[1：0]引脚的状态控制着引导和初始操作。如果引脚悬空，引脚的内部上拉可保证它的高电平状态。设计者可通过连接一些弱下拉电阻(4.7 kΩ)或晶体管($\overline{\text{RESET}}$为低时可驱动为低电平)到BOOT[1：0]引脚来选择引导方式，如表4.6所列。

表4.6　BOOT[1：0]的引导控制

P2.27/D27/BOOT1	P2.26/D26/BOOT0	引导方式
0	0	CS0控制的8位存储器
0	1	CS0控制的16位存储器
1	0	CS0控制的32位存储器
1	1	内部Flash存储器

4.3.6　系统启动代码介绍

一般在32位ARM应用系统中，大多数软件采用C语言来进行编程，并且以嵌入式操作系统作为运行平台，这样能大大提升开发效率及软件性能。但是，由C语言生成的代码是不能上电后立即运行的，因为此时还不具备运行条件，比如全局变量还没有初始化，系统堆栈还没有设置等。因此从系统上电，到正式运行用户的main函数之前，要运行一段代码，这段代码被称为启动代码。

启动代码大部分由汇编指令构成，它可以实现向量表定义、堆栈初始化、系统变量初始化、中断系统初始化、I/O初始化、外围初始化、地址重映射等操作。

请注意不要把“启动代码”和LPC2000系列ARM中的Boot Block混淆，前者是用户添加的，后者是芯片厂家固化在芯片中，用户无法修改的。系统复位后首先运行 Boot Block，然后才运行“启动代码”。

ARM 公司的开发工具——ADS 集成开发环境，它是不提供完整的启动代码的。不足部分或者由厂商提供，或者由用户自己编写，图 4.15 所示内容为广州周立功单片机发展有限公司提供的 LPC2000 系列 ARM 启动代码。

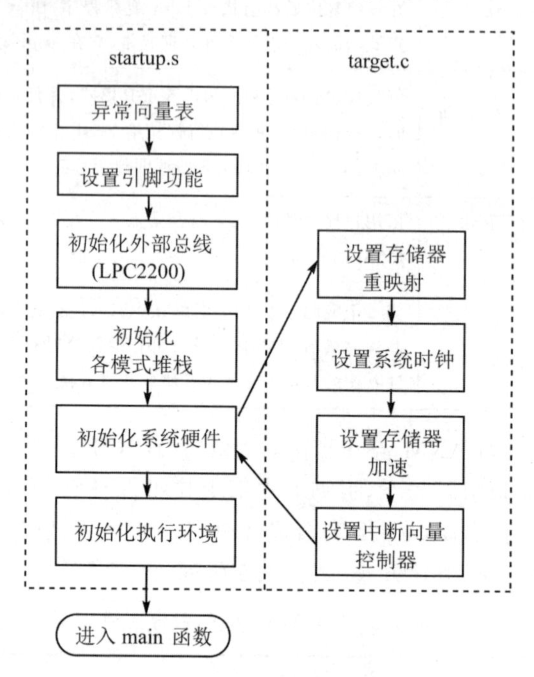

图 4.15　启动代码流程图

ARM 公司只设计核心，不生产芯片。由其他厂商购买 ARM 的授权，然后加入自己的外设部件后生产出各具特色的芯片。这样就促进了基于 ARM 处理器核的芯片多元化，但是因为启动代码与芯片的特性有着紧密的联系，所以使得不同芯片的启动代码差别很大，不易编写出统一的启动代码。

注意：现在已有部分开发工具能自动生成特定芯片的启动代码，比如 Keil UV3 等，进一步降低了用户的应用难度。

4.4　系统控制模块

4.4.1　系统控制模块功能汇总

一个 ARM 芯片中通常有很多功能部件，其中有一些是独自工作的，不会对其他部件产生影响,比如 UART 接口、I^2C 接口等。而有一些部件的影响是全局性的,它们的状态改变时可能引起整个系统运行状态的改变,这些部件如表 4.7 所列,本小节将对这些部件作详细的介绍。

表 4.7 系统控制模块名称及简介

部件名称	功能简介
晶体振荡器	通过外接晶振或时钟源为系统提供时钟信号
复位	复位使 ARM 内核与外设部件进入一个确定的初始状态
存储器映射控制	控制异常向量表的重新映射方式
锁相环(PLL)	将晶体振荡器输入的时钟倍频到一个合适的时钟频率
VPB 分频器	将内核时钟与外设时钟分开的部件
功率控制	使处理器空闲或者掉电,还能关闭指定的功能部件,以降低芯片功耗
唤醒定时器	系统上电或掉电唤醒后,保证晶体振荡器能输出稳定的时钟信号

在这些系统控制模块中,有些部件需要外部引脚的配合,比如晶体振荡器、外部中断输入等,具体如表 4.8 所列。

表 4.8 系统控制模块引脚汇总

引脚名称	类　型	描　述
X1	I	晶振输入:振荡器和内部时钟发生器电路的输入,使用外部时钟源时,该引脚为时钟输入
X2	O	晶振输出:振荡器放大器的输出
$\overline{\text{RESET}}$	I	外部复位输入:该引脚上的低电平将使芯片复位,使 I/O 口和外设恢复其默认状态,并使处理器从地址 0 开始执行程序

在系统控制模块中,有些部件需要在进行寄存器配置后才能正常工作,比如存储器映射控制、锁相环等,如表 4.9 所列。在一个寄存器中可能只有部分位有作用,为了满足将来扩展的需要,那些不需要的位被定义为保留位。所有寄存器不管规格大小都以字地址作为边界。在接下来的几节内容中将对这些寄存器作详细的介绍。

技术细节: 在 4.3.3 小节讲到每个 VPB 外设占用了 16 KB 的地址空间。系统控制模块作为一个 VPB 外设部件也不例外,它占用了 0xE01F C000～0xE01F FFFF 的地址空间。通过观察表 4.9 中各寄存器的地址可以发现,各系统控制模块中各功能部件的控制寄存器的起始地址很有规律,它们保持着 64 字节对齐的方式。也就是说,系统控制模块中的每个功能部件都占用了 64 字节的地址空间,最多可放置 16 个控制寄存器。即使这个功能部件没有这么多控制寄存器,其他功能部件也不会占用这些没用完的地址,就像不会出现 2 个 VPB 外设的寄存器共享一个 VPB 外设空间一样。

表 4.9　系统控制寄存器汇总

名　称	描　述	访　问	复位值*	地　址
存储器映射控制				
MEMMAP	存储器映射控制	R/W	0	0xE01F C040
锁相环				
PLLCON	PLL 控制寄存器	R/W	0	0xE01F C080
PLLCFG	PLL 配置寄存器	R/W	0	0xE01F C084
PLLSTAT	PLL 状态寄存器	RO	0	0xE01F C088
PLLFEED	PLL 馈送寄存器	WO	NA	0xE01F C08C
功率控制				
PCON	功率控制寄存器	R/W	0	0xE01F C0C0
PCONP	外设功率控制	R/W	0x3BE	0xE01F C0C4
VPB 分频器				
VPBDIV	VPB 分频器控制	R/W	0	0xE01F C100

*　复位值仅指已使用位中保存的数据，不包括保留位的内容。

4.4.2　时钟系统概述

时钟是计算机系统的脉搏，处理器核在一拍接一拍的时钟驱动下完成指令执行、状态变换等动作。外设部件在时钟的驱动下进行着各种工作，比如串口数据的收发、A/D 转换、定时器计数等。因此时钟对于一个计算机系统是至关重要的，通常时钟系统出现问题也是最致命的，比如振荡器不起振、振荡不稳、停振等。

LPC2000 系列 ARM 的时钟系统结构如图 4.16 所示，它包括 4 个部分，分别为晶体振荡器、唤醒定时器、锁相环(PLL)和 VPB 分频器。其中“晶体振荡器”为系统提供基本的时钟信号(频率为 F_{OSC})。当复位或处理器从掉电模式被唤醒时，“唤醒定时器”要对输入的时钟信号做计数延时，使芯片内部的部件有时间进行初始化。接下来 F_{OSC} 信号被 PLL 提高到一个符合用户需要的频率(F_{CCLK})，F_{CCLK} 用于 CPU 内

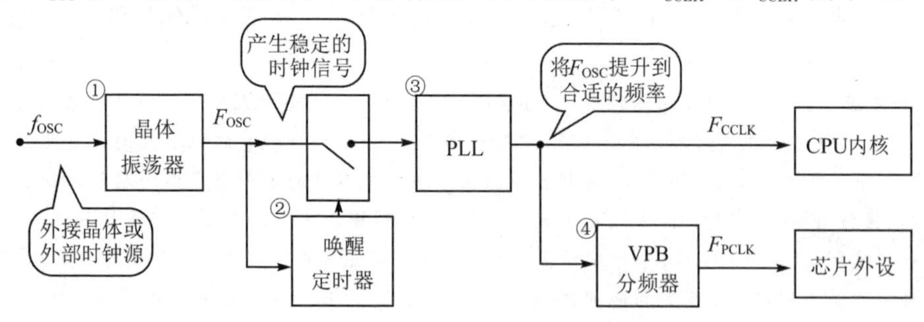

图 4.16　LPC2000 内部的时钟发生系统

核。因为CPU内核通常比外设部件的工作速度要快，所以用户可以设置VPB分频器，把F_{CCLK}信号降低到一个合适的值(也可以不降低)F_{PCLK}，该信号用于外设部件。下面分别对时钟系统的各部件进行描述。

4.4.3　晶体振荡器

LPC2000系列ARM的晶体振荡器可以使用外部时钟源，也可以使用外部晶体和片内振荡电路产生时钟信号，下面分别描述。

➢ 使用外部时钟源时，称之为"从属模式"，此时时钟信号应从XTAL1(即图4.17(a)中的X1)引脚输入，XTAL2(即图4.17(a)中的X2)引脚保持悬空。为了不影响片内电路的工作状态，输入时钟信号应连接一个100 pF的电容C_C进行隔直处理，同时要保证XTAL1引脚上的信号幅值不低于200 mV(rms)。时钟频率必须在1～50 MHz范围内，且占空比为50%(一个周期内信号的高、低电平宽度相同)。

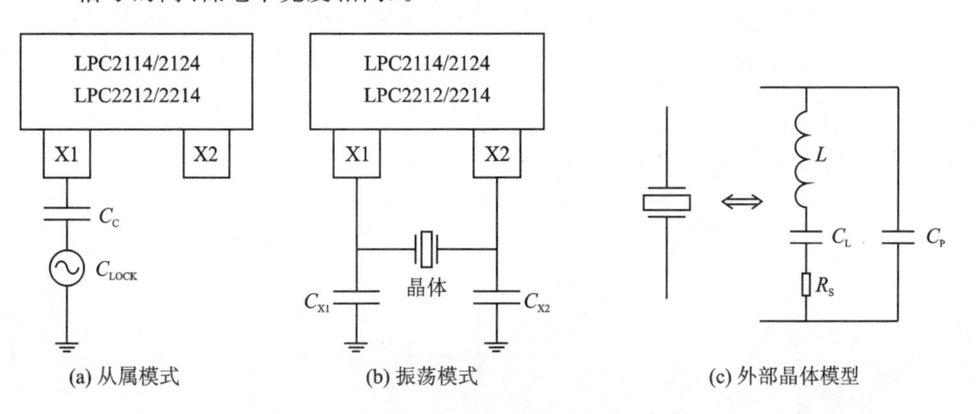

图4.17　振荡器模式和模型

➢ 使用外部晶体时，称之为"振荡模式"，硬件连接如图4.17(b)所示。微控制器内部的振荡电路仅支持1～30 MHz的外部晶体。由于芯片内部已经集成了反馈电阻，所以只需在外部连接一个晶体和两个电容C_{X1}、C_{X2}就可形成基本模式的振荡(基本频率用L、C_L和R_S来表示)。图4.17(c)表示晶体的等效结构，其中C_P是等效并联电容，其值不能大于7 pF。参数F_C(为外接晶振频率)、C_L、R_S和C_P都由晶体制造商提供，根据这些参数，可以找到合适C_{X1}和C_{X2}值，让振荡器稳定可靠地工作。

注意： 如果准备使用片内PLL系统或在系统编程(ISP)功能时，输入时钟的频率不要超过10～25 MHz的范围。图4.18为选择振荡器的流程图。

振荡器输出频率称为F_{OSC}。为了便于频率等式的书写及本文档的描述，ARM

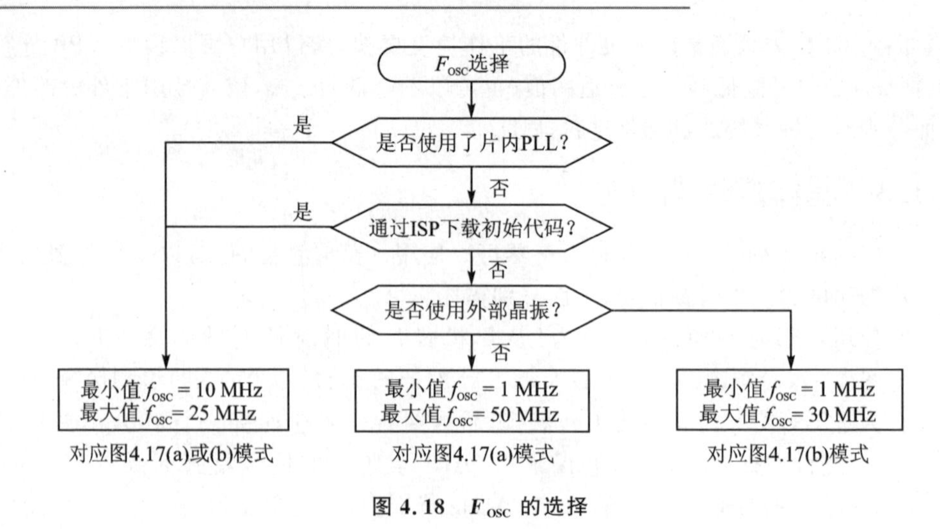

图 4.18 F_{osc} 的选择

处理器时钟频率称为 F_{CCLK}。除非 PLL 运行并连接,否则 F_{OSC} 和 F_{CCLK} 相同。

表 4.10 振荡模式下 C_{X1}/C_{X2} 的建议取值(晶体和外部元件参数)

基本振荡频率 F_C/MHz	晶体负载电容 C_L/pF	最大晶体串联电阻 R_S/Ω	外部负载电容 C_{X1},C_{X2}/pF	基本振荡频率 F_C/MHz	晶体负载电容 C_L/pF	最大晶体串联电阻 R_S/Ω	外部负载电容 C_{X1},C_{X2}/pF
1～5	10	NA	NA	15～20	10	<220	18,18
	20	NA	NA		20	<140	38,38
	30	<300	58,58		30	<80	58,58
5～10	10	<220	18,18	20～25	10	<160	18,18
	20	<300	38,38		20	<90	38,38
	30	<300	58,58		30	<50	58,58
10～15	10	<220	18,18	25～30	10	<130	18,18
	20	<220	38,38		20	<50	38,38
	30	<140	58,58		30	NA	NA

4.4.4 复　位

复位是指将计算机系统中的硬件逻辑归位到一个初始的状态,比如让寄存器恢复默认值,让处理器从第一条指令开始执行程序等。复位是计算机系统中一个不可或缺的部件,和时钟系统有着同样重要的地位。如果一个计算机系统的复位电路不可靠,那么将带来很多意想不到的麻烦。本节将详细介绍 LPC2000 系列 ARM 的复位部件特性以及复位电路的设计。

LPC2000 系列 ARM 有 2 个复位源,外部复位和看门狗复位。

① 外部复位。外部复位是通过把芯片的 $\overline{\text{RESET}}$ 引脚拉为低电平使芯片复位。LPC2000 系列 ARM 的 $\overline{\text{RESET}}$ 引脚为施密特触发输入引脚,带有一个额外的干扰滤波器。该滤波器可以滤除非常短促的脉冲信号,使处理器不会被干扰脉冲意外复位,或者被不稳定的复位信号复位多次。

② 看门狗复位。LPC2000 系列 ARM 都内置有看门狗部件,可以利用看门狗部件来复位处理器。

本节重点讲述外部复位,有关看门狗部件的具体操作方法会在 4.16 节详细描述。

1. 硬件复位流程

如图 4.19 所示,当 1.8 V 电源达到 1.65 V 时,外部晶体开始起振,晶体起振以后,振荡一段时间才能稳定,如果使用 12 MHz 的晶体振荡,这段时间为 0.5 ms(注:这里讨论的是无源振荡模式的时钟电路,如图 4.17(b)所示)。此外,由图 4.19 可见,在上电过程中,复位信号 $\overline{\text{RESET}}$ 需要保持一段时间的低电平,必须在晶振稳定运行之后才能撤除。

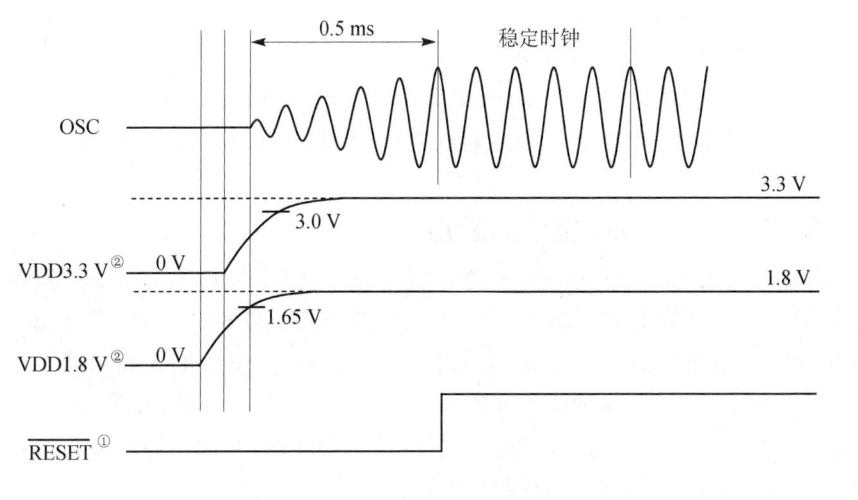

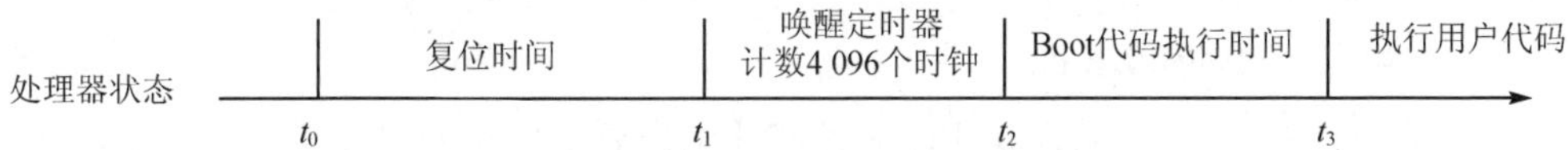

注:① 复位引脚 $\overline{\text{RESET}}$ 的低电平保持时间需要根据系统参数确定,例如:芯片供电电源(1.8 V 和 3.3 V)的电压上升时间、晶体起振时间等。另外,系统并没有限制电源电压的上升时间和晶体的起振时间。

② LPC2000 系列 ARM 中,3.3 V 和 1.8 V 这两个电源的上电顺序没有限制。

图 4.19　LPC2000 系列 ARM 复位流程

实际应用时并不需要去检测晶振波形,只需按照芯片厂家给出的官方数据进行操作即可,而且常用的复位器件很容易满足这些参数用。

➤ 如果时钟系统使用的是外部晶体,上电后 $\overline{\text{RESET}}$ 引脚的复位信号至少要保

持10 ms;

➢ 如果晶振已经稳定运行(例如,有源晶振等),$\overline{\text{RESET}}$引脚的信号只需保持300 ns。

一旦晶振稳定,并且,外部复位信号撤销以后,系统内部的唤醒定时器开始对时钟进行计数,计数满4 096个时钟后,处理器和所有的外设寄存器都恢复为默认状态。其中ARM处理器核恢复为管理模式,中断禁止,从地址0开始运行程序。在4.2.5小节的“存储器重映射”中已经介绍过,复位后的0地址是从Boot Block映射的复位向量。也就是说,CPU首先运行的是Boot Block程序。

2. 复位与电源上电次序

LPC2000系列ARM含有4组电源引脚,即V_{18}、V_3、V_{18A}和V_{3A}。

➢ V_{18}:数字1.8 V供电电源;

➢ V_3:数字3.3 V供电电源;

➢ V_{18A}:模拟1.8 V供电电源;

➢ V_{3A}:模拟3.3 V供电电源。

一般而言,各个电源引脚(V_{18}、V_3、V_{18A}和V_{3A})的上电是无顺序的。但是,为了正确地处理复位,所有V_{18}引脚必须给定有效的电压。这是因为片内复位电路和振荡器的相关硬件都由它们供电。V_3引脚通过其数字引脚来使能微控制器与外部功能的接口。因此,不供给V_3电源并不会影响复位序列,但会妨碍微控制器与外部器件的通信。

3. 外部复位和内部WDT复位的区别

外部复位和内部WDT复位有一些小的区别。外部复位之后,Boot Block程序会去判断引脚P1.20/TRACESYNC、P1.26/RTCK、BOOT1和BOOT0。

外部复位使特定引脚的值被锁存,以实现配置,内部WDT复位则无此功能。在外部复位时对引脚P1.20/TRACESYNC、P1.26/RTCK、BOOT1和BOOT0的状态进行判断,以实现不同的目的。当复位后执行引导装载程序时,片内引导装载程序将对P0.14进行检测(判断是否运行ISP服务程序)。

4. 复位与Boot Block

在前面的章节中讲到,Boot Block是芯片生成时由厂家固化在其中的一段代码,用户无法修改或删除。这段代码在复位后首先被运行。本小节将详细介绍Boot Blcok的功能。

不同芯片的Boot Block,其功能也不尽相同,其中LPC2100的复位处理流程参考图4.20,LPC2200的复位处理流程参考图4.21。

由图4.20和图4.21可以发现,Boot Block的功能包括判断首先运行指令的位置,判断用户代码是否有效,芯片是否加密,是在应用编程(IAP),还是在系统编程(ISP)。下面分别说明Boot Block几大功能的实现方法,这有助于理解芯片的启动

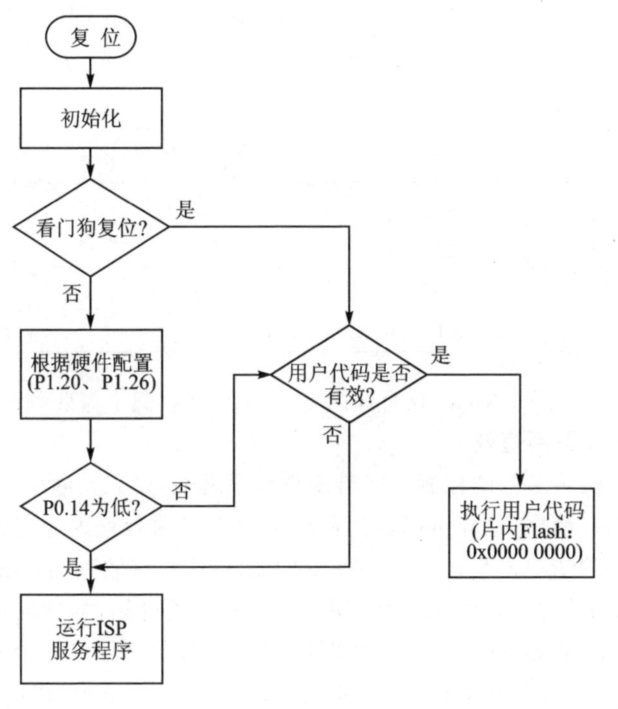

图 4.20 LPC2114/2124 复位处理流程

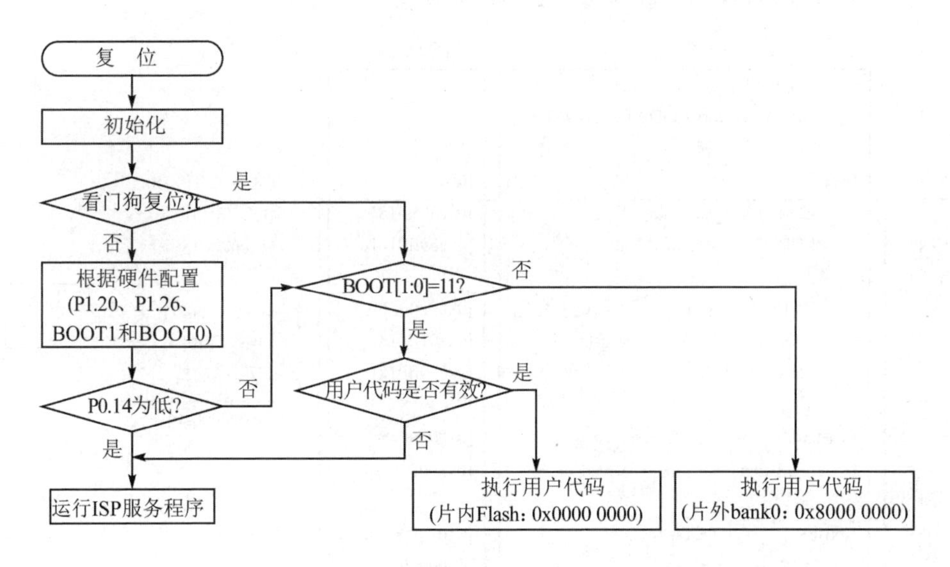

图 4.21 LPC2210/2220/2212/2214 复位处理流程

过程。

(1) 运行哪个存储器上的程序

LPC2200 系列 ARM 可以同时存在片内存储器和片外存储器中,那么复位后该首先运行哪个存储器上的代码呢？Boot Block 通过芯片上的 BOOT0 和 BOOT1 引脚来决定芯片复位后运行片内还是片外存储器上的用户代码，控制状态如表 4.11 所列，参见 4.6 节可以更好地理解。

表 4.11 BOOT[1:0]的引导控制

P2.27/D27/BOOT1	P2.26/D26/BOOT0	引导方式	P2.27/D27/BOOT1	P2.26/D26/BOOT0	引导方式
0	0	CS0 控制的 8 位存储器	1	0	CS0 控制的 32 位存储器
0	1	CS0 控制的 16 位存储器	1	1	内部 Flash 存储器

因为 LPC2100 系列 ARM 只有片内 Flash，所以它们不需要判断。

(2) 用户代码是否有效

Boot Block 在将芯片的控制权交给用户程序之前，要先判断用户程序是否有效，否则将不运行用户程序，这样可以避免在现场设备中的芯片因为代码损坏而导致程序乱飞引起事故的情况发生。图 4.22 所示为用户代码有效判别方案。

从 4.3.5 小节的“异常向量表及其重映射”的介绍可知，异常向量表的第六个入口是保留的，Boot Block 就是利用这个保留字来判断用户程序是否有效。当异常向量表的前 8 条指令的代码累加和为 0 时，Boot Block 认为用户代码有效，否则为无效。当代码无效时，Boot Block 将进入 ISP 状态。

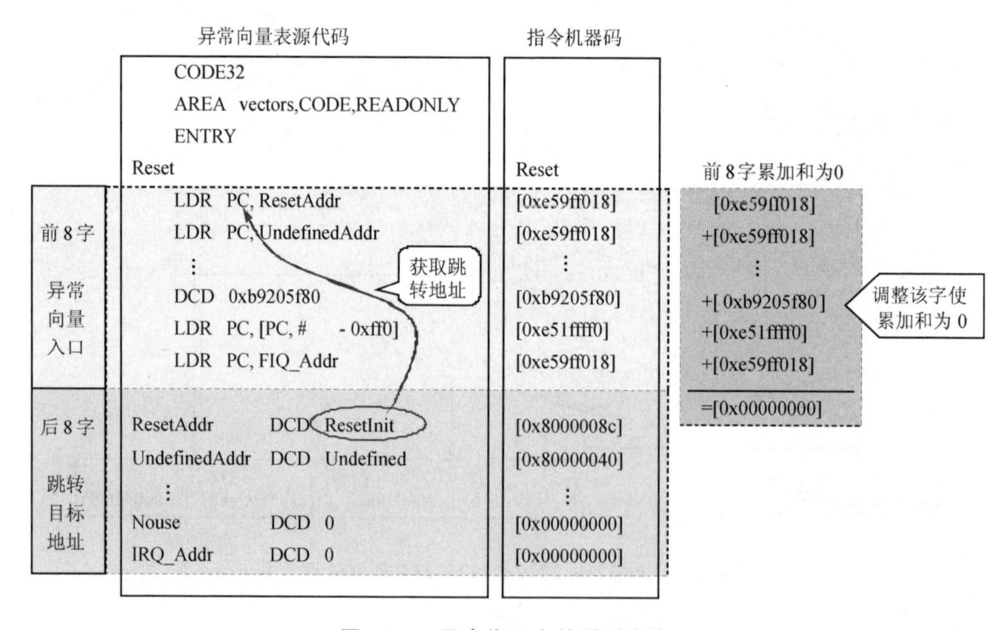

图 4.22 用户代码有效判别方案

需要注意的是，在编写代码时并不需要经常计算这个控制累加和为 0 的保留字，因为前 8 字的向量入口指令内容都是固定的。跳转目标的地址信息保存在向量表的后 8 字中，虽然它们会因目标位置不同而发生变化，但它们不在累加之列。

(3) 芯片是否加密

芯片可加密是 LPC2000 系列 ARM 的一个重要特性，该功能可以保护芯片用户的知识产权不受侵害。加密后的芯片是无法使用 JTAG 接口进行调试的，也无法使用 ISP 工具对存储器进行代码下载和读取，只能对芯片整片擦除后才能做进一步的操作。

对芯片加密的步骤很简单，只需在芯片 Flash 的 0x01FC 地址处放置数据 0x87654321 即可。当 Boot Block 检测到该地址存在加密标志字时，就对芯片的 JTAG 和 ISP 操作进行限制，达到加密的效果。

因为部分芯片内没有片用户 Flash 空间（如 LPC2210/2220/2290），所以这些芯片无法加密。

(4) 在应用编程（IAP）

LPC2000 系列 ARM 内部的 Flash 是无法从外部直接擦写的，这些功能必须通过 IAP 代码来实现。IAP 可以实现片内 Flash 的擦除、查空，将数据从 RAM 写入指定 Flash 空间，校验及读器件 ID 等功能。

IAP 代码是可以被用户程序调用的，实际应用中，可以通过 IAP 把片内 Flash 用于数据的保存，或者实现用户程序的自升级。具体实现方式请参阅各芯片的用户手册。

(5) 在系统编程（ISP）

ISP 功能是一种非常有用的片内 Flash 烧写方式。ISP 工作时，通过 UART0 使用约定协议与计算机上的 ISP 软件进行通信，并按用户的操作要求，调用内部的 IAP 代码实现各种功能。比如把用户代码下载到片内 Flash 中。具体协议约定请参阅各芯片的用户手册。

有 2 种情况可以使芯片进入 ISP 状态。

- 将芯片的 P0.14 引脚拉低后，复位芯片，可以进入 ISP 状态；
- 在芯片内部无有效用户代码时，Boot Block 自动进入 ISP 状态。

5. 复位及复位芯片配置

一些微控制器自己在上电时会产生复位信号，但大多数微控制器需要外部输入这个信号。因为这个信号会使微控制器初始化为某个确定的状态，所以这个信号的稳定性和可靠性对微控制器的正常工作有重大影响。图 4.23 为最简单的阻容复位电路以及电容电压 V_C 的变化曲线图，该电路为低电平复位。上电时，电容 C_1 两端的电压不能突变，因此 $V_C=0$ V，随着电容的充电，V_C 逐渐上升，直至等于电源电压。这样就在电源电压稳定后，在芯片 $\overline{\text{RST}}$ 端形成了一定时间的低电平脉冲。当电源电压消失时，二极管D1为电容C_1提供一个迅速放电的回路，使$\overline{RST}$端电压迅速回零，以使下次上电时能及时复位。

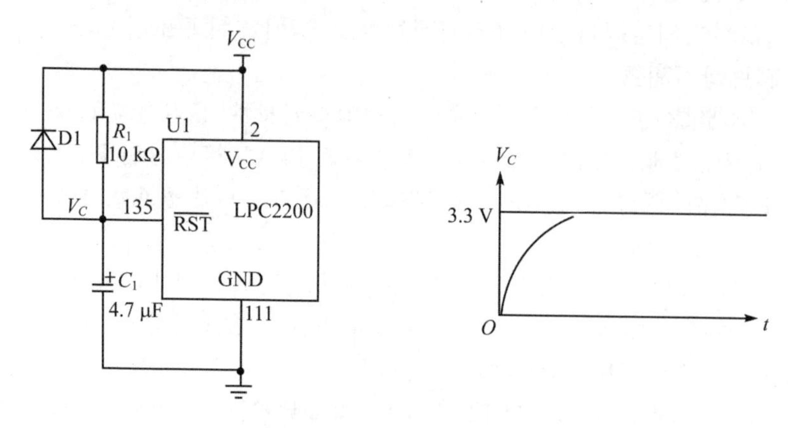

图4.23　阻容复位电路

这个电路成本低廉，但不能保证任何情况产生稳定可靠的复位信号，所以一般场合需要使用专门的复位芯片。如果系统不需要手动复位，可以选择CAT809；如果系统需要手动复位，可以选择SP708SCN。在有些场合还可以使用整合了EEPROM存储器和复位部件的器件，以利于降低成本，并提高系统的可靠性，此类器件有CAT1025等。复位芯片的复位门槛的选择至关重要，一般应当选择微控制器的I/O口供电电压范围为标准；针对LPC2000系列ARM而言，这个范围为3.0～3.6 V，所以其复位门槛可选择为2.93 V。下面简单介绍CAT809、SP708和CAT1025复位监控器件的应用设计方法。

(1) CAT809

CAT809是一款小体积的复位芯片，仅3根引脚，外形像一个贴片的三极管（SOT23封装）。该器件不支持手动复位，其应用原理图如图4.24所示。

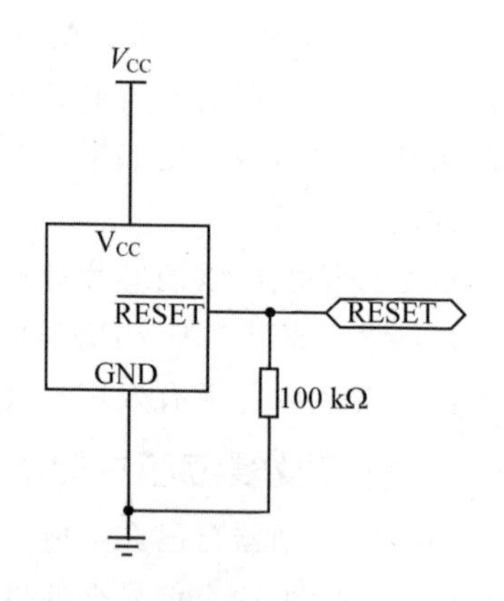

图4.24　CAT809应用原理图

(2) SP706和SP708

SP706P/S/R/T和SP708R/S/T系列属于微处理器（μP）监控器件（不同的后缀表示不同的复位门槛电压），可有效地监测μP及数字系统中的供电及电池的工作情况，以提高系统的可靠性。其内部集成了众多功能组件，包括一个μP复位模块、一个供电失败比较器及一个手动复位输入模块，甚至还有一个看门狗定时器（SP706）。SP706P/S/R/T和SP708R/S/T系列适用于+3.0 V或+3.3 V环境，如计算机、汽车系统、控制器及其他一些智能仪器。

对于对电源供电要求严格的μP系统/数字处理系统，SP706P/R/S/T和SP708R/S/T系列是一款非常理想的选择。

根据SP708的数据手册，带手动复位的复位电路设计如图4.25所示。

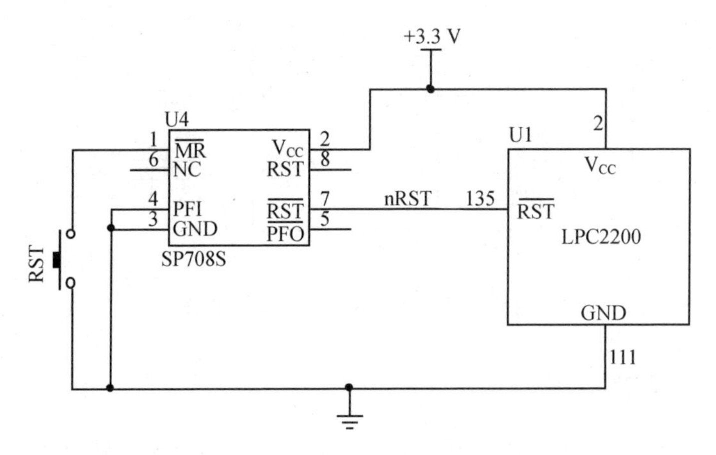

图4.25　带手动复位的复位电路

(3) CAT1025

该系列器件的最大特点是内置了EEPROM存储器，而且根据存储容量不同可以选择系列中不同的器件，其中CAT1025为256字节容量。实际使用时要注意按复位门槛电压来确定器件的后缀名。图4.26所示为CAT1025应用原理图。

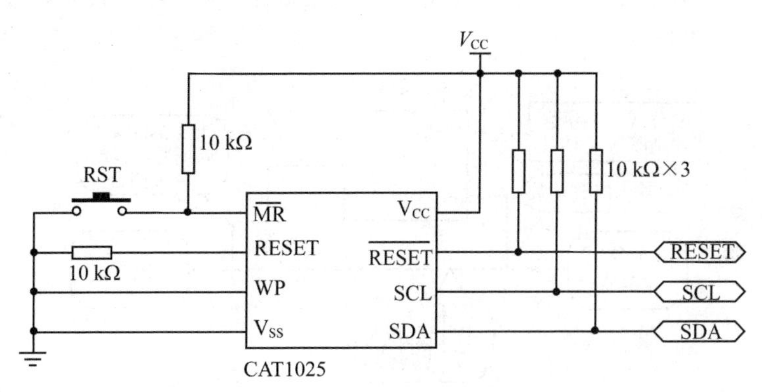

图4.26　CAT1025应用原理图

关于SP708、CAT1025和其他复位器件的详细数据手册，请到广州周立功单片机发展有限公司的网站下载，网址为http://www.zlgmcu.com。

微控制器在复位后可能有多种初始状态，具体复位到哪种初始状态是在复位的过程中决定的。复位逻辑可能通过片内只读存储器中的数据决定具体的初始状态，但更多的是通过复位期间的引脚状态决定，也可能通过两者共同决定。用引脚状态配置复位后的初始状态没有统一的方法，需要根据相关芯片的手册决定，图4.27就是 LPC2000 系列 ARM 复位配置的一个例子。注意,P2.26、P2.27 仅在 LPC2200 系列芯片中存在。

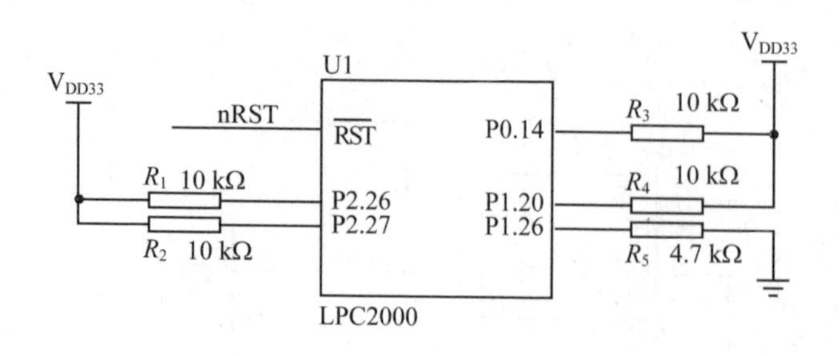

图 4.27 LPC2000 复位配置原理图

4.4.5 唤醒定时器

唤醒定时器的用途是:确保振荡器和芯片所需要的电路在处理器开始执行指令之前有足够的时间能够让其开始正确工作(比如 Flash 存储器),工作原理如图 4.28 所示。

举个通俗的例子,晶体振荡器就像一个水龙头,时钟信号就是从龙头中流出的水。如果水龙头关闭一段时间后再打开,则开始流出的水比较浑浊,不适合使用。那么此时需要一个容器把开始这部分不好的水收集起来,这个容器太大则浪费水和时间,太小则不足以把这些浑水装完。

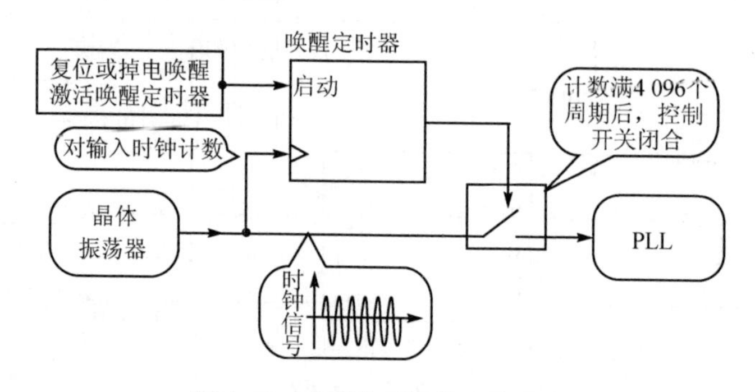

图 4.28 唤醒定时器的工作原理

注意: 拥有 4 096 个计数周期的“唤醒定时器”就是接在振荡器后面的那个容器,所不同的是,在唤醒定时器计数的这段时间被用来让某些部件完成初始化。

当给芯片加电或某个事件使芯片退出掉电模式后,振荡器就开始工作,但是需要一段时间来产生足够振幅的信号驱动时钟逻辑。时间的长度取决于许多因素,包括

V_{dd} 的上升速率（上电时）、晶振的类型及其电气特性（如果使用石英晶振）、任何其他外部电路（例如电容）和振荡器在现有环境下自身的特性。振荡波形大致如图 4.29 所示。

注意： 唤醒定时器就通过监测晶振状态来判断是否能开始可靠的执行代码。

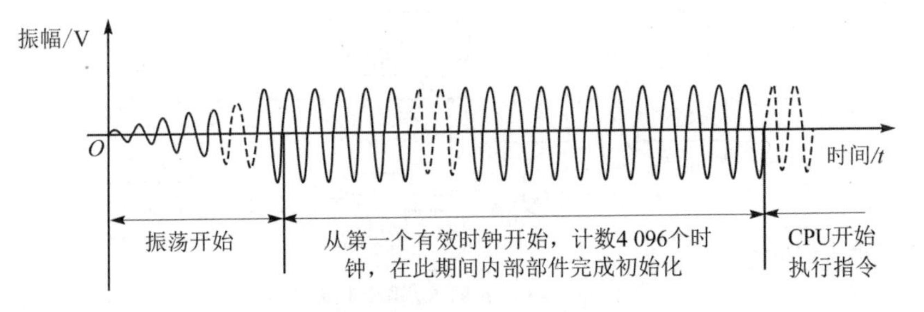

图 4.29　上电后时钟波形及唤醒定时器的作用

1. 唤醒定时器与时钟的关系

如图 4.29 所示，一旦检测到一个有效的时钟，并且，外部复位信号撤销以后，唤醒定时器则对 4 096 个时钟计数，这段时间可使 Flash 等外围器件完成初始化。当 Flash 存储器等外围器件初始化完毕时，处理器开始执行指令。当系统使用外部时钟源时，振荡器的启动延时可能很短甚至没有，唤醒定时器的设计就避免了芯片的某些部件因为系统复位太快而来不及准备好。

总之，LPC2000 系列 ARM 的唤醒定时器是根据晶振的情况来执行最短时间的复位，它在处理器从掉电模式中唤醒或发生了任何复位时激活。

2. 外部中断与唤醒定时器

如果使能了外部中断唤醒功能，并且所选中断事件出现，那么唤醒定时器将被启动。实际的中断（如果有）在唤醒定时器停止后（计满 4 096 个时钟后）产生，由向量中断控制器（VIC）进行处理。

要使器件进入掉电模式并通过外部中断唤醒，软件应该对引脚的外部中断功能重新编程，选择中断合适的方式和极性，再进入掉电模式，唤醒时软件应恢复引脚复用的外围功能。

如果软件要使器件退出掉电模式来响应多个引脚共用的同一个 EINTi 通道的事件，中断通道必须编程设定为低电平激活方式，因为只有在电平方式中通道才能使信号逻辑“或”来唤醒器件。

注意： 唤醒定时器完全由硬件自动控制，不需要用户干预。唤醒定时器在系统正常工作后将不再起作用，所以后面的部件介绍中将不会涉及到唤醒定时器。

4.4.6 锁相环 PLL

LPC2000 系列 ARM 内部均具有 PLL 电路，振荡器产生的时钟频率 F_{OSC} 通过 PLL 升频，可以获得更高的系统时钟(F_{CCLK})。对于 PLL 在时钟系统中所处的位置，以及 PLL 输入/输出信号的频率范围如图 4.30 所示。

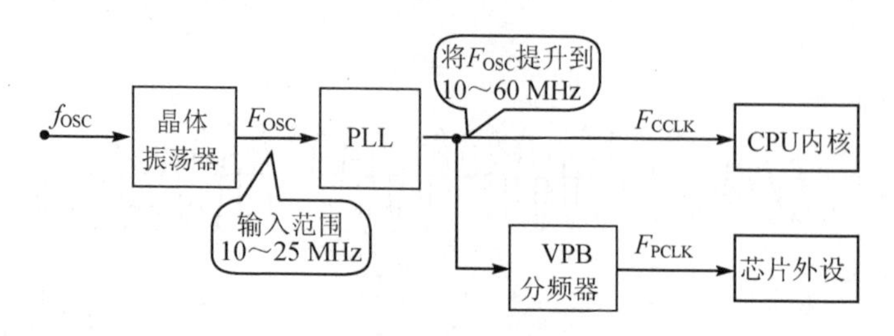

图 4.30 PLL 的输入/输出频率范围

为了便于理解 PLL 的工作原理，可以将内部结构简化为图 4.31。由图 4.31 可以看出 PLL 接受的输入时钟频率范围为 10～25 MHz。PLL 的输出时钟信号 F_{CCLK} 是由电流控制振荡器(CCO)分频得到的，CCO 的振荡频率由“相位频率检测”部件控制，该部件会比较 F_{OSC} 信号和 CCO 输出的反馈信号的相位和频率，并根据误差输出不同的电流值，该电流值再控制 CCO 的振荡频率。这样的环路可以保证“相位频率检测”部件的两路输入信号非常接近(可认为一样)。关于 PLL 的详细介绍可参阅相关书籍，这里不作过多的说明。

通常 CCO 的受控范围是有限的，超出这个范围则无法输出预期的时钟信号，LPC2000 系列 ARM 内部的 CCO 可以工作在 156～320 MHz。图 4.31 中的“2P 分频”部件就是为了保证 CCO 工作在正常范围内而设计的，该分频器可以设置为 2、4、8 或 16 分频，该分频器另外的一个作用就是保证 PLL 输出的波形为 50%的占空比(一个信号周期内高、低电平的宽度相等)。

LPC2000 系列 ARM 是基于 ARM7 内核的，该内核的工作频率基本在 100 MHz 以下，所以 LPC2000 系列 ARM 大部分支持最高 60 MHz 的内核时钟，少部分支持 70 MHz 内核时钟。CCO 输出的信号经过分频后即得到了系统需要的时钟，其频率应该限制在芯片厂家规定的范围内，而不要尝试在嵌入式系统中使处理器处于超频工作状态。

前面讲到 CCO 的输出频率受到“相位频率检测”部件的控制，但实际上将 CCO 的输出控制在需要频率的过程不是一蹴而就的，而是一个反复拉锯的过程，可以简单地用图 4.32 来表示。图 4.32 中 CCO 的输出频率在高低起伏一段时间后渐渐稳定在了预期的频率值，稳定的过程称之为 PLL 锁定的过程，输出频率稳定后即“锁定”成功。锁定之前的频率是不稳定的，还不能用于处理器，只有锁定之后的时钟信号才能使用，这也就是为什么图 4.31 中存在一个 PLL 连接开关的原因。锁定前，开关打

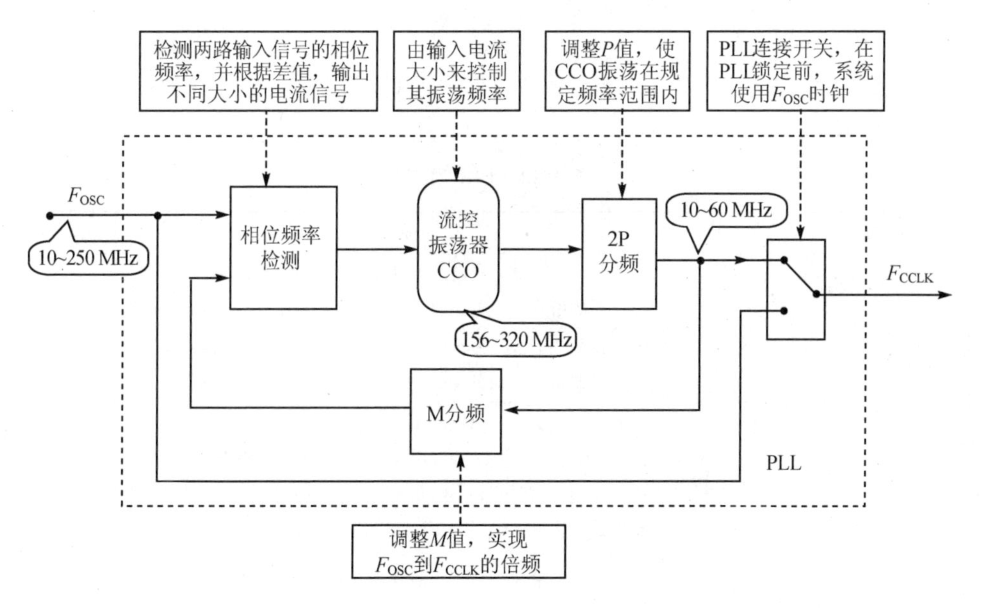

图4.31　PLL简化框图

向下方，系统使用 F_{OSC} 作为时钟信号，锁定后，开关打向上方，使用PLL的输出作为时钟信号。

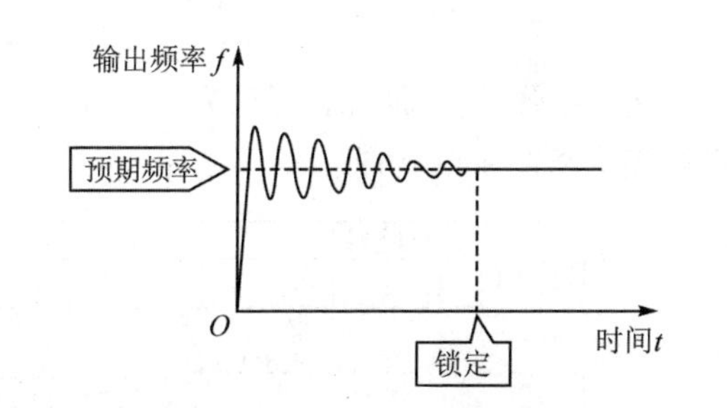

图4.32　PLL的锁定过程

读者也许会有疑问，怎样才能知道PLL已经锁定，并如何控制这个开关的方向呢？接下来在介绍寄存器结构时会接触到这些内容。

需要特别注意的是，PLL作为时钟系统中的一个重要部件，为系统的内核以及所有部件(包括看门狗定时器)提供时钟，如果操作不当将会引起非常严重的后果；因此为了避免程序对PLL正在使用的相关参数意外修改，芯片厂商从硬件上提供了保护。对它们的保护是由一个类似于操作看门狗定时器的代码序列来实现，详情请参阅PLLFEED寄存器的描述。

注意：PLL在芯片复位和进入掉电模式时会被关闭并从时钟系统中切换出去。芯片从掉电模式被唤醒后，PLL并不会自动使能和连接，只能通过软件使能。程序必须在配置并激活PLL后等待其锁定，然后再连接PLL。

警告：PLL值的不正确设定会导致芯片的错误操作。

---

1. 寄存器描述

与PLL相关的寄存器有4个，其中3个为控制寄存器，还有1个是状态寄存器，分别如表4.12所列。

表4.12　PLL寄存器

地　址	名　称	描　述	访　问
0xE01F C080	PLLCON	PLL控制寄存器：最新的PLL控制位的保持寄存器，写入该寄存器的值在有效的PLL馈送序列执行之前不起作用	R/W
0xE01F C084	PLLCFG	PLL配置寄存器：最新的PLL配置值的保持寄存器，写入该寄存器的值在有效的PLL馈送序列执行之前不起作用	R/W
0xE01F C088	PLLSTAT	PLL状态寄存器：PLL控制和配置信息的读回寄存器，如果曾对PLLCON或PLLCFG执行了写操作，但没有产生PLL馈送序列，这些值将不会反映PLL的当前状态，读取该寄存器提供了控制PLL和PLL状态的真实值	RO
0xE01F C08C	PLLFEED	PLL馈送寄存器：该寄存器使能装载PLL控制和配置信息，该配置信息从PLLCON和PLLCFG寄存器装入实际影响PLL操作的映像寄存器	WO

在介绍各寄存器之前，可以先从图4.33中了解到PLL中各部件的控制位以及它们在状态寄存器中的反映。

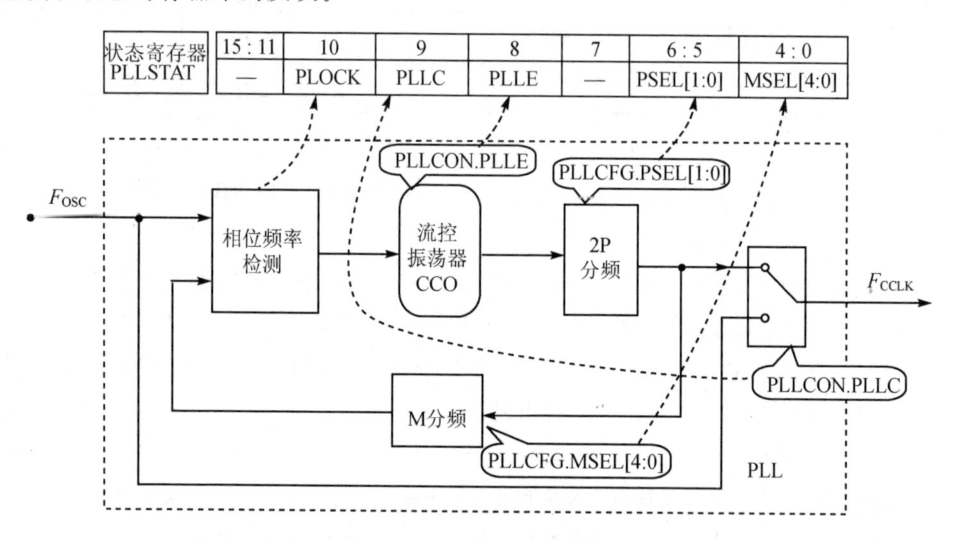

图4.33　PLL部件的控制与状态反映

(1) PLL控制寄存器(PLLCON，0xE01F C080)

PLLCON寄存器包含使能和连接PLL的控制位。使能PLL后(PLLE位置1)，CCO和相位频率检测部件将开始工作，正常情况下输出信号将锁定到由倍频器和分频器决定的频率上。PLL连接控制位(PLLC)就是用于控制图4.33中那个连接开关的,连接PLL将使处理器和所有片内功能都根据PLL输出时钟来运行。对PLLCON的更改只有在对PLLFEED寄存器执行了正确的PLL馈送序列后才生效(见"(5) PLL馈送寄存器"的描述)。

PLL控制寄存器PLLCON描述见表4.13。

表4.13 PLL控制寄存器PLLCON

位	位名称	描述	复位值
0	PLLE	PLL使能:当该位为1并且在有效的PLL馈送之后,该位将激活PLL并允许其锁定到指定的频率,见表4.15的PLL状态寄存器描述	0
1	PLLC	PLL连接:当PLLC和PLLE都为1并且在有效的PLL馈送后,将PLL作为时钟源连接到CPU,否则CPU直接使用振荡器时钟,见表4.15的PLL状态寄存器描述	0
7:2	—	保留,用户软件不要向其写入1,从保留位读出的值未被定义	NA

操作示例:

```
PLLCON = 0x01;      //使能PLL
PLLCON = 0x03;      //连接PLL(必须在PLL使能并锁定之后)
```

为了保证系统时钟在F_{OSC}与PLL输出信号之间平稳地切换,PLL内部设计有时钟同步电路,以确保不会因切换而产生干扰。但是需要注意,PLL的硬件既不能在切换之前根据PLL是否锁定来自动判断现在是否适合切换,也不能因为PLL失去锁定而自动断开PLL连接。对于前一个问题,必须用软件来实现这个判断。对于后一个问题,很可能在PLL失锁的时候,晶体振荡器就已经不稳定了,所以开关如何切换都无法使时钟稳定。

(2) PLL配置寄存器(PLLCFG,0xE01F C084)

PLLCFG寄存器可以配置PLL倍频器和分频器的值,具体控制的部件见图4.33。在改变PLLCFG寄存器的值之后必须执行正确的PLL馈送序列,参数才会生效(见表4.17)。PLL频率、倍频器以及分频器值的计算详见"PLL频率计算"的内容。PLL配置寄存器PLLCFG描述见表4.14。

表4.14 PLL配置寄存器PLLCFG

位	位名称	描述	复位值
4:0	MSEL[4:0]	PLL倍频器值:在PLL频率计算中其值为M **注:** 有关MSEL[4:0]值的正确选取见"PLL频率计算"	0
6:5	PSEL[1:0]	PLL分频器值:在PLL频率计算中其值为P **注:** 有关PSEL[1:0]值的正确选取见"PLL频率计算"	0
7	—	保留,用户软件不要向其写入1。从保留位读出的值未被定义	NA

操作示例：

```
PLLCFG = (2<<5) | (5);     //M=5+1,P=4(计算方式参看"PLL 频率计算")
```

(3) PLL 状态寄存器(PLLSTAT,0xE01F C088)

所有关于 PLL 的工作状态和正在使用的控制位参数都可以在该寄存器中获取到,具体见图 4.33。有时 PLLSTAT 可能与 PLLCON 和 PLLCFG 中的值不同,这是因为没有执行正确的 PLL 馈送序列,这两个寄存器中的值并未生效。PLLSTAT 寄存器描述见表 4.15。

操作示例：

```
while((PLLSTAT & (1<<10)) == 0);     //等待 PLL 锁定(PLOCK 位为 1)
```

PLL 状态寄存器中的 PLL 锁定标志位(PLOCK)是非常重要的,只有该位置 1 后,才能将 PLL 连接到系统中,否则系统很可能会出现致命的错误。

前面讲到,PLL 的锁定过程需要一定的时间。大多数情况下,在程序中只是用一段简单的循环程序来等待 PLL 锁定,但是对于某些实时系统,CPU 很可能从掉电模式唤醒后就要立即开始处理突发的事件,这种应用场合就不允许把时间浪费在等待 PLL 锁定上。因此芯片厂商把 PLLSTAT 寄存器中的 PLOCK 位连接到中断控制器,允许 PLL 的锁定事件产生中断。这样可使用程序使能 PLL 中断,然后继续运行其他程序,不需要等待 PLL 锁定。当发生中断时(PLOCK=1),就可以连接 PLL,再禁止 PLL 中断。

表 4.15　PLL 状态寄存器 PLLSTAT

位	位名称	描　述	复位值
4：0	MSEL[4：0]	读出的 PLL 倍频器值：这是 PLL 当前使用的值	0
6：5	PSEL[1：0]	读出的 PLL 分频器值：这是 PLL 当前使用的值	0
7	—	保留,用户软件不要向其写入 1,从保留位读出的值未被定义	NA
8	PLLE	读出的 PLL 使能位：当该位为 1 时,PLL 处于激活状态;为 0 时,PLL 关闭。当进入掉电模式时,该位自动清零	0
9	PLLC	读出的 PLL 连接位：当 PLLC 和 PLLE 都为 1 时,PLL 作为时钟源连接到 CPU;当 PLLC 或 PLLE 位为 0 时,PLL 被旁路,CPU 直接使用振荡器时钟。当进入掉电模式时,该位自动清零	0
10	PLOCK	反映 PLL 的锁定状态：为 0 时,PLL 未锁定;为 1 时,PLL 锁定到指定的频率	0
15：11	—	保留,用户软件不要向其写入 1,从保留位读出的值未被定义	NA

(4) PLL 模式

PLL 控制位组合见表 4.16。

表 4.16　PLL 控制位组合

PLLC	PLLE	PLL 功能
0	0	PLL 被关闭并断开连接,系统使用未更改的时钟输入
0	1	PLL 被激活但是尚未连接,PLL 可在 PLOCK 置位后连接
1	0	与 00 组合相同,这样消除了 PLL 已连接但没有使能的可能性
1	1	PLL 已使能,并连接到处理器作为系统时钟源

(5) PLL 馈送寄存器(PLLFEED,0xE01F C08C)

前面已经介绍,该寄存器是为了保证 PLL 正在使用的参数不被意外修改而设计的。使用时,必须将正确的馈送序列写入 PLLFEED 寄存器才能使 PLLCON 和 PLLCFG 寄存器的更改生效。馈送序列分两步进行:

① 将值 0xAA 写入 PLLFEED;

② 将值 0x55 写入 PLLFEED。

注意: 这两个写操作的顺序必须正确,而且必须是连续的 VPB 总线周期。也就是在写完第一个字节 0xAA 后不能去操作别的外设,而应该紧接着写第二个字节 0x55,所以通常在执行 PLL 馈送操作时必须禁止中断。不管是写入的值不正确还是没有满足前两个条件,对 PLLCON 或 PLLCFG 寄存器的更改都不会生效。

PLL 馈送寄存器 PLLFEED 描述见表 4.17。

表 4.17　PLL 馈送寄存器 PLLFEED

位	位名称	描　述	复位值
7:0	PLLFEED	PLL 馈送序列必须写入该寄存器才能使 PLL 配置和控制寄存器的更改生效	未定义

操作示例:

```
DISABLE_IRQ( );          //关闭中断,防止馈送序列操作被打断
PLLFEED = 0xAA;          //馈送序列第一步
PLLFEED = 0x55;          //馈送序列第二步
ENABLE_IRQ( );           //馈送序列操作结束,打开中断
```

2. PLL 和掉电模式

掉电模式会自动关闭并断开 PLL。从掉电模式唤醒不会自动恢复 PLL 的设定,PLL 的恢复必须由软件来完成。通常,首先将 PLL 激活并等待锁定,然后再将 PLL 连接。有一点非常重要,那就是不要试图在掉电唤醒之后简单地执行馈送序列来重新启动 PLL,因为这会在 PLL 锁定建立之前同时使能并连接 PLL。

3. PLL 频率计算

在了解 PLL 频率计算之前，先把 PLL 等式中用到的符号做一个约定，如表 4.18 所列。

表 4.18　PLL 频率计算中使用的符号

符　号	说　明
F_{OSC}	晶体振荡器的输出频率，即 PLL 的输入频率
F_{CCO}	PLL 电流控制振荡器的输出频率
F_{CCLK}	PLL 最终的输出频率（也是处理器的时钟频率）
M	PLLCFG 寄存器中 MSEL 位的倍增器值
P	PLLCFG 寄存器中 PSEL 位的分频器值

PLL 频率计算的公式可以由图 4.34 推导得到，推导时按图 4.34 中数字序号的顺序进行。CCO 输出的频率为 F_{CCO}，首先经过"2P 分频"部件后得到 $F_{CCO}/(2\times P)$ 的频率，该信号再经过"M 分频"部件，得到 $F_{CCO}/(2\times P\times M)$ 的频率，而在 PLL 锁定后，该信号频率与 F_{OSC} 是相等的，所以可得出以下等式：

$$F_{OSC}=F_{CCO}/(2\times P\times M)\Rightarrow F_{CCO}=F_{OSC}\times(2\times P\times M)$$

$$F_{CCLK}=F_{CCO}/(2\times P)\Rightarrow F_{CCO}=F_{CCLK}\times(2\times P)$$

最后得出 PLL 的输出频率（当 PLL 激活并连接时）：

$$F_{CCLK}=M\times F_{OSC}\quad\text{或}\quad F_{CCLK}=F_{CCO}/(2\times P)$$

CCO 输出频率为

$$F_{CCO}=F_{CCLK}\times 2\times P\quad\text{或}\quad F_{CCO}=F_{OSC}\times M\times 2\times P$$

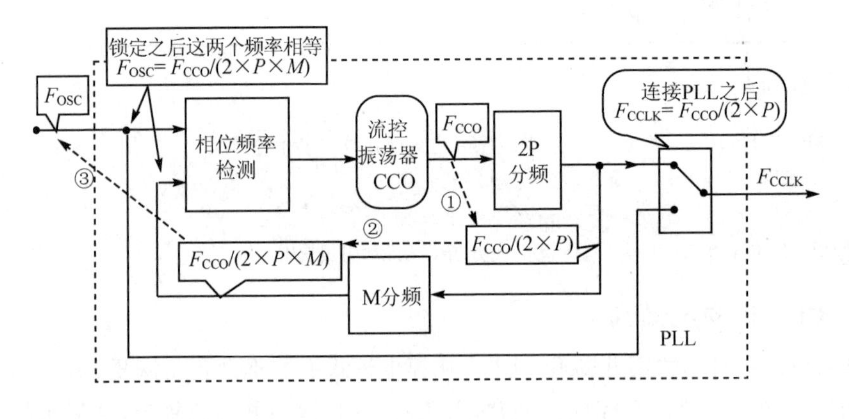

图 4.34　PLL 频率计算

在图4.31中已经标识过PLL中各部件的工作频率范围，这里再次提出，希望读者能引起重视，PLL输入和设定必须满足下面的条件：

- F_{OSC} 的范围为10～25 MHz；
- F_{CCLK} 的范围为10 MHz～F_{max}(LPC2114/2124/2210/2220/2212/2214的最大允许频率)；
- F_{CCO} 的范围为156～320 MHz。

4. 确定PLL设定的过程

在实际使用PLL时，要对其进行相应的配置，配置时建议按图4.35所示的步骤进行，避免出错。

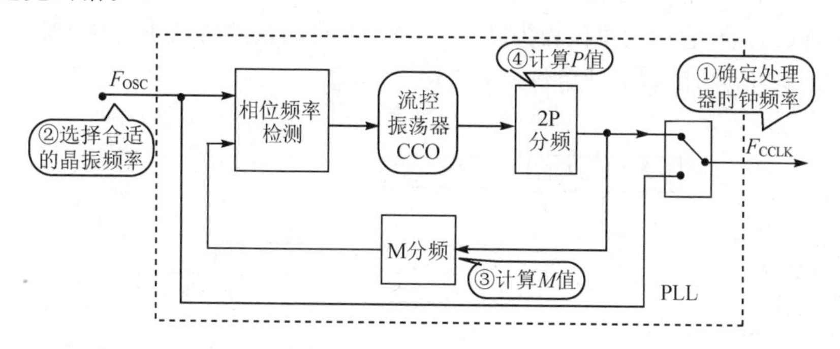

图4.35 PLL配置步骤

① 选择处理器的时钟频率(F_{CCLK})。这可以根据处理器的整体要求、UART波特率的支持等因素来决定。外围器件的时钟频率可以低于处理器频率。

② 选择振荡器频率(F_{OSC})。F_{CCLK} 一定要是 F_{OSC} 的整数倍。

③ 计算 M 值以配置MSEL位。$M = F_{CCLK}/F_{OSC}$，M 的取值范围为1～32。实际写入MSEL位的值为 $M-1$(见表4.19)。

④ 选择 P 值以配置PSEL位。通过设置 P 值，使 F_{CCO} 在定义的频率限制范围内，F_{CCO} 可通过前面的等式计算。P 必须是1、2、4或8其中的一个。实际写入PSEL位的值对应的 P 值见表4.20。

表4.19 PLL倍增器值

MSEL位 PLLCFG[4:0]	M 值	MSEL位 PLLCFG[4:0]	M 值
00000	1	⋮	⋮
00001	2	11110	31
00010	3	11111	32
00011	4		

表4.20 PLL分频器值

PSEL位 PLLCFG[6:5]	P 值	PSEL位 PLLCFG[6:5]	P 值
00	1	10	4
01	2	11	8

5. PLL设置举例

系统要求 F_{OSC}=10 MHz,F_{CCLK}=60 MHz。

根据这些要求,可得出 $M = F_{CCLK}/F_{OSC}$=60 MHz/10 MHz=6。因此,$M-1$=5写入PLLCFG[4:0]。P 值可由 $P=F_{CCO}/(F_{CCLK}\times 2)$ 得出,F_{CCO} 必须在156～320 MHz内。假设 F_{CCO} 取最低频率156 MHz,则 P=156 MHz/(2×60 MHz)=1.3;若 F_{CCO} 取最高频率,可得出 P=2.67。因此,同时满足 F_{CCO} 最低和最高频率要求的 P 值只能为2,PLLCFG[6:5]=01,见表4.20。

为了提高配置代码的通用性,将其写成函数,程序流程如图4.36所示,代码如程序清单4.1所示。该函数输入参数分别为系统时钟(F_{CCLK})、振荡器时钟(F_{OSC})和CCO时钟(F_{CCO}),它们的单位均为赫兹(Hz)。如果输入的参数不合法,那么函数将返回FALSE信息,配置成功后将返回TRUE信息。

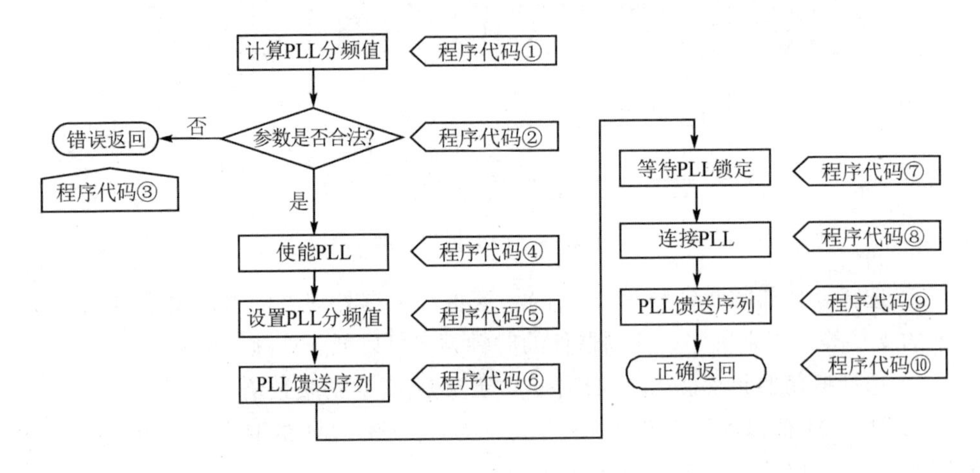

图4.36 PLL配置函数流程

程序清单4.1 PLL配置函数

```
uint8 PLLSet(uint32 Fcclk,uint32 Fosc,uint32 Fcco)
{
    uint8 i;
    uint32 plldat;
    i = (Fcco / Fcclk);                                   ①
    switch(i) {                                           ②
        case 2:
            plldat= ((Fcclk / Fosc) - 1) | (0<<5);
            break;
```

```
        case 4:
            plldat= ((Fcclk / Fosc) - 1) | (1<<5);
            break;
        case 8:
            plldat= ((Fcclk / Fosc) - 1) | (2<<5);
            break;
        case 16:
            plldat= ((Fcclk / Fosc) - 1) | (3<<5);
            break;
        default:
            return(FALSE);                                          ③
            break;
    }
    PLLCON = 1;                                                     ④
    PLLCFG = plldat;                                                ⑤
    PLLFEED = 0xaa;                                                 ⑥
    PLLFEED = 0x55;
    while((PLLSTAT & (1<<10)) == 0);                                ⑦
    PLLCON = 3;                                                     ⑧
    PLLFEED = 0xaa;                                                 ⑨
    PLLFEED = 0x55;
    return(TRUE);                                                   ⑩
}
```

4.4.7　VPB 分频器

VPB 总线是芯片中一个重要的内部总线，绝大部分的外设都挂接在该总线上，比如 GPIO、UART 等(参见 4.1.3 小节)。然而大部分外设的工作速度相对于 ARM 内核来说都是比较慢的，所以在时钟系统中设置了“VPB 分频器”，它决定处理器时钟(CCLK)与外设器件所使用的时钟(PCLK)之间的关系。VPB 分频器主要有两个用途：

① 将处理器时钟(CCLK)分频，以便外设在合适的速度下工作。为了实现此目的，VPB 总线可以降低到 1/2 或 1/4 的处理器时钟速率(2 分频或 4 分频)。因为 VPB 分频器自身也处于 VPB 总线上，所以芯片上电后 VPB 总线必须能正常工作，否则程序就无法操作 VPB 分频器。VPB 总线在系统复位后以默认的速度运行，其速度是处理器时钟(CCLK)的 1/4。

② 降低系统功耗。数字电路的功耗主要发生在电路状态翻转的那一刻(由 1 到 0，或由 0 到 1)，所以系统工作频率越高，功耗越大。在某些没有外设需要全速运行

的应用场合，降低VPB时钟可以使系统功耗降低。

VPB分频器与振荡器和处理器时钟的连接见图4.37。

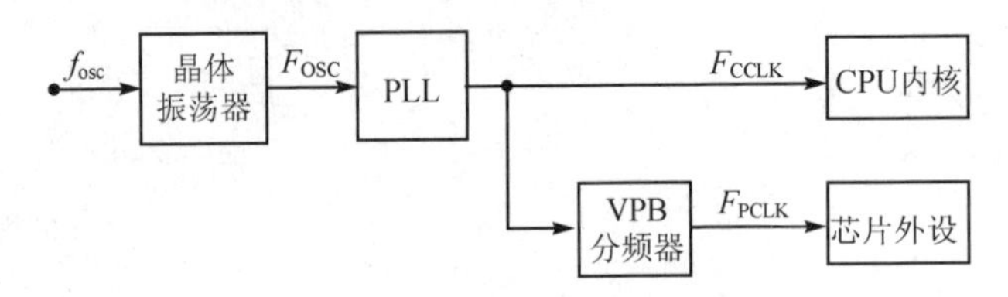

图4.37 VPB分频器连接

1. VPB分频寄存器(VPBDIV,0xE01F C100)

VPBDIV寄存器映射见表4.21。VPBDIV[1:0]两个位可以设定3个分频值，详见表4.22。XCLKDIV只在LPC2200系列ARM(具有外部存储器控制器部件)中有效。

表4.21 VPBDIV寄存器映射

地　址	名　称	描　述	访　问
0xE01F C100	VPBDIV	控制VPB时钟速率与处理器时钟速率之间的关系	R/W

表4.22 VPBDIV寄存器

位	位名称	描　述	复位值
1:0	VPBDIV	VPB时钟速率如下： 00：VPB总线时钟速率为处理器时钟速率的1/4 01：VPB总线时钟速率与处理器时钟速率相同 10：VPB总线时钟速率为处理器时钟速率的1/2 11：保留，将该值写入VPBDIV寄存器无效(保留原来的设定)	0
3:2	—	保留，用户软件不要向其写入1，从保留位读出的值未定义	0
5:4	XCLKDIV	这些位仅用于LPC2200系列芯片(144引脚封装)中，它们控制A23/XCLK引脚上的时钟驱动，取值编码方式与VPBDIV相同。由PINSEL2寄存器中的一位来控制选择引脚用作A23还是XCLKDIV选择的时钟功能 **注：**如果XCLKDIV和VPBDIV取值相同，则VPB和XCLK使用相同的时钟(这在处理VPB外设的外部逻辑时可能有用)	0
7:6	—	保留，用户软件不要向其写入1。从保留位读出的值未定义	0

2. VPB设置示例

在实际应用中根据外设时钟与内核时钟的关系对VPB进行合理的设置，设置示例如程序清单4.2所示。

程序清单 4.2　VPB 设置函数代码

```
void VPBSet(uint32 Fcclk,uint32 Fpclk)
{
    uint8 i;
    if((Fpclk / (Fcclk / 4)) == 1) {
        VPBDIV = 0;
    }
    else
    if((Fpclk / (Fcclk / 4)) == 2) {
        VPBDIV = 2;
    }
    else
    if((Fpclk / (Fcclk / 4)) == 4) {
        VPBDIV = 1
    }
}
```

4.4.8　存储器映射控制

在 4.3.5 小节中讲到，为了允许运行在不同存储器空间中的代码对中断进行控制，而需要使用存储器映射控制机制改变从地址 0x0000 0000 开始的中断向量的映射。本小节重点介绍存储器映射的控制方式，学习时如果结合 4.3.5 小节的内容，更容易理解。

1. 存储器映射控制寄存器(MEMMAP,0xE01F C040)

存储器映射控制寄存器 MEMMAP 见表 4.23 和表 4.24。

表 4.23　MEMMAP 寄存器映射

地　址	名　称	描　述	访　问
0xE01F C040	MEMMAP	存储器映射控制，选择从 Flash Boot Block、用户 Flash 或 RAM 中读取 ARM 中断向量	R/W

操作示例：

```
MEMMAP = 0x01;                //用户 Flash 模式
```

2. 系统引导与存储器映射

对于 LPC2100 系列微控制器，因为没有外部存储器接口，所以只能从片内 Flash 引导程序运行，所以 MAP[1：0]的值为 01。

表4.24 MEMMAP寄存器描述

位	位名称	描 述	复位值
1：0	MAP[1：0]	00：BOOT装载程序模式，中断向量从Boot Block重新映射 01：用户Flash模式，中断向量不重新映射，它位于Flash中 10：用户RAM模式，中断向量从静态RAM重新映射 11：用户外部存储器模式，中断向量从外部存储器重新映射 该模式仅适用于LPC2210/2220/2212/2214，LPC2114/2124使用此项功能时未设定该模式 **警告**：不正确的设定会导致器件的错误操作	0
7：2	—	保留，用户软件不要向其写入1。从保留位读出的值未定义	NA

注：LPC2114/2124/2210/2220/2212/2214的MAP位的硬件复位值为00。BOOT装载程序总是在复位后立即运行，该程序会将用户看到的复位值更改。

对于LPC2200系列微控制器，当$\overline{\text{RESET}}$为低时，BOOT[1：0]引脚的状态控制着引导方式，见表4.25。如果某个引脚不连，接收器的内部上拉可保证它的高电平状态。设计者可通过连接一些弱下拉电阻（4.7 kΩ）或晶体管（$\overline{\text{RESET}}$为低时可驱动为低电平）到BOOT[1：0]引脚来选择相应的引导方式。

表4.25 BOOT[1：0]的引导控制（LPC2210/2220/2212/2214）

P2.27/D27/BOOT1	P2.26/D26/BOOT0	引导方式	MAP[1：0]	P2.27/D27/BOOT1	P2.26/D26/BOOT0	引导方式	MAP[1：0]
0	0	CS0控制的8位存储器	11	1	0	CS0控制的32位存储器	11
0	1	CS0控制的16位存储器	11	1	1	内部Flash存储器	01

3. 存储器映射控制的使用注意事项

存储器映射控制只是从处理ARM异常必需的3个数据源（即异常向量表，64字节）中选择一个使用，对于LPC2210/2220/2212/2214则有4个数据源，如图4.38所示。

从图4.38中可以发现，内核访问存储器时实际面对的是经过映射的存储器。例如，每当产生一个软件中断请求，ARM内核就从0x0000 0008处取出32位数据。这就意味着当MEMMAP[1：0]=10（用户RAM模式）时，从0x0000 0008的读数/取指是对0x4000 0008单元进行操作。如果MEMMAP[1：0]=01（用户Flash模式），从0x0000 0008的读数/取指是对片内Flash单元0x0000 0008进行操作。当MEMMAP[1：0]=00（Boot装载程序模式）时，从0x0000 0008的读数/取指是对0x7FFF E008单元的数据进行操作（Boot Block从片内Flash存储器重新映射）。内核在访问0x0000～0x003C和Boot Block之外的存储器区域时，访问的是没有经过重映射的存储器。

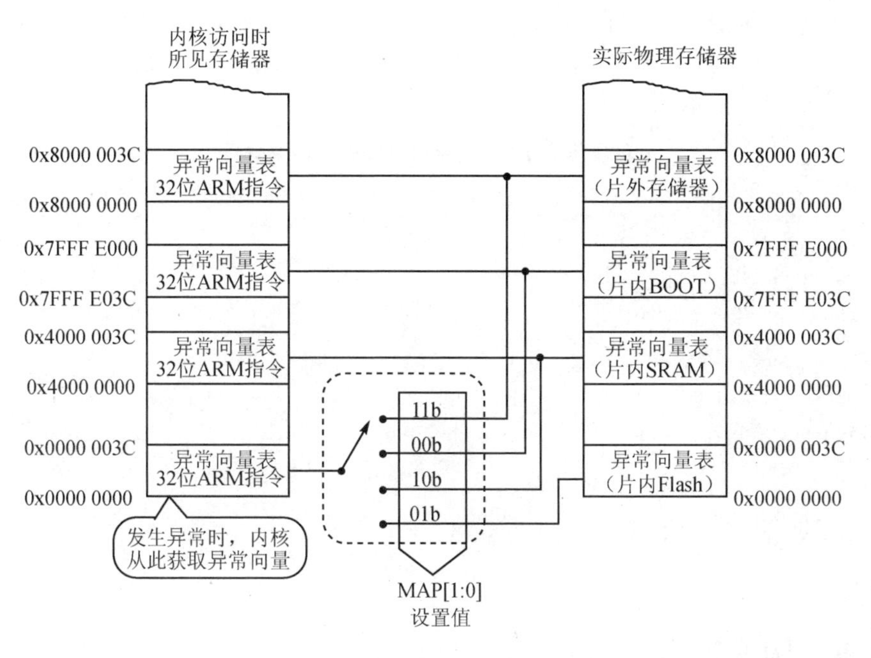

图4.38 存储器映射控制示意图

4. REMAP应用操作

在芯片刚复位时MEMMAP=0，首先运行Boot Block程序，该程序会根据芯片上某些特定引脚的状态来改变MEMMAP的值。Boot Block程序会检查P0.14引脚的状态和用户的异常向量表，判断是进入ISP状态还是启动用户程序。若是进入ISP状态，则MEMMAP保持为0；若启动用户程序，则自动设置MEMMAP=1（片内Flash启动）或3（片外程序存储器启动）。Boot Block程序在复位时对MEMMAP寄存器的影响如图4.39所示。

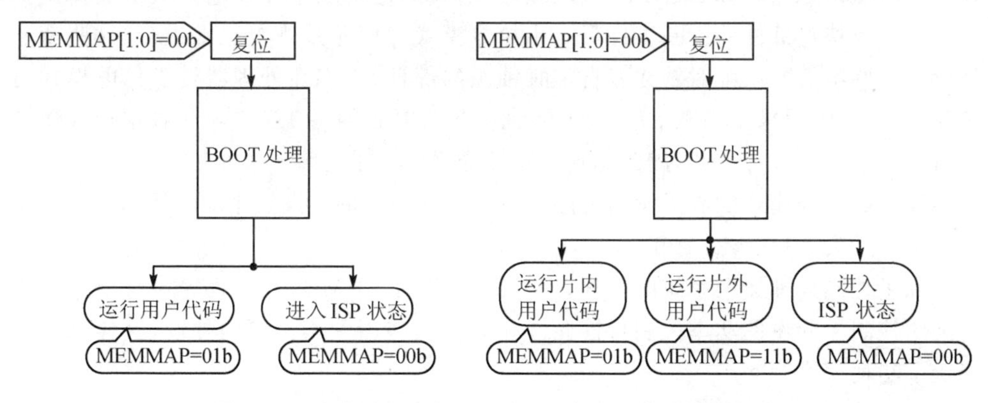

图4.39 上电时Boot Block对MEMMAP寄存器的影响

如果用户程序需要随时更改异常向量表或者要使用片内RAM进行调试,那么可以将异常向量表(64字节)复制到片内RAM的0x4000 0000地址上,然后设置MEMMAP=2进行重新映射,0x4000 0000地址上的向量表就可以更改了,复制向量表程序如程序清单4.3所示。

程序清单4.3 复制向量表到片内RAM

```
⋮
uint8   i;
volatile uint32   * cp1;
volatile uint32   * cp2;

cp1 = uint32(Vectors);
cp2 = 0x40000000;
for(i=0;i<16;i++)
{   * cp2++ = * cp1++;
}
MEMMAP = 2;
⋮
```

4.4.9 功率控制

LPC2114/2124/2210/2220/2212/2214支持两种节电模式:空闲模式和掉电模式。

① 在空闲模式下,处理器停止执行指令。所以此时处理器、存储器系统和相关控制器以及内部总线不再消耗功率,使芯片功耗最低降至1~2 mA电流(与芯片应用有关,具体请参看芯片数据手册)。整个系统的时钟仍然有效,外设也能在空闲模式下继续工作并可产生中断使处理器恢复运行,比如定时器唤醒。

② 在掉电模式下,振荡器关闭,这样芯片没有任何内部时钟。处理器状态和寄存器、外设寄存器、内部SRAM值以及芯片引脚的逻辑电平在掉电模式下被保持不变。复位或特定部件的中断事件可终止掉电模式并使芯片恢复正常运行,这些特定外设是一些不需要系统时钟或者自带时钟源的部件,它们在处理器处于掉电模式时仍能工作,比如外部中断和LPC2130系列中的实时时钟(RTC)。由于掉电模式使芯片所有的动态操作都挂起,因此芯片的功耗降低到几乎为零。

掉电或空闲模式的进入是与程序的执行同步进行的。通过中断唤醒掉电模式不会使指令丢失、不完整或重复。

除了控制处理器和系统时钟外,LPC2000系列ARM还允许程序对某个外设进行关闭控制。外设的功率控制特性允许独立关闭应用中不需要的外设,这样进一步降低了功耗。

关于功耗管理的实现原理如图4.40所示。

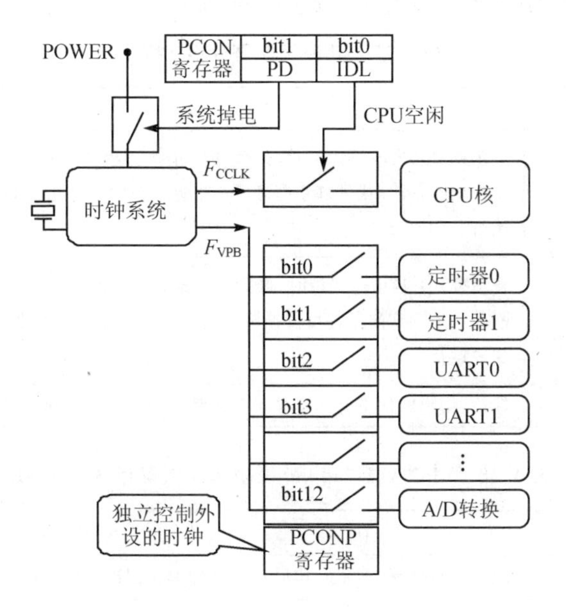

图 4.40　功耗管理结构

1. 寄存器描述

功率控制功能包含两个寄存器，如表 4.26 所列。

表 4.26　功率控制寄存器映射

地　址	名　称	描　述	访　问
0xE01F C0C0	PCON	功率控制寄存器：该寄存器包含 LPC2114/2124/2210/22212/2214 两种节电模式的控制位	R/W
0xE01F C0C4	PCONP	外设功率控制寄存器：该寄存器包含使能和禁止单个外设功能的控制位，该寄存器可使未使用的外设不消耗功率	R/W

(1) 功率控制寄存器(PCON，0xE01F C0C0)

PCON 寄存器包含两个位。置位 IDL 位，将会进入空闲模式；置位 PD 位，将会进入掉电模式。如果两位都置位，则进入掉电模式。PCON 寄存器描述见表 4.27。

操作示例：

```
PCON = 0x01;                //CPU 进入空闲模式
PCON = 0x02;                //CPU 进入掉电模式
```

(2) 外设功率控制寄存器(PCONP，0xE01F C0C4)

PCONP 寄存器允许将所选的外设功能关闭以实现节电的目的。有少数外设功能不能被关闭（看门狗定时器、GPIO、引脚连接模块和系统控制模块），PCONP 中的每个位都控制一个外设，如表 4.28 和表 4.29 所列。由于 LPC2200 系列芯片具有

EMC模块,而LPC2100系列没有,所以它们的PCONP寄存器有区别。

表4.27 功率控制寄存器PCON

位	位名称	描 述	复位值
0	IDL	空闲模式:当该位置位时,处理器停止执行程序,但外围功能保持工作状态,外设或外部中断源所产生的任何中断都会使处理器恢复运行	0
1	PD	掉电模式:当该位置位时,振荡器和所有片内时钟都停止。外部中断所产生的唤醒条件可使振荡器重新启动并使PD位清零,处理器恢复运行	0
7:2	—	保留,用户软件不要向其写入1,从保留位读出的值未定义	NA

表4.28 LPC2112/2114外设功率控制寄存器PCONP

位	位名称	描 述	复位值
0	—	保留,用户软件不要向其写入1,从保留位读出的值未定义	0
1	PCTIM0	该位为1时,定时器0使能;为0时,定时器0关闭以实现节电	1
2	PCTIM1	该位为1时,定时器1使能;为0时,定时器1关闭以实现节电	1
3	PCURT0	该位为1时,UART0使能;为0时,UART0关闭以实现节电	1
4	PCURT1	该位为1时,UART1使能;为0时,UART1关闭以实现节电	1
5	PCPWM0	该位为1时,PWM0使能;为0时,PWM0关闭以实现节电	1
6	—	用户软件不要向其写入1,从保留位读出的值未定义	0
7	PCI2C	该位为1时,I^2C接口使能;为0时,I^2C接口关闭以实现节电	1
8	PCSPI0	该位为1时,SPI0接口使能;为0时,SPI0接口关闭以实现节电	1
9	PCRTC	该位为1时,RTC使能;为0时,RTC关闭以实现节电	1
10	PCSPI1	该位为1时,SPI1接口使能;为0时,SPI1接口关闭以实现节电	1
11	—	用户软件写入0来实现节电	1
12	PCAD	该位为1时,A/D转换器使能;为0时,A/D转换器关闭以实现节电	1
31:13	—	保留,用户软件不要向其写入1,从保留位读出的值未定义	NA

表4.29 LPC2210/2220/2212/2214的外设功率控制寄存器PCONP描述

位	位名称	描 述	复位值
0	—	保留,用户软件不要向其写入1,从保留位读出的值未定义	0
1	PCTIM0	该位为1时,定时器0使能;为0时,定时器0关闭以实现节电	1
2	PCTIM1	该位为1时,定时器1使能;为0时,定时器1关闭以实现节电	1

续表 4.29

位	位名称	描　述	复位值
3	PCURT0	该位为1时，UART0使能；为0时，UART0关闭以实现节电	1
4	PCURT1	该位为1时，UART1使能；为0时，UART1关闭以实现节电	1
5	PCPWM0	该位为1时，PWM0使能；为0时，PWM0关闭以实现节电	1
6	—	用户软件不要向其写入1，从保留位读出的值未定义	0
7	PCI2C	该位为1时，I^2C接口使能；为0时，I^2C接口关闭以实现节电	1
8	PCSPI0	该位为1时，SPI0接口使能；为0时，SPI0接口关闭以实现节电	1
9	PCRTC	该位为1时，RTC使能；为0时，RTC关闭以实现节电	1
10	PCSPI1	该位为1时，SPI1接口使能；为0时，SPI1接口关闭以实现节电	1
11	PCEMC	该位为1时，外部存储器控制器使能；为0时，EMC关闭	1
12	PCAD	该位为1时，A/D转换器使能；为0时，A/D转换器关闭	1
31∶13	—	保留，用户软件不要向其写入1，从保留位读出的值未定义	NA

注：若当前运行的是片外存储器中的程序，则不要设置PCEMC为0；否则，由于EMC关闭，会导致程序运行错误。

操作示例：

```
PCONP = (PCONP & ~((1 < 12) | (1<<7))            //关闭 I²C 和 ADC 部件的时钟
```

2. 功率控制注意事项

复位后，PCONP的值已经设置成使能所有接口和外围功能，所以用户不需要再去打开某个外设。

在需要控制功率的系统中，只要将应用中用到的外围功能对应在PCONP寄存器中的位置1，寄存器的其他“保留”位或当前不需使用的外围功能对应在寄存器中的位都必须清零。

应用小知识：在实际的应用中，低功耗设计分为硬件和软件设计。其中硬件的低功耗设计只是降低整个系统的最低功耗，而能不能达到这个最低功耗还要依靠软件设计来实现，就像LPC2000系列ARM，虽然具有掉电模式可以实现超低功耗，但是什么时候让处理器进入该模式则是程序设计人员需要仔细考虑的问题。在网络上有很多关于低功耗设计的文章，这里不作过多的研究，只是想说明一点：低功耗的硬件系统未必能达到低功耗的目标，主要工作还是在程序设计上，秉承硬件部件的“按需开启”原则可以让系统接近硬件设计的最低功耗。

4.5　存储器加速模块(MAM)

4.5.1　概　述

为了使 ARM 处理器实现单片应用的目的,所以在芯片的内部集成了 Flash 存储器,而且这将是唯一的选择。事实上,ARM 处理器的运行速度是很快的,当系统时钟在 60 MHz 时,一条指令的执行时间只需十几纳秒(ns)。而 Flash 存储器目前的读取速度基本上都在 50 ns 以上,也就是说 Flash 存储器无法满足 ARM 处理器对指令的需求。

某些厂商在处理这个问题时,最常见的办法就是在芯片内部集成大容量 RAM。由于程序无法直接在 Flash 上运行,因此需要先将代码从 Flash 复制到 SRAM 中,然后在 SRAM 中运行。这种方案的缺点是处理器的上电过程慢(要复制代码)、芯片成本高(集成大容量 SRAM)。

LPC2000 系列 ARM 通过扩展器件内部 Flash 部件的总线宽度来解决该问题,宽度达到了 128 位。虽然 Flash 的一次读操作仍要 50 ns,但是一次操作可以获取 4 条 ARM 指令(或 8 条 Thumb 指令),平均一条指令只有十几 ns,与处理器的最高执行速度相当,达到了程序直接在 Flash 中运行的目的。

但是,ARM 内核并没有接口来管理 128 位宽度的 Flash 存储器,这需要一个专门的部件,那就是存储器加速模块(MAM)。

4.5.2　MAM 工作原理

1. MAM 内部结构

LPC2200 系列芯片中 MAM 的内部结构如图 4.41 所示。Flash 存储器被分成两组,它们轮番工作,及时地为 CPU 提供需要的指令和数据,以防止 CPU 取指暂停。每组 Flash 存储器都有自己的预取指缓冲区、分支跟踪缓冲区和数据缓冲区。

预取指缓冲区用于顺序获取 CPU 需要的下几条指令。如果 CPU 需要的指令没有出现在预取指缓冲区中,说明程序发生了跳转,那么 MAM 要进行一次 Flash 读操作,并把读取的指令行放入分支跟踪缓冲区,以备程序下次再次跳转时使用。数据缓冲区用于保存 CPU 最近获取的数据行,这样可以加速连续数据的获取。下面分别介绍 MAM 在程序各种情况下的动作。

2. 程序启动

在 CPU 开始预取指之前,MAM 会判断 CPU 需要的下条指令是否在缓冲区中,如果不存在,则两个组的分支跟踪缓冲区会从 Flash 存储器中读取两个 128 位的 Flash 数据行,如图 4.42 (b)所示。在 MAM 启动的预取指周期结束时,每个预取指缓冲区从它自身的 Flash 组捕获一个 128 位指令行。若关闭 MAM,所有存储器请

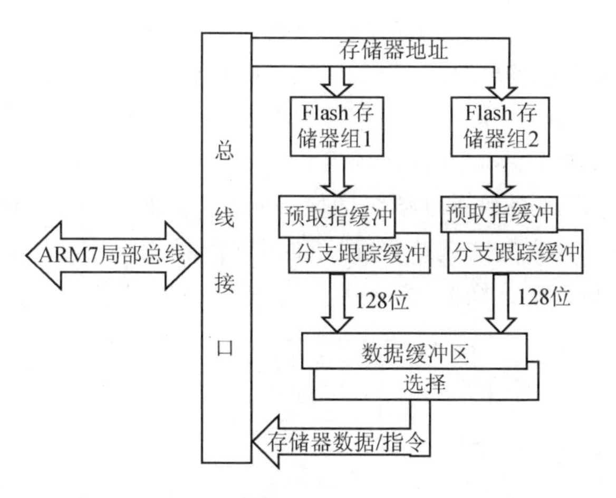

图 4.41　MAM 的一个存储器组连接示意图

求都会直接对 Flash 操作，如图 4.42 (a)所示。

3. 程序顺序执行

每个 128 位值包括了 4 个 32 位 ARM 指令或 8 个 16 位 Thumb 指令。在连续执行代码时，通常一个 Flash 组包含当前正在取指的指令和包含该指令的整个 Flash 行，而另一个 Flash 组则包含或正在预取指下一个连续的代码行。当一个代码行传送完最后一条指令时，包含它的 Flash 组开始对下一行进行取指。MAM 启动时的取指动作与 CPU 的联系如图 4.42 所示。

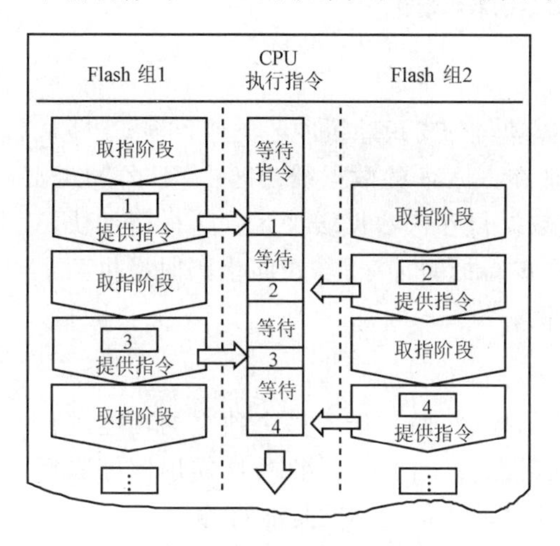

(a) 未使用MAM时

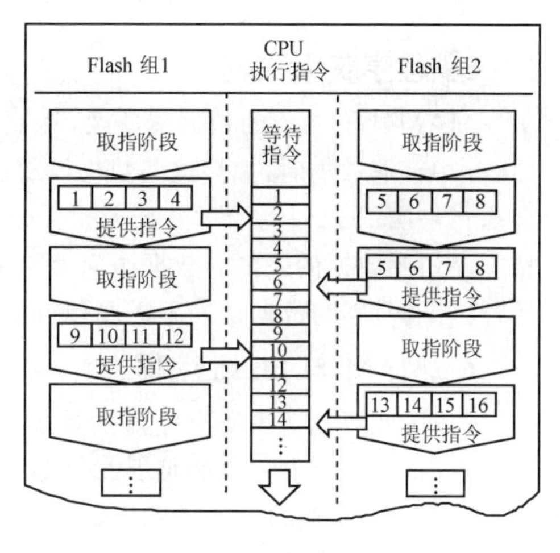

(b) 使用MAM时

图 4.42　MAM 不同状态下的取指动作与 CPU 状况

4. 程序出现分支

分支和其他程序流的变化会导致前面所讲述的连续指令取指出现中断，此时的处理流程如图4.43所示。当发生回溯分支时，表示很有可能正在执行一个循环，分支跟踪缓冲区有可能已经包含了目标指令。如果是，不需要执行Flash读周期就可执行指令。对于一个前向分支，新的地址也有可能包含在其中一个预取指缓冲区中。如果是，那么分支的执行不会有任何延迟。

当分支不在分支跟踪和预取指缓冲区当中时，需要一个Flash读周期来获取需要的指令行，并将其放入分支跟踪缓冲区和预取指缓冲区。接下来将不再有取指的延迟，除非发生了另一个这样的"指令丢失"。

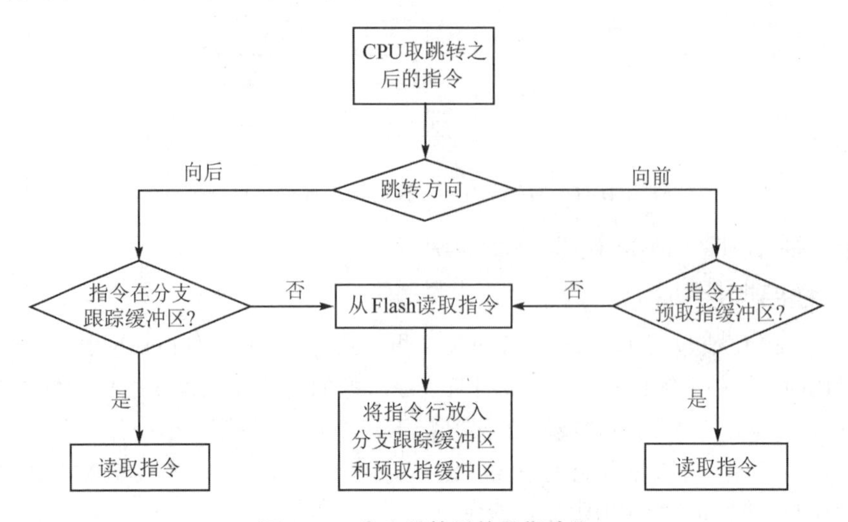

图4.43 发生跳转后的取指动作

5. 程序获取数据

MAM中有专门的数据缓冲区，其工作原理与分支跟踪缓冲区类似。当CPU从Flash中获取数据时，如果这些数据没有出现在MAM的数据缓冲区中，那么MAM会执行一次Flash读操作，并把一个128位数据行存入数据缓冲区。这样就加快了按顺序访问数据的速度。数据访问使用一个单行的缓冲区，与访问代码时提供两个缓冲区不同，因为数据访问不需要预取指功能。

6. MAM与Flash编程

Flash编程功能不受存储器加速器模块的控制，而是作为一个独立的功能进行处理。Flash存储器的布线使其每个扇区同时存在于两个组当中，这样扇区擦除操作可同时对两个组执行。实际上，两个组的实体对于编程功能是透明的。

"Boot Block"扇区包含可被用户程序调用的Flash编程算法(即IAP代码)和一个可对Flash存储器进行串行编程的装载程序(即ISP代码)。

4.5.3 MAM的操作模式

如前所述，如果CPU需要的指令或数据被缓冲区"命中"(存在缓冲区中)，那么

CPU可以很快地获取到。但是如果没有命中，那么CPU将等待一段时间，直到MAM部件将指令或数据读取到了缓冲区中，这无疑降低了程序执行的时间可预测性。另外，虽然MAM可以大大地提升指令和数据的获取速度，但是系统的功耗也会随之增加。

因此LPC2000系列ARM允许用户设置MAM的加速级别，使芯片适用于某些对功耗和可预测性有要求的场合。MAM定义了3种操作模式，它们的特性如表4.30所列。

表4.30　MAM的3种操作模式对比

加速级别	顺序执行	程序分支	数　据	功　耗	可预测性
关闭	不预取代码	不缓冲代码	不缓冲数据	低	高
部分使能	预取代码	缓冲代码	缓冲但时序固定	中	中
完全使能	预取代码	缓冲代码	缓冲数据	高	低

- MAM关闭。无指令预取指，所有存储器请求都会导致Flash的读操作(表4.31、表4.32的注①)。此时CPU性能一般，但功耗最低，可预测性也最好。
- MAM部分使能。CPU顺序执行时所需要的代码由缓冲区提供，但是程序分支后需要对Flash进行读操作。如果数据缓冲区中的数据可用，则从其中获取数据，但是为了保证可预测性同时不增加功耗，MAM还是会虚拟一次Flash的读操作(表4.31、表4.32的注①)。该模式下，CPU具有较好的性能，同时功耗较低，而数据的可预测性较好。
- MAM完全使能。CPU需要的任何代码或数据都会尝试从缓冲区中获取。如果被命中，那么从缓冲区执行该代码或数据的访问，否则将对Flash执行读操作。该模式下，CPU具有最好的性能，但是系统功耗升高，可预测性降低。

表4.31　MAM响应的不同类型的程序访问

程序存储器请求类型	MAM模式		
	0	1	2
连续访问，数据不在MAM锁存当中	启动取指	启动取指②	启动取指②
非连续访问，数据位于MAM锁存当中	启动取指①	启动取指①,②	使用锁存的数据②
非连续访问，数据不在MAM锁存当中	启动取指	启动取指②	启动取指②

① 只要锁存的数据可用，MAM则使用锁存的数据，但要模仿Flash读操作的时序。这样虽然使用相同的执行时序，但却降低了功耗。将MAMTIM中的取指时间设置为1个时钟可关闭MAM。

② 指令预取指在模式1和模式2中使能。

表 4.32　MAM 响应的不同类型的数据和 DMA 访问

数据存储器请求类型	MAM 模式		
	0	1	2
连续访问，数据位于 MAM 锁存当中	启动取指①	启动取指①	使用锁存的数据
连续访问，数据不在 MAM 锁存当中	启动取指	启动取指	启动取指
非连续访问，数据位于 MAM 锁存当中	启动取指①	启动取指①	使用锁存的数据
非连续访问，数据不在 MAM 锁存当中	启动取指	启动取指	启动取指

① 只要锁存的数据可用，MAM 则使用锁存的数据，但要模仿 Flash 读操作的时序。这样虽然使用相同的执行时序，但却降低了功耗。将 MAMTIM 中的取指时间设置为 1 个时钟可关闭 MAM。

4.5.4　MAM 配置

在复位后，MAM 默认为禁止状态。软件可以随时将存储器访问加速打开或关闭。通常都会把加速设置为完全使能，这样可以使程序以最高速度运行；而运行某些要求更精确定时的代码时，可以关闭或部分使能 MAM，以较慢但可预测的速度运行代码。

4.5.5　MAM 模块寄存器描述

MAM 模块寄存器汇总见表 4.33。

表 4.33　MAM 模块寄存器汇总

名　称	描　述	访　问	复位值*	地　址
MAMCR	存储器加速器模块控制寄存器，决定 MAM 的操作模式，也就是说 MAM 性能增强的程度，见表 4.34	R/W	0	0xE01F C000
MAMTIM	存储器加速器定时控制，决定 Flash 存储器取指所使用的时钟个数（1～7 个处理器时钟）	R/W	0x07	0xE01F C004

* 复位值仅指已使用位中保存的数据，不包括保留位的内容。

1. MAM 控制寄存器（MAMCR，0xE01F C000）

两个配置位选择 MAM 的 3 种操作模式，见表 4.34。复位后，MAM 功能禁止。改变 MAM 操作模式会导致 MAM 所有缓冲区中的内容无效，因此需要执行新的 Flash 读操作。

操作示例：

```
MAMCR = 0x02;                              //MAM 完全使能
```

表 4.34　MAM 控制寄存器

位	功　能	描　述	复位值
1：0	MAM 模式控制	这两个位决定 MAM 的操作模式： 00：MAM 功能禁止；01：MAM 功能部分使能 10：MAM 功能完全使能；11：保留	0
7：2	—	保留，用户软件不要向其写入 1。从保留位读出的值未定义	NA

2. MAM 定时寄存器(MAMTIM，0xE01F C004)

MAM 定时寄存器决定使用多少个 cclk 周期访问 Flash 存储器，见表 4.35。这样可调整 MAM 时序使其匹配处理器操作频率。Flash 访问时间可以有 1～7 个时钟。单个时钟的 Flash 访问实际上关闭了 MAM。这种情况下可以选择 MAM 模式对功耗进行优化。

表 4.35　MAM 定时寄存器

位	功　能	描　述	复位值
2：0	MAM 取指周期	这几个位决定 MAM Flash 取指操作的时间： 000＝0，保留 001＝1，MAM 取指周期为 1 个处理器时钟(cclk) 010＝2，MAM 取指周期为 2 个处理器时钟 011＝3，MAM 取指周期为 3 个处理器时钟 100＝4，MAM 取指周期为 4 个处理器时钟 101＝5，MAM 取指周期为 5 个处理器时钟 110＝6，MAM 取指周期为 6 个处理器时钟 111＝7，MAM 取指周期为 7 个处理器时钟 **警告：**不正确的设定会导致器件的错误操作	0x07
7：3	—	保留，用户软件不要向其写入 1，从保留位读出的值未定义	NA

操作示例：

```
MAMTIM = 0x01;                    //MAM 取指周期为 1 个处理器时钟
```

4.5.6　MAM 使用注意事项

1. MAM 定时值问题

当改变 MAM 定时值时，必须先向 MAMCR 写入 0 关闭 MAM，然后将新值写入 MAMTIM。最后，将需要的操作模式的对应值(1 或 2)写入 MAMCR，再次打开 MAM。

对于低于 20 MHz 的系统时钟，MAMTIM 设定为 001。实际上此时 CPU 的指令执行速度与 Flash 的读操作速度相当，所以可关闭存储器加速功能。对于 20～

40 MHz 之间的系统时钟，建议将 Flash 访问时间设定为 2 CCLK，而在 40～60 MHz 的系统时钟下，建议使用 3 CCLK。以此类推，总之要确保 Flash 的访问周期不会小于 50 ns，否则会导致操作错误。

2. Flash 编程问题

在编程和擦除操作过程中不允许访问 Flash 存储器。如果在 Flash 模块忙时存储器请求访问 Flash 地址，MAM 就会强制 CPU 等待（这通过控制 ARM7TDMI‑S 局部总线信号 CLKEN 来实现）。在某些情况下，代码执行的延迟会导致看门狗超时。用户必须注意到这种可能性，并采取措施（比如增加看门狗的溢出时间）来确保在编程或擦除 Flash 存储器时不会出现非预期的看门狗复位，从而导致系统故障。

为了防止从 Flash 存储器中读取无效的数据，在 Flash 编程或擦除操作开始后 MAM 将不缓冲任何数据。因此在 Flash 操作结束后，任何对 Flash 地址的读操作都将启动新的取指操作。

4.5.7　MAM 应用示例

MAM 在实际使用时要根据系统时钟的速度进行配置，判断依据按前文描述的方法进行。程序清单 4.4 为实际应用的一个示例函数，输入参数 F_{CCLK} 为系统时钟频率，单位为 Hz。

程序清单 4.4　MAM 部件配置函数

```
void MAMSet(uint32 Fcclk)
{
    MAMCR = 0;                      //关闭 MAM 部件
    if(Fcclk < 20000000)            //如果系统时钟小于 20 MHz，则 Flash 读取操作时钟为
                                    // 1 CCLK
    {
        MAMTIM = 1;
    }
    else
    if(Fcclk < 40000000)            //如果系统时钟大于 20 MHz 而小于 40 MHz，
    {                               //则 Flash 读取操作时钟为 2 CCLK
        MAMTIM = 2;
    }
    else
    {
        MAMTIM = 3;                 //如果系统时钟大于 40 MHz，则 Flash 读取操作时钟为
                                    //3 CCLK
    }
    MAMCR = 2;                      //启动 MAM 部件
}
```

4.6　外部存储器控制器(EMC)

只有LPC2200系列ARM含有EMC模块。

4.6.1　概　述

EMC特性：

- 支持静态存储器映射器件，包括RAM、ROM、Flash、Burst ROM和一些外部I/O器件；
- 可对异步(non-clocked)存储器子系统进行异步页模式读操作；
- 可对Burst ROM器件进行异步突发模式读访问；
- 4个存储器组(bank0～bank3)可单独配置，每个存储器组可访问16 MB空间；
- 总线切换(空闲)周期(1～16个CCLK周期)可编程；
- 可对静态RAM器件的读和写WAIT周期数(高达32个CCLK周期)进行编程；
- 可编程Burst ROM器件的初始和连续读WAIT周期；
- 可编程写保护；
- 可编程外部数据总线宽度(8、16或32位)；
- 字节定位使能信号可控制。

小知识：

① 存储器在异步操作模式下，只要器件的片选信号和读(或写)信号均有效，就可以进行数据传输。

② 存储器的异步页模式可以提高存储器的数据传输速率。在该模式下，数据被存储器内部读出并存储在一个高速页缓冲器里，然后该页内的地址线每次被触发时，页中的数据便可以快速地操作它们。

③ 在突发模式下，存储器件首先锁定1个起始地址，然后每输入1个时钟，器件内部地址都会自动加1并操作对应数据。

外部静态存储器控制器是AHB总线上的一个从模块，它为AHB系统总线和外部(片外)存储器器件提供了一个接口。该模块可同时支持多达4个单独配置的存储器组，每个存储器组都支持SRAM、ROM、Flash EPROM、Burst ROM存储器或一些外部I/O器件，EMC与外部存储器连接示意图见图4.44。每个存储器组的总线宽度可以为8、16或32位，但是同一个存储器组尽量不要使用两个不同宽度的器件。

LPC2200系列微控制器的引脚地址输出线是A[23：0]，其中地址位A[25：24]用于4个存储器组的译码。4个存储器组的有效区域位于外部存储器的起始部分，地

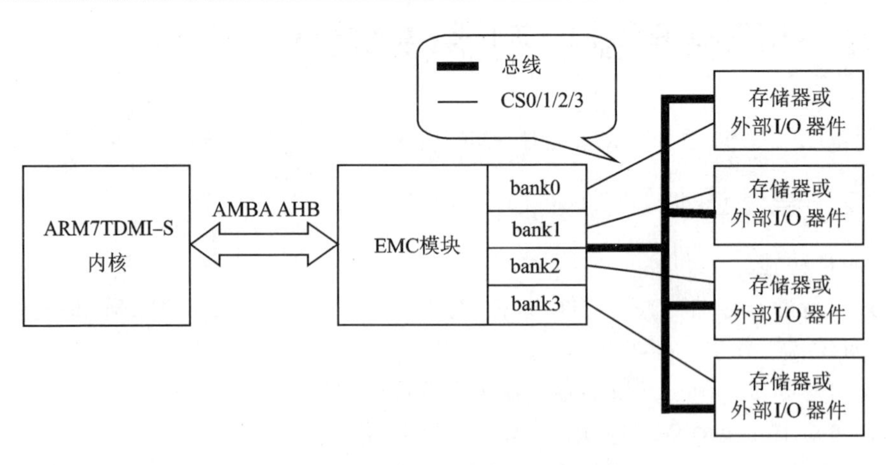

图 4.44　EMC 与外部存储器连接示意图

址如表 4.36 所列。在引脚 BOOT[1：0]的状态控制下，bank0 可用于引导程序运行。

表 4.36　外部存储器组的地址范围

bank	地址范围	配置寄存器	bank	地址范围	配置寄存器
bank0	0x8000 0000～0x80FF FFFF	BCFG0	bank2	0x8200 0000～0x82FF FFFF	BCFG2
bank1	0x8100 0000～0x81FF FFFF	BCFG1	bank3	0x8300 0000～0x83FF FFFF	BCFG3

bank0～bank3 的片选信号分别为 CS0～CS3，如果片外存储器或 I/O 器件是通过 CS0 进行片选，或者由 CS0 与地址线进行译码来片选，则此片外存储器或 I/O 器件属于 bank0 组，地址为 0x8000 0000～0x80FF FFFF。

4.6.2　EMC 引脚描述

EMC 引脚描述见表 4.37。这些引脚与 P1、P2 和 P3 口 GPIO 功能复用，所以在使用外部总线前首先要正确配置 PINSEL2 寄存器(可通过硬件上对引脚 BOOT[1：0]设定，复位时微处理器自动初始化 PINSEL2；或者软件上直接初始化 PINSEL2，这只适用于片内 Flash 引导程序运行的系统中)。LPC2200 的总线设置方法如表 4.38 和表 4.39 所列。

有关 PINSEL2 寄存器的说明请参考 4.7 节。

表 4.37　EMC 引脚描述

引脚名称	类　型	描　述	引脚名称	类　型	描　述
D[31：0]	I/O	外部存储器数据线	BLS[3：0]	O	字节定位选择信号，低有效
A[23：0]	O	外部存储器地址线	WE	O	写使能信号，低有效
OE	O	输出使能信号，低有效	CS[3：0]	O	芯片选择信号，低有效

表 4.38　LPC2200 数据总线和控制总线设置

PINSEL2[5：4]	数据总线宽度	数据总线复用引脚功能			控制总线复用引脚的功能				
		P2[31：16]	P2[15：8]	P2[7：0]	P3.31	P3.30	P3[29：28]	P1.1	P1.0
10	32 位	D[31：16]	D[15：8]	D[7：0]	BLS0	BLS1	BLS2/3	OE	CS0
01	16 位	PINSEL2[22：20]	D[15：8]	D[7：0]	BLS0	BLS1	PINSEL2[7：6]	OE	CS0
00	8 位		GPIO	D[7：0]	BLS0	GPIO		OE	CS0
11	无		GPIO	GPIO	GPIO	GPIO		GPIO	GPIO

表 4.39　LPC2200 地址总线设置

PINSEL2[27：25]	000	001	010	011	100	101	110	111
地址总线宽度	无	A[3：2]	A[5：2]	A[7：2]	A[11：2]	A[15：2]	A[19：2]	A[23：2]

例如：现在有一个 16 位的存储器件，容量为 8 MB，需要将数据总线设置为 16 位，地址总线宽度需要设置为 A[23：0]。根据表 4.38 需要设置 PINSEL2[5：4] = 01b；根据表 4.39 需要设置 PINSEL2[27：25] = 111b。

4.6.3　EMC 寄存器描述

1. EMC 寄存器总汇

外部存储器控制器 EMC 包含 4 个配置寄存器，如表 4.40 所列。

表 4.40　外部存储器组配置寄存器

名　称	描　述	访　问	复位值	地　址
BCFG0	存储器组 0 的配置寄存器	R/W	0x2000 FBEF	0xFFE0 0000
BCFG1	存储器组 1 的配置寄存器	R/W	0x2000 FBEF	0xFFE0 0004
BCFG2	存储器组 2 的配置寄存器	R/W	0x1000 FBEF	0xFFE0 0008
BCFG3	存储器组 3 的配置寄存器	R/W	0x0000 FBEF	0xFFE0 000C

注：由于 bank0 可用于引导程序运行，所以 BCFG0 的复位值与引脚 BOOT[1：0]的设定有关，见表 4.42。

每个寄存器为对应的存储器组配置了以下选项：

- 一个存储器组内部的读写访问之间以及访问一个存储器组和访问另一个存储器组之间需要间隔的空闲时钟周期个数（1～16 个 CCLK 周期），以避免器件间的总线竞争；
- 读访问长度（即等待周期＋操作周期，3～34 个 CCLK 周期），但对 Burst ROM 的连续读访问除外；
- 写访问长度（即等待周期＋操作周期，1～32 个 CCLK 周期）；
- 存储器组是否写保护；

➤ 存储器组的总线宽度：8、16 或 32 位。

2. 存储器组配置寄存器 0～3(BCFG0～3，0xFFE00000～0C)

对于 BCFG 寄存器，要根据实际连接的存储器或外设进行设置。如果使用的是 Burst ROM，则设置 BM 位为 1，否则设置为 0；对于不同宽度的存储器，设置 MW 的值；若是带有字节选择输入的 16/32 位宽度的器件，需要设置 RBLE 位为 1；然后设置总线切换的空闲周期 IDCY，读访问长度 WST1，写访问长度 WST2。

要根据存储器/外部 I/O 器件的速度来设置 WST1、WST2 的值，若存储器/外部 I/O 器件的速度较慢，还可以通过降低 CCLK 的频率确保正确的总线操作。存储器组配置寄存器 0～3 描述见表 4.41。

表 4.41　存储器组配置寄存器 0～3

位	位名称	功　能	复位值
3：0	IDCY	该域控制着一个存储器组内部的读、写访问之间，以及访问一个存储器组和访问另一个存储器组之间 EMC 需要给定的“空闲”CCLK 周期最小数目，以避免器件间的总线竞争。 空闲 CCLK 周期数＝ IDCY ＋ 1	1111
4	—	保留，用户软件不应向其写入 1。从保留位读出的值未定义	NA
9：5	WST1	该域控制着读访问的长度(对 Burst ROM 的连续读访问除外)。读访问的长度以 CCLK 周期来计量： 读访问的长度＝ WST1 ＋ 3	11111
10	RBLE	当存储器组由字节宽度或未按字节区分的器件组成时，该位为 0，这时在读访问时 EMC 将 BLS[3：0]输出拉高。 当存储器组由含有字节选择输入的 16 位和 32 位宽器件组成时，该位为 1，这时在读访问时 EMC 将 BLS[3：0]输出拉低	0
15：11	WST2	该域控制着写访问的长度，写访问长度由以下几部分组成： • 1 个 CCLK 周期(地址建立，CS、BLS 和 WE 为高)； • WST2＋1 个 CCLK 周期(地址有效，CS、BLS 和 WE 为低)； • 1 个 CCLK 周期(地址有效，CS 为低，BLS 和 WE 为高)。 对于 Burst ROM，该域控制着连续访问的长度，其值为 WST2＋1 个 CCLK 周期	11111
16：23	—	保留，用户软件不应向其写入 1。从保留位读出的值未定义	NA
24	BUSERR	总线错误状态位。当 EMC 检测到一个大于 32 位数据访问的 AMBA 请求时，该位置位。ARM7TDMI－S 不会出现这样的请求	0
25	WPERR	错误写状态位。如果试图对一个 WP 位为 1 的存储器组进行写操作，该位置位。通过写入 1 将该位清零	0

续表4.41

位	位名称	功 能	复位值
26	WP	该位为1时，表明存储器组写保护	0
27	BM	该位为1时，表明存储器组使用的是Burst ROM	0
29：28	MW	该域控制着存储器组数据总线的宽度： 00=8位，01=16位，10=32位，11=保留	见表4.42
31：30	AT	该域通常写入00	00

由于bank0可用于引导程序运行，所以BCFG0[29：28]的复位值与BOOT[1：0]的设定有关，见表4.42。说明：当BOOT[1：0]=11时，从片内Flash引导程序运行。

表4.42 复位时默认的存储器组数据总线宽度

bank	复位时BOOT[1：0]的状态	BCFG[29：28]复位值	存储器宽度/位	bank	复位时BOOT[1：0]的状态	BCFG[29：28]复位值	存储器宽度/位
bank0	LL	00	8	bank1	XX	10	32
bank0	LH	01	16	bank2	XX	01	16
bank0	HL	10	32	bank3	XX	00	8
bank0	HH	10	32				

操作示例：

```
#define  BCFG_16DEF  0x10000400        //16位总线宽度
#define  BCFG_CS0    (BCFG_16DEF|(0x00<<00)|(0x01<<05)|(0x03<<11))
BCFG0=BCFG_CS0;      //外部存储器组0总线宽度为16位，IDCY=0，WST1=1，WST2=3
                     //RBLE=1
```

4.6.4 RBLE位对总线信号的影响

在LPC2200微处理器中，为了适应外部存储器组的宽度和类型，EMC提供了一组字节定位选择信号(BLS0～BLS3)。这样，即使外部存储器组是16位或32位格式时，利用WE、OE和BLSn信号仍然可以实现字节操作。要实现这些功能，需要对相应存储器组配置寄存器中的RBLE位进行设定。

- 对外部存储器组进行写访问时，RBLE位决定WE信号是否有效(低电平有效)；
- 对外部存储器组进行读访问时，RBLE位决定BLSn信号是否有效(低电平有效)。

如表 4.43 所列为 RBLE 位对总线信号的影响。

表 4.43　RBLE 位对总线信号的影响

操作方式	RBLE	WE	OE	BLS	操作方式	RBLE	WE	OE	BLS
读操作	0	无效	有效	无效	写操作	0	无效	无效	有效
	1	无效	有效	有效		1	有效	无效	有效

为了更清楚地描述 RBLE 位对总线的影响,下面以一些实际波形来进行说明。LPC2200 采用 4 种不同的方式来操作外部 16 位总线器件,可以参照表 4.43 观察其中的差别。下面的波形是使用 LA1032 逻辑分析仪捕捉到的。

① 读操作,RBLE = 0,捕捉到的波形如图 4.45 所示。

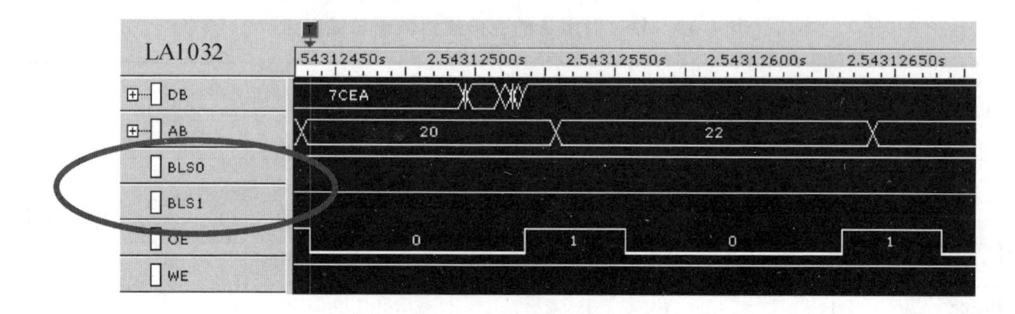

图 4.45　LPC2200 读外部总线器件,RBLE = 0

② 读操作,RBLE = 1,捕捉到的波形如图 4.46 所示。

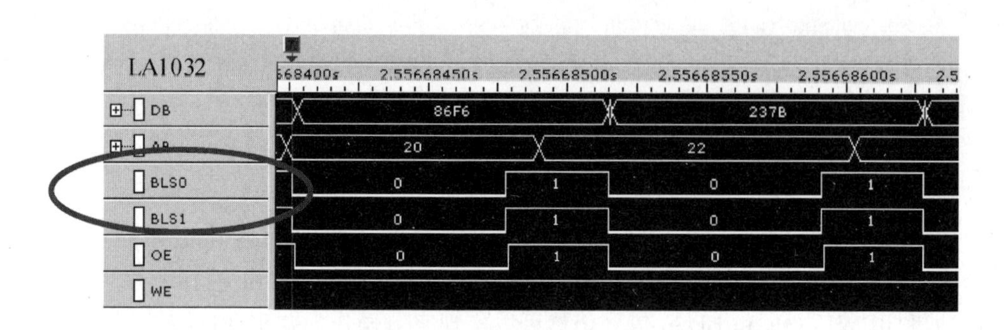

图 4.46　LPC2200 读外部总线器件,RBLE = 1

③ 写操作,RBLE = 0,捕捉到的波形如图 4.47 所示。

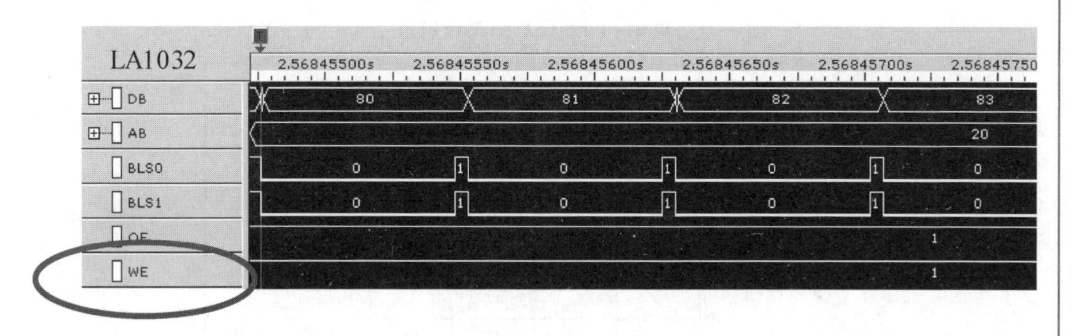

图 4.47 LPC2200 写外部总线器件,RBLE = 0

④ 写操作,RBLE = 1,捕捉到的波形如图 4.48 所示。

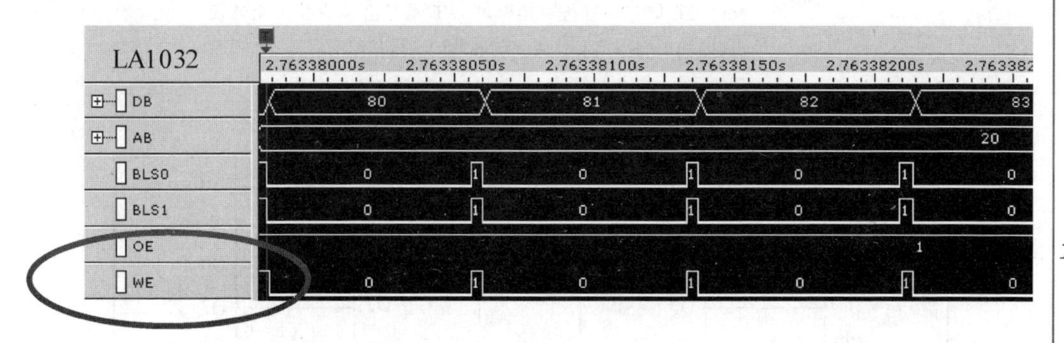

图 4.48 LPC2200 写外部总线器件,RBLE = 1

4.6.5 外部存储器接口

LPC2200 的外部存储器宽度可设定为 8 位、16 位和 32 位模式,每一种模式对应的硬件连接都是不同的,原因就是在总线工作模式上存在差别。

1. 8 位总线宽度

外部总线宽度为 8 位时,有效的数据线只有 D7～D0,字节定位信号中,只有 BLS0 是有效的,总线的工作模式如表 4.44 所列。

LPC2200 与存储器的连接方式如图 4.49 所示,两种电路连接都是合理的。由表 4.44 可以很容易看出,如果使用图 4.49(a)中的连接方式,需要设置 RBLE = 1,否则在写数据时,WE 不会出现有效信号;如果使用图 4.49(b)中的连接方式,需要设置 RBLE = 0,否则在读数据时,读、写使能信号都有效,就会出现总线数据错误。

表 4.44 8位总线工作模式

LPC2200 工作模式	RBLE	CS	OE	WE	BLS0	说 明
读操作（8位数据）	0	L	L	H	H	—
	1	L	L	H	L	①
写操作（8位操作）	0	L	H	H	L	②
	1	L	H	L	L	—
空闲操作	X	H	H	H	H	高阻

说明：H表示高电平；L表示低电平；X表示任意值。

① 如果此时使用BLS0作为存储芯片的写使能信号，那么在执行读取操作时，存储芯片上的读、写使能信号就会同时有效。

② 此时对存储芯片进行写操作时，WE信号会一直处于无效状态，因此不能用WE作为存储芯片的片选信号。

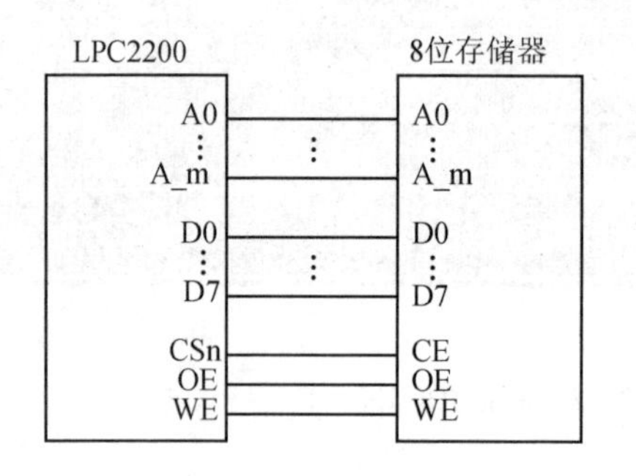

图 4.49 LPC2200与8位存储器的连接

2. 16位总线宽度

目前16位总线是最常用的模式，有些16位存储器件含有字节选择信号，有些没有，所以要根据实际的情况来进行硬件连接。外部总线宽度为16位时，此时有效的数据线有D15～D0，字节定位信号中，BLS0和BLS1是有效的。16位总线与8位总线不同，在16位总线中也可以直接操作8位数据，此时就需要BLS0与BLS1信号的配合。

LPC2200的结构是8位字节地址空间，即一个地址空间对应一个字节的数据；而16位存储器的结构是16位半字地址空间，一个地址空间对应两个字节的数据。因此，LPC2200操作16位存储器时，就需要将LPC2200的地址线A1连接到存储器的地址A0处，LPC2200的地址线A0不需要，如图4.50所示。图4.50(a)16位存储器组由8位存储器构成;图4.50(b)16位存储器组由16位存储器构成。符号"a_b"表示地址总线的最高位地址线;符号"a_m"表示存储器件的最高位地址线。

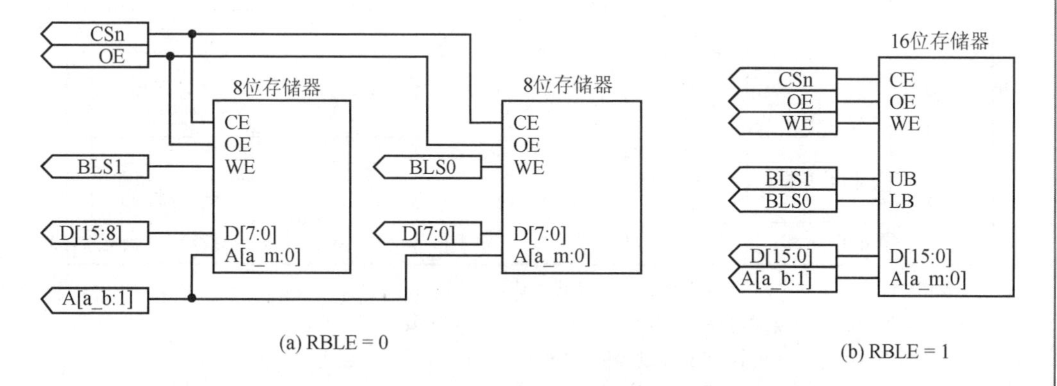

图4.50 16位存储器组的外部存储器接口

由于16位存储器件的结构是16位半字地址空间,一个地址空间对应两个字节的数据,所以,将这两个字节数据又分为高字节和低字节。高字节和低字节实际上是从LPC2200角度看到的,当LPC2200外部地址总线的地址位A0 = 0时,访问的是低字节;反之,当A0=1时,访问的是高字节,如表4.45所列。

表4.45 16位存储器的高、低字节定位表

16位存储器数据		16位存储器地址	16位存储器数据		16位存储器地址
D15~D8	D7~D0		D15~D8	D7~D0	
高字节	低字节	0x0000 0000	高字节	低字节	0x0000 0010
高字节	低字节	0x0000 0001	高字节	低字节	……

为了方便描述,从LPC2200角度出发,将外部地址总线的地址分为2类:

- 高字节地址 外部地址总线的地址位A0 = 1;
- 低字节地址 外部地址总线的地址位A0 = 0。

16位总线的工作模式如表4.46所列。

表4.46 16位总线工作模式

LPC2200工作模式		RBLE	CS	OE	WE	BLS1	BLS0	说 明
读操作	8位、16位数据	0	L	L	H	H	H	①
		1	L	L	H	L	L	②

续表 4.46

LPC2200 工作模式		RBLE	CS	OE	WE	BLS1	BLS0	说　明
写操作	8 位数据	0	L	H	H	H	L	③⑤
						L	H	③⑥
		1	L	H	L	H	L	④⑤
						L	H	④⑥
	16 位数据	0	L	H	H	L	L	③⑦
		1	L	H	L	L	L	④⑦
空闲操作		X	H	H	H	H	H	无效状态：高电平

说明：H 表示高电平；L 表示低电平；X 表示任意值。

① RBLE = 0 时，在读操作过程中，BLS[1：0]信号无效；

② RBLE = 1 时，在读操作过程中，BLS[1：0]信号有效；

③ RBLE = 0 时，在写操作过程中，WE 信号无效；

④ RBLE = 1 时，在写操作过程中，WE 信号有效；

⑤ 向低字节地址写入 8 位数据时，BLS0 有效，BLS1 无效；

⑥ 向高字节地址写入 8 位数据时，BLS0 无效，BLS1 有效；

⑦ 向 16 位存储器中写入 16 位数据时，BLS0、BLS1 均有效。

通过对表 4.46 的学习，可以很容易理解图 4.50 所示电路的工作流程。接下来给出一个示例，存储器芯片为 MT45W4MW16。这是一款 PSRAM 芯片，16 位总线宽度，容量 8 MB，与 LPC2200 的连接示意图如图 4.51 所示。

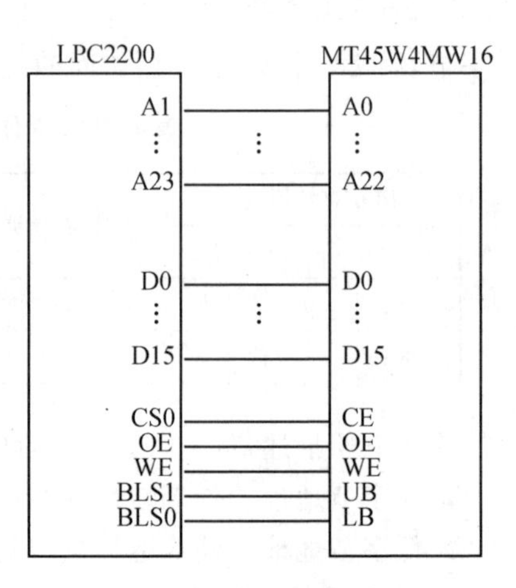

图 4.51　16 位 PSRAM 与 LPC2200 的连接示意图

虽然 MT45W4MW16 是 16 位半字地址空间，但是也可以通过字节控制信号(UB、LB)实现字节操作。MT45W4MW16 的工作模式如表 4.47 所列，注意其中的 UB 位与 LB 位。

下面用示例说明，并使用 LA1032 逻辑分析仪监测总线 D[15：0]、A[7：0]、BLS[1：0]、OE 和 WE。为了便于理解，将程序全部放在片内 Flash 中运行，同时 MT45W4MW16 位于外部存储器组 0(bank0)内(**注意**：此时 RBLE = 1)。

(1) 向 PSRAM 中写入 16 位数据

如程序清单 4.5 所示，向 PSRAM 中的地址 0x8000 1020 处循环写入数据，数据从 0x0000 开始递增。每一次写操作完成后，数据 data16 都会自动加 1。使用逻辑分析仪捕捉到了前 4 次操作的总线波形，如图 4.52 所示。

表 4.47　MT45W4MW16 的工作模式

工作模式	CS	OE	WE	UB	LB	D15～D8	D7～D0
数据总线高阻	H	X	X	X	X	高阻	高阻
	L	H	H	X	X	高阻	高阻
	L	X	X	H	H	高阻	高阻
读操作	L	L	H	H	L	高阻	D_{OUT}
	L	L	H	L	H	D_{OUT}	高阻
	L	L	H	L	L	D_{OUT}	D_{OUT}
写操作	L	H	L	H	L	高阻	D_{IN}
	L	H	L	L	H	D_{IN}	高阻
	L	H	L	L	L	D_{IN}	D_{IN}

说明：H 表示高电平；L 表示低电平；X 表示任意值。

程序清单 4.5　向 PSRAM 中写入 16 位数据

```
int      main(void)
{
    uint16      * point16;
    uint16      data16 = 0x00;
    point16 = (uint16 * )0x80001020;
    while(1)
    {
        * point16=data16++;                //循环向地址 0x8000 1020 处写入数据
    }
    return(0);
}
```

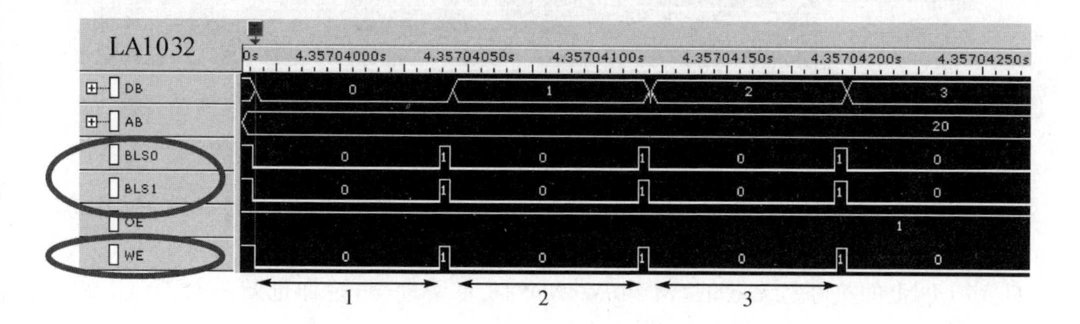

图 4.52　向 0x8000 1020 地址处写入 16 位数据(RBLE = 1)

由于每次操作都是 16 位,即,高、低字节数据都会操作到,因此每次操作时,BLS0 和 BLS1 都会随同 WE 信号一起有效或无效。在 WE 有效期间,由于 BLS0 与 BLS1 都处在有效状态,所以数据线 D[15 : 0]都是有效信号,这样便达到了一次写入 16 位数据的目的。

(2) 向 PSRAM 中低字节地址处写入 8 位数据

MT45W4MW16 是 16 位半字地址空间,每个地址空间都是 16 位半字格式,因此每个地址空间都分为高字节和低字节两部分,由 UB 和 LB 信号来区分。

实验代码如程序清单 4.6 所示,此时捕捉到的波形如图 4.53 所示。

程序清单 4.6　向 PSRAM 中低地址处写入 8 位数据

```
int     main(void)
{
    uint8      * point8;
    uint8      data8= 0x00;
    point8= (uint8 * ) 0x80001010;
    while(1)
    {
        * point8 = data8++;                  //循环向地址 0x8000 1010 处写入数据    ①
    }
    return(0);
}
```


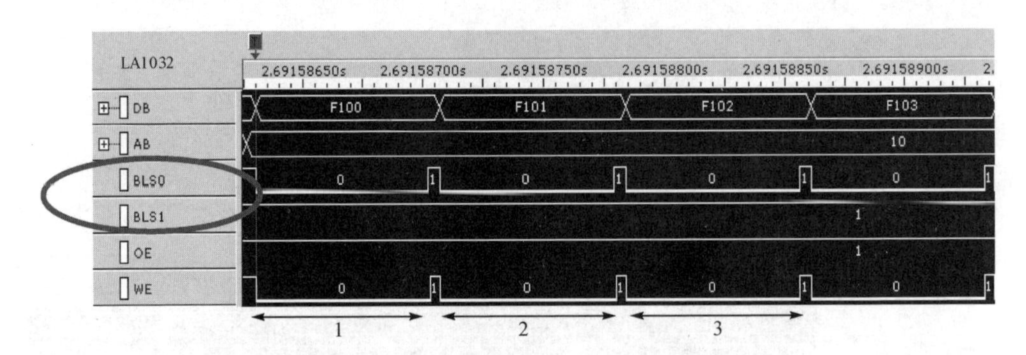

图 4.53　向 0x8000 1010 地址处写入 8 位数据(RBLE = 1)

对"低字节地址"进行写入操作时,在 WE 有效期间内,BLS0 信号有效,而 BLS1 信号无效。此时,对于 MT45W4MW16 来说,只有 D[7 : 0]上的信号才是有效的,D[15 : 8]上的信号是无效的,MT45W4MW16 不予理会,这样也就不会改变"高字节"数据。从图 4.53 可以观察到:

第 1 个写周期内,D[15 : 0] = 0xF100,BLS1 无效,有效数据 D[7 : 0] = 0x00;

第 2 个写周期内,D[15 : 0] = 0xF101,BLS1 无效,有效数据 D[7 : 0] = 0x01;

第3个写周期内,D[15:0] = 0xF102,BLS1无效,有效数据D[7:0] = 0x02;

……

程序清单4.6实现的功能就是在地址0x8000 1010处循环写入数据data8,每次写入后,data8的值都会自动加1,如程序清单4.6语句①。

(3) 向PSRAM中高字节地址处写入8位数据

上面描述了向“低字节地址”处写入8位数据的情况,接下来描述向“高字节地址”处写入8位数据。A0 = 1时的地址为“高字节地址”,这里选择地址0x8000 1011。如程序清单4.7所示,此时捕捉到的波形如图4.54所示。

程序清单4.7 向PSRAM中高地址处写入8位数据

```
int     main(void)
{
    uint8     * point8;
    uint8     data8= 0x00;
    point8= (uint8 * ) 0x80001011;
    while(1)
    {
        * point8 = data8++;          //循环向地址0x8000 1011处写入数据      ①
    }
    return(0);
}
```


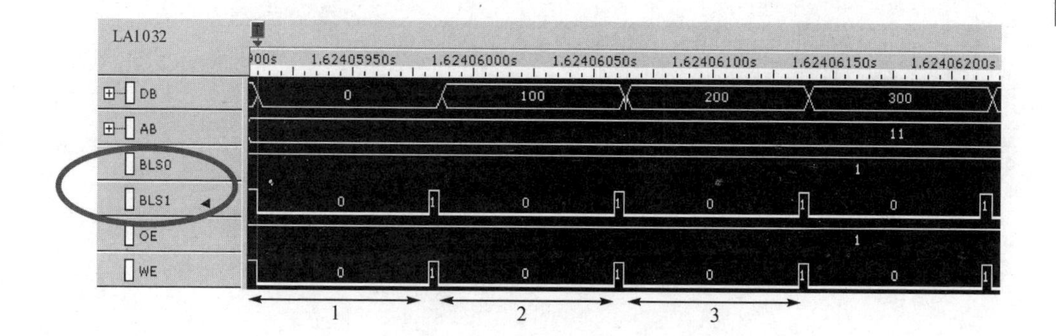

图4.54 向0x8000 1011地址处写入8位数据(RBLE = 1)

对“高字节地址”执行写入操作时,在WE有效期间内,BLS1信号有效,而BLS0信号无效。此时,对于MT45W4MW16来说,只有D[15:8]上的信号才是有效的,D[7:0]上的信号是无效的,MT45W4MW16不予理会,这样也就不会改变“低字节”数据。从图4.54可以观察到:

第1个写周期内,D[15:0] = 0x0000,BLS0无效,有效数据D[15:8] = 0x00;

第2个写周期内,D[15:0] = 0x0100,BLS0无效,有效数据D[15:8] = 0x01;

第 3 个写周期内,D[15:0] = 0x0200,BLS0 无效,有效数据 D[15:8] = 0x02;

……

程序清单 4.7 实现的功能就是在地址 0x8000 1011 处循环写入数据 data8,每次写入后,data8 的值都会自动加 1,如程序清单 4.7 语句①。综合图 4.52、图 4.53 和图 4.54 发现:

- 写入 16 位数据时,EMC 将 16 位数据输出到 D[15:0],并使 BLS0 和 BLS1 均有效;
- 向"低字节地址"处写入 8 位数据时,EMC 将 8 位数据输出到 D[7:0],同时使 BLS0 输出有效,BLS1 输出无效;
- 向"高字节地址"处写入 8 位数据时,EMC 将 8 位数据输出到 D[15:8],同时使 BLS1 输出有效,BLS0 输出无效。

(4) 从 PSRAM 中读取 8 位数据

前面已经介绍过,RBLE = 1,对存储器件进行读取操作时,BLS0 和 BLS1 都会输出有效信号,程序清单 4.8 所示的程序中,循环读取 0x8000 1010~0x8000 1013 处的数据,捕捉到的波形如图 4.55 所示。

程序清单 4.8 从 PSRAM 中读取 8 位数据


```
uint8  RcvData8;
int    main(void)
{
    uint8      * point8;
    point8= (uint8 * ) 0x80001010;
    while(1)
    {
        RcvData8 = * point8++;          //读取 0x8000 1010 处的数据         ①
        RcvData8 = * point8++;          //读取 0x8000 1011 处的数据         ②
        RcvData8 = * point8++;          //读取 0x8000 1012 处的数据         ③
        RcvData8 = * point8--;          //读取 0x8000 1013 处的数据         ④
            point8--;
            point8--;
        }
        return(0);
}
```

无论读取"高字节"数据还是"低字节"数据,BLS0 和 BLS1 都会同时输出有效信号,而且在读取同一组"高字节"数据和"低字节"数据期间,数据总线上的数据都是一样的。

读周期 1,D[15:0] = 0x716B,BLS0、BLS1 有效,RcvData8 = D[7:0] = 0x6B;

读周期 2,D[15:0] = 0x716B,BLS0、BLS1 有效,RcvData8 = D[15:8] = 0x71;

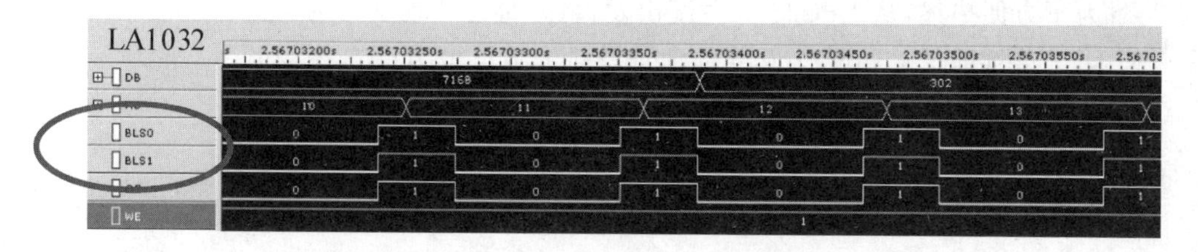

图 4.55　从 PSRAM 中读取 8 位数据(RBLE = 1)

读周期 3,D[15:0] = 0x0302,BLS0、BLS1 有效,RcvData8 = D[7:0] = 0x02；

读周期 4,D[15:0] = 0x0302,BLS0、BLS1 有效,RcvData8 = D[15:8] = 0x03。

可见,在读取操作时,只要 RBLE = 1,则 BLS0 和 BLS1 就会出现有效信号,无论读取 8 位数据还是 16 位数据。

- 读取 16 位数据时,BLS0 和 BLS1 均有效,有效数据位于 D[15:0]；
- 读取“低字节”数据时,BLS0 和 BLS1 均有效,有效数据位于 D[7:0]；
- 读取“高字节”数据时,BLS0 和 BLS1 均有效,有效数据位于 D[15:8]。

当然也有一些 16 位存储器件并不含有字节定位信号,如 SST 39VF1601。对于这种器件的硬件连接与图 4.50 所示的方法也是相同的,不过要取下字节定位信号线 BLS0 和 BLS1。因此,LPC2200 对其进行字节操作就麻烦一些,需要在软件上处理。

3. 32 位总线宽度

LPC2200 的外部存储器接口支持 32 位总线模式,此时有效的数据线有 D31～D0,字节定位信号中,BLS0、BLS1、BLS2 和 BLS3 都是有效的。同 16 位总线模式一样,要在 32 位总线中直接读、写 8 位数据,也需要字节定位信号的配合。

LPC2200 的结构是 8 位字节地址空间,即,一个地址空间对应一个字节的数据。而 32 位存储器的结构是 32 位字地址空间,一个地址空间对应 4 个字节的数据。因此,LPC2200 操作 32 位存储器时,就需要将 LPC2200 的地址线 A2 连接到存储器的地址 A0 处,LPC2200 的地址线 A0 和 A1 不需要。如图 4.56(a)所示,32 位宽度存储器组由 8 位存储器构成；图 4.56(b)32 位宽度存储器组由 16 位存储器构成；图 4.56(c)32 位宽度存储器组由 32 位存储器构成。符号“a_b”表示地址总线的最高位地址线；符号“a_m”表示存储器件的最高位地址线。

如表 4.48 所列,在 16 位总线模式中,为了方便描述,引入了定义“高字节”和“低字节”。在 32 位总线中仍然要引入一些定义来方便描述——“字节 0”～“字节 3”,“字节 0”～“字节 3”实际上是从 LPC2200 角度看到的：

- 当 LPC2200 外部地址总线的地址位 A1A0 = 00b 时,访问的是“字节 0”；
- 当 LPC2200 外部地址总线的地址位 A1A0 = 01b 时,访问的是“字节 1”；
- 当 LPC2200 外部地址总线的地址位 A1A0 = 10b 时,访问的是“字节 2”；
- 当 LPC2200 外部地址总线的地址位 A1A0 = 11b 时,访问的是“字节 3”。

为了方便描述，从 LPC2200 角度出发，将外部总线地址分为 4 类：

- 字节 0 地址　LPC2200 外部地址总线的地址位 A1A0 = 00b；
- 字节 1 地址　LPC2200 外部地址总线的地址位 A1A0 = 01b；
- 字节 2 地址　LPC2200 外部地址总线的地址位 A1A0 = 10b；
- 字节 3 地址　LPC2200 外部地址总线的地址位 A1A0 = 11b。

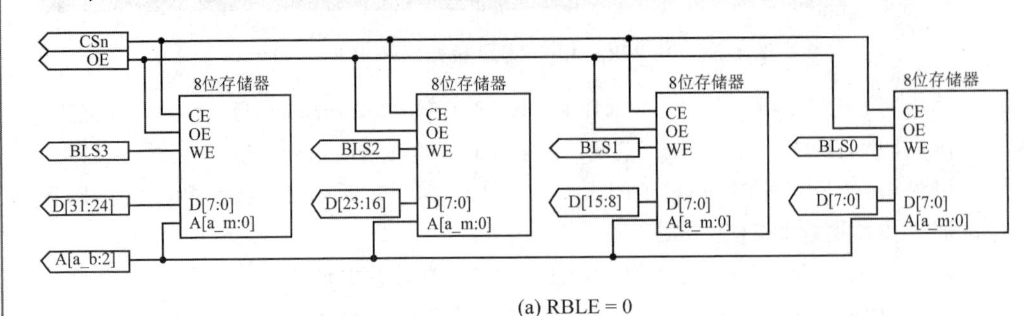

(a) RBLE = 0

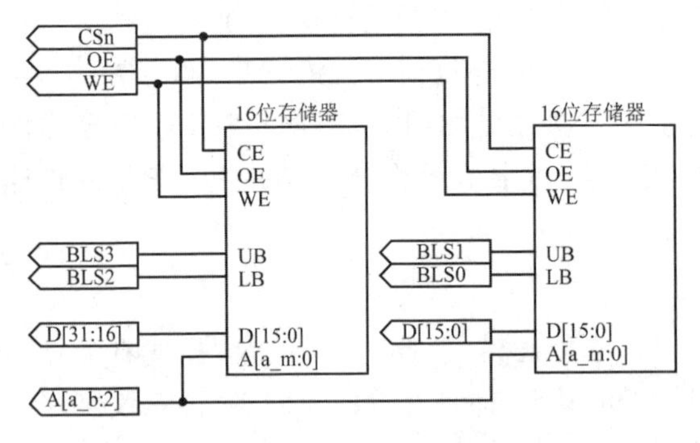

(b) RBLE = 1

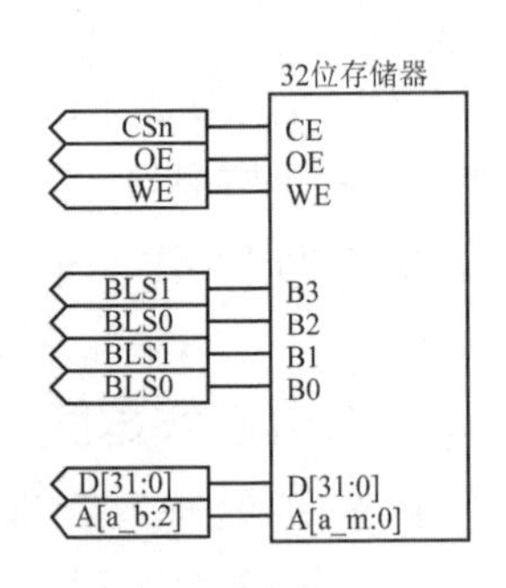

(c) RBLE = 1

图 4.56　32 位存储器组的外部存储器接口

表 4.48　32 位存储器字节 0～字节 3 定位表

32 位存储器数据				32 位存储器地址
D31～D24	D23～D16	D15～D8	D7～D0	
字节 3	字节 2	字节 1	字节 0	0x0000 0000
字节 3	字节 2	字节 1	字节 0	0x0000 0001
字节 3	字节 2	字节 1	字节 0	0x0000 0010
字节 3	字节 2	字节 1	字节 0	……

32 位总线的工作模式如表 4.49 所列。

表 4.49　32 位总线工作模式

LPC2200 工作模式		RBLE	CS	OE	WE	BLS3	BLS2	BLS1	BLS0	说　明
读操作	8 位、16 位、32 位数据	0	L	L	H	H	H	H	H	①
		1	L	L	H	L	L	L	L	②
写操作	8 位数据	0	L	H	H	H	H	H	L	③⑤
						H	H	L	H	③⑥
						H	L	H	H	③⑦
						L	H	H	H	③⑧
		1	L	H	L	H	H	H	L	④⑤
						H	H	L	H	④⑥
						H	L	H	H	④⑦
						L	H	H	H	④⑧
	16 位数据	0	L	H	H	H	H	L	L	③⑨
						H	H	L	L	③⑩
						L	L	H	H	③⑪
		1	L	H	L	H	H	L	L	④⑨
						H	H	L	L	④⑩
						L	L	H	H	④⑪
	32 位数据	0	L	H	H	L	L	L	L	③⑫
		1	L	H	L	L	L	L	L	④⑫
空闲操作		X	H	H	H	H	H	H	H	无效状态：高电平

说明：① RBLE ＝ 0 时，在读操作过程中，BLS[3：0]信号无效；

② RBLE ＝ 1 时，在读操作过程中，BLS[3：0]信号有效；

③ RBLE ＝ 0 时，在写操作过程中，WE 信号无效；

④ RBLE ＝ 1 时，在写操作过程中，WE 信号有效；

⑤ 向字节 0 地址写入 8 位数据时，BLS0 有效，BLS1、BLS2、BLS3 无效；

⑥ 向字节 1 地址写入 8 位数据时，BLS1 有效，BLS0、BLS2、BLS3 无效；

⑦ 向字节 2 地址写入 8 位数据时，BLS2 有效，BLS0、BLS1、BLS3 无效；

⑧ 向字节 3 地址写入 8 位数据时，BLS3 有效，BLS0、BLS1、BLS2 无效；

⑨ 向字节 0、字节 1 地址写入 16 位数据时，BLS0、BLS1 有效，BLS2、BLS3 无效；

⑩ 写入 16 位数据时，要求地址半字对齐。因此向字节 1、字节 2 地址写入 16 位数据时，实际上是将数据写入字节 0、字节 1 地址，BLS0、BLS1 有效，BLS2、BLS3 无效；

⑪ 向字节 2、字节 3 地址写入 16 位数据时，BLS2、BLS3 有效，BLS0、BLS1 无效；

⑫ 向 32 位存储器中写入 32 位数据时，BLS0、BLS1、BLS2、BLS3 均有效。

通过对表 4.49 的学习，可以很容易理解图 4.56 所示电路的工作流程。

4.6.6　典型总线时序

图 4.57 和图 4.58 所示分别为典型的外部存储器读、写访问时序。XCLK 是 P3.23 上的时钟信号。当 P3.23 引脚的信号不被外部存储器用作时钟信号时，在典型的外部存储器读、写访问中，它还可用作时间基准(XCLK 和 CCLK 必须设定成相同的频率)。

注意： 在图 4.57 所示的时序中，RBLE＝ 0。

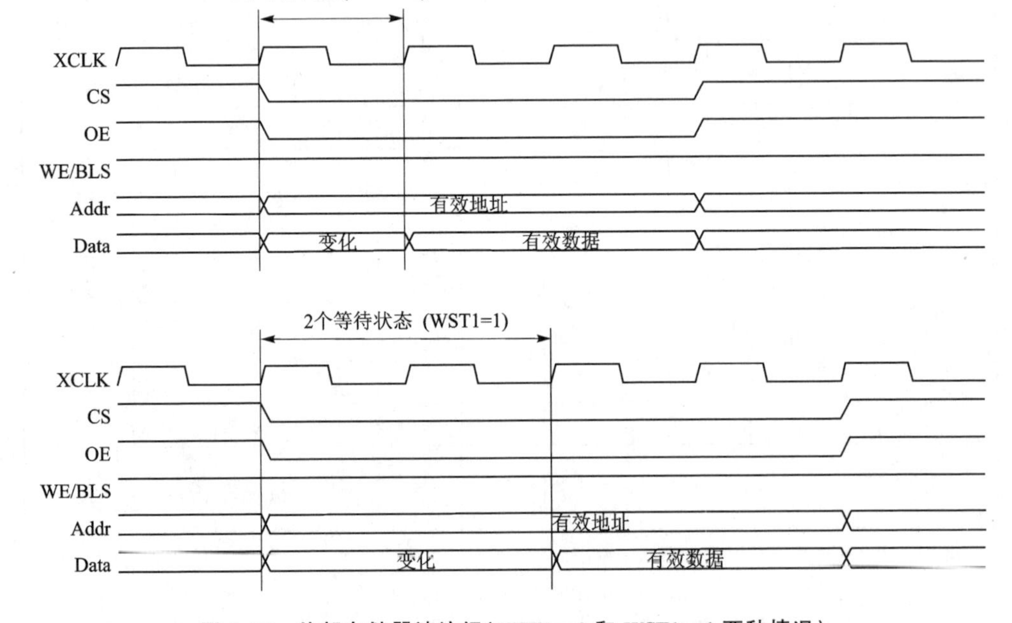

图 4.57　外部存储器读访问(WST1＝0 和 WST1＝1 两种情况)

图 4.57 和图 4.58 所示的典型的外部存储器读/写访问时序在某些特殊情况下会有所变化。例如，当对刚被选中的存储器组执行首次读访问时，CS 和 OE 线的低电平可能比图 4.57 中早出现 1 个 XCLK 周期。

在对 SRAM 的几次连续写访问时序中，最后一次写访问的时序与图 4.58 给出的相同。另一方面，前导写周期的数据有效时间会长 1 个周期。单个的写访问时序也将与图 4.58 的其中一个相同。

在操作存储器时，一定要注意存储器的读、写速度，要根据存储器的读、写速度来设置 WST1 与 WST2 的值。LPC2200 对外部总线的访问速度一定不能超过相应存储器的读、写速度。

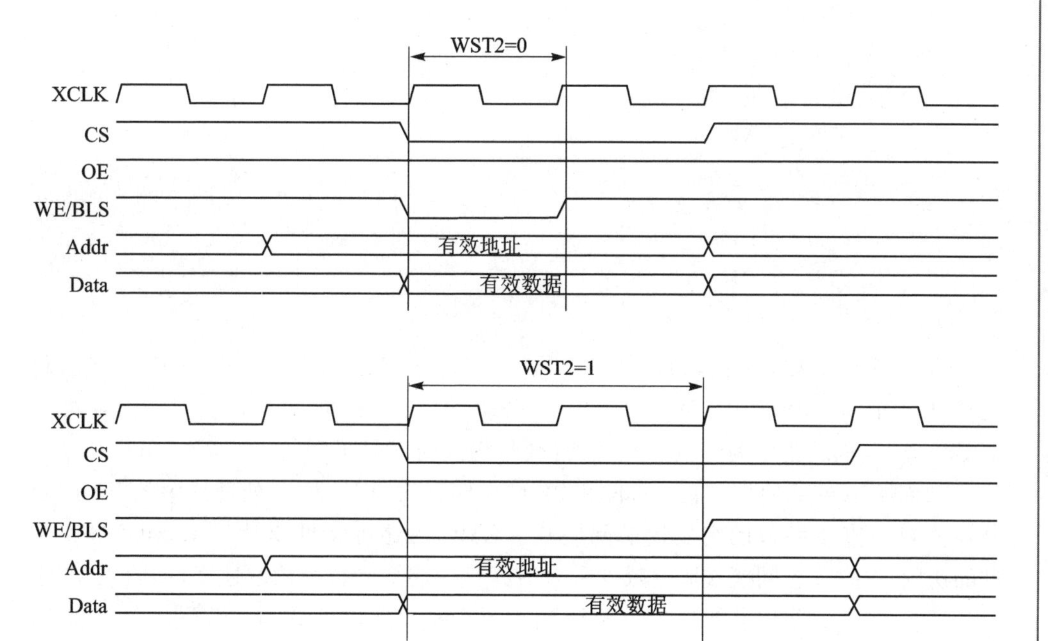

图 4.58　外部存储器写访问(WST2＝0 和 WST2＝1 两种情况)

- 一次完整的读访问时间长度：WST1＋3(CPU 周期——CCLK)；
- 一次完整的写访问时间长度：WST2＋3(CPU 周期——CCLK)。

注意：此时 XCLK ＝ CCLK。

程序清单 4.9 是系统总线配置程序中的一段代码。

程序清单 4.9　系统总线配置

```
BCFG_08DEF      EQU   0x00000000        ;//8 位总线宽度
BCFG_16DEF      EQU   0x10000400        ;//16 位总线宽度
BCFG_32DEF      EQU   0x20000400        ;//32 位总线宽度
;//                                     |    IDCY      |    WST1      |    WST2
;//                                     |  Idle width  | Read width   |  Write width
;//                                     | 0x00～0x0f   | 0x00～0x1    |  0x00～0x1f
;//bank0
BCFG_FLASH    EQU  (BCFG_16DEF          |(0x00≪00)     |(0x03≪05)     |(0x03≪11))
;//bank1
BCFG_PSRAM    EQU  (BCFG_16DEF          |(0x00≪00)     |(0x03≪05)     |(0x03≪11))
;//bank2
BCFG_CS2      EQU  (BCFG_16DEF          |(0x0f≪00)     |(0x1f≪05)     |(0x1f≪11))
;//bank3
BCFG_CS3      EQU  (BCFG_16DEF          |(0x01≪00)     |(0x06≪05)     |(0x06≪11))
```

```
    ⋮
    LDR     R0,=BCFG0
    LDR     R1,=BCFG_FLASH;             //配置外部存储器组 0
    STR     R1,[R0]
    ⋮
    LDR     R0,=BCFG2
    LDR     R1,=BCFG_CS2;               //配置外部存储器组 2
    STR     R1,[R0]
    ⋮
```

从程序清单 4.9 可见,如果 CPU 时钟频率为 44 MHz,那么对于 bank0 来说,总线宽度为 16 位,WST1 = WST2 = 3,表示读、写总线的时间长度为 136 ns;对于 bank2 来说,总线宽度为 16 位,默认的读、写访问时间是最慢的,为 772.7 ns。

LPC2200 外部使用 8 位、16 位和 32 位存储器时,LPC2200 处理器中的 EMC 控制器支持最多 4 字节的突发读访问模式。EMC 的这种特性支持对 Burst ROM 器件的访问,突发读访问模式通过减少后面的读等待周期来提高读取速度,如图 4.59 所示。第一次读访问时,含有 2 个等待周期,在接下来的 3 次读访问中,等待周期为 0。

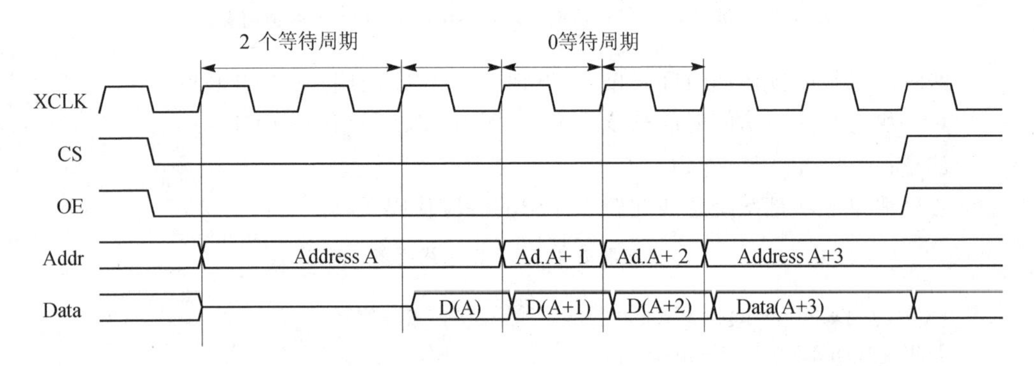

图 4.59　外部突发读访问时序图(WST1=1)

4.6.7　外部存储器选择

根据 EMC 操作的描述和常用的外部存储器(合适的读和写访问时间 t_{RAM} 和 t_{WRITE}),可构造出表 4.50 并用于外部存储器的选择。t_{CYC} 表示单个 XCLK 周期(见图 4.57 和图 4.58,XCLK = CCLK)。F_{max} 表示选用了外部存储器的系统能得到的最大 CCLK 频率。

表 4.50　外部存储器和系统的性能指标

访问时序	最大频率	WST 设置（WST≥0；取整数）	所需的存储器访问时间
标准读	$F_{MAX} \leqslant \frac{2+WST1}{+20\ ns}$	$WST1 \geqslant \frac{t_{RAM}+20\ ns}{t_{CYC}}-2$	$t_{RAM} \leqslant t_{CYC} \times (2+WST1)-20\ ns$
标准写	$F_{MAX} \leqslant \frac{1+WST2}{t_{RAM}+5\ ns}$	$WST2 \geqslant \frac{t_{WRITE}-t_{CYC}+5\ ns}{t_{CYC}}$	$t_{WRITE} \leqslant t_{CYC} \times (1+WST2)-5\ ns$
突发读（首次访问）	$F_{MAX} \leqslant \frac{2+WST1}{t_{INIT}+20\ ns}$	$WST1 \geqslant \frac{t_{INIT}+20\ ns}{t_{CYC}}-2$	$t_{INIT} \leqslant t_{CYC} \times (2+WST1)-20\ ns$
突发读（后续访问）	$F_{MAX} \leqslant \frac{1}{t_{ROM}+20\ ns}$	NA	$t_{ROM} \leqslant t_{CYC}-20\ ns$

4.7　引脚连接模块

LPC2000 系列 ARM 的大部分引脚都具有多种功能，即引脚复用。但是一个引脚在同一时刻只能使用其中一个功能，所以 LPC2000 系列 ARM 设计了“引脚连接模块”部件用于管理各个引脚的功能，通过配置相关寄存器控制多路开关来连接引脚与片内外设，如图 4.60 所示。

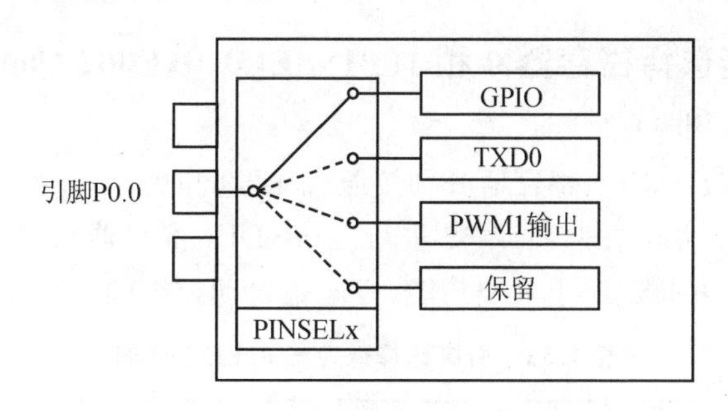

图 4.60　通过引脚连接模块控制引脚功能

如果实现一个外设的功能需要引脚参与（比如外部中断输入、PWM 输出等），那么在使用该功能之前必须先将相应引脚的功能设置好，否则该外设的功能无法实现。

4.7.1　引脚连接模块控制寄存器描述

LPC2000 系列 ARM 具有 3 个 PINSEL 寄存器，它们都是 32 位宽度的，其中

PINSEL0和PINSEL1控制端口0,PINSEL2根据芯片的不同控制的端口数量也不同,详细描述如表4.51所列。

表4.51 引脚连接模块控制寄存器描述

名 称	描 述	访 问	复位值	地 址
PINSEL0	引脚选择寄存器0	R/W	0x0000 0000	0xE002 C000
PINSEL1	引脚选择寄存器1	R/W	0x1540 0000	0xE002 C004
PINSEL2	引脚选择寄存器2	R/W	见表4.54和表4.55	0xE002 C014

PINSEL0和PINSEL1寄存器中每两位对应控制一个引脚的连接状态,所以一个引脚最多可以有4种不同的功能供选择。其中PINSEL0的对应关系如图4.61所示,PINSEL1的情况与之相同。

PINSEL0寄存器内部位		31 bit	30 bit	29 bit	28 bit	…	1 bit	0 bit
1	设置值	0	0	0	0	…	0	0
	引脚功能	GPIO		GPIO			GPIO	
2	设置值	0	1	0	1	…	0	1
	引脚功能	RI(UART1)		CD(UART1)			TxD(UART0)	
3	设置值	1	0	1	0	…	1	0
	引脚功能	EINT2		EINT1			PWM1	
4	设置值	1	1	1	1	…	1	1
	引脚功能	—		—			—	
控制的引脚		P0.15		P0.14		…	P0.0	

图4.61 PINSEL寄存器中位与引脚的对应关系

1. 引脚功能选择寄存器0和1(PINSEL0,0xE002 C000;PINSEL1,0xE002 C004)

PINSEL0和PINSEL1寄存器分别按照表4.52和表4.53中的设定来控制引脚的功能,表格的使用方法参照图4.62进行。IOxDIR寄存器只有在引脚选择GPIO功能时才能控制其方向。对于其他功能,方向是自动控制的。

表4.52 引脚选择寄存器0(PINSEL0)

PINSEL0位	引脚名称	00	01	10	11	复位值
1:0	P0.0	GPIO P0.0	TxD(UART0)	PWM1	保留	00
3:2	P0.1	GPIO P0.1	RxD(UART0)	PWM3	EINT0	00
5:4	P0.2	GPIO P0.2	SCL(I^2C)	捕获0.0(TIMER0)	保留	00
7:6	P0.3	GPIO P0.3	SDA(I^2C)	匹配0.0(TIMER0)	EINT1	00
9:8	P0.4	GPIO P0.4	SCK(SPI0)	捕获0.1(TIMER0)	保留	00

续表 4.52

PINSEL0位	引脚名称	00	01	10	11	复位值
11:10	P0.5	GPIO P0.5	MISO(SPI0)	匹配0.1(TIMER0)	保留	00
13:12	P0.6	GPIO P0.6	MOSI(SPI0)	捕获0.2(TIMER0)	保留	00
15:14	P0.7	GPIO P0.7	SSEL(SPI0)	PWM2	EINT2	00
17:16	P0.8	GPIO P0.8	TxD (UART1)	PWM4	保留	00
19:18	P0.9	GPIO P0.9	RxD(UART1)	PWM6	EINT3	00
21:20	P0.10	GPIO P0.10	RTS(UART1)	捕获1.0(TIMER1)	保留	00
23:22	P0.11	GPIO P0.11	CTS(UART1)	捕获1.1(TIMER1)	保留	00
25:24	P0.12	GPIO P0.12	DSR(UART1)	匹配1.0(TIMER1)	保留	00
27:26	P0.13	GPIO P0.13	DTR(UART1)	匹配1.1(TIMER1)	保留	00
29:28	P0.14	GPIO P0.14	CD(UART1)	EINT1	保留	00
31:30	P0.15	GPIO P0.15	RI(UART1)	EINT2	保留	00

表 4.53 引脚选择寄存器1(PINSEL1)

PINSEL1位	引脚名称	00	01	10	11	复位值
1:0	P0.16	GPIO P0.16	EINT0	匹配0.2(TIMER0)	保留	00
3:2	P0.17	GPIO P0.17	捕获1.2(TIMER1)	SCK(SPI1)	匹配1.2(TIMER1)	00
5:4	P0.18	GPIO P0.18	捕获1.3(TIMER1)	MISO(SPI1)	匹配1.3(TIMER1)	00
7:6	P0.19	GPIO P0.19	匹配1.2(TIMER1)	MOSI(SPI1)	匹配1.3(TIMER1)	00
9:8	P0.20	GPIO P0.20	匹配1.3(TIMER1)	SSEL(SPI1)	EINT3	00
11:10	P0.21	GPIO P0.21	PWM5	保留	捕获1.3(TIMER1)	00
13:12	P0.22	GPIO P0.22	保留	捕获0.0(TIMER0)	匹配0.0(TIMER0)	00
15:14	P0.23	GPIO P0.23	保留	保留	保留	00
17:16	P0.24	GPIO P0.24	保留	保留	保留	00
19:18	P0.25	GPIO P0.25	保留	保留	保留	00
21:20	P0.26	保留				00
23:22	P0.27	GPIO P0.27	AIN0(A/D转换器)	捕获0.1(TIMER0)	匹配0.1(TIMER0)	01
25:24	P0.28	GPIO P0.28	AIN1(A/D转换器)	捕获0.2(TIMER0)	匹配0.2(TIMER0)	01
27:26	P0.29	GPIO P0.29	AIN2(A/D转换器)	捕获0.3(TIMER0)	匹配0.3(TIMER0)	01
29:28	P0.30	GPIO P0.30	AIN3(A/D转换器)	EINT3	捕获0.0(TIMER0)	01
31:30	P0.31	保留				00

表4.52和表4.53中"00/01/10/11"栏表示控制位在这些设定值时的引脚功能。

比如，P0.0引脚，控制位为PINSEL0[1∶0]，当PINSEL0[1∶0]=00时，引脚为GPIO功能（即P0.0）；当PINSEL0[1∶0]=01时，引脚为UART0的TxD功能，当PINSEL0[1∶0]=10时，引脚为PWM1功能。

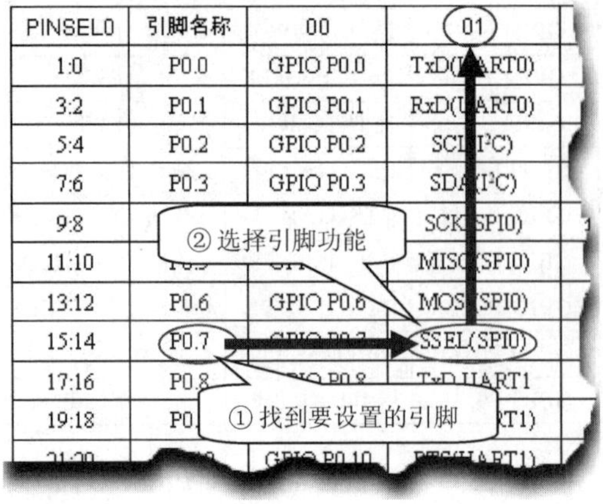

PINSEL0	引脚名称	00	01
1:0	P0.0	GPIO P0.0	TxD(UART0)
3:2	P0.1	GPIO P0.1	RxD(UART0)
5:4	P0.2	GPIO P0.2	SCL(I²C)
7:6	P0.3	GPIO P0.3	SDA(I²C)
9:8	[illegible]	[illegible]	SCK(SPI0)
11:10	[illegible]	[illegible]	MISO(SPI0)
13:12	P0.6	GPIO P0.6	MOSI(SPI0)
15:14	P0.7	[illegible]	SSEL(SPI0)
17:16	P0.8	[illegible]	TxD UART1
19:18	P0.	[illegible]	[illegible]
21:20	[illegible]	GPIO P0.10	RTS(UART1)

② 选择引脚功能

① 找到要设置的引脚

图4.62　如何设置PINSEL寄存器

操作示例：


```
PINSEL0 = 0x4000;                //引脚P0.7的功能初始化为SSEL功能
```

2. 引脚功能选择寄存器2（PINSEL2，0xE002 C014）

LPC2114和LPC2124除了PINSEL0和PINSEL1控制的端口0之外还具有端口1（P1）。P1口受PINSEL2的控制，可以选择P1口是作为调试端口还是作为GPIO，详细描述如表4.54所列。

LPC2210/2220/2212/2214除了P0和P1端口外，还具有P2端口，PINSEL2寄存器要控制P1和P2端口，详细描述如4.55所列。

引脚作为GPIO功能时输入/输出方向由方向控制寄存器设定，对于其他功能，方向是自动控制的。

在芯片复位后，PINSEL2寄存器中各位的值大部分是唯一确定的，详见表4.54和表4.55的复位栏。但是有一些位与芯片的硬件连接情况有关，也就是受芯片的一些引脚控制。

其中的bit2和bit3，在复位时分别由P1.26、P1.20引脚的电平决定，倘若引脚接有上拉电阻（如10 kΩ上拉电阻），相应位的值被设置为0；倘若引脚接有下拉电阻（如4.7 kΩ下拉电阻），相应位的值被设置为1。也就是说，通过引脚P1.26和P1.20的电平状态可以控制芯片复位之后是否使能P1口的调试功能。

对于LPC2210/2220/2212/2214的PINSEL2中的bit23～bit27，在复位时由BOOT1和BOOT0引脚的电平决定，通过它们可以控制外部存储器接口的总线宽度。

注意： 强烈建议使用读—修改—写的方法来设置 PINSEL2 寄存器，例如 PINSEL2 =（PINSEL2&0xFFFFFFCF）|（2≪4）。对 bit0～bit2 或 bit3 的意外写操作会造成调试或跟踪功能的丢失。

表 4.54　LPC2114/2124 引脚功能选择寄存器 2(PINSEL2)

位	描　述	复位值
1：0	保留	00
2	该位为 0 时，P1.31～P1.26 用作 GPIO；该位为 1 时，P1.31～P1.26 用作一个调试端口	$\overline{\text{P1.26/RTCK}}$
3	该位为 0 时，P1.25～P1.16 用作 GPIO；该位为 1 时，P1.25～P1.16 用作一个跟踪端口	$\overline{\text{P1.20}}$/ $\overline{\text{TRACESYNC}}$
4：31	保留	00

表 4.55　LPC2210/2220/2212/2214 引脚功能选择寄存器 2(PINSEL2)

位	描　述	复位值
1：0	保留	00
2	该位为 0 时，P1.31～P1.26 用作 GPIO；该位为 1 时，P1.31～26 用作一个调试端口	$\overline{\text{P1.26/RTCK}}$
3	该位为 0 时，P1.25～P1.16 用作 GPIO；该位为 1 时，P1.25～16 用作一个跟踪端口	$\overline{\text{P1.20}}$/ $\overline{\text{TRACESYNC}}$
5：4	控制数据总线和选通引脚的使用： 引脚 P2.7～P2.0　11=P2.7～P2.0　0x 或 10=D[7：0] 引脚 P1.0　11=P1.0　0x 或 10=CS0 引脚 P1.1　11=P1.1　0x 或 10=OE 引脚 P3.31　11=P3.31　0x 或 10=BLS0 引脚 P2.15～P2.8　00 或 11=P2.15～P2.8　01 或 10=D[15：8] 引脚 P3.30　00 或 11=P3.30　01 或 10=BLS1 引脚 P2.27～P2.16　0x 或 11=P2.27～P2.16　10=D[27：16] 引脚 P2.29～P2.28　0x 或 11=P2.29～P2.28　10=D[29：28] 引脚 P2.31～P2.30　0x 或 11=P2.31～P2.30 或 AIN[5：4]　10=D[31：30] 引脚 P3.29～P3.28　0x 或 11=P3.29～P3.28 或 AIN[6：7]　10=BLS[2：3]	BOOT[1：0]（如 BOOT[1：0]=01，该域的复位值就为 01）
6	如果 bit[5：4]不为 10，由该位控制 P3.29 引脚的使用：为 0 时使能 P3.29，为 1 时使能 AIN6	1
7	如果 bit[5：4]不为 10，由该位控制 P3.28 引脚的使用：为 0 时使能 P3.28，为 1 时使能 AIN7	1

续表 4.55

位	描 述	复位值
8	该位控制 P3.27 引脚的使用：为 0 时使能 P3.27，为 1 时使能 WE	0
10：9	保留	—
11	该位控制 P3.26 引脚的使用：为 0 时使能 P3.26，为 1 时使能 CS1	0
12	保留	—
13	如果 bit[27：25]不为 111，由该位控制 P3.23/A23/XCLK 引脚的使用：为 0 时使能 P3.23，为 1 时使能 XCLK	0
15：14	控制 P3.25 引脚的使用：00 使能 P3.25，01 使能 CS2，10 和 11 保留	00
17：16	控制 P3.24 引脚的使用：00 使能 P3.24，01 使能 CS3，10 和 11 保留	00
19：18	保留	—
20	如果 bit[5：4]不为 10，由该位控制 P2.29～P2.28 的使用：为 0 时使能 P2.29～P2.28，为 1 时保留	0
21	如果 bit[5：4]不为 10，由该位控制 P2.30 的使用：为 0 时使能 P2.30，为 1 时使能 AIN4	1
22	如果 bit[5：4]不为 10，由该位控制 P2.31 的使用：为 0 时使能 P2.31，为 1 时使能 AIN5	1
23	控制 P3.0/A0 用作端口引脚(0)或地址线(1)	如果 $\overline{\text{RESET}}=0$ 时 BOOT[1：0]=00，则该位的复位值为 1；反之为 0
24	控制 P3.1/A1 用作端口引脚(0)或地址线(1)	如果复位时 BOOT1=0，则该位的复位值为 1；反之为 0
27：25	控制 P3.23/A23/XCLK 和 P3.22～P3.2/A2.22～A2.2 中地址线的数目： 000=无地址线　　100=A[11：2]为地址线 001=A[3：2]为地址线　　101=A[15：2]为地址线 010=A[5：2]为地址线　　110=A[19：2]为地址线 011=A[7：2]为地址线　　111=A[23：2]为地址线	如果复位时 BOOT[1：0]=11，则该域的复位值为 000；反之为 111
31：28	保留	—

操作示例：

```
PINSEL2= 0x0f814914;      //A[23：0]作为地址线，CS0～CS3 作为片选功能使能，16 位
                          //总线宽度 OE、WE、BLS0 和 BLS1 功能使能，调试接口使能
```

LPC2210/2220/2212/2214 是具有外部总线接口的微控制器，通过这个接口可

以在芯片外部扩展8位、16位和(或)32位的总线器件。设置成哪种总线宽度与具体应用有关,但是如果外部总线上存在多种宽度的总线器件时,以总线最宽的那个总线器件为配置目标。例如总线上同时存在8位、16位和32位3个总线宽度不同的设备(分布在3个bank上),那么必须把外部总线配置成32位使用。

外部总线接口包含数据总线、地址总线和控制总线3类,其中数据总线和控制总线受PINSEL2的第4和第5位控制,对应关系如表4.56所列。地址总线受PINSEL2的第25～27位控制,对应关系如表4.57所列。

表4.56 数据总线和控制总线的设置

<table>
<tr><th rowspan="2">PINSEL2[5:4]</th><th rowspan="2">数据总线宽度</th><th colspan="3">数据总线复用引脚的功能</th><th colspan="5">控制总线复用引脚的功能</th></tr>
<tr><th>P2.31～P2.15</th><th>P2.15～P2.8</th><th>P2.7～P2.0</th><th>P3.31</th><th>P3.30</th><th>P3.29～P3.28</th><th>P1.1</th><th>P1.0</th></tr>
<tr><td>10b</td><td>32位</td><td>D[31:16]</td><td>D[15:8]</td><td>D[7:0]</td><td>BLS0</td><td>BLS1</td><td>BLS2/BLS3</td><td>OE</td><td>CS0</td></tr>
<tr><td>01b</td><td>16位</td><td rowspan="3">PINSEL2[20:22]控制</td><td>D[15:8]</td><td>D[7:0]</td><td>BLS0</td><td>BLS1</td><td rowspan="3">PINSEL2[6:7]控制</td><td>OE</td><td>CS0</td></tr>
<tr><td>00b</td><td>8位</td><td>GPIO</td><td>D[7:0]</td><td>BLS0</td><td>GPIO</td><td>OE</td><td>CS0</td></tr>
<tr><td>11b</td><td>无</td><td>GPIO</td><td>GPIO</td><td>GPIO</td><td>GPIO</td><td>GPIO</td><td>GPIO</td></tr>
</table>

表4.57 地址总线的设置

PINSEL2[27:25]	000b	001b	010b	011b	100b	101b	110b	111b
地址总线宽度	无	A[3:2]	A[5:2]	A[7:2]	A[11:2]	A[15:2]	A[19:2]	A[23:2]

4.7.2 引脚连接模块应用示例

1. 将P0.8、P0.9设置为TxD1、RxD1功能

```
PINSEL0 = 0x00050000;
```

或

```
PINSEL0 = 0x05<<16;
```

PINSEL0、PINSEL1和PINSEL2寄存器是可读可写的,为了不更改原先的引脚功能设置,可以先读取寄存器值,然后进行逻辑“与”“或”操作,再回写到此寄存器。

```
PINSEL0 = ( PINSEL0 & 0xFFF0FFFF ) | (0x05<<16);
```

2. PINSEL2与芯片加密

LPC2114/2124/2212/2214片内Flash是可以加密的,进行加密设置后,JTAG调试接口无效,ISP功能只提供读ID及全片擦除功能。

但是要注意,PINSEL2的bit2是JTAG接口使能的控制位,若用户程序将此位设置为1时,会强行使能JTAG接口,也就破坏了器件的加密。LPC2100、LPC2200

的启动代码支持芯片加密，已对 PINSEL2 正确设置，一般用户程序不需要再对 PINSEL2 操作。

4.8 GPIO

4.8.1 概　述

LPC2000 系列 ARM 的 GPIO 具有如下特性：

- 可以独立控制每个 GPIO 口的方向（输入/输出模式）；
- 可以独立设置每个 GPIO 的输出状态（高/低电平）；
- 所有 GPIO 口在复位后默认为输入状态。

为了适合各种应用场合的需要，不同系列的芯片具有不同数量的 GPIO，具体描述如表 4.58 所列。

LPC2114 和 LPC2124 具有两个端口——P0 和 P1，它们最多有 46 个 I/O 口可供使用。LPC2220/2210/2212/2214 是具有外部总线接口的微控制器，除具备基本的 P0 和 P1 端口外，它们还具有 2 个与外部存储器总线复用的端口——P2 和 P3，当它们全部作为 GPIO 使用时（通过配置 PINSEL2 寄存器实现），I/O 口数量多达 112 个。

表 4.58　LPC2000 系列 ARM GPIO 描述

端口号	不同芯片所具有的 I/O 口	
	LPC2114 / 2124	LPC2220 / 2210 / 2212 / 2214
P0	P0.0～P0.25，P0.27～P0.30	P0.0～P0.25，P0.27～P0.30
P1	P1.16～P1.31	P1.0～P1.1，P1.16～P1.31
P2	无	P2.0～P2.31
P3	无	P3.0～P3.31
最多可用 I/O 口数量	46 个	112 个

4.8.2 GPIO 寄存器描述

GPIO 或者用于输出控制，或者用于引脚电平状态的读取，LPC2000 系列 ARM 设计了一组寄存器用于 GPIO 的控制，可以很方便地实现 GPIO 的各种应用。每个 I/O 口的内部寄存器控制结构如图 4.63 所示。

由图 4.63 可以发现每个作为 GPIO 功能的引脚受到 4 个寄存器控制，分别为控制方向的 IOxDIR、控制输出电平状态的 IOxSET 和 IOxCLR、反映引脚电平状态的 IOxPIN。这 4 个寄存器构成一组，而一组寄存器控制着一个端口（P0、P1、P2 或 P3）。前文已经了解到不同的芯片具有的端口数量也不尽相同，那么它们所具有的

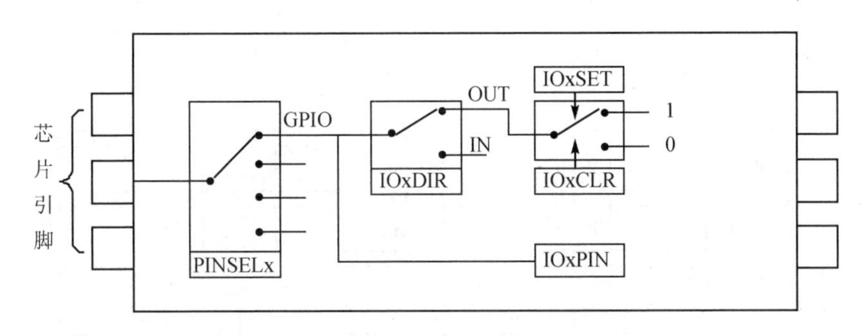

图4.63　每个I/O口内部的寄存器控制结构

寄存器组的数量也不尽相同,详细描述如表4.59所列。

表4.59　GPIO控制寄存器组描述

通用名称	功能描述	访　问	复位值	控制寄存器组			
				端口0(P0) 地址&名称	端口1(P1) 地址&名称	端口2(P2) 地址&名称	端口3(P3) 地址&名称
IOPIN	反映引脚当前电平状态寄存器	只读	NA	0xE002 8000 IO0PIN	0xE002 8010 IO1PIN	0xE002 8020 IO2PIN	0xE002 8030 IO3PIN
IOSET	GPIO引脚高电平输出控制寄存器	读/置位	0x0000 0000	0xE002 8004 IO0SET	0xE002 8014 IO1SET	0xE002 8024 IO2SET	0xE002 8034 IO3SET
IODIR	GPIO引脚输入/输出方向控制寄存器	读/写	0x0000 0000	0xE002 8008 IO0DIR	0xE002 8018 IO1DIR	0xE002 8028 IO2DIR	0xE002 8038 IO3DIR
IOCLR	GPIO引脚低电平输出控制寄存器	只清零	0x0000 0000	0xE002 800C IO0CLR	0xE002 801C IO1CLR	0xE002 802C IO2CLR	0xE002 803C IO3CLR

注:LPC2220/2210/2212/2214才有P2和P3口。

LPC2114和LPC2124微控制器具有2个端口,所以它们具有2组控制寄存器。而LPC2220/2210/2212/2214微控制器具有4个端口,所以它们具有4组控制寄存器。

这些寄存器均为32位宽度,每一位都对应着一个不同的I/O口。也就是说,一个GPIO引脚受4个位的控制,这4个位分布在该GPIO引脚所属端口的4个控制寄存器中。比如P0.2引脚属于端口0(P0),那么它受到端口0控制寄存器组中IO0PIN.2、IO0SET.2、IO0DIR.2和IO0CLR.2这4个位的控制,如图4.64所示。

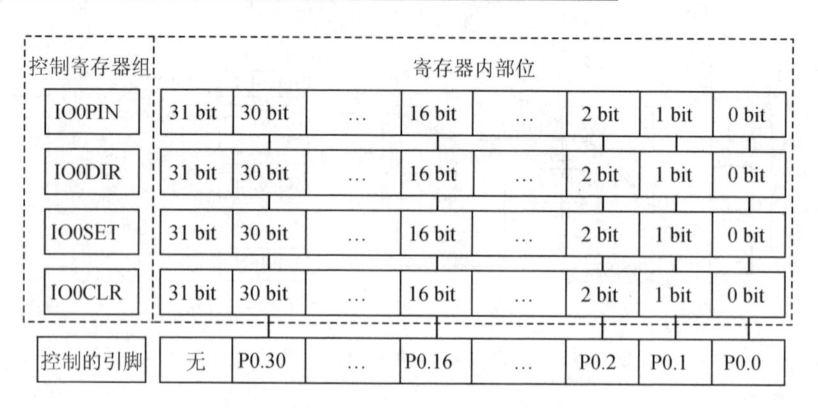

图 4.64　寄存器与引脚的对应关系

1. GPIO引脚值寄存器(IOxPIN, $x=0$、1、2、3)

读取该寄存器可以了解到GPIO引脚当前的电平状态。

写入该寄存器的值将会保存到输出寄存器，而输出寄存器控制着引脚的输出电平状态，即通过修改IOPIN寄存器可以改变引脚的电平输出状态。但这种操作通常是不推荐的，详细原因参看本小节应用部分内容。

GPIO引脚值寄存器描述见表4.60。

表 4.60　GPIO引脚值寄存器

位	描　述	复位值
31：0	GPIO引脚值。IO0PIN的bit0对应于P0.0,……,bit31对应于P0.31	未定义

操作示例：

```
Bak= IO0PIN;                    //了解P0端口所有引脚的当前电平状态
```

2. GPIO方向寄存器(IOxDIR, $x=0$、1、2、3)

当通过PINSELx寄存器将引脚配置为GPIO模式时，可使用该寄存器控制引脚的输入、输出方向。比如某引脚用作输出功能时，将IODIR寄存器的相应位设置为1。

读取IODIR寄存器，将获得对应端口所有I/O口的输入、输出状态。GPIO方向寄存器描述见表4.61。

表 4.61　GPIO方向寄存器

位	描　述	复位值
31：0	方向控制位(0=输入，1=输出)。IO0DIR的bit0控制P0.0,……,bit31控制P0.31	0

操作示例：

```
IO0DIR= 0x000000FF;            //将作为 GPIO 功能的 P0.0～P0.7 设置为输出状态
```

3. GPIO 输出置位寄存器（IOxSET，x＝0、1、2、3）

当引脚配置为 GPIO 输出模式时，可使用该寄存器控制引脚输出高电平。向该寄存器的某些位写入 1 时，对应的引脚将输出高电平。如果需要引脚输出低电平，不能通过向 IOSET 写入 0 来实现，这要使用 IOCLR 来完成。

如果一个引脚被配置为输入或第二功能，那么写 IOSET 将不能引起 I/O 引脚电平变化。读 IOSET 寄存器将返回 GPIO 输出寄存器中的值，也就是当前 I/O 引脚的输出电平状态。该值由前一次对 IOSET 和 IOCLR（或前面提到的 IOPIN）的写操作决定。该值与从 IOPIN 寄存器读取的值可能有所不同，因为它不反映任何外部环境对引脚的影响。比如某个引脚设置为输出高电平，而被外部电路强制拉低，那么从 IOSET 读出该位将是 1，而从 IOPIN 读出该位将是 0。GPIO 输出置位寄存器描述见表 4.62。

表 4.62　GPIO 输出置位寄存器

位	描　述	复位值
31：0	输出置位。IO0SET 的 bit0 对应于 P0.0，……，bit31 对应于 P0.31	0

操作示例：

```
IO0SET= 0x000000FF;            //使作为 GPIO 功能的 P0.0～P0.7 输出高电平
Bak = IO0SET;                  //读取当前 P0 端口的输出状态
```

4. GPIO 输出清零寄存器（IOxCLR，x＝0、1、2、3）

当引脚配置为 GPIO 输出模式时，可使用该寄存器控制引脚输出低电平。向该寄存器的某些位写入 1 时，对应的引脚将输出低电平，并清零 IOSET 寄存器中相应的位。写入 0 将不能改变对应位的输出电平状态。如果一个引脚被配置为输入或第二功能，写 IOCLR 无效。

读取该寄存器将不能获得当前对应端口的输出状态，这个功能要通过 IOSET 寄存器来实现。GPIO 输出清零寄存器描述见表 4.63。

表 4.63　GPIO 输出清零寄存器

位	描　述	复位值
31：0	输出清零。IO0CLR 的 bit0 对应于 P0.0，……，bit31 对应于 P0.31	0

操作示例：

```
IO0CLR = 0x0000000F;           //使作为 GPIO 功能的 P0.0～P0.3 输出低电平
```

4.8.3　GPIO 使用注意事项

① 引脚设置为输出方式时，输出状态由 IOxSET 和 IOxCLR 中最后操作的寄存器决定。

例如：

```
IO0SET = 0x0000 0080
IO0CLR = 0x0000 0080
```

在程序执行结束后，P0.7 将输出低电平，因为写 GPIO 输出清零寄存器在写置位寄存器之后。

② LPC2000 系列 ARM 大部分的 I/O 引脚为推挽方式输出，但是具有 I^2C 总线功能的 I/O 引脚为开漏输出（P0.2/3 和 P0.11/14）。使用这些开漏输出的引脚作为 GPIO 功能，并用于高电平输出或者引脚状态输入时，要接上拉电阻才能正常使用。如图 4.65 所示，P0.11 作为输入，P0.2 和 P0.3 作为输出，此时需要接上拉电阻。

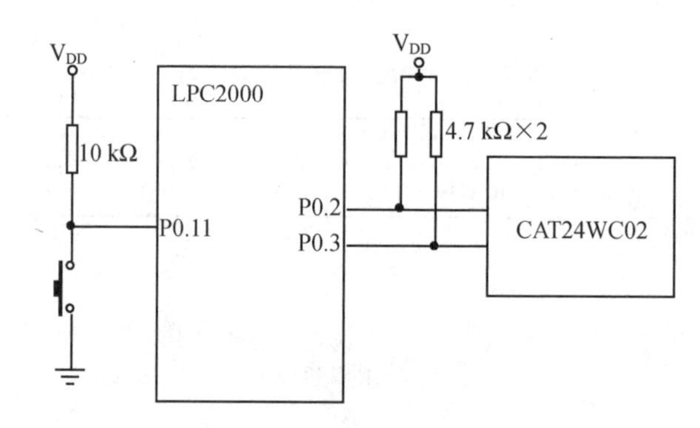

图 4.65　使用开漏输出的引脚

③ 推挽输出的 I/O 引脚正常拉出/灌入电流均为 4 mA，短时间极限值为 40 mA。

④ 复位后大部分引脚默认作为 GPIO 功能，并且均为输入状态。但是有部分引脚在复位后默认作为第二功能（如 P0.27～P0.30 在复位后默认为 A/D 输入引脚）。

⑤ LPC2210/2220/2212/2214 中的 P2.30 和 P2.31 比较特殊，无论它们作为什么功能，第二功能的 A/D 输入始终有效，当它们连接高于 3.3 V 的电平时，将影响其他 A/D 转换的结果。

4.8.4　GPIO 应用示例

1. 将 P0.0 设置为输出高电平

如程序清单 4.10 所示，设置某（几）个 I/O 口的输出电平状态需要完成 3 步工作。程序执行之后的内部寄存器状态如图 4.66 所示。

程序清单 4.10 设置 P0.0 为输出模式

```
PINSEL0 &= 0xFFFFFFFC;   //第①步,设置引脚连接模块,将 P0.0 设置为 GPIO 功能
IO0DIR  |= 0x00000001;   //第②步,将 P0.0 设置为输出
IO0SET   = 0x00000001;   //第③步,设置 P0.0 输出高电平
```

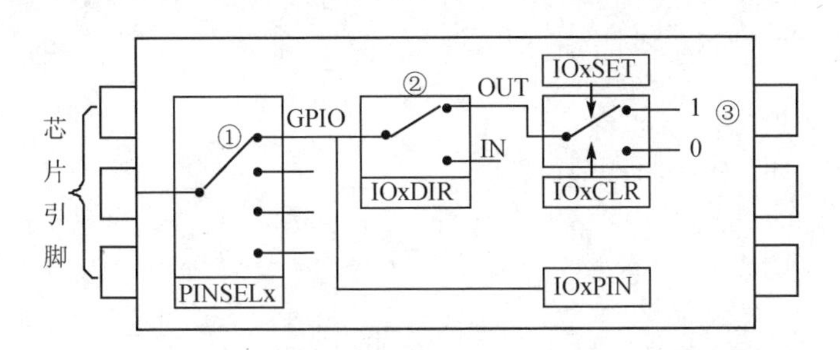

图 4.66 设置 P0.0 输出高电平时的内部开关状态

2. 使用 GPIO 控制蜂鸣器

在该实验中使用 P0.7 控制蜂鸣器间歇性的鸣叫,示例程序如程序清单 4.11 所示,控制电路如图 4.67 所示。

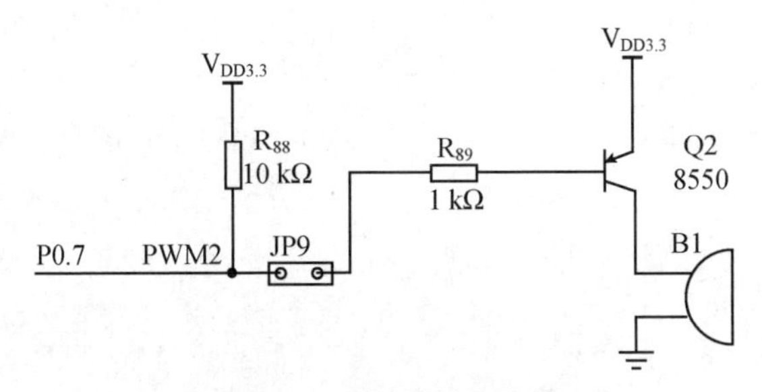

图 4.67 蜂鸣器控制电路

程序清单 4.11 控制蜂鸣器报警

```
/****************************************************************
* 文件名: BEEPCON.C
* 功  能: 蜂鸣器控制。对蜂鸣器 B1 进行控制,采用软件延时方法
*         使用 I/O 口直接控制,采用灌电流方式
* 说  明: 将跳线器 JP9 短接,JP4 断开
****************************************************************
#include   "config.h"
#define     BEEPCON      0x00000080      /* P0.7 引脚控制 B1,低电平时蜂鸣 */
****************************************************************
```

```
*名    称:DelayNS()
*功    能:长软件延时
*入口参数:dly  延时参数,值越大,延时越久
*出口参数:无
*******************************************************************/
void DelayNS(uint32 dly)
{  uint32 i;
   for(;dly>0;dly--)
      for(i=0;i<5000;i++);
}
/*******************************************************************
*名称:main()
*功能:控制蜂鸣器蜂鸣
*******************************************************************/
int  main(void)
{  PINSEL0 = 0x00000000;                    //设置引脚连接 GPIO
   IO0DIR = BEEPCON;                        //设置 I/O 为输出
   while(1)
   { IO0SET = BEEPCON;                      //BEEPCON = 1
     DelayNS(10);
     IO0CLR = BEEPCON;                      //BEEPCON = 0
     DelayNS(10);
   }
   return(0);
}
```


3. 读取 P0.0 引脚的电平状态

如程序清单 4.12 所示,要读取某(几)个 I/O 口的电平状态需要完成 3 步工作。程序执行之后的内部寄存器状态如图 4.68 所示。

程序清单 4.12 GPIO 读/写操作

```
uint32 PinStat;                   //定义一个 32 位的局部变量用于存放 I/O 状态
PINSEL0 &= 0xFFFFFFFC;            //第①步,设置引脚连接模块,将 P0.0 设置为 GPIO 功能
IO0DIR &= 0xFFFFFFFE;             //第②步,把 P0.0 设置为输入状态
PinStat  = IO0PIN& 0x01;          //第③步,通过 IP0PIN 寄存器获取 P0.0 当前的电平状态
```

4. 读取按键状态

在该实验中,通过判断按键连接的 P0.14 引脚是否为低电平来控制蜂鸣器鸣叫,硬件原理图如图 4.69 所示,实验代码如程序清单 4.13 所示。

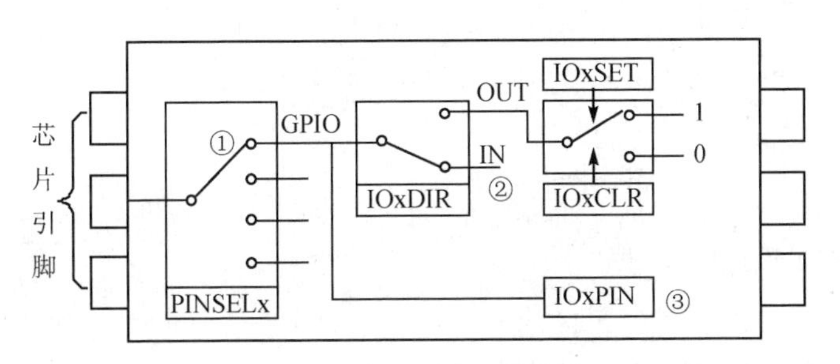

图 4.68　获取 P0.0 引脚电平时的内部开关状态

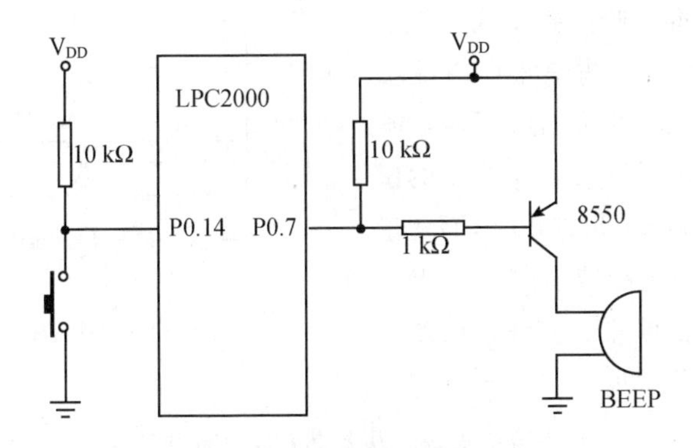

图 4.69　按键控制蜂鸣器电路

程序清单 4.13　按键读取程序

```
/*******************************************************************
* 文件名：READPIN.C
* 功  能：读取 I/O 引脚值，并输出控制蜂鸣器
*         使用 I/O 口输入方式对 P0.14 口进行扫描
* 说  明：将跳线器 JP9 短接，JP4 断开，然后短接/断开 JP1(使 P0.14 为低/高电平)
*******************************************************************/
#include   "config.h"
#define    BEEPCON     0x00000080       /* P0.7 引脚控制 B1，低电平时蜂鸣 */
#define    PIN_P014    0x00004000       /*定义 P0.14 屏蔽字 */
/*******************************************************************
* 名称：main()
* 功能：读取 P0.14 口的值，并输出控制蜂鸣器 B1
*******************************************************************/
int  main(void)
{  uint32  i;
   PINSEL0 = 0x00000000;                 //设置引脚连接 GPIO
   IO0DIR = BEEPCON;                     //设置 B1 控制口为输出，其他 I/O 为输入
```

```
    while(1)
    {   if( (IO0PIN&PIN_P014)!=0 ) IO0SET = BEEPCON;
           else   IO0CLR = BEEPCON;
        for(i=0;i<1000;i++);
    }
    return(0);
}
```

5. 在多个 I/O 口线上输出数据

如程序清单 4.14 所示，从一组 I/O 口线上输出变量 Data 中保存的值需要完成 4 步工作，首先是设置引脚连接模块和设置引脚方向。输出数据时先清零所有输出 I/O 口线，再把 Data 变量的值写入到 IOSET 寄存器中，那么该变量中为 1 的位将在相应的 I/O 口线上反映出来，而变量中为 0 的位将不影响相应引脚的输出电平状态，仍然保持低电平。实际输出效果如图 4.70 的Ⓐ波形所示。

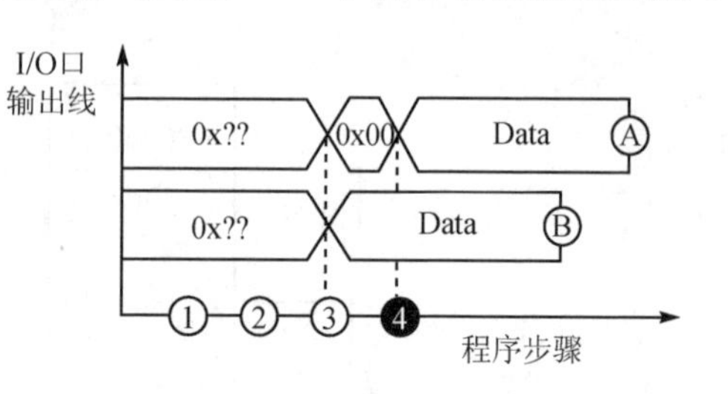

图 4.70　多个 I/O 输出数据

程序清单 4.14　从多个 I/O 口输出数据

```
#define  DataBus   0xFF              //定义表示数据口线位置的宏
PINSEL0 &= 0xFFFF0000;               //第①步，设置引脚连接模块，将 P0.0~P0.7 设置为
                                     //GPIO 功能
IO0DIR   |= DataBus;                 //第②步，将所有数据 I/O 口设置为输出
IO0CLR    = DataBus;                 //第③步，将所有数据 I/O 口设置为低电平输出
IO0SET    = Data;                    //第④步，将要输出的数据从 I/O 口输出
```

在介绍 IOPIN 寄存器时提到该写寄存器可以直接控制输出寄存器，使用该寄存器的代码如程序清单 4.15 所示。实际输出效果如图 4.71 的Ⓑ波形所示。

程序清单 4.15　从多个 I/O 口输出数据

```
#define  DataBus   0xFF            //定义表示数据口线位置的宏
PINSEL0 &= 0xFFFF0000;             //第①步，设置引脚连接模块，将 P0.0~P0.7 设置为
                                   //GPIO 功能
IO0DIR   |= DataBus;               //第②步，将所有数据 I/O 口设置为输出
IO0PIN = (IO0SET & 0xFFFFFF00) | Data;   //第③步，将要输出的数据从 I/O 口输出
```

由图 4.70 可以发现，波形Ⓐ在执行第③步程序之后、第④步程序之前存在一个中间状态，这个中间状态非常短暂，但是如果在应用系统中不允许出现这样的中间状态，那么可以使用波形Ⓑ所使用的程序。

写 IOPIN 寄存器是直接对相应端口的所有 GPIO 功能引脚生效的，也就是说写

入值中为 1 的位所对应的 GPIO 引脚将输出高电平,为 0 的位所对应的 GPIO 引脚将输出低电平。高低电平的输出是同时发生的,所以也就不存在波形Ⓐ中的中间状态。这样的操作在一些应用场合是不安全的,因为它很可能会影响到不想修改的位,需要特别注意。

4.9　向量中断控制器

4.9.1　概　述

1. 中断向量控制器简介

LPC2000 系列 ARM,定位于面向工业控制领域的微控制器,而工业控制应用要求处理器必须具有正确快速地响应和处理多个外部事件(特别是紧急事件)的能力。ARM 内核本身只有快速中断 FIQ 和普通中断 IRQ 这 2 条中断输入信号线,只能接受 2 个中断。很显然,如果不经过特殊处理,ARM 内核很难处理 2 个以上的中断事件,向量中断控制器(Vectored Interrupt Controller,VIC)就是使 LPC2000 系列 ARM 具有正确快速处理多个外部中断事件的能力的功能模块。

在第 2 章,曾经提到了 LPC2000 系列 ARM 的中断系统,如图 2.11 所示 VIC 就是外设中断源和 CPU 内核之间的桥梁。

LPC2000 系列 ARM 中的 VIC 模块具有如下特性:

- ARM PrimeCell 向量中断控制器;
- 最多 32 个中断请求输入;
- 16 个向量 IRQ 中断;
- 16 个优先级,可动态分配优先级;
- 可产生软件中断。

ARM 内核含有 7 种模式,所有模式全部共享一个程序状态寄存器——CPSR,同时 ARM 内核也是通过 CPSR 来监视和控制内部操作的。CPSR 寄存器中“I”标志位和“F”标志位分别用来控制 IRQ 模式和 FIQ 模式的使能:

- 当 I=1 时,禁止 IRQ 中断,反之 IRQ 中断使能;
- 当 F=1 时,禁止 FIQ 中断,反之 FIQ 中断使能。

因此,I 标志位和 F 标志位分别相当于 IRQ 中断和 FIQ 中断的使能位,如图 4.71 所示。

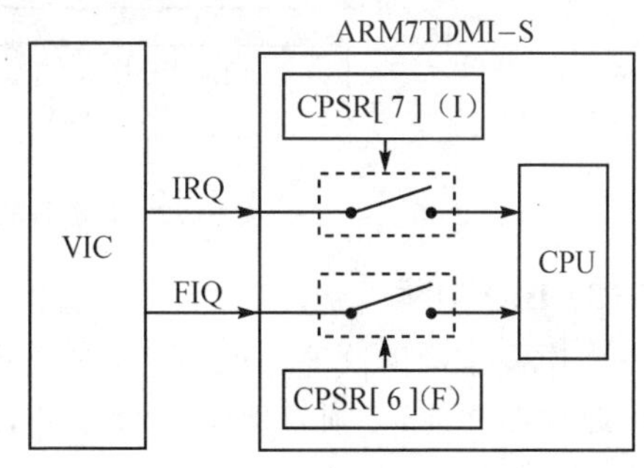

图 4.71　CPSR 与 IRQ、FIQ 中断的关系

2. 中断分类

所有中断源在VIC中可编程为FIQ、向量IRQ和非向量IRQ，由于响应速度的差别，不同类型的中断分别适用于不同的场合。

① 快速中断请求(Fast Interrupt reQuest,FIQ)：具有最高优先级，中断响应最快，常用于处理非常重要、非常紧急的事件。

② 向量IRQ(Vectored IRQ)：具有中等优先级和16个通道，最多可分配16个向量IRQ中断。向量IRQ中断对外部事件响应比较及时，常用于处理重要事件。

③ 非向量IRQ(Non-vectored IRQ)：优先级最低，中断延迟时间比较长，常用于处理一般事件中断。非向量IRQ中断也属于IRQ中断，后面有更详细的描述，这里不再过多介绍。

(1) FIQ中断

① FIQ中断的使能。前面介绍了CPSR寄存器与FIQ中断的关系，在使用FIQ中断之前，必须要使能FIQ中断，即将CPSR寄存器中的“F”标志位清零。具体的实现方法会在后面的描述中介绍。

② FIQ中断响应过程。当外部发生FIQ事件时，处理器硬件会自动完成多步操作，如图4.72所示。

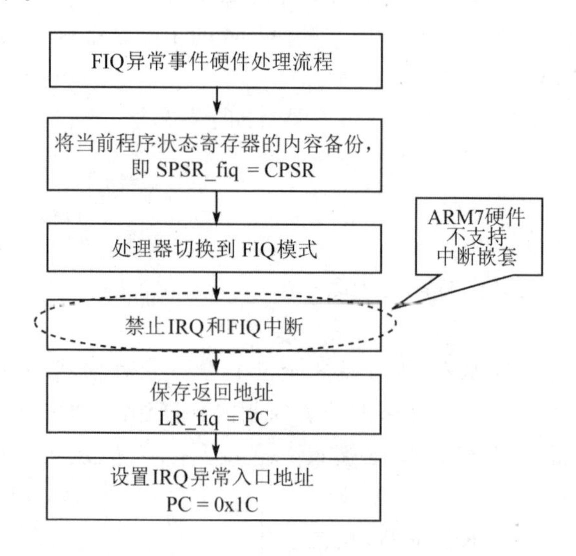

图4.72 FIQ异常事件硬件处理流程

(2) IRQ中断

① IRQ中断的使能。前面介绍了CPSR寄存器与IRQ中断的关系，所以，在使用IRQ中断之前，必须要使能IRQ中断，即将CPSR寄存器中的“I”标志位清零。具体的实现方法会在后面的描述中介绍。

② IRQ中断响应过程。当外部发生IRQ事件时，处理器硬件会自动完成多步

操作，如图 4.73 所示。

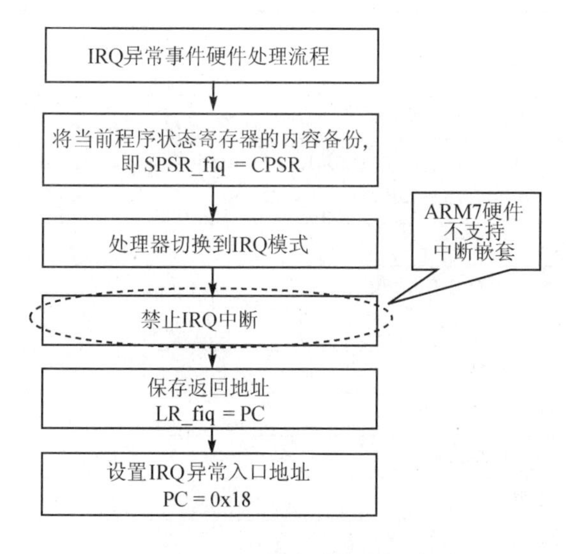

图 4.73　IRQ 异常事件硬件处理流程

3. 中断源

VIC 可以管理 32 路中断请求，但在 LPC2000 系列 ARM 中，并没有使用完所有中断请求通道，没有使用的中断通道保留，供后续芯片使用。LPC2000 系列 ARM 大部分外设都能产生中断，有的还能产生多个中断，表 4.64 列出了一个典型的 LPC2000 系列 ARM 的可用中断源。

表 4.64　LPC2000 系列 ARM 的中断源

模　块	标　志	VIC 通道号
WDT	看门狗中断(WDINT)	0
—	保留给软件中断	1
ARM 内核	EmbeddedICE，DbgCommRx	2
ARM 内核	EmbeddedICE，DbgCommTx	3
定时器 0	匹配 0～3(MR0～MR3)，捕获 0～3(CR0～CR3)	4
定时器 1	匹配 0～3(MR0～MR3)，捕获 0～3(CR0～CR3)	5
UART0	Rx 线状态(RLS)，发送保持寄存器空(THRE)；Rx 数据可用(RDA)，字符超时指示(CTI)	6
UART1	Rx 线状态(RLS)，发送保持寄存器空(THRE)；Rx 数据可用(RDA)，字符超时指示(CTI)	7
PWM0	匹配 0～6(MR0～MR6)	8

续表 4.64

模 块	标 志	VIC通道号
I^2C0	SI(状态改变)	9
SPI0	SPI中断标志(SPIF),模式错误(MODF)	10
SPI1 (SSP)	Tx FIFO至少一半为空(TXRIS),Rx FIFO至少一半为满(RXRIS);接收超时条件(RTRIS),接收溢出(RORRIS)	11
PLL	PLL锁定(PLOCK)	12
RTC	计数器增加(RTCCIF),报警(RTCALF)	13
系统控制	外部中断0(EINT0)	14
	外部中断1(EINT1)	15
	外部中断2(EINT2)	16
	外部中断3(EINT3)	17
A/D0	A/D转换器0	18
I^2C1	SI(状态改变)	19
BOD	掉电检测	20

注:不同芯片中断源的多少可能不一样,请参考相应芯片的用户手册。

每个中断源都有自己确定的中断通道号,很多VIC寄存器中位域的安排都是基于通道号的,参考表4.65。

表4.65 VIC寄存器位分配

位	31	30	…	5	4	3	2	1	0
功 能	保留	保留	…	TIMER1	TIMER0	ARM内核 DbgCommTx	ARM内核 DbgCommRx	保留	WDT

注:很多VIC寄存器都是这种结构,这里并没有将32个位的分配全部列出,未列出的位请参考中断源通道号进行理解。

4.9.2 VIC寄存器描述

VIC内部结构如图4.74所示,图中列出了VIC模块大部分寄存器的逻辑位置和功能示意。

VIC对外设的中断进行管理,通过中断使能寄存器(VICIntEnable)来使能某一个中断。中断选择寄存器(VICIntSelect)用来设置中断类型:IRQ中断或者FIQ中断。

如果将某个外设的中断设置为FIQ,则中断的响应时间是最快的;如果设置为IRQ,还需要为其分配IRQ通道。此时,如果外设中断请求有效时,IRQ的硬件优先级选择器会选择当前优先级最高的IRQ通道,并将该通道所对应的IRQ中断服务

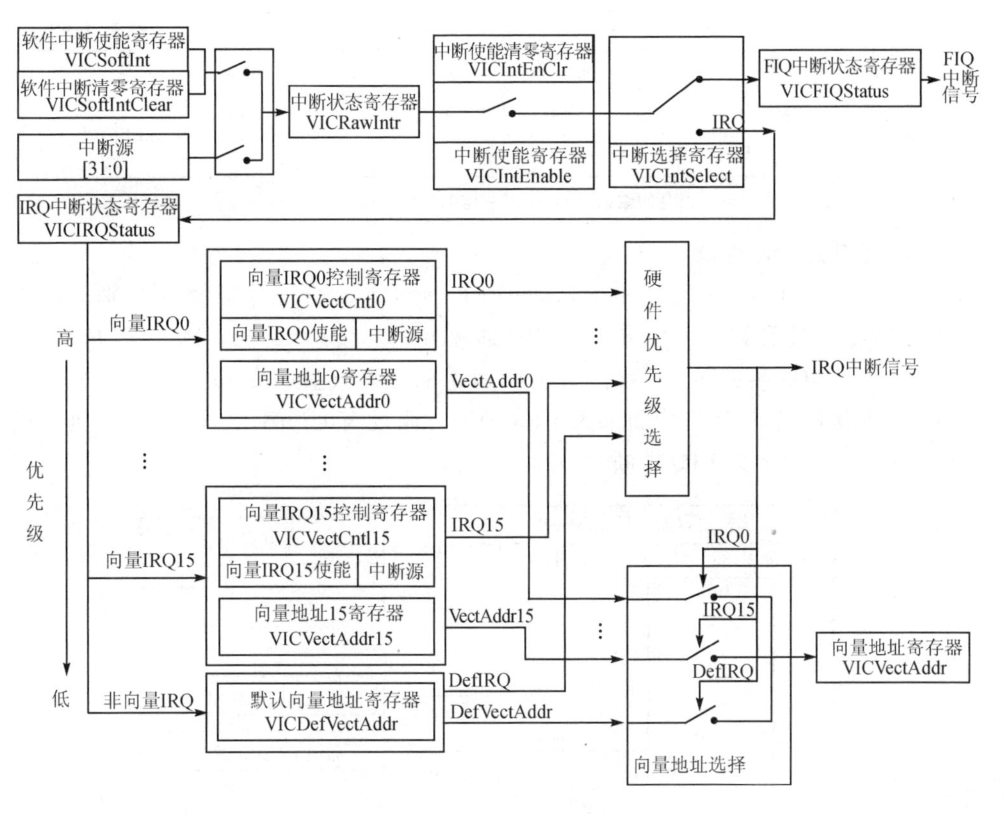

图 4.74　VIC 方框图

程序地址保存到向量地址寄存器(VICVectAddr)中。

综上所述,CPU 能否正常响应中断,取决于程序状态寄存器——CPSR 中的“I”标志位和“F”标志位;而 CPU 能否正常响应外设产生的中断,则完全取决于 VIC。

为了更进一步理解 VIC 部分的寄存器,下面将根据寄存器的功能,对所有寄存器进行分类介绍,部分寄存器将在具体应用中进一步阐述。

1. VIC 控制寄存器

VIC 控制寄存器包括中断选择寄存器、中断使能寄存器以及中断禁能清零寄存器,详见表 4.66。

表 4.66　VIC 控制寄存器

名　称	描　述	访　问	复位值*	地　址
VICIntSelect	中断选择寄存器：将 32 个中断请求的每个中断分配为 FIQ 或 IRQ	R/W	0	0xFFFF F00C
VICIntEnable	中断使能寄存器：控制 32 个中断请求(包括软件中断)的使能	R/W	0	0xFFFF F010

续表 4.66

名 称	描 述	访 问	复位值*	地 址
VICIntEnClr	中断使能清零寄存器：允许软件将中断使能寄存器中的一个或多个位清零	W	0	0xFFFF F014

* 复位值仅指已使用位中保存的数据，不包括保留位的内容，下同。VIC所有寄存器复位值都为0。

(1) 中断选择寄存器

中断选择寄存器(VICIntSelect，0xFFFF F00C)将32个中断请求分别分配为FIQ或IRQ，该寄存器的位分布基于VIC通道号，参考表4.65。如图4.75所示，当VICIntSelect中的某一位为1时，表示该通道的中断设置为FIQ；为0时，分配为IRQ。在默认情况下，所有中断都为IRQ中断。假设VICIntSelect[0] = 1，则通道0的WDT中断设置为FIQ中断。

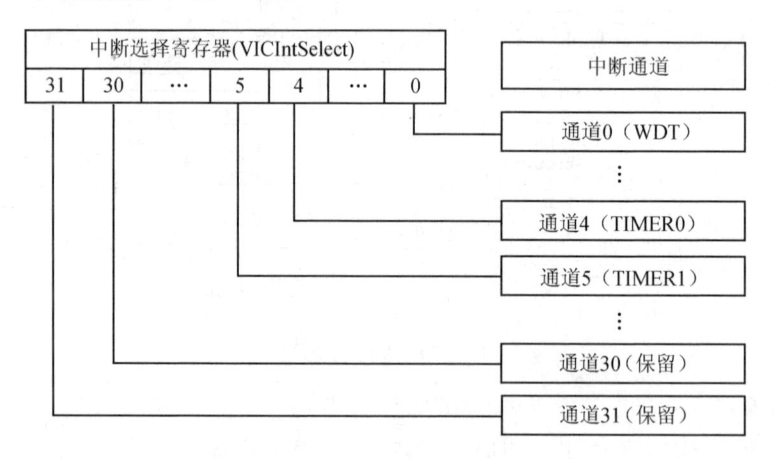

图4.75 中断选择寄存器示意图

操作示例：将外部中断0分配为FIQ(EINT0_num为外部中断0的中断通道号)。

```
VICIntSelect = (1≪EINT0_num);
```

(2) 中断使能寄存器

中断使能寄存器(VICIntEnable，0xFFFF F010)用来使能已经分配的中断，无论该通道中断被分配为FIQ还是IRQ中断。该寄存器的位分布也是基于VIC通道号，参考表4.65。写入1，对应通道的中断使能，写入0无效。

操作示例：假定外部中断0中断被分配为FIQ，定时器0中断被分配为IRQ中断，现将它们使能。

```
VICIntEnable= (1≪Timer0_num);                //使能 Timer0
VICIntEnable = (1≪EINT0_num);                //EINT0 中断
```

(3) 中断使能清零寄存器

中断使能清零寄存器(VICIntEnClear，0xFFFF F014)允许软件将VICIntEnable中

的一个或多个位清零，即，禁止对应通道的中断源产生中断，该寄存器的位分布基于VIC通道号，参考表4.65。写入1，清零VICIntEnable对应位，并禁止对应中断；写入0无效。

操作示例：假定某次外部中断0发生以后，应用中不再需要外部中断0，程序中可以这样处理，将外部中断0禁止。

```
VICIntEnClear = (1≪EINT0_num);                 //禁止外部中断0
```

该寄存器仅在某些中断中，必须使用VICIntEnClear寄存器来禁止中断。

注意：PLL中断和WDT中断，由于这2个中断的中断标志都不能被软件清除，因而中断处理完毕后，只能通过VICIntEnClear来将这2个中断禁止，实现中断返回。

操作示例：

```
VICIntEnClear = (1≪PLL_num) | (1≪WDT_num);  //禁止PLL和WDT中断
```

2. VIC参数设置寄存器

在这里介绍设置中断服务程序地址和向量IRQ优先级的相关寄存器，详见表4.67。

表4.67　VIC参数设置寄存器

名　称	描　述	访　问	复位值*	地　址
VICVectAddr	向量地址寄存器：当发生一个IRQ中断时，IRQ服务程序可读出该寄存器并跳转到读出的地址	R/W	0	0xFFFF F030
VICDefVectAddr	默认向量地址寄存器：该寄存器保存了非向量IRQ的中断服务程序(ISR)地址	R/W	0	0xFFFF F034
VICVectAddr0	向量地址0寄存器：向量地址寄存器0～15保存了16个向量IRQ slot的中断服务程序地址	R/W	0	0xFFFF F100
VICVectAddr1	向量地址1寄存器	R/W	0	0xFFFF F104
VICVectAddr2	向量地址2寄存器	R/W	0	0xFFFF F108
VICVectAddr3	向量地址3寄存器	R/W	0	0xFFFF F10C
VICVectAddr4	向量地址4寄存器	R/W	0	0xFFFF F110
VICVectAddr5	向量地址5寄存器	R/W	0	0xFFFF F114
VICVectAddr6	向量地址6寄存器	R/W	0	0xFFFF F118
VICVectAddr7	向量地址7寄存器	R/W	0	0xFFFF F11C
VICVectAddr8	向量地址8寄存器	R/W	0	0xFFFF F120
VICVectAddr9	向量地址9寄存器	R/W	0	0xFFFF F124

续表 4.67

名　称	描　述	访　问	复位值*	地　址
VICVectAddr10	向量地址 10 寄存器	R/W	0	0xFFFF F128
VICVectAddr11	向量地址 11 寄存器	R/W	0	0xFFFF F12C
VICVectAddr12	向量地址 12 寄存器	R/W	0	0xFFFF F130
VICVectAddr13	向量地址 13 寄存器	R/W	0	0xFFFF F134
VICVectAddr14	向量地址 14 寄存器	R/W	0	0xFFFF F138
VICVectAddr15	向量地址 15 寄存器	R/W	0	0xFFFF F13C
VICVectCntl0	向量控制 0 寄存器向量控制寄存器 0～15 分别控制 16 个向量 IRQ 通道中的一个。通道 0 优先级最高，而通道 15 优先级最低	R/W	0	0xFFFF F200
VICVectCntl1	向量控制 1 寄存器	R/W	0	0xFFFF F204
VICVectCntl2	向量控制 2 寄存器	R/W	0	0xFFFF F208
VICVectCntl3	向量控制 3 寄存器	R/W	0	0xFFFF F20C
VICVectCntl4	向量控制 4 寄存器	R/W	0	0xFFFF F210
VICVectCntl5	向量控制 5 寄存器	R/W	0	0xFFFF F214
VICVectCntl6	向量控制 6 寄存器	R/W	0	0xFFFF F218
VICVectCntl7	向量控制 7 寄存器	R/W	0	0xFFFF F21C
VICVectCntl8	向量控制 8 寄存器	R/W	0	0xFFFF F220
VICVectCntl9	向量控制 9 寄存器	R/W	0	0xFFFF F224
VICVectCntl10	向量控制 10 寄存器	R/W	0	0xFFFF F228
VICVectCntl11	向量控制 11 寄存器	R/W	0	0xFFFF F22C
VICVectCntl12	向量控制 12 寄存器	R/W	0	0xFFFF F230
VICVectCntl13	向量控制 13 寄存器	R/W	0	0xFFFF F234
VICVectCntl14	向量控制 14 寄存器	R/W	0	0xFFFF F238
VICVectCntl15	向量控制 15 寄存器	R/W	0	0xFFFF F23C

* 复位值仅指已使用位中保存的数据，不包括保留位的内容。VIC 所有寄存器复位值都为 0。

(1) 向量地址寄存器

向量地址寄存器（VICVectAddr，0xFFFF F030）用于存放 IRQ 中断服务程序的地址，参考表 4.68。当发生一个 IRQ 中断后，CPU 读取该寄存器并跳转到对应的地址处，执行中断服务程序。但是，不能在程序中直接将中断服务程序的地址赋给 VICVectAddr 寄存器，该寄存器的值是从 VICDefVectAddr 或者 VICVectAddr0～15 中复制而得到的。

表 4.68　向量地址寄存器

位	31：0
功　能	IRQ 中断服务程序地址（来自 VICDefVectAddr 或者 VICVectAddr0～15）

注：IRQ（向量 IRQ 和非向量 IRQ）中断服务程序处理完毕后，必须对该寄存器执行写操作，更新 VIC 的硬件优先级，以便响应下一次中断。

(2) 默认向量地址寄存器

默认向量地址寄存器(VICDefVectAddr,0xFFFF F034)保存非向量IRQ中断服务程序的地址(通过程序实现),参考表4.69。一旦发生非向量IRQ中断,该寄存器的值将被复制到VICVectAddr中,供VIC使用。

表4.69 默认向量地址寄存器

位	31:0
功 能	非向量IRQ中断服务程序地址

注:一旦将某个中断服务程序的地址放到该寄存器,该中断也就被分配为非向量IRQ中断。

操作示例:假定外部中断0服务程序为EINT0_ISR(),准备分配为非向量IRQ中断,其地址设置程序如下。

```
VICDefVectAddr = (unsigned int)EINT0_ISR;    //设置外部中断0服务程序地址(非
                                             //向量IRQ中断)
```

(3) 向量地址寄存器0~15

这16个向量地址寄存器(VICVectAddr0~15,0xFFFFF100~13C)仅适用于向量IRQ中断,分别用于保存16个向量IRQ通道的中断服务程序地址(通过程序实现),参考表4.70 。VIC共有16个向量IRQ通道,最多可分配16个向量IRQ优先级。**注意:** IRQ通道和IRQ优先级是2个完全不同的概念。

表4.70 向量地址寄存器0~15

位	31:0
功 能	分配为该向量IRQ slot的中断服务程序地址(由程序设置)

操作示例:假定外部中断0服务程序为EINT0_ISR(),准备分配为向量IRQ中断,安排在向量通道0,其地址设置程序如下。

```
VICVectAddr0 = (unsigned int)EINT0_ISR;    //设置外部中断0服务程序地址
                                           //(向量IRQ中断)
```

向量IRQ通道与中断通道的含义是不同的,如图4.76所示。

(4) 向量控制寄存器0~15

这16个向量控制寄存器(VICVectCntl0~15,0xFFFF F200~23C)仅适用于向量IRQ中断,必须和向量地址寄存器0~15配对使用,用于确定每个向量IRQ中断通道的优先级。向量IRQ通道0优先级最高,向量IRQ通道15优先级最低,每个VICVectCntl寄存器都具有表4.71所列的结构。

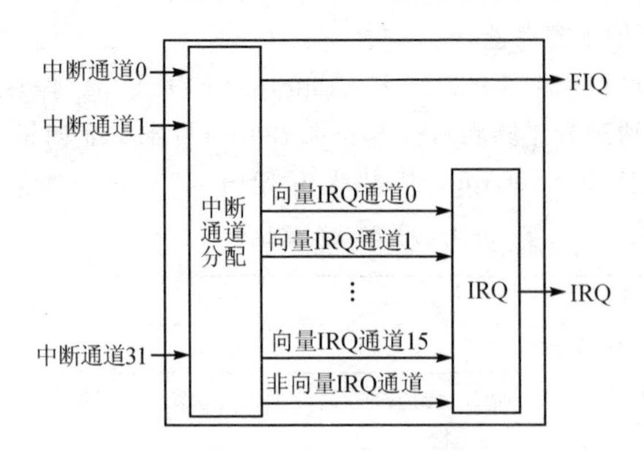

图 4.76 中断通道与向量通道的关系

表 4.71 向量控制寄存器

位	31：6	5	4：0
功 能	保留	向量 IRQ 使能	分配给该向量 IRQ 通道的中断请求或软件中断的编号

注意：

① 在 VICVectCntl 寄存器中禁止一个向量 IRQ 通道不会禁止中断本身，中断只是变为非向量的形式。使用向量 IRQ 中断，bit5 必须置 1。

② 不要将相同的中断编号分配给多于一个使能的向量 IRQ 通道，但如果这样做了，当中断请求或软件中断使能，被分配为 IRQ 并声明时，会使用最低编号的通道。

③ 当两个不同优先级中断同时发生时，VIC 响应高优先级中断而忽略低优先级中断。如果低优先级的 IRQ 中断正在处理，也不能响应高优先级的 IRQ 中断，即 VIC 中，向量 IRQ 中断不能自动嵌套。

④ 向量地址寄存器 0～15 必须和向量控制寄存器 0～15 配对使用，即两者的编号必须一致。

3. 状态寄存器

VIC 共有 3 个寄存器可供用户查询 VIC 的状态，见表 4.72。

表 4.72 VIC 状态寄存器

名 称	描 述	访 问	复位值	地 址
VICIRQStatus	IRQ 状态寄存器：该寄存器读出定义为 IRQ 并使能的中断的状态	RO	0	0xFFFF F000
VICFIQStatus	FIQ 状态寄存器：该寄存器读出定义为 FIQ 并使能的中断的状态	RO	0	0xFFFF F004
VICRawIntr	所有中断的状态寄存器：该寄存器读出 32 个中断请求/软件中断的状态，不管中断是否使能或分类	RO	0	0xFFFF F008

(1) IRQ状态寄存器

读取该寄存器(VICIRQStatus,0xFFFF F000)将得到所有使能并分配为IRQ中断请求的状态,它不对向量和非向量IRQ进行区分。该寄存器位分配基于VIC通道号,参考表4.65。某位为1,则表示该中断已经被分配为IRQ中断,并且已经激活。如果有多个中断被分配为非向量IRQ中断,则可以在服务程序中读取该寄存器,以确定哪一个(几个)中断被激活。

(2) FIQ状态请求寄存器

读取该寄存器(VICFIQStatus,0xFFFF F004)将得到所有使能并分配为FIQ中断请求的状态,该寄存器位分配基于VIC通道号,参考表4.65。某位为1,表示该中断已经被分配为FIQ,并且已经激活。如果有超过一个请求分配为FIQ(不推荐),FIQ服务程序可读取该寄存器来确定是哪一个(几个)请求被激活。

(3) 所有中断的状态寄存器

读取该寄存器(VICRawIntr,0xFFFF F008)将得到所有32个中断请求和软件中断的状态,它不管中断是否使能或分类。该寄存器位分配基于VIC通道号,参考表4.65。某位为1,表示该通道的中断已经被激活。

4. 其他寄存器

VIC管理整个芯片的所有中断,其设置的安全性直接影响整个系统的安危。ARM内核设计非常适合于运行操作系统,在运行操作系统中,用户程序往往运行在用户模式,而操作系统内核一般运行在特权模式。讲究安全性的系统,往往不允许用户程序修改或者访问一些关键部件,防止用户操作不当造成系统出错或者崩溃。VIC就可以被设置为这种部件,VIC保护使能寄存器可以对VIC进行保护,一般情况下不需使用该功能,推荐在操作系统中使用。

保护使能寄存器

设置该寄存器(VICProtection,0xFFFF F020)可以限制用户模式下的程序访问VIC,保护使能寄存器见表4.73。bit0置1,VIC寄存器只能在特权模式下访问;bit0清零,VIC可在所有模式下访问。该寄存器复位默认值为0,即所有模式下均可访问。

表4.73 保护使能寄存器

位	31:1	0
功 能	保留	VIC保护

5. 基本使用方法

VIC的寄存器比较多,但在一般应用中,没有必要用到全部寄存器,掌握一些常用的、基本的寄存器即可。VIC的基本使用方法:

① 确定该中断分配为FIQ还是IRQ中断。

② 若分配为FIQ,则进行相关初始化;若分配为IRQ,继续分配是向量IRQ还

是非向量 IRQ 中断,然后分别进行相关设置。

③ 清除相应中断标志,并使能相应中断。

④ 编写中断服务程序。

以上步骤以流程图方式归纳如图 4.77 所示。

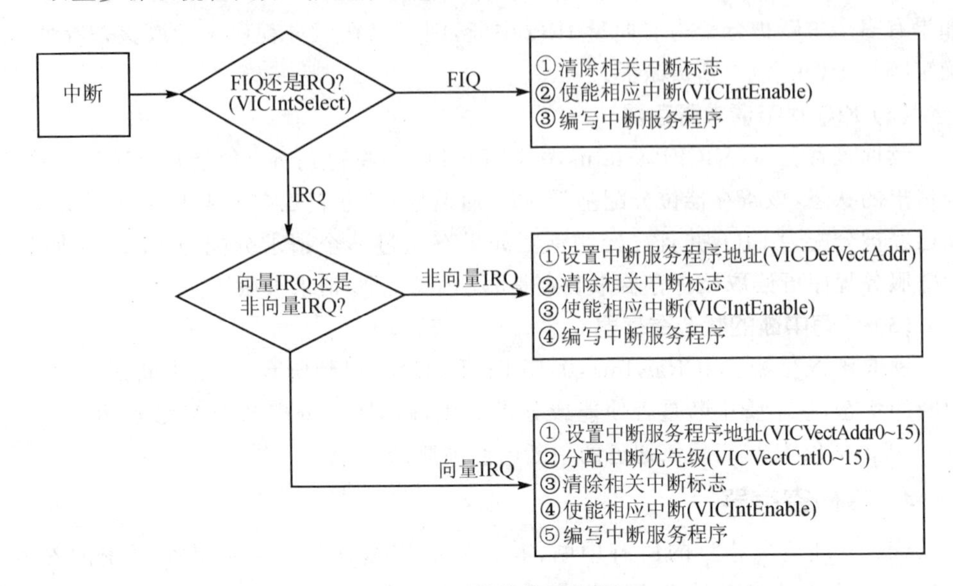

图 4.77　VIC 基本使用流程图

4.9.3　中断处理

1. ARM 对异常中断的响应过程

当发生异常中断时,ARM 处理器硬件会自动响应如下过程(假设中断未屏蔽):

① 将寄存器 LR 设置为返回地址。

② 保存当前程序状态寄存器。方法:将前一模式的 CPSR 内容保存到异常中断对应的 SPSR 寄存器中。

③ 关中断。在 CPSR 中禁止 IRQ 中断,或同时禁止 IRQ 与 FIQ 中断,防止 CPU 响应同类型的中断。

④ 将 PC 值设置成该异常中断的入口地址。发生 IRQ 中断时,PC = 0x0000 0018;发生 FIQ 中断时,PC = 0x0000 001C。

上述过程是 ARM 处理器硬件自动完成的,无需用户干预。

2. 从异常中断处理程序中返回

ARM 处理器从异常中断中返回时,要执行两个操作:

① 恢复程序状态寄存器。方法为:将寄存器 SPSR 的值复制到 CPSR 中即可。

② 恢复用户程序的运行。

ARM 处理器从中断返回时执行的两个操作是由用户软件实现的。

4.9.4　FIQ 中断

1. FIQ 中断描述

FIQ 优先级最高，中断响应最迅速，常用于处理系统中最重要最紧急的中断事件。一旦发生 FIQ 中断，ARM 处理器进入 FIQ 模式，PC 指向 FIQ 异常入口 0x1C，开始处理 FIQ 中断，参考图 4.78。ARM 处理器为 FIQ 模式多设计了 R8～R12 这 5 个私有寄存器，加速 FIQ 的处理。设计 FIQ 模式的目的是为了获得最快的中断处理速度，减小中断延迟。

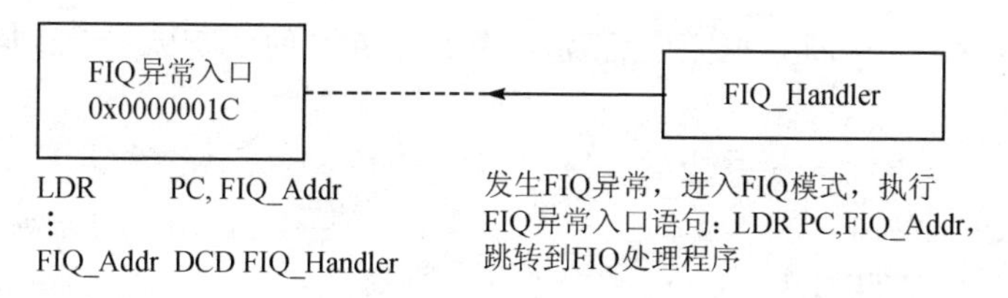

图 4.78　FIQ 示意图

建议只分配一个中断为 FIQ，保证 FIQ 能以最快的速度处理 FIQ 中断。如果将多个中断分配为 FIQ，只能在软件中通过 VICFIQStatus 来查询到底是哪个中断已经发生，这势必增加中断延迟，这有悖于 FIQ 的设计初衷。

正常情况下，用户程序工作在系统模式，发生 FIQ 中断后，处理器硬件会执行一些固定的操作，然后执行用户的中断处理程序，最后返回到中断处。整个处理过程如图 4.79 所示。

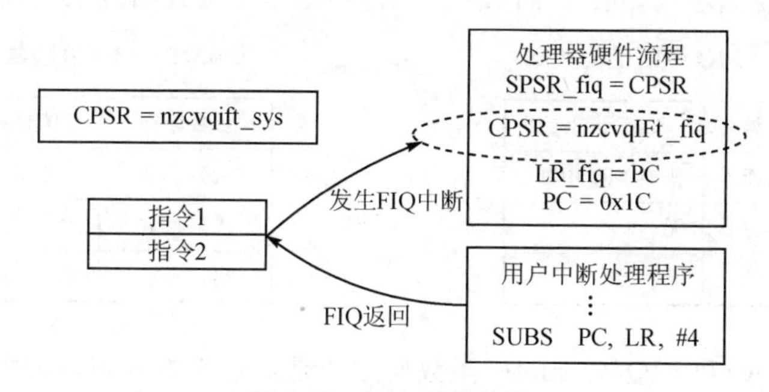

图 4.79　FIQ 操作示例

FIQ 中断返回仅使用一条指令“SUBS　PC,LR,#4”，由于 SUB 指令结尾含有“S”，并且目的寄存器是 PC，因此 CPSR 将自动从 SPSR 寄存器中恢复。这样就同时达到了恢复程序状态寄存器的目的。当然，实现这种目的的方法也不是唯一的。

注意：产生 FIQ 中断时，处理器硬件会同时禁止 FIQ 和 IRQ 中断。

---

2. 应用示例

将一个中断分配为 FIQ 后，只需在主程序中使能该中断，然后编写 FIQ 服务处理程序即可。下面给出一个简单示例，将外部中断 0 分配为 FIQ，并编写 FIQ 服务程序。

初始化：

```
/* 设置 EINT0 中断(使用 FIQ 中断) */
VICIntSelect= (1<<EINT0_num);                    /* 设置 EINT0 分配为 FIQ 中断 */
EXTINT= 0x01;                                    /* 清除 EINT0 中断标志 */
VICIntEnable= (1<<EINT0_num);                    /* 使能 EINT0 中断 */
```

FIQ 服务程序：中断处理完毕后，清除外部中断 0 的中断标志后返回即可。

```
void FIQ_Exception(void)
{
    {FIQ 中断处理}                                /* 伪代码：FIQ 中断处理 */
    while ((EXTINT & 0x01) != 0)
    {  EXTINT = 0x01;                            /* 清除 EINT0 中断标志 */
    }
}
```

3. 应用软件包

为了方便程序的编写，可以将 FIQ 的服务程序固定——FIQ_Exception()，使用时，只需要在该函数下面添加服务代码即可。

FIQ 中断使能函数如表 4.74 所列；FIQ 中断禁止函数如表 4.75 所列。

表 4.74　FIQ 中断使能函数

函数原型	FIQEnable()
函数功能	使能 FIQ 中断
入口参数	无
出口参数	无

表 4.75　FIQ 中断禁止函数

函数原型	FIQDisable ()
函数功能	禁止 FIQ 中断
入口参数	无
出口参数	无

FIQEanble()和 FIQDisable ()函数使用的是宏定义方式，最终采用软件中断方式实现，如程序清单 4.16 所示。软件中断的服务代码如程序清单 4.17 所示。

程序清单 4.16　FIQ 中断禁止、使能宏定义

```
__swi(0x00)      void SwiHandle1(int Handle);
#define      FIQDisable()      SwiHandle1(2)      //禁止 FIQ 中断
#define      FIQEnable()       SwiHandle1(3)      //使能 FIQ 中断
```

程序清单 4.17　软件中断服务代码

```
NoInt       EQU         0x80
NoFIQ       EQU         0x40
;软件中断
SoftwareInterrupt
            CMP         R0,#4
            LDRLO       PC,[PC,R0,LSL #2]
            MOVS        PC,LR
SwiFunction
            DCD         IRQDisable      ;0
            DCD         IRQEnable       ;1
            DCD         FIQDisable      ;2
            DCD         FIQEnable       ;3
IRQDisable
            ;禁止 IRQ 中断
            MRS         R0,SPSR
            ORR         R0,R0,#NoInt
            MSR         SPSR_c,R0
            MOVS        PC,LR
IRQEnable
            ;使能 IRQ 中断
            MRS         R0,SPSR
            BIC         R0,R0,#NoInt
            MSR         SPSR_c,R0
            MOVS        PC,LR
FIQDisable
            ;禁止 FIQ 中断
            MRS         R0,SPSR
            ORR         R0,R0,#NoFIQ
            MSR         SPSR_c,R0
            MOVS        PC,LR
FIQEnable
            ;使能 FIQ  中断
            MRS         R0,SPSR
            BIC         R0,R0,#NoFIQ
            MSR         SPSR_c,R0
            MOVS        PC,LR
```

发生 FIQ 中断后，需要采用软件方式来进行现场保护，如程序清单 4.18 所示。

程序清单 4.18 FIQ中断现场保护

```
    ;引入的外部标号在此声明
    IMPORT    FIQ_Exception              ; 快速中断异常处理程序
;中断向量表
Reset
    LDR    PC,ResetAddr
    LDR    PC,UndefinedAddr
    LDR    PC,SWI_Addr
    LDR    PC,PrefetchAddr
    LDR    PC,DataAbortAddr
    DCD    0xb9205f80
    LDR    PC,[PC,#-0xff0]
    LDR    PC,FIQ_Addr                   ; FIQ中断入口,0x0000 001C
    ⋮
FIQ_Addr    DCD    FIQ_Handler
    ⋮
;快速中断
FIQ_Handler
    STMFD  SP!,{R0-R3,LR}                ; 将寄存器R0～R3和LR_fiq入栈保护
    BL     FIQ_Exception                 ; 执行FIQ用户服务代码
    LDMFD  SP!,{R0-R3,LR}                ; 恢复寄存器R0～R3和LR_fiq的值
    SUBS   PC,LR,#4                      ; FIQ中断返回
```

FIQ初始化函数如表4.76所列。

表 4.76 FIQ初始化函数

函数原型	uint8 FIQ_Init(uint8 no)
函数功能	进行FIQ初始化
入口参数	no 中断源0～31
出口参数	0：初始化失败；1：初始化成功

函数FIQ_Init为FIQ初始化函数（见程序清单4.19），用户只需要提供中断源no即可。

程序清单 4.19 FIQ初始化函数

```
/********************************************************
** 函数名称：uint8  FIQ_Init(uint8  no)
** 功能描述：进行FIQ初始化操作
** 入口参数：no  中断源0～31
** 出口参数：0   初始化失败
**           1   初始化成功
```

```
***********************************************************/
uint8 FIQ_Init(uint8 no)
{
    if(no>31)    return(0);                  //如果输入的参数错误,则返回失败信息
    FIQEnable ();                            //开放 FIQ 中断
    VICIntSelect = VICIntSelect|(1<<no);     //所选择的中断源设置为 FIQ 中断,不
                                             //影响其他的中断源
    VICIntEnable = (1<<no);                  //使能中断
    return(1);
}
```

这样用户如果需要 FIQ 功能,需要先初始化 FIQ——调用函数 FIQ_Init(no),然后在 FIQ_Exception()函数中添加 FIQ 用户服务代码即可。

4.9.5　向量 IRQ 中断

1. 向量 IRQ 中断描述

向量 IRQ 具有中等优先级,处理中断比较迅速。一旦发生向量 IRQ 中断,ARM 处理器进入 IRQ 模式,PC 指向 IRQ 异常入口 0x18,同时向量 IRQ 服务程序的地址从相应通道的向量地址寄存器(VICVectAddr0～15)中复制到 VIC 的向量地址寄存器(VICVectAddr),PC 根据 VICVectAddr 内的地址进行跳转,执行相应的服务程序,参考图 4.80。整个过程都是由 VIC 硬件自动完成的,无需用户的软件干预。

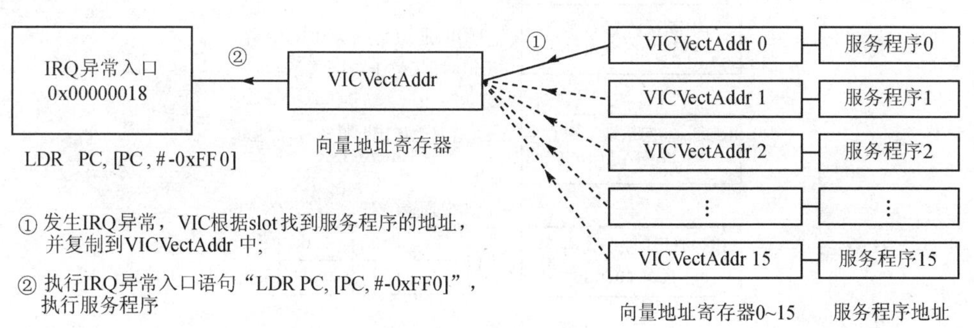

图 4.80　向量 IRQ 示意图

在一个具体应用中,向量 IRQ 中断使用往往是最多的,一个系统往往都会有多个向量 IRQ 中断。将一个中断分配为向量 IRQ 中断后,需要在程序中设置该中断的优先级、服务程序地址,接着清除相关中断标志再使能相应中断,最后编写 IRQ 中断服务程序即可。

IRQ 的中断处理过程与 FIQ 比较类似,如图 4.81 所示。在系统模式下,IRQ 与 FIQ 中断允许,当发生 IRQ 中断后,处理器硬件会禁止 IRQ 中断,但是,FIQ 中断仍然是允许的,这一点与 FIQ 的处理是不同的。

发生 IRQ 中断时，处理器硬件会获取向量 IRQ 的服务地址，即，将对应的向量地址寄存器内容复制到 VICVectAddr 寄存器中。

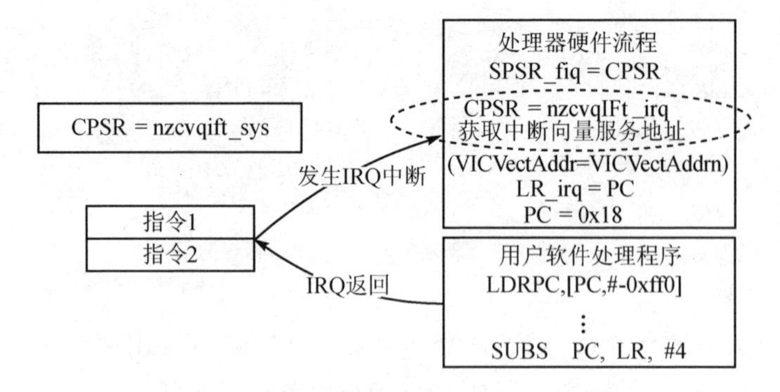

图 4.81　IRQ 操作示例

在 0x0000 0018 处执行指令"LDR　PC,[PC,# - 0xff0]"时，就可以将 VICVectAddr n 寄存器的内容保存到 PC 寄存器中，这样就可以跳转到对应的向量地址处，执行向量 IRQ 服务代码。在后面会对这一点进行详细说明。定时器 0 中断初始化程序代码见程序清单 4.20。

2. 应用示例

下面以定时器 0 为例，将定时器 0 分配为向量 IRQ 通道 0，中断服务程序地址设置为 Timer0_ISR，如图 4.82 所示。定时器 0 中断初始化程序代码见程序清单 4.20。

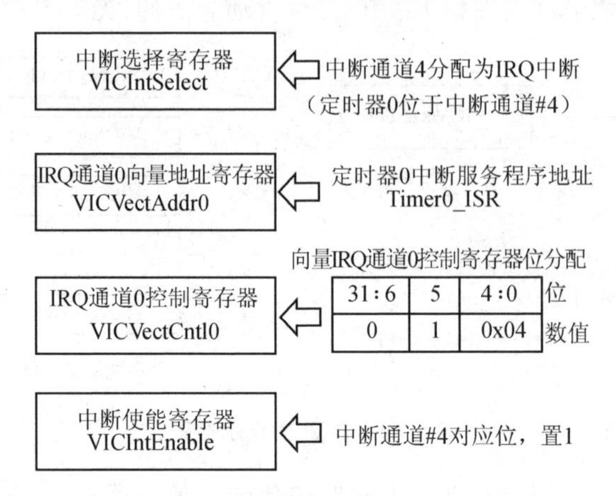

图 4.82　定时器 0 分配为向量 IRQ 通道 0

程序清单 4.20　定时器 0 中断初始化

```
//设置定时器 0 中断(向量 IRQ 中断)
 VICIntSelect   = 0x00;                           //所有中断通道设置为 IRQ 中断
 VICVectCntl0   = 0x20 | Timer0_num;              //定时器 0 中断分配为 slot0,即最高优先级
 VICVectAddr0 = (unsigned int)Timer0_ISR;  //设置定时器 0 中断服务程序地址
```

```
T0IR          = 0x01;                          //清除定时器 0 中断标志
VICIntEnable = (1≪Timer0_num);                //使能定时器 0 中断
```

注： 向量控制寄存器的编号和向量地址寄存器的编号必须一致。

定时器 0 设置为匹配中断，匹配值为 MR0。当定时器 0 的当前计数值 TC 等于 MR0 时，定时器 0 便会触发中断。当有 IRQ 中断产生且 CPU 允许相应中断时，CPU 会跳转到 IRQ 中断异常入口处（异常向量表详见程序清单 4.21），获取中断服务函数地址。

注意： 有关定时器 0 中断的产生和初始化，详细内容请参见 4.11 节。

程序清单 4.21　LPC2000 异常向量表

```
    CODE32
    AREA    vectors,CODE,READONLY
    ENTRY
Reset
        LDR     PC, ResetAddr              //复位异常入口                    ①
        LDR     PC,UndefinedAddr           //未定义指令异常入口              ②
        LDR     PC,SWI_Addr                //软件中断异常入口                ③
        LDR     PC,PrefetchAddr            //取指令中止异常入口              ④
        LDR     PC,DataAbortAddr           //取数据中止异常入口              ⑤
        DCD     0xb9205f80                 //保留异常入口                    ⑥
        LDR     PC,[PC,#-0xff0]            //中断异常入口                    ⑦
        LDR     PC,FIQ_Addr                //快中断异常入口                  ⑧
                                                                             ⑨
    ResetAddr      DCD  ResetInit          //ResetInit：复位处理程序         ⑩
    UndefinedAddr  DCD  Undefined          //Undefined：未定义指令处理程序   ⑪
    SWI_Addr       DCD  SoftwareInterrupt  //SoftwareInterrupt：软中断异常处理程序
                                                                             ⑫
    PrefetchAddr   DCD  PrefetchAbort      //PrefetchAbort：取指令中止处理程序 ⑬
    DataAbortAddr  DCD  DataAbort          //DataAbort：取数据中止处理程序   ⑭
    Nouse          DCD  0                                                    ⑮
    IRQ_Addr       DCD  0                  //IRQ 中断处理程序                ⑯
    FIQ_Addr       DCD  FIQ_Handler        //FIQ_Handler：快中断处理程序     ⑰
```

获取 IRQ 服务程序地址的方法有多种，这里只介绍一种最常用的方法。在 0x0000 0018 处执行“LDR　PC,[PC,#-0xff0]”指令可以将 VICVectAddr 寄存器的内容保存到 PC 寄存器中，这样就可以跳转到对应的向量地址处，执行向量 IRQ 服务代码。

分析：ARM7 采用 3 级流水线技术，PC 始终指向取指处，所以，执行 0x0000

0018地址处的指令时,PC实际上指向0x0000 0020地址处的指令,如图4.83所示。

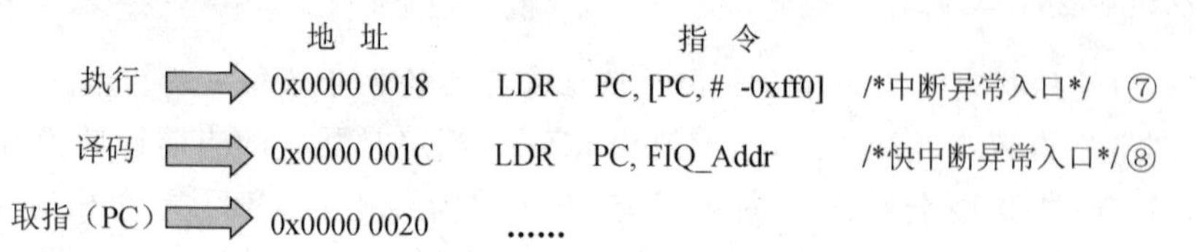

图4.83 PC指针示意图

发生IRQ中断时,VIC硬件会自动将对应通道的向量地址保存到VICVectAddr寄存器中,VICVectAddr寄存器的地址为0xFFFF F030。此时VICVectAddr寄存器中的数据为定时器0的中断服务程序地址Timer0_ISR。

在0x0000 0018处执行"LDR PC,[PC,# - 0xff0]"指令,此时PC = 0x0000 0020,可见:

PC－0xff0 = 0x20－0xFF0 = 0xFFFF F030 = VICVectAddr寄存器的地址

因此,在0x0000 0018处执行"LDR PC,[PC,# - 0xff0]"指令,实际上就是将VICVectAddr寄存器中的数据复制到PC寄存器中。也就是说,将IRQ中断服务程序的地址保存到PC中。

定时器0的中断服务程序:中断处理完毕后,除了清除定时器0的中断标志外,还需要对向量地址寄存器VICVectAddr进行清零。

```
void __irq Timer0_ISR(void)
{
    {中断处理}                          //伪代码:定时器0中断处理
    T0IR = 0x01;                        //清除中断标志
    VICVectAddr = 0x00;                 //通知VIC中断处理结束
}
```

和前面FIQ示例的服务程序相比,这个程序代码段有2点不同,值得注意:

① 在中断返回之前,多了对向量地址寄存器VICVectAddr的写操作。这是VIC对所有IRQ服务程序的要求。目的在于更新VIC的硬件优先级,以保证VIC能够接受下一次中断。如果没有进行这个操作,将不能再接受任何IRQ中断。

② 程序声明多了"__irq"关键字,表示这是一个IRQ中断服务程序,这和编译器相关。"__irq"是ADS编译器的关键字,使用其他编译器,关键字可能不一样。

下面介绍关键字"__irq"的作用。在ADS编译器中,"__irq"专门用来声明IRQ中断服务程序,如果用"__irq"来声明一个函数,那么该函数表示一个IRQ中断服务程序,编译器便会自动在该函数内部增加中断现场保护的代码,如图4.84中的阴影部分。

同样一个函数,如果将关键字"__irq"去掉,那么编译器便不会增加现场保护的代码,而只是作为一个普通函数来处理,如图4.85所示。

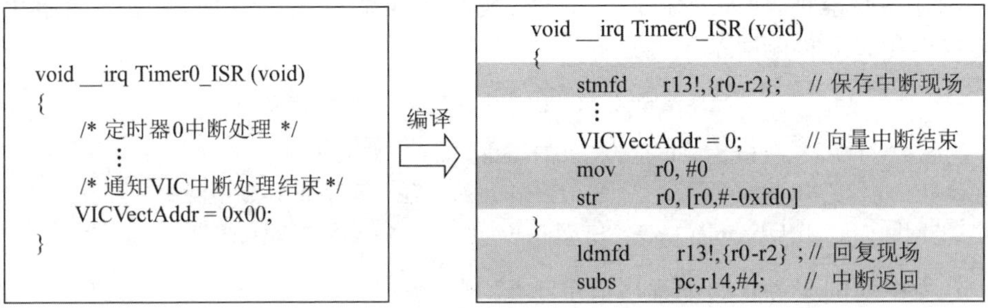

```
void __irq Timer0_ISR (void)
{
    /* 定时器0中断处理 */
        ⋮
    /* 通知VIC中断处理结束 */
    VICVectAddr = 0x00;
}
```

编译 ⇨

```
void __irq Timer0_ISR (void)
{
    stmfd     r13!,{r0-r2};    // 保存中断现场
      ⋮
    VICVectAddr = 0;           // 向量中断结束
    mov       r0, #0
    str       r0, [r0,#-0xfd0]
}
    ldmfd     r13!,{r0-r2} ;   // 回复现场
    subs      pc,r14,#4;       // 中断返回
```

图 4.84　__irq 关键字编译结果分析

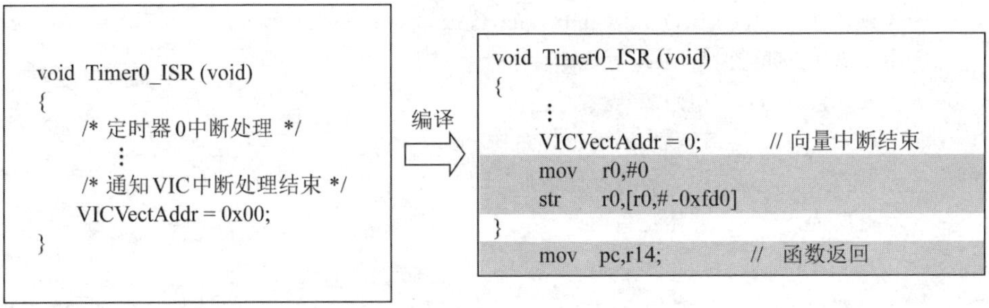

```
void Timer0_ISR (void)
{
    /* 定时器0中断处理 */
        ⋮
    /* 通知VIC中断处理结束 */
    VICVectAddr = 0x00;
}
```

编译 ⇨

```
void Timer0_ISR (void)
{
    ⋮
    VICVectAddr = 0;          // 向量中断结束
    mov    r0,#0
    str    r0,[r0,#-0xfd0]
}
    mov    pc,r14;            //  函数返回
```

图 4.85　普通函数编译结果

3. 应用软件包

IRQ 中断使能函数如表 4.77 所列。IRQ 中断禁止函数如表 4.78 所列。向量 IRQ 初始化函数如表 4.79 所列。

表 4.77　IRQ 中断使能函数

函数原型	IRQEnable ()
函数功能	使能 IRQ 中断
入口参数	无
出口参数	无

表 4.78　IRQ 中断禁止函数

函数原型	IRQDisable ()
函数功能	禁止 IRQ 中断
入口参数	无
出口参数	无

表 4.79　向量 IRQ 初始化函数

函数原型	uint8　IRQ_Init(uint8　no，uint8　slot，uint32　addr)
函数功能	初始化向量 IRQ 中断
入口参数	no　中断源 0～31 slot　IRQ 中断通道，0～15 addr　中断服务程序地址
出口参数	0：初始化失败；1：初始化成功

IRQ中断禁止、使能宏定义的程序代码见程序清单4.22。向量IRQ初始化函数的程序代码见程序清单4.23。

程序清单4.22　IRQ中断禁止、使能宏定义

```
__swi(0x00)       void SwiHandle1(int Handle);
#define      IRQDisable()       SwiHandle1(0)         //禁止IRQ中断
#define      IRQEnable()        SwiHandle1(1)         //使能IRQ中断
```

软件中断的服务代码如程序清单4.17所示。

程序清单4.23　向量IRQ初始化函数

```
/*************************************************************
**函数名称:uint8   IRQ_Init(uint8   no,uint8   slot,uint32   addr)
**功能描述:进行向量IRQ初始化操作
**输入参数:no      中断源0~31
**         slot    IRQ中断通道,0~15
**         addr    中断服务程序地址
**输出参数:0       初始化失败
           1       初始化成功
*************************************************************/
uint8 IRQ_Init(uint8 no,uint32   slot,uint32   addr)
{   if(no>31)      return(0);                    //如果输入的参数错误,则返回失败信息
    if(slot>15)    return(0);
    IRQEnable ();                                //开放IRQ中断
    VICIntSelect = VICIntSelect&(~(1<<no));      //所选择的中断源设置为IRQ中断,不
                                                 //影响其他的中断源
    *(volatile uint32 *)((&VICVectCntl0)+slot) = 0x20|no; //设置IRQ中断通道
    *(volatile uint32 *)((&VICVectAddr0)+slot) = addr;    //设置IRQ中断服务地址
    VICIntEnable = (1<<no);
    return(1);
}
```

通过上面的软件包,用户可以很轻松地设置向量IRQ中断:

① 初始化IRQ——调用函数IRQ_Init(uint8 no,uint32 slot,uint32 addr);

② 编写IRQ中断服务代码,函数需要使用关键字声明,在ADS编译器下中使用__irq声明。

在IRQ入口0x0000 0018处,执行一条语句"LDR　PC,[PC,#-0xff0]"即可跳转到对应的向量地址处,至于现场保护,恢复工作,编译器可以完成。下面给出一个调用示例,见程序清单4.24。

程序清单 4.24 向量 IRQ 初始化示例

```
/**************************************************************
** 函数名称：IRQ_Eint0()
** 函数功能：外部中断 EINT0 服务程序
**************************************************************/
void __irq IRQ_Eint0(void)    //在 ADS 下,IRQ 服务程序必须用__irq 关键字声明,
                              //这样,编译器才能够自动生成处理器模式切换代码和
                              //现场保护、恢复代码
{
    ⋮
    VICVectAddr = 0;     //向量中断结束
}
/**************************************************************
** 函数名称：main()
** 函数功能：系统主函数
**************************************************************/
int main (void)
{
    ⋮
    //将 EINT0 中断设置为向量 IRQ 中断,中断优先级为 2,中断服务程序为 IRQ_Eint0
    IRQ_Init(14,2,(uint32)IRQ_Eint0);
    ⋮
}
```

4.9.6 非向量 IRQ

非向量中断优先级最低,在将多个中断分配为非向量 IRQ 中断的情况下,中断延迟时间也较长,一般仅用于处理一般中断事件。在向量 IRQ 够用的情况下,最好不要使用非向量 IRQ 中断。一旦发生非向量 IRQ 中断,ARM 处理器进入 IRQ 模式,同时中断服务程序的地址从默认向量地址寄存器 VICDefVectAddr 复制到向量地址寄存器 VICVectAddr 中,PC 根据 VICVectAddr 中的地址进行跳转,执行相应的中断服务程序。如果将多个中断分配为非向量中断,需要在程序中查询 VICIRQStatus 寄存器,确定到底哪个中断已经发生,执行哪段服务程序,参考图 4.86。

将一个中断分配为非向量 IRQ 中断后,只需要设置服务程序的地址,接着清除相关中断标志后使能该中断,最后编写中断服务程序即可。

1. 应用示例

下面给出一个示例,将外部中断 0 分配为非向量 IRQ 中断,并编写中断服务程序。

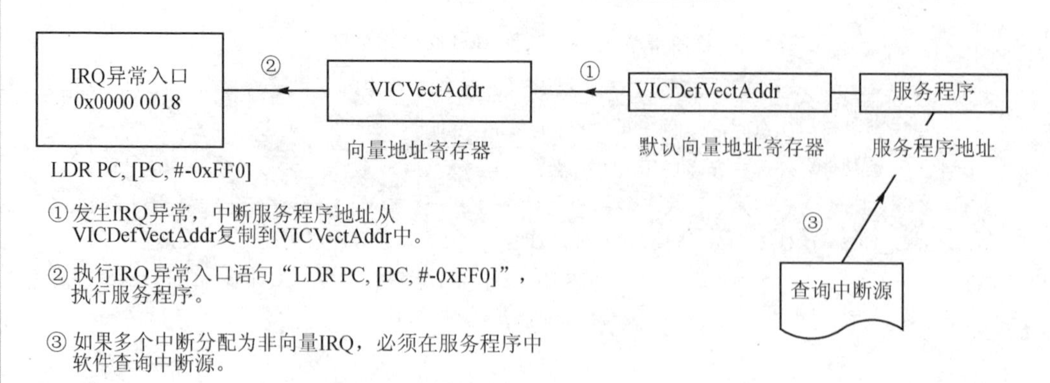

图 4.86　非向量 IRQ 中断示意图

初始化：

```
/* 设置 EINT0 中断(使用非向量 IRQ 中断) */
VICIntSelect      = 0x00000000;                /* 设置所有中断分配为 IRQ 中断 */
VICDefVectAddr    = (unsigned int)Eint0_ISR;   /* 设置中断服务程序地址(非向
                                               /* 量 IRQ) */
EXTINT            = 0x01;                      /* 清除 EINT0 中断标志 */
VICIntEnable      = (1<<EINT0_num);            /* 使能 EINT0 中断 */
```


注意：这个代码段与向量 IRQ 初始化的代码段相比，仅设置中断服务程序地址不一样。

中断服务程序：中断处理完毕后，先清除外部中断 0 的中断标志，然后对 VICVectAddr 执行写操作即可。这个程序段与向量 IRQ 中断的服务程序没有任何差别。

```
void __irq Eint0_ISR(void)
{
    {中断处理}                                   /* 伪代码：中断处理 */
    while ((EXTINT & 0x01) != 0)
    {    EXTINT = 0x01;                           /* 清除 EINT0 中断标志 */
    }
    VICVectAddr = 0;                              /* 向量中断结束 */
}
```

2. 应用软件包

非向量 IRQ 初始化函数如表 4.80 所列，其程序代码如程序清单 4.25 所示。

表 4.80 非向量 IRQ 初始化函数

函数原型	uint8 DefIRQ_Init(uint8 no,uint32 addr)
函数功能	初始化非向量 IRQ 中断
入口参数	no 中断源 0～31；addr 中断服务程序地址
出口参数	0：初始化失败；1：初始化成功

程序清单 4.25 非向量 IRQ 初始化函数

```
/*********************************************************
**函数名称：uint8  DefIRQ_Init(uint8  no,uint32  addr)
**功能描述：进行非向量 IRQ 初始化操作
**输入参数：no      中断源 0～31
**          addr    中断服务程序地址
**输出参数：0       初始化失败
**          1       初始化成功
*********************************************************/
uint8 DefIRQ_Init(uint8 no,uint32 addr)
{
    if(no>31)     return(0);                       //如果输入的参数错误,则返回失败信息
    IRQEnable ();                                  //开放 IRQ 中断
    VICIntSelect = VICIntSelect&(~(1<<no));        //所选择的中断源设置为 IRQ 中断,不
                                                   //影响其他中断源
    VICDefVectAddr = addr;                         //设置非向量 IRQ 中断服务代码
    VICIntEnable = (1<<no);                        //中断源使能中断
    return(1);
}
```

综上所述,非向量 IRQ 中断与向量 IRQ 中断的操作流程非常相似。发生向量 IRQ 中断时,中断服务程序地址从 VICVectAddr0～VICVectAddr15 中获得;而发生非向量 IRQ 中断时,中断服务程序地址固定从 VICDefVectAddr 寄存器中获得。

4.10 外部中断输入

4.10.1 概　述

早期的计算机系统是没有中断概念的,CPU 对于外设状态的获取只能使用查询方式,但外设的速度相对于 CPU 而言是很慢的,所以查询方式会浪费 CPU 大量的时间。后来中断系统出现了,它可以让 CPU 一边干着其他事情,一边监听等待的事件是否发生,从而大大地提高了工作效率。

中断的触发方式有2种类型：边沿触发和电平触发。其中，边沿触发分为上升沿触发和下降沿触发，电平触发分为高电平触发和低电平触发。

图4.87介绍了下降沿触发类型中断的请求和清除时序。在 t_1 时刻中断信号有下降沿产生，中断控制器向CPU发出中断请求。在 t_2 时刻，CPU执行完该中断的中断服务程序，清除中断，中断信号恢复到高电平。

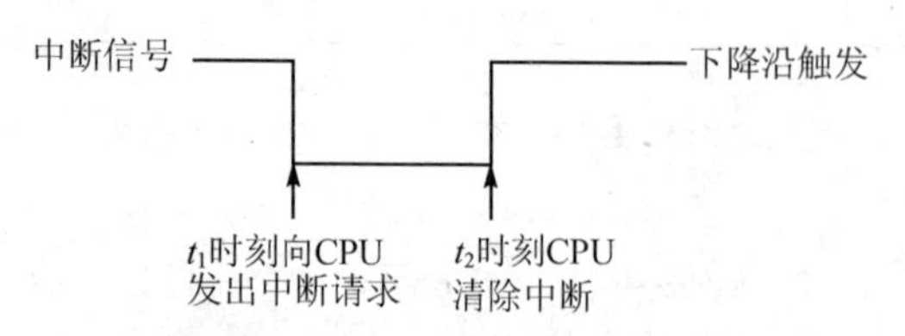

图4.87　边沿触发中断示意图

图4.88介绍了低电平触发类型中断的请求和清除时序。在 t_1 时刻中断信号开始由高电平转为低电平，中断控制器将向CPU发出中断请求。在 t_3 时刻CPU执行完该中断的中断服务程序后，将清除该中断。

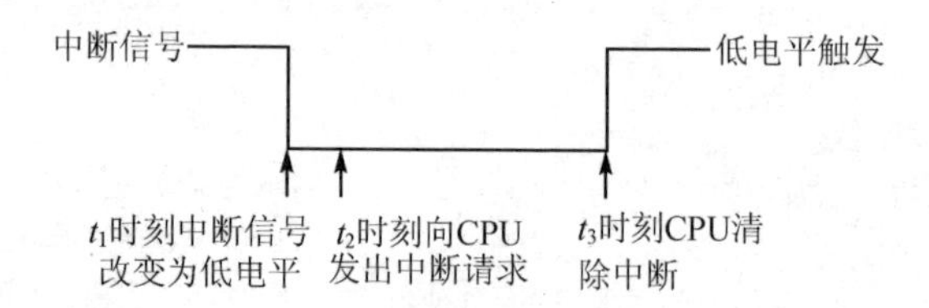

图4.88　电平触发中断示意图

LPC2000系列ARM可以产生丰富的中断信息，甚至可以说几乎所有的外设部件都可以产生中断。其中"外部中断"就是很重要的中断源，LPC2000系列ARM含有4个外部中断输入，也就是说，外部中断可以分为4个中断源，如图4.89所示。

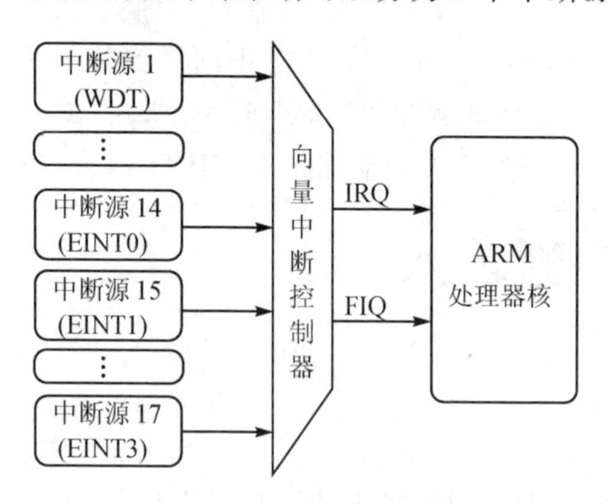

图4.89　外部中断源

EINTi是连接外部引脚的，外部中断信号就是通过它传递到内部逻辑的。与RST引脚一样，外部中断输入引脚也是施密特输入，在内部连接了一个干扰滤波器，它可以滤除信号中的干扰脉冲,避免误中断的产生。外部中断逻辑获取的EINTi信号,可用来产生中断,或者将处理器从掉电模式唤醒。

4.10.2 外部中断寄存器描述

图4.90是外部中断系统结构图,从图中可以了解到各个部件的控制寄存器名称。

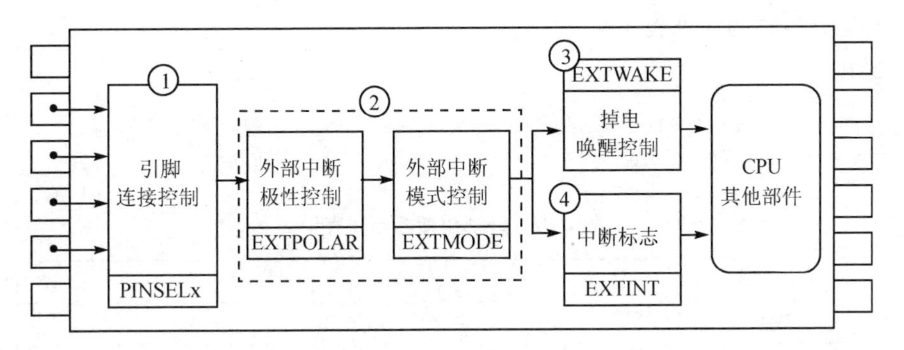

图4.90　外部中断系统结构

LPC2000系列ARM允许一个或多个芯片引脚为外部输入信号端,所以信号首先经过PINSELx寄存器控制的引脚连接模块。然后判别输入信号的极性和方式是否符合预设要求,如果都通过了,将作为有效中断信号设置中断标志,还可以把CPU从掉电模式唤醒。

外部中断功能具有4个相关的寄存器,如表4.81所列。其中,EXTINT寄存器包含中断标志;EXTWAKE寄存器包含使能唤醒位,可使能独立的外部中断输入将处理器从掉电模式唤醒;EXTMODE和EXTPOLAR寄存器用来指定引脚使用电平或边沿触发方式。

表4.81　外部中断寄存器

地　址	名　称	描　述	访　问
0xE01F C140	EXTINT	外部中断标志寄存器包含ENIT0、EINT1、EINT2和EINT3的中断标志,见表4.82	R/W
0xE01F C144	EXTWAKE	外部中断唤醒寄存器包含4个用于控制外部中断是否将处理器从掉电模式唤醒的使能位,见表4.83	R/W
0xE01F C148	EXTMODE	外部中断模式寄存器控制每个引脚的边沿或电平触发中断	R/W
0xE01F C14C	EXTPOLAR	外部中断极性寄存器控制由每个引脚的触发电平或边沿	R/W

1. 外部中断标志寄存器

当一个引脚选择使用外部中断功能时(通过设置PINSEL0/1寄存器实现),若引脚上出现了对应于 EXTPOLAR 和 EXTMODE 寄存器设置的电平或边沿信号，外部中断标志寄存器（EXTINT，0xE01F C140）中的中断标志将置位。然后向 VIC 提出中断请求，如果这个外部中断已使能，则产生中断。

在标志位置"1"后，通过向 EXTINT 寄存器的 EINT0～EINT3 位写入"1"来将其清零，在电平触发方式下，只有在引脚处于无效状态时才有可能将标志位清零，比如设置为低电平中断，则只有在中断引脚恢复为高电平后才能清除中断标志。外部中断标志寄存器描述见表 4.82。

操作示例：

```
while((EXTINT & 0x01) == 0);          //等待 EINT0 出现中断
EXTINT = 0x01;                        //清除 EINT0 中断标志
```

表 4.82　外部中断标志寄存器

位	位名称	描　述	复位值
0	EINT0	如果引脚的外部中断输入功能被选用，并且在该引脚上出现了符合预定要求的中断信号时，该位置位。该位通过写入 1 清除，但电平触发方式下引脚处于有效状态的情况除外	0
1	EINT1		0
2	EINT2		0
3	EINT3		0
7：4	—	保留，用户软件不要向其写入 1，从保留位读出的值未定义	NA

2. 外部中断唤醒寄存器

外部中断唤醒寄存器（EXTWAKE，0xE01F C144）中的使能位允许相应的外部中断将处理器从掉电模式唤醒，相关的 EINTn 功能必须连接到引脚才能实现掉电唤醒功能。实现掉电唤醒不需要（在向量中断控制器中）使能相应的中断，这样做的好处是允许外部中断输入，将处理器从掉电模式唤醒，但不产生中断（只是简单地恢复操作）。外部中断唤醒寄存器描述见表 4.83。

表 4.83　外部中断唤醒寄存器

位	位名称	描　述	复位值
0	EXTWAKE0	该位为 1 时，使能 $\overline{\text{EINT0}}$，将处理器从掉电模式唤醒	0
1	EXTWAKE1	该位为 1 时，使能 $\overline{\text{EINT1}}$，将处理器从掉电模式唤醒	0
2	EXTWAKE2	该位为 1 时，使能 $\overline{\text{EINT2}}$，将处理器从掉电模式唤醒	0
3	EXTWAKE3	该位为 1 时，使能 $\overline{\text{EINT3}}$，将处理器从掉电模式唤醒	0
7：4	—	保留，用户软件不要向其写入 1。从保留位读出的值未定义	NA

操作示例：

```
EXTWAKE = 0x01;                    //使能 EINT0,将处理器从掉电模式唤醒
```

3. 外部中断模式寄存器

外部中断模式寄存器(EXTMODE,0xE01F C148)中的位用来选择每个 EINT 脚是电平触发还是边沿触发。只有选择用作 EINT 功能的引脚,并已通过 VICIntEnable 使能相应中断,才能产生外部中断。外部中断模式寄存器描述见表 4.84。

表 4.84　外部中断模式寄存器

位	位名称	描　述	复位值
0	EXTMODE0	设置为 0 时,该外部中断为电平触发;设置为 1 时,该外部中断为边沿触发	0
1	EXTMODE1		0
2	EXTMODE2		0
3	EXTMODE3		0
7:4	—	保留,用户软件不要向其写入 1。从保留位读出的值未定义	NA

操作示例:

```
EXTMODE = (1<<2) | (1<<3);                   //EINT0 和 EINT1 设置为电平触发
                                             //EINT2 和 EINT3 设置为边沿触发
```


4. 外部中断极性寄存器

在电平触发方式中,外部中断极性寄存器(EXTPOLAR,0xE01F C14C)用来选择相应引脚是高电平有效还是低电平有效;在边沿触发方式中,EXTPOLAR 寄存器用来选择引脚是上升沿有效还是下降沿有效。只有选择用作 EINT 功能的引脚,并已通过 VICIntEnable 使能相应中断,才能产生外部中断。外部中断极性寄存器描述见表 4.85。

表 4.85　外部中断极性寄存器

位	位名称	描　述	复位值
0	EXTPOLAR0	该位为 0 时,本外部中断由低电平或下降沿触发(由 EXTMODE 的对应位决定);该位为 1 时,本外部中断由高电平或上升沿触发(由 EXTMODE 的对应位决定)	0
1	EXTPOLAR1		0
2	EXTPOLAR2		0
3	EXTPOLAR3		0
7:4	—	保留,用户软件不要向其写入 1。从保留位读出的值未定义	NA

操作示例:

```
EXTPOLAR = (1<<2) | (1<<3);       //EINT0 和 EINT1 设置为低电平或下降沿触发
                                  //EINT2 和 EINT3 设置为高电平或上升沿触发
```

中断方式和中断极性两个寄存器组合设置后可以准确描述中断信号的波形，所有可能的波形与设置组合如表4.86所列。

表4.86 中断信号波形与设置方式

设置说明	相应位设置值		信号波形
	极性控制寄存器（EXPOLAR）	方式控制寄存器（EXTMODE）	
低电平触发	0（低）	0（电平）	
高电平触发	1（高）	0（电平）	
下降沿触发	0（下降）	1（边沿）	
上升沿触发	1（上升）	1（边沿）	

4.10.3 外部中断引脚设置

LPC2000系列ARM中，可以作为外部中断输入功能的引脚如表4.87所列。中断输入引脚的安排看似没有规律，但如果仔细研究外部中断输入引脚的安排，会发现设计者的良苦用心。由表4.87可以看出，大部分具有外部中断输入功能的引脚同时还作为通信上的一个功能引脚。虽然通信功能和中断输入功能不能同时复用，但是通过程序的合理设置可以让两者高效配合。

表4.87 具有外部中断功能的引脚

外部中断名称	引脚名称	该引脚其他功能
外部中断0（EINT0）	P0.1	RXD0
	P0.16	—
外部中断1（EINT1）	P0.3	SDA0
	P0.14	DCD
外部中断2（EINT2）	P0.7	SSEL0
	P0.15	RI
外部中断3（EINT3）	P0.9	RXD1
	P0.20	SSEL1
	P0.30	—

比如一个从UART1串口接收数据并进行处理的低功耗设备，多数时候串口是空闲的，而且无法得知下一个串口数据何时到达。为了节约能量，可以让CPU处于休眠状态。在该状态下系统时钟仍然在工作，并且UART处于可接收状态，但这不是最优的设计方案。最佳方案是让处理器处于掉电模式，此时系统时钟停止工作，芯片功耗降到了最低。而为了不错过UART上的数据，在让处理器进入掉电模式之前，把串口的接收引脚（P0.9/RXD1）切换到外部中断输入功能，并使能其掉电唤醒功能。这样，串口数据就能唤醒处理器，处理器工作后马上把P0.9切换为串口接收功能（RXD），这时

就可以接收当前的数据,从而比较完美地实现了系统的最低功耗。

LPC2000系列ARM的外部中断还有一个特色,允许多个引脚同时作为一个外部中断的输入引脚。例如表4.87中,具有外部中断1功能的引脚有两个,分别为P0.3和P0.14,那么可以把这两个引脚同时作为EINT1的信号输入引脚。这样做的好处是,外部多个中断信号可以共用一个芯片的中断源,而不需要外扩逻辑器件。当多个引脚同时设置为相同外部中断时,根据其方式位和极性位的不同,外部中断逻辑处理如下:

- 低电平触发方式中:选用EINT功能的全部引脚的状态都连接到一个正逻辑"与"门,即任何一个输入引脚出现低电平信号就产生中断。
- 高电平触发方式中:选用EINT功能的全部引脚的状态都连接到一个正逻辑"或"门,即任何一个输入引脚出现高电平信号就产生中断。
- 边沿触发方式中:不允许采用多个引脚输入。如果存在多引脚输入,那么使用GPIO端口号最低的引脚,这与引脚的极性设置无关。边沿触发方式中选择使用多个EINT引脚被看作编程出错。

当多个EINT引脚为逻辑或时,如果发生了中断,那么可在中断服务程序中通过IO0PIN和IO1PIN寄存器从GPIO端口读出引脚状态,以此来判断产生中断的引脚。

在实际使用外部中断功能时还应注意以下几点:

- 如果要产生外部中断,除了引脚连接模块的设置,还需设置VIC模块,否则外部中断只能反映在EXTINT寄存器中。
- 要使器件进入掉电模式并通过外部中断唤醒,软件应该正确设置引脚的外部中断功能,再进入掉电模式。

4.10.4 中断设置

LPC2000系列ARM含有4个外部中断源,每个中断源可以产生2种类型的中断:电平中断和边沿中断。外部中断与向量中断控制器(VIC)的关系如图4.91和图4.92所示。

外部中断0~3分别处于VIC的通道14~17,中断使能寄存器VICIntEnable用来控制VIC通道的中断使能。

- 当VICIntEnable[14] = 1时,通道14中断使能,即外部中断0中断使能;
- 当VICIntEnable[15] = 1时,通道15中断使能,即外部中断1中断使能;
- 当VICIntEnable[16] = 1时,通道16中断使能,即外部中断2中断使能;
- 当VICIntEnable[17] = 1时,通道17中断使能,即外部中断3中断使能。

中断选择寄存器VICIntSelect用来分配VIC通道的中断。当某一位为1时,对应的通道中断分配为FIQ;当某一位为0时,对应的通道中断分配为IRQ。VICIntSelect[14]~VICIntSelect[17]分别用来控制外部中断0~3。

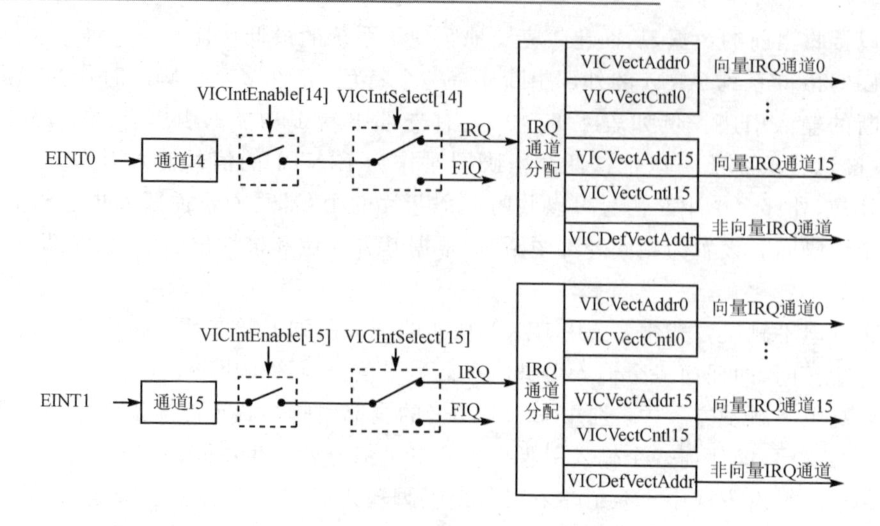

图4.91　外部中断0、1与VIC的关系

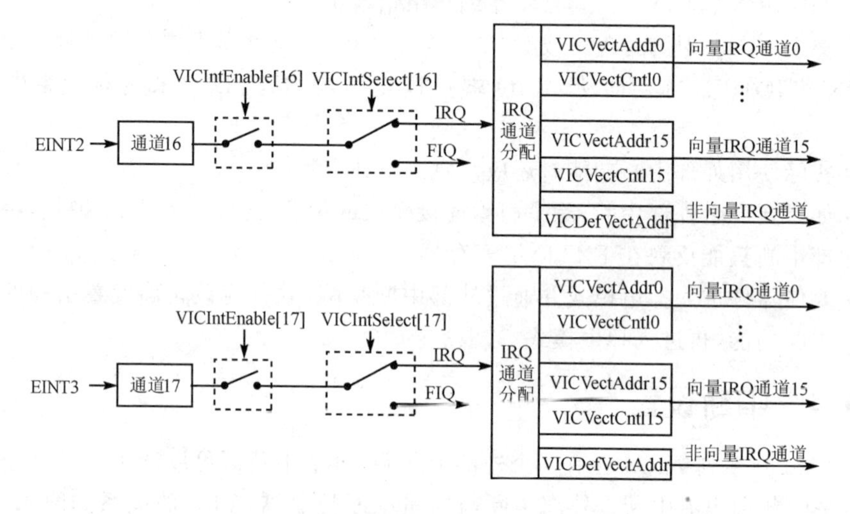

图4.92　外部中断2、3与VIC的关系

- 当VICIntSelect[14]＝1时，EINT0中断分配为FIQ中断；
- 当VICIntSelect[14]＝0时，EINT0中断分配为IRQ中断；
- 当VICIntSelect[15]＝1时，EINT1中断分配为FIQ中断；
- 当VICIntSelect[15]＝0时，EINT1中断分配为IRQ中断；
- 当VICIntSelect[16]＝1时，EINT2中断分配为FIQ中断；
- 当VICIntSelect[16]＝0时，EINT2中断分配为IRQ中断；
- 当VICIntSelect[17]＝1时，EINT3中断分配为FIQ中断；
- 当VICIntSelect[17]＝0时，EINT3中断分配为IRQ中断。

当分配为IRQ时，还需要设置对应的通道控制寄存器和地址寄存器。有关寄存器 VICVectCntln 和 VICVectAddrn 的说明，请参考 4.9 节。

1. 电平中断

LPC2000 系列 ARM 外部中断可以设置为电平触发中断：高电平触发和低电平触发。以 EINT0 为例来介绍如何设置电平触发中断。如图 4.93 所示，模式寄存器(EXTMODE)来在“边沿中断”和“电平中断”之间进行选择，极性寄存器(EXTPOLAR)用来选择中断的极性：低电平中断、高电平中断、上升沿中断和下降沿中断。

对于 EINT0 来说，当 EXTMODE[0] = 0 时，EINT0 为电平中断：

- 当 EXTPOLAR[0] = 0 时，EINT0 为低电平中断；
- 当 EXTPOLAR[0] = 1 时，EINT0 为高电平中断。

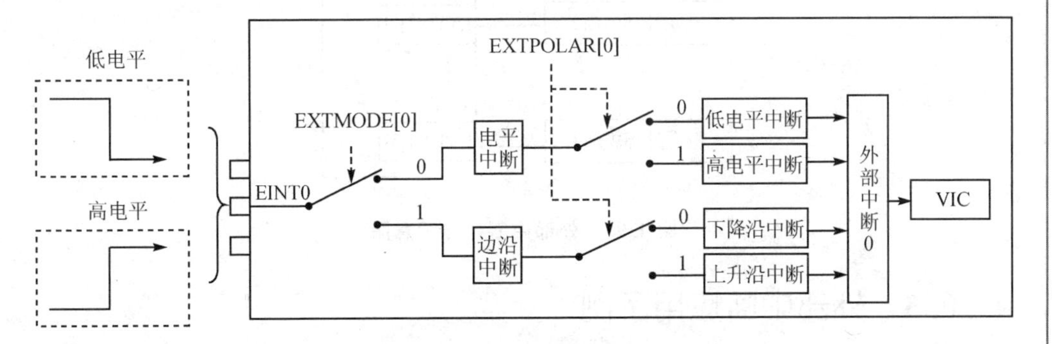

图 4.93 EINT0 电平中断示意图

2. 边沿中断

LPC2000 系列 ARM 外部中断除了可以电平触发外，还可以设置为边沿触发：下降沿触发和上升沿触发。仍然以 EINT0 为例来介绍如何设置边沿触发中断，如图 4.94 所示。当 EXTMODE[0] = 1 时，EINT0 为边沿中断：

- 当 EXTPOLAR[0] = 0 时，EINT0 为下降沿中断；
- 当 EXTPOLAR[0] = 1 时，EINT0 为上升沿中断。

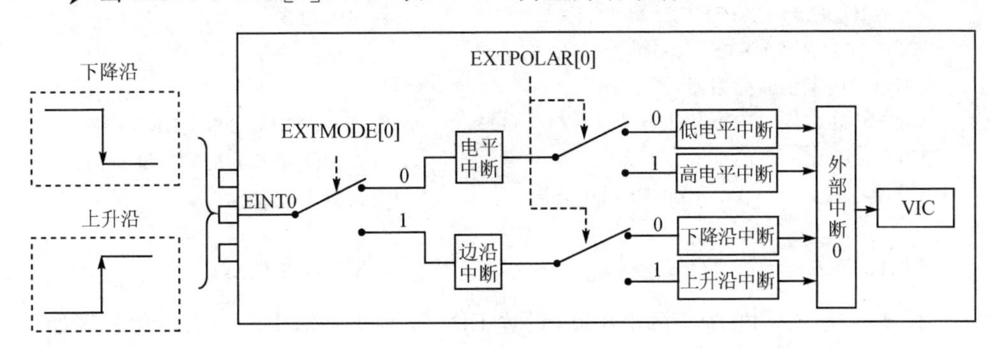

图 4.94 EINT0 边沿中断示意图

3. 中断标志

LPC2000 系列 ARM 具有 4 路外部中断，当外部中断触发时，会置位对应的中断标志位，如图 4.95 所示。中断标志位写“1”清零。

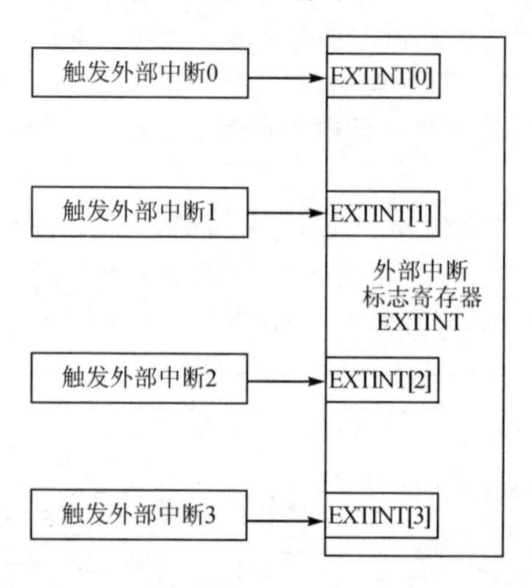

图 4.95 外部中断标志示意图

4.10.5 外部中断应用示例

把相应引脚设置为外部中断功能时，引脚为输入模式，由于没有内部上拉电阻，用户需要外接一个上拉电阻，确保引脚不会悬空。

① 初始化 EINT0 为低电平中断，同时，将 EINT0 中断分配为向量 IRQ 通道 0，中断服务程序地址为 EINT0_ISR。设置 EINT0 为低电平中断的初始化程序如程序清单 4.26 所示。

程序清单 4.26 EINT0 低电平中断初始化

```
PINSEL1 = (PINSEL1&0xFFFFFFFC) | 0x01;        //选择 P0.16 为 EINT0
EXTMODE = EXTMODE & 0x0E;                      //电平触发
EXTPOLAR= EXTPOLAR& 0x0E;                      //低电平中断
/* 设置向量中断控制器 */
VICIntSelect = VICIntSelect & (~(1<<14));     //EINT0 中断分配为 IRQ 中断
VICVectCntl0 = 0x20 | 14;                      //EINT0 中断分配为向量 IRQ 通道 0
VICVectAddr0 = (uint32) EINT0_ISR;             //向量 IRQ 通道 0 的中断服务程序
                                               //地址为 EINT0_ISR
VICIntEnable = (1<<14);                        //EINT0 中断使能
```

② 初始化 EINT0 为下降沿中断，设置 EINT0 为下降沿中断的初始化程序如程序清单 4.27 所示。

程序清单4.27 EINT0下降沿中断初始化

```
PINSEL1 = (PINSEL1&0xFFFFFFFC) | 0x01;
EXTMODE = EXTMODE | 0x01;
EXTPOLAR = EXTPOLAR & 0x0E;
```

③ 清除所有外部中断标志

```
EXTINT = 0x0F;
```

4.11 定时器0和定时器1

4.11.1 概 述

LPC21xx、LPC22xx含有两个32位定时器：定时器0和定时器1。这两个定时器除了外设基地址不同外，其他都相同。

定时器对外设时钟(PCLK)进行计数，根据4个匹配寄存器的设定，可设置为匹配时产生中断或执行其他动作。它还包括4个捕获输入，用于在输入信号发生跳变时捕获定时器的当前值，并可选择产生中断。

小知识："匹配"的意思是相等，即定时器的当前计数值等于"匹配寄存器指定的值"。

定时器0和定时器1特性如下：

- 两个32位定时器/计数器各含有一个可编程32位预分频器。
- 具有多达4路捕获通道。当输入信号跳变时，可取得定时器的瞬时值，也可选择使捕获事件产生中断。
- 4个32位匹配寄存器，匹配时的动作有3种：匹配时定时器继续工作，可选择产生中断；匹配时停止定时器，可选择产生中断；匹配时复位定时器，可选择产生中断。
- 4个对应于匹配寄存器的外部输出，匹配时的输出有4种：匹配时设置为低电平；匹配时设置为高电平；匹配时翻转；匹配时无动作。

注意：本章内容主要描述早期LPC2210的定时器功能，这是LPC2000定时器的基本功能，后续的芯片中，都在不同程度上扩展了定时器的功能。所以实际使用时，请参考相关芯片的用户手册。

表4.88所列为每个定时器相关引脚的简要描述。CAP0.x、MAT0.x为定时器0

的相关引脚,CAP1.x、MAT1.x为定时器1的相关引脚。

表4.88 定时器相关引脚描述

引脚名称	类型	描述
CAP0.3~CAP0.0 CAP1.3~CAP1.0	I	**捕获信号**:捕获引脚的跳变可配置为将定时器值装入一个捕获寄存器,并可选择产生一个中断。可选择多个引脚用作捕获功能,只有序号最低的那一个引脚是有效的。 • 3个引脚可选择用作CAP0.0的功能——P0.2、P0.22、P0.30 • 2个引脚可选择用作CAP0.1的功能——P0.4、P0.27 • 3个引脚可选择用作CAP0.2的功能——P0.6、P0.16、P0.28 • 1个引脚可选择用作CAP0.3的功能——P0.29 • 1个引脚可选择用作CAP1.0的功能——P0.10 • 1个引脚可选择用作CAP1.1的功能——P0.11 • 2个引脚可选择用作CAP1.2的功能——P0.17、P0.19 • 2个引脚可选择用作CAP1.3的功能——P0.18、P0.21
MAT0.3~MAT0.0 MAT1.3~MAT1.0	O	**外部匹配输出**:当定时器当前值(TC)等于匹配寄存器的值(MR[3:0])时,对应的输出引脚可执行翻转、变为低电平、变为高电平或保持不变。外部匹配寄存器(EMR)控制引脚输出的模式。可选择多个引脚并行用作匹配输出功能。例如,同时选择2个引脚并行提供MAT1.3功能。 • 2个引脚可选择用作MAT0.0的功能——P0.3、P0.22 • 2个引脚可选择用作MAT0.1的功能——P0.5、P0.27 • 2个引脚可选择用作MAT0.2的功能——P0.16、P0.28 • 1个引脚可选择用作MAT0.3的功能——P0.29 • 1个引脚可选择用作MAT1.0的功能——P0.12 • 1个引脚可选择用作MAT1.1的功能——P0.13 • 2个引脚可选择用作MAT1.2的功能——P0.17、P0.19 • 2个引脚可选择用作MAT1.3的功能——P0.18、P0.20

注:捕获引脚是高阻模式,使用中要注意。

如图4.96所示,同一路捕获的输入引脚可能有几个,当选择多个引脚用作捕获功能时,只有序号最低的那一个引脚是有效的。例如,当P0.2与P0.22均设置为CAP0.0时,只有P0.2的捕获功能是有效的,P0.22的捕获功能无效。

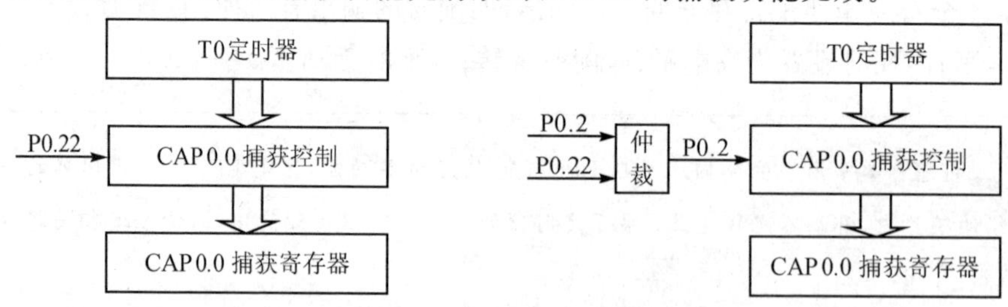

图4.96 1个和多个输入引脚捕获示意图

定时器 0 和定时器 1 的方框图，见图 4.97。

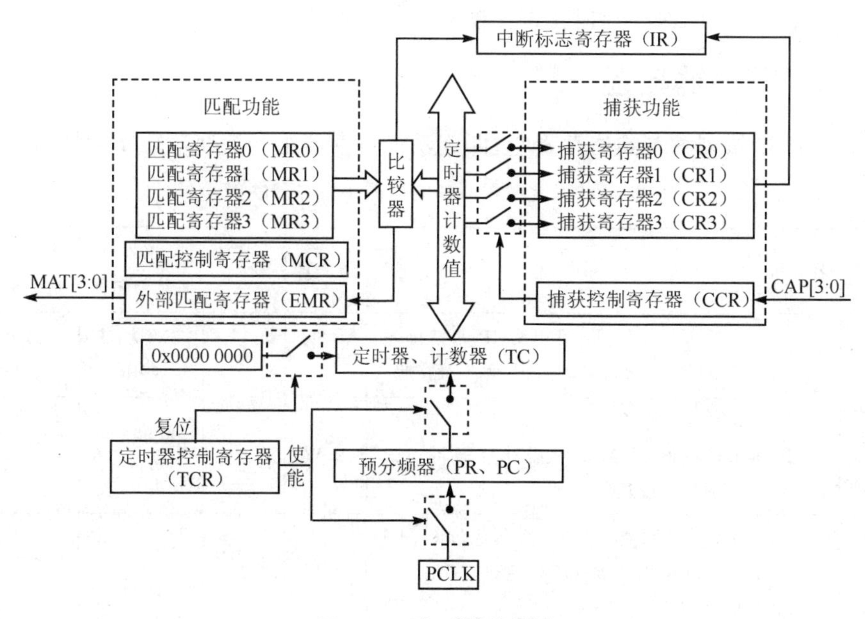

图 4.97　定时器方框图

定时器的时钟源是 PCLK，定时器的工作流程如下：

① 定时器内部的预分频器对定时器时钟源进行分频。

② 分频后，输出的时钟才是定时器内部的计数器时钟源，如图 4.98 所示。

③ 计数值与匹配寄存器中的匹配值不断地比较，当两者相等时，发生匹配事件，然后执行相应的操作——产生中断、匹配输出引脚(MAT)输出指定信号等。

④ 当捕获引脚出现有效边沿时，定时器会将当前的计数值保存到捕获寄存器中，同时也可以产生中断。

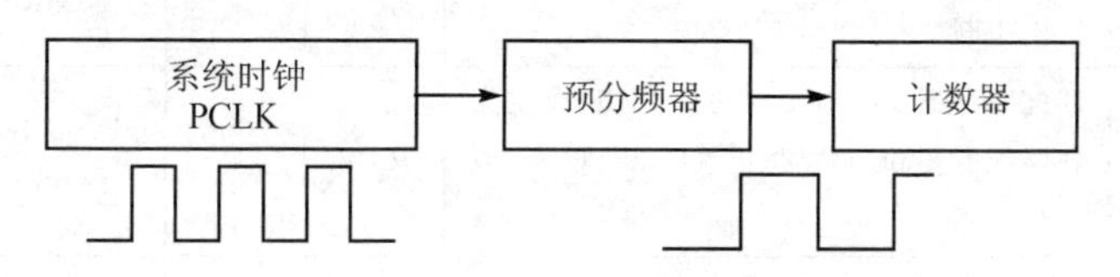

图 4.98　定时器基本计数框图

由图 4.98 可见，LPC2000 系列 ARM 的定时器主要由 3 部分构成：

- 计数器部分　定时器的时钟源是 PCLK，对 PCLK 进行分频后，输入计数器，对其进行计数。
- 匹配功能部分　匹配寄存器 0～3 中保存匹配值，当某一个匹配值与当前的计数值匹配时，根据匹配控制寄存器(MCR)的设置，控制定时器的工作，也可以产生中断信号。当发生匹配时，寄存器 EMR 还会控制对应的匹配引脚 MATn 输出特定的信号。

➤ 捕获功能部分 当捕获引脚CAPn上出现有效信号(即捕获信号)时,会将计数器的当前值保存到捕获寄存器CRn中,并且可以产生中断。

4.11.2 寄存器描述

如表4.89所列为基本寄存器组、匹配功能寄存器组和捕获功能寄存器组。

表4.89 定时器0和定时器1寄存器映射

分组	名称	描述	访问	复位值	定时器0地址与名称	定时器1地址与名称
基本寄存器	IR	中断标志寄存器:可以写IR来清除中断,可读取IR来识别哪个中断源被挂起	R/W	0	0xE000 4000 T0IR	0xE000 8000 T1IR
	TCR	定时器控制寄存器:TCR用于控制定时器计数器功能,定时器计数器可通过TCR禁止或复位	R/W	0	0xE000 4004 T0TCR	0xE000 8004 T1TCR
	TC	定时器计数器:32位TC每经过PR+1个PCLK周期加1,TC通过TCR进行控制	R/W	0	0xE000 4008 T0TC	0xE000 8008 T1TC
	PR	预分频寄存器:32位TC每经过PR+1个PCLK周期加1	R/W	0	0xE000400C T0PR	0xE000 800C T1PR
	PC	预分频计数器:每当32位PC的值增加到等于PR中保存的值时,TC加1	R/W	0	0xE000 4010 T0PC	0xE000 8010 T1PC
匹配功能寄存器	MCR	匹配控制寄存器:MCR用于控制在匹配时是否产生中断或复位TC	R/W	0	0xE0004014 T0MCR	0xE000 8014 T1MCR
	MR0	匹配寄存器0:MR0可通过MCR设定为在匹配时复位TC,停止TC和PC和/或产生中断	R/W	0	0xE000 4018 T0MR0	0xE000 8018 T1MR0
	MR1	匹配寄存器1:MR1可通过MCR设定为在匹配时复位TC,停止TC和PC和/或产生中断	R/W	0	0xE000 401C T0MR1	0xE000 801C T1MR1
	MR2	匹配寄存器2:MR2可通过MCR设定为在匹配时复位TC,停止TC和PC和/或产生中断	R/W	0	0xE000 4020 T0MR2	0xE000 8020 T1MR2
	MR3	匹配寄存器3:MR3可通过MCR设定为在匹配时复位TC,停止TC和PC和/或产生中断	R/W	0	0xE000 4024 T0MR3	0xE000 8024 T1MR3
	EMR	外部匹配寄存器:EMR控制外部匹配引脚MAT0.0～MAT0.3(MAT1.0～MAT1.3)	R/W	0	0xE000 403C T0EMR	0xE000 803C T1EMR

续表 4.89

分组	名称	描述	访问	复位值	定时器 0 地址与名称	定时器 1 地址与名称
捕获功能寄存器	CCR	捕获控制寄存器：CCR 控制用于装载捕获寄存器的捕获输入边沿以及在发生捕获时是否产生中断	R/W	0	0xE000 4028 T0CCR	0xE000 8028 T1CCR
	CR0	捕获寄存器 0：当在 CAP0.0(CAP1.0)上产生捕获事件时,CR0 装载 TC 的值	RO	0	0xE000 402C T0CR0	0xE000 802C T1CR0
	CR1	捕获寄存器 1：当在 CAP0.1(CAP1.1)上产生捕获事件时,CR1 装载 TC 的值	RO	0	0xE000 4030 T0CR1	0xE000 8030 T1CR1
	CR2	捕获寄存器 2：当在 CAP0.2(CAP1.2)上产生捕获事件时,CR2 装载 TC 的值	RO	0	0xE000 4034 T0CR2	0xE000 8034 T1CR2
	CR3	捕获寄存器 3：当在 CAP0.3(CAP1.3)上产生捕获事件时,CR3 装载 TC 的值	RO	0	0xE000 4038 T0CR3	0xE000 8038 T1CR3

1. 基本寄存器组

基本寄存器组主要针对基本计数器功能,包括：中断标志寄存器、定时器控制寄存器、定时器计数器、预分频寄存器和预分频计数器。

(1) IR 中断标志寄存器

IR 中断标志寄存器(定时器 0,T0IR：0xE000 4000;定时器 1,T1IR：0xE000 8000)包含 4 个用于匹配中断的标志位和 4 个用于捕获中断的标志位,如表 4.90 所列。如果有中断产生,IR 中的对应位会置位;否则为 0。向对应的 IR 位写入“1”会复位中断,写入“0”则无效。

表 4.90 IR 中断标志寄存器

位	功能	描述	复位值	位	功能	描述	复位值
0	MR0 中断	匹配通道 0 的中断标志	0	4	CR0 中断	捕获通道 0 事件的中断标志	0
1	MR1 中断	匹配通道 1 的中断标志	0	5	CR1 中断	捕获通道 1 事件的中断标志	0
2	MR2 中断	匹配通道 2 的中断标志	0	6	CR2 中断	捕获通道 2 事件的中断标志	0
3	MR3 中断	匹配通道 3 的中断标志	0	7	CR3 中断	捕获通道 3 事件的中断标志	0

操作示例：

```
T0IR = 0xff;                //清除定时器 0 的全部中断标志
```

(2)TCR定时器控制寄存器

TCR定时器控制寄存器(定时器0,T0TCR:0xE000 4004;定时器1,T1TCR:0xE000 8004)用于控制定时器计数器的操作,TCR定时器控制寄存器描述如表4.91所列。

表4.91 TCR定时器控制寄存器

位	功 能	描 述	复位值
0	计数器使能	为1时,定时器计数器和预分频计数器使能计数。为0时,计数器禁止	0
1	计数器复位	为1时,定时器计数器和预分频计数器在PCLK的下一个上升沿同步复位。计数器在TCR的bit1恢复为0之前保持复位状态	0

操作示例:

```
T0TCR = 0x01;                    //启动定时器0
```

(3) TC定时器计数器

当预分频计数器到达计数的上限时,32位TC定时器计数器(定时器0,T0TC:0xE000 4008;定时器1,T1TC:0xE000 8008)加1,如图4.99所示。如果TC在到达计数上限之前没有复位,它将一直计数到0xFFFF FFFF,然后翻转到0x0000 0000,该事件不会产生中断。如果需要,可用匹配寄存器检测溢出。

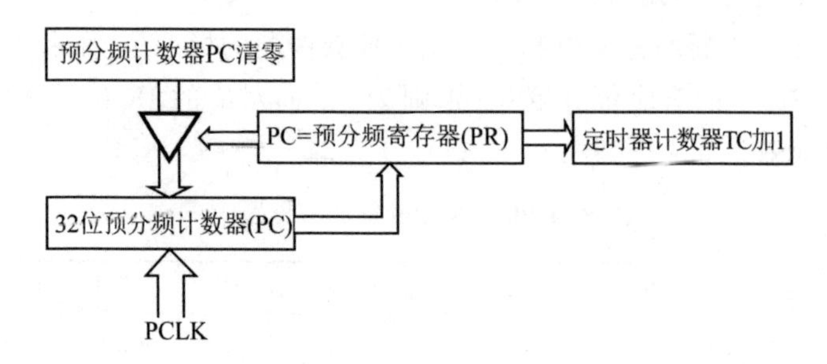

图4.99 定时器计数示意图

(4) PR预分频寄存器

32位PR预分频寄存器(定时器0,T0PR:0xE000 400C;定时器1,T1PR:0xE000 800C)指定了预分频计数器的最大值。

(5) PC预分频计数器

PC预分频计数器(定时器0,T0PC:0xE000 4010;定时器1,T1PC:0xE000 8010)使用某个常量来控制PCLK的分频,这样可实现控制定时器分辨率和定时器溢出时间之间的关系。预分频计数器每个PCLK周期加1,当其到达预分频寄存器中保存的值时,定时器计数器加1,预分频计数器在下个PCLK周期复位。当PR=0时,定时器计数器每个PCLK周期加1;当PR=1时,定时器计数器每2个PCLK周期加

1,如图4.99所示。

定时器计数频率公式如下:

$$定时器计数频率=\frac{F_{PCLK}}{PR+1}$$

2. 匹配功能寄存器组

匹配功能寄存器组主要针对定时器的匹配功能,包括匹配寄存器、匹配控制寄存器以及外部匹配寄存器。其中,匹配寄存器用来设置定时器的匹配值,发生匹配事件时,匹配控制寄存器用来设置定时器的动作,外部匹配寄存器用来设置匹配输出引脚的动作。

(1) 匹配寄存器

匹配寄存器(MR0～MR3)值连续与定时器计数值(TC)相比较,当2个值相等时,则自动触发产生中断,复位定时器计数器或停止定时器,所执行的动作由MCR寄存器控制。

(2) MCR匹配控制寄存器

MCR匹配控制寄存器(定时器0,T0MCR:0xE000 4014;定时器1,T1MCR:0xE000 8014)用于控制在发生匹配时所执行的操作,每个位的功能见表4.92。

表4.92 MCR匹配控制寄存器

位	功能	描述	复位值
0	中断(MR0)	为1时,MR0与TC值的匹配将产生中断;为0时,中断禁止	0
1	复位(MR0)	为1时,MR0与TC值的匹配将使TC复位;为0时,该特性禁止	0
2	停止(MR0)	为1时,MR0与TC值的匹配将使TC和PC停止,TCR的bit0清零;为0时,该特性禁止	0
3	中断(MR1)	为1时,MR1与TC值的匹配将产生中断;为0时,中断禁止	0
4	复位(MR1)	为1时,MR1与TC值的匹配将使TC复位;为0时,该特性禁止	0
5	停止(MR1)	为1时,MR1与TC值的匹配将使TC和PC停止,TCR的bit0清零;为0时,该特性禁止	0
6	中断(MR2)	为1时,MR2与TC值的匹配将产生中断;为0时,中断禁止	0
7	复位(MR2)	为1时,MR2与TC值的匹配将使TC复位;为0时,该特性禁止	0
8	停止(MR2)	为1时,MR2与TC值的匹配将使TC和PC停止,TCR的bit0清零;为0时,该特性禁止	0
9	中断(MR3)	为1时,MR3与TC值的匹配将产生中断;为0时,中断禁止	0
10	复位(MR3)	为1时,MR3与TC值的匹配将使TC复位;为0时,该特性禁止	0
11	停止(MR3)	为1时,MR3与TC值的匹配将使TC和PC停止,TCR的bit0清零;为0时,该特性禁止	0

操作示例:

```
T0MR0 = 100;          //设置匹配寄存器
T0MCR = 0x03;         //当定时器0与MR0匹配时,定时器0复位,并产生中断
```

(3) EMR外部匹配寄存器

EMR外部匹配寄存器(定时器0,T0EMR:0xE000 403C;定时器1,T1EMR:0xE000 803C)提供外部匹配引脚MATn.0~ MATn.3(n为0或1)的控制和状态,EMR外部匹配控制如表4.93所列,EMR外部匹配寄存器描述见表4.94。

表4.93 EMR外部匹配控制

EMR[11:10]、EMR[9:8] EMR[7:6]或EMR[5:4]	功 能
00	不执行任何动作
01	将对应的外部匹配输出设置为0(如果连接到引脚,则输出低电平)
10	将对应的外部匹配输出设置为1(如果连接到引脚,则输出高电平)
11	使对应的外部匹配输出翻转

操作示例:

```
T0EMR = 0x30;         //定时器0发生匹配时,MAT0.0引脚输出翻转
```

表4.94 EMR外部匹配寄存器

位	功 能	描 述	复位值
0	外部匹配0	不管MAT0.0/MAT1.0是否连接到引脚,该位都会反映MAT0.0/MAT1.0的状态。当MR0发生匹配时,该输出可翻转,变为低电平,变为高电平或不执行任何动作。位EMR[4:5]控制该输出的功能	0
1	外部匹配1	不管MAT0.1/MAT1.1是否连接到引脚,该位都会反映MAT0.1/MAT1.1的状态。当MR1发生匹配时,该输出可翻转,变为低电平,变为高电平或不执行任何动作。位EMR[6:7]控制该输出的功能	0
2	外部匹配2	不管MAT0.2/MAT1.2是否连接到引脚,该位都会反映MAT0.2/MAT1.2的状态。当MR2发生匹配时,该输出可翻转,变为低电平,变为高电平或不执行任何动作。位EMR[8:9]控制该输出的功能	0
3	外部匹配3	不管MAT0.3/MAT1.3是否连接到引脚,该位都会反映MAT0.3/MAT1.3的状态。当MR3发生匹配时,该输出可翻转,变为低电平,变为高电平或不执行任何动作。位EMR[10:11]控制该输出的功能	0

续表 4.94

位	功　能	描　述	复位值
5∶4	外部匹配控制 0	决定外部匹配 0 的功能,表 4.93 所列为这两个位的编码	0
7∶6	外部匹配控制 1	决定外部匹配 1 的功能,表 4.93 所列为这两个位的编码	0
9∶8	外部匹配控制 2	决定外部匹配 2 的功能,表 4.93 所列为这两个位的编码	0
11∶10	外部匹配控制 3	决定外部匹配 3 的功能,表 4.93 所列为这两个位的编码	0

3. 捕获功能寄存器组

捕获功能寄存器组针对定时器的捕获功能,包括:捕获寄存器和捕获控制寄存器。其中,捕获控制寄存器用来设置捕获信号,发生捕获事件时,定时器的计数值保存到捕获寄存器中。

(1) 捕获寄存器

每个捕获寄存器(CR0～CR3)都与一个或几个器件引脚相关联。当引脚发生特定的事件时,可将定时器计数值装入该寄存器,捕获控制寄存器的设定决定捕获功能是否使能,以及捕获事件在引脚的上升沿、下降沿或是双边沿发生。

(2) CCR 捕获控制寄存器

CCR 捕获控制寄存器(定时器 0,T0CCR:0xE000 4028;定时器 1,T1CCR:0xE000 8028)的功能:

- 设置捕获事件发生的位置:上升沿、下降沿还是双边沿;
- 捕获事件发生时,是否产生中断。

CCR 捕获控制寄存器描述见表 4.95。n 代表定时器的编号 0 或 1。每路捕获功能都是由 3 个位控制的。

表 4.95　CCR 捕获控制寄存器

位	功　能	描　述	复位值
0	CAPn.0 上升沿捕获	为 1 时,CAPn.0 上 0 到 1 的跳变将导致 TC 的内容装入 CR0; 为 0 时,该特性禁止	0
1	CAPn.0 下降沿捕获	为 1 时,CAPn.0 上 1 到 0 的跳变将导致 TC 的内容装入 CR0; 为 0 时,该特性禁止	0
2	CAPn.0 事件中断	为 1 时,CAPn.0 的捕获事件所导致的 CR0 装载将产生一个中断; 为 0 时,该特性禁止	0
3	CAPn.1 上升沿捕获	为 1 时,CAPn.1 上 0 到 1 的跳变将导致 TC 的内容装入 CR1; 为 0 时,该特性禁止	0
4	CAPn.1 下降沿捕获	为 1 时,CAPn.1 上 1 到 0 的跳变将导致 TC 的内容装入 CR1; 为 0 时,该特性禁止	0

续表 4.95

位	功 能	描 述	复位值
5	CAPn.1 事件中断	为 1 时,CAPn.1 的捕获事件所导致的 CR1 装载将产生一个中断; 为 0 时,该特性禁止	0
6	CAPn.2 上升沿捕获	为 1 时,CAPn.2 上 0 到 1 的跳变将导致 TC 的内容装入 CR2; 为 0 时,该特性禁止	0
7	CAPn.2 下降沿捕获	为 1 时,CAPn.2 上 1 到 0 的跳变将导致 TC 的内容装入 CR2; 为 0 时,该特性禁止	0
8	CAPn.2 事件中断	为 1 时,CAPn.2 的捕获事件所导致的 CR2 装载将产生一个中断; 为 0 时,该特性禁止	0
9	CAPn.3 上升沿捕获	为 1 时,CAPn.3 上 0 到 1 的跳变将导致 TC 的内容装入 CR3; 为 0 时,该特性禁止	0
10	CAPn.3 下降沿捕获	为 1 时,CAPn.3 上 1 到 0 的跳变将导致 TC 的内容装入 CR3; 为 0 时,该特性禁止	0
11	CAPn.3 事件中断	为 1 时,CAPn.3 的捕获事件所导致的 CR3 装载将产生一个中断; 为 0 时,该特性禁止	0

操作示例:

```
T0CCR = 0x05;          //当 CAP0.0 引脚出现上升沿时,发生捕获事件,并产生中断
```

4.11.3 定时器中断

LPC2000 系列 ARM 含有 2 个 32 位定时器,每个定时器可以产生 8 种类型的中断:4 路匹配中断、4 路捕获中断。通过读取中断标志寄存器(TnIR)可以区分中断类型。定时器中断与向量中断控制器(VIC)的关系如图 4.100 所示。

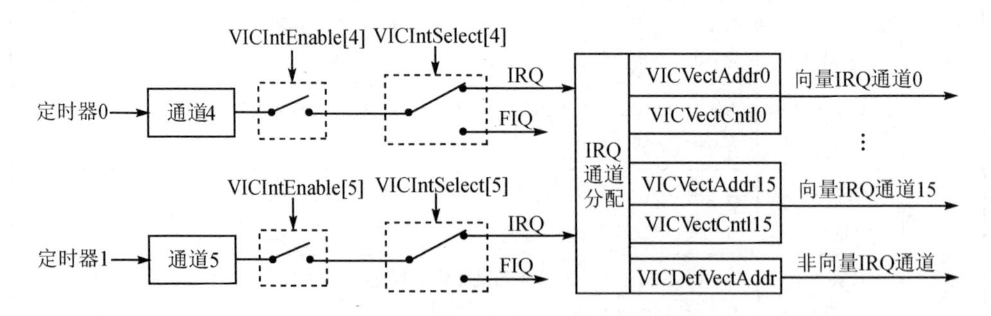

图 4.100 定时器中断与 VIC 的关系

定时器 0 和定时器 1 分别处于 VIC 的通道 4 和通道 5,中断使能寄存器 VICInt-Enable 用来控制 VIC 通道的中断使能。

➤ 当 VICIntEnable[4] = 1 时,通道 4 中断使能,即定时器 0 中断使能;

➤ 当 VICIntEnable[5] = 1 时,通道 5 中断使能,即定时器 1 中断使能。

中断选择寄存器 VICIntSelect 用来分配 VIC 通道的中断。当某一位为"1"时,对应的通道中断分配为 FIQ;当某一位为"0"时,对应的通道中断分配为 IRQ。VICIntSelect[4]和 VICIntSelect[5]分别用来控制通道 4 和通道 5,即:

➤ 当 VICIntSelect[4] = 1 时,定时器 0 中断分配为 FIQ 中断;

➤ 当 VICIntSelect[4] = 0 时,定时器 0 中断分配为 IRQ 中断;

➤ 当 VICIntSelect[5] = 1 时,定时器 1 中断分配为 FIQ 中断;

➤ 当 VICIntSelect[5] = 0 时,定时器 1 中断分配为 IRQ 中断。

当分配为 IRQ 时,还需要设置对应的通道控制寄存器和地址寄存器。有关寄存器 VICVectCntl n 和 VICVectAddr n 的说明请参考 4.9 节。

1. 匹配中断

LPC2000 系列 ARM 定时器计数溢出时不会产生中断,但是匹配时可以产生中断。每个定时器都具有 4 个匹配寄存器(MR0~MR3),可以用来存放匹配值,当定时器的当前计数值 TC 等于匹配值 MR 时,就可以产生中断。

寄存器 TnMCR 控制匹配中断的使能,以定时器 0 为例,定时器匹配控制寄存器 TnMCR 用来使能定时器的匹配中断,如图 4.101 所示。

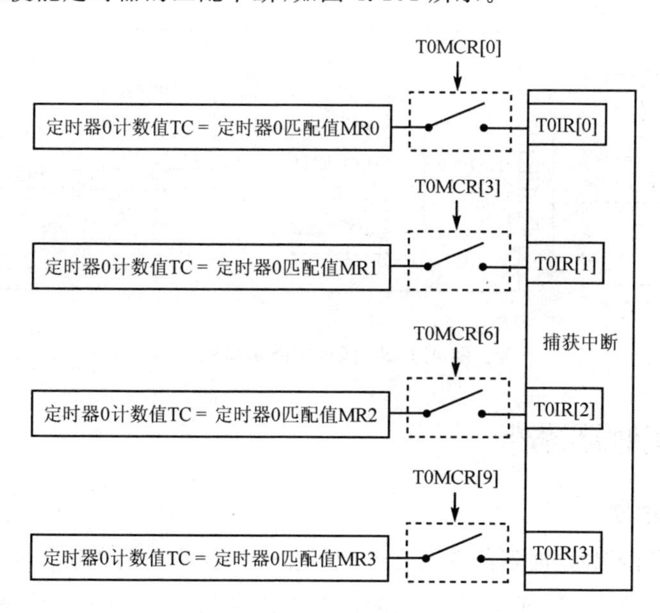

图 4.101　匹配中断示意图

➤ 当 T0TC = T0MR0 时,发生匹配事件 0,若 T0MCR[0] = 1,则 T0IR[0]置位;

- 当 T0TC = T0MR1 时,发生匹配事件 1,若 T0MCR[3] = 1,则 T0IR[1] 置位;
- 当 T0TC = T0MR2 时,发生匹配事件 2,若 T0MCR[6] = 1,则 T0IR[2] 置位;
- 当 T0TC = T0MR3 时,发生匹配事件 3,若 T0MCR[7] = 1,则 T0IR[3] 置位。

2. 捕获中断

当定时器的捕获引脚 CAP 上出现特定的捕获信号时,可以产生中断。以 CAP0.0 为例,如图 4.102 所示。

捕获控制寄存器 TnCCR 用来设置定时器的捕获功能,包括捕获信号和中断使能等,如图 4.103 所示。

- 当 T0CCR[0] = 1,捕获引脚 CAP0.0 上出现"上升沿"信号时,发生捕获事件;
- 当 T0CCR[1] = 1,捕获引脚 CAP0.0 上出现"下降沿"信号时,发生捕获事件;
- 当发生捕获事件时,若 T0CCR[2] = 1,则捕获中断使能。

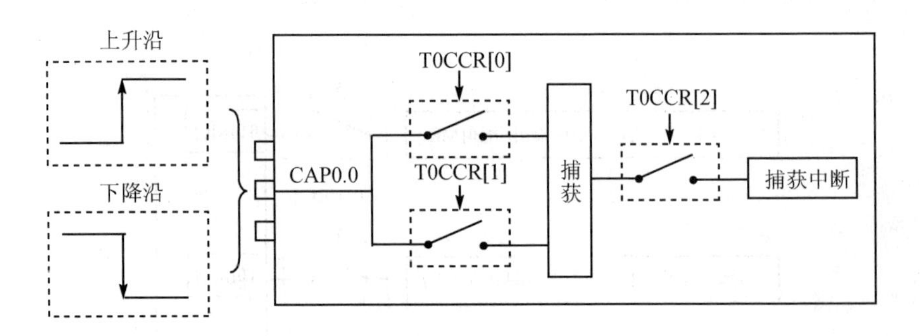

图 4.102 捕获中断示意图

4.11.4 定时器操作

1. 操作示例

图 4.103 所示为定时器配置为在匹配时复位计数并产生中断。预分频器设置为 2,匹配寄存器设置为 6。在发生匹配的定时器周期结束时,定时器计数值复位。这样就使匹配值具有完整长度的周期,匹配中断在定时器到达匹配值的下一个时钟产生。

如图 4.104 所示,定时器配置为在匹配时停止并产生中断。预分频器设置为 2,匹配寄存器设置为 6。在定时器到达匹配值的下一个周期中,定时器使能位清零

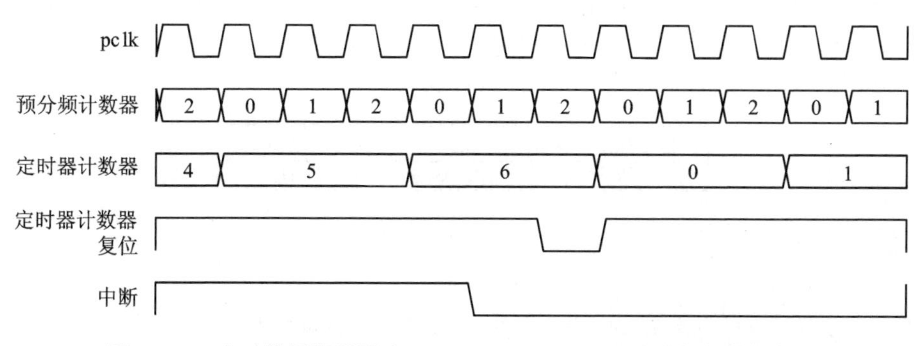

图4.103 定时器周期设置为PR=2,MRx=6,匹配时使能中断和复位

(TCR[0] = 0),并产生指示匹配发生的中断。

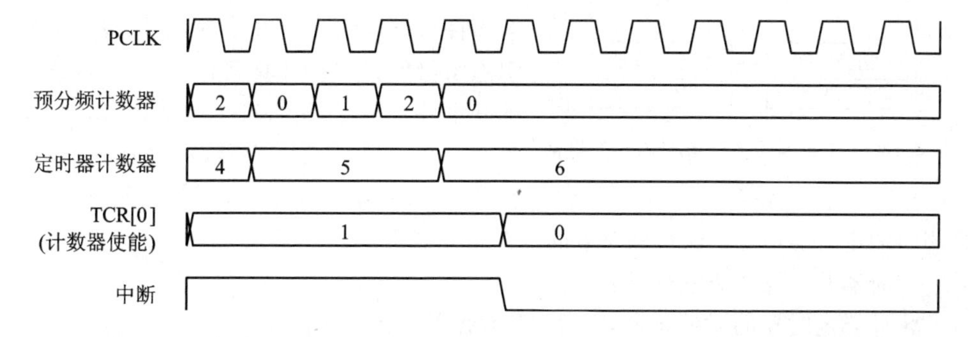

图4.104 定时器周期设置为PR=2,MRx=6,匹配时使能中断和停止定时器

2. 应用示例

LPC2114/2124/2210/2220/2212/2214的两个32位定时器,分别具有4路捕获、4路比较匹配并输出电路,定时器是增量计数的,但上溢时不会产生中断标志,而只能通过比较匹配或捕获输入产生中断标志。2个定时器具有同样的寄存器,只是地址不同而已。

由图4.105可见:32位定时器计数器TC的计数频率由PCLK经过预分频器分频得到;定时器的启动/停止、计数复位由TCR控制;定时器溢出时不会产生中断,定时器的中断是由捕获事件或匹配事件引发的,所以采用虚线连接。

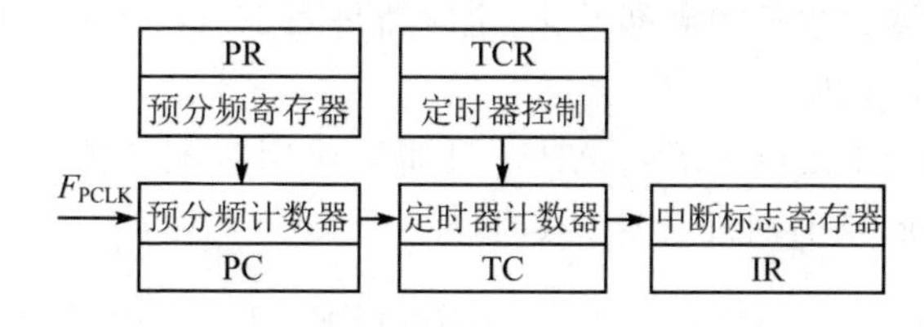

图4.105 基本定时器的寄存器功能框图

由图4.106可见:定时器的比较匹配功能由寄存器MCR进行控制;MR0~

MR3 寄存器为 4 路比较匹配通道的比较值;当发生匹配时,按照 MCR 设置的方法产生中断或复位 TC 等;当发生匹配时,EMR 控制匹配引脚输出——高电平、低电平、引脚电平翻转等。

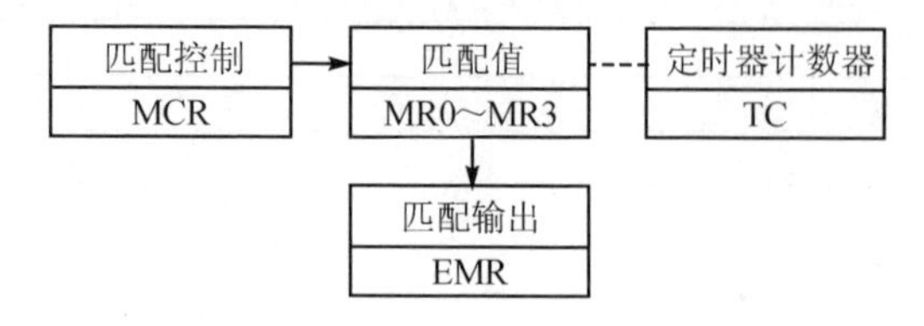

图 4.106　定时器的比较匹配寄存器功能框图

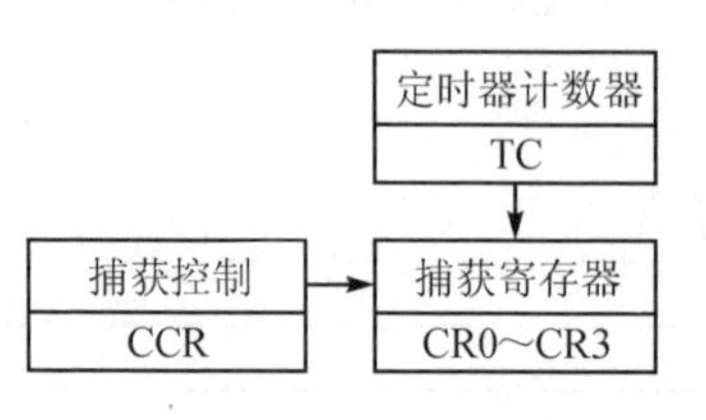

图 4.107　定时器的捕获寄存器功能框图

由图 4.107 可见:定时器的捕获功能由寄存器 CCR 进行控制;通过 CCR 寄存器,捕获事件可以设定为上升沿触发、下降沿触发、双边沿触发;通过 CCR 寄存器,可以设定,当捕获事件发生时,是否产生中断;CR0～CR3 寄存器为 4 路捕获寄存器,用来保存对应的捕获值;捕获事件发生时,捕获电路将会立即把当时的定时器值 TC 保存到对应的捕获寄存器中。

定时器基本操作方法如下:

- 计算定时器的时钟频率,设置 PR 寄存器进行分频操作。
- 若使用匹配功能,则设置匹配通道的初值及其工作模式;若使用捕获功能,则设置捕获方式。
- 若使用定时器的相关中断,则设置 VIC,使能中断。
- 设置 TCR,启动定时器。

定时器计数时钟频率计算公式如下:

$$\text{计数时钟频率}=\frac{F_{\text{PCLK}}}{N+1}$$

其中,N 为 PR 的值。

(1) 定时中断初始化

问题:对定时器 0 进行中断初始化,定时器每隔 10 ms 中断一次,中断服务程序地址设置为 Timer0_ISR。

对于定时问题,LPC2000 系列 ARM 只能够使用匹配功能实现,而且发生匹配时,也可以产生中断,定时时间计算式如下:

$$\text{定时时间}=\frac{\text{MR}\times(\text{PR}+1)}{F_{\text{PCLK}}}$$

程序清单 4.28 所示为定时器 0 的定时中断初始化代码,定时器 0 的时钟不分频,T0MR0 匹配后复位定时器并产生中断,定时值设置为 $F_{PCLK}/100$,即 10 ms。同时,将定时器 0 中断分配为向量 IRQ 通道 0,中断服务程序地址为 Timer0_ISR。

程序清单 4.28 定时器 0 定时中断初始化示例

```
/*********************************************************************
 ** 函数名称: Time0Init()
 ** 函数功能: 初始化定时器 0,定时时间为 10 ms,然后启动定时器
*********************************************************************/
void  Time0Init(void)
{   T0TC = 0;                                   //定时器设置为 0
    T0PR = 0;                                   //时钟不分频
    T0MCR = 0x03;                               //设置 T0MR0 匹配后复位 T0TC,并产生
                                                //中断
    T0MR0 = Fpclk/100;                          //设置 0.1 s 匹配值
    T0TCR = 0x01;                               //启动定时器 0
    /* 设置向量中断控制器 */
    VICIntSelect=VICIntSelect & (~(1<<4));      //定时器 0 中断分配为 IRQ 中断
    VICVectCntl0 = 0x20 | 4;                    //定时器 0 中断分配为向量 IRQ 通道 0
    VICVectAddr0 = (uint32) Timer0_ISR;         //向量 IRQ 通道 0 的中断服务程序地址为
                                                //Timer0_ISR
    VICIntEnable = (1<<4);                      //定时器 0 中断使能
}
```


(2) 匹配输出

问题: 利用定时器输出 1 kHz 频率的方波,占空比为 50%。

对于这个问题,可以利用定时中断,在中断服务函数中取反某一个引脚,从而可以输出一个 1 kHz 的方波;另外一种方法就是:利用 LPC2000 系列 ARM 的匹配输出功能。

如程序清单 4.29 所示为定时器匹配输出的初始化示例程序,程序设置了 MR1 匹配后复位定时器,并且 MAT0.1 输出电平翻转,这样将会产生占空比为 50%的脉冲频率。利用定时器的匹配输出翻转功能,可以从匹配引脚输出一固定频率的方波,频率计算如下:

$$输出频率\ f=\frac{F_{PCLK}}{2\times MP\times (PR+1)}$$

程序清单 4.29 定时器匹配输出初始化示例

```
/*********************************************************************
 ** 函数名称: Time0Init1()
 ** 函数功能: 初始化定时器 0,设置 MR1 匹配时 MAT0.1 输出取反,然后启动定时器
 ** 入口参数: 无
 ** 出口参数: 无
*********************************************************************/
```

```
void  Time0Init1(void)
{
    T0TC = 0;
    T0PR = 0;
    T0MCR = 0x10;                //设置 T0MR1 匹配后复位 T0TC
    T0EMR = 0xC0;                //T0MR1 匹配后 MAT0.1 输出翻转
    T0MR1 = Fpclk/2000;          //输出频率为 1 kHz
    T0TCR = 0x01;
}
```

(3) 读取定时器值

如程序清单 4.30 所示为使用定时器进行脉宽(脉冲宽度)测量的示例,脉冲从 P0.0 口输入,程序等待 P0.0 口变为低电平后启动定时器开始测量,当 P0.0 口变为高电平时停止定时器,然后从 T0TC 寄存器读取定时计数值。

程序清单 4.30　用定时器进行脉宽测量示例

```
T0TC = 0;
T0PR = 0;
while((IO0PIN&0x00000001) != 0);          //等待 P0.0 口变为低电平
T0TCR = 0x01;                             //启动定时器 0
while((IO0PIN&0x00000001) == 0);          //等待 P0.0 口恢复为高电平
T0TCR = 0x00;
time = T0TC;
```


(4) 定时器捕获中断初始化

程序清单 4.31 为使用定时器进行捕获的初始化示例程序,先将口线 P0.2 设置为 CAP0.0 功能,使能定时器 0 的捕获通道 0,然后启动定时器 0 运行,当有捕获事件产生时即自动把定时器的当前值装载到 T0CR0 寄存器中,并产生中断。

程序清单 4.31　定时器捕获中断功能初始化示例

```
PINSEL0 = 0x20;              //设置 P0.2 为 CAP0.0 功能
T0PR = 0;
T0CCR = 0x06;                //设置 CAP0.0 下降沿捕获,并产生中断
T0TC = 0;
T0TCR = 0x01;
```

4.12　SPI 接口

4.12.1　概　述

SPI 接口特性如下:

➢ 具有 2 个完全独立的 SPI 控制器;

➤ 遵循同步串行接口(SPI)规范;
➤ 全双工数据通信;
➤ 可配置为 SPI 主机或从机;
➤ 最大数据位速率为外设时钟 F_{PCLK} 的 1/8。

SPI 引脚描述见表 4.96。

表 4.96　SPI 引脚描述

SPI 引脚	CPU 引脚	类　型	描　述
SCK0	P0.4	I/O	串行时钟：用于同步 SPI 接口间数据传输的时钟信号。该时钟信号总是由主机输出。时钟可编程为高有效或低有效。它只在数据传输时才被激活,其他任何时候都处于非激活状态或三态
SCK1	P0.17		
MISO0	P0.5	I/O	主入从出：MISO 信号是一个单向的信号,它将数据由从机传输到主机。当器件为从机时,串行数据从该端口输出;当器件为主机时,串行数据从该端口输入。当从机没有被选择时,将该信号输出为高阻态
MISO1	P0.18		
MOSI0	P0.6	I/O	主出从入：MOSI 信号是一个单向的信号,它将数据从主机传输到从机。当器件为主机时,串行数据从该端口输出;当器件为从机时,串行数据从该端口输入
MOSI1	P0.19		
SSEL0	P0.7	I	从机选择：SPI 从机选择信号是一个低有效信号,用于指示被选择参与数据传输的从机。每个从机都有各自特定的从机选择输入信号。在数据处理之前,SSEL 必须为低电平并在整个处理过程中保持低电平。如果在数据传输中 SSEL 信号变为高电平,传输将被中止。这种情况下,从机返回到空闲状态并将接收到的所有数据都丢弃。对于这样的异常没有其他的指示。在主 SPI 模式下,该信号不能用作 GPIO **注**：配置为 SPI 主机的 LPC2114/2124/2210/2212/2214 必须选择相应的引脚用作 SSEL 功能并使其保持高电平,只有这样,器件才能真正执行主机的功能
SSEL1	P0.20		

SPI0 和 SPI1 接口中的 SPI 方框图见图 4.108。

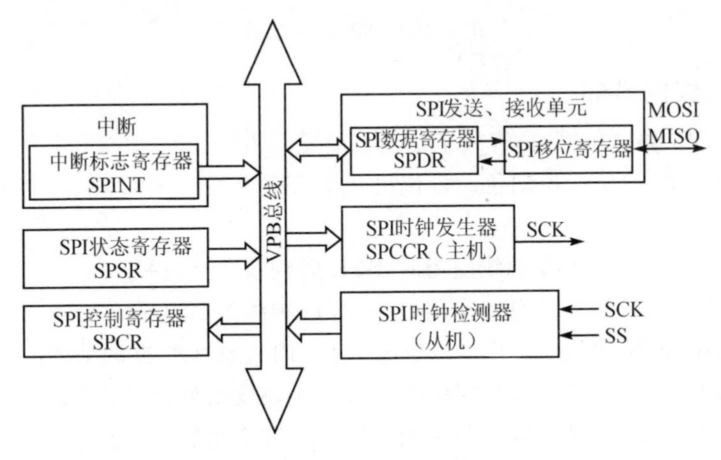

图 4.108　SPI 方框图

4.12.2　SPI 描述

1. SPI 总线

SPI(Serial Peripheral Interface,串行外设接口)总线系统是一种同步串行外设接口,允许 MCU 与各种外围设备以串行方式进行通信、数据交换。外围设备包括 Flash、RAM、A/D 转换器、网络控制器、MCU 等。SPI 系统可直接与各个厂家生产的多种标准外围器件直接接口,一般使用 4 条线:串行时钟线 SCK、主机输入/从机输出数据线 MISO、主机输出/从机输入数据线 MOSI 和低电平有效的从机选择线 SSEL。

如图 4.109 所示为基于 LPC2000 系列 ARM 主机的 SPI 总线配置。一个 SPI 总线可以连接多个主机和多个从机,但是在同一时刻只允许有一个主机操作总线。在数据传输过程中,总线上只能有一个主机和一个从机通信。在一次数据传输中,主机总是向从机发送一个字节数据(主机通过 MOSI 输出数据),而从机也总是向主机发送一个字节数据(主机通过 MISO 接收数据)。SPI 总线时钟是由主机产生的。

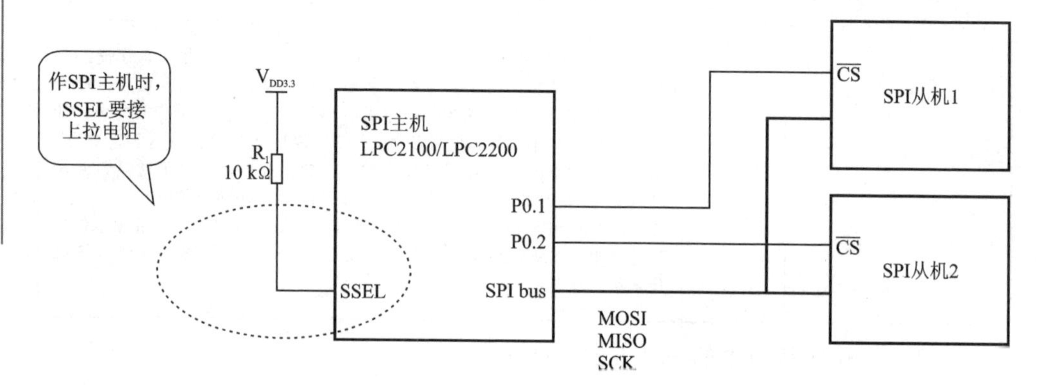

图 4.109　SPI 总线配置

2. SPI 数据传输

在讨论 SPI 数据传输时,有两个位是必须要说明的:

- CPOL:时钟极性控制位。该位决定了 SPI 总线空闲时,SCK 时钟线的电平状态。

  CPOL = 0　当 SPI 总线空闲时,SCK 时钟线为低电平;

  CPOL = 1　当 SPI 总线空闲时,SCK 时钟线为高电平。

- CPHA:时钟相位控制位。该位决定了 SPI 总线上数据的采样位置。

  CPHA = 0　SPI 总线在时钟线的第 1 个跳变沿处采样数据;

  CPHA = 1　SPI 总线在时钟线的第 2 个跳变沿处采样数据。

CPOL 和 CPHA 位在 SPI 控制寄存器中进行设置。

图 4.110 所示为 SPI 的 4 种不同数据传输格式的时序，该时序图描述的是 8 位数据的传输。需要注意的是，该时序图按水平方向可分成三个部分，第一部分描述 SCK 和 SSEL 信号；第二部分描述了 CPHA＝0 时的 MOSI 和 MISO 信号；第三部分描述了 CPHA＝1 时的 MOSI 和 MISO 信号。

在时序图的第一部分需要注意以下两点：

① 时序图包含了 CPOL 设置为 0 和 1 的情况；

② SSEL 信号，作为 SPI 从机时用作器件的片选信号。

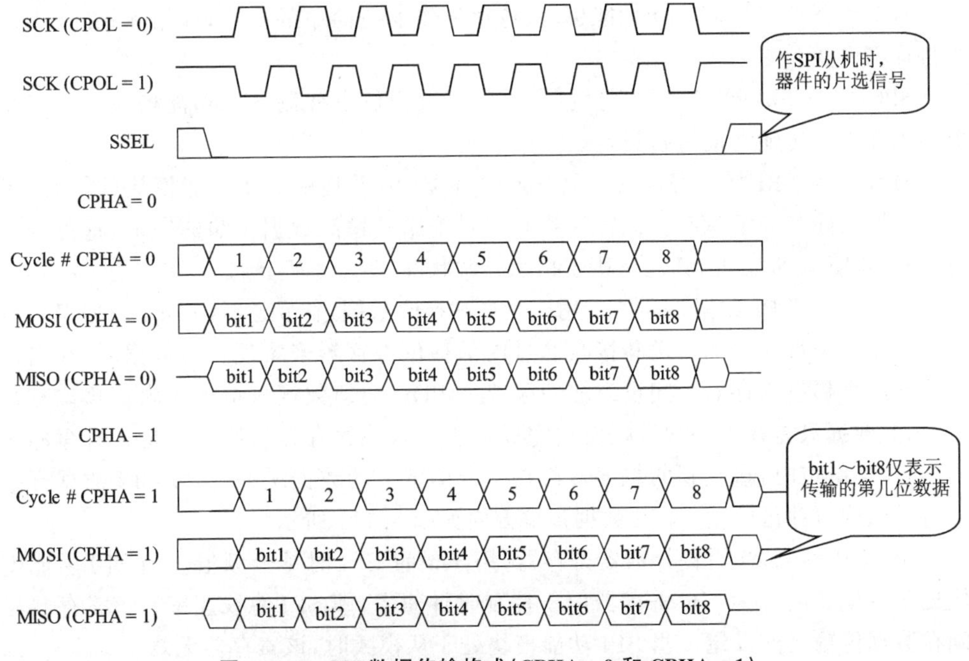

图 4.110　SPI 数据传输格式(CPHA＝0 和 CPHA＝1)

数据和时钟的相位关系在表 4.97 中描述，该表汇集了 CPOL 和 CPHA 的每一种设定。其中“第一位数据的输出”和“其他位数据的输出”栏是表示数据在什么时刻更新输出，这是由硬件 SPI 接口自动操作，用户一般不需理会。用户需要注意的是“数据的采样”这一栏，这代表数据是 SCK 上升沿有效，还是下降沿有效。

表 4.97　SPI 数据和时钟的相位关系

CPOL 和 CPHA 的设定	第一位数据的输出	其他位数据的输出	数据的采样
CPOL＝0,CPHA＝0	在第一个 SCK 上升沿之前	SCK 下降沿	SCK 上升沿
CPOL＝0,CPHA＝1	在第一个 SCK 上升沿	SCK 上升沿	SCK 下降沿
CPOL＝1,CPHA＝0	在第一个 SCK 下降沿之前	SCK 上升沿	SCK 下降沿
CPOL＝1,CPHA＝1	在第一个 SCK 下降沿	SCK 下降沿	SCK 上升沿

当器件为主机时，传输的起始由主机发送数据来启动，此时，主机可激活时钟并

开始传输。当传输的最后一个时钟周期结束时,传输结束。

当器件为从机并且CPHA=0时,传输在SSEL信号被激活(即拉低)时开始,并在SSEL变为高电平时结束。当器件为从机且CPHA=1时,如果该器件被选择,传输从第一个时钟沿开始,并在数据采样的最后一个时钟沿结束。

说明: 对于16位的数据发送,发送完第1个字节数据之后,接着再发送第2字节数据即可,在2字节发送过程中,从机片选要保持有效。

3. SPI功能模块

有5个寄存器控制SPI功能模块,这里只作如下简单的描述,在第4.12.3小节中将详细讲述。

SPCR——SPI控制寄存器。包含一些可编程位来控制SPI功能模块。该寄存器必须在数据传输之前进行设定。

SPSR——SPI状态寄存器。只读的寄存器,用于监视SPI功能模块的状态,包括一般性功能和异常状况。该寄存器的主要用途是检测数据传输的完成,这可以通过判断SPIF位来实现,其他位用于指示异常状况。

SPDR——SPI数据寄存器。用于发送和接收数据,在发送时向SPI数据寄存器写入数据。串行数据的发送和接收通过内部移位寄存器来实现。写数据时,数据寄存器和内部移位寄存器之间没有缓冲区,写SPDR会使数据直接进入内部移位寄存器,因此数据只能在上一次数据发送完成之后写入该寄存器。读数据是带有缓冲区的,当传输结束时,接收到的数据转移到一个单字节的数据缓冲区,读SPI数据寄存器将返回读缓冲区的值。SPI数据传输方向如图4.111所示。

SPCCR——SPI时钟计数器寄存器,用于设置SPI时钟分频值。当SPI功能模块处于主模式时,SPCCR寄存器用于控制时钟速率,即SPI总线速率。该寄存器必须在数据传输之前设定。当SPI功能模块处于从模式时,该寄存器无效。

SPINT——SPI中断标志寄存器,该寄存器包含了SPI的中断标志位。

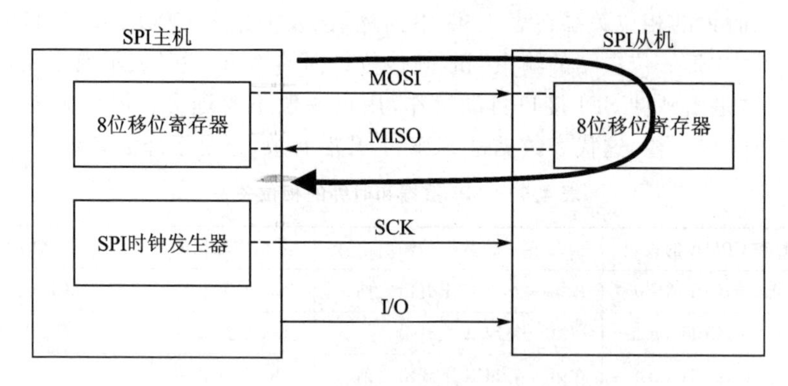

图4.111 SPI数据传输方向

4.12.3　SPI寄存器描述

SPI包含5个寄存器，见表4.98，所有寄存器都可以字节、半字和字的形式访问。

表4.98　SPI寄存器映射

名　称	描　述	访　问	复位值	SPI0 地址 & 名称	SPI1 地址 & 名称
SPCR	SPI控制寄存器，该寄存器控制SPI的操作模式	R/W	0	0xE002 0000 S0SPCR	0xE003 0000 S1SPCR
SPSR	SPI状态寄存器，该寄存器显示SPI的状态	RO	0	0xE002 0004 S0SPSR	0xE0030004 S1SPSR
SPDR	SPI数据寄存器，该双向寄存器为SPI提供发送和接收的数据。发送数据通过写该寄存器提供，SPI接收的数据可从该寄存器读出	R/W	0	0xE002 0008 S0SPDR	0xE003 0008 S1SPDR
SPCCR	SPI时钟计数寄存器，该寄存器控制主机SCK的频率	R/W	0	0xE002 000C S0SPCCR	0xE003 000C S1SPCCR
SPINT	SPI中断标志寄存器，该寄存器包含SPI接口的中断标志	R/W	0	0xE002 001C S0SPINT	0xE003 001C S1SPINT

注：复位值仅指已使用位中保存的数据，不包括保留位的内容。

1. SPI控制寄存器

SPI控制寄存器(S0SPCR，0xE002 0000；S1SPCR，0xE003 0000)根据每个配置位的设定来控制SPI的操作，见表4.99。

表4.99　SPI控制寄存器SPCR

位	位名称	描　述	复位值
2：0	—	保留，用户软件不要向其写入1，从保留位读出的值未定义	NA
3	CPHA	时钟相位控制位，决定SPI传输时数据和时钟的关系并控制从机传输的。起始和结束：① CPHA ＝ 1时，数据在SCK的第二个时钟沿采样。当SSEL信号激活时，传输从第一个时钟沿开始并在最后一个采样时钟沿结束。② CPHA ＝ 0时，数据在SCK的第一个时钟沿采样。传输从SSEL信号激活时开始，并在SSEL信号无效时结束	0
4	CPOL	时钟极性控制：CPOL ＝ 1时，SCK为低有效；在总线空闲状态，SCK为高电平。CPOL ＝ 0时，SCK为高有效；在总线空闲状态，SCK为低电平	0
5	MSTR	主模式选择：MSTR ＝ 1时，SPI处于主模式；MSTR ＝ 0时，SPI处于从模式	0
6	LSBF	LSBF用来控制传输的每个字节的移动方向：LSBF ＝ 1时，SPI数据传输LSB(bit0)在先；LSBF ＝ 0时，SPI数据传输MSB(bit7)在先	0
7	SPIE	SPI中断使能：SPIE ＝ 1时，每次SPIF或MODF置位时都会产生硬件中断；SPIE ＝ 0时，SPI中断禁止	0

操作示例：

```
SPI_SPCR =      (0<<3) |        //CPHA=0,数据在SCK的第一个跳变沿采样
                (1<<4) |        //CPOL=1,时钟为低有效
                (1<<5) |        //设置为主机
                (0<<6) |        //LSBF=0,数据传输MSB在先
                (1<<7);         //SPI中断使能
```

2. SPI状态寄存器

SPI状态寄存器(S0SPSR,0xE002 0004;S1SPSR,0xE003 0004)根据每个配置位的设定来控制SPI的操作,见表4.100。

表4.100 SPI状态寄存器SPSR

位	位名称	描 述	复位值
2:0	—	保留,用户软件不要向其写入1,从保留位读出的值未定义	NA
3	ABRT	从机中止：该位为1时表示发生了从机中止。当读取该寄存器时,该位清零	0
4	MODF	模式错误：为1时表示发生了模式错误,先通过读取该寄存器清零MODF位,再写SPI控制寄存器	0
5	ROVR	读溢出：为1时表示发生了读溢出。当读取该寄存器时,该位清零	0
6	WCOL	写冲突：为1时表示发生了写冲突。先通过读取该寄存器清零WCOL位,再访问SPI数据寄存器	0
7	SPIF	SPI传输完成标志：为1时表示一次SPI数据传输完成。在主模式下,该位在传输的最后一个周期置位。在从机模式下,该位在SCK的最后一个数据采样边沿置位。当读取该寄存器时,该位清零。然后才能访问SPI数据寄存器。 注：SPIF不是SPI中断标志。中断标志位于SPINT寄存器中	0

注：在访问SPI数据寄存器之前,必须要先读取SPSR寄存器(清除SPIF位)。

3. SPI数据寄存器

该双向数据寄存器(S0SPDR,0xE002 0008;S1SPDR,0xE003 0008)为SPI提供数据的发送和接收,见表4.101。发送数据是通过将数据写入该寄存器来实现,SPI接收的数据可从该寄存器中读出。处于主模式时,写该寄存器将启动SPI数据传输,由于在发送数据时,没有缓冲,所以在发送数据期间(包括SPIF置位,但是还没有读取状态寄存器),不能再对该寄存器进行写操作。

表4.101 SPI数据寄存器SPDR

位	位名称	描 述	复位值
7:0	数据	SPI双向数据	0

操作示例：

```
SPI_SPDR = data;                    //发送数据
while((SPI_SPSR & 0x80) ==0);       //等待SPIF置位,即等待数据发送完毕
```

4. SPI时钟计数寄存器

该寄存器(S0SPCCR,0xE002 000C;S1SPCCR,0xE003 000C)控制主机SCK的频率,见表4.102。该寄存器的值必须为偶数,因此bit0必须为0,该寄存器的值还必须大于等于8。如果寄存器的值不符合上述条件,可能导致产生不可预测的动作。

频率公式如下:

$$F_{SPI}=F_{PCLK}/SPCCR$$

$F_{PCLK}=F_{CCLK}/VPB$,其中速率为CCLK/VPB除数,由VPBDIV寄存器的内容决定。

可见,SPI的最大通信速率为$F_{PCLK}/8$。如果将SPI设置为从机模式,则该寄存器是无效的。

表4.102 SPI时钟计数寄存器SPCCR

位	功 能	描 述	复位值
7:0	计数值	SPI时钟计数值设定	0

操作示例:

```
SPI_SPCCR = Fpclk/F_spi;                    //设置SPI时钟分频
```

5. SPI中断标志寄存器

该寄存器(S0SPINT,0xE002 001C;S1SPINT,0xE003 001C)包含SPI接口的中断标志,见表4.103。

表4.103 SPI中断标志寄存器SPINT

位	功 能	描 述	复位值
0	SPI中断	SPI中断标志:由SPI接口置位以产生中断。向该位写入1清零 **注:** 当SPIE=1并且SPIF和MODF位中至少有一位为1时该位置位。只有当SPI中断位置位并且SPI中断在VIC中被使能,SPI中断才能由中断处理软件处理	0
7:1	—	保留,用户软件不要向其写入1,从保留位读出的值未定义	NA

操作示例:

```
S0PINT = 0x01;          //清除SPI中断标志位
```

4.12.4 操作模式

1. 主机操作

下面的步骤描述了SPI设置为主机时如何处理数据传输,该处理假设上一次的数据传输已经结束。

① 设置SPCCR寄存器,得到相应的SPI时钟。

② 设置SPCR寄存器,控制SPI为主机。

③ 控制片选信号,选择从机。

④ 将要发送的数据写入SPDR寄存器,即启动SPI数据传输。

⑤ 读取SPSR寄存器,等待SPIF位置位。SPIF位将在数据传输的最后一个周期之后由硬件自动置位。

⑥ 从SPI数据寄存器中读出接收到的数据(可选)。

⑦ 如果有更多数据需要发送,则跳到第③步,否则取消对从机的选择。

SPI主机初始化示例程序见程序清单4.32,程序首先判断需要设置的SPI时钟分频值是否合法,如果设置值小于8则强行设置为8。由于SPCCR寄存器的值必须为偶数,所以将分频值和0xFE进行"与"操作。

程序清单4.32 SPI主机初始化示例

```
#define  MSTR      (1<<5)
#define  CPOL      (1<<4)
#define  CPHA      (1<<3)
#define  LSBF      (1<<6)
#define  SPI_MODE  (MSTR | CPOL) /* SPI接口模式,MSTR=1,CPOL=1,
                                    CPHA=0,LSBF=0 */
/*************************************************************
** 函数名称:MSpiIni()
** 函数功能:初始化SPI接口,设置为主机
** 入口参数:fdiv  SPI时钟分频值,大于8的偶数
** 出口参数:无
*************************************************************/
void  MSpiIni(uint8 fdiv)
{
    if(fdiv<8)     fdiv = 8;
    S0PCCR = fdiv&0xFE;                    //设置SPI时钟分频
    S0PCR = SPI_MODE;
}
```


SPI主机数据发送和接收示例程序见程序清单4.33,向S0PDR寄存器(即SPI0的SPDR)写入一字节数据后,即可启动数据发送。SPI功能模块在发送数据时同时接收一字节数据,并将接收到的数据返回。

程序清单4.33 SPI主机数据发送和接收示例

```
/*************************************************************
** 函数名称:MSendData()
** 函数功能:向SPI总线发送数据,并接收从机发回的数据
```

```
* *入口参数：data   待发送的数据
* *出口参数：返回值为接收到的数据
*************************************************************/
uint8  MSendData(uint8 data)
{
    IO0CLR = HC595_CS;                    //片选
    S0PDR = data;
    while( 0 == (S0PSR&0x80) );           //等待SPIF置位,即等待数据发送完毕
    IO0SET = HC595_CS;
    return(S0PDR);
}
```

2. 从机操作

下面的步骤描述了SPI设置为从机时如何处理数据传输。该处理假设上一次的数据传输已经结束。要求驱动SPI逻辑的系统时钟速度至少8倍于SPI。

① 设置SPSR寄存器,控制SPI为从机。

② 将要发送的数据写入SPI数据寄存器(可选)。**注意：**这只能在SPI总线空闲(即主机还没有启动SPI传输)时执行。

③ 读取SPSR寄存器,等待SPIF位置位。SPIF位将在SPI数据传输的最后一个采样时钟沿后由硬件自动置位。

④ 从SPI数据寄存器中读出接收到的数据(可选)。

⑤ 如果有更多数据需要发送,则跳到第②步。

SPI从机初始化示例程序见程序清单4.34,程序只对S0PCR进行设置,控制SPI为从机。为了能够上SPI主机进行通信,需要正确设置CPOL、CPHA、LSBF控制位。**注意：**SPI时钟脉冲是由主机产生,所以从机无需初始化S0PCCR寄存器。

程序清单4.34　SPI从机初始化示例

```
#define  CPOL      (1<<4)
#define  CPHA      (1<<3)
#define  LSBF      (1<<6)
#define  SPI_MODE  (CPOL)  /* SPI接口模式,MSTR=0,CPOL=1,CPHA=0,LSBF=0 */
/**************************************************************
* *函数名称：SSpiIni()
* *函数功能：初始化SPI接口,设置为从机
* *入口参数：无
* *出口参数：无
*************************************************************/
void  SSpiIni(void)
{
    S0PCR = SPI_MODE;
}
```

SPI从机数据发送示例程序见程序清单4.35,向S0PDR寄存器(即SPI0的SPDR)写入一字节数据,然后等待主机读数据操作。当然,用户可以使用中断形式进行数据的发送,这样有助于提高整个系统程序的效率。

程序清单4.35　SPI从机数据发送示例

```
/****************************************************************
** 函数名称: SSendData()
** 函数功能: SPI从机发送数据
** 入口参数: data   待发送的数据
** 出口参数: 无
****************************************************************/
void  SSendData(uint8 data)
{
    S0PDR = data;
    while((S0PSR&0x80)==0);          //等待SPIF置位,即等待数据发送完毕
}
```

SPI从机数据接收示例程序见程序清单4.36,程序首先等待S0PSR寄存器的SPIF位为1,然后读取S0PDR寄存器内的数据(即是接收到的数据)。当然,用户可以使用中断形式进行数据的接收,这样有助于提高整个系统程序的效率。

程序清单4.36　SPI从机数据接收示例

```
/****************************************************************
** 函数名称: SRcvData()
** 函数功能: SPI从机接收数据
** 入口参数: 无
** 出口参数: 返回值为读取到的数据
****************************************************************/
uint8  SRcvData(void)
{  while((S0PSR&0x80)==0) ;
    return(S0PDR);
}
```

3. 异常状况

读溢出——当SPI功能模块内部读缓冲区满时,又接收到新的数据,就会发生读溢出。SPI模块内部的读缓冲区大小为1个字节,SPIF = 1表示读缓冲区满。当一次传输结束时,SPI功能模块将接收到的数据保存到读缓冲区中。如果SPIF置位(读缓冲区已满),新接收到的数据将会丢失,而状态寄存器的读溢出(ROVR)位将置位。图4.112所示为SPI主机模式接收示意图。

写冲突——在前面提到过,在SPI总线接口与内部移位寄存器之间没有写缓冲区。这就要求,只能在SPI总线空闲期间向SPI数据寄存器写入数据。从启动传输

图 4.112 SPI 主机模式接收示意图

到 SPIF 置位(包括读取状态寄存器)，在此期间不能向 SPI 数据寄存器写入数据。如果在这段时间内写 SPI 数据寄存器，写入的数据将会丢失，状态寄存器中的写冲突位(WCOL)置位，写冲突错误不会产生中断。图 4.113 所示为 SPI 主机模式发送示意图。

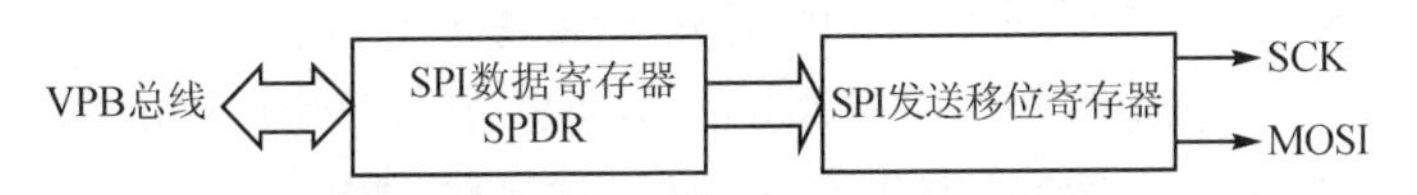

图 4.113 SPI 主机模式发送示意图

模式错误——SSEL 信号在 SPI 功能模块为主机时必须设置为高电平，不能用作 GPIO。当 SPI 功能模块为主机时，如果 SSEL 信号被外界拉低，表示有另外一个主机将该器件选择为从机。这种状态称为模式错误。当检测到一个模式错误时，状态寄存器的模式错误位(MODF)置位，SPI 时钟信号驱动器关闭，而 SPI 模式转换为从机模式，如果中断使能，将触发中断。如果要清除模式错误位(MODF)，必须要先读取 SPI 状态寄存器，然后再重新初始化 SPI 控制寄存器。

注： 对于 LPC213x、LPC214x 以及 LPC2101/02/03，如果 SPI 接口设置为主机模式，SSEL 信号线可以作为普通 GPIO 使用。

从机中止——在从机模式下，如果 SSEL 信号在传输结束之前变为高电平，从机模式传输将被认为中止。此时，正在处理的发送或接收数据都将丢失，状态寄存器的从机中止(ABRT)位置位。

4.12.5 SPI 接口中断

LPC2000 系列 ARM SPI 接口具有中断功能，当传输完成或者发生模式错误时，SPI 接口就会触发中断，SPI 接口中断与向量中断控制器(VIC)的关系如图 4.114 所示。

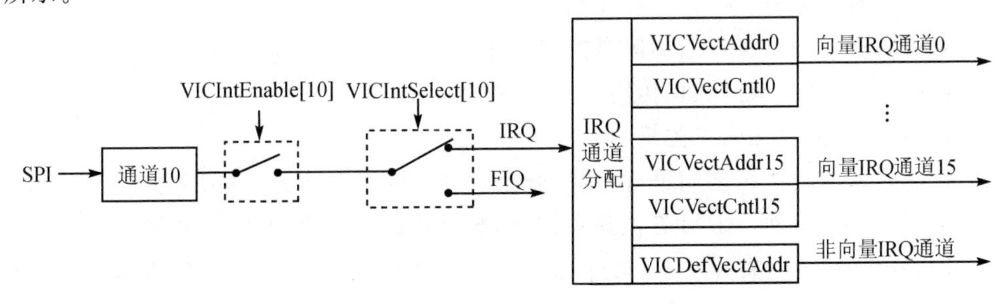

图 4.114 SPI 接口与 VIC 的关系

SPI 接口处于 VIC 的通道 10，中断使能寄存器 VICIntEnable 用来控制 VIC 通道的中断使能。当 VICIntEnable[10] = 1 时，通道 10 中断使能，即：SPI 中断使能。

中断选择寄存器 VICIntSelect 用来分配 VIC 通道的中断。当某一位为 1 时，对应的通道中断分配为 FIQ；当某一位为 0 时，对应的通道中断分配为 IRQ。

VICIntSelect[10]用来控制通道 10，即：

- 当 VICIntSelect[10] = 1 时，SPI 中断分配为 FIQ 中断；
- 当 VICIntSelect[10] = 0 时，SPI 中断分配为 IRQ 中断。

当分配为 IRQ 时，还需要设置对应的通道控制寄存器和地址寄存器。有关寄存器 VICVectCntln 和 VICVectAddrn 的说明，请参考 4.9 节。

由图 4.115 所示为 SPI 接口的中断示意图，SPI 中断使能位仅由 SPIE 位控制，当 SPIE=1 时，只要传输完成或者发生模式错误，就会触发中断，置位 SPI 中断标志寄存器 SPINT 的 bit0。对 SPI 中断标志寄存器 bit0 执行写“1”操作，可以清除 SPI 中断标志。

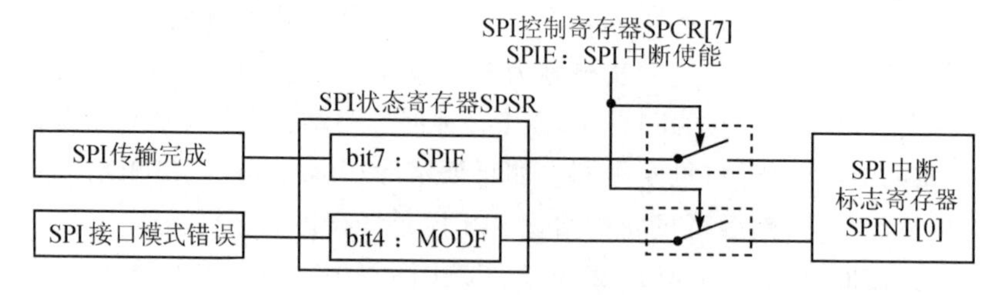

图 4.115　SPI 中断示意图

4.13　I^2C 接口

4.13.1　概　述

I^2C 接口特性如下：

- 标准的 I^2C 总线接口；
- 可配置为主机、从机或主/从机；
- 可编程时钟可实现通用速率控制；
- 主、从机之间双向数据传输；
- 多主机总线（无中央主机）；
- 同时发送的主机之间进行仲裁，避免了总线数据的冲突；
- LPC2000 系列 ARM 在高速模式下，数据传输的速度为 0～400 kbit/s。

I^2C 引脚描述见表 4.104，与外部标准 I^2C 部件接口的常用器件有串行 EEPROM、RAM、RTC、LCD、音调发生器等。

表4.104 I^2C引脚描述

引脚名称	类 型	描 述
SDA	I/O	串行数据I^2C数据输入和输出,相关端口为开漏输出以符合I^2C规范
SCL	I/O	串行时钟I^2C时钟输入和输出,相关端口为开漏输出以符合I^2C规范

4.13.2 I^2C总线规范

1. I^2C总线规范简介

I^2C BUS(Inter IC BUS)是NXP半导体公司推出的芯片间串行传输总线,它以2根连线实现了完善的双向数据传送,可以极方便地构成多机系统和外围器件扩展系统。I^2C总线采用了器件地址的硬件设置方法,通过软件寻址完全避免了器件的片选线寻址方法,从而使硬件系统具有最简单而灵活的扩展方法。

I^2C总线的2根线(串行数据SDA,串行时钟SCL)连接到总线上的任何一个器件,每个器件都应有一个唯一的地址,而且都可以作为一个发送器或接收器。此外,器件在执行数据传输时也可以被看作是主机或从机。

发送器:本次传送中发送数据(不包括地址和命令)到总线的器件。

接收器:本次传送中从总线接收数据(不包括地址和命令)的器件。

主机:初始化发送、产生时钟信号和终止发送的器件,它可以是发送器或接收器。主机通常是微控制器。

从机:被主机寻址的器件,它可以是发送器或接收器。

I^2C总线应用系统的典型结构如图4.116所示。在该结构中,微控制器A可以作为该总线上的唯一主机,其他的器件全部是从机。而另一种方式是微控制器A和微控制器B都作为总线上的主机。

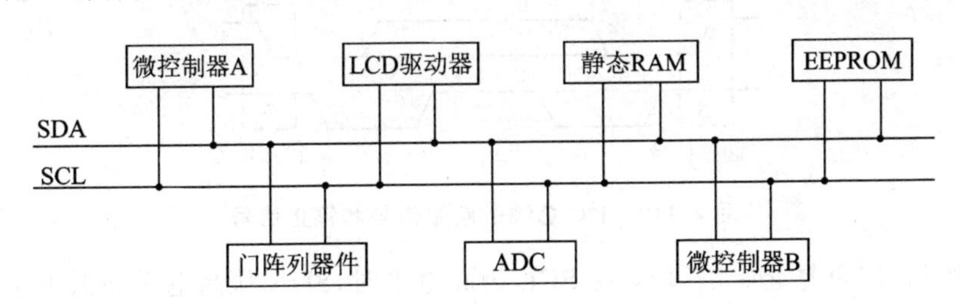

图4.116 I^2C总线应用系统典型结构

I^2C总线是一个多主机的总线,即,总线上可以连接多个能控制总线的器件。当2个以上控制器件同时发动传输时,只能有一个控制器件能真正控制总线而成为主机,并使报文不被破坏,这个过程叫仲裁。与此同时,能同步多个控制器件所产生的时钟信号。

SDA和SCL都是双向线路。连接到总线的器件的输出级必须是漏极开路或集电极开路，都通过一个电流源或上拉电阻连接到正的电源电压，这样才能够实现"线与"功能。当总线空闲时，这2条线路都是高电平。

在标准模式下，总线数据传输的速度为0～100 kbit/s，在高速模式下，可达0～400 kbit/s。总线速率与总线上拉电阻的关系：总线速率越高，总线上拉电阻要越小。100 kbit/s总线速率，通常使用5.1 kΩ的上拉电阻。

2. I^2C总线上的位传输

I^2C总线上每传输一个数据位必须产生一个时钟脉冲。

(1) 数据的有效性

SDA线上的数据必须在时钟线SCL的高电平期间保持稳定，数据线的电平状态只有在SCL线的时钟信号为低电平时才能改变，如图4.117所示。在标准模式下，高低电平宽度不能小于4.7 μs。

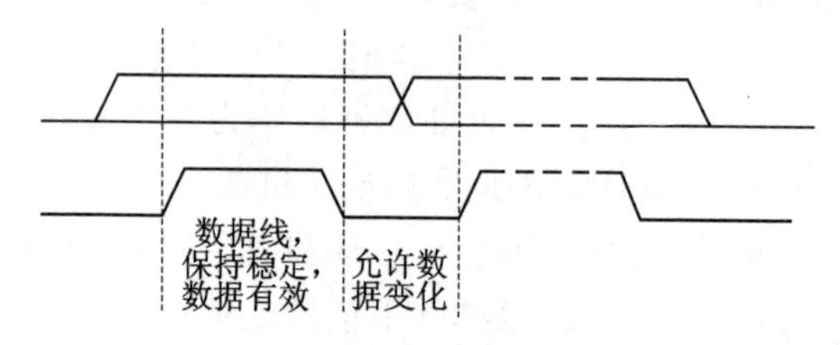

图4.117 I^2C总线的位传输

(2) 起始信号和停止信号

在I^2C总线中，唯一违反上述数据有效性的是起始(S)信号和停止(P)信号，如图4.118所示。

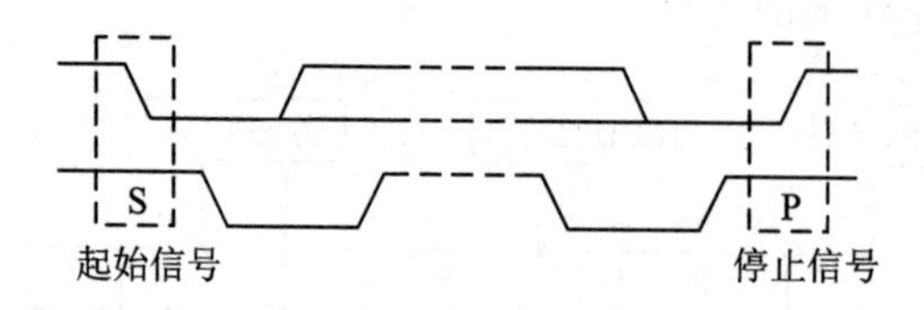

图4.118 I^2C总线的起始信号和停止信号

起始信号(重复起始信号)：在SCL为高电平时，SDA从高电平向低电平切换。

停止信号：在SCL为高电平时，SDA由低电平向高电平切换。

起始信号和停止信号一般由主机产生。起始信号作为一次传送的开始，在起始信号后总线被认为处于忙的状态。停止信号作为一次传送的结束，在停止信号的某段时间后，总线被认为再次处于空闲状态。重复起始信号既作为上次传送的结束，也作为下次传送的开始。

3. 数据传输

(1) 字节格式

发送到SDA线上的每个字节必须为8位。每次传输可以发送的字节数量不受限制。每个字节后必须跟一个应答位。首先传输的是数据的最高位(MSB),如图4.119所示。

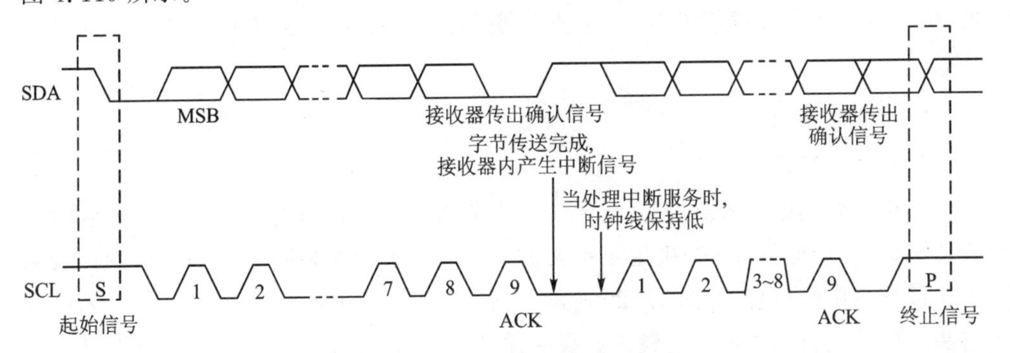

图4.119 I^2C总线的数据传输

(2) 应 答

相应的应答时钟脉冲由主机产生。在应答的时钟脉冲期间,发送器释放SDA线(高)。在应答的时钟脉冲期间,接收器必须将SDA线拉低,使它在这个时钟脉冲的高电平期间保持稳定的低电平,如图4.119中时钟信号SCL的第9位。

一般说来,被寻址匹配的从机(可继续接收下一个字节的接收器)将产生一个应答位。如果作为发送器的主机在发送完一个字节后,没有收到应答位(或收到一个非应答位),或者作为接收器的主机没有发送应答位(或发送一个非应答位),那么主机必须产生一个停止信号或重复起始信号来结束本次传输。

若从机(接收器)不能接收更多的数据字节,将不产生这个应答位;主机(接收器)在接收完最后一个字节后不产生应答,通知从机(发送器)数据传输结束。

4. 仲裁与时钟同步

① 同步。时钟同步是通过各个能产生时钟的器件线连接到SCL线上来实现的,上述的各个器件可能都有自己独立的时钟,各个时钟信号的频率、周期、相位和占空比可能都不相同。由于“线与”的结果,在SCL线上产生的实际时钟的低电平宽度由低电平持续时间最长的器件决定,而高电平宽度由高电平持续时间最短的器件决定。

② 仲裁。当总线空闲时,多个主机同时启动传输,可能会有不止一个主机检测到满足起始信号,而同时获得主机权,这样就要进行仲裁。当SCL线是高电平时,仲裁在SDA线发生,当其他主机发送低电平时,发送高电平的主机将丢失仲裁,因为总线上的电平与它自己的电平不同。

仲裁可以持续多位，它的第一个阶段是比较地址位。如果每个主机都尝试寻址相同的器件，仲裁会继续比较数据位，或者比较响应位。因为I^2C总线的地址和数据信息由赢得仲裁的主机决定，在仲裁过程中不会丢失信息。

③ 用时钟同步机制作为握手。器件可以快速接收数据字节，但可能需要更多时间保存接收到的字节或准备一个要发送的字节。此时，这个器件可以使SCL线保持低电平，迫使与之交换数据的器件进入等待状态，直到准备好下一字节的发送或接收。

5. 传输协议

(1) 寻址字节

主机产生起始信号后，发送的第一个字节为寻址字节，该字节的头7位(高7位)为从机地址，最低位(LSB)决定了报文的方向，"0"表示主机写信息到从机，"1"表示主机读从机中的信息，如图4.120所示。当发送了一个地址后，总线上的每个器件都将头7位与它自己的地址比较。如果一样，器件就会应答主机的寻址，至于是从机接收器还是从机发送器都由$R/\overline{W}$位决定。

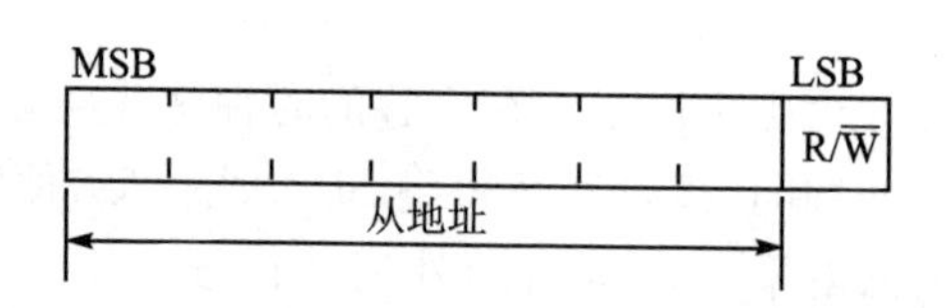

图4.120　起始信号后的第一个字节

从机地址由一个固定的和一个可编程的部分构成。例如，某些器件有4个固定的位(高4位)和3个可编程的地址位(低3位)，所以同一总线上总共可以连接8个相同的器件。I^2C总线委员会协调I^2C地址的分配，保留了2组8位地址(0000XXX和1111XXX)。这2组地址的用途可查阅相关资料。

(2) 传输格式

主机产生起始信号后，发送一个寻址字节，收到应答后紧跟着的就是数据传输，数据传输一般由主机产生的停止位终止。但是，如果主机仍希望在总线上通信，它可以产生重复起始信号(Sr)和寻址另一个从机，而不是首先产生一个停止信号。在这种传输中，可能有不同的读/写格式结合。可能的数据传输格式有：

① 主机发送数据到从机：寻址字节的"$R/\overline{W}$"位为0，数据传输的方向不改变，如图4.121所示。

② 主机读取从机中的数据：主机发送完寻址字节后，主机立即读取从机中的数据。如图4.122所示，寻址字节的"$R/\overline{W}$"位为1，在第一次从机产生的响应后，主机发送器变成主机接收器，从机接收器变成从机发送器。之后，数据由从机发送，主机

接收，每个应答由主机产生，时钟信号CLK仍由主机产生。若主机要终止本次传输，则发送一个非应答信号($\overline{A}$)，接着主机产生停止信号。

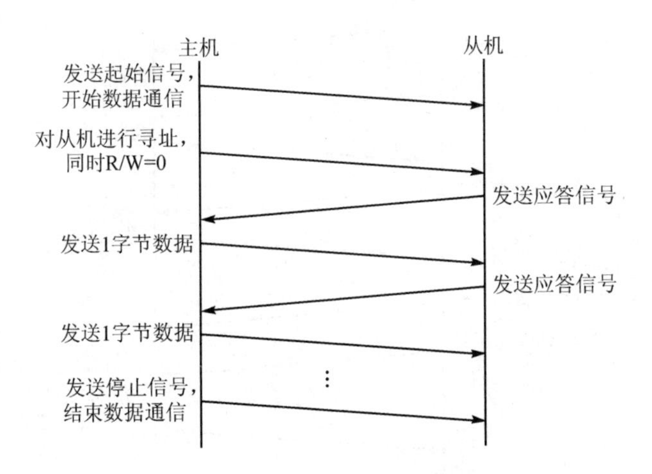

图4.121　主机发送数据到从机

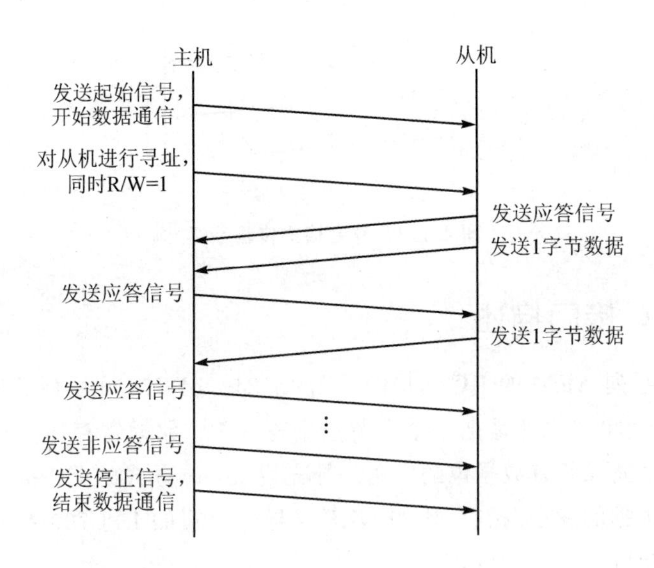

图4.122　主机读取从机中的数据

③ 复合格式：复合格式是上面两种格式的混合。图4.123所示为一个复合格式传输示例，由主机负责开始数据通信，并向从机发送数据，$R/\overline{W}=0$。主机数据传输完毕后，没有发送停止信号，而是再次发送起始信号，接下来主机读取从机中的数据，$R/\overline{W}=1$，当主机读取完毕后，先发一个非应答信号，然后发送停止信号，结束数据通信。

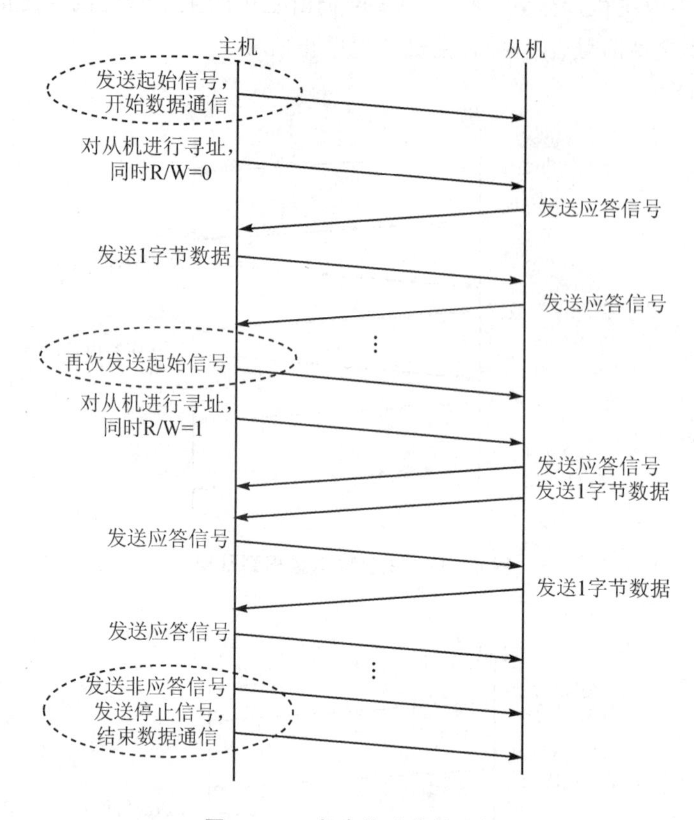

图 4.123　复合格式传输示例

4.13.3　I²C 接口描述

LPC2000 系列 ARM 的 I²C 结构图见图 4.124。LPC2000 系列 ARM 是字节方式的 I²C 接口，简单地说就是把一个字节数据写入 I²C 数据寄存器 I2DAT 后，即可由 I²C 接口自动完成所有数据位的发送。补充说明：位方式的 I²C 接口需要用户程序控制每一位数据的发送/接收，比如 NXP 半导体公司的 LPC700 系列单片机就是位方式的 I²C 接口。

该系列器件可以配置为 I²C 主机，也可以配置为 I²C 从机（比如，可以用该系列器件模拟一个 CAT24WC02），所以具有 4 种操作模式：主发送模式、主接收模式、从发送模式和从接收模式。

由于 I²C 总线是开漏输出，所以，在使用 I²C 接口时，需要在外部连接上拉电阻。

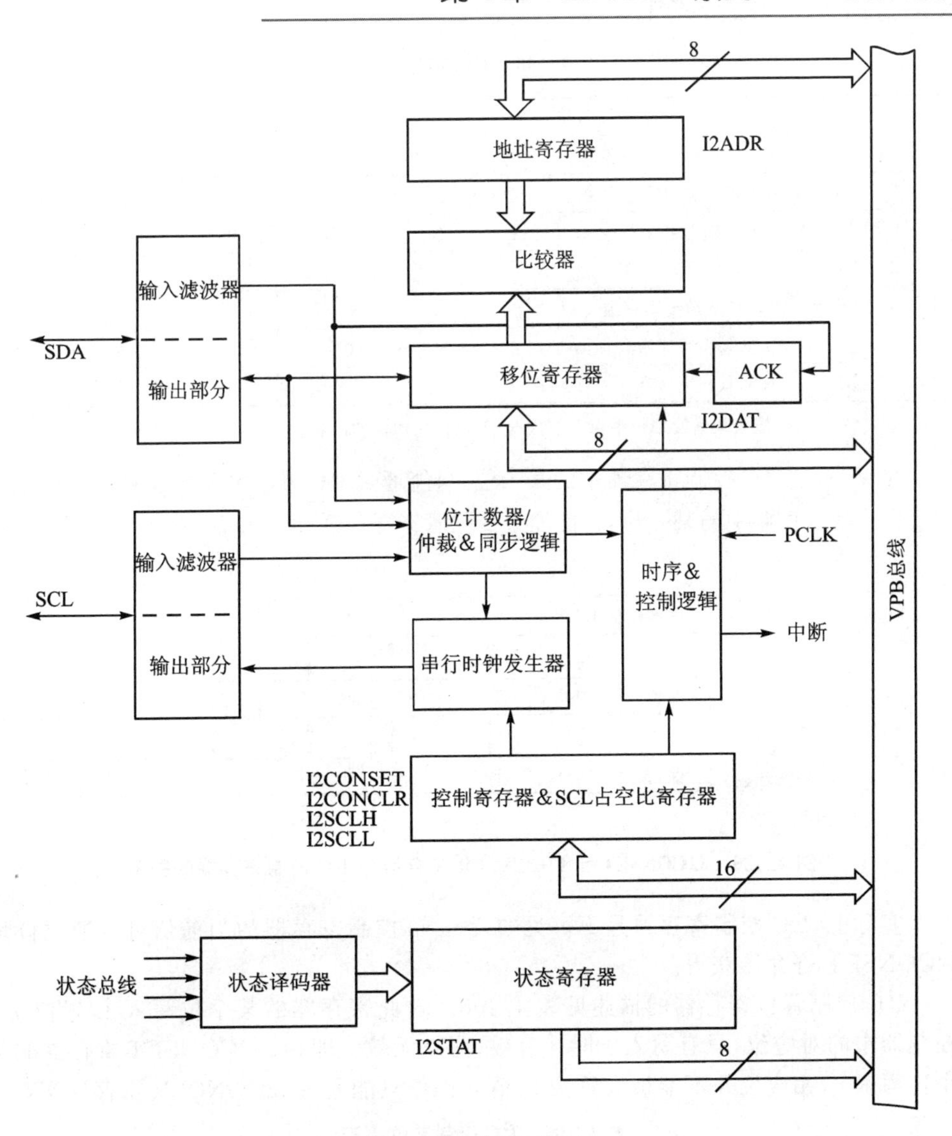

图 4.124 I²C 结构图

4.13.4 I²C 寄存器描述

I²C 接口包含 7 个寄存器，如表 4.105 所列。

(1) I²C 控制置位寄存器

在介绍 I²C 控制寄存器之前，观察图 4.125，I²C 接口中有 2 个寄存器，专门用来操作 I²C 控制寄存器——置位寄存器（I2CONSET，0xE001 C000）和清零寄存器（I2CONCLR，QxE001 C018）。

➢ I2CONSET 可将控制寄存器中的某位置 1，可读/写。

➢ I2CONCLR 可将控制寄存器中的某位清 0，只写。

表 4.105 I^{2}C 寄存器汇总

名 称	描 述	访 问	复位值*	地 址
I2CONSET	I^{2}C 控制置位寄存器	读/置位	0	0xE001 C000
I2CONCLR	I^{2}C 控制清零寄存器	只清零	NA	0xE001 C018
I2STAT	I^{2}C 状态寄存器	只读	0xF8	0xE001 C004
I2DAT	I^{2}C 数据寄存器	读/写	0	0xE001 C008
I2ADR	I^{2}C 从地址寄存器	读/写	0	0xE001 C00C
I2SCLH	SCL 占空比寄存器高半字	读/写	0x04	0xE001 C010
I2SCLL	SCL 占空比寄存器低半字	读/写	0x04	0xE001 C014

* 复位值仅指已使用位中保存的数据，不包括保留位的内容。

可见，置位 I^{2}C 控制寄存器中的某一位，只能通过 I^{2}C 置位寄存器(I2CONSET)；清零 I^{2}C 控制寄存器中的某一位，只能通过 I^{2}C 清零寄存器(I2CONCLR)。

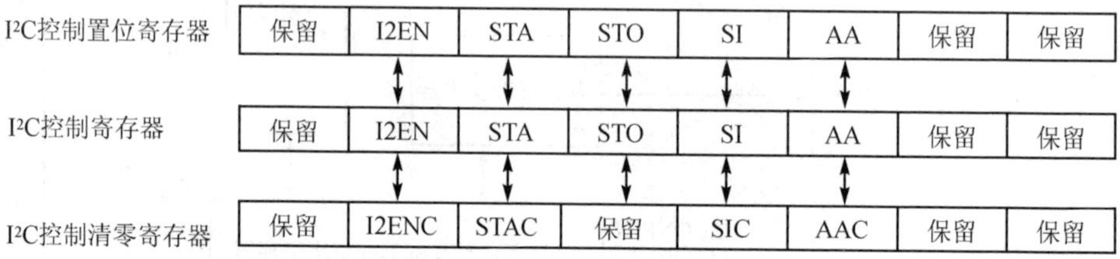

I^{2}C控制置位寄存器	保留	I2EN	STA	STO	SI	AA	保留	保留
I^{2}C控制寄存器	保留	I2EN	STA	STO	SI	AA	保留	保留
I^{2}C控制清零寄存器	保留	I2ENC	STAC	保留	SIC	AAC	保留	保留

图 4.125 I2CONSET 和 I2CONCLR 寄存器与 I^{2}C 控制寄存器的关系

实际上，I^{2}C 控制寄存器是不可见的，而 I^{2}C 控制寄存器的当前值可以通过读取 I2CONSET 寄存器获得。

I^{2}C 控制置位寄存器的描述见表 4.106。对此寄存器的某个位写入 1，置位 I^{2}C 控制器中的对应位，只有写入 1 时才有效，写 0 无效。即，对 I2CONSET 寄存器的某个位写入 0，相应位并不能被设置为 0，清 0 操作只能通过 I2CONCLR 寄存器实现。

表 4.106 I^{2}C 控制置位寄存器

位	位名称	描 述	复位值
0	—	保留，用户软件不要向其写入 1，从保留位读出的值未定义	NA
1	—	保留，用户软件不要向其写入 1，从保留位读出的值未定义	NA
2	AA	应答标志	0
3	SI	I^{2}C 中断标志	0
4	STO	停止标志	0
5	STA	起始标志	0
6	I2EN	I^{2}C 接口使能	0
7	—	保留，用户软件不要向其写入 1，从保留位读出的值未定义	NA

(2) I^2C 控制清零寄存器

I^2C 控制清零寄存器(I2CONCLR,0xE001 C018)描述见表 4.107。

表 4.107 I^2C 控制清零寄存器

位	位名称	描 述	复位值
0	—	保留,用户软件不要向其写入 1,从保留位读出的值未定义	NA
1	—	保留,用户软件不要向其写入 1,从保留位读出的值未定义	NA
2	AAC	应答标志清零位。向该位写入 1 清零 I2CONSET 寄存器中的 AA 位,写入 0 无效	NA
3	SIC	I^2C 中断标志清零位。向该位写入 1 清零 I2CONSET 寄存器中的 SI 位,写入 0 无效	NA
4	—	保留,用户软件不要向其写入 1,从保留位读出的值未定义	NA
5	STAC	起始标志清零位。向该位写入 1 清零 I2CONSET 寄存器中的 STA 位,写入 0 无效	NA
6	I2ENC	I^2C 接口禁止。向该位写入 1 清零 I2CONSET 寄存器中的 I2EN 位,写入 0 无效	NA
7	—	保留,用户软件不要向其写入 1,从保留位读出的值未定义	NA

向 I2CONSET、I2CONCLR 中写入 1,会置位、清零对应的位,向这两个寄存器中写入 0 无效。

① AA:应答标志位。向 I2CONSET 寄存器中的 AA 位写入 1 会使 AA 位置位,此时,在 SCL 线的应答时钟脉冲内,出现下面的任意条件之一将产生一个应答信号(SDA 线为低电平):

- 接收到从地址寄存器中的地址;
- 当 I2ADR 中的通用调用位(GC)置位时,接收到通用调用地址;
- 当 I^2C 接口处于主接收模式时,接收到一个数据字节;
- 当 I^2C 接口处于可寻址的从接收模式时,接收到一个数据字节。

向 I2CONCLR 寄存器中的 AAC 位写入 1 会使 AA 位清零。当 AA 为零时,在 SCL 线的应答时钟脉冲内,出现下列情况将返回一个非应答信号(SDA 线为高电平):

- 当 I^2C 接口处于主接收模式时,接收到一个数据字节;
- 当 I^2C 接口处于可寻址的从接收模式时,接收到一个数据字节。

② SI:I^2C 中断标志。当进入 25 种可能的 I^2C 状态中的任何一种后,该位置位,向 I2CONCLR 寄存器中的 SIC 位写入 1 使 SI 位清零。

③ STO:停止标志。向 I2CONSET 寄存器中的 STO 位写入 1 会使 STO 位置位。

- 在主模式中,当 STO 为 1 时,向总线发送停止条件。当总线检测到停止条件时,STO 自动清零。

➤ 在从模式中,置位 STO 位可从错误状态中恢复。这种情况下不向总线发送停止条件,硬件的表现就好像是接收到一个停止条件并切换到不可寻址的从接收模式。STO 标志由硬件自动清零。

④ STA:起始标志。向 I2CONSET 寄存器中的 STA 位写入 1 会使 STA 位置位,当 STA=1 时,I^2C 接口进入主模式并发送一个起始条件,如果已经处于主模式,则发送一个重复起始条件。

当 STA=1 并且 I^2C 接口还没进入主模式时,I^2C 接口将进入主模式,检测总线并在总线空闲时产生一个起始条件。如果总线忙,则等待一个停止条件(释放总线)并在延迟半个内部时钟发生器周期后发送一个起始条件。当 I^2C 接口已经处于主模式中并发送或接收了数据时,I^2C 接口会发送一个重复的起始条件。STA 可在任何时候置位,当 I^2C 接口处于可寻址的从模式时,STA 也可以置位。

向 I2CONCLR 寄存器中的 STAC 位写入 1 使 STA 位清零,当 STA=0 时,不会产生起始或重复起始条件。

当 STA 和 STO 都置位时,如果 I^2C 接口处于主模式,I^2C 接口将向总线发送一个停止条件,然后发送一个起始条件。如果 I^2C 接口处于从模式,则产生一个内部停止条件,但不发送到总线上。

⑤ I2EN:I^2C 接口使能。向 I2CONSET 寄存器中的 I2EN 位写入 1 会使 I2EN 位置位。当该位置位时,使能 I^2C 接口。向 I2CONCLR 寄存器中的 I2ENC 位写入 1 将使 I2EN 位清零。当 I2EN 位为 0 时,I^2C 功能被禁止。

(3) I^2C 状态寄存器

该寄存器(I2STAT,0xE001 C004)是一个只读寄存器,它包含 I^2C 接口的状态代码,见表 4.108。最低 3 位总是为 0,一共有 26 种可能存在的状态代码。当代码为 F8H 时,无可用的相关信息,SI 位不会置位。其他 25 种状态代码都对应一个已定义的 I^2C 状态。当进入其中一种状态时,SI 位将置位,所有状态代码的描述如表 4.113~表 4.116 所列。

(4) I^2C 数据寄存器

该寄存器(I2DAT,0xE001 C008)包含要发送或刚接收的数据,见表 4.109。当它没有处理字节的移位时,CPU 可对其进行读/写。该寄存器只能在 SI 置位时访问,在 SI 置位期间,I2DAT 中的数据保持稳定。I2DAT 中的数据移位总是从右至左进行:第一个发送的位是 MSB(bit7),在接收字节时,第一个接收到的位存放在 I2DAT 的 MSB。

表 4.108 I^2C 状态寄存器

位	功 能	描 述	复位值
2:0	状态	这 3 个位总是为 0	0
7:3	状态	状态位	1

表 4.109 I^2C 数据寄存器

位	功 能	描 述	复位值
7:0	数据	发送/接收数据位	0

(5) I²C 从地址寄存器

当 I²C 设置为从模式时，该寄存器（I2ADR，0xE001 C00C）可读可写，见表 4.110。在主模式中，该寄存器无效。I2ADR 的 LSB 为通用调用位，当该位置位时，通用调用地址（00H）被识别。

表 4.110　I²C 从地址寄存器

位	功　能	描　述	复位值
0	GC	通用调用位	0
7：1	地址	从模式地址	0

(6) I²C SCL 占空比寄存器

如表 4.111 和表 4.112 所列，软件必须通过对 I²C SCL 占空比寄存器（I2SCLH，0xE001 C010；I2SCLL，0xE001 C014）进行设置来选择合适的波特率，I2SCLH 定义 SCL 高电平所保持的 PCLK 周期数，I2SCLL 定义 SCL 低电平的 PCLK 周期数，位频率（即总线速率）由下面的公式得出：

$$位频率 = F_{PCLK} / (I2SCLH + I2SCLL)$$

I2SCLL 和 I2SCLH 的值不一定要相同，可通过设定这 2 个寄存器得到 SCL 的不同占空比，但寄存器的值必须确保 I²C 数据通信速率在 0～400 kHz 之间，这样对 I2SCLL 和 I2SCLH 的值就有一些限制，I2SCLL 和 I2SCLH 寄存器的值都必须大于或等于 4。

表 4.111　I²C SCL 高电平占空比寄存器

位	功　能	描　述	复位值
15：0	计数值	SCL 高电平周期选择计数	0x0004

表 4.112　I²C SCL 低电平占空比寄存器

位	功　能	描　述	复位值
15：0	计数值	SCL 低电平周期选择计数	0x0004

4.13.5　I²C 操作模式

1. 主模式 I²C

在该模式中，LPC2000 系列 ARM 作为主机，向从机发送数据（即，主发送模式）及接收从机的数据（即，主接收模式）。当进入主模式 I²C，I2CONSET 必须按照图 4.126 进行初始化。

I2EN 置 1 操作是通过向 I2CONSET 写入 0x40 实现的；AA、STA 和 SI 清零操作是通过向 I2CONCLR 写入 0x2C 实现的；当总线产生了一个停止条件时，STO 位由硬件自动清零。

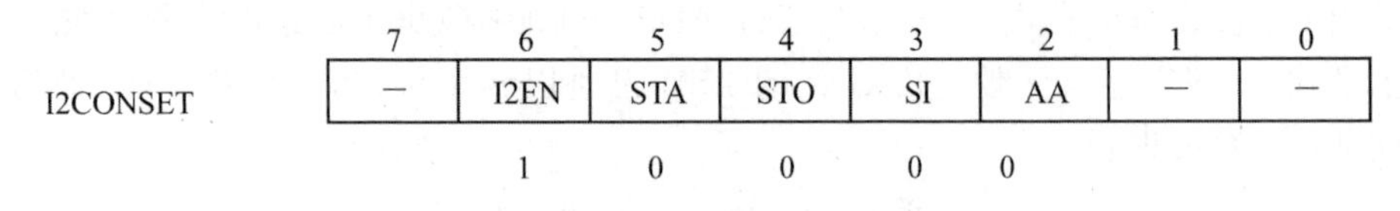

图 4.126 主模式配置

I2EN= 1,使能 I^2C 接口;AA = 0,不产生应答信号,即不允许进入从机模式;SI = 0,I^2C 中断标志为 0;STO=0,停止标志为 0;STA=0,起始标志为 0。

(1) 主模式 I^2C 的初始化

使用主模式 I^2C 时,先设置 I/O 口功能选择,然后设置总线的速率,再使能主模式 I^2C,接下来便可以开始发送/接收数据,主模式 I^2C 初始化示例如程序清单 4.37 所示。实际应用中,通常会使用中断方式进行 I^2C 的操作,所以初始化程序中加入了中断的初始化。

程序清单 4.37 主模式 I^2C 初始化示例

```
/*********************************************************************
** 函数名称：I2C_Init()
** 函数功能：I²C 初始化,包括初始化其中断为向量 IRQ 中断
** 输    入：fi2c   初始化 I²C 总线速率,最大值为 400 kHz
** 输    出：无
*********************************************************************/
void  I2C_Init(uint32 fi2c)
{
    if(fi2c>400000)      fi2c = 400000;
    PINSEL0 = (PINSEL0&0xFFFFFF0F) | 0x50;   //设置 I²C 控制口有效
    I2SCLH = (Fpclk/fi2c + 1) / 2;            //设置 I²C 时钟频率为 fi2c
    I2SCLL = (Fpclk/fi2c) / 2;
    I2CONCLR = 0x2C;
    I2CONSET = 0x40;                          //使能主模式 I²C
    /* 设置 I²C 中断使能 */
    VICIntSelect = 0x00000000;                //设置所有通道为 IRQ 中断
    VICVectCntl0 = 0x29;                      //I²C 通道分配到 IRQ 通道 0,即优
                                              //先级最高
    VICVectAddr0 = (int)IRQ_I2C;              //设置 I²C 中断向量地址
    VICIntEnable = 0x0200;                    //使能 I²C 中断
}
```

(2) 主模式 I^2C 的数据发送

主模式 I^2C 的数据发送格式见图 4.127,起始和停止条件用于指示串行传输的起始和结束,第一个发送的数据包含接收器件的从地址(7 位)和读/写操作位。在此模式下,读/写操作位(R/W)应该为 0,表示执行写操作。数据的发送每次为 8 位

(1 字节)，每发送完 1 字节，主机都接收到一个应答位(是由从机回发的)。

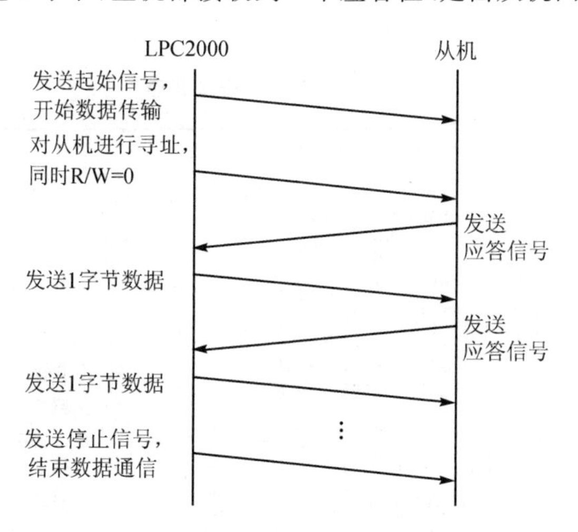

图 4.127　LPC2000 主模式 I²C 的数据发送格式

主模式 I²C 的数据发送波形图如图 4.128 所示。

主模式 I²C 的数据发送操作步骤如下：

① 通过软件置位 STA 进入 I²C 主发送模式，I²C 逻辑在总线空闲后立即发送一个起始条件。

② 当发送完起始条件后，SI 会置位，此时 I2STAT 中的状态代码为 08H，该状态代码用于中断服务程序的处理。

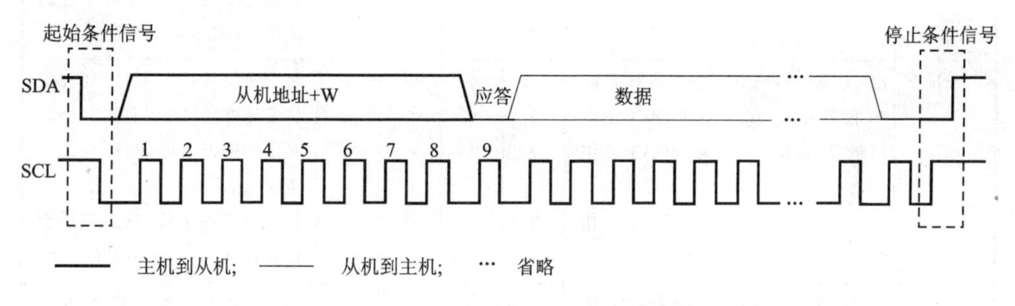

图 4.128　主模式 I²C 的数据发送波形

③ 把从地址和读/写操作位装入 I2DAT(数据寄存器)，然后清零 SI 位，开始发送从地址和 W 位。

④ 当从地址和 W 位已发送且接收到应答位之后，SI 位再次置位，可能的状态代码为 18H、20H 或 38H，每个状态代码及其对应的执行动作见表 4.113。

⑤ 若状态码为 18H，表明从机已应答，可以将数据装入 I2DAT，之后清零 SI 位，开始发送数据。

⑥ 当正确发送数据，SI 位再次置位，可能的状态代码为 28H 或 30H，此时可以

再次发送数据，或者置位 STO 结束总线，每个状态代码及其对应的执行动作见表 4.113。

表 4.113 主发送模式状态

状态代码（I2STAT）	I^2C 总线硬件状态	应用软件的响应					I^2C 硬件执行的下一个动作
		读/写 I2DAT	写 I2CON				
			STA	STO	SI	AA	
08H	已发送起始条件	装入 SLA＋W	x	0	0	x	将发送 SLA＋W，接收 ACK 位
10H	已发送重复起始条件	装入 SLA＋W	x	0	0	x	将发送 SLA＋W，接收 ACK 位
		装入 SLA＋R	x	0	0	x	将发送 SLA＋W，I^2C 将切换到主接收模式
18H	已发送 SLA＋W；已接收 ACK	装入数据字节	0	0	0	x	将发送数据字节，接收 ACK 位
		无 I2DAT 动作	1	0	0	x	将发送重复起始条件
		无 I2DAT 动作	0	1	0	x	将发送停止条件；STO 标志将复位
		无 I2DAT 动作	1	1	0	x	将发送停止条件，然后发送起始条件；STO 标志将复位
20H	已发送 SLA＋W；已接收非 ACK	装入数据字节	0	0	0	x	将发送数据字节，接收 ACK 位
		无 I2DAT 动作	1	0	0	x	将发送重复起始条件
		无 I2DAT 动作	0	1	0	x	将发送停止条件；STO 标志将复位
		无 I2DAT 动作	1	1	0	x	将发送停止条件，然后发送起始条件；STO 标志将复位
28H	已发送 I2DAT 中的数据字节；已接收 ACK	装入数据字节	0	0	0	x	将发送数据字节，接收 ACK 位
		无 I2DAT 动作	1	0	0	x	将发送重复起始条件
		无 I2DAT 动作	0	1	0	x	将发送停止条件；STO 标志将复位
		无 I2DAT 动作	1	1	0	x	将发送停止条件，然后发送起始条件；STO 标志将复位
30H	已发送 I2DAT 中的数据字节；已接收非 ACK	装入数据字节	0	0	0	x	将发送数据字节，接收 ACK 位
		无 I2DAT 动作	1	0	0	x	将发送重复起始条件
		无 I2DAT 动作	0	1	0	x	将发送停止条件；STO 标志将复位
		无 I2DAT 动作	1	1	0	x	将发送停止条件，然后发送起始条件；STO 标志将复位
38H	在 SLA＋R/W 或数据字节中丢失仲裁	无 I2DAT 动作	0	0	0	x	I^2C 总线将被释放；进入不可寻址从模式
		无 I2DAT 动作	1	0	0	x	当总线变为空闲时发送起始条件

主模式 I^2C 的数据发送(中断方式)程序原理示意图如图4.129所示。

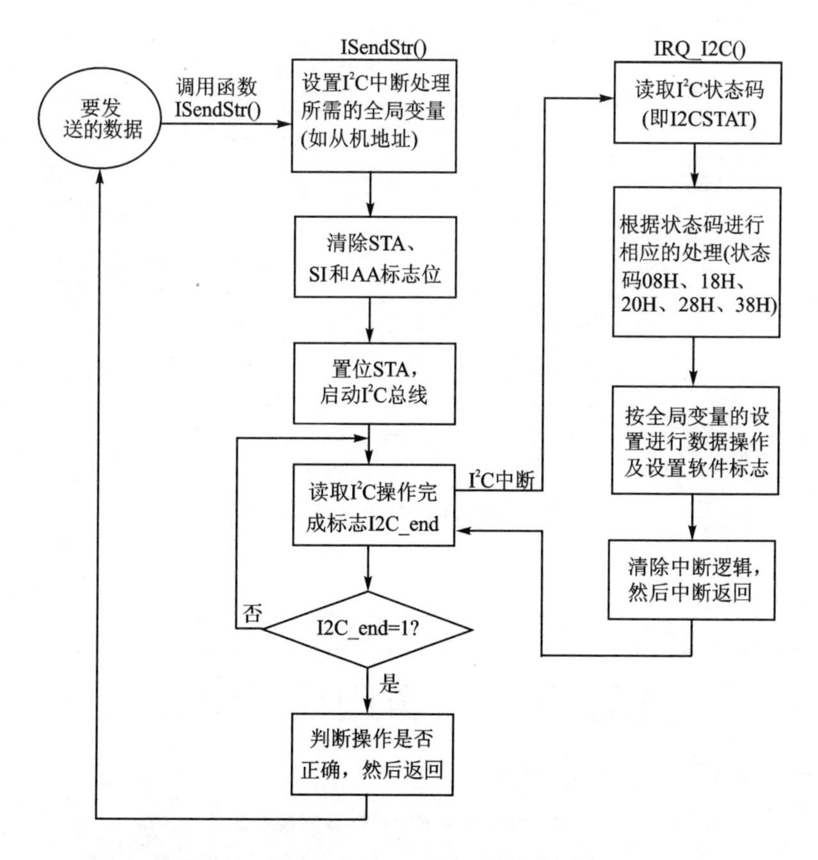

图4.129 主模式 I^2C 的数据发送程序原理示意图

(3) 主模式 I^2C 的数据接收

在主接收模式中，主机所接收的数据字节来自从发送器(即从机)，主模式 I^2C 的数据接收格式见图4.130。起始和停止条件用于指示串行传输的起始和结束，第一个发送的数据包含接收器件的从地址(7位)和读/写操作位。在此模式下，读/写操作位(R/W)应该为1，表示执行读操作。

主模式 I^2C 的数据接收波形图如图4.131所示。

主模式 I^2C 的数据发送操作步骤如下：

① 通过软件置位STA进入 I^2C 主发送模式，I^2C 逻辑在总线空闲后立即发送一个起始条件。

② 当发送完起始条件后，SI会置位，此时I2STAT中的状态代码为08H，该状态代码用于中断服务程序的处理。

③ 把从地址和读/写操作位装入I2DAT(数据寄存器)，然后清零SI位，开始发送从地址和R位。

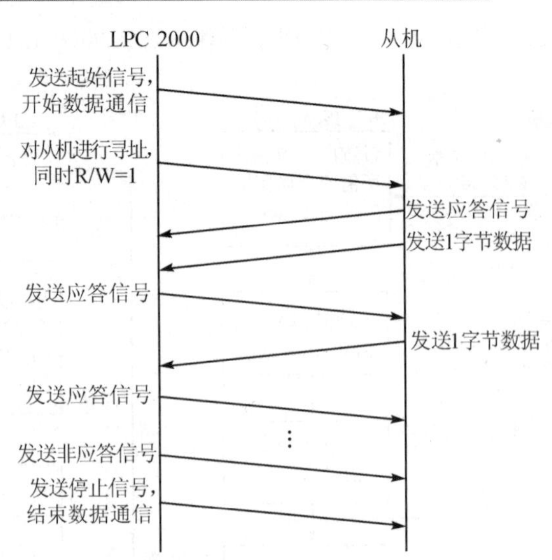

图 4.130　LPC2000 主接收模式

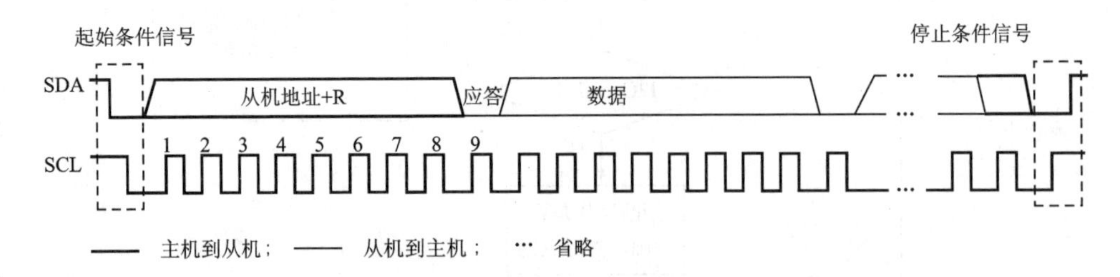

图 4.131　主模式 I^2C 的数据接收波形

④ 当从地址和 R 位已发送且接收到应答位之后，SI 位再次置位，可能的状态代码为 38H、40H 或 48H，每个状态代码及其对应的执行动作见表 4.114。

表 4.114　主接收模式状态

状态代码 (I2STAT)	I^2C 总线硬件状态	应用软件的响应					I^2C 硬件执行的下一个动作
		读/写 I2DAT	写 I2CON				
			STA	STO	SI	AA	
08H	已发送起始条件	装入 SLA+R	x	0	0	x	将发送 SLA+R,接收 ACK 位
10H	已发送重复起始条件	装入 SLA+R	x	0	0	x	将发送 SLA+R,接收 ACK 位
		装入 SLA+W	x	0	0	x	将发送 SLA+W, I^2C 将切换到主发送模式
38H	在发送 SLA+R 时丢失仲裁	无 I2DAT 动作	0	0	0	x	I^2C 总线将被释放；I^2C 将进入从模式
		无 I2DAT 动作	1	0	0	x	当总线恢复空闲后发送起始条件

续表 4.114

状态代码(I2STAT)	I^2C 总线硬件状态	应用软件的响应					I^2C 硬件执行的下一个动作
		读/写 I2DAT	写 I2CON				
			STA	STO	SI	AA	
40H	已发送 SLA+R;已接收 ACK	无 I2DAT 动作	0	0	0	0	将接收数据字节;返回非 ACK 位
		无 I2DAT 动作	0	0	0	1	将接收数据字节;返回 ACK 位
48H	已发送 SLA+R;已接收非 ACK	无 I2DAT 动作	1	0	0	x	将发送重复起始条件
		无 I2DAT 动作	0	1	0	x	将发送停止条件;STO 标志将复位
		无 I2DAT 动作	1	1	0	x	将发送停止条件,然后发送起始条件;STO 标志将复位
50H	已接收数据字节;已返回 ACK	读数据字节	0	0	0	0	将接收数据字节,返回非 ACK 位
		读数据字节	0	0	0	1	将接收数据字节,返回 ACK 位
58H	已接收数据字节;已返回非 ACK	读数据字节	1	0	0	x	将发送重复起始条件
		读数据字节	0	1	0	x	将发送停止条件;STO 标志将复位
		读数据字节	1	1	0	x	将发送停止条件,然后发送起始条件;STO 标志将复位

⑤ 若状态码为 40H,表明从机已应答。设置 AA 位,用来控制接收到数据后是产生应答信号,还是产生非应答信号,然后清零 SI 位,开始接收数据。

⑥ 当正确接收到 1 字节数据后,SI 位再次置位,可能的状态代码为 50H 或 58H,此时可以再次接收数据,或者置位 STO 结束总线。每个状态代码及其对应的执行动作见表 4.114。

主模式 I^2C 的数据接收(中断方式)程序原理示意图如图 4.132 所示。

2. 从模式 I^2C

LPC2000 系列 ARM 配置为 I^2C 从机时,I^2C 主机可以对它进行读/写操作,此时从机处于从发送/接收模式。要初始化从接收模式,用户必须将从地址写入从地址寄存器(I2ADR)并按照图 4.133 配置 I^2C 控制置位寄存器(I2CONSET),I2CONSET 寄存器的详细说明见 4.13.4 小节。

I2EN 和 AA 置 1 操作是通过向 I2CONSET 写入 0x44 实现的;STA 和 SI 置 0 操作是通过向 I2CONCLR 写入 0x28 实现的;当总线产生了一个停止条件时,STO 位由硬件自动置 0。

I2EN=1,使能 I^2C 接口;AA=1,应答主机对本从机地址的访问;SI=0,I^2C 中断标志为 0;STO=0,停止标志为 0;STA=0,起始标志为 0。

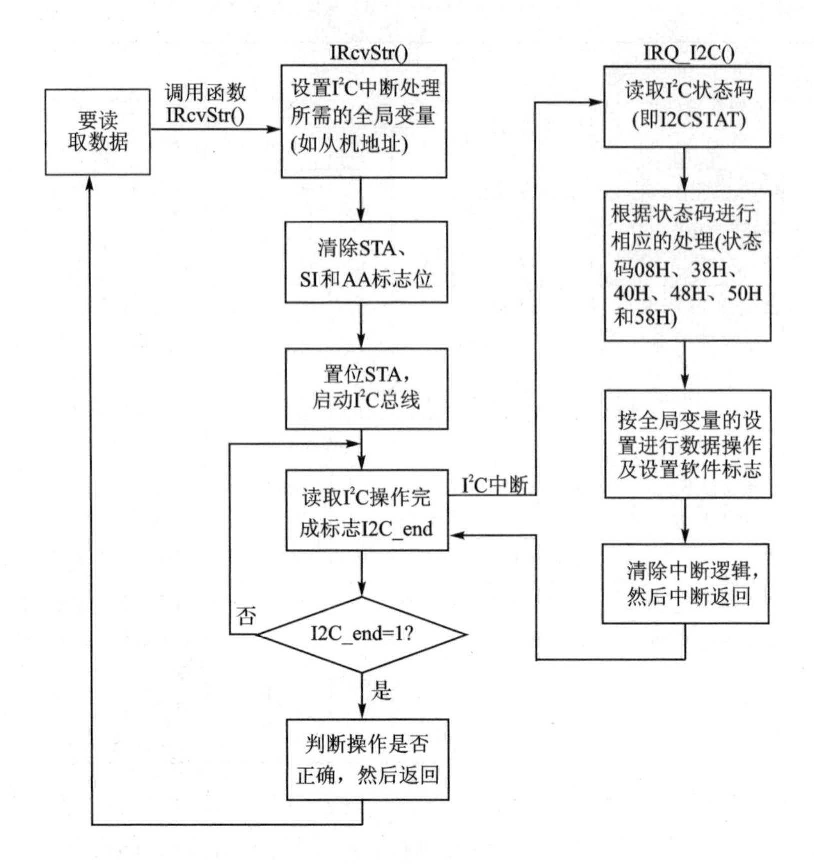

图 4.132　主模式 I²C 的数据接收程序原理示意图

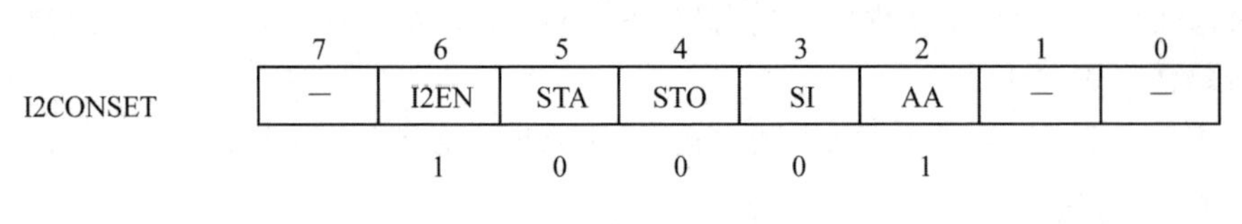

图 4.133　从模式配置

(1) 从模式 I²C 的初始化

使用从模式 I²C 时，先设置 I/O 口功能选择，再设置从机地址，然后使能 I²C（配置为从模式），即可等待主机访问，从模式 I²C 初始化示例如程序清单 4.38 所示。实际应用中，通常是使用中断方式进行 I²C 的操作，所以初始化程序中加入了中断的初始化。

因为 I²C 总线时钟信号是由主机产生，所以从机不用初始化 I2SCLH 和 I2SCLL 寄存器。

程序清单 4.38 从模式 I^2C 初始化示例

```
/***************************************************************************
**函数名称: I2C_SlaveInit()
**函数功能: 从模式 I²C 初始化,包括初始化其中断为向量 IRQ 中断
**输    入: adr   本从机地址
**输    出: 无
***************************************************************************/
void  I2C_SlavInit(uint8 adr)
{
    PINSEL0 = (PINSEL0&0xFFFFFF0F) | 0x50;      //设置 I²C 控制口有效
    I2ADR = adr&0xFE;                            //设置从机地址
    I2CONCLR = 0x28;
    I2CONSET = 0x44;                             //I²C 配置为从机模式
    /* 设置 I²C 中断允许 */
    VICIntSelect = 0x00000000;                   //设置所有通道为 IRQ 中断
    VICVectCntl0 = 0x29;                         //I²C 通道分配到 IRQ slot 0,即优
                                                 //先级最高
    VICVectAddr0 = (int)IRQ_I2C;                 //设置 I²C 中断向量地址
    VICIntEnable = 0x0200;                       //使能 I²C 中断
}
```


(2) 从模式 I^2C 的数据接收

当主机访问从机时,若读/写操作位为 0(W),则从机进入从接收模式,接收主机发送过来的数据,并产生应答信号。从模式 I^2C 的数据接收过程见图 4.134,从接收模式中,总线时钟、起始条件、从机地址、停止条件仍由主机产生。

使用从模式 I^2C 时,用户程序只需要在 I^2C 中断服务程序完成各种数据操作,也就是根据各种状态码做出相应的操作。从接收模式的每个状态代码及其对应的执行动作见表 4.115。

表 4.115 从接收模式状态

状态代码(I2STAT)	I^2C 总线硬件状态	应用软件的响应					I^2C 硬件执行的下一个动作
		读/写 I2DAT	写 I2CON				
			STA	STO	SI	AA	
60H	已接收自身 SLA+W;已返回 ACK	无 I2DAT 动作	x	0	0	0	将接收数据字节并返回非 ACK 位
		无 I2DAT 动作	x	0	0	1	将接收数据字节并返回 ACK 位

续表 4.115

状态代码(I2STAT)	I^2C 总线硬件状态	应用软件的响应					I^2C 硬件执行的下一个动作
		读/写 I2DAT	写 I2CON				
			STA	STO	SI	AA	
68H	主控器时在SLA+W中丢失仲裁;已接收自身SLA+W,已返回ACK	无I2DAT动作	x	0	0	0	将接收数据字节并返回非ACK位
		无I2DAT动作	x	0	0	1	将接收数据字节并返回ACK位
70H	已接收通用调用地址(00H);已返回ACK	无I2DAT动作	x	0	0	0	将接收数据字节并返回非ACK位
		无I2DAT动作	x	0	0	1	将接收数据字节并返回ACK位
78H	主控器时在SLA+R/W中丢失仲裁;已接收通用调用地址;已返回ACK	无I2DAT动作	x	0	0	0	将接收数据字节并返回非ACK位
		无I2DAT动作	x	0	0	1	将接收数据字节并返回ACK位
80H	前一次寻址使用自身从地址;已接收数据字节;已返回ACK	读数据字节	x	0	0	0	将接收数据字节并返回非ACK位
		读数据字节	x	0	0	1	将接收数据字节并返回ACK位
88H	前一次寻址使用自身从地址;已接收数据字节;已返回非ACK	读数据字节	0	0	0	0	切换到不可寻址SLV模式;不识别自身SLA或通用调用地址
		读数据字节	0	0	0	1	切换到不可寻址SLV模式;识别自身SLA;如果S1ADR.0=1,将识别通用调用地址
		读数据字节	1	0	0	0	切换到不可寻址SLV模式;不识别自身SLA或通用调用地址;当总线空闲后发送起始条件
		读数据字节	1	0	0	1	切换到不可寻址SLV模式;识别自身SLA;如果S1ADR.0=1,将识别通用调用地址;当总线空闲后发送起始条件
90H	前一次寻址使用通用调用;已接收数据字节;已返回ACK	读数据字节	x	0	0	0	将接收数据字节并返回非ACK位
		读数据字节	x	0	0	1	将接收数据字节并返回ACK位

续表 4.115

状态代码(I2STAT)	I^2C 总线硬件状态	应用软件的响应					I^2C 硬件执行的下一个动作
		读/写 I2DAT	写 I2CON				
			STA	STO	SI	AA	
98H	前一次寻址使用通用调用;已接收数据字节;已返回非 ACK	读数据字节	0	0	0	0	切换到不可寻址 SLV 模式;不识别自身 SLA 或通用调用地址
		读数据字节	0	0	0	1	切换到不可寻址 SLV 模式;识别自身 SLA;如果 S1ADR.0=1,将识别通用调用地址
		读数据字节	1	0	0	0	切换到不可寻址 SLV 模式;不识别自身 SLA 或通用调用地址;当总线空闲后发送起始条件
		读数据字节	1	0	0	1	切换到不可寻址 SLV 模式;识别自身 SLA;如果 S1ADR.0=1,将识别通用调用地址;当总线空闲后发送起始条件
A0H	当使用 SLV/REC 或 SLV/TRX 静态寻址时,接收到停止条件或重复的起始条件	无 I2DAT 动作	0	0	0	0	切换到不可寻址 SLV 模式;不识别自身 SLA 或通用调用地址
		无 I2DAT 动作	0	0	0	1	切换到不可寻址 SLV 模式;识别自身 SLA;如果 S1ADR.0=1,将识别通用调用地址
		无 I2DAT 动作	1	0	0	0	切换到不可寻址 SLV 模式;不识别自身 SLA 或通用调用地址;当总线空闲后发送起始条件
		无 I2DAT 动作	1	0	0	1	切换到不可寻址 SLV 模式;识别自身 SLA;如果 S1ADR.0=1,将识别通用调用地址;当总线空闲后发送起始条件

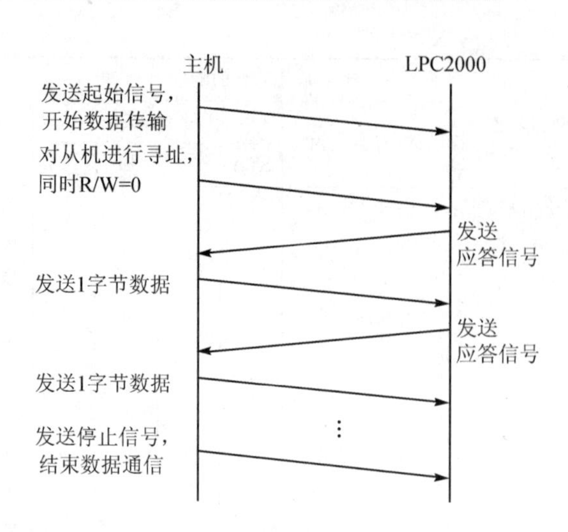

图 4.134 LPC2000 从模式的接收过程

(3) 从模式 I²C 的数据发送

当主机访问从机时，若读/写操作位为1(R)，则从机进入从发送模式，向主机发送数据，并等待主机的应答信号。从模式 I²C 的数据发送过程见图4.135，从发送模式中，总线时钟、起始条件、从机地址、停止条件仍由主机产生。

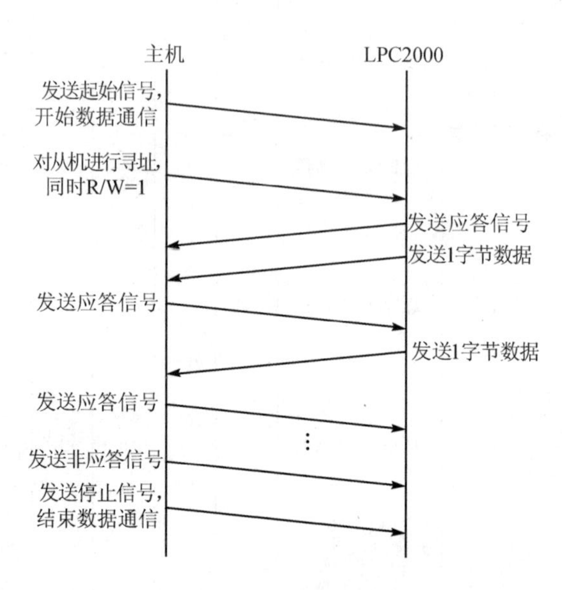

图 4.135 从模式的发送过程

使用从模式 I^2C 时，用户程序只需要在 I^2C 中断服务程序完成各种数据操作，也就是根据各种状态码做出相应的操作，从发送模式的每个状态代码及其对应的执行动作见表 4.116。

表 4.116　从发送模式状态

状态代码(I2STAT)	I^2C 总线硬件状态	应用软件的响应					I^2C 硬件执行的下一个动作
		读/写 I2DAT	写 I2CON				
			STA	STO	SI	AA	
A8H	已接收自身 SLA＋R；已返回 ACK	装入数据字节	x	0	0	0	将发送最后的数据字节并接收 ACK 位
		装入数据字节	x	0	0	1	将发送数据字节并接收 ACK 位
B0H	主控器时在 SLA＋R/W 中丢失仲裁；已接收自身 SLA＋R，已返回 ACK	装入数据字节	x	0	0	0	将发送最后的数据字节并接收 ACK 位
		装入数据字节	x	0	0	1	将发送数据字节并接收 ACK 位
B8H	已发送 I2DAT 中数据字节；已返回 ACK	装入数据字节	x	0	0	0	将发送最后的数据字节并接收 ACK 位
		装入数据字节	x	0	0	1	将发送数据字节并接收 ACK 位
C0H	已发送 I2DAT 中数据字节；已返回非 ACK	无 I2DAT 动作	0	0	0	0	切换到不可寻址 SLV 模式；不识别自身 SLA 或通用调用地址
		无 I2DAT 动作	0	0	0	1	切换到不可寻址 SLV 模式；识别自身 SLA；如果 S1ADR.0＝1，将识别通用调用地址
		无 I2DAT 动作	1	0	0	0	切换到不可寻址 SLV 模式；不识别自身 SLA 或通用调用地址；当总线空闲后发送起始条件
		无 I2DAT 动作	1	0	0	1	切换到不可寻址 SLV 模式；识别自身 SLA；如果 S1ADR.0＝1，将识别通用调用地址；当总线空闲后发送起始条件

续表 4.116

状态代码(I2STAT)	I^2C总线硬件状态	应用软件的响应					I^2C硬件执行的下一个动作
		读/写I2DAT	写I2CON				
			STA	STO	SI	AA	
C8H	已发送I2DAT中最后的数据字节(AA=0);已返回ACK	无I2DAT动作	0	0	0	0	切换到不可寻址SLV模式;不识别自身SLA或通用调用地址
		无I2DAT动作	0	0	0	1	切换到不可寻址SLV模式;识别自身SLA;如果S1ADR.0=1,将识别通用调用地址
		无I2DAT动作	1	0	0	0	切换到不可寻址SLV模式;不识别自身SLA或通用调用地址;当总线空闲后发送起始条件
		无I2DAT动作	1	0	0	1	切换到不可寻址SLV模式;识别自身SLA;如果S1ADR.0=1,将识别通用调用地址;当总线空闲后发送起始条件
F8H	无可用相关信息;SI=0	无I2DAT动作	无I2DAT动作				等待或进行当前的传输
00H	在MST或选择的从模式中,由于非法的起始或停止条件,使总线发生错误。当干扰导致I^2C进入一个未定义的状态时,也可产生状态00H	无I2DAT动作	0	1	0	x	在MST或寻址SLV模式中只有内部硬件受影响。在所有情况下,总线被释放,而I^2C切换到不可寻址SLV模式。STO复位

4.13.6 I^2C接口中断

从前面的描述可以看出,对于硬件I^2C接口,通常都使用中断的方式进行操作。当I^2C的状态发生变化时,就会产生中断,因此,发生I^2C中断时,必须读取I^2C状态寄存器,根据当前的状态采取相应的措施,I^2C接口的状态与其所处的模式有关,每种模式所对应的状态在表4.113~表4.116中有介绍,这里不再重复。I^2C中断与向量中断控制器(VIC)的关系如图4.136所示。

I^2C0和I^2C1分别处于VIC的通道9和通道19,中断使能寄存器VICIntEnable用来控制VIC通道的中断使能。

- 当VICIntEnable[9] = 1时,通道9中断使能,即,I^2C0中断使能;
- 当VICIntEnable[19] = 1时,通道19中断使能,即,I^2C1中断使能。

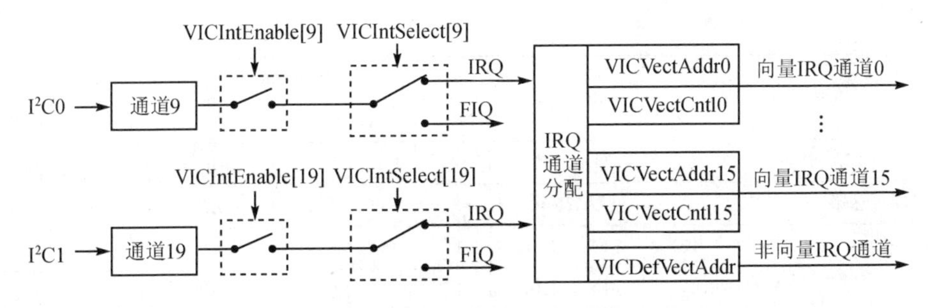

图 4.136　I^2C 中断与 VIC 的关系

中断选择寄存器 VICIntSelect 用来分配 VIC 通道的中断。当某一位为 1 时，对应的通道中断分配为 FIQ；当某一位为 0 时，对应的通道中断分配为 IRQ。VICIntSelect[9]和 VICIntSelect[19]分别用来控制通道 9 和通道 19，即：

- 当 VICIntSelect[9] ＝ 1 时，I^2C0 中断分配为 FIQ 中断；
- 当 VICIntSelect[9] ＝ 0 时，I^2C0 中断分配为 IRQ 中断；
- 当 VICIntSelect[19] ＝ 1 时，I^2C1 中断分配为 FIQ 中断；
- 当 VICIntSelect[19] ＝ 0 时，I^2C1 中断分配为 IRQ 中断。

当分配为 IRQ 时，还需要设置对应的通道控制寄存器和地址寄存器。有关寄存器 VICVectCntl n 和 VICVectAddr n 的说明，请参考 4.9 节。

4.13.7　常用 I^2C 器件

随着 I^2C 总线技术的推出，很多半导体厂商都推出了许多带 I^2C 总线接口的器件，大量应用于视频、音像及通信等领域，表 4.117 给出了常用的 I^2C 接口的种类、型号及寻址字节。

表 4.117　常用 I^2C 接口通用器件的种类、型号及寻址字节

种类		型号	器件地址及寻址字节							
			MSB							LSB
EEPROM	128 字节	CAT24C01	1	0	1	0	A2	A1	A0	$R/\overline{W}$
	256 字节	CAT24C02	1	0	1	0	A2	A1	A0	$R/\overline{W}$
	512 字节	CAT24C04	1	0	1	0	A2	A1	A8	$R/\overline{W}$
	1 KB	CAT24C08	1	0	1	0	A2	A9	A8	$R/\overline{W}$
	2 KB	CAT24C16	1	0	1	0	A10	A9	A8	$R/\overline{W}$
	4 KB	CAT24C32	1	0	1	0	A2	A1	A0	$R/\overline{W}$
	8 KB	CAT24C64	1	0	1	0	A2	A1	A0	$R/\overline{W}$
	16 KB	CAT24C128	1	0	1	0	X	X	X	$R/\overline{W}$
	32 KB	CAT24C256	1	0	1	0	0	A1	A0	$R/\overline{W}$
实时时钟/日历芯片		PCF8563	1	0	1	0	0	0	1	$R/\overline{W}$

续表 4.117

种类		型号	器件地址及寻址字节							
			MSB							LSB
键盘及 LED 驱动器		ZLG7290	0	1	1	1	0	0	0	R/$\overline{W}$
温度传感器		LM75A	1	0	0	1	A2	A1	A0	R/$\overline{W}$
铁电存储器	512 字节(4 Kb)	FM24CL04	1	0	1	0	A2	A1	A0	R/$\overline{W}$
	2 KB(16 Kb)	FM24CL16	1	0	1	0	A2	A1	A0	R/$\overline{W}$
	8 KB(64 Kb)	FM24CL64	1	0	1	0	A2	A1	A0	R/$\overline{W}$
	32 KB(256 Kb)	FM24C256	1	0	1	0	A2	A1	A0	R/$\overline{W}$
	64 KB(512 Kb)	FM24C512	1	0	1	0	A2	A1	A15	R/$\overline{W}$
铁电存储器 + RTC		FM3130	1	0	1	0	0	0	0	R/$\overline{W}$
			1	1	0	1	0	0	0	R/$\overline{W}$
铁电存储器 + RTC +复位 + WDT +计数器		FM3104 FM3116 FM3164 FM31256	1	0	1	0	X	A1	A0	R/$\overline{W}$
			1	1	0	1	X	A1	A0	R/$\overline{W}$
带 32×4 位 RAM 低复用率的通用 LCD 驱动器		PCF8562	0	1	1	1	0	0	SA0	R/$\overline{W}$
通用低复用率 LCD 驱动器		PCF8576D	0	1	1	1	0	0	SA0	R/$\overline{W}$
内嵌 I²C 总线、EEPROM、RESET、WDT 功能的电源监控器件		CAT1161/2	1	0	1	0	A10	A9	A8	R/$\overline{W}$
内嵌 I²C 总线、EEPROM、RESET 功能的电源监控器件		CAT1024/5	1	0	1	0	0	0	0	R/$\overline{W}$

注：(1) A0、A1 和 A2 对应器件的引脚 1、2 和 3，SA0 也为器件的引脚；

(2) A8、A9 和 A10 对应存储阵列地址字地址；

(3) 有关 I^2C 器件的详细信息请登录 http://www.zlgmcu.com 网站下载。

下面简单介绍表 4.117 中 2 个 I^2C 器件 FM24CL04 和 ZLG7290，并给出应用这 2 个 I^2C 器件的一个例子。

1. ZLG7290 键盘和 LED 驱动器

ZLG7290 提供了 I^2C 串行接口和键盘中断信号，方便与处理器连接；可驱动 8 位共阴数码管(或 64 只独立 LED)和 64 个按键；可控制扫描位数；可控制任一数码管闪烁；提供数据译码和循环移位段寻址等控制；58 个功能键可检测任一键的连击次数；无需外接元件就可以直接驱动 LED，即可扩展驱动电流和驱动电压。图 4.137 为 ZLG7290 的引脚排列，ZLG7290 的引脚功能描述见表 4.118。

ZLG7290 更详细的信息及应用例子请到 http://www.zlgmcu.com 网站下载。

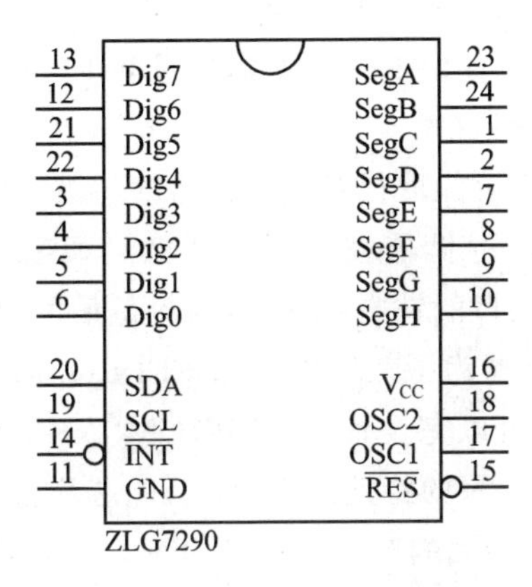

图 4.137　ZLG7290 引脚排列

表 4.118　ZLG7290 引脚功能描述

引　脚		类　型	描　述
13,12,21,22,3～6	Dig7～Dig0	I/O	LED 显示位驱动及键盘扫描线
10～7,2,1,24,23	SegH～SegA	I/O	LED 显示段驱动及键盘扫描线
20	SDA	I/O	I^2C 总线接口数据/地址线
19	SCL	I/O	I^2C 总线接口时钟线
14	$\overline{\text{INT}}$	O	中断输出端,低电平有效
15	$\overline{\text{RES}}$	I	复位输入端,低电平有效
17	OSC1	I	连接晶体以产生内部时钟
18	OSC2	O	
16	VCC	电源	电源正(3.3～5.5 V)
11	GND	电源	电源地

2. 铁电存储器件 FM24CL04

相对于其他类型的半导体技术而言,铁电存储器具有一些独一无二的特性。传统的主流半导体存储器可以分为两类:易失性存储器和非易失性存储器。易失性存储器包括静态存储器 SRAM(Static Random Access Memory)和动态存储器 DRAM(Dynamic Random Access Memory)。在掉电的时候 SRAM 和 DRAM 均会失去保存的数据。RAM 类型的存储器易于使用,性能好,缺点是它们会在掉电的情况下丢失所保存的数据。

非易失性存储器在掉电的情况下并不会丢失所保存的数据,然而所有的主流的非易失性存储器均源于只读存储器(ROM)技术。虽然 ROM 掉电后数据会保存,但是存在写入速度慢,并只能有限次的擦写,写入时功耗大等缺点。

铁电存储器能兼容RAM的一切功能,并且和ROM技术一样,是一种非易失性的存储器。铁电存储器在这两类存储类型间搭起了一座桥梁:一种非易失性的RAM,并且被认为是未来可能取代各类存储器的超级存储器。

Ramtron公司的铁电存储器技术到现在已经相当地成熟,拥有串行总线接口(I^2C和SPI)、并行总线接口的铁电器件,目前容量最大的已经达到了4 Mb。

I^2C接口的铁电存储器为了兼容以前的EEPROM芯片,在接口上沿用了EEPROM芯片的封装,使得可以完全代替EEPROM芯片,除了具有掉电保存数据特点外,还具有零等待、随机读/写的特性。FM24CL04芯片就是一种I^2C接口的铁电存储器,容量为512字节,容量更大的有FM24C16、FM24C64、FM24C256、FM24C512等。

FM24CL04芯片是一款I^2C总线接口的铁电存储器件,其引脚如图4.138所示。引脚的功能描述见表4.119。

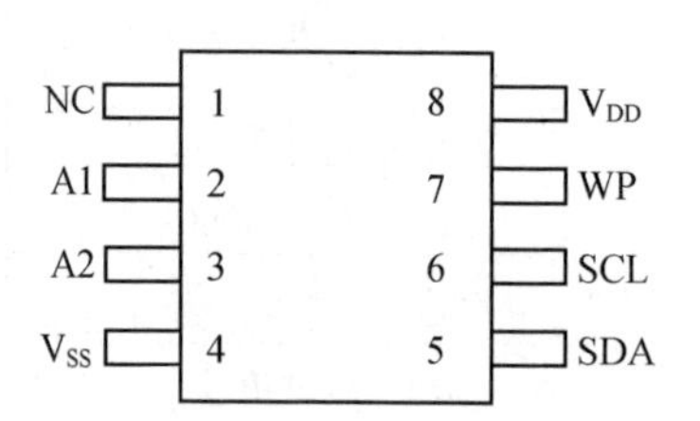

图4.138 FM24CL04芯片引脚

表4.119 FM24CL04引脚功能描述

引脚名称	功能描述
A1,A2	器件地址选择
SDA	串行数据/地址
SCL	串行时钟
WP	写保护引脚
V_{DD}	2.7～3.65 V
V_{SS}	电源地

FM24CL04芯片的I^2C总线地址由引脚A2、A1的电平和存储器的页地址决定。FM24CL04地址的高4位固定为1010,低4位由A2、A1和页选择信号决定。

FM24CL04芯片更详细的信息及示例请登录网站 http://www.zlgmcu.com 的"RAMTRON半导体"专栏下载。

4.13.8 I^2C总线应用示例

介绍完以上2个I^2C器件,下面给出这2个器件与LPC2000系列ARM微控制器I^2C总线连接的电路原理。

由于LPC2000系列ARM的SDA和SCL端口为开漏输出,所以必须在SDA和SCL线上分别外接一个上拉电阻。

如图4.139所示,可以利用LPC2000系列ARM作为I^2C总线的主机,在总线上挂接I^2C器件。该总线上挂接着2个I^2C器件作为从机,分别为铁电存储器件FM24CL04和键盘、LED驱动器ZLG7290,R_{46}和R_{48}为I^2C总线上的2个上拉电阻。

由于一条 I^2C 总线上可以挂接多个器件，因此，LPC2000 系列 ARM 可以访问该总线上的这 2 个器件。至于访问哪一个器件需通过器件的地址决定。图 4.140 中的 FM24CL04 的地址为 0xA0（或 0xA2），而 ZLG7290 的地址固定为 0x70。

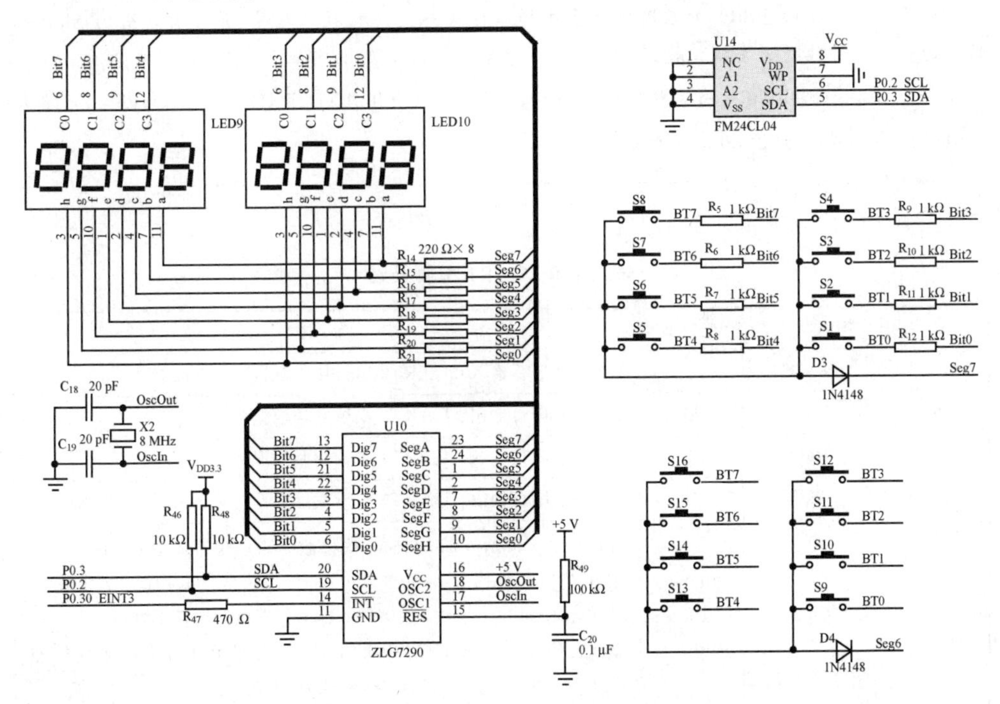

图 4.139 利用 LPC2000 系列 ARM 构成的 I^2C 总线电路

4.14 UART0 和 UART1

4.14.1 概 述

LPC2000 系列 ARM7 微控制器包含有 2 个符合 16C550 工业标准的异步串行口（UART）：UART0 和 UART1。其中，UART0 只提供 TXD 和 RXD 信号引脚，而 UART1 增加了一个调制解调器（Modem）接口。其余方面二者都是完全相同的。因此，下面对于二者相同的部分都是统一介绍的。

UART 的特性：

- 16 字节接收 FIFO 和 16 字节发送 FIFO；
- 寄存器位置符合 16C550 工业标准；
- 接收器 FIFO 触发点可为 1、4、8 和 14 字节；

➤ 内置波特率发生器；
➤ UART1含有标准调制解调器接口信号。

小知识：16C550是一种工业标准的UART，此类UART芯片内部集成了可编程的波特率发生器、发送/接收FIFO、处理器中断系统和各种状态错误检测电路等，并具有完全的Modem控制能力。工作模式为全双工模式，支持5～8位数据长度，1/2位停止位，可选奇偶校验位。

注意：UART0没有完整的Modem接口信号，仅提供TXD、RXD信号引脚，因此，严格来说，UART0不符合16C550工业标准。

UART引脚描述见表4.120。

表4.120 UART引脚描述

引 脚		类 型	描 述
P0.1	RxD0	I	UART0串行输入：UART0串行接收数据
P0.0	TxD0	O	UART0串行输出：UART0串行发送数据
P0.9	RxD1	I	UART1串行输入：UART1串行接收数据
P0.8	TxD1	O	UART1串行输出：UART1串行发送数据
P0.11	CTS1	I	清除发送：指示外部Modem的接收是否已经准备就绪，低电平有效，UART1数据可通过TxD1发送。在Modem的正常操作中(U1MCR的bit4为0)，该信号的补码保存在U1MSR的bit4中。状态改变信息保存在U1MSR的bit0中，如果第4优先级中断使能(U1IER的bit3为1)，该信息将作为中断源
P0.10	RTS1	O	请求发送：指示UART1向外部Modem发送数据，低电平有效，该信号的补码保存在U1MCR的bit1中
P0.14	DCD1	I	数据载波检测：指示外部Modem是否已经与UART1建立了通信连接，低电平有效，可以进行数据交换。在Modem的正常操作中(U1MCR的bit4为0)，该信号的补码保存在U1MSR的bit7中。状态改变信息保存在U1MSR的bit3中，如果第4优先级中断使能(U1IER的bit3为1)，该信息将作为中断源
P0.12	DSR1	I	数据设备就绪：指示外部Modem是否准备建立与UART1的连接，低电平有效。在Modem的正常操作中(U1MCR的bit4为0)，该信号的补码保存在U1MSR的bit5中。状态改变信息保存在U1MSR的bit1中，如果第4优先级中断使能(U1IER的bit3为1)，该信息将作为中断源
P0.13	DTR1	O	数据终端就绪：有效低电平指示UART1准备建立与外部Modem的连接。该信号的补码保存在U1MCR的bit0中

续表 4.120

引脚		类型	描述
P0.15	RI1	I	铃响指示：指示 Modem 检测到电话的响铃信号，低电平有效。在 Modem 的正常操作中(U1MCR 的 bit4 为 0)，该信号的补码保存在 U1MSR 的 bit6 中。状态改变信息保存在 U1MSR 的 bit2 中，如果第 4 优先级中断使能(U1IER 的 bit3 为 1)，将该信息作为中断源

4.14.2　UART 的典型应用

使用 UART 与其他控制器进行数据交换，如图 4.140 所示。由于 LPC2000 系列 ARM 的 I/O 电压为 3.3 V(但 I/O 口可承受 5 V 电压)，所以连接时注意电平的匹配。

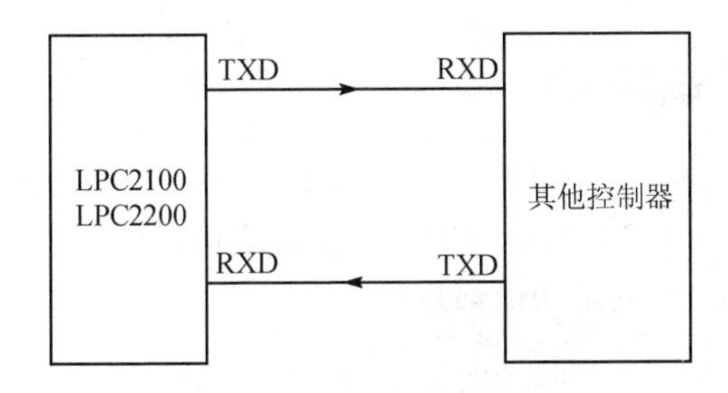

图 4.140　使用串口进行数据交换

使用 UART 与 PC 机通信，如图 4.141 所示。由于 PC 机串口是 RS-232 电平，所以连接时需要使用 RS-232 转换器，LPC2000 系列 ARM 就是通过 UART0 进行 ISP 操作的。

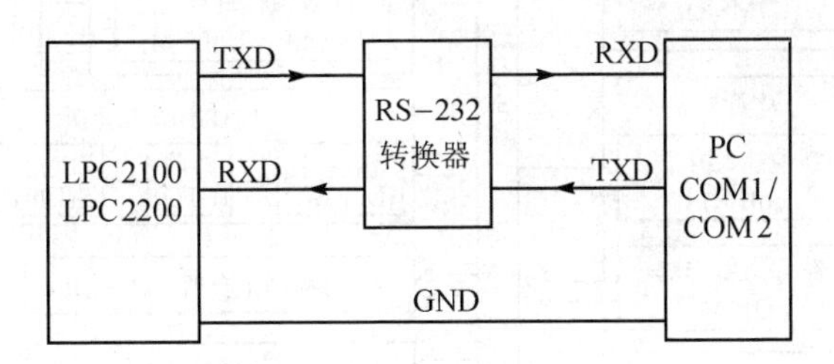

图 4.141　使用串口与 PC 机通信

当使用 Modem 接口时，需要一个 RS-232 转换器将信号转换为 RS-232 电平后，才能与 Modem 连接，如图 4.142 所示。

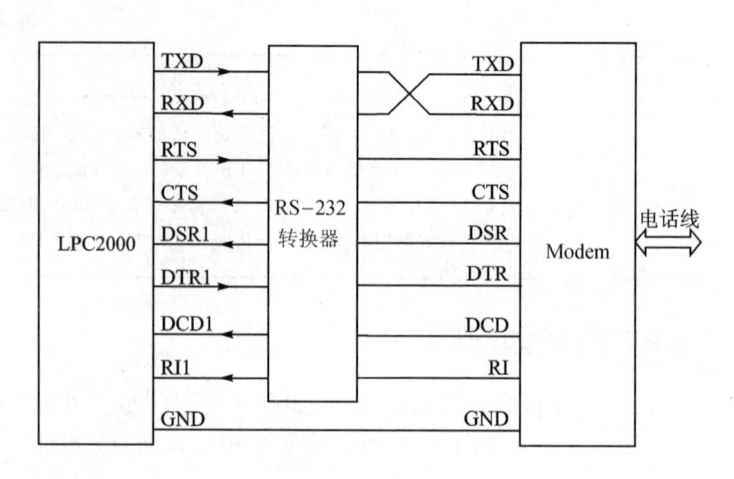

图4.142　UART1与Modem接口电路

4.14.3　UART结构

UART的结构如图4.143所示。在UART0与UART1中,二者唯一的区别就是:UART1增加了一个Modem接口,其余都是相同的。在下面的描述中,除了Modem接口单独讲解外,其余功能都是统一介绍的。

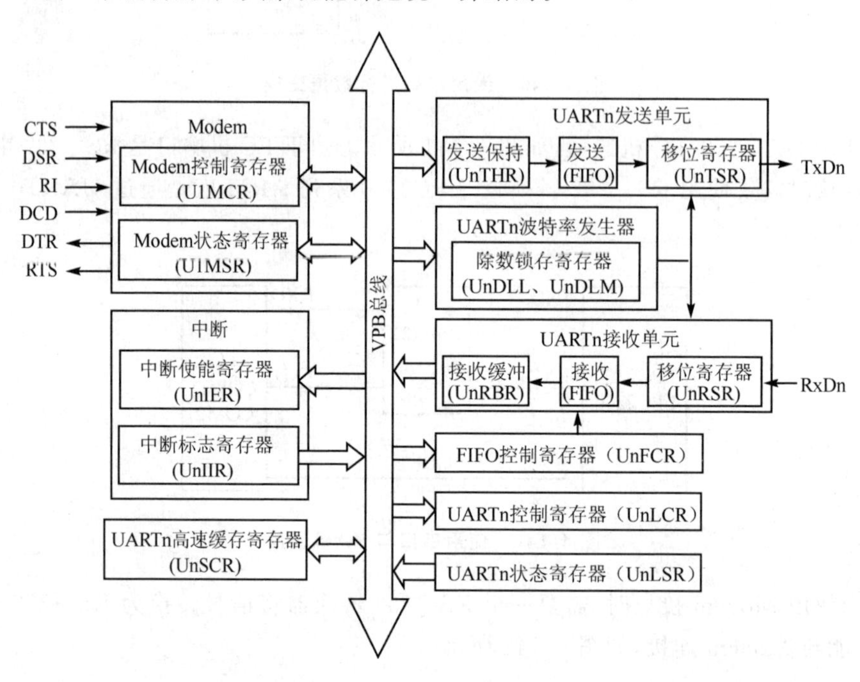

图4.143　UART结构方框图

1. UART 发送单元——UnTx(*n*=0、1,以 *n*=0 为例)

UnTx 接收 CPU(或主机)写入的数据,并将数据缓存到 UARTn 发送保持寄存器(UnTHR)中。发送移位寄存器(UnTSR)读取保持寄存器(UnTHR)中的数据,并将数据通过串行输出引脚 TxDn 发送出去。

2. UART 接收模块——UnRx(*n*=0、1,以 *n*=0 为例)

UnRx 监视串行输入线 RxDn 上的信号。UARTn Rx 移位寄存器(UnRSR)通过 RxDn 接收有效字符。当 UnRSR 接收到一个有效字符时,它将该字符传送到 UARTn 接收缓冲寄存器 FIFO 中,等待 CPU 通过 VPB 总线进行访问。

UnTx 和 UnRx 的状态信息保存在 UnLSR 中,UnTx 和 UnRx 的控制信息保存在 UnLCR 中。

3. UART 波特率发生器

UART0 和 UART1 各自都有一个单独的波特率发生器,二者的功能都是相同的,以 UART0 的波特率发生器(U0BRG)为例进行说明。

U0BRG 产生 UART0 Tx 模块所需要的时钟。UART0 波特率发生器时钟源为 VPB 时钟(PCLK)。时钟源与 U0DLL 和 U0DLM 寄存器所定义的除数相除得到 UART0 Tx 模块所需的时钟,该时钟频率必须是波特率的 16 倍。

4. Modem 接口

只有 UART1 含有 Modem 接口,Modem 接口包含寄存器 U1MCR 和 U1MSR,该接口负责一个 Modem 外设与 UART1 之间的握手。

5. 中断接口

UART0 和 UART1 的中断接口包含中断使能寄存器(UnIER)和中断标识寄存器(UnIIR)。UART0 的中断接口信号由 U0Tx 和 U0Rx 产生,UART1 的中断接口信号除了由 U1Tx 和 U1Rx 产生外,还可以由 Modem 模块产生。

4.14.4 UART 寄存器描述

UART 包含的寄存器见表 4.121。其中,除数锁存访问位(DLAB)位于 UnLCR 的 bit7,它使能对除数锁存的访问。

从下面的表格可以看出,寄存器 UnRBR、UnTHR 和 UnDLL 的地址是相同的,寄存器 UnIER 和 UnDLM 是相同的。对于这些寄存器的访问是通过 DLAB 位和读/写方式来确定的,如表 4.122 所列。

表 4.121　UART 寄存器映射

名　称	描　述	bit7	bit6	bit5	bit4	bit3	bit2	bit1	bit0	访问	复位值*	UART0 地址	UART1 地址
UnRBR	接收缓存	MSB			读数据				LSB	RO	未定义	0xE000 C000 U0RBR DLAB=0	0xE001 0000 U1RBR DLAB=0
UnTHR	发送保持	MSB			写数据				LSB	WO	NA	0xE000 C000 U0THR DLAB=0	0xE001 0000 U1THR DLAB=0
UnIER	中断使能	0	0	0	0	使能 Modem 状态中断	使能 Rx 状态中断	使能 THRE 中断	使能 Rx 数据可用中断	R/W	0	0xE000 C004 U0IER DLAB=0	0xE001 0004 U1IER DLAB=0
UnIIR	中断 ID	FIFO 使能		0	0	IIR3	IIR2	IIR1	IIR0	RO	0x01	0xE000 C008 U0IIR	0xE001 0008 U1IIR
UnFCR	FIFO 控制	Rx 触发		保留		—	Tx FIFO 复位	Rx FIFO 复位	FIFO 使能	WO	0	0xE000 C008 U0FCR	0xE001 0008 U1FCR
UnLCR	控制	DLAB	设置间隔	奇偶固定	偶选择	奇偶使能	停止位个数	字长度选择		R/W	0	0xE000 C00C U0LCR	0xE001 000C U1LCR
UnMCR	Modem 控制	0	0	0	回送	0	0	RTS	DTR	R/W	0	—	0xE001 0010
UnLSR	状态	Rx FIFO 错误	TEMT	THRE	BI	FE	PE	OE	DR	RO	0x60	0xE000 C014 U0LSR	0xE001 0014 U1LSR
UnMSR	Modem 控制	DCD	RI	DSR	CTS	Delta DCD	后沿 RI	Delta DSR	Delta CTS	RO	0	—	0xE001 0018
UnDLL	除数锁存低位寄存器	MSB							LSB	R/W	0x01	0xE000 C000 U0DLL DLAB=1	0xE001 0000 U1DLL DLAB=1
UnDLM	除数锁存高位寄存器	MSB							LSB	R/W	0	0xE000 C004 U0DLM DLAB=1	0xE001 0004 U1DLM DLAB=1

注：寄存器 UnMCR 和 UnMSR 是 Modem 寄存器，只有 UART1 含有。

* 复位值仅指已使用位中保存的数据，不包括保留位的内容。

表4.122 对相同地址寄存器的访问方法

UART	寄存器	地 址	访问方式
UART0	U0RBR	0xE000 C000	DLAB=0,对地址0xE000 C000进行写访问
	U0THR		DLAB=0,对地址0xE000 C000进行读访问
	U0DLL		DLAB=1,对地址0xE000 C000进行访问
	U0IER	0xE000 C004	DLAB=0,对地址0xE000 C004进行访问
	U0DLM		DLAB=1,对地址0xE000 C004进行访问
UART1	U1RBR	0xE001 0000	DLAB=0,对地址0xE001 0000进行读访问
	U1THR		DLAB=0,对地址0xE001 0000进行写访问
	U1DLL		DLAB=1,对地址0xE001 0000进行访问
	U1IER	0xE001 0004	DLAB=0,对地址0xE001 0004进行访问
	U1DLM		DLAB=1,对地址0xE001 0004进行访问

1. UART接收器缓存寄存器(UnRBR)

LPC2000系列ARM的UART0和UART1各含有16字节的接收FIFO。UnRBR是UARTn接收FIFO的出口,如图4.144所示,它包含了最早接收到的字符,可通过总线接口读出。串口接收数据时低位在先,即LSB(bit0)为最早接收到的数据位。如果接收到的数据小于8位,未使用的MSB填充为0。

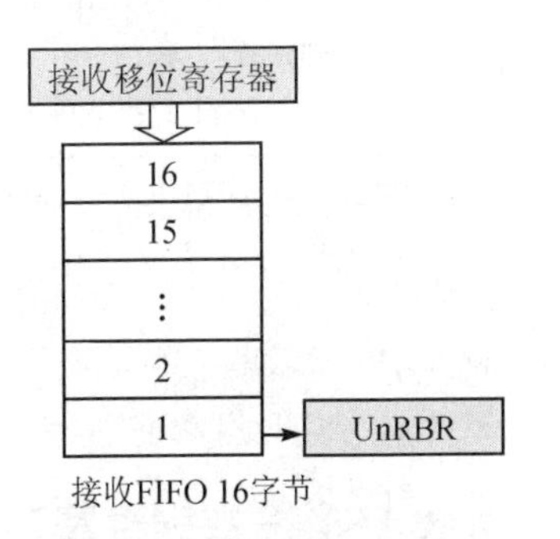

图4.144 接收FIFO示意图

UART接收器缓存寄存器描述见表4.123。

表4.123 UART接收器缓存寄存器

位	功 能	描 述	复位值
7:0	接收器缓存	接收器缓存寄存器包含UARTn Rx FIFO当中最早接收到的字节	未定义

注:如果要访问UnRBR,UnLCR的除数锁存访问位(DLAB)必须为0。UnRBR为只读寄存器。

操作示例:

```
while((U0LSR & 0x01) == 0);          //等待接收标志置位
data_buf = U0RBR;                    //保存接收到的数据
```

2. UART发送器保持寄存器(UnTHR)

LPC2000系列ARM的UART0和UART1各含有16字节的发送FIFO。UnTHR是UARTn发送FIFO的入口,如图4.145所示。它包含了发送FIFO中最新的字符,可通过总线接口写入。串口发送数据时低位在先,LSB(bit0)代表最先发送的位。UART发送器保持寄存器描述见表4.124。

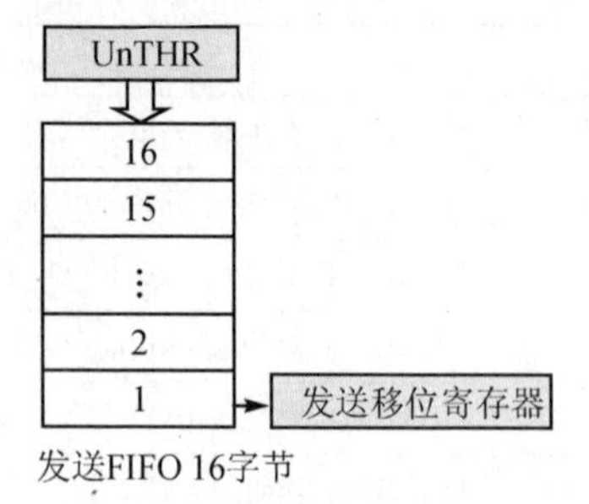

图4.145　发送FIFO示意图

表4.124　UART发送器保持寄存器

位	功　能	描　述	复位值
7∶0	发送器保持	写UARTn发送器保持寄存器，使数据保存到UARTn发送FIFO当中。当字节到达FIFO的最底部并且发送器就绪时，该字节将被发送	N/A

注：如果要访问UnTHR，UnLCR的除数锁存访问位(DLAB)必须为0。UnTHR为只写寄存器。

操作示例：

```
U0THR = data;                          //发送数据
while((U0LSR & 0x40)==0);              //等待数据发送完毕
```

3. UART除数锁存寄存器(UnDLL和UnDLM)

UART0和UART1各含有一个独立的波特率发生器，除数锁存是波特率发生器的一部分，它保存了用于产生波特率时钟的VPB时钟(PCLK)分频值，波特率时钟是波特率的16倍。UnDLL和UnDLM寄存器一起构成一个16位除数，UnDLL包含除数的低8位，UnDLM包含除数的高8位。值0x0000被看作是0x0001，因为除数是不允许为0的。由于UnDLL与UnRBR/UnTHR共用同一地址，UnDLM与UnIER共用同一地址，所以访问UART除数锁存寄存器时，除数锁存访问位(DLAB)必须为1，以确保寄存器的正确访问。

UART除数锁存低位寄存器描述见表4.125。UART除数锁存高位寄存器描述见表4.126。

表4.125　UART除数锁存低位寄存器

位	功　能	描　述	复位值
7∶0	除数锁存低8位	UARTn除数锁存LSB寄存器与UnDLM寄存器一起决定UARTn的波特率	0

表 4.126 UART 除数锁存高位寄存器

位	功 能	描 述	复位值
7:0	除数锁存高8位	UARTn 除数锁存 MSB 寄存器与 UnDLL 寄存器一起决定 UARTn 的波特率	0

波特率的计算公式：

$$波特率=\frac{F_{PCLK}}{16\times(UnDLM:UnDLL)}$$

其中：(UnDLM：UnDLL)是由 UnDLL 和 UnDLM 一起构成的 16 位除数。

操作示例：

```
U0LCR = 0x80;                    //DLAB=1
U0DLM = ((Fpclk/16)/baud)/256;
U0DLL = ((Fpclk/16)/baud)%256;
```

4. UART 中断使能寄存器(UnIER)

UnIER 可以使能 4 个 UARTn 中断源。UART 中断使能寄存器 UnIER 描述见表 4.127。

操作示例：

```
U0IER = 0x01;           //使能 RBR 中断,即接收中断
```

表 4.127 UART 中断使能寄存器

位	功 能	描 述	复位值
0	RBR 中断使能①	0：禁止 RDA 中断；1：使能 RDA 中断。UnIER[0]使能 UARTn 接收数据可用中断,它还控制字符接收超时中断	0
1	THRE 中断使能	0：禁止 THRE 中断；1：使能 THRE 中断。UnIER[1]使能 UARTn THRE 中断,该中断的状态可从 UnLSR[5]读出	0
2	Rx 状态中断使能	0：禁止 Rx 状态中断；1：使能 Rx 状态中断。UnIER[2]使能 UARTn Rx 状态中断,该中断的状态可从 UnLSR[4：1]读出	0
3	Modem 状态中断使能②	0：禁止 Modem 中断；1：使能 Modem 中断。U1IER[3]使能 Modem 中断,中断的状态可从 U1MSR[3：0]读取	0
7：4	保留	保留,用户软件不要向其写入 1,从保留位读出的值未被定义	NA

① RBR 中断包含了 2 个中断源,一是接收数据可用(RDA)中断,即正确接收到数据；二是接收超时中断(CTI)。

② UART1 含有 Modem 接口,所以,只有 U1IER 寄存器含有该位,U0IER 寄存器没有。

5. UART 中断标识寄存器(UnIIR)

UnIIR 提供的状态代码用于指示一个挂起中断的中断源和优先级,在访问 UnIIR 过程中,中断被冻结。如果在访问 UnIIR 时产生了中断,该中断被记录,下次访问 UnIIR 时可读出该中断。UART 中断标识寄存器描述如表 4.128 所列。

表 4.128　UART 中断标识寄存器

位	功　能	描　述	复位值
0	中断挂起	0：至少有 1 个中断被挂起；1：没有挂起的中断。 UnIIR[0]为低有效,挂起的中断可通过 UnIIR[3：1]确定	1
3：1	中断标识	011：1——接收状态(RLS)；010：2a——接收数据可用(RDA)； 110：2b——字符超时指示(CTI)①；001：3——THRE 中断； 000：4——Modem 中断,只有 UART1 才含有 Modem 中断②。 UnIIR 的 bit3 指示对应于 UARTn 接收 FIFO 的中断,上面未列出的 UnIIR[3：1]的其他组合都为保留值(100,101,111)	0
5：4	保留	保留,用户软件不要向其写入 1,从保留位读出的值未定义	NA
7：6	FIFO 使能	这些位等效于 UnFCR[0]	0

① RDA 中断和 CTI 中断的优先级是相同的,均是第二级。

② UART0 没有 Modem 接口,因此,只有 U1IIR[3：1]才会存在 000 的组合。

UART0 中断源和中断使能的关系如图 4.146 所示。

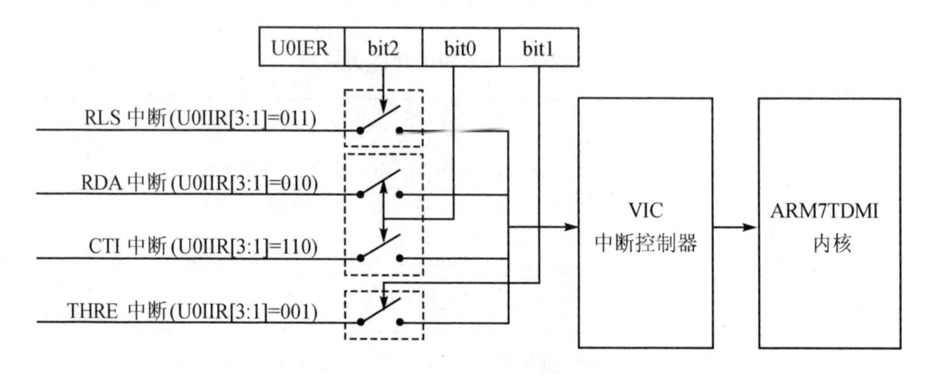

图 4.146　UART0 中断源和中断使能关系图

UART1 中断源和中断使能的关系如图 4.147 所示。

UART 中断的处理见表 4.129,给定了 UnIIR[3：0]的状态,中断处理程序就能确定中断源以及如何清除激活的中断。

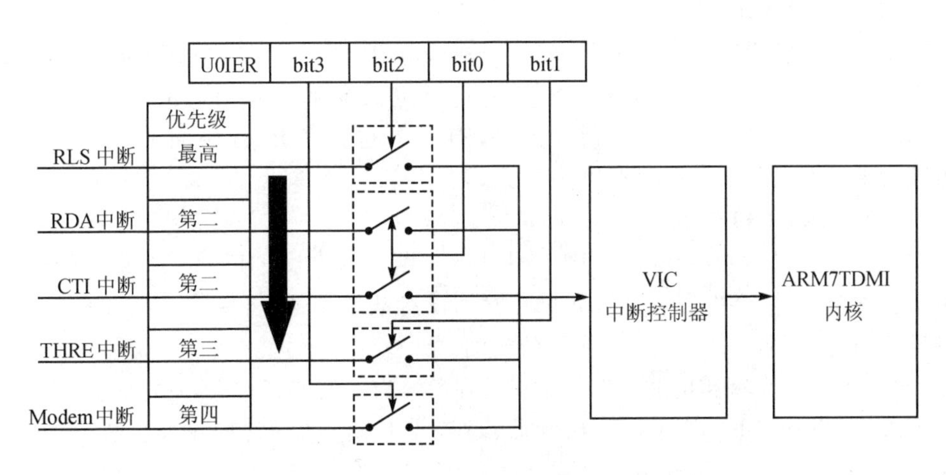

图4.147　UART1中断源和中断使能关系图

表4.129　UART中断处理

UnIIR[3：0]	优先级	中断类型	中断源	中断复位
0001	—	无	无	—
0110	最高	Rx状态/错误	OE,PE,FE或BI	UnLSR读操作
0100	第二	Rx数据可用	Rx数据可用或FIFO模式下(U0FCR[0]=1)到达触发点	UnRBR读或UARTn FIFO低于触发值
1100	第二	字符超时指示	接收FIFO包含至少1个字符并且在一段时间内无字符输入或移出,该时间的长短取决于FIFO中的字符数以及在3.5～4.5字符的时间内的触发值,实际的时间为: [(字长度)×7－2]×8＋[(触发值－字符数)×8＋1]PCLK	UnRBR读操作
0010	第三	THRE	THRE	UnIIR读或UnTHR写操作
0000	第四	Modem状态	CTS,DSR,RI或DCD	MSR读操作

注：0011、0101、0111、1000、1001、1010、1011、1101、1110、1111为保留值。

(1) UART RLS中断

RLS(UnIIR[3：1]＝011)是最高优先级的中断,只要UARTn Rx输入产生4个错误中的任意一个,该中断标志将置位。溢出错误(OE)、奇偶错误(PE)、帧错误(FE)和间隔中断(BI)可通过查看UnLSR[4：1]得到错误标志,当读取UnLSR寄存器时,清除该中断标志。

(2) UART RDA 中断

RDA(UnIIR[3:1]=010)与 CTI 中断(UnIIR[3:1]=110)共用第二优先级。当 UARTn Rx FIFO 达到 UnFCR[7:6]所定义的触发点时，RDA 被激活。当 UARTn Rx FIFO 的深度低于触发点时，RDA 复位。当 RDA 中断被激活时，CPU 可读出由触发点所定义的数据块。

(3) UART CTI 中断

CTI(UnIIR[3:1]=110)为第二优先级中断。当接收 FIFO 中的有效数据个数少于触发个数时(至少有一个)，如果长时间没有数据到达，将触发 CTI 中断。这个触发时间为：接收 3.5～4.5 个字符的时间。

"3.5～4.5 个字符的时间"，其意思是在串口当前的波特率下，发送 3.5～4.5 个字节所需要的时间。产生 CTI 中断后，对接收 FIFO 的任何操作都会清除该中断标志：

- 从接收 FIFO 中读取数据，即读取 UnRBR 寄存器；
- 有新的数据送入接收 FIFO，即接收到新数据。

需要注意的是：当接收 FIFO 中存在多个数据，从 UnRBR 读取数据，但是没有读完所有数据，那么在经过 3.5～4.5 个字节的时间后将再次触发 CTI 中断。

例如，一个外设向 LPC2000 系列 ARM 发送 105 个字符，而 LPC2000 系列 ARM 的接收触发值为 10 个字符，那么前 100 个字符将使 CPU 接收 10 个 RDA 中断，而剩下的 5 个字符可使 CPU 接收 1～5 个 CTI 中断(取决于服务程序)。

(4) UART THRE 中断

THRE(UnIIR[3:1]=001)为第三优先级中断。这个中断称为"发送 FIFO 为空中断"，但是，并非只要 FIFO 为空便激活中断。THRE 中断有如下特性：

- 系统启动时，虽然发送 FIFO 为空，但不会产生 THRE 中断；
- 在上一次发生 THRE 中断后，仅向发送 FIFO 中写入 1 个字节数据，将在延时一个字节加上一个停止位的时间后发生 THRE 中断。
- 如果在发送 FIFO 中有过 2 字节以上的数据，但是现在发送 FIFO 为空时，将立即触发 THRE 中断。

发送 FIFO 的结构示意图如图 4.148 所示。当 FIFO 为空时，向其中写入 1 字节的数据，该数据会直接传送到发送移位寄存器(UnTSR)中，这时发送 FIFO 为空。如果此时产生"发送 FIFO 为空中断"，那么会影响紧接着写入发送 FIFO 的数据，因此，要等到将该字节数据以及停止位发送完毕后才能产生中断。如果发送 FIFO 中含有 2 字节以上的数据，那么当发送 FIFO 为空后，便会产生 THRE 中断。

当 THRE 中断为当前有效的最高优先级中断时，向 UnTHR 寄存器写数据，或者对 UnIIR 的读操作，都会清除 THRE 中断标志。

(5) Modem 中断

Modem 中断(U1IIR[3:1]=000)是最低优先级中断，只要在 Modem 输入引脚

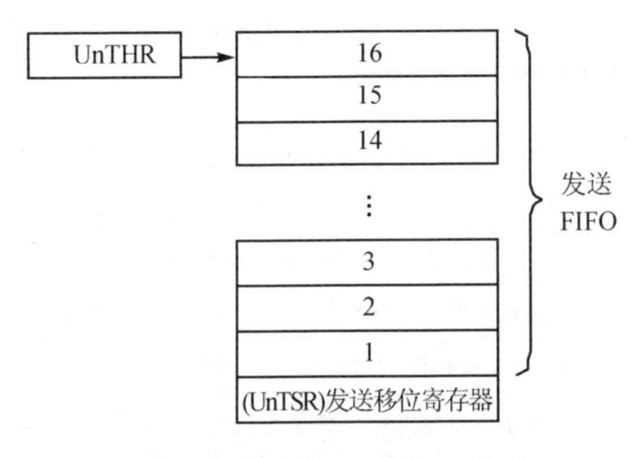

图4.148 发送FIFO结构示意图

DCD、DSR或CTS上发生任何状态变化，该中断就会激活。此外，Modem输入口RI上低到高电平的跳变也会产生一个Modem中断。Modem中断源可通过检查U1MSR[3：0]得到，读取U1MSR可以清除Modem中断标志。**注意：**只有UART1接口才具有Modem中断。

6. UART FIFO控制寄存器(UnFCR)

UnFCR控制UARTn收发FIFO的操作。UART FIFO控制寄存器描述见表4.130。

表4.130 UART FIFO控制寄存器

位	功 能	描 述	复位值
0	FIFO使能	为1时，使能对UARTn收发FIFO，同时允许访问UnFCR[7：1]，该位必须置位以实现正确的UARTn操作，该位的任何变化都将使UARTn的收发FIFO清空	0
1	Rx FIFO复位	为1时，清空UARTn接收FIFO，并使指针逻辑复位。操作完成后，该位会自动清零	0
2	Tx FIFO复位	为1时，清空UARTn发送FIFO，并使指针逻辑复位。操作完成后，该位会自动清零	0
5：3	保留	保留，用户软件不要向其写入1，从保留位读出的值未定义	NA
7：6	Rx触发选择	00：触发点0(默认1字节)；01：触发点1(默认4字节) 10：触发点2(默认8字节)；11：触发点3(默认14字节) 这两个位决定在激活中断之前，UARTn接收FIFO必须写入多少个字节。4个触发点由用户在编程时定义，可以选择所需要的触发深度	0

操作示例：

```
U0FCR = 0x81;                //UART0接收缓冲区的触发点为8字节
```

7. UART控制寄存器(UnLCR)

UnLCR决定发送和接收数据字符的格式。UART控制寄存器描述见表4.131。

表 4.131　UART 控制寄存器

位	功　能	描　述	复位值
1：0	字长度选择	00：5位字符长度；01：6位字符长度；10：7位字符长度；11：8位字符长度	0
2	停止位选择	0：1个停止位；1：2个停止位(如果 UnLCR[1：0]=00,则为1.5)	0
3	奇偶使能	0：禁止奇偶产生和校验；1：使能奇偶产生和校验	0
5：4	奇偶选择	00：奇校验；01：偶校验；10：强制为1；11：强制为0	0
6	间隔控制*	0：禁止间隔发送；1：使能间隔发送。 当 UnLCR 的 bit6 为1时,输出引脚 UARTn TxD 强制为逻辑0	0
7	除数锁存访问位	0：禁止访问除数锁存寄存器；1：使能访问除数锁存寄存器	0

* 当该位为1时,输出引脚(TxD0)强制为逻辑0,可以引起通信对方(LPC2000)产生间隔中断。在某些通信方式中,使用间隔中断作为通信的起始信号,如：LIN Bus。

操作示例：

```
U0LCR = 0x03;      //UART 的工作模式为：8位字符长度,1个停止位,无奇偶校验位
```

8. UART1 Modem 控制寄存器(U1MCR)

U1MCR 使能 Modem 的回写模式并控制 Modem 的输出信号。UART1 Modem 控制寄存器描述见表 4.132。

表 4.132　UART1 Modem 控制寄存器

位	功　能	描　述	复位值
0	DTR 控制	选择 Modem 输出引脚 DTR,该位在回写模式激活时读出为0	0
1	RTS 控制	选择 Modem 输出引脚 RTS,该位在回写模式激活时读出为0	—
2	保留	保留,用户软件不要向其写入1,从保留位读出的值未定义	NA
3	保留	保留,用户软件不要向其写入1,从保留位读出的值未定义	NA
4	回写模式选择	0：禁止 Modem 回写模式；1：使能 Modem 回写模式。 Modem 回写模式提供了一个执行回写测试的诊断机制。发送器输出的串行数据在内部连接到接收器的串行输入端。输入引脚 RxD1 对回写模式无影响,输出引脚 TxD1 保持总为1的状态。4个 Modem 输入(CTS、DSR、RI 和 DCD)与外部断开。从外部来看,Modem 的输出端(RTS 和 DTR)无效。在内部,4个 Modem 输出连接到4个 Modem 输入。这样连接的结果是 U1MSR 的高4位由 U1MCR 的低4位驱动,而不是在正常模式下由4个 Modem 输入驱动。这样在回写模式下,写 U1MCR 的低4位就可产生 Modem 状态中断	0
7：5	保留	保留,用户软件不要向其写入1,从保留位读出的值未定义	NA

9. UART 状态寄存器(UnLSR)

UnLSR 为只读寄存器,它提供 UARTn Tx 和 Rx 模块的状态信息。UART 状态寄存器描述见表 4.133。

表 4.133 UART 状态寄存器

位	功 能	描 述	复位值
0	接收数据就绪(RDR)	0:UnRBR 为空;1:UnRBR 包含有效数据。 当 UnRBR 包含未读取的字符时,RDR 位置位;当 UARTn RBR FIFO 为空时,RDR 位清零	0
1	溢出错误(OE)	0:溢出错误状态未激活;1:溢出错误状态激活。 溢出错误条件在错误发生后立即设置,UnLSR 读操作清零 OE 位。当 UARTn RSR 已经有新的字符就绪而 UARTn RBR FIFO 已满时,OE 位置位。此时 UARTn RBR FIFO 不会被覆盖,UARTn RSR 中的字符将丢失	0
2	奇偶错误(PE)	0:奇偶错误状态未激活;1:奇偶错误状态激活。 当接收字符的奇偶位处于错误状态时产生一个奇偶错误,UnLSR 读操作清零 PE 位。奇偶错误检测时间取决于 UnFCR 的 bit0,奇偶错误与 UARTn RBR FIFO 中读出的字符相关	0
3	帧错误(FE)	0:帧错误状态未激活;1:帧错误状态激活。 当接收字符的停止位为 0 时,产生帧错误。UnLSR 读操作清零 FE 位,帧错误检测时间取决于 UnFCR 的 bit0,帧错误与 UARTn RBR FIFO 中读出的字符相关。当检测到一个帧错误时,Rx 将尝试与数据重新同步并假设错误的停止位实际是一个超前的起始位。但即使没有出现帧错误,它也不能假设下一个接收到的字节是正确的	0
4	间隔中断(BI)	0:间隔中断状态未激活;1:间隔中断状态激活。 在发送整个字符(起始位、数据位、奇偶位和停止位)过程中,如果 RxDn 都保持逻辑 0,则产生间隔中断。当检测到中断条件时,接收器立即进入空闲状态直到 RxDn 变为全 1 状态。UnLSR 读操作清零该状态位,间隔检测的时间取决于 UnFCR 的 bit0,间隔中断与 UARTn RBR FIFO 中读出的字符相关	0
5	发送保持寄存器空(THRE)	0:UnTHR 包含有效数据;1:UnTHR 空。 当检测到 UARTn THR 空时,THRE 置位,UnTHR 写操作清零该位	1
6	发送器空(TEMT)	0:UnTHR 和 UnTSR 包含有效数据;1:UnTHR 和 UnTSR 都为空。 当 UnTHR 和 UnTSR 都为空时,TEMT 置位;当 UnTSR 或 UnTHR 包含有效数据时,TEMT 清零	1

续表 4.133

位	功　能	描　述	复位值
7	Rx FIFO 错误（RXFE）	0：UnRBR 中没有 UARTn Rx 错误，或 UnFCR 的 bit0 为 0； 1：UnRBR 包含至少一个 UARTn Rx 错误。 当一个带有 Rx 错误（例如帧错误、奇偶错误或间隔中断）的字符装入 UnRBR 时，RXFE 位置位。当读取 UnLSR 寄存器并且 UARTn FIFO 中不再有错误时，RXFE 位清零	0

10. UART1 Modem 状态寄存器（U1MSR）

U1MSR 是一个只读寄存器，它提供 Modem 输入信号的状态信息。其描述见表 4.134，U1MSR[3：0]在读取 U1MSR 时清零。需要注意的是，Modem 信号对 UART1 的操作没有直接影响，Modem 信号的操作是通过软件来实现的。

表 4.134　UART1 Modem 状态寄存器

位	位名称	描　述	复位值
0	Delta CTS	0：没有检测到 Modem 输入引脚 CTS 上的状态变化； 1：检测到 Modem 输入引脚 CTS 上的状态变化。 当输入引脚 CTS 状态发生变化时，该位置位。读取 U1MSR 时清零	0
1	Delta DSR	0：没有检测到 Modem 输入引脚 DSR 上的状态变化； 1：检测到 Modem 输入引脚 DSR 上的状态变化。 当输入引脚 DSR 状态发生变化时，该位置位。读取 U1MSR 时清零	0
2	后沿 RI	0：没有检测到 Modem 输入引脚 RI 上的状态变化； 1：检测到 Modem 输入引脚 RI 上的状态变化。 当输入引脚 RI 状态发生变化时，该位置位。读取 U1MSR 时清零	0
3	Delta DCD	0：没有检测到 Modem 输入引脚 DCD 上的状态变化； 1：检测到 Modem 输入引脚 DCD 上的状态变化。 当输入引脚 DCD 状态发生变化时，该位置位。读取 U1MSR 时清零	0
4	CTS	清零发送状态：输入信号 CTS 的补码。在回写模式下，该位连接到 U1MCR 的 bit1	0
5	DSR	数据设置就绪状态：输入信号 DSR 的补码。在回写模式下，该位连接到 U1MCR 的 bit0	0
6	RI	响铃指示状态：输入信号 RI 的补码。在回写模式下，该位连接到 U1MCR 的 bit2	0
7	DCD	数据载波检测状态：输入信号 DCD 的补码。在回写模式下，该位连接到 U1MCR 的 bit3	0

11. UART高速缓存寄存器(UnSCR)

在操作UARTn时,UnSCR无效,用户可自由对该寄存器进行读或写,不提供中断接口向主机指示UnSCR所发生的读或写操作。UARTn高速缓存寄存器描述见表4.135。

表4.135　UARTn高速缓存寄存器

位	功　能	描　述	复位值
7:0	—	一个可读可写的字节	0

4.14.5　UART应用示例

LPC2114/2124/2210/2220/2212/2214的2个UART,均具有16字节的收发FIFO,寄存器位置符合16C550工业标准,内置波特率发生器,2个串口具有基本相同的寄存器,其中UART1带有完全的调制解调器控制握手接口。UART0没有完整的Modem接口信号,仅提供TXD、RXD信号引脚。在大多数异步串行通信的应用中,并不需要完整的Modem接口信号(辅助控制信号),而只使用TXD、RXD和GND信号即可。

使用UART时,串行数据时序参考图4.149,数据位的宽度是由波特率来决定的。LA1032逻辑分析仪能够对UART信号进行分析,先对UART进行基本设置,如图4.150所示;然后进行总线分析。如图4.151所示,LPC2000系列ARM从UART接口发送1字节数据0x55,波特率9 600,8位数据位,1位停止位,无奇偶校验位。

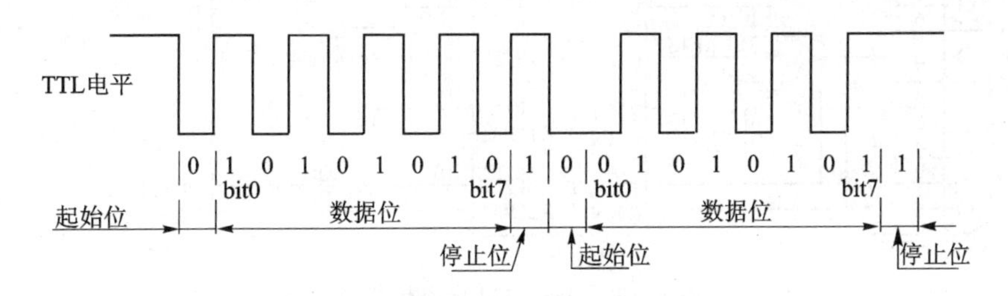

图4.149　串行数据时序(55H、AAH)——TTL

如果要使用UART与RS-232接口的设备进行基本的通信,那么就需要一个RS-232转换器将TTL电平转换成RS-232电平,如图4.152所示。RS-232电平串行数据时序如图4.153所示。

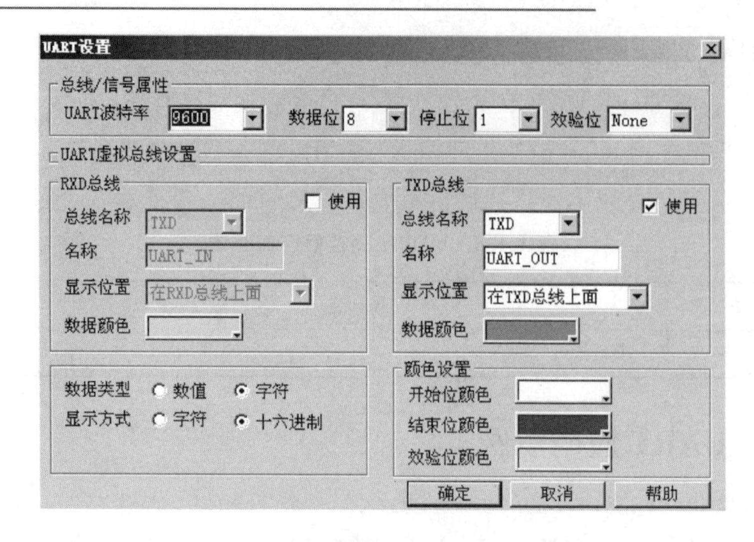

图 4.150　LA1032 逻辑分析仪 UART 总线设置

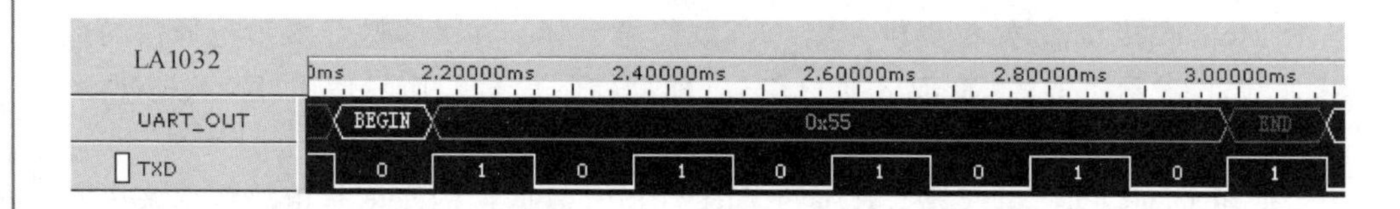

图 4.151　使用 LA1032 逻辑分析仪分析 UART 总线信号

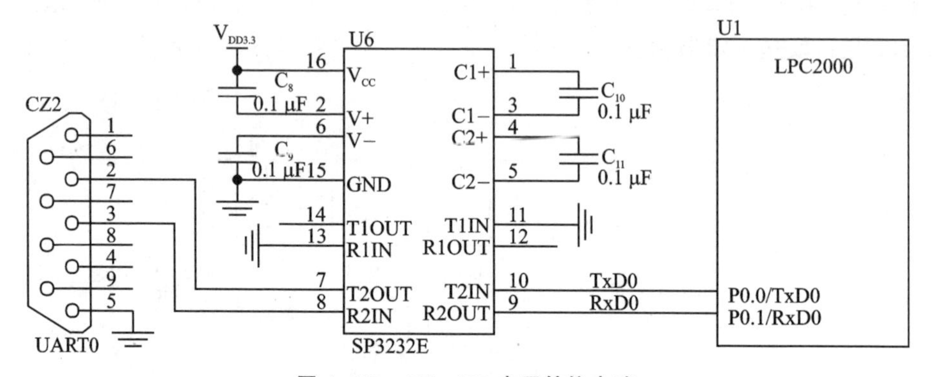

图 4.152　RS－232 电平转换电路

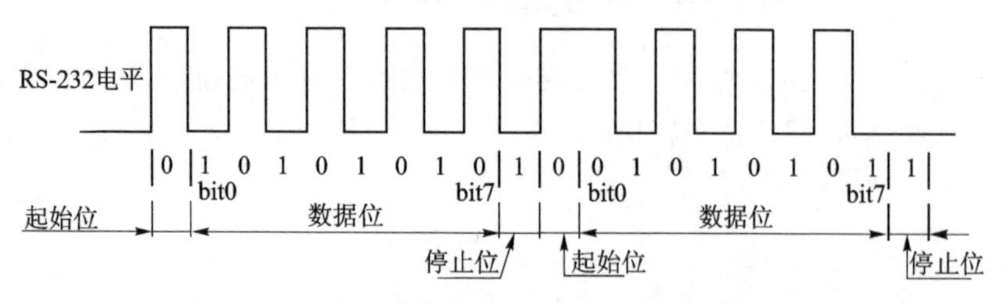

图 4.153　串行数据时序（55H、AAH）——RS－232

✍小知识：RS－232是美国电子工业协会(EIA)制定的串行通信标准，又称RS－232－C(C代表所公布的版本)。早期它被应用于计算机和调制解调器的连接控制，Modem再通过电话线进行远距离的数据传输。RS－232是一个全双工的通信标准，它可以同时进行数据接收和发送的工作。在电气特性上，RS－232标准采用负逻辑方式，标准逻辑"1"对应－5～－15 V电平，标准逻辑"0"对应＋5～＋15 V电平。因此，UART的TTL电平需要进行RS－232电平转换后，才能与RS－232接口连接并通信，可以使用SP3232E或SP3243ECA芯片进行电平转换。RS－232－C标准采用的接口是9针(DB9)或25针(DB25)的D型插头，常用的9针D型插头的引脚定义如表4.136所列。在多数情况下主要使用RXD、TXD和GND信号。

表4.136 RS－232接口定义(9针)

引脚		功能	引脚		功能
1	DCD	数据载波检测	6	DSR	数据设备准备就绪
2	RXD	接收数据	7	RTS	请求发送
3	TXD	发送数据	8	CTS	清除发送
4	DTR	数据终端准备就绪	9	RI	振铃指示
5	GND	信号地			

严格地讲，RS－232接口是DTE(数据终端设备)和DCE(数据通信设备)之间的一个接口，DTE包括计算机、终端、串口打印机等设备。DCE通常只有Modem和某些交换机等。LPC2000系列ARM的UART1带有完全的调制解调器控制握手接口，只要使用SP3243E转换芯片将信号转换成RS－232电平，即可与Modem连接，控制Modem拨号、通信等，电路如图4.154所示。

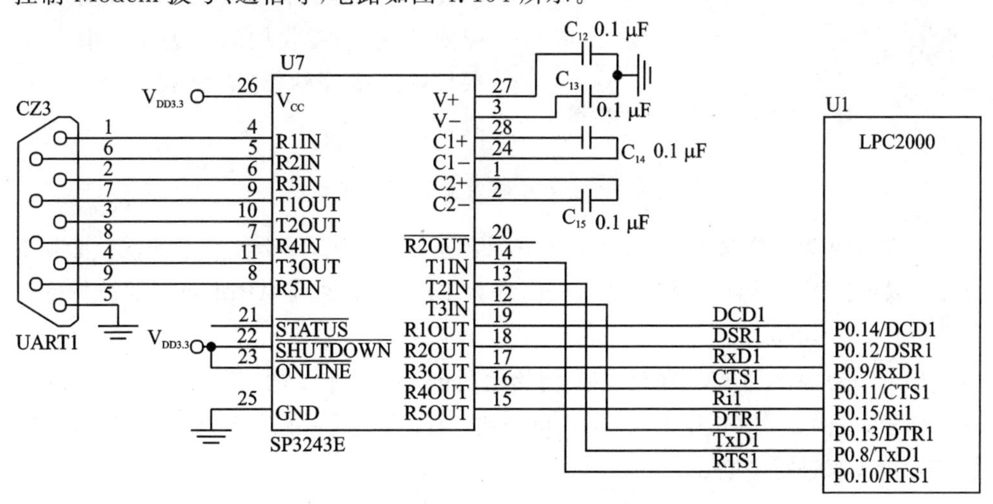

图4.154 Modem接口电路原理

1. UART 初始化

在进行 UART 操作之前，必须要先对 UART 进行初始化设置。对 UART 的设置主要包括 UART 波特率的设置、通信模式的设置等，此外还可以根据实际需要来设置一些中断。

设置 UART 通信波特率，就是设置寄存器 UnDLL 和 UnDLM 的值，UnDLL 和 UnDLM 寄存器是波特率发生器的除数锁存寄存器，用于设置合适的串口波特率。前面已经讲过，寄存器 UnDLL 与 UnRBR/UnTHR、UnDLM 与 UnIER 具有同样的地址，如果要访问 UnDLL 和 UnDLM，除数访问位 DLAB 必须为 1。寄存器 UnDLL 和 UnDLM 的计算公式如下：

$$\text{UnDLM}:\text{UnDLL}=\frac{F_{\text{PCLK}}}{16\times\text{波特率}}$$

可见，通信波特率有时不可能做到完全一致，因此，在 UART 通信过程中，UART 接口器件都会具有一定的容错特性。对于 LPC2000 系列 ARM 来说，LPC2000 系列 ARM 以 16 倍波特率的采样速率（即，波特率时钟）对 RXD 信号不断采样，一旦检测到由 1 到 0 的跳变，内部的计数器便复位，这个计数频率与波特率时钟相同，是通信波特率的 16 倍。这样，在每一个接收位期间内都含有 16 个波特率时钟周期，在每组的第 7、8、9 个波特率周期内会对 RXD 信号进行采样，并以 3 取 2 的表决方式确定所接收位的数据。

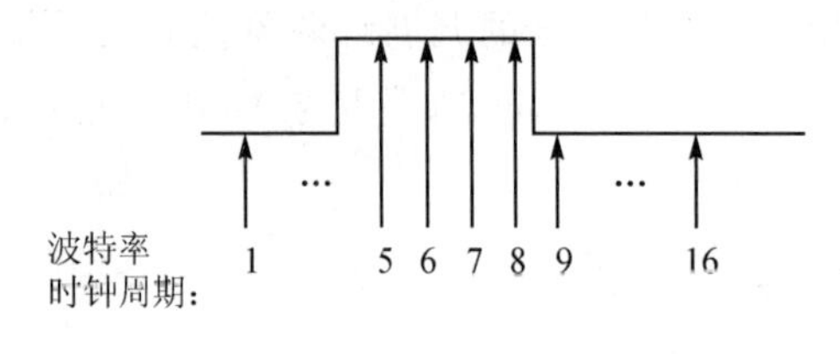

图 4.155　UART 采样数据示意图

如图 4.155 所示，在接收某一位数据时，第 7、8 个波特率周期采样值为 1，第 9 个波特率周期采样值为 0，按照 3 取 2 的原则，这一个接收位的值为 1。可见，如果打算使接收的第 N 位数据为正确位时，需要满足下式：

$$\text{所允许的波特率误差}\times N<0.5$$

当字长度为 8 位数据位时，如果要确保数据接收正确，那么波特率的误差必须要在 5%以内。例如，标准波特率为 9600，那么 LPC2000 系列 ARM 允许的波特率范围为 9120～10080。

LPC2000 系列 ARM 的 UART 初始化还包含一个重要的工作——设置 UART 的工作模式，例如：字长度选择、停止位个数选择、奇偶校验位选择等。此外，还要根据实际情况来进行中断设置。

程序清单 4.39 为 UART0 初始化示例，程序将串口波特率设置为 UART_BPS（如 115200），8 位数据长度，1 位停止位，无奇偶校验。

程序清单 4.39 UART0 初始化示例

```
#define   UART_BPS      115200          /*定义通信波特率*/
/**********************************************************
** 函数名称：UART0_Ini()
** 函数功能：初始化串口0。设置为8位数据位,1位停止位,无奇偶校验,波特率为
**           115200
** 输     入：无
** 输     出：无
**********************************************************/
void  UART0_Ini(void)
{
    uint16 Fdiv;
    U0LCR = 0x83;                       //DLAB=1,可设置波特率
    Fdiv = (Fpclk / 16) / UART_BPS;     //设置波特率
    U0DLM = Fdiv / 256;
    U0DLL = Fdiv % 256;
    U0LCR = 0x03;
}
```

2. UART发送数据

LPC2000系列ARM含有一个16字节发送FIFO,在发送数据的过程中,发送FIFO是一直使能的,即,UART发送的数据首先保存到发送FIFO中,发送移位寄存器会从发送FIFO中获取数据,并通过TXD引脚发送出去,如图4.156所示。

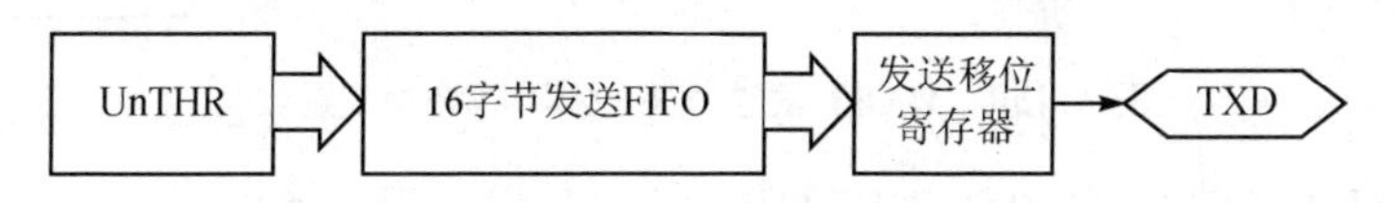

图 4.156 UART发送数据示意图

前面讲过,寄存器UnRBR与UnTHR是同一地址,但物理上是分开的,读操作时为UnRBR,而写操作时为UnTHR。

在寄存器UnLSR中,有2位可以用在UART发送过程中,UnLSR[5]和UnLSR[6]。

(1) UnLSR[5]——THRE

当UnTHR寄存器为空时,THRE置位。从前面的描述可知,当UnTHR寄存器变空时,UnTHR寄存器中的数据已经保存到了发送FIFO中,因此,移位寄存器此时正开始传输一个新的数据。当再次向UnTHR寄存器中写入数据时,THRE位会自动清零。

例如:发送FIFO和移位寄存器均为空,然后向UnTHR寄存器中写入数据0x19。那么,在发送起始位期间,THRE会置位,因为,UnTHR寄存器中的数据通

过发送FIFO传送到了移位寄存器中，UnTHR寄存器为空，如图4.157所示。

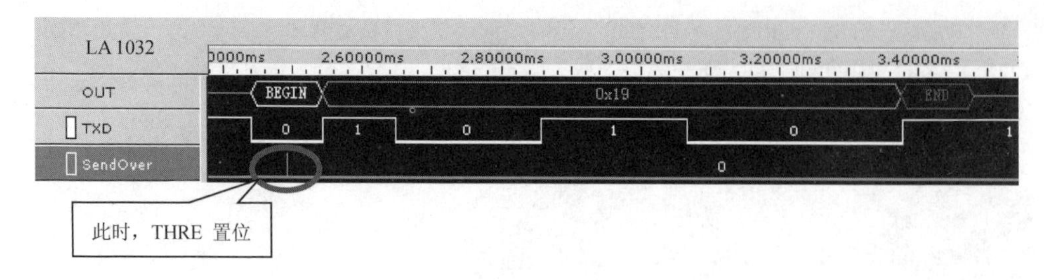

图4.157　UART发送数据过程中，THRE置位

(2) UnLSR[6]——TEMT

当UnTHR寄存器和移位寄存器都为空时，TEMT置位。由于所有发送的数据都是从移位寄存器中发送出去的，因此，当TEMT置位时，表示UART数据已经发送完毕，而且，此时发送FIFO也已经没有数据了。当再次向UnTHR寄存器中写入数据时，TEMT位会自动清零。还是以上面的例子为例，在发送停止位期间，TEMT会置位，如图4.158所示。

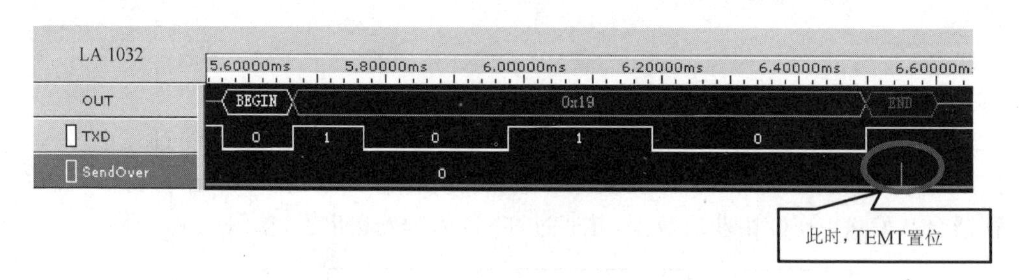

图4.158　UART发送数据过程中，TEMT置位

可见，只要TEMT位置位，则THRE位也一定会置位的。

对UART进行发送操作时，可以采用两种方式：中断方式和查询方式，详见表4.137。

表4.137　UART发送操作方式

操作方式	操作说明
中断方式	• 设置UART中断使能寄存器(UnIER)，使UnIER[1] = 1； • 开放系统中断。 当UnTHR寄存器为空时，便会触发中断
查询方式	通过查询寄存器UnLSR中的位UnLSR[5]或UnLSR[6]，均可以完成UART发送操作。但是，建议通过查询位UnLSR[6]——TEMT来完成UART发送操作

采用查询方式发送1字节数据，如程序清单4.40所示。

程序清单 4.40　UART0 查询方式发送数据

```
/*******************************************************************
** 函数名称：UART0_SendByte()
** 函数功能：向串口发送字节数据，并等待发送完毕
** 输　　入：data　要发送的数据
** 输　　出：无
*******************************************************************/
void　UART0_SendByte(uint8 data)
{
    U0THR = data;                          //发送数据
    while( (U0LSR&0x40)==0 );              //等待数据发送完毕
}
```

3. UART 接收数据

UART 接收数据示意图如图 4.159 所示。

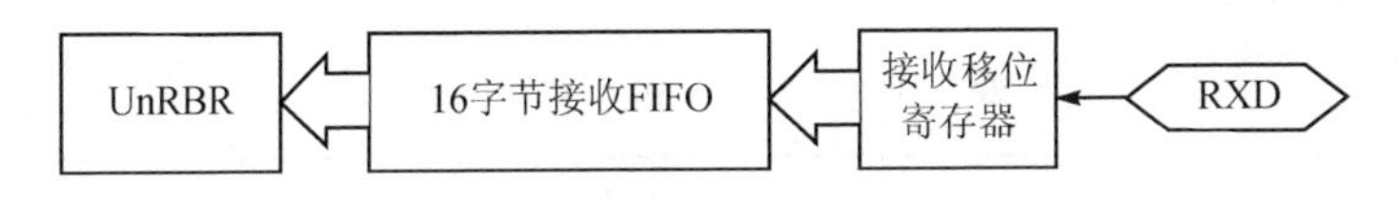

图 4.159　UART 接收数据示意图

前面讲过，寄存器 UnRBR 与 UnTHR 是同一地址，但物理上是分开的，读操作时为 UnRBR，而写操作时为 UnTHR。

LPC2000 系列 ARM 的 2 个 UART，各含有一个 16 字节的 FIFO，用来作为接收缓冲区，缓冲区中的数据只能够通过寄存器 UnRBR 来获取。UnRBR 是 UARTn 接收 FIFO 的最高字节，它包含了最早接收到的字符。每读取一次 UnRBR，接收 FIFO 便丢掉一个字符。

例如：UARTn 的接收 FIFO 为空，现在 UARTn 连续接收到 2 字节数据：DATA1 和 DATA2。先接收到数据 DATA1，后接收到数据 DATA2，如图 4.160 所示。

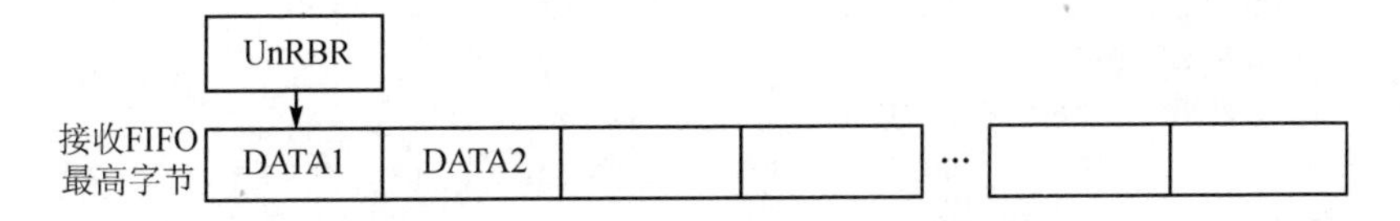

图 4.160　UARTn 接收到 2 字节数据：DATA1 和 DATA2

对 UnRBR 读取一次后，能够获得第一个字节数据——DATA1，此时，接收 FIFO 会将数据 DATA1 丢掉，如图 4.161 所示。

再次读取 UnRBR 后，能够获得数据——DATA2，此时，接收 FIFO 中便没有数

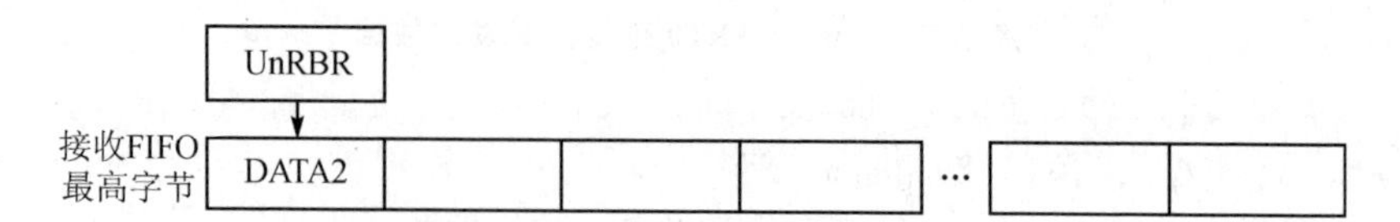

图4.161 读取一次UnRBR后

据了,即,接收FIFO为空;同样,UnRBR也为空,如图4.162所示。

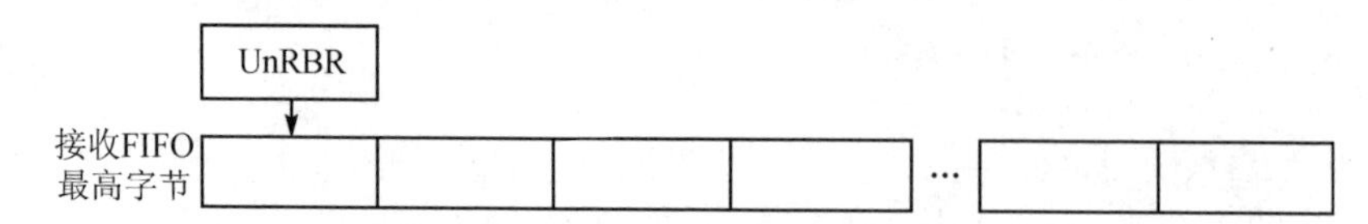

图4.162 再读取一次UnRBR后,接收FIFO变空

可见,只要接收FIFO中含有数据,则寄存器UnRBR便不会为空,就会包含有效数据,即,UnLSR[0] = 1。UART接收数据时,可使用查询方式,也可以使用中断方式,详见表4.138。

表4.138 UART接收操作方式

操作方式	操作说明
查询方式	通过查询寄存器UnLSR中的位UnLSR[0]实现。只要接收到数据,UnLSR[0]位就会置位
中断方式	• 设置UART中断使能寄存器(UnIER),使UnIER[0] = 1; • 开放系统中断。 如果接收FIFO中的数据达到UnLSR中设置的触发点时,便会触发中断——RDA; 如果接收了数据,但是接收的个数小于触发点个数,那么会发生字符超时中断——CTI

采用查询方式接收1字节数据,如程序清单4.41所示。

程序清单4.41 UART0查询方式接收数据

```
/****************************************************************
** 函数名称:UART0_RcvByte()
** 函数功能:从串口接收字节数据。使用查询方式
** 入口参数:无
** 出口参数:返回接收到的数据
****************************************************************/
uint8  UART0_RcvByte(void)
{  uint8  rcv_data;
   while((U0LSR&0x01) == 0);
   rcv_data = U0RBR;
   return(rcv_data);
}
```

使用中断方式接收数据时，如果发生 RDA 中断，则循环从 UnRBR 中读取数据即可。如果发生了字符超时中断——CTI，可以通过 UnLSR[0]来判断 FIFO 中是否含有有效数据，如图 4.163 所示。UART 中断方式接收数据的程序代码见程序清单 4.42。

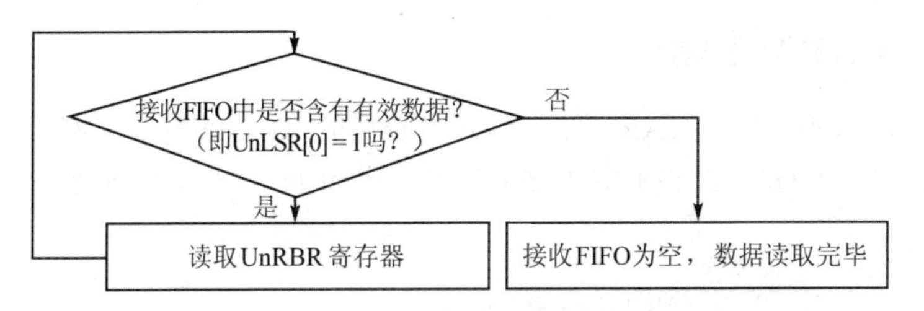

图 4.163　发生 CTI 中断后，读取数据的方法

程序清单 4.42　UART 中断方式接收数据

```
/**********************************************************
** 函数名称：UART_Exception()
** 函数功能：串口中断服务程序
**输    入：无
**输    出：无
**********************************************************/
void __irq UART_Exception(void)
{
    ⋮
    switch(U0IIR & 0x0f)
    {
        case 0x04 :                    //发生 RDA 中断
            //从接收 FIFO 中读取数据
            break;
        case 0x0c :                    //发生字符超时中断——CTI
            while((U0LSR & 0x01) == 1)
            {    //如果接收 FIFO 中含有有效数据，就读取 UnRBR 寄存器
                RcvData[i++] = U0RBR;
            }
            break;
        ⋮
        default :
            break;
    }
    VICVectAddr = 0;
}
```

综上所述，UARTn 的基本操作方法如下述。

➢ 设置 I/O 连接到 UART；

➢ 设置串口波特率(UnDLM和UnDLL);
➢ 设置串口工作模式(UnLCR和UnFCR);
➢ 发送或接收数据(UnTHR和UnRBR);
➢ 检查串口状态字或等待串口中断(UnLSR)。

4.14.6 UART中断

LPC2000系列ARM UART接口具有中断功能,而且由向量中断控制器(VIC)管理,UART0中断和UART1中断分别位于VIC中断通道6和通道7,如图4.164所示。

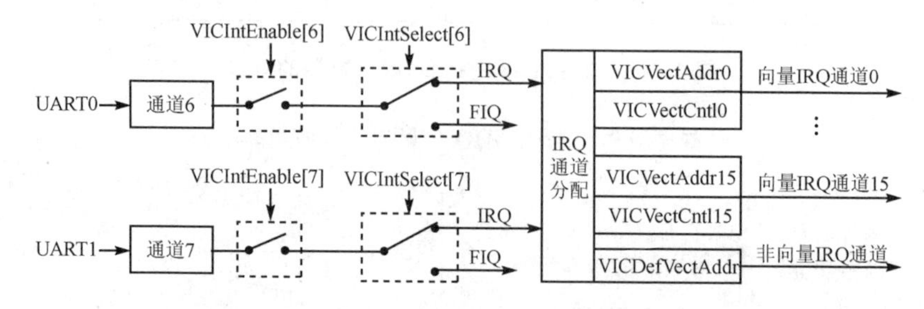

图4.164 UART与VIC的关系

UART0和UART1分别处于VIC的通道6和通道7,中断使能寄存器VICIntEnable用来控制VIC通道的中断使能。

➢ 当VICIntEnable[6] = 1时,通道6中断使能,即UART0中断使能;
➢ 当VICIntEnable[7] = 1时,通道7中断使能,即UART1中断使能。

中断选择寄存器VICIntSelect用来分配VIC通道的中断。当某一位为1时,对应的通道中断分配为FIQ;当某一位为0时,对应的通道中断分配为IRQ。VICIntSelect[6]和VICIntSelect[7]分别用来控制通道6和通道7,即:

➢ 当VICIntSelect[6] = 1时,UART0中断分配为FIQ中断;
➢ 当VICIntSelect[6] = 0时,UART0中断分配为IRQ中断;
➢ 当VICIntSelect[7] = 1时,UART1中断分配为FIQ中断;
➢ 当VICIntSelect[7] = 0时,UART1中断分配为IRQ中断。

当分配为IRQ时,还需要设置对应的通道控制寄存器和地址寄存器。有关寄存器VICVectCntl n和VICVectAddr n的说明,请参考4.9节。

LPC2000系列ARM UART中断主要分为4类:接收中断、发送中断、接收状态中断和Modem中断,如图4.165所示。其中,接收状态中断指接收过程中发生了错误,即接收错误中断。只有UART1接口具有Modem中断,UART0接口由于没有Modem功能,所以没有Modem中断。

1. 接收中断

对于UART接口来说,有两种情况可以触发UART接收中断:接收字节数达

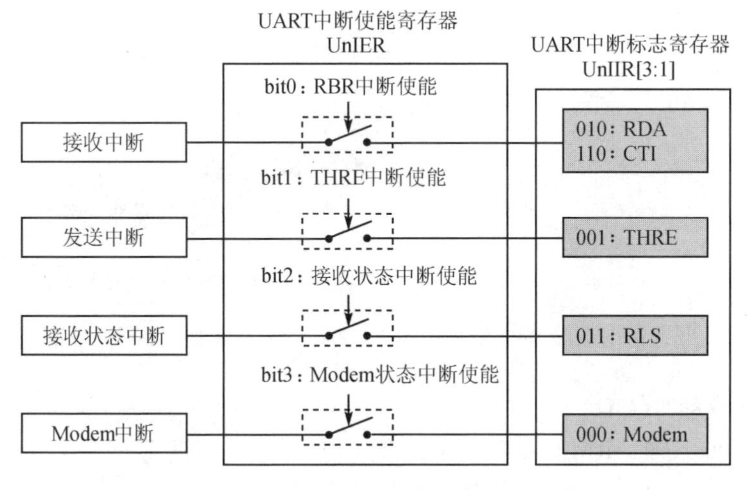

图 4.165 UART 中断示意图

到接收 FIFO 的触发点(RDA)和接收超时(CTI)。

(1) 接收字节数达到接收 FIFO 中的触发点(RDA)

LPC2000 系列 ARM UART 接口具有 16 字节的接收 FIFO,接收触发点可以设置为 1、4、8、14 字节,当接收到的字节数达到接收触发点时,便会触发中断。

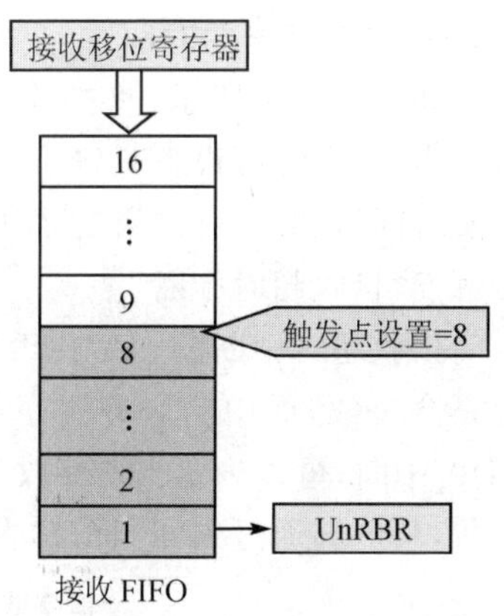

图 4.166 RDA 中断示意图

如图 4.166 所示,通过 UART FIFO 控制寄存器 UnFCR,将接收触发点设置为"8 字节触发",那么当 UART 接收 8 字节时,便会触发 RDA 中断(注：在接收中断使能的前提下)。

1) RDA 中断初始化

RDA 中断初始化函数需要设置 2 个寄存器：UART 中断使能寄存器 UnIER 和 UART FIFO 控制寄存器 UnFCR。其中,UART FIFO 控制寄存器 UnFCR 用来设置触发点。例如：将 UART0 接口设置为 8 字节触发,设置代码如程序清单 4.43 所示。

程序清单 4.43 8 字节接收中断设置代码

```
U0IER = 0x01;            //UART0 接收中断使能
U0FCR = 0x81;            //UART0 接收缓冲区的触发点为 8 字节
```

2) RDA 中断服务程序

如果 UART 接口触发 RDA 中断,那么中断服务程序只需要连续读取 UART 接收器缓存寄存器 UnRBR 即可。例如：已将 UART0 设置为 8 字节触发,那么 RDA

中断服务程序代码如程序清单 4.44 所示。

程序清单 4.44　8 字节 RDA 中断服务程序示例代码

```
switch(U0IIR & 0x0f)
{
    case 0x04：                          //发生 RDA 中断
        for(i = 0;i < 8;i++)             //连续读取 U0RBR 寄存器 8 次
        {
            RcvBuf[ i ] = U0RBR;         //将接收到的数据保存到接收缓冲区 RcvBuf 中
        }
}
```

(2) 接收超时(CTI)

LPC2000 系列 ARM 的接收 FIFO 有 2 种中断操作：一种是 RDA 触发中断，另外一种就是超时中断(CTI)。

当接收 FIFO 中的有效数据个数少于触发个数时(注：接收 FIFO 中至少有一个字节)，如果长时间没有数据到达，将触发 CTI 中断。这个时间为 3.5～4.5 个字符的时间。

如图 4.167 所示，将接收 FIFO 的触发点设置为 8 字节，而外部设备只发了 4 字节的数据，则经过一段时间后(3.5～4.5 个字符时间)，UART 接口便会触发“接收超时中断”。

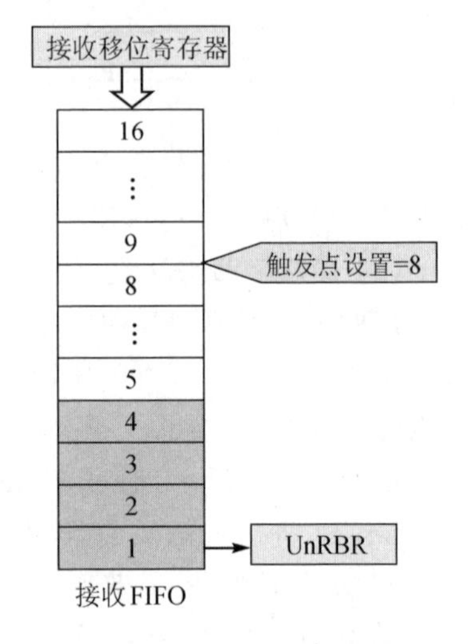

图 4.167　CTI 中断示意图

接收超时中断的初始化设置与 RDA 中断的设置完全一致，而中断服务程序却有一些区别：对于 RDA 中断，可以确定当前接收 FIFO 中的字符数，而 CTI 中断却不清楚当前的字符个数，只能够通过判断当前接收 FIFO 是否为空来实现，如程序清单 4.45 所示。

程序清单 4.45　CTI 中断服务程序示例

```
switch(U0IIR & 0x0f)
{
    case 0x0c：                          //发生超时中断——CTI
        while((U0LSR & 0x01) == 1)
        {       //如果接收 FIFO 中含有数据，就读取 UnRBR 寄存器
            RcvBuf[ i++ ] = U0RBR;       //将数据保存到接收缓冲区 RcvBuf 中
        }
        break;
    ⋮
}
```

2. 发送中断

LPC2000 系列 ARM UART 接口具有 16 字节的发送 FIFO，当发送 FIFO 由非空变为空时，便会触发“发送中断(THRE)”。

如图 4.168 所示，UART 发送数据时，首先都是将数据送入“发送 FIFO”。现在连续将 8 字节的数据送入“发送 FIFO”，当 FIFO 变为空时，会触发 THRE 中断。

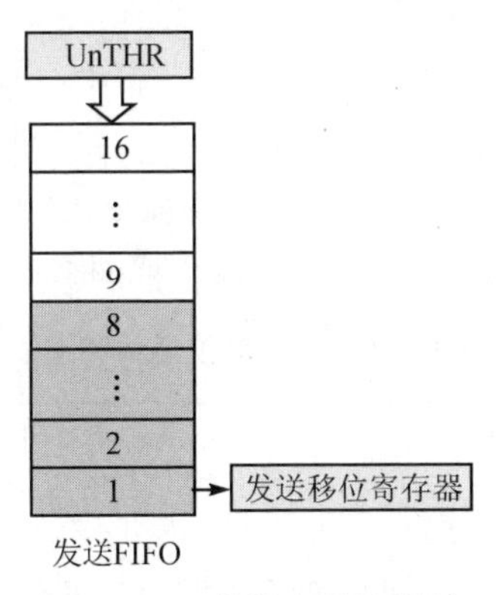

图 4.168　发送中断示意图

发生 THRE 中断后，读取 UART 中断标志寄存器(UnIIR)可以清除 THRE 中断标志位。此外，对 UART 发送器保持寄存器 UnTHR 执行写操作也可以清除 THRE 中断。

3. 接收状态中断

在 UART 接收数据时，如果出现溢出错误(OE)、奇偶错误(PE)、帧错误(FE)和间隔中断(BI)中的任意一个错误时，都会触发接收状态中断。具体的错误标志可以通过读取 UART 状态寄存器 UnLSR[4：1]得到。当读取 UnLSR 寄存器时，会清除该中断标志。

4. Modem 中断

UART1 接口具有 Modem 中断，当 Modem 输入引脚 DCD、DSR 或 CTS 上发生状态变化时，都会触发 Modem 中断。此外，Modem 输入引脚 RI 上低到高电平的跳变也会产生一个 Modem 中断。Modem 中断源可通过检查 U1MSR[3：0]得到，读取 U1MSR 可以清除 Modem 中断标志。

4.15　A/D 转换器

4.15.1　概　述

A/D 转换器特性：

- 10 位逐次逼近式 A/D 转换器；

- 4 个（LPC2114/2124）或 8 个（LPC2210/2220/2212/2214）引脚复用为 A/D 输入引脚；
- 测量范围 0～3.3 V；
- 10 位转换时间≥2.44 μs；
- 一路或多路输入的 Burst 转换模式；
- 转换触发信号可选择：输入引脚的跳变或定时器的匹配；
- 具有掉电模式。

A/D 转换器的基本时钟由 VPB 时钟提供，可编程分频器可将时钟调整至 4.5 MHz（逐步逼近转换的最大时钟），10 位精度要求的转换需要 11 个 A/D 转换时钟。

A/D 转换器引脚描述见表 4.139，A/D 转换器的参考电压来自 V_{3A} 和 V_{SSA} 引脚。

表 4.139　A/D 转换器引脚描述

A/D 引脚	CPU 引脚	类　型	引脚描述
AIN0	P0.27	输入	模拟输入：A/D 转换器可测量 8 个输入信号的电压（64 引脚封装的 LPC2100 系列 ARM 中模拟输入引脚只有 AIN3～AIN0）。 **注意：**① 这些模拟输入是一直连接到引脚上的，即使通过 PINSELn（*n* 为 1 或 2）寄存器将它们设定为其他功能引脚。通过将这些引脚设置为 GPIO 口输出来实现 A/D 转换器的简单自检 ② 对于 LPC2114/2124 来说，只有 AIN0～AIN3
AIN1	P0.28		
AIN2	P0.29		
AIN3	P0.30		
AIN4	P2.30		
AIN5	P2.31		
AIN6	P3.29		
AIN7	P3.28		
V_{3A}，V_{SSA}		电源	模拟电源和地：它们分别与标称为 V_3 和 V_{SSD} 的电压相同，但为了降低噪声和出错概率，两者应当隔离。转换器单元的 VrefP 和 VrefN 信号在内部与这两个电源信号相连

4.15.2　A/D 寄存器描述

A/D 转换器的基址是 0xE003 4000，A/D 转换器包含 2 个寄存器，见表 4.140。A/D 模块寄存器功能框图见图 4.169。

表 4.140　A/D 寄存器

名　称	描　述	访　问	复位值	地　址
ADCR	A/D 控制寄存器。A/D 转换开始前，必须写入 ADCR 寄存器来选择工作模式	R/W	0x0000 0001	0xE003 4000
ADDR	A/D 数据寄存器。该寄存器包含 ADC 的 DONE 标志位和 10 位的转换结果（当 DONE 位为 1 时，转换结果才是有效的）	R/W	NA	0xE003 4004

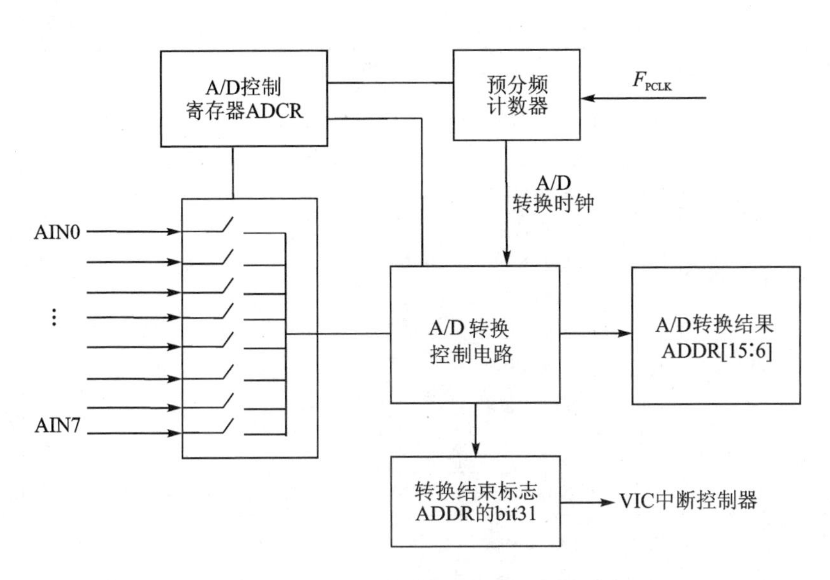

图 4.169　A/D 模块的寄存器功能框图

1. A/D 控制寄存器

A/D 控制寄存器(ADCR,0xE003 4000)描述见表 4.141。

表 4.141　A/D 控制寄存器

位	位名称	描　述	复位值
7：0	SEL	在 AIN3～AIN0(LPC2114/2124)或 AIN7～AIN0(LPC2212/2214)中选择采样引脚。SEL 段中的 bit0～bit7 分别对应 AIN0～AIN7 引脚，为 1 表示选中。在 64 引脚封装的 LPC2114/2124 中只有 bit3～bit0 可置位。 • 软件控制模式下，只有一位可被置位； • 硬件扫描模式下，SEL 可为 1～0xFF 中的任何一个值(在 64 引脚封装的 LPC2114/2124 中，SEL 从 1～0x0F 中取值)。SEL 为 0 时，等效于 0x01	0x01
15：8	CLKDIV	A/D 转换时钟是通过对 VPB 时钟进行分频得到的，A/D 转换时钟的最大值为 4.5 MHz，A/D 转换时钟 ＝ PCLK/(CLKDIV ＋ 1)	0
16	BURST	如果该位为 0，转换由软件控制，需要 11 个时钟方能完成。如果该位为 1，A/D 转换器以 CLKS 字段选择的速率重复执行转换，并从 SEL 字段中为 1 的位对应的引脚开始扫描。A/D 转换器启动后，首先采样的 AIN 通道是编号低的通道(由 SEL 选中)，然后是编号高的通道。例：SEL 选中了 AIN1、AIN3、AIN5，那么 A/D 转换器的采样顺序是：AIN1→AIN3→AIN5。 重复转换通过清零该位终止，但该位清零时并不会中止正在进行的转换	0

续表 4.141

位	位名称	描　述	复位值
19：17	CLKS	该字段用来选择 Burst 模式下每次转换使用的时钟数和 A/D 转换结果的有效位数。CLKS 可在 4～11 个时钟(3～10 位)之间选择： 000：11 个时钟，10 位； 001：10 个时钟，9 位； 010：9 个时钟，8 位； 011：8 个时钟，7 位； 100：7 个时钟，6 位； 101：6 个时钟，5 位； 110：5 个时钟，4 位； 111：4 个时钟，3 位	000
21	PDN	1：A/D 转换器处于正常工作模式；0：A/D 转换器处于掉电模式	0
23：22	TEST[1：0]	这些位用于器件测试。 00＝正常模式；01＝数字测试模式； 10＝DAC 测试模式；11＝一次转换测试模式	0
26：24	START	当 BURST 为 0 时，这些位控制 A/D 转换的启动时间： 000：不启动(PDN 清零时使用该值)； 001：立即启动转换； 010：当 ADCR 寄存器 bit27 选择的边沿出现在 P0.16/EINT0/ MAT0.2/CAP0.2 引脚时启动转换； 011：当 ADCR 寄存器 bit27 选择的边沿出现在 P0.22/CAP0.0/MAT0.0 引脚时启动转换； 100：当 ADCR 寄存器 bit27 选择的边沿在 MAT0.1 出现时启动转换； 101：当 ADCR 寄存器 bit27 选择的边沿在 MAT0.3 出现时启动转换； 110：当 ADCR 寄存器 bit27 选择的边沿在 MAT1.0 出现时启动转换； 111：当 ADCR 寄存器 bit27 选择的边沿在 MAT1.1 出现时启动转换。 **注意：** START 选择 100～111 时，MAT 信号不必输出到引脚上	000
27	EDGE	该位只有在 START 字段为 010～111 时有效 0：在所选 CAP/MAT 信号的下降沿启动转换 1：在所选 CAP/MAT 信号的上升沿启动转换	0

ADC 转换时钟分频值计算如下：

$$\mathrm{CLKDIV}=\frac{F_{\mathrm{PCLK}}}{F_{\mathrm{ADCLK}}}-1$$

其中：F_{ADCLK} 为所要设置的 ADC 时钟，其值不能大于 4.5 MHz。

如程序清单 4.46 所示，使用 AIN0 进行 10 位 ADC 转换的初始化程序，转换时钟频率设置为 1 MHz。

程序清单 4.46　AIN0 初始化示例

```
PINSEL1 = 0x00400000;                  //设置 P0.27 为 AIN0 功能
ADCR = (1<<0)                         | //SEL = 1,选择通道 0
       ((Fpclk / 1000000 - 1)<<8)     | //CLKDIV=FPCLK/1000000-1,即转换时钟频率
                                        //为 1 MHz
       (0<<16)                        | //BURST = 0,软件控制转换操作
       (0<<17)                        | //CLKS = 0,使用 11 CLOCK 转换
       (1<<21)                        | //PDN = 1,正常工作模式(非掉电转换模式)
       (0<<22)                        | //TEST[1:0]=00,正常工作模式(非测试模式)
       (1<<24)                        | //START = 1,直接启动 ADC 转换
       (0<<27);                         //EDGE=0(CAP/MAT 引脚下降沿触发 ADC
                                        //转换)
```

2. A/D 数据寄存器

A/D 数据寄存器(ADDR,0xE003 4004)描述见表 4.142,其中,ADDR[15:6]为 10 位 A/D 转换结果,bit15 为最高位。

表 4.142　A/D 数据寄存器

位	位名称	描　述	复位值
31	DONE	A/D 转换完成标志位,当 A/D 转换结束时该位置位。该位在 ADDR 被读出和 ADCR 被写入时清零。如果 ADCR 在转换过程中被写入,该位置位,并启动一次新的转换	0
30	OVERUN	Burst 模式下,如果有一个或多个转换结果被丢失和覆盖,该位置位。该位通过读 ADDR 寄存器清零	0
29:27	—	保留。用户不应将其置位,从这些位读出的结果没有意义	0
26:24	CHN	这些位包含的是 A/D 转换通道	X
23:16	—	保留。用户不应将其置位,从这些位读出的结果没有意义	0
15:6	RESULT	当 DONE 为 1 时,该字段包含一个二进制数,用来代表 SEL 字段选中的 Ain 引脚的电压。该字段根据 VddA 引脚上的电压对 Ain 引脚的电压进行划分。该字段为 0 表明 Ain 引脚的电压小于,等于或接近于 VssA;该字段为 0x3FF 表明 Ain 引脚的电压接近于,等于或大于 VddA	X
5:0	—	保留。用户不应将其置位,从这些位读出的结果没有意义	0

读取 A/D 结果时,要首先等待转换结束,然后再读取结果。由于 10 位二进制数位于 ADDR[15:6],因此,需要进行转换,如程序清单 4.47 所示。

程序清单4.47 读取A/D转换结果

```
uint32  ADC_Data;
while((ADDR & 0x80000000)==0);              //等待转换结束
ADC_Data = ADDR;
ADC_Data = (ADC_Data>>6) & 0x3ff;          //处理转换值
```

4.15.3 A/D的使用方法

1. 硬件触发转换

如果ADCR的BURST位为0且START字段的值包含在010～111之内，当所选引脚或定时器匹配信号发生跳变时，A/D转换器启动一次转换。

2. 时钟产生

用于产生A/D转换时钟的分频器在A/D转换器空闲时保持复位状态，在下面场合会立即启动采样时钟：

- 当ADCR的START字段被写入001；
- 所选引脚或匹配信号发生触发。

这个特性可以节省功率，尤其适用于A/D转换不频繁的场合。

3. 中 断

当DONE位为1时，将对向量中断控制器(VIC)发送中断请求。通过软件设置VIC中A/D转换器的中断使能位来控制是否产生中断。DONE在读ADDR操作时清零。

4. 精度和引脚设置

当A/D转换器用来测量Ain引脚的电压时，并不理会引脚在引脚选择寄存器中的设置，但是通过选择Ain功能(即禁止引脚的数字功能)，可以提高转换精度。如图4.170所示，以P0.27引脚为例，即使P0.27引脚设置为GPIO功能，P0.27引脚还是连接到模拟输入引脚AIN0上，但此时P0.27引脚是数字引脚。因此，输入到

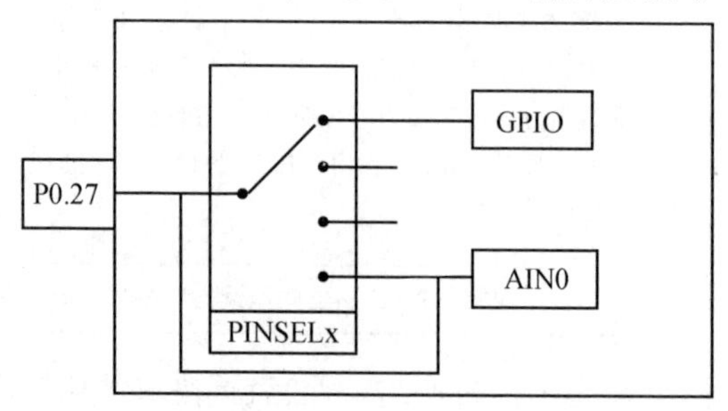

图4.170 AIN0引脚示意图

A/D 引脚的电压只有高、低电平，即 3.3 V 和 0 V。

5. ADC 使用方法

使用 ADC 模块时，先要将测量通道引脚设置为 AINx 功能，然后通过 ADCR 寄存器设置 ADC 的工作模式、ADC 转换通道、转换时钟（CLKDIV 时钟分频值），并启动 ADC 转换。可以通过查询或中断的方式等待 ADC 转换完毕，转换数据保存在 ADDR 寄存器中。

A/D 没有独立的的参考电压引脚，A/D 的参考电压与供电电压连接在一起即 3.3 V。假定从 ADDR 寄存器中读取到的 10 位 A/D 转换结果为 VALUE，则对应的实际电压为

$$U=\frac{\text{VALUE}}{1024}\times 3.3\ \text{V}$$

4.15.4　ADC 中断

ADC 中断与向量中断控制器（VIC）的关系如图 4.171 所示。

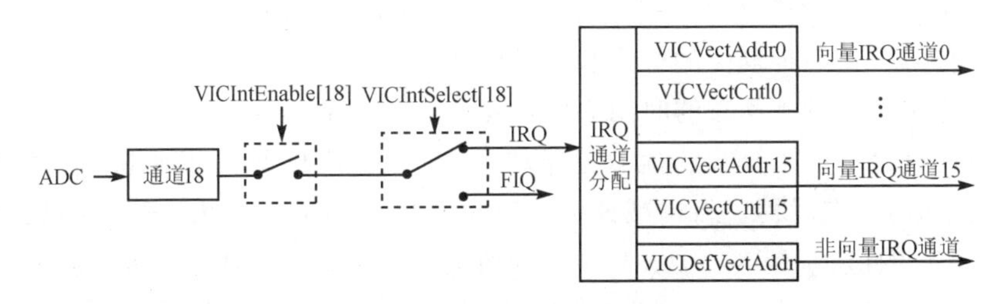

图 4.171　ADC 中断与 VIC 的关系

当 ADC 转换结束后会触发中断，ADC 处于 VIC 的通道 18，中断使能寄存器 VICIntEnable 用来控制 VIC 通道的中断使能。当 VICIntEnable[18] = 1 时，通道 18 中断使能，即：ADC 中断使能。

中断选择寄存器 VICIntSelect 用来分配 VIC 通道的中断。当某一位为 1 时，对应的通道中断分配为 FIQ；当某一位为 0 时，对应的通道中断分配为 IRQ。VICIntSelect[18]用来控制通道 18，即：

- 当 VICIntSelect[18] = 1 时，ADC 中断分配为 FIQ 中断；
- 当 VICIntSelect[18] = 0 时，ADC 中断分配为 IRQ 中断。

当分配为 IRQ 时，还需要设置对应的通道控制寄存器和地址寄存器。有关寄存器 VICVectCntl n 和 VICVectAddr n 的说明，请参考 4.9 节。

注意： A/D 转换器的中断部分与前面介绍的部件会有一些区别，A/D 转换器没有专门的中断使能位，这一点是和其他功能部件所不同的。

如图4.172所示,无论是通过软件还是硬件启动ADC,ADC转换结束以后,都会置位DONE位,此时ADC会向VIC发送中断有效信号。

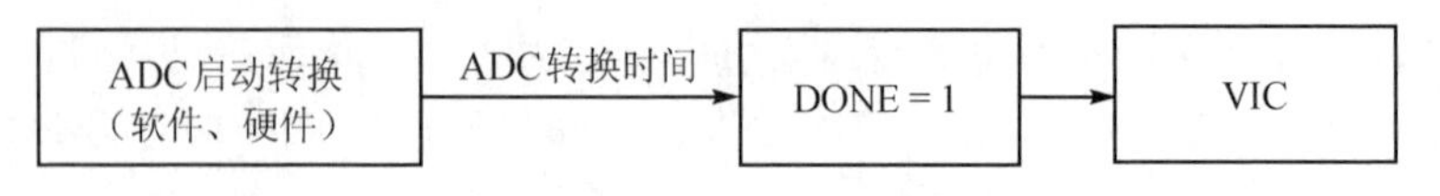

图4.172　ADC中断示意图

4.16　看门狗

4.16.1　概　述

看门狗特性:

- 带内部预分频器的可编程32位定时器;
- 如果没有周期性重装(即喂狗),则产生片内复位;
- 看门狗由软件使能,但只能由硬件复位或看门狗复位来禁止;
- 错误/不完整的喂狗时序会导致复位/中断(如果看门狗已经使能);
- 具有指示看门狗复位的标志和调试模式;
- 可选择$t_{PCLK}\times 4$倍数的时间周期:从$t_{PCLK}\times 256\times 4$到$t_{PCLK}\times 2^{32}\times 4$。

看门狗包含一个4分频的预分频器和一个32位计数器。时钟F_{PCLK}通过预分频器输入定时器,定时器进行递减计数。定时器递减的最小值为0xFF,如果设置一个小于0xFF的值,系统会将0xFF装入计数器。因此,看门狗定时间隔的最小值为$t_{PCLK}\times 256\times 4$,最大间隔为$t_{PCLK}\times 2^{32}\times 4$,两者都是$t_{PCLK}\times 4$的倍数。看门狗应当按照下面的方法来使用:

- 在WDTC寄存器中设置看门狗定时器的固定装载值;
- 在WDMOD寄存器中设置模式,并使能看门狗;
- 通过向WDFEED寄存器顺序写入0xAA和0x55,启动看门狗;
- 在看门狗向下溢出之前应当再次喂狗以防止复位或中断。

若看门狗设置为溢出复位模式,那么当看门狗计数器向下溢出时,会引发内部复位,程序计数器将从0x0000 0000开始,与外部复位一样。通过检查看门狗超时标志(WDTOF)可以判断系统复位是否由看门狗引发。WDTOF标志必须由软件清零。

看门狗结构方框图如图4.173所示。

仅仅在看门狗模式寄存器WDMOD中使能看门狗,看门狗不会运行,必须要执行一次正确的喂狗操作才可以。当计数器WDTV溢出时,看门狗可以向内核发出中断信号和复位信号。

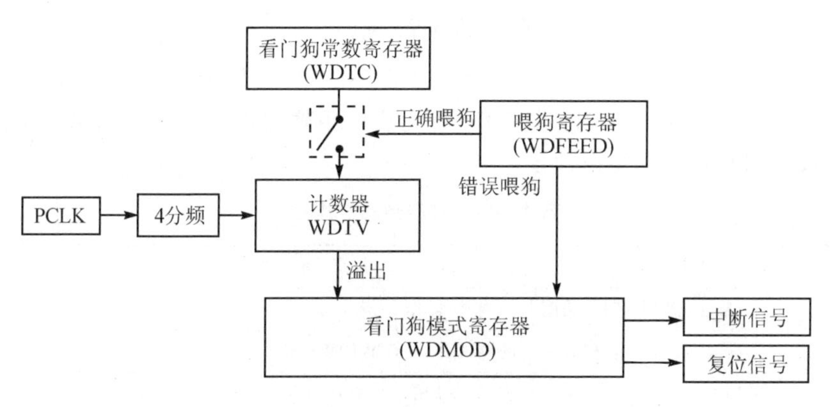

图 4.173　看门狗结构方框图

4.16.2　看门狗寄存器描述

看门狗包含 4 个寄存器,见表 4.143。

表 4.143　看门狗寄存器

名　称	描　述	访　问	复位值	地　址
WDMOD	看门狗模式寄存器。该寄存器包含看门狗定时器的基本模式和状态	R/W	0	0xE000 0000
WDTC	看门狗定时器常数寄存器。该寄存器决定超时值	R/W	0xFF	0xE000 0004
WDFEED	看门狗喂狗寄存器。向该寄存器顺序写入 AAh 和 55h 使看门狗定时器重新装入预设值(即 WDTC 的值)	WO	NA	0xE000 0008
WDTV	看门狗定时器值寄存器。该寄存器读出看门狗定时器的当前值	RO	0xFF	0xE000 000C

1. 看门狗模式寄存器

看门狗模式寄存器(WDMOD,0xE000 0000)描述见表 4.144。

表 4.144　看门狗模式寄存器

位	位名称	描　述	复位值
0	WDEN	看门狗中断使能位(只能置位)	0
1	WDRESET	看门狗复位使能位(只能置位)	0
2	WDTOF	看门狗超时标志	0(外部复位)
3	WDINT	看门狗中断标志(只读)	0
7∶4	—	保留,用户软件不要向其写入 1。从保留位读出的值未定义	NA

操作示例:

```
WDMOD = 0x02;      //看门狗溢出时,产生复位
```

看门狗的操作是通过 WDEN 位和 WDRESET 位来控制的,如表 4.145 所列。

一旦 WDEN、WDRESET 位置位,就无法使用软件将其清零。这两个标志由外部复位或看门狗定时器溢出清零。

表 4.145 看门狗的操作控制

WDEN	WDRESET	操 作
0	X	看门狗关闭时的调试/操作
1	0	带看门狗中断的调试,但没有 WDRESET
1	1	带看门狗中断和 WDRESET 的操作

注:没有只复位无中断的组合。

注意:将 WDEN 设置为 1 只是使能 WDT,但没有启动 WDT,当第一次喂狗操作时才启动 WDT。

WDTOF 若看门狗发生超时,看门狗超时标志置位。该标志由软件清零。

WDINT 若看门狗发生超时,看门狗中断标志置位。任何复位都会使该位清零,无法使用软件将其清零。由于看门狗的中断标志位不能够通过软件清零,因此,发生看门狗中断时,只能够通过禁止看门狗中断的方式返回,如程序清单 4.48 所示。

程序清单 4.48 看门狗中断返回

```
VICIntEnClr = 0x01;      //看门狗溢出中断只能通过禁止看门狗中断的方式返回
VICVectAddr = 0x00;      //通知 VIC 中断结束
```

2. 看门狗定时器常数寄存器

看门狗定时器常数寄存器(WDTC,OxE000 0004)决定看门狗超时值,见表 4.146。当喂狗时序产生时,WDTC 的内容重新装入看门狗定时器。它是一个 32 位寄存器,最小值为 0xFF,若写入一个小于 0xFF 的值,会使 0xFF 装入 WDTC。因此,WDT 的最小时间间隔为 $t_{PCLK} \times 256 \times 4$,最大时间间隔为 $t_{PCLK} \times 2^{32} \times 4$。看门狗定时器常数寄存器描述见表 4.146。WDT 初始化,如程序清单 4.49 所示。

表 4.146 看门狗定时器常数寄存器

位	功 能	描 述	复位值
31:0	计数值	看门狗超时间隔	0xFF

程序清单 4.49 WDT 初始化

```
WDTC = 0x10000;          //设置 WDT 定时值
WDMOD = 0x03;            //设置 WDT 工作模式,使能 WDT
```

3. 看门狗喂狗寄存器

向看门狗喂狗寄存器(WDFEED,0xE000 0008)写入 0xAA,然后写入 0x55,这样会使 WDTC 的值重新装入看门狗定时器,看门狗喂狗寄存器描述见表 4.147。如果看门狗通过 WDMOD 寄存器使能,该操作还将启动看门狗运行。在看门狗溢出之前,必须完成一次正确的喂狗时序。向 WDFEED 寄存器写入 0xAA,然后向 WDFEED 寄存器写入 0x55,如程序清单 4.50 所示。不正确喂狗时序之后的第二个 PCLK 周期,看门狗复位/中断被触发。

表 4.147 看门狗喂狗寄存器

位	功 能	描 述	复位值
7:0	喂狗	喂狗值应当为 0xAA,然后是 0x55	未定义

程序清单 4.50 WDT 喂狗操作

```
WDFFED = 0xAA;
WDFFED = 0x55;
```

4. 看门狗定时器值寄存器

看门狗定时器值寄存器(WDTV,0xE000 000C)用于读取看门狗定时器的当前值,见表 4.148。

表 4.148 看门狗定时器值寄存器

位	功 能	描 述	复位值
31:0	计数	当前定时器值	0xFF

4.16.3 WDT 使用方法

LPC2114/2124/2210/2220/2212/2214 的 WDT 定时器为递减计数,当下溢时将会产生中断或复位。定时器的最小装载值为 0xFF,即最小的 WDT 时间为 $t_{PCLK} \times 256 \times 4$。WDT 的时钟源是由系统时钟 PCLK 提供,它不具备独立看门狗时钟振荡器,在掉电模式下 WDT 也是停止的,所以不能用它来唤醒掉电的 CPU。WDT 溢出时间计算公式如下:

$$溢出时间 = (N+1) \times t_{PCLK} \times 4$$

其中,N 为 WDTC 的设置值。

WDT 基本操作方法:

- 设置看门狗定时器重装值 ——WDTC;
- 设置看门狗的工作模式——中断、中断且复位;
- 周期性喂狗,调用函数——WDFEED。

看门狗初始化时,使用最多的是溢出中断且复位,如程序清单4.51所示。

程序清单4.51　看门狗初始化函数

```
/*****************************************************************
** 函数名称: voidWDT_Init(uint32 time)
** 功能描述: 对WDT进行初始化
** 入口参数: time　超时时间,该值直接写入到WDTC中
** 出口参数: 无
*****************************************************************/
voidWDT_Init(uint32 time)
{
    WDTC = time;            //设置看门狗的溢出时间
    WDMOD = 0x03;           //看门狗定时器溢出后,中断且复位
    WDFEED = 0xaa;          //执行喂狗序列
    WDFEED = 0x55;
}
```

在实际的应用中,我们将喂狗序列做成一个专门的函数——FeedDog,在执行喂狗序列时,不能被中断事件打断,因此,需要首先将系统中断全部关闭,执行完喂狗序列后,再开放系统中断,如程序清单4.52所示。

程序清单4.52　看门狗喂狗时序


```
/*****************************************************************
** 函数名称: void FeedDog(void)
** 功能描述: 对WDT进行初始化
** 入口参数: time　超时时间,该值直接写入到WDTC中
** 出口参数: 无
*****************************************************************/
void FeedDog(void)
{
    IRQDisable();           //禁止中断
    WDFEED = 0xaa;          //执行喂狗序列
    WDFEED = 0x55;
    IRQEnable();            //重新使能中断
}
```

示例程序:系统复位后,首先会控制蜂鸣器鸣叫1声,然后初始化看门狗。系统会周期性喂狗,如果按键KEY按下后,停止喂狗,经过6 s后,系统复位,再次控制蜂鸣器鸣叫1声。按键与蜂鸣器连接示意图如图4.174所示,看门狗演示程序代码如程序清单4.53所示。

程序清单4.53　看门狗演示程序

```
#define    KEY     (1<<20)    //按键为P0.20
#define    BEEP    (1<<7)     //蜂鸣器控制引脚,低电平鸣叫
```

```
/*********************************************************************
** 函数名称：main
** 函数功能：看门狗演示程序,按下按键 KEY 时,程序停止喂狗,引发系统复位
** 入口参数：无
** 出口参数：无
*********************************************************************/
int main (void)
{
    uint32   dly;
    PINSEL0 = 0x00;
    PINSEL1= 0x00;
    IO0DIR = BEEP;
    IOCLR = BEEP;                          //复位后,蜂鸣器鸣叫 1 声
    for(dly = 0;dly < 5000;dly++);
    IO0SET = BEEP;
    WDT_Init(0x1000000);                   //初始化看门狗定时器,溢出产生复位
    while(1)
    {
        while((IO0PIN & KEY) == 0);        //按键 KEY 按下时,停止喂狗
        for(dly = 0;dly < 100;dly++);
        FeedDog();
    }
    return 0;
}
```


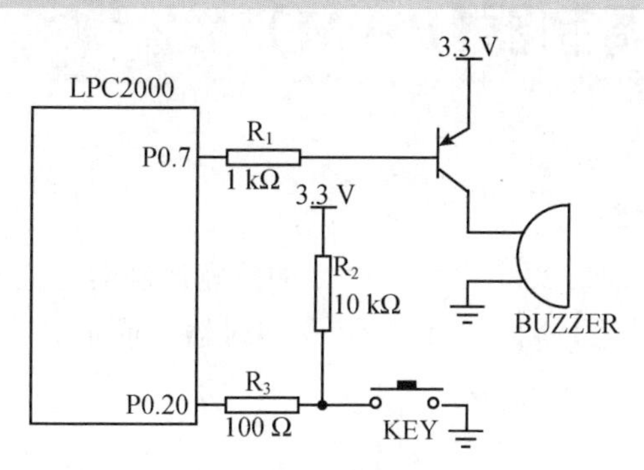

图 4.174　按键与蜂鸣器连接示意图

4.16.4　WDT 中断

从前面的描述可以看出,只要启动 WDT,那么 WDT 就不能停止,而且,WDT 溢出后便会触发中断,WDT 中断与向量中断控制器(VIC)的关系如图 4.175 所示。

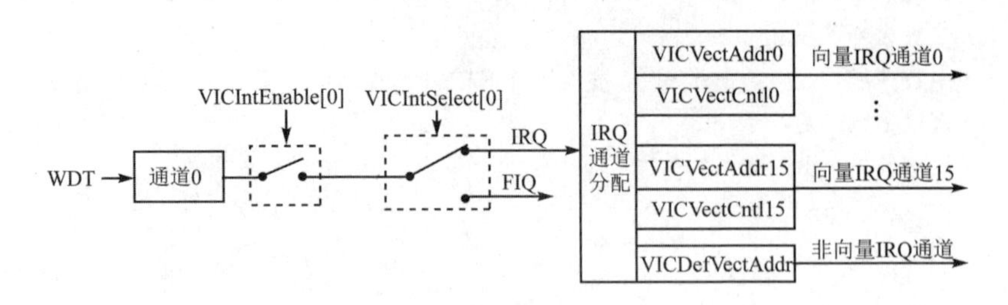

图 4.175 WDT 中断与 VIC 的关系

WDT 处于 VIC 的通道 0,中断使能寄存器 VICIntEnable 用来控制 VIC 通道的中断使能。当 VICIntEnable[0] = 1 时,通道 0 中断使能,即:WDT 中断使能。

中断选择寄存器 VICIntSelect 用来分配 VIC 通道的中断。当某一位为 1 时,对应的通道中断分配为 FIQ;当某一位为 0 时,对应的通道中断分配为 IRQ。VICIntSelect[0]用来控制通道 0,即:当 VICIntSelect[0] = 1 时,WDT 中断分配为 FIQ 中断;当 VICIntSelect[0] = 0 时,WDT 中断分配为 IRQ 中断。

当分配为 IRQ 时,还需要设置对应的通道控制寄存器和地址寄存器。有关寄存器 VICVectCntl n 和 VICVectAddr n 的说明,请参考 4.9 节。

此外,还需要说明一点:WDT 的中断标志位无法通过软件清零,只能通过硬件复位清零。因此,当发生 WDT 中断时,只能通过禁止 WDT 中断的方式返回,即,VICIntEnable[0] = 0。

4.17 脉宽调制器(PWM)

4.17.1 概 述

LPC2114/2124/2210/2220/2212/2214 的脉宽调制器建立在 PWM 专用的标准定时器之上(此定时器是 PWM 专用的,不是定时器 0 或定时器 1),通过匹配功能及一些控制电路来实现 PWM 输出。

PWM 的特性:

- 带可编程 32 位预分频器的 32 位定时器/计数器。
- 7 个匹配寄存器,可实现 6 个单边沿控制 PWM 输出和 3 个双边沿控制 PWM 输出这两种类型的混合输出发生匹配事件时,可选择的操作:匹配时复位定时器,可选择产生中断;匹配时停止定时器,可选择产生中断;匹配时定时器继续运行,可选择产生中断。
- 支持单边沿控制和双边沿控制的 PWM 输出。单边沿控制 PWM 输出在每个周期开始时总是为高电平,如图 4.176 所示(其中 t 表示一个 PWM 周期)。

双边沿控制PWM输出可在一个周期内的任何位置产生边沿，这样就可以产生正脉冲或负脉冲，如图4.177所示。

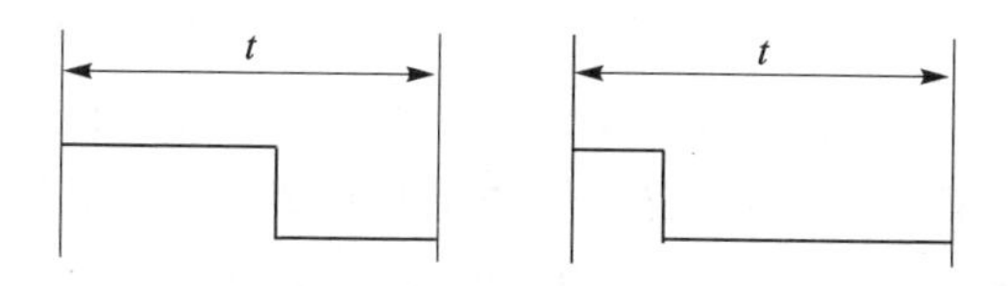

图4.176　不同占空比的单边沿控制PWM输出

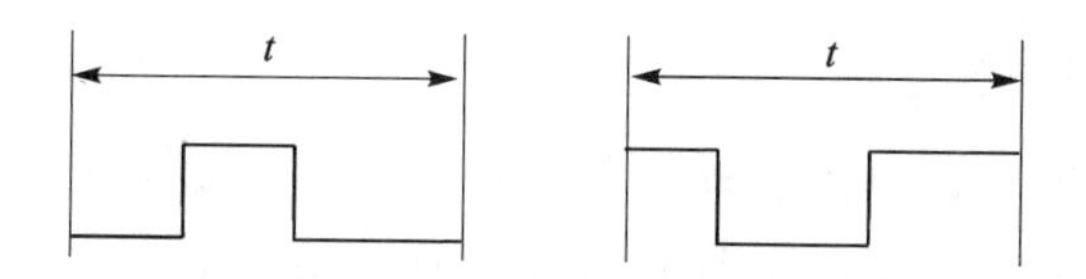

图4.177　双边沿控制PWM输出的正负脉冲

- 脉冲周期和宽度可以是任何的定时器计数值，这样可实现灵活的分辨率和重复速率的设定，所有PWM输出都以相同的速率发生。
- 匹配寄存器更新与脉冲输出同步，防止产生错误的脉冲，软件必须在新的匹配值生效之前设置好这些寄存器。
- 如果不使能PWM模式，PWM定时器可作为一个标准定时器使用。

表4.149汇总了所有与PWM相关的引脚。

表4.149　PWM引脚汇总

PWM引脚	CPU引脚	方　向	描　述	PWM引脚	CPU引脚	方　向	描　述
PWM1	P0.0	输出	PWM通道1输出	PWM4	P0.8	输出	PWM通道4输出
PWM2	P0.7	输出	PWM通道2输出	PWM5	P0.21	输出	PWM通道5输出
PWM3	P0.1	输出	PWM通道3输出	PWM6	P0.9	输出	PWM通道6输出

PWM基于标准的定时器模块，并具有其所有特性，不过，LPC2114/2124/2210/2220/2212 /2214只将其PWM功能输出到引脚。定时器对外设时钟（PCLK）进行计数，PWM模块中含有7个匹配寄存器，在到达指定的定时值时可选择产生中断或执行其他动作。PWM功能是一个附加特性，建立在匹配寄存器事件基础之上。

① 单边沿控制PWM描述。2个匹配寄存器可用于提供单边沿控制的PWM输出。一个匹配寄存器（PWMMR0）通过匹配时复位定时器来控制PWM周期，另一个匹配寄存器控制PWM边沿的位置。每增加1路单边沿PWM输出，只需要再提供一个匹配寄存器即可，因为所有PWM输出的速率都是相同的，都是使用匹配寄存器0来控制的。单边沿控制PWM输出在每个PWM周期的开始，输出都会变为高电平。

② 双边沿控制PWM描述。3个匹配寄存器可用于提供一个双边沿控制PWM输出。即，PWMMR0匹配寄存器控制PWM周期，其他匹配寄存器控制2个PWM

边沿的位置。每增加 1 路双边沿 PWM 输出，只需要再提供 2 个匹配寄存器即可，因为所有 PWM 输出的速率都是相同的，都是使用匹配寄存器 0 来控制的。

使用双边沿控制 PWM 输出时，输出的上升沿和下降沿的位置由指定寄存器控制。这样就产生了正脉冲（当上升沿先于下降沿时）和负脉冲（当下降沿先于上升沿时）。独立控制上升沿和下降沿位置的能力使 PWM 可以应用于更多的领域。例如，多相位电机控制通常需要 3 个非重叠的 PWM 输出，而这 3 个输出的脉宽和位置需要独立进行控制。

4.17.2　PWM 结构

图 4.178 所示为 PWM 的方框图。在时钟源的处理部分，与标准定时器相似。在匹配部分与标准定时器有所不同，控制寄存器 PCR 决定 PWMn(n=1～6)引脚的输出类型：单边沿或双边沿。

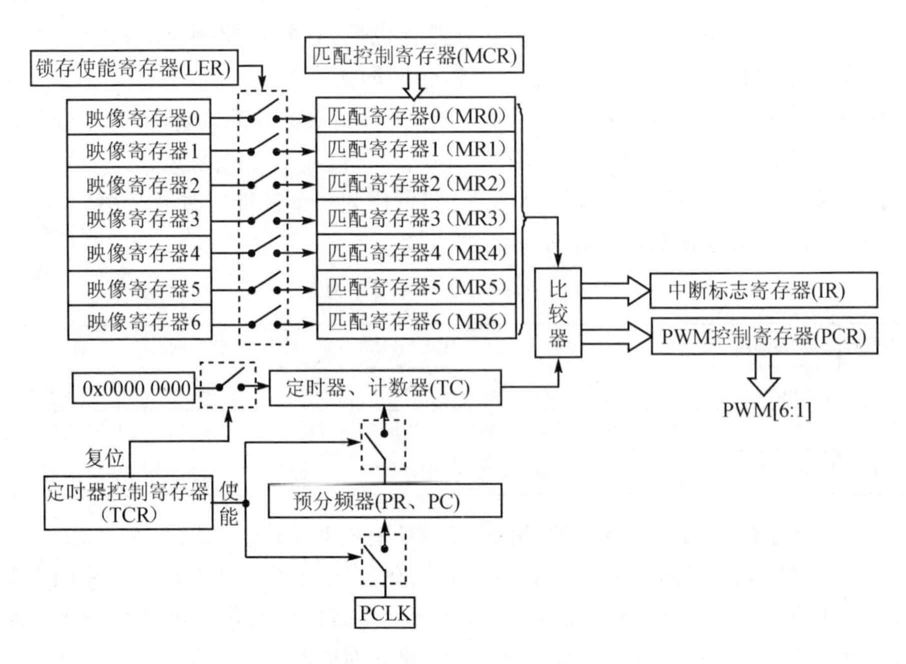

图 4.178　PWM 方框图

图 4.179 所示为一个用来说明 PWM 值与波形输出之间关系的例子。表 4.150 所列为不同 PWM 输出的匹配寄存器选项，表中的“置位”表示输出高电平，而“复位”表示输出低电平。LPC2000 系列微控制器支持 $N-1$ 个单边沿 PWM 输出，或 $(N-1)/2$ 个双边沿 PWM 输出，其中 N 为匹配寄存器的个数，最大值为 7。对于 LPC2114/2124/2210/2220/2212/2214，既可以输出 6 路单边沿 PWM 波形，也可以输出 3 路双边沿 PWM 波形。

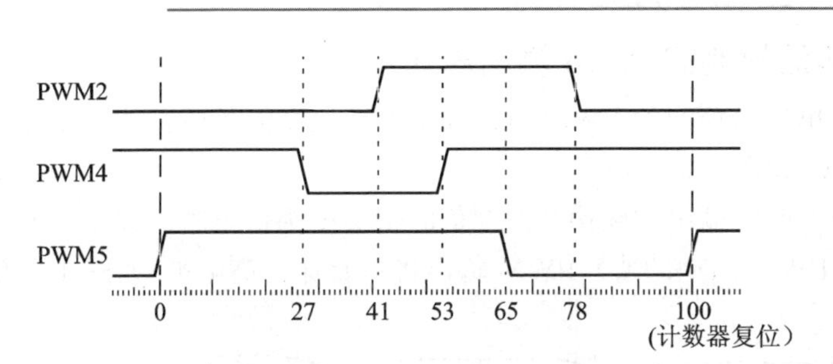

图 4.179　PWM 波形举例

表 4.150　PWM 触发器的置位和复位输入

PWM 通道	单边沿 PWM(PWMSELn=0)		双边沿 PWM(PWMSELn=1)	
	置位	复位	置位	复位
1	匹配 0	匹配 1	匹配 0①	匹配 1①
2	匹配 0	匹配 2	匹配 1	匹配 2
3	匹配 0	匹配 3	匹配 2②	匹配 3②
4	匹配 0	匹配 4	匹配 3	匹配 4
5	匹配 0	匹配 5	匹配 4②	匹配 5②
6	匹配 0	匹配 6	匹配 5	匹配 6

① 这种情况下与单边沿模式相同,因为匹配 0 是相邻的匹配寄存器。PWM1 不能实现双边沿输出。

② 通常不建议使用 PWM 通道 3 和通道 5 作为双边沿 PWM 输出,因为这样会减少可用的双边沿 PWM 的个数。使用 PWM2、PWM4 和 PWM6 可得到最多个数的双边沿 PWM 输出。

图 4.179 所示的波形是单个 PWM 周期,它演示了在下列条件下的 PWM 输出:

- 定时器配置为 PWM 模式。
- 匹配寄存器 0 配置为在发生匹配事件时复位定时器。
- 控制位 PWMSEL2 和 PWMSEL4 置位。
- 匹配寄存器值如下:

MR0=100　　　　　　　(PWM 速率)

MR1=41,MR2=78　　　(PWM2 输出,双边沿输出)

MR3=53,MR4=27　　　(PWM4 输出,双边沿输出)

MR5=65　　　　　　　(PWM5 输出,单边沿输出)

以 PWM2 为例,如果将 PWM2 设置为单边沿 PWM 输出,当 PWM 定时器与匹配寄存器 0 匹配时,PWM2 输出高电平;当 PWM 定时器与匹配寄存器 2 匹配时,PWM2 输出低电平。

如果将 PWM2 设置为双边沿 PWM 输出,当 PWM 定时器与匹配寄存器 1 匹配时,PWM2 输出高电平;当 PWM 定时器与匹配寄存器 2 匹配时,PWM2 输出低电平。

1. 单边沿控制的PWM输出规则

① 所有单边沿控制的PWM输出在PWM周期开始时都为高电平,除非它们的匹配值等于0,如图4.180所示。

② 每个PWM输出在到达其匹配值时都会变为低电平。如果没有发生匹配(即匹配值大于PWM周期的值),PWM输出将一直保持高电平,如图4.180所示。

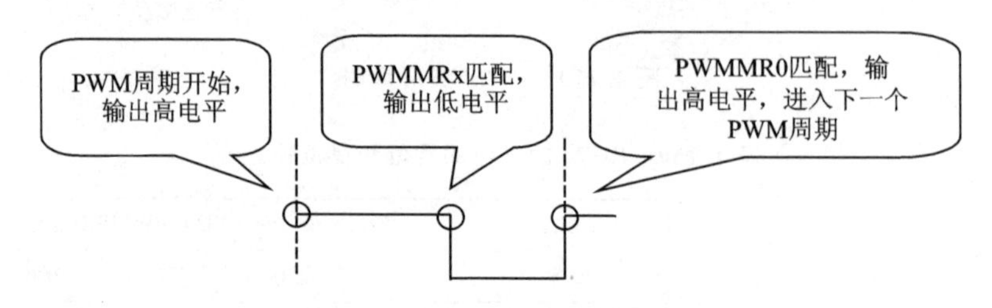

图4.180 单边沿控制PWM规则示意图

2. 双边沿控制的PWM输出规则

当一个新的周期将要开始时,使用以下5个规则来决定下一个PWM输出的值:

① 在一个PWM周期中更改匹配寄存器的值,匹配值不会直接写入到对应的匹配寄存器中,而是写入到一个映像寄存器中,在下一个PWM周期开始时,映像寄存器中的匹配值会更新到对应的匹配寄存器中,如图4.181所示。另外见第③点规则。

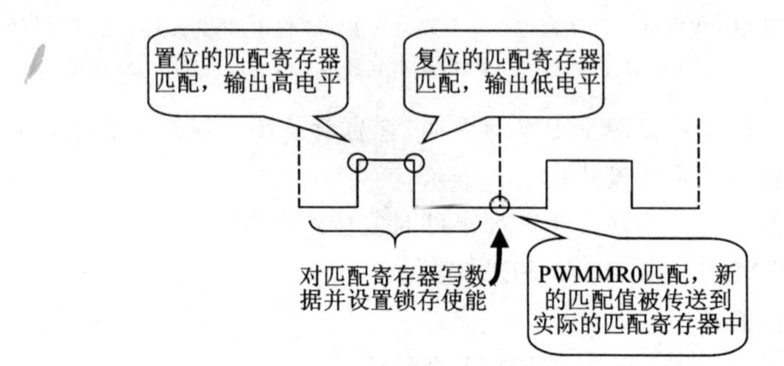

图4.181 双边沿控制PWM规则示意图

② 匹配寄存器的匹配值等于0与等于PWM周期是等效的。例如,在PWM周期开始时的下降沿请求与PWM周期结束时的下降沿请求等效。另外见第③点规则。

③ 在修改匹配值时,如果原匹配值中有一个等于PWM周期的值且不等于0,而且新的匹配值不等于0或PWM周期,那么这个"旧"的匹配值将再被使用1次。

④ 如果同时请求PWM输出置位和清零,则清零优先。当出现下面状况时,会采用这种操作方式。

➢ 置位匹配值 =清零匹配值;

➤ 置位匹配值 = PWM周期值,清零匹配值 = 0;

➤ 置位匹配值 = 0,清零匹配值 = PWM周期值。

⑤ 如果匹配值超出范围(大于PWM周期值),将不会发生匹配事件,匹配通道对输出不起作用。即PWM输出将一直保持一种状态,可为低电平、高电平或保持输出“无变化”。

4.17.3 PWM寄存器描述

PWM模块包含的寄存器见表4.151。

表4.151 PWM寄存器映射

名 称	描 述	访 问	复位值	地 址
PWMIR	PWM中断寄存器:可以写IR来清除中断,可读取IR来识别哪个中断源被挂起	R/W	0	0xE001 4000
PWMTCR	PWM定时器控制寄存器:TCR用于控制定时器/计数器功能,定时器/计数器可通过TCR禁止或复位	R/W	0	0xE001 4004
PWMTC	PWM定时器计数器:32位TC每经过PR+1个PCLK周期加1,TC通过TCR进行控制	R/W	0	0xE001 4008
PWMPR	PWM预分频寄存器:TC每经过PR+1个PCLK周期加1	R/W	0	0xE001 400C
PWMPC	PWM预分频计数器:每当32位PC的值增加到等于PR中保存的值时,TC加1	R/W	0	0xE001 4010
PWMMCR	PWM匹配控制寄存器:MCR用于控制当匹配时是否产生中断或复位TC	R/W	0	0xE001 4014
PWMMR0	PWM匹配寄存器0:MR0可通过MCR设定为当匹配时复位TC,停止TC和PC或产生中断。此外,MR0和TC的匹配将置位所有单边沿模式的PWM输出,并置位双边沿模式下的PWM1输出	R/W	0	0xE001 4018
PWMMR1	PWM匹配寄存器1:MR1可通过MCR设定为当匹配时复位TC,停止TC和PC或产生中断。此外,MR1和TC的匹配将清零单边沿模式或双边沿模式下的PWM1,并置位双边沿模式下的PWM2输出	R/W	0	0xE001 401C
PWMMR2	PWM匹配寄存器2:MR2可通过MCR设定为当匹配时复位TC,停止TC和PC或产生中断。此外,MR2和TC的匹配将清零单边沿模式或双边沿模式下的PWM2,并置位双边沿模式下的PWM3输出	R/W	0	0xE001 4020

续表 4.151

名　称	描　述	访　问	复位值	地　址
PWMMR3	PWM 匹配寄存器 3：MR3 可通过 MCR 设定为当匹配时复位 TC，停止 TC 和 PC 或产生中断。此外，MR3 和 TC 的匹配将清零单边沿模式或双边沿模式下的 PWM3，并置位双边沿模式下的 PWM4 输出	R/W	0	0xE001 4024
PWMMR4	PWM 匹配寄存器 4：MR4 可通过 MCR 设定为当匹配时复位 TC，停止 TC 和 PC 或产生中断。此外，MR4 和 TC 的匹配将清零单边沿模式或双边沿模式下的 PWM4，并置位双边沿模式下的 PWM5 输出	R/W	0	0xE001 4040
PWMMR5	PWM 匹配寄存器 5：MR5 可通过 MCR 设定为当匹配时复位 TC，停止 TC 和 PC 或产生中断。此外，MR5 和 TC 的匹配将清零单边沿模式或双边沿模式下的 PWM5，并置位双边沿模式下的 PWM6 输出	R/W	0	0xE001 4044
PWMMR6	PWM 匹配寄存器 6：MR6 可通过 MCR 设定为当匹配时复位 TC，停止 TC 和 PC 或产生中断。此外，MR6 和 TC 的匹配将清零单边沿模式或双边沿模式下的 PWM6	R/W	0	0xE001 4048
PWMPCR	PWM 控制寄存器：使能 PWM 输出并选择 PWM 通道类型为单边沿或双边沿控制	R/W	0	0xE001 404C
PWMLER	PWM 锁存使能寄存器：使能使用新的 PWM 匹配值	R/W	0	0xE001 4050

1. PWM 中断寄存器

PWM 中断寄存器(PWMIR，0xE001 4000)包含 11 位(见表 4.152)，其中 7 位用于匹配中断。如果有中断产生，PWMIR 中的对应位会置位，否则为 0。向对应的 IR 位写入 1 会复位中断，写入 0 则无效。

表 4.152　PWM 中断寄存器

位	功　能	描　述	复位值
0	PWMMR0 中断	PWM 匹配通道 0 的中断标志	0
1	PWMMR1 中断	PWM 匹配通道 1 的中断标志	0
2	PWMMR2 中断	PWM 匹配通道 2 的中断标志	0
3	PWMMR3 中断	PWM 匹配通道 3 的中断标志	0
4：7	保留	应用程序不能向该位写入 1	0
8	PWMMR4 中断	PWM 匹配通道 4 的中断标志	0
9	PWMMR5 中断	PWM 匹配通道 5 的中断标志	0
10	PWMMR6 中断	PWM 匹配通道 6 的中断标志	0

操作示例：

```
PWMIR= 0x01;          //清除 PWM 通道 1 的中断标志
```

2. PWM定时器控制寄存器

PWM定时器控制寄存器(PWMTCR,0xE001 4004)用于控制PWM定时器计数器的操作,每个位的功能见表4.153。

表4.153　PWM定时器控制寄存器

位	功　能	描　述	复位值
0	计数器使能	为1时,PWM定时器计数器和PWM预分频计数器使能计数;为0时,计数器禁止	0
1	计数器复位	为1时,PWM定时器计数器和PWM预分频计数器在PCLK的下一个上升沿同步复位。计数器在TCR的bit1恢复为0之前保持复位状态	0
2	保留	保留,用户软件不要向其写入1,从保留位读出的值未定义	NA
3	PWM使能	为1时,PWM模式使能。PWM模块将映像寄存器连接到匹配寄存器。只有在PWMLER中的相应位置位后,发生的匹配0事件才会使程序写入匹配寄存器的值生效。需要注意的是,决定PWM周期(PWM匹配0)的匹配寄存器必须在使能PWM之前设定,否则不会发生使映像寄存器内容生效的匹配事件	0

操作示例：

```
PWMTCR = 0x09;          //启动 PWM 输出
```

3. PWM定时器计数器

当预分频计数器到达计数的上限时,32位PWM定时器计数器(PWMTC,0xE001 4008)TC加1。如果PWMTC在到达计数上限之前没有被复位,它将一直计数到0xFFFF FFFF,然后翻转到0x0000 0000,该事件不会产生中断。如果需要,可用匹配寄存器检测溢出。

4. PWM预分频寄存器

32位PWM预分频寄存器(PWMPR,0xE001 400C)指定了预分频寄存器的最大值。

5. PWM预分频计数器

PWM预分频计数器(PWMPC,0xE001 4010)使用某个常量来控制PCLK的分频,再使之用于PWM定时器计数器。这样可实现控制定时器分辨率和定时器溢出时间之间的关系。PWM预分频计数器每个PCLK周期加1。当其到达PWM预分频计数器中保存的值时,PWM定时器计数器加1,PWM预分频计数器在下个PCLK周期复位。PWM定时器、预分频寄存器和预分频计数器的关系如图4.182所示。

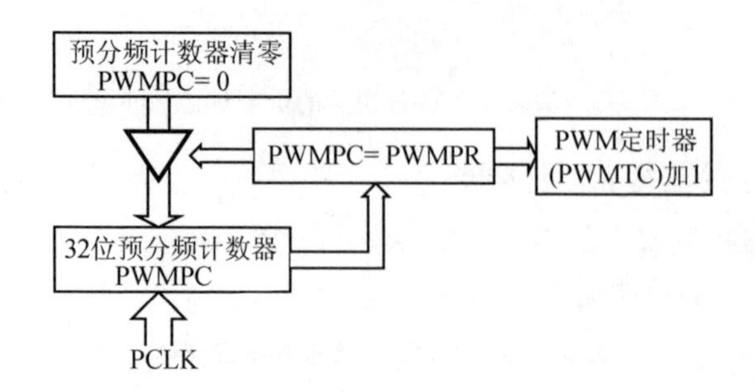

图 4.182　PWM 定时器、预分频寄存器和预分频计数器的关系

$$\text{PWM 定时器的计数频率} = \frac{F_{PCLK}}{PWMPR+1}$$

当 PWMPR = 0 时，PWMTC 每 1 个 PCLK 周期加 1；当 PWMPR = 1 时，PWMTC 每 2 个 PCLK 周期加 1。

操作示例：

```
PWMPR = 0x00;            //不分频，计数频率为 FPCLK
```

6. PWM 匹配寄存器

PWM 匹配寄存器（PWMMR0～PWMMR6）值连续与 PWM 定时器计数值相比较。当两个值相等时自动触发相应动作。这些动作包括产生中断，复位 PWM 定时器计数器或停止定时器。所执行的动作由 PWMMCR 寄存器控制。

LPC2000 的 PWM 模块中，通常都使用匹配寄存器 0（PWMMR0）来控制 PWM 的周期和频率。

PWM 的输出频率为

$$f = \frac{F_{PCLK}}{PWMMR0(PWMPR+1)}$$

PWM 的输出周期为

$$T = \frac{PWMMR0(PWMPR+1)}{F_{PCLK}}$$

**注意：** 由于 PWM 输出的频率都是由同一个匹配寄存器（PWMMR0）控制的，因此，所有 PWM 输出的周期和频率都是相同的。

---

7. PWM 匹配控制寄存器

PWM 匹配控制寄存器（PWMMCR，0xE001 4014）用于控制当发生匹配时所执行的操作，如图 4.183 所示，每个位的功能见表 4.154。

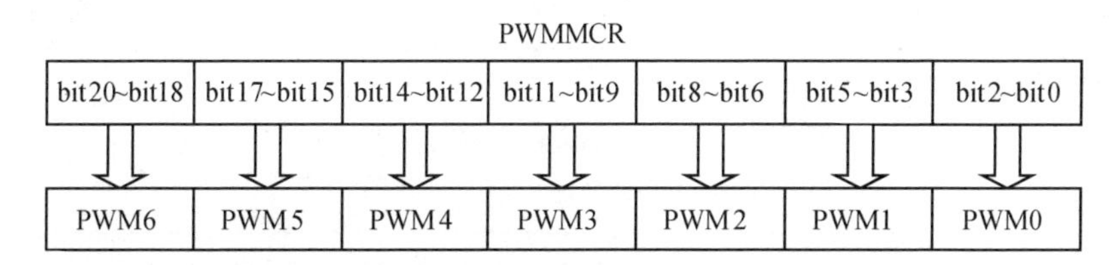

图 4.183　PWM 匹配控制寄存器与 PWM 通道的对应关系

表 4.154　PWM 匹配控制寄存器

PWMn	PWMMCR 位	功　能	描　述	复位值
PWM0	0	中断 （PWMMR0）	1：PWMMR0 与 PWMTC 值匹配将产生中断； 0：中断禁止	0
	1	复位 （PWMMR0）	1：PWMMR0 与 PWMTC 值匹配将使 PWMTC 复位； 0：该特性禁止	0
	2	停止 （PWMMR0）	1：PWMMR0 与 PWMTC 值匹配将使 PWMTC 和 PWMPC 停止并使 PWMTCR[0]复位为 0； 0：该特性禁止	0
PWM1	3	中断 （PWMMR1）	1：PWMMR1 与 PWMTC 值匹配将产生中断； 0：中断禁止	0
	4	复位 （PWMMR1）	1：PWMMR1 与 PWMTC 值匹配将使 PWMTC 复位； 0：该特性禁止	0
	5	停止 （PWMMR1）	1：PWMMR1 与 PWMTC 值匹配将使 PWMTC 和 PWMPC 停止并使 PWMTCR[0]复位为 0； 0：该特性禁止	0
PWM2	6	中断 （PWMMR2）	1：PWMMR2 与 PWMTC 值匹配将产生中断； 0：中断禁止	0
	7	复位 （PWMMR2）	1：PWMMR2 与 PWMTC 值匹配将使 PWMTC 复位； 0：该特性禁止	0
	8	停止 （PWMMR2）	1：PWMMR2 与 PWMTC 值匹配将使 PWMTC 和 PWMPC 停止并使 PWMTCR[0]复位为 0； 0：该特性禁止	0

续表 4.154

PWMn	PWMMCR 位	功 能	描 述	复位值
PWM3	9	中断（PWMMR3）	1：PWMMR3 与 PWMTC 值匹配将产生中断； 0：中断禁止	0
	10	复位（PWMMR3）	1：PWMMR3 与 PWMTC 值匹配将使 PWMTC 复位； 0：该特性禁止	0
	11	停止（PWMMR3）	1：PWMMR3 与 PWMTC 值匹配将使 PWMTC 和 PWMPC 停止并使 PWMTCR[0]复位为 0； 0：该特性禁止	0
PWM4	12	中断（PWMMR4）	1：PWMMR4 与 PWMTC 值匹配将产生中断； 0：中断禁止	0
	13	复位（PWMMR4）	1：PWMMR4 与 PWMTC 值匹配将使 PWMTC 复位； 0：该特性禁止	0
	14	停止（PWMMR4）	1：PWMMR4 与 PWMTC 值匹配将使 PWMTC 和 PWMPC 停止并使 PWMTCR[0]复位为 0； 0：该特性禁止	0
PWM5	15	中断（PWMMR5）	1：PWMMR5 与 PWMTC 值匹配将产生中断； 0：中断禁止	0
	16	复位（PWMMR5）	1：PWMMR5 与 PWMTC 值匹配将使 PWMTC 复位； 0：该特性禁止	0
	17	停止（PWMMR5）	1：PWMMR5 与 PWMTC 值匹配将使 PWMTC 和 PWMPC 停止并使 PWMTCR[0]复位为 0； 0：该特性禁止	0
PWM6	18	中断（PWMMR6）	1：PWMMR6 与 PWMTC 值匹配将产生中断； 0：中断禁止	0
	19	复位（PWMMR6）	1：PWMMR6 与 PWMTC 值匹配将使 PWMTC 复位； 0：该特性禁止	0
	20	停止（PWMMR6）	1：PWMMR6 与 PWMTC 值匹配将使 PWMTC 和 PWMPC 停止并使 PWMTCR[0]复位为 0； 0：该特性禁止	0

8. PWM 控制寄存器

PWM 控制寄存器(PWMPCR,0xE001 404C)用于使能并选择每个 PMW 通道的类型,每个位的功能详见表 4.155。

表 4.155　PWM 控制寄存器

位	功　能	描　述	复位值
1:0	保留	保留,用户软件不要向其写入 1,从保留位读出的值未定义	NA
2	PWMSEL2	为 0 时,PWM2 选择单边沿控制模式;为 1 时,选择双边沿控制模式	0
3	PWMSEL3	为 0 时,PWM3 选择单边沿控制模式;为 1 时,选择双边沿控制模式	0
4	PWMSEL4	为 0 时,PWM4 选择单边沿控制模式;为 1 时,选择双边沿控制模式	0
5	PWMSEL5	为 0 时,PWM5 选择单边沿控制模式;为 1 时,选择双边沿控制模式	0
6	PWMSEL6	为 0 时,PWM6 选择单边沿控制模式;为 1 时,选择双边沿控制模式	0
8:7	保留	保留,用户软件不要向其写入 1,从保留位读出的值未定义	NA
9	PWMENA1	为 1 时,使能 PWM1 输出;为 0 时,禁止 PWM1 输出	0
10	PWMENA2	为 1 时,使能 PWM2 输出;为 0 时,禁止 PWM2 输出	0
11	PWMENA3	为 1 时,使能 PWM3 输出;为 0 时,禁止 PWM3 输出	0
12	PWMENA4	为 1 时,使能 PWM4 输出;为 0 时,禁止 PWM4 输出	0
13	PWMENA5	为 1 时,使能 PWM5 输出;为 0 时,禁止 PWM5 输出	0
14	PWMENA6	为 1 时,使能 PWM6 输出;为 0 时,禁止 PWM6 输出	0
15	保留	保留,用户软件不要向其写入 1,从保留位读出的值未定义	NA

有关 PWM 控制寄存器的使用方法,请参考 4.17.4 小节。

9. PWM 锁存使能寄存器

当 PWM 匹配寄存器用于产生 PWM 时,PWM 锁存使能寄存器(PWMLER,0xE001 4050)用于控制 PWM 匹配寄存器的更新。当定时器处于 PWM 模式时,如果软件对 PWM 匹配寄存器执行写操作,写入的值将保存在一个映像寄存器中。当 PWM 匹配 0 事件发生时(在 PWM 模式下,通常也会复位定时器),如果对应的锁存使能寄存器位已经置位,那么映像寄存器的内容将传送到实际的匹配寄存器中。此时,新的值将生效并决定下一个 PWM 周期的输出。当发生新值传送时,LER 中的所有位都自动清零。在 PWMLER 中相应位置位和 PWM 匹配 0 事件发生之前,任何写入 PWM 匹配寄存器的值都不会影响 PWM 操作,如图 4.184 所示。

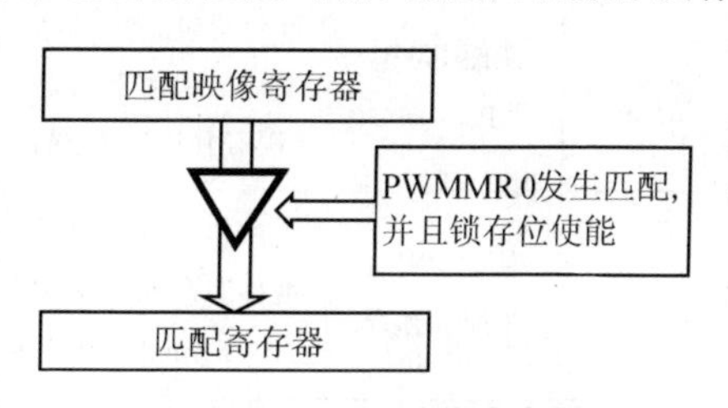

图 4.184　匹配映像寄存器与匹配寄存器的关系

例如,当 PWM2 配置为双边沿操作并处于运行中时,改变定时的典型事件顺序如下:

① 将新值写入 PWM 匹配 1 寄存器;

② 将新值写入 PWM 匹配 2 寄存器;

③ 写 PWMLER,同时置位 bit1 和 bit2;

④ 更改的值将在下一次定时器复位时(当 PWM 匹配 0 事件发生时)生效。

写两个 PWM 匹配寄存器的顺序并不重要,因为在写 PWMLER 之前,写入的新匹配值都无效。这样就确保了两个值同时生效。如果使用单个值,也可用同样的方法更改。

PWMLER 中所有位的功能如表 4.156 所列。

表 4.156　PWM 锁存使能寄存器

位	功　能	描　述	复位值
0	使能 PWM 匹配 0 锁存	该位置位,允许最后写入 PWM 匹配 0 寄存器的值在由 PWM 匹配事件引起的下次定时器复位时生效。见"PWM 匹配控制寄存器"(PWMMCR)的描述	0
1	使能 PWM 匹配 1 锁存	该位置位,允许最后写入 PWM 匹配 1 寄存器的值在由 PWM 匹配事件引起的下次定时器复位时生效。见"PWM 匹配控制寄存器"(PWMMCR)的描述	0
2	使能 PWM 匹配 2 锁存	该位置位,允许最后写入 PWM 匹配 2 寄存器的值在由 PWM 匹配事件引起的下次定时器复位时生效。见"PWM 匹配控制寄存器"(PWMMCR)的描述	0
3	使能 PWM 匹配 3 锁存	该位置位,允许最后写入 PWM 匹配 3 寄存器的值在由 PWM 匹配事件引起的下次定时器复位时生效。见"PWM 匹配控制寄存器"(PWMMCR)的描述	0
4	使能 PWM 匹配 4 锁存	该位置位,允许最后写入 PWM 匹配 4 寄存器的值在由 PWM 匹配事件引起的下次定时器复位时生效。见"PWM 匹配控制寄存器"(PWMMCR)的描述	0
5	使能 PWM 匹配 5 锁存	该位置位,允许最后写入 PWM 匹配 5 寄存器的值在由 PWM 匹配事件引起的下次定时器复位时生效。见"PWM 匹配控制寄存器"(PWMMCR)的描述	0
6	使能 PWM 匹配 6 锁存	该位置位,允许最后写入 PWM 匹配 6 寄存器的值在由 PWM 匹配事件引起的下次定时器复位时生效。见"PWM 匹配控制寄存器"(PWMMCR)的描述	0
7	保留	保留,用户软件不要向其写入 1。从保留位读出的值未被定义	NA

有关 PWM 锁存使能寄存器的使用方法,请参考 4.17.4 小节。

4.17.4　PWM 应用示例

LPC2114/2124/2210/2220/2212/2214 的 PWM 功能是建立在标准的定时器之上,它同样具有 32 位定时器及预分频控制电路,7 个匹配寄存器,可实现 6 个单边 PWM 或 3 个双边 PWM 输出,也可以采用这两种类型的混合输出。具有匹配中断、匹配 PWMTC 复位、匹配 PWMTC 停止功能,如果不使能 PWM 模式,可作为一个标准的定时器。PWM 的基本寄存器功能框图如图 4.185 所示。

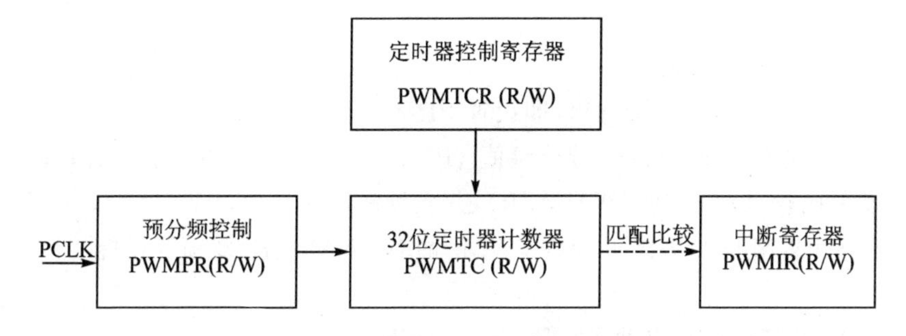

图 4.185 PWM 的基本寄存器功能框图

如图 4.185 所示，32 位定时器 PWMTC 的计数频率由 PCLK 经过 PWMPR 进行分频控制得到，而定时器的启动/停止、计数复位由 PWMTCR 控制，当有比较匹配事件发生时，PWMIR 会设置相关中断标志(因为不是定时器溢出而产生中断，所以图 4.185 采用虚线连接)，若已打开中断允许(VIC)则会产生中断。当然，预分频控制器 PWMPR 只是控制分频数，而其对应的分频计数器是 PWMPC，但用户不需要操作 PWMPC 寄存器。

如图 4.186 所示为 PWM 的比较匹配寄存器功能框图，其具体功能如下：

- 定时器比较匹配由控制寄存器 PWMMCR 进行匹配操作设置，PWMMR0～PWMMR6 为 7 路比较匹配通道的比较值寄存器。当发生匹配时，将会按照 PWMMCR 设置的方法产生中断或复位 PWMTC 等。
- PWMPCR 可以控制单边/双边 PWM 输出，允许/不允许 PWM 输出。
- 为了确保对匹配值(PWMMR0～PWMMR6)进行修改过程中不影响 PWM 输出，使用了一个 PWMLER 锁存使能寄存器，当要修改 MR0～MR6 的比较

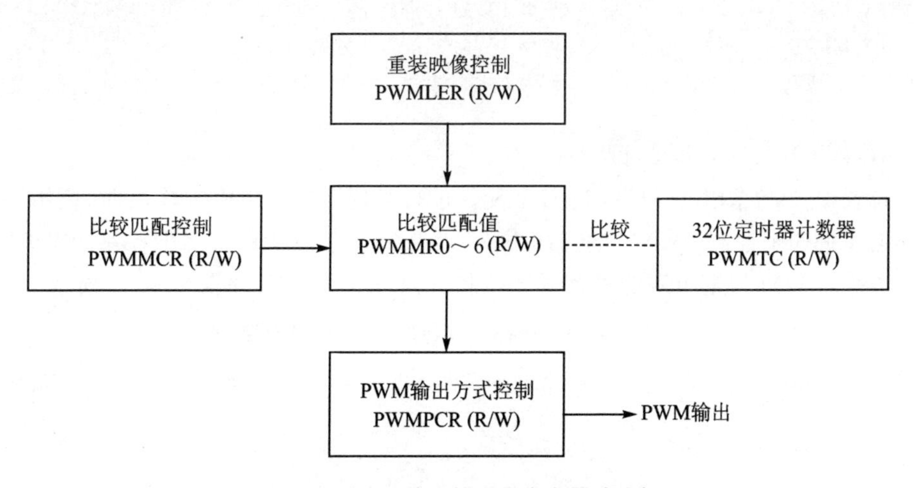

图 4.186 PWM 的比较匹配寄存器功能框图

值时,只有控制 PWMLER 的对应位置位,在匹配 0 事件发生后此值才会生效。

PWM 基本操作方法:

① 连接 PWM 功能引脚输出,即设置 PINSEL0、PINSEL1;

② 设置 PWM 定时器的时钟分频值(PWMPR),得到所要的定时器时钟;

③ 设置比较匹配控制(PWMMCR),并设置相应比较值(PWMMRx);

④ 设置 PWM 输出方式并允许 PWM 输出(PWMPCR)及锁存使能控制(PWMLER);

⑤ 设置 PWMTCR,启动定时器,使能 PWM;

⑥ 运行过程中要更改比较值时,更改之后要设置锁存使能。

使用双边沿 PWM 输出时,建议使用 PWM2、PWM4、PWM6;使用单边 PWM 输出时,在 PWM 周期开始时为高电平,匹配后为低电平,使用 PWMMR0 作为 PWM 周期控制,PWMMRx 作为占空比控制。

1. PWM1 单边沿控制

设置 PWM1 输出。设置 PWM1 为单边沿控制的 PWM 输出,PWM 周期由匹配寄存器 0 控制,当匹配寄存器 0 匹配时,PWM1 输出高电平,PWM 占空比由匹配寄存器 1 控制,当匹配寄存器 1 匹配时,PWM1 输出低电平,初始化程序如程序清单 4.54 所示。

程序清单 4.54 PWM1 单边沿控制的 PWM 输出

```
PWMPCR = 0x200;        //使能 PWM1,模式为单边沿控制
PWMMCR = 0x02;         //当 PWMMR0 匹配时复位 PWM 定时器
PWMMR0 = 0x10000;      //设置 PWM 周期
PWMMR1 = 0x6000;       //设置 PWM 占空比
PWMLER = 0x03;         //使能 PWM 匹配 0、1 锁存
PWMTCR = 0x09;         //PWM 使能,启动 PWM 定时器
```

2. PWM2 双边沿控制

设置 PWM2 输出双边沿控制 PWM。进行双边沿控制 PWM 输出时,使用匹配寄存器 1 的匹配控制 PWM2 输出高电平,而匹配寄存器 2 自身匹配控制 PWM2 输出低电平,PWM 周期由匹配寄存器 0 控制,初始化设置如程序清单 4.55 所示。

程序清单 4.55 PWM2 双边沿控制的 PWM 输出

```
PWMPCR = 0x404;             //使能 PWM2,模式为双边沿控制
PWMMCR = 0x02;
PWMMR0 = 0x10000;
PWMMR1 = 0x2000;            //PWM 高电平匹配值
PWMMR2 = 0x7000;            //PWM 低电平匹配值
```

```
PWMLER = 0x07;
PWMTCR = 0x09;
```

4.17.5 PWM中断

1. PWM中断与VIC的关系

LPC2000系列ARM含有1个脉宽调制器(PWM)，可以产生7路匹配中断，PWM中断与向量中断控制器(VIC)的关系如图4.187所示。

PWM处于VIC的通道8，中断使能寄存器VICIntEnable用来控制VIC通道的中断使能。当VICIntEnable[8] = 1时，通道8中断使能，即：PWM中断使能。

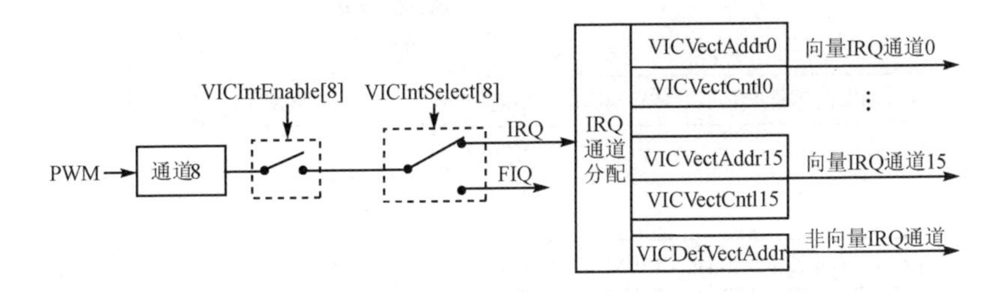

图4.187 PWM中断与VIC的关系

中断选择寄存器VICIntSelect用来分配VIC通道的中断。当某一位为1时，对应的通道中断分配为FIQ；当某一位为0时，对应的通道中断分配为IRQ。VICInt-Select[8]用来控制通道8，即：

- 当VICIntSelect[8] = 1时，PWM中断分配为FIQ中断；
- 当VICIntSelect[8] = 0时，PWM中断分配为IRQ中断。

当分配为IRQ时，还需要设置对应的通道控制寄存器和地址寄存器。有关寄存器VICVectCntln和VICVectAddrn的说明，请参考4.9节。

2. PWM匹配中断

LPC2000系列ARM PWM的中断都是匹配中断，PWM含有7个匹配寄存器(MR0～MR6)，可以用来存放匹配值，当PWM定时器的当前计数值TC等于匹配值MR时，就可以产生中断。寄存器PWMMCR控制匹配中断的使能，如图4.188所示。

PWM匹配控制寄存器PWMMCR用来使能PWM的匹配中断。

- 当PWMTC = PWMMR0时，若PWMMCR[0] = 1，则PWMIR[0]置位；
- 当PWMTC = PWMMR1时，若PWMMCR[3] = 1，则PWMIR[1]置位；
- 当PWMTC = PWMMR2时，若PWMMCR[6] = 1，则PWMIR[2]置位；
- 当PWMTC = PWMMR3时，若PWMMCR[9] = 1，则PWMIR[3]置位；

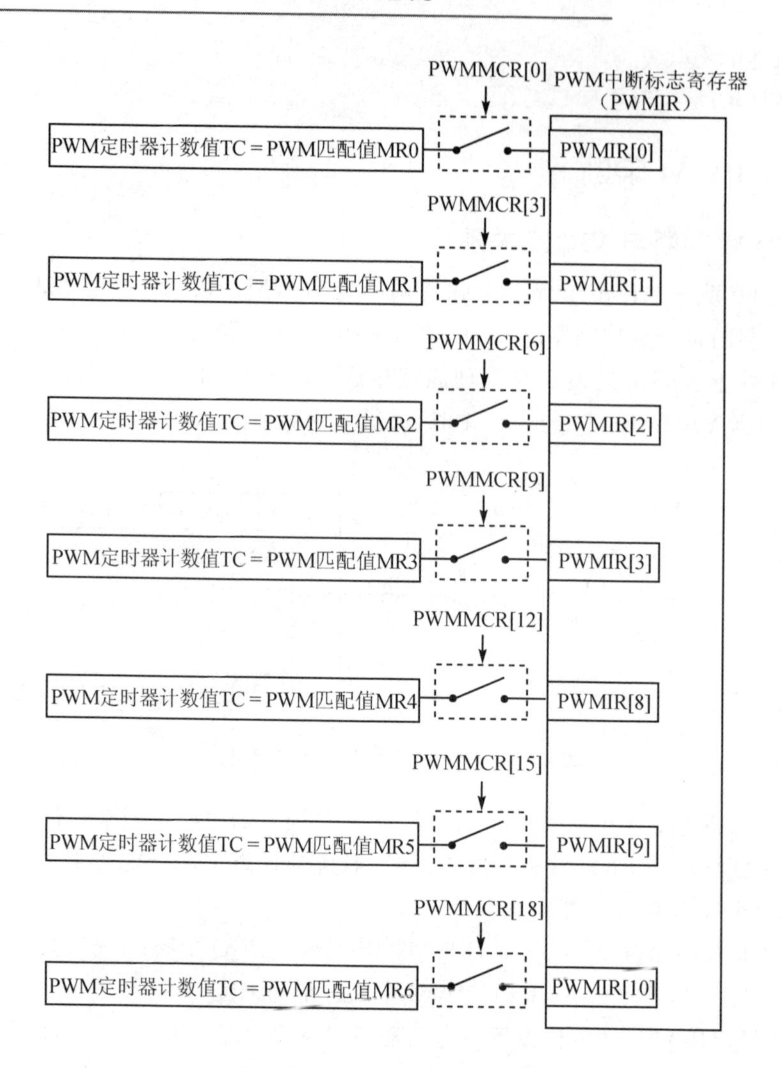

图 4.188　PWM 匹配中断示意图

- 当 PWMTC ＝ PWMMR4 时，若 PWMMCR[12] ＝ 1，则 PWMIR[8]置位；
- 当 PWMTC ＝ PWMMR5 时，若 PWMMCR[15] ＝ 1，则 PWMIR[9]置位；
- 当 PWMTC ＝ PWMMR6 时，若 PWMMCR[18] ＝ 1，则 PWMIR[10]置位。

4.18　实时时钟(RTC)

4.18.1　概　述

实时时钟特性：

- 带日历和时钟功能；

➤ 超低功耗设计,支持电池供电系统;
➤ 提供秒、分、小时、日、月、年和星期;
➤ 可编程基准时钟分频器允许调节RTC以适应不同的晶振频率。

实时时钟(RTC)提供一套计数器,在系统工作时对时间进行测量。RTC消耗的功率非常低,这使其适合于由电池供电的,CPU不连续工作(空闲模式)的系统。

说明:由于LPC2100/LPC2200系列微控制器的RTC没有独立的时钟源,使用的时钟频率是通过对F_{PCLK}分频得到,所以,在使用RTC的时候,CPU不能进入掉电模式。

RTC结构如图4.189所示,RTC的时钟源是PCLK,经过分频,输入到时钟节拍计数器CTC的时钟频率是32.768 kHz。时间计数器与报警寄存器不断地进行比较,当匹配时,可以产生报警中断。此外,时间计数器值的增加也可以产生中断信号。

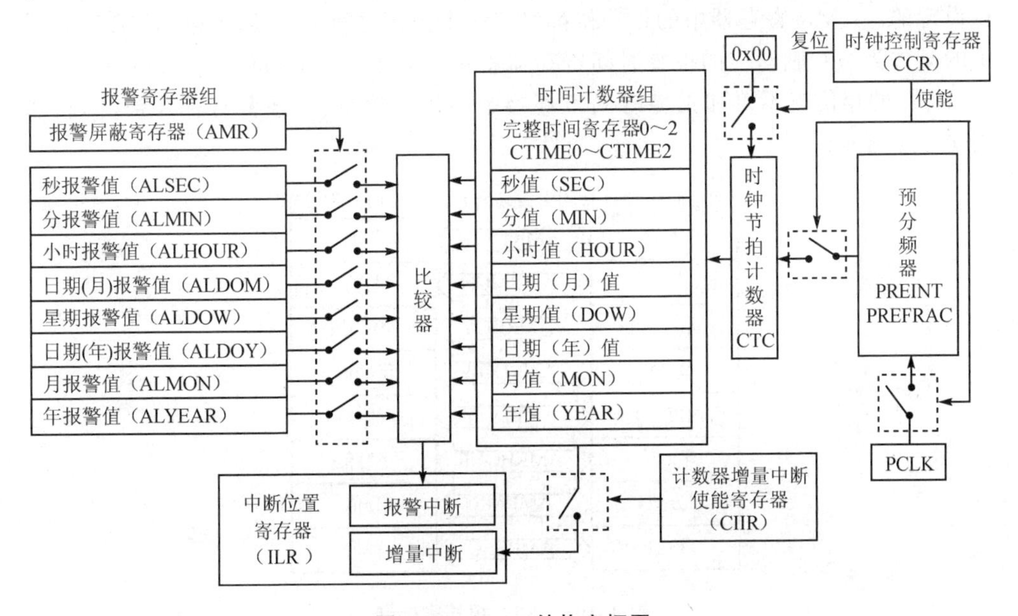

图4.189　RTC结构方框图

4.18.2　RTC中断描述

实时时钟含有两类中断——计数器增量中断(CIIR)和报警中断。寄存器ILR实际上就是中断标志寄存器,通过读取该寄存器的值,就可以判断中断类型。

1. 计数器增量中断

在RTC中,含有8个时间计数器(如秒计数器、分计数器等)。计数器增量中断寄存器(CIIR)中的每个位都对应一个时间计数器,如果使能其中的某一位,那么该位所对应的时间计数器每增加一次,就产生一次中断。例如:CIIR寄存器bit0对应RTC中的秒计数器,如果CIIR[0] = 1,那么RTC每秒就会引发一次中断。增量中断控制原理示意图如图4.190所示。

图4.190 增量中断控制原理示意图

2. 报警中断

报警寄存器允许用户设定产生中断的时间，当RTC的当前时间与报警时间相匹配时，就会引发中断。在RTC中，设置了8个报警时间寄存器，分别用来存储报警时间值，当前时间是否与对应的报警时间进行比较，是由报警屏蔽寄存器(AMR)进行设定的。AMR寄存器中的每一位都对应一个报警时间寄存器，如果AMR寄存器中的某位为“1”，则对应的报警时间寄存器就被屏蔽了。例：当位AMRYEAR = 1时，RTC的年值就不再和报警时间寄存器中的年值比较，年报警寄存器被屏蔽，如图4.191所示。

当前时间寄存器	报警屏蔽寄存器	报警时间寄存器
年值	AMRYEAR	年值
月值	AMRMON	月值
日期值（年）	AMRDOY	日期值（年）
星期值	AMRDOW	星期值
日期值（月）	AMRDOM	日期值（月）
小时值	AMRHOUR	小时值
分值	AMRMIN	分值
秒值	AMRSEC	秒值

图4.191 RTC报警寄存器

如果所有未屏蔽的报警时间寄存器的值与它们对应的当前时间寄存器的值相匹配时，则会产生中断。报警中断控制原理示意图如图4.192所示。

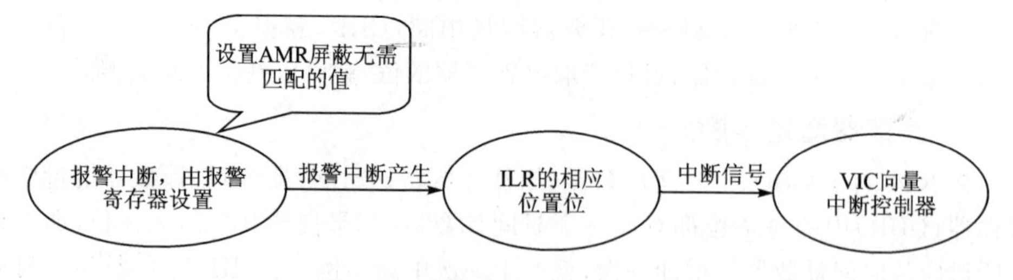

图4.192 报警中断控制原理示意图

4.18.3　闰年计算

RTC 执行一个简单的位比较，观察年计数器的最低 2 位（即 YEAR[1：0]）是否为 0。如果为 0，那么 RTC 认为这一年为闰年。RTC 认为所有能被 4 整除（年计数器的最低两位为 0 时，一定被 4 整除）的年份都为闰年。这个算法从 1901 年到 2099 年都是准确的，但在 2100 年出错，2100 年并不是闰年。闰年对 RTC 的影响只是改变 2 月份的长度、日期（月）和年的计数值。

4.18.4　RTC 寄存器描述

RTC 包含了许多寄存器。地址空间按照功能分成 4 个部分。前 8 个地址为混合寄存器组，第二部分的 8 个地址为定时器计数器组，第三部分的 8 个地址为报警寄存器组，最后一部分为基准时钟分频器。

实时时钟模块所包含的寄存器见表 4.157。

表 4.157　实时时钟寄存器映射

名称		规格	描述	访问	复位值	地址
混合寄存器组	ILR	2	中断位置寄存器	R/W	*	0xE002 4000
	CTC	15	时钟节拍计数器	RO	*	0xE002 4004
	CCR	4	时钟控制寄存器	R/W	*	0xE002 4008
	CIIR	8	计数器增量中断寄存器	R/W	*	0xE002 400C
	AMR	8	报警屏蔽寄存器	R/W	*	0xE002 4010
	CTIME0	(32)	完整时间寄存器 0	RO	*	0xE002 4014
	CTIME1	(32)	完整时间寄存器 1	RO	*	0xE002 4018
	CTIME2	(32)	完整时间寄存器 2	RO	*	0xE002 401C
定时器计数器组	SEC	6	秒寄存器	R/W	*	0xE002 4020
	MIN	6	分寄存器	R/W	*	0xE002 4024
	HOUR	5	小时寄存器	R/W	*	0xE002 4028
	DOM	5	日期(月)寄存器	R/W	*	0xE002 402C
	DOW	3	星期寄存器	R/W	*	0xE002 4030
	DOY	9	日期(年)寄存器	R/W	*	0xE002 4034
	MONTH	4	月寄存器	R/W	*	0xE002 4038
	YEAR	12	年寄存器	R/W	*	0xE002 403C

续表 4.157

名 称		规 格	描 述	访 问	复位值	地 址
报警寄存器组	ALSEC	6	秒报警值	R/W	*	0xE002 4060
	ALMIN	6	分报警值	R/W	*	0xE002 4064
	ALHOUR	5	小时报警值	R/W	*	0xE002 4068
	ALDOM	5	日期(月)报警值	R/W	*	0xE002 406C
	ALDOW	3	星期报警值	R/W	*	0xE002 4070
	ALDOY	9	日期(年)报警值	R/W	*	0xE002 4074
	ALMON	4	月报警值	R/W	*	0xE002 4078
	ALYEAR	12	年报警值	R/W	*	0xE002 407C
基准时钟分频器	PREINT	13	预分频值，整数部分	R/W	0	0xE002 4080
	PREFRAC	15	预分频值，小数部分	R/W	0	0xE002 4084

* RTC当中除预分频器部分之外的其他寄存器都不受器件复位的影响。如果RTC使能，这些寄存器必须通过软件来初始化。

1. 混合寄存器组

表4.158所列为混合寄存器组的8个寄存器组。

表 4.158 混合寄存器组

地 址	名 称	规 格	描 述	访 问
0xE002 4000	ILR	2	中断位置寄存器：读出的该位置寄存器的值指示了中断源，向寄存器的一个位写入1来清除相应的中断	R/W
0xE002 4004	CTC	15	时钟节拍计数器：该寄存器的值来自时钟分频器	RO
0xE002 4008	CCR	4	时钟控制寄存器：控制时钟分频器的功能	R/W
0xE002 400C	CIIR	8	计数器增量中断寄存器：当计数器递增时，选择一个计数器产生中断	R/W
0xE002 4010	AMR	8	报警屏蔽寄存器：控制报警寄存器的屏蔽	R/W
0xE002 4014	CTIME0	32	完整时间寄存器0	RO
0xE002 4018	CTIME1	32	完整时间寄存器1	RO
0xE002 401C	CTIME2	32	完整时间寄存器2	RO

(1) 中断位置寄存器

中断位置寄存器(ILR，0xE002 4000)是一个2位寄存器，它指出哪些模块产生中断(ILR寄存器实际就是一个中断标志寄存器)。向一个位写入1会清除相应的中断，写入0无效。中断位置寄存器描述见表4.159。

表 4.159 中断位置寄存器

位	位名称	描 述
0	RTCCIF	为1时,计数器增量中断模块产生中断,该位写入1清除计数器增量中断
1	RTCALF	为1时,报警寄存器产生中断,该位写入1清除报警中断

可以采用如下方法清除中断:首先读取该寄存器,然后将读出的值再回写到寄存器中,这样便可以清除检测到的中断,如程序清单4.56所示。

程序清单 4.56 RTC中断位置寄存器清零

```
Tmp = ILR;            //读取中断位置寄存器ILR
ILR = Tmp;            //将读取出来的值再回写,清除相应的中断
```

(2) 时钟节拍计数器

时钟节拍计数器(CTC,0xE002 4004)是用于产生秒的时钟节拍计数,这是一个只读寄存器,但它可通过时钟控制寄存器(CCR)复位为0,如图4.193所示。时钟节拍计数器描述见表4.160。

表 4.160 时钟节拍计数器

位	功 能	描 述
0	保留	保留,用户软件不要向其写入1,保留位读出的值未定义
15:1	时钟节拍计数器	位于秒计数器之前,CTC每秒计数32768个时钟。由于RTC预分频器的关系,这32768个时间增量的长度可能并不全部相同,见基准时钟分频器(预分频器)

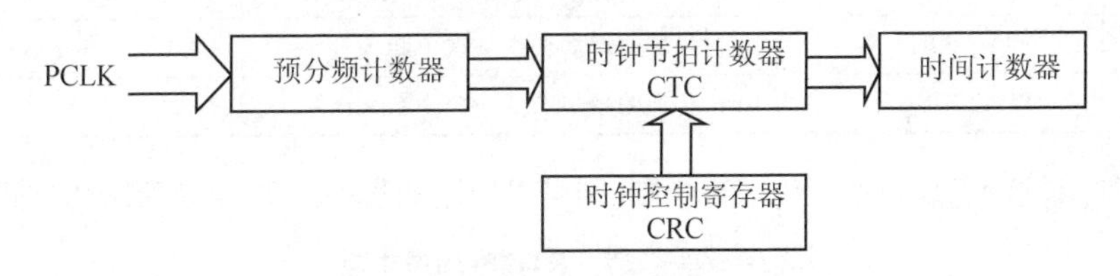

图 4.193 RTC计数部分原理示意图

(3) 时钟控制寄存器

时钟控制寄存器(CCR,0xE002 4008)是一个4位寄存器,它用于控制时钟分频电路的操作,包括启动RTC和复位时钟节拍计数器CTC等。时钟控制寄存器描述见表4.161。

操作示例:

```
CCR = 0x01;           //启动RTC
```

表4.161 时钟控制寄存器

位	位名称	描 述
0	CLKEN	时钟使能：该位为1时，时间计数器使能；为0时，时间计数器都禁止，这时可对其进行初始化
1	CTCRST	CTC复位：为1时，时钟节拍计数器复位。在CCR的bit1变为0之前，它将一直保持复位状态
3:2	CTTEST	测试使能：正常操作中，这些位应当全为0

(4) 计数器增量中断寄存器

计数器增量中断寄存器(CIIR，0xE002 400C)可使计数器每次增加时产生一次中断。例如：当IMSEC=1时，则每秒钟均产生一次中断。在清除增量中断前，该中断一直保持有效。清除增量中断的方法：向ILR寄存器的bit0写入"1"。计数器增量中断寄存器描述见表4.162。

表4.162 计数器增量中断寄存器

位	位名称	描 述
0	IMSEC	为1时，秒值的增加产生一次中断
1	IMMIN	为1时，分值的增加产生一次中断
2	IMHOUR	为1时，小时值的增加产生一次中断
3	IMDOM	为1时，日期(月)值的增加产生一次中断
4	IMDOW	为1时，星期值的增加产生一次中断
5	IMDOY	为1时，日期(年)值的增加产生一次中断
6	IMMON	为1时，月值的增加产生一次中断
7	IMYEAR	为1时，年值的增加产生一次中断

例如：设置RTC每秒产生一次中断，则可以采用如程序清单4.57所示的方式设置。

程序清单4.57 RTC秒增量中断

```
ILR = 0x03;            //清除 RTC 中断标志
CIIR = 0x01;           //设置秒值的增量产生一次中断
CCR = 0x01;            //启动 RTC
```

(5) 报警屏蔽寄存器

报警屏蔽寄存器(AMR，0xE002 4010)允许用户屏蔽任意报警寄存器，例如：年报警寄存器。报警屏蔽寄存器位描述见表4.163。对于报警功能来说，若要产生中断，未屏蔽的报警寄存器必须与对应的时间值相匹配，而且只有从不匹配到匹配时才会产生中断。向ILR的bit1写入"1"清除相应的中断。如果所有屏蔽位都置位，报警将被禁止。

表4.163　报警屏蔽寄存器

位	位名称	描　述
0	AMRSEC	为1时,秒值不与报警寄存器比较
1	AMRMIN	为1时,分值不与报警寄存器比较
2	AMRHOUR	为1时,小时值不与报警寄存器比较
3	AMRDOM	为1时,日期(月)值不与报警寄存器比较
4	AMRDOW	为1时,星期值不与报警寄存器比较
5	AMRDOY	为1时,日期(年)值不与报警寄存器比较
6	AMRMON	为1时,月值不与报警寄存器比较
7	AMRYEAR	为1时,年值不与报警寄存器比较

操作示例:

```
AMR = 0x01;          //屏蔽秒报警寄存器
```

(6) 完整时间寄存器0

时间计数器的值可选择以一个完整格式读出,只需执行3次读操作即可读出所有的时间计数器值,完整时间寄存器见表4.164～表4.166。每个时间值(比如秒值、分值)的最低位分别位于寄存器的bit0、bit8、bit16或bit24。完整时间寄存器为只读寄存器。

完整时间寄存器0(CTIME0,0xE002 4014)包含的时间值为秒、分、小时和星期,完整时间寄存器0描述见表4.164。

表4.164　完整时间寄存器0

位	功　能	描　述
31:27	保留	保留,用户软件不要向其写入1,保留位读出的值未定义
26:24	星期	星期值:值的范围为0～6
23:21	保留	保留,用户软件不要向其写入1,保留位读出的值未定义
20:16	小时	小时值:值的范围为0～23
15:14	保留	保留,用户软件不要向其写入1,保留位读出的值未定义
13:8	分	分值:值的范围为0～59
7:6	保留	保留,用户软件不要向其写入1,保留位读出的值未定义
5:0	秒	秒值:值的范围为0～59

(7) 完整时间寄存器1

完整时间寄存器1(CTIME1,0xE002 4018)包含的时间值为日期(月)、月和年,完整时间寄存器1描述见表4.165。

表4.165 完整时间寄存器1

位	功 能	描 述
31:28	保留	保留,用户软件不要向其写入1,保留位读出的值未定义
27:16	年	年值:值的范围为0~4095
15:12	保留	保留,用户软件不要向其写入1,保留位读出的值未定义
11:8	月	月值:值的范围为1~12
7:5	保留	保留,用户软件不要向其写入1,保留位读出的值未定义
4:0	日期(月)	日期(月)值:值的范围为1~28、29、30或31(取决于月份以及是否为闰年)

(8) 完整时间寄存器2

完整时间寄存器2(CTIME2,0xE002 401C)仅包含日期(年)。使用前需要先初始化DOY寄存器,因为CTIME2寄存器的值来源于DOY寄存器,而DOY寄存器需要单独的初始化,即,在初始化年、月、日时间计数器时,不会使DOY的内容改变。完整时间寄存器2描述见表4.166。

表4.166 完整时间寄存器2

位	功 能	描 述
8:0	日期(年)	日期(年)值:值的范围为1~365(闰年为366)
31:9	保留	保留,用户软件不要向其写入1,保留位读出的值未定义

注意:此处涉及到两组"日期值",一组是位于寄存器CTIME1中的月日期值,另一组是位于CTIME2中的年日期值。

- 月日期值:在当月中的日期值;
- 年日期值:在当年中的日期值。

例如:RTC的当前时间是2006年10月1日,那么月日期值就是1(即10月份的第1天);年日期值为274(即2006年的第274天)。按读完整时间寄存器方式读取RTC时钟程序如程序清单4.58所示。

程序清单4.58 读取RTC时钟值——完整时间寄存器

```
struct  DATE
{   uint16      year;
    uint8       mon;
    uint8       day;
    uint8       dow;
```

```
};
struct  TIME
{  uint8      hour;
   uint8      min;
   uint8      sec;
};
/****************************************************************************
** 函数名称：GetTime()
** 函数功能：读取 RTC 的时钟值
** 入口参数：d      保存日期的 DATE 结构变量的指针
**           t      保存时间的 TIME 结构变量的指针
** 出口参数：无
****************************************************************************/
void  GetTime(struct DATE *d,struct TIME *t)
{  uint32  times,dates;
   times = CTIME0;
   dates= CTIME1;
   d->year= (dates>>16)&0xFFF;          //取得年的值
   d->mon= (dates>>8)&0x0F;             //取得月的值
   d->day= dates&0x1F;                  //取得日的值
   t->hour= (times>>16)&0x1F;           //取得时的值
   t->min= (times>>8)&0x3F;             //取得分的值
   t->sec= times&0x3F;                  //取得秒的值
}
```


2. 报警寄存器组

表4.167所列为报警寄存器组的8个寄存器。这些寄存器的值与时间计数器相比较，如果所有未屏蔽(见“报警屏蔽寄存器”)的报警寄存器都与它们对应的时间计数器相匹配，那么将产生一次中断。向中断位置寄存器的bit1写入1清除中断。

表4.167　报警寄存器组

地　址	名　称	规　格	描　述	访　问
0xE0024060	ALSEC	6	秒报警值	R/W
0xE0024064	ALMIN	6	分报警值	R/W
0xE0024068	ALHOUR	5	小时报警值	R/W
0xE002406C	ALDOM	5	日期(月)报警值	R/W
0xE0024070	ALDOW	3	星期报警值	R/W
0xE0024074	ALDOY	9	日期(年)报警值	R/W
0xE0024078	ALMON	4	月报警值	R/W
0xE002407C	ALYEAR	12	年报警值	R/W

定时报警设置示例程序如程序清单4.59所示。

程序清单4.59 定时报警设置示例

```
ILR = 0x03;              //清除RTC中断标志
ALHOUR = 12;             //报警时间为12：00：00
ALMIN = 0;
ALSEC = 0;
AMR = 0xF8;              //屏蔽日期(月)值、星期值、日期(年)值、月值和年值
```

3. 定时器计数器组

表4.168所列为定时器计数器组的8个寄存器，都是可读/写的。其中，DOY寄存器需要单独初始化，因为在初始化年、月、日时间计数器时，不会使DOY的内容改变。

表4.168 定时器计数器组

地　址	名　称	规　格	描　述	访　问
0xE002 4020	SEC	6	秒值：值的范围为0～59	R/W
0xE002 4024	MIN	6	分值：值的范围为0～59	R/W
0xE002 4028	HOUR	5	小时值：值的范围为0～23	R/W
0xE002 402C	DOM	5	日期(月)值：值的范围为1～28、29、30或31(取决于月份以及是否为闰年)*	R/W
0xE002 4030	DOW	3	星期值：值的范围为0～6*	R/W
0xE002 4034	DOY	9	日期(年)值：值的范围为1～365(闰年为366)*	R/W
0xE002 4038	MONTH	4	月值：值的范围为1～12	R/W
0xE002 403C	YEAR	12	年值：值的范围为0～4095	R/W

* 这些值只能在适当的时间间隔处递增且在定义的溢出点复位。为了使这些值有意义，它们不能进行计算且必须被正确初始化。

表4.169所列为时间计数器的关系和值。

表4.169 时间计数器的关系和值

计数器	规　格	计数驱动源	最小值	最大值
秒	6	时钟节拍	0	59
分	6	秒	0	59
小时	5	分	0	23
日期(月)	5	小时	1	28,29,30或31
星期	3	小时	0	6
日期(年)	9	小时	1	365或366(闰年)
月	4	日期(月)	1	12
年	12	月或日期(年)	0	4 095

按读时间计数寄存器方式读取RTC时钟程序如程序清单4.60所示。

程序清单 4.60　读取 RTC 时钟值——时间计数寄存器

```
struct  DATE
{
    uint16      year;
    uint8       mon;
    uint8       day;
    uint8       dow;
};
struct  TIME
{
    uint8       hour;
    uint8       min;
    uint8       sec;
};
/*****************************************************************
*名    称:GetTime()
*功    能:读取 RTC 的时钟值
*入口参数:d  保存日期的 DATE 结构变量的指针
*         t  保存时间的 TIME 结构变量的指针
*出口参数:无
*****************************************************************/
void  GetTime(struct DATE *d,struct TIME *t)
{
    d->year = YEAR;
    d->mon = MONTH;
    d->day = DOM;
    t->hour = HOUR;
    t->min = MIN;
    t->sec = SEC;
}
```

4. 基准时钟分频器(预分频器)

RTC 预分频器结构如图 4.194 所示,只要外设时钟源的频率高于 65.536 kHz(2×32.768 kHz),那么基准时钟分频器(在下文中称为预分频器)就会产生一个 32.768 kHz 的基准时钟。这样,不管外设时钟的频率为多少,RTC 总是以正确的速率运行。预分频器通过一个包含整数和小数部分的值对外设时钟(PCLK)进行分频。这时,输出的时钟频率不是恒定的,有些时钟周期比其他周期多 1 个 PCLK 周期,但是,每秒钟的计数总数都是一致的,即 32 768。

基准时钟分频器包含一个 13 位整数计数器和一个 15 位小数计数器,见表 4.170。13 位整数所能支持的最高频率为 268.4 MHz(32 768×8 192),15 位小数的最大值

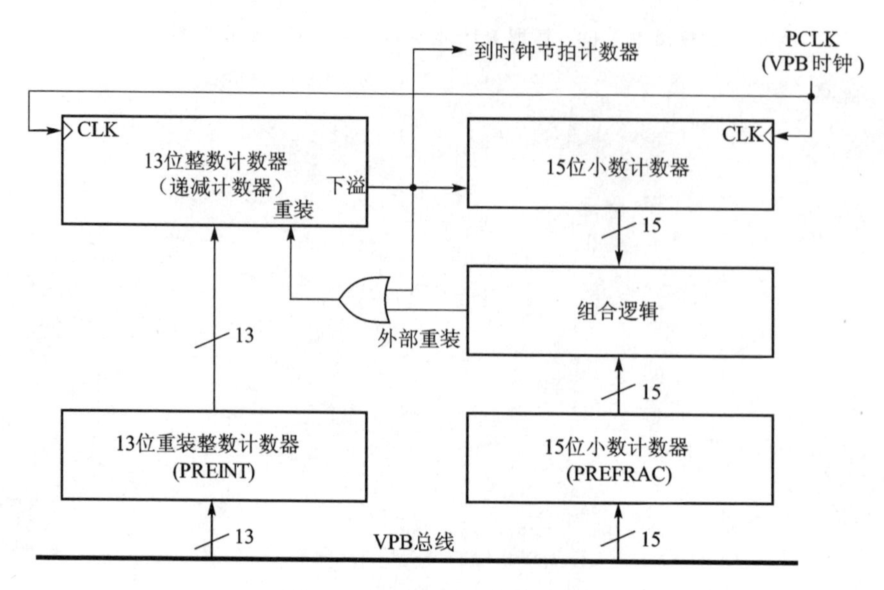

图 4.194 RTC预分频器方框图

为32 767。

表 4.170 基准时钟分频

地址	名称	规格	描述	访问
0xE002 4080	PREINT	13	预分频值,整数部分	R/W
0xE002 4084	PREFRAC	15	预分频值,小数部分	R/W

(1) 预分频整数寄存器(PREINT,0xE002 4080)

PREINT寄存器描述见表4.171。预分频值的整数部分计算式如下:

$$PREINT=int(PCLK/32\ 768)-1$$

其中PREINT的值必须大于或等于1。

表 4.171 PREINT寄存器

位	功能	描述	复位值
15:13	保留	保留,用户软件不要向其写入1,保留位读出的值未定义	NA
12:0	预分频整数	包含RTC预分频值的整数部分	0

(2) 预分频小数寄存器(PREFRAC,0xE002 4084)

PREFRAC寄存器描述见表4.172。预分频值的小数部分计算式如下:

$$PREFRAC=PCLK-[(PREINT+1)\times 32\ 768]$$

表 4.172　PREFRAC 寄存器

位	功　能	描　述	复位值
15	保留	保留，用户软件不要向其写入 1，保留位读出的值未定义	NA
14：0	预分频小数	包含 RTC 预分频值的小数部分	0

(3) 预分频器的使用举例

预分频寄存器值的计数如下：

$$\text{PREINT}=\text{int}\left(\frac{\text{PCLK}}{32\ 768}\right)-1$$

$$\text{PREFRAC}=\text{PCLK}-[(\text{PREINT}+1)\times 32\ 768]$$

按照上述方法，可以将任何高于 65.536 kHz 的 PCLK 频率（每秒钟的周期数必须是偶数）转换成 RTC 的 32.768 kHz 基准时钟。唯一需要注意的是，如果 PREFRAC 不等于 0，那么每秒当中的 32768 个时钟长度是不完全相同的，有些时钟会比其他时钟多 1 个 PCLK 周期。虽然较长的脉冲已经尽可能地分配到剩余的脉冲当中，但是在希望直接观察时钟节拍计数器的应用中可能需要注意这种“抖动”。如程序清单 4.61 所示为预分频器初始化示例。

程序清单 4.61　预分频器初始化示例

```
PREINT = Fpclk / 32768 - 1;            //设置基准时钟分频器
PREFRAC = Fpclk - (Fpclk / 32768) * 32768;
```

4.18.5　RTC 使用注意事项

由于 RTC 的时钟源为 VPB 时钟（PCLK），时钟出现的任何中断都会导致时间值的偏移。如果 RTC 初始化错误或 RTC 运行时间内出现了一个错误，它们带来的变化都将影响真实的时钟时间。

LPC2114/2124/2210/2220/2212/2214 在断电时不能保持 RTC 的状态。芯片的断电将使 RTC 寄存器的内容完全丢失。进入掉电模式时由于 F_{PCLK} 已停止，会使时间的更新出现误差。在系统操作过程中改变 RTC 的时间基准会使累加时间出现错误，例如，重新配置 PLL、VPB 定时器或 RTC 预分频器。

4.18.6　RTC 的使用

实时时钟（RTC）可用来进行定时报警，日期及时分秒计时等。RTC 不具备独立时钟源，其计数时钟由 PCLK 进行分频得到，它的基准时钟分频器允许调节任何频率高于 65.536 kHz 的外设时钟源产生一个 32.768 kHz 的基准时钟，实现准确计时操作。在微处理器掉电模式下 RTC 是停止的。

如图 4.195 所示，实时时钟的时钟源是由 PCLK 通过基准时钟分频器

(PREINT、PREFRAC)，调整出32 768 Hz的频率，然后供给CTC计数器；CTC是一个15位的计数器，它位于秒计数器之前，CTC每秒计数32 768个时钟；当有CTC秒进位时，完整时间CTME0～CTME2、RTC时间寄存器(如SEC、MIN等)将会更新；RTC中断有两种，一种是增量中断，由CIIR进行控制，另一种为报警中断，由AMR寄存器和各报警时间寄存器控制，如ALSEC、ALMIN等；报警位置寄存器ILR用来产生相应的中断标志；RTC时钟控制寄存器CCR用于使能实时时钟，CTC复位控制等。

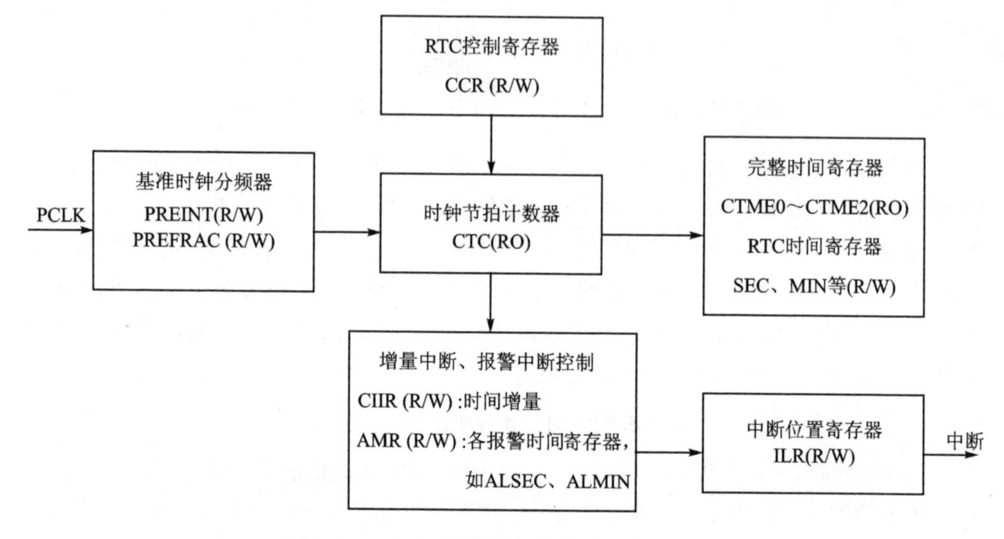

图4.195　RTC的寄存器功能框图

其中，日期寄存器(表示“日”)有两个，分别为DOY和DOM。DOY表示为一年中的第几日，值为1～365(闰年为366)；而DOM则为一月中的第几日，值为1～28/29/30/31。一般日期计数使用DOM即可。预分频寄存器值的计数如下：

$$\text{PREINT}=\text{int}\left(\frac{\text{PCLK}}{32\ 768}\right)-1$$

$$\text{PREFRAC}=\text{PCLK}-[(\text{PREINT}+1)\times 32\ 768]$$

RTC基本操作方法：

- 设置RTC基准时钟分频器(PREINT、PREFRAC)；
- 初始化RTC时钟值，如YEAR、MONTH、DOM等；
- 报警中断设置，如CIIR、AMR等；
- 启动RTC，即CCR的CLKEN位置位；
- 读取完整时间寄存器值，或等待中断。

4.18.7 RTC中断

1. RTC中断与VIC的关系

LPC2000系列ARM RTC具有两种类型的中断——增量中断和报警中断,通过读取中断位置寄存器(ILR)来区分中断类型。RTC中断与向量中断控制器(VIC)的关系如图4.196所示。

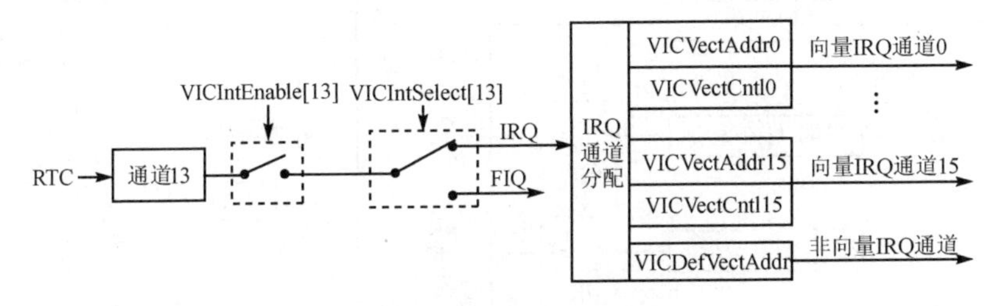

图4.196 RTC中断与VIC的关系

RTC处于VIC的通道13,中断使能寄存器VICIntEnable用来控制VIC通道的中断使能。当VICIntEnable[13] = 1时,通道13中断使能,即:RTC中断使能。

中断选择寄存器VICIntSelect用来分配VIC通道的中断。当某一位为1时,对应的通道中断分配为FIQ;当某一位为0时,对应的通道中断分配为IRQ。VICIntSelect[13]用来控制通道13,即:

- 当VICIntSelect[13] = 1时,RTC中断分配为FIQ中断;
- 当VICIntSelect[13] = 0时,RTC中断分配为IRQ中断。

当分配为IRQ时,还需要设置对应的通道控制寄存器和地址寄存器。有关寄存器VICVectCntl n和VICVectAddr n的说明,请参考4.9节。

2. 增量中断

利用RTC的增量中断,可以设置当秒、分、时、日期等增加时,产生中断,如图4.197所示,计数器增量中断寄存器CIIR用来使能增量中断:

- 当CIIR[0] = 1时,若RTC秒值增加,产生增量中断;
- 当CIIR[1] = 1时,若RTC分值增加,产生增量中断;
- 当CIIR[2] = 1时,若RTC小时值增加,产生增量中断;
- 当CIIR[3] = 1时,若RTC日期(月)值增加,产生增量中断;
- 当CIIR[4] = 1时,若RTC星期值增加,产生增量中断;
- 当CIIR[5] = 1时,若RTC日期(年)值增加,产生增量中断;
- 当CIIR[6] = 1时,若RTC月值增加,产生增量中断;
- 当CIIR[7] = 1时,若RTC年值增加,产生增量中断。

3. 报警中断

RTC的报警中断与前面介绍的定时器匹配中断非常相似,RTC的当前时间与

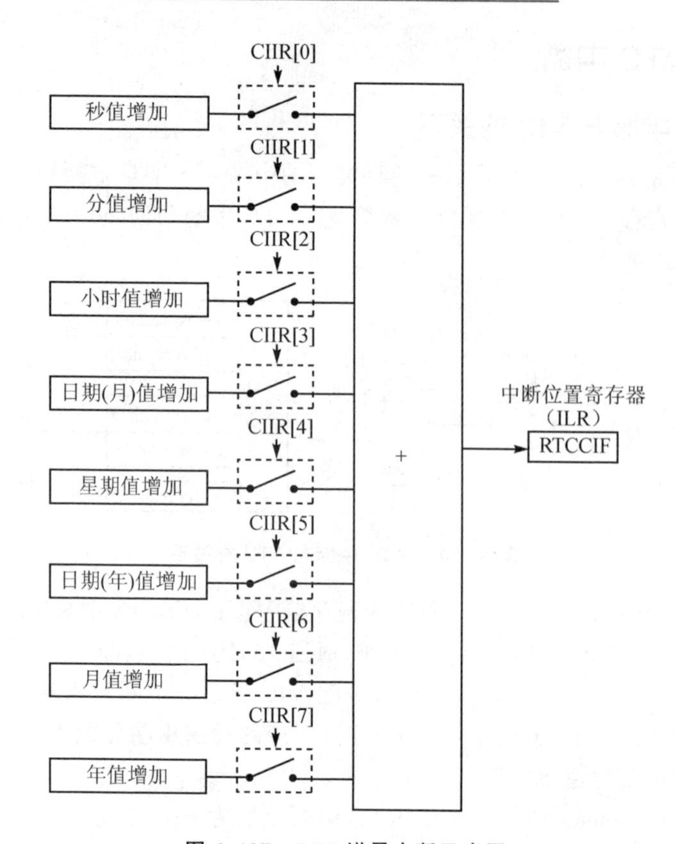

图4.197 RTC增量中断示意图

报警时间比较,如果匹配,便发生报警中断,如图4.198所示。

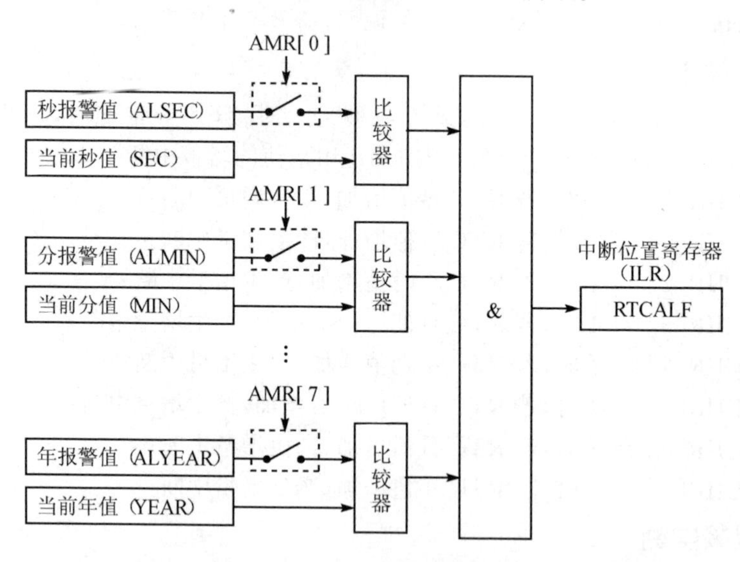

图4.198 RTC报警中断示意图

报警屏蔽寄存器AMR控制RTC的报警中断，报警屏蔽寄存器AMR中的每一个位控制着一个时间值：

当AMR[0] = 1时，屏蔽秒值比较；当AMR[0] = 0时，使能秒值比较；

当AMR[1] = 1时，屏蔽分值比较；当AMR[1] = 0时，使能分值比较；

……

当AMR[7] = 1时，屏蔽年值比较；当AMR[7] = 0时，使能年值比较。

只有所有未被屏蔽的报警值与当前对应的时间值全部匹配时，才能触发报警中断。

思考题与练习题

1. 基础知识

(1) LPC2114可使用的外部晶振频率范围是多少？（提示使用/不使用PLL功能时）

(2) 请描述LPC2210/2220的P0.14、P1.20、P1.26、BOOT1和BOOT0引脚在芯片复位时分别有什么作用，并简单说明LPC2000系列ARM7微控制器的复位处理流程。

(3) LPC2000系列ARM7微控制器对向量表有何要求？（提示向量表中的保留字）

(4) 如何启动LPC2000系列ARM7微控制器的ISP功能？相关电路应该如何设计？

(5) LPC2000系列ARM7微控制器片内Flash是多位宽度的接口？它是通过哪个功能模块来提高Flash的访问速度？

(6) 若LPC2210/2220的bank0存储块使用32位总线，访问bank0时，地址线A1、A0是否有效？EMC模块中的BLS0～BLS4具有什么功能？

(7) LPC2000系列ARM7微控制器具有引脚功能复用特性，那么如何设置某个引脚为指定功能？

(8) FIQ、IRQ有什么不同？向量IRQ和非向量IRQ有什么不同？

(9) 在使能、禁止FIQ和IRQ时，为什么操作SPSR寄存器而不操作CPSR寄存器？

(10) ARM内核对FIQ、向量IRQ和非向量IRQ的响应过程有何不同？

(11) 向量中断能嵌套吗？请结合ARM体系结构进行阐述。

(12) VIC的软件中断和ARM内核的软件中断一样吗？

(13) 设置引脚为GPIO功能时，如何控制某个引脚单独输入/输出？当需要知道某个引脚当前的输出状态时，是读取IOPIN寄存器还是读取IOSET寄存器？

(14) P0.2和P0.3口是I^2C接口，当设置它们为GPIO时，是否需要外接上拉电阻才能输出高电平？

(15) 写出至少3种GPIO的应用实例。

(16) LPC2114的2个UART符合什么标准？哪一个UART可用作ISP通信？哪一个UART具有Modem接口？

(17) 介绍I^2C和SPI总线的特点，并分别介绍几款基于这两种总线的芯片。

(18) LPC2114具有几个32位定时器？PWM定时器是否可以作通用定时器使用？

(19) LPC2000系列ARM7微控制器具有哪两种低耗模式？如何降低系统的功耗？

2. 计算PLL设置值

假设有一个基于LPC2114的系统，所使用的晶振为11.059 2 MHz石英晶振。请计算出最大的系统时钟(CCLK)频率为多少MHz？此时PLL的M值和P值各为多少？请列出计算公式，并编写设置PLL的程序段。

3. 存储器重映射

(1) LPC2210/2220具有(　　)种存储映射模式。

(A) 3　　(B) 5　　(C) 1　　(D) 4

(2) 当程序已固化到片内Flash，向量表保存在0x0000 0000起始处，则MAP[1：0]的值应该为(　　)。

(A) 00　　(B) 01　　(C) 10　　(D) 11

(3) LPC2000系列ARM7微控制器存储器重映射的目标起始地址为(　　)，共有(　　)个字。

(A) 0x0000 0000，8　　(B) 0x4000 0000，8

(C) 0x0000 0000，16　　(D) 0x7FFF E000，8

4. 外部中断唤醒掉电设计

以下代码是初始化外部中断0，用它来唤醒掉电的LPC2114，请填空。

```
PINSEL0 = 0x00000000;
PINSEL1 =___________;          //设置I/O口连接，P0.16设置为EINT0
EXTMODE = ___________;         //设置EINT0为电平触发模式
EXTPOLAR = ___________;        //设置EINT0为低电平触发
EXTWAKE = ___________;         //允许外部中断0唤醒掉电的CPU
EXTINT = 0x0F;                 //清除外部中断标志
```

5. 使用UART0与PC机的串口通信，UART0将接收到的数据完整地回发到PC机。PC机发送数据“0123456789abcdef”到UART0，UART0再将接收到的数据回发给PC机。要求：

(1) 通信波特率为115 200、8位数据位、1位停止位、无奇偶校验；

(2) 使用中断方式接收、发送数据；

(3) 要充分利用 UART 的硬件接收、发送 FIFO;

(4) 使用汇编语言编写程序。

6. 写一个通用的 UART 驱动程序。要求:

(1) 接收、发送数据时,不允许使用查询等待方式;

(2) 要充分利用 UART 的硬件接收、发送 FIFO;

(3) 编写的程序代码要求简洁、高效、可靠。

第5章

硬件电路与接口技术

☞**本章导读**

尽管软件在智能产品中突显的地位越来越明显，但硬件电路与接口技术仍然是嵌入式应用系统极其重要的基础，往往很多项目失败不是软件所导致的，更多的是硬件的可靠性带来了致命的威胁。人们常常认为硬件越来越简单，其实这是对硬件电路设计理解十分片面的结果，以至于当前热衷学习模拟电路技术的年轻人的比例越来越少。“人弃我取”——为了进一步强化个人的竞争力；“软硬兼施”——全面提升个人的硬件设计能力与程序设计技术是成为卓越开发工程师重要的途径之一。

5.1 最小系统

一个嵌入式处理器自己是不能独立工作的，必须给它供电，加上时钟信号，并提供复位信号，如果芯片没有片内程序存储器，则还要加上存储器系统，然后嵌入式处理器芯片才可能工作。这些提供嵌入式处理器运行所必须的条件的电路与嵌入式处理器共同构成了这个嵌入式处理器的最小系统。

5.1.1 框 图

图5.1为嵌入式微控制器的最小系统原理框图，其中存储器系统是可选的，这是因为很多面向嵌入式领域嵌入式微控制器内部设计了程序存储器和数据存储器，存储器系统不需要自己设计。调试测试接口也不是必需的，但它在开发工程中发挥的作用极大，所以至少在样品阶段需要设计这部分电路。

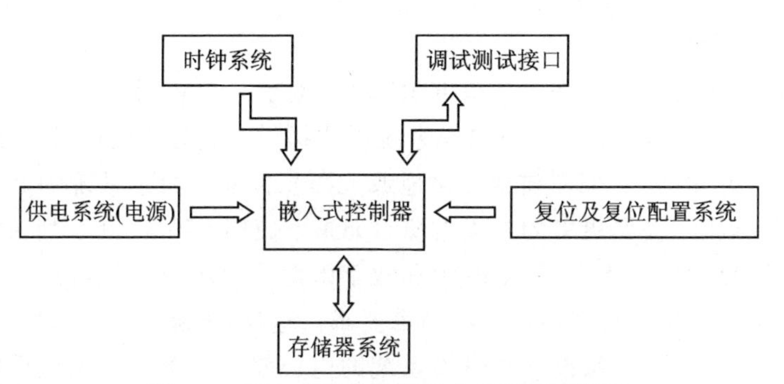

图 5.1　嵌入式微控制器最小系统原理框图

5.1.2　电　源

电源系统为整个系统提供能量，是整个系统工作的基础，具有极其重要的地位，但却往往被忽略。依据笔者的经验，如果电源系统处理得好，那么整个系统的故障往往减少了一大半。电源系统的示意图见图 5.2。

设计电源系统的过程实质是一个权衡的过程，必须考虑的因素有：输出的电压、电流和功率；输入的电压、电流；安全因素；输出纹波；电磁兼容和电磁干扰；体积限制；功耗限制；成本限制。

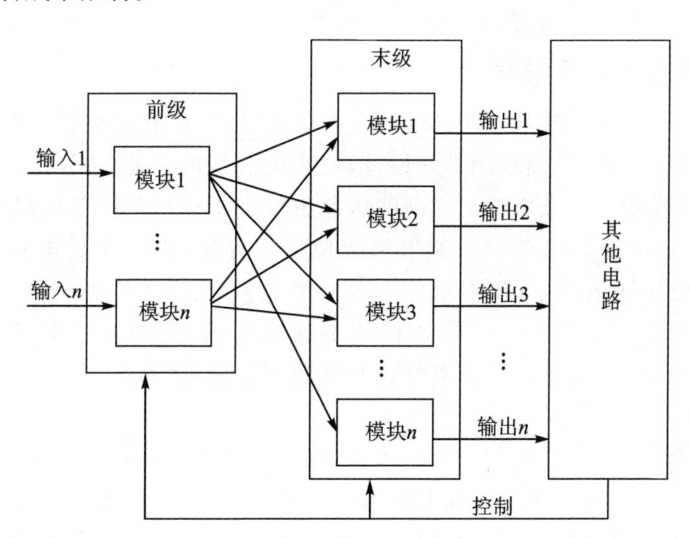

图 5.2　电源系统示意图

电源设计本身是一个很大的课题，读者如果需要了解，请参考相关书籍。下面以 LPC2000 系列 ARM 的电源系统为例，介绍电源系统的设计步骤。

1. 分析需求

LPC2100和LPC2200需要4组电源输入：数字3.3 V、数字1.8 V、模拟3.3 V和模拟1.8 V。因此，理想情况下电源系统需要提供4组独立的电源：2组3.3 V电源和2组1.8 V电源，它们需要单点接地或大面积接地。如果系统的其他部分还有其他电源需求，则还需要更多的末级电源。如果不使用LPC2000系列ARM的A/D功能，或对A/D的要求不高，模拟电源和数字电源可以不分开供电。这里假设不使用A/D功能，且其他部分对电源没有特殊要求。这样，末级只需要提供2组电源。

电源的前级设计、末级设计与供给系统的电源输入相关。这里假设输入未经过稳压的9～12 V直流电源输入。

2. 设计末级电源电路

从LPC2000系列ARM的数据手册可知，其1.8 V消耗电流的极限是70 mA，其他部分无需1.8 V电压。为了保证可靠性并为以后升级留下余量，电源系统1.8 V能够提供的电流应当大于300 mA。

整个系统在3.3 V上消耗的电流与外部条件有很大的关系，这里假设电流不超过200 mA，这样，电源系统3.3 V能够提供600 mA电流即可。

因为系统对这两组电压的要求比较高，且其功耗不是很大，所以不适合用开关电源，应当用低压差模拟电源(LDO)。合乎技术参数的LDO芯片很多，Sipex半导体SPX1117是一个较好的选择，它的性价比较好。

3. 设计前级电源电路

尽管SPX1117允许的输入电压可达20 V(参考芯片数据手册)，但太高的电压使芯片的发热量上升，散热系统不好设计，也影响芯片的性能。同时，波动的电压对输出电压的波动也有一点影响。太高的压差也失去了选择低压差模拟电源的意义。这样，就需要前级电路来调整。如果系统使用多种电源(如交流电和电池)，由于各种电源的电压输出不一样，则就更需要前级调整以适应末级的输入。现将前级的输出选择为5 V。选择5 V作为前级的输出有两个原因，一是这个电压满足SPX1117的要求，二是目前很多器件还是需要5 V供电的，这个5 V就可以兼做前级和末级了。

根据系统在5 V上消耗的电流和体积、成本等方面的考虑，前级电路可以使用开关电源，也可以使用模拟电源。相对模拟电源来说，开关电源效率较高，可以减少发热量，因而在功率较大时可以减小电源模块的体积；由于其电路复杂，输出电压纹波较大，在功率不是特别大时成本较高；开关电源是一个干扰源，对别的电路有一定的影响。模拟电源参考图5.3，开关电源参考图5.4。图5.3和图5.4的D1均为防止反接电源烧毁电路而设计的。

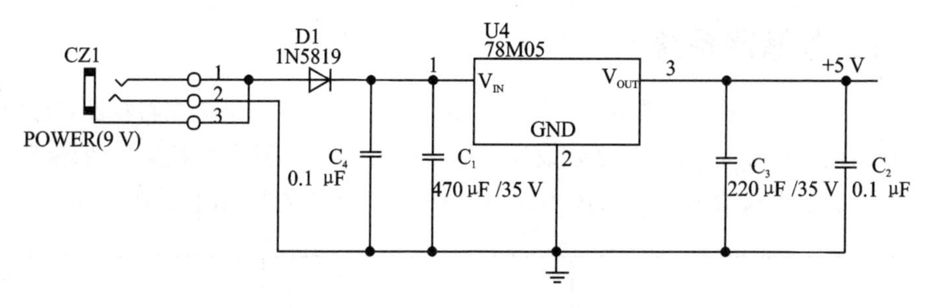

图 5.3　模拟电源

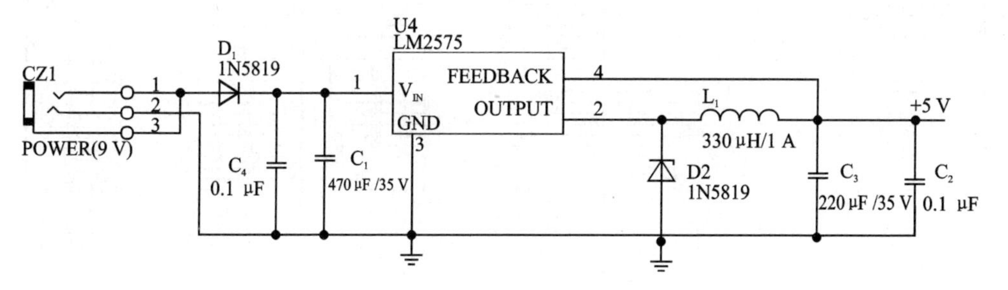

图 5.4　开关电源

5.1.3　时　钟

目前，所有的微控制器均为时序电路，需要一个时钟信号才能工作，大多数微控制器具有晶体振荡器。基于以上事实，需要设计时钟电路。简单的方法是利用微控制器内部的晶体振荡器，但有些场合（如降低功耗、需要严格同步等情况）需要使用外部振荡源提供时钟信号。

LPC2000 系列 ARM 的时钟电路的设计见图 5.5，其中图 5.5(a)为使用微控制器内部的晶体振荡器设计的时钟电路，而图 5.5(b)中的 Clock 可以是任何稳定的时钟信号源，如有源晶振。

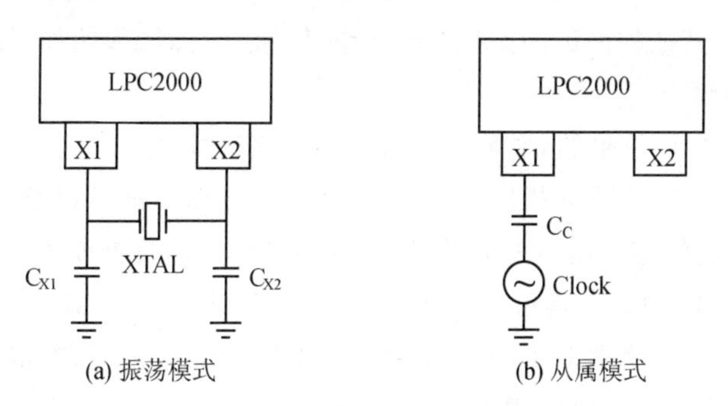

图 5.5　时钟电路设计

5.1.4　存储器系统

对于大部分微控制器来说，存储器系统不是必需的，但如果微控制器没有片内程序存储器或数据存储器时，就必须设计存储器系统，这一般通过微控制器的外部总线接口实现。这里仅给出 LPC2210/2220 扩展程序存储器的原理图，见图 5.6。

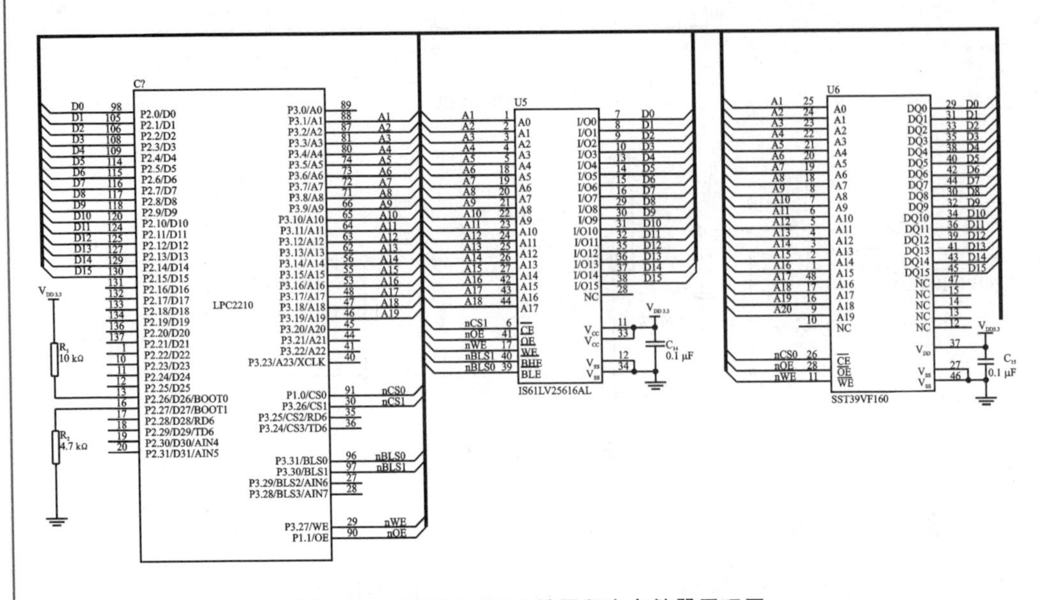

图 5.6　LPC2210/2220 扩展程序存储器原理图

5.1.5　调试与测试接口

调试与测试接口不是系统运行必需的，但现代系统越来越强调可测性，调试、测试接口的设计也越来越受到重视。LPC2000 系列 ARM 有一个内置 JTAG 调试接口，通过这个接口可以控制芯片的运行并获取内部信息。这部分电路比较简单，见图 5.7 和图 5.8，其他的调试测试接口应根据实际电路而定，例如，简单的就是在适当的地方增加测试点。

注意图 5.7 的复位电路，它在复位信号和 CPU 之间插入了三态门 74HC125。使用三态门主要是为了复位芯片和 JTAG(ETM)仿真器都可以复位芯片。如果没有 74HC125，当复位芯片输出高电平时，JTAG(ETM)仿真器就不可能把它拉低，这不但不能实现需要的功能，还可能损坏复位芯片或 JTAG(ETM)仿真器。因为这种电路 JTAG(ETM)仿真器对 LPC2000 系列 ARM 有完全的控制，其仿真性能最好。不过，由于 74HC125 工作的电压范围低于复位芯片的工作电压范围，这种电路的复位性能低于图 5.8 所示的电路，所以此电路一般用于样机。当产品试生产时应当使用图 5.8 所示的电路。正式产品中可以不需要这部分电路。

还有一点需要注意：图 5.7 和图 5.8 所示电路均具有 ETM 接口，但 ETM 功能仅在高级仿真器中具有，如果读者使用的仿真器没有此功能，可以把这个接口去掉，同时把接在 TRACESYNC 信号上的电阻也去掉。

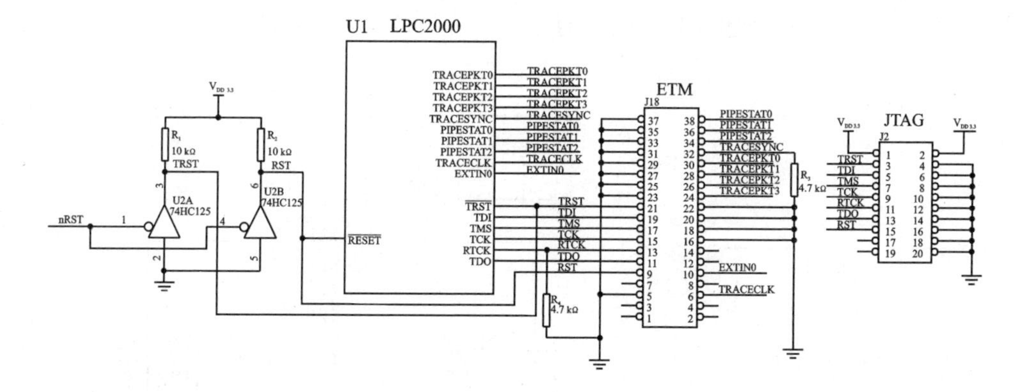

图 5.7　LPC2000 调试接口电路图之一

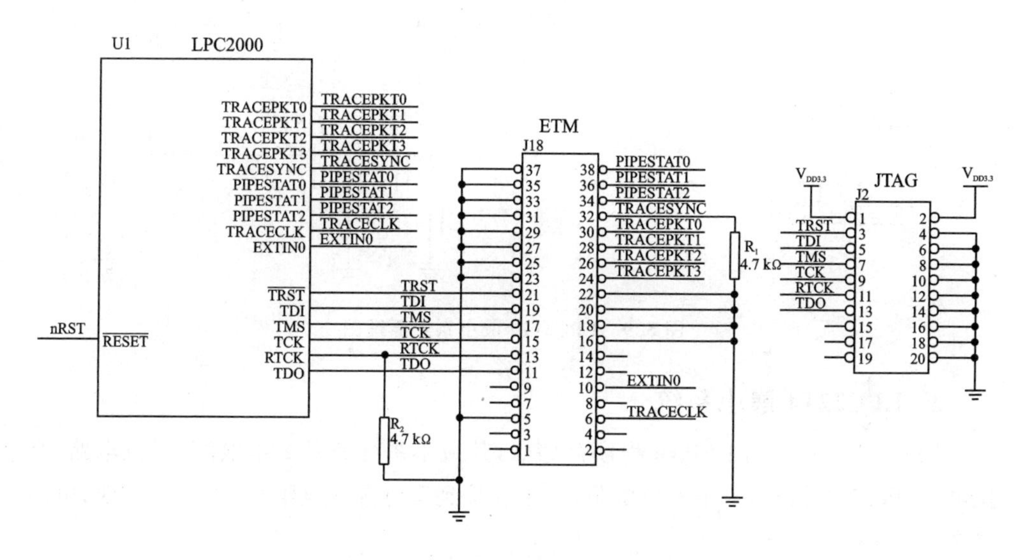

图 5.8　LPC2000 调试接口电路图之二

5.1.6　完整的最小系统

本小节介绍 LPC2000 系列 3 个典型 ARM 芯片完整的最小系统 LPC2114、LPC2210/2220 和 LPC2214。其中 LPC2114 没有外部总线，但有片内 Flash(可用于存储程序)和片内 RAM；LPC2210/2220 具有外部总线，但没有片内 Flash，只有片内

RAM，而 LPC2214 不但有片内 Flash 和 RAM；还有外部总线。下面分别介绍它们的最小系统应用实例。

1. LPC2114 最小系统

对于 LPC2114 芯片，最小系统需要 2 组电源、复位电路、晶振电路，P0.14 引脚接一个上拉电阻（一个连接到正电源的电阻）禁止 ISP 功能，电路参考图 5.9。

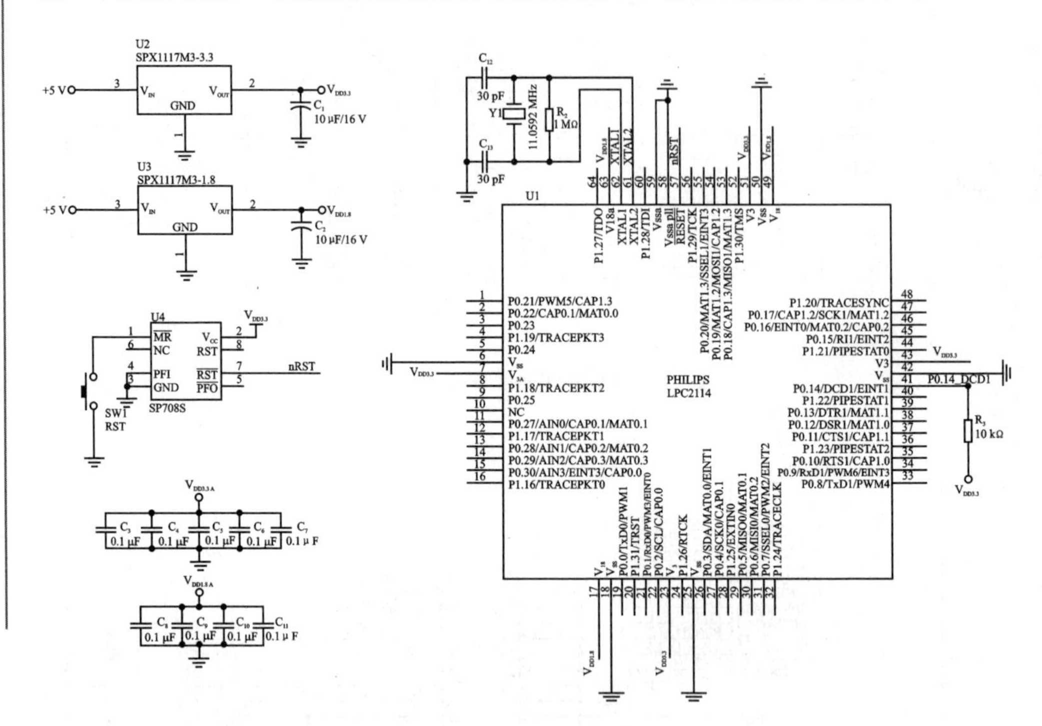

图 5.9 LPC2114 最小系统原理图

2. LPC2214 最小系统

LPC2214 具有片内 Flash 程序存储器，其最小系统需要 2 组电源、复位电路、晶振电路，P0.14 引脚接一个上拉电阻（一个连接到正电源的电阻）禁止 ISP 功能，电路参考图 5.10。

图 5.10 中 D26 和 D27 引脚均要接一个上拉电阻，系统复位后将从片内 Flash 程序存储器启动程序，即从 0x000 0000 地址处开始运行程序。

虽然用户程序处于片内 Flash 中，但是其外部总线还是可以使用的，外部总线可以接片外外设或像图 5.11 那样扩展存储器。

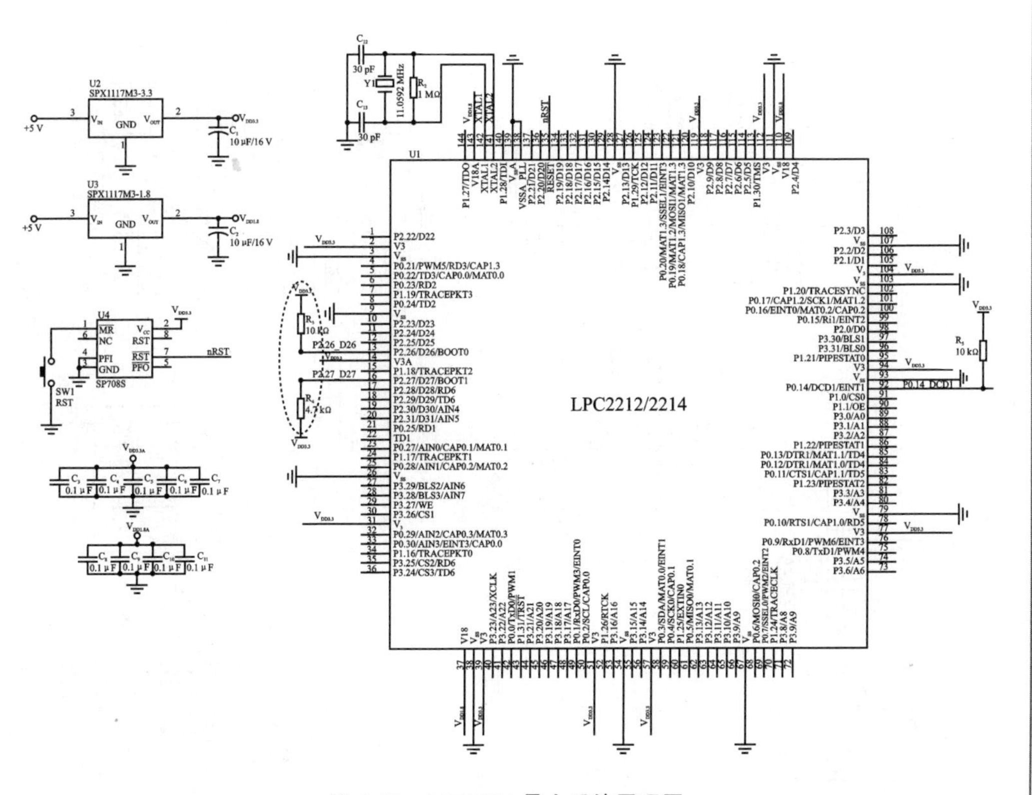

图 5.10 LPC2214 最小系统原理图

3. LPC2210/2220 最小系统

对于 LPC2210/2220 芯片，由于其片内无程序存储器，所以需要外扩 Flash，还可以扩展静态 RAM。最小系统需要 2 组电源、复位电路、晶振电路、程序存储器，P0.14 引脚接一个上拉电阻(一个连接到正电源的电阻)禁止 ISP 功能，电路参考图 5.11。

LPC2210/2220 需要从外部 bank0 地址 0x8000 0000 启动程序，所以 Flash 地址安排到 bank0 上，即 Flash 的片选由 LPC2210/2220 的 CS0 控制。图 5.11 中扩展了总线宽度为 16 位的 Flash，所以 D26 引脚要接一个上拉电阻，D27 引脚上要接一个下拉电阻，系统复位后将从 bank0 启动程序，总线设置为 16 位宽度。

注意：LPC2210/2220 的 I/O 电压为 3.3 V，所以外扩存储器的供电电压最好为 3.3 V。

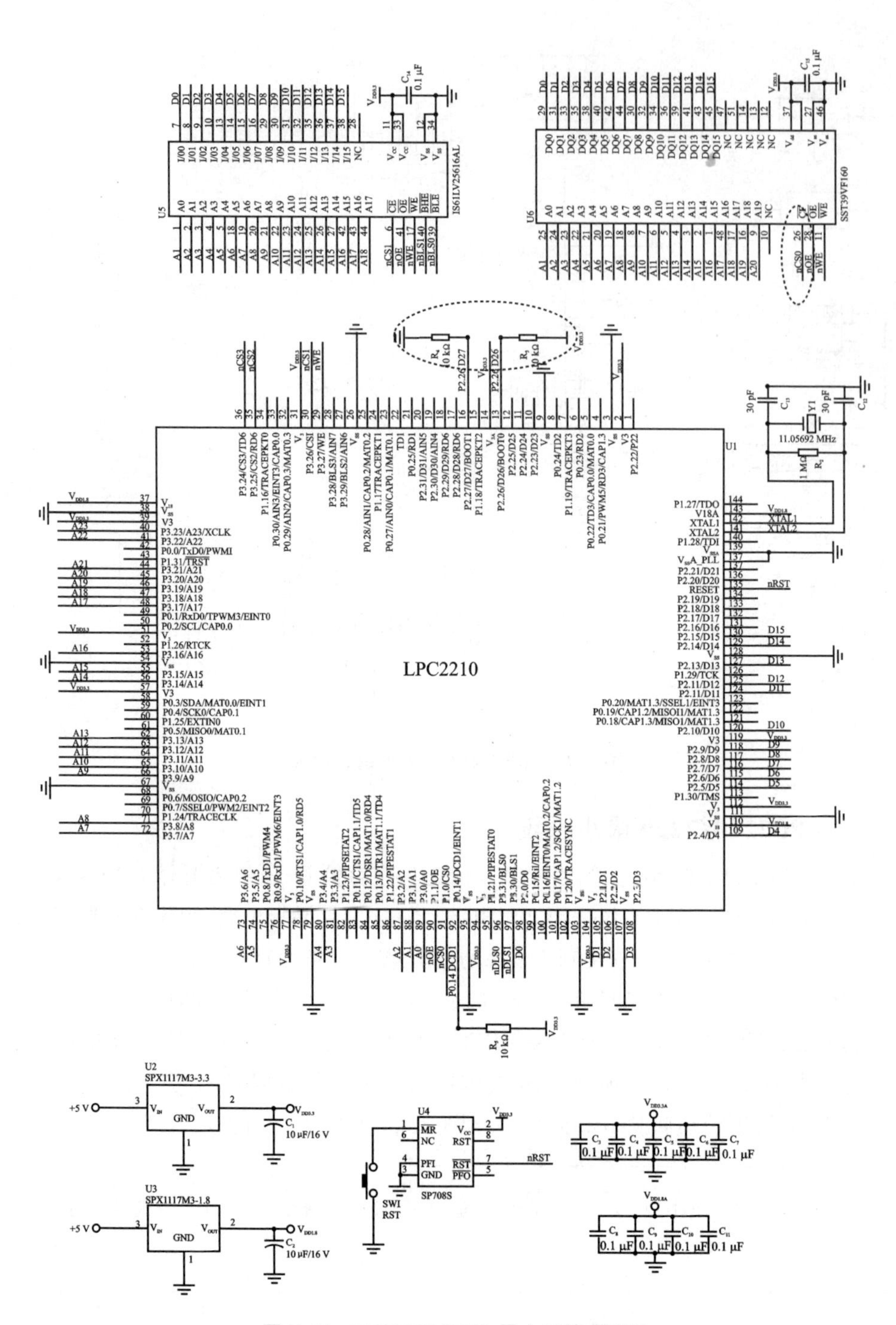

图 5.11　LPC2210/2220 最小系统原理图

5.2 总线接口设计

5.2.1 SRAM 接口电路

SRAM 为静态 RAM 存储器，具有极高的读写速度，在嵌入式系统中常用作变量/数据缓冲，或者将程序复制到 SRAM 上运行，以提高系统的性能。注意，SRAM 属于易失性存储器，电源掉电后 SRAM 中的数据将会丢失，所以不能直接使用 SRAM 引导程序运行。

这里以 IS61LV25616AL 为例，介绍 SRAM 存储器的结构及应用。IS61LV25616AL 是美国 ISSI 公司的高速 SRAM 器件，采用 CMOS 技术，存储容量为 512 KB，16 位数据宽度，工作电源 3.3 V。

IS61LV25616AL 的引脚配置如图 5.12 所示，IS61LV25616AL 的引脚描述如表 5.1 所列。

芯片使能输入 $\overline{CE}$ 和数据输出使能输入 $\overline{OE}$ 可方便地实现存储器的扩展，低电平有效的写使能($\overline{WE}$)控制着存储器的写和读操作，高字节($\overline{UB}$)和低字节($\overline{LB}$)控制信号控制着对数据字节的访问。

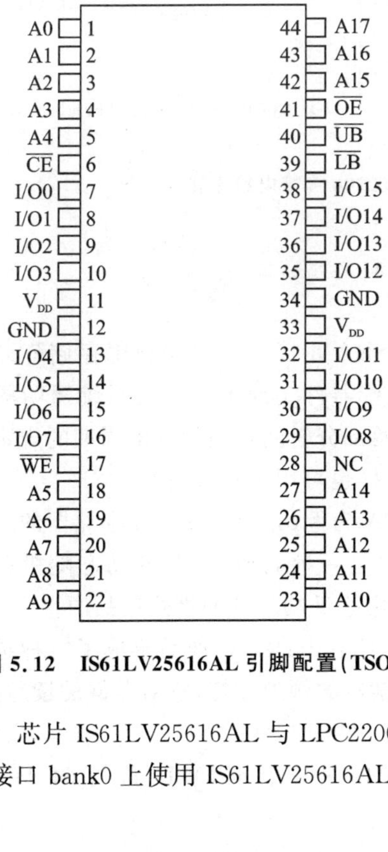

引脚	编号	编号	引脚
A0	1	44	A17
A1	2	43	A16
A2	3	42	A15
A3	4	41	$\overline{OE}$
A4	5	40	$\overline{UB}$
$\overline{CE}$	6	39	$\overline{LB}$
I/O0	7	38	I/O15
I/O1	8	37	I/O14
I/O2	9	36	I/O13
I/O3	10	35	I/O12
V_{DD}	11	34	GND
GND	12	33	V_{DD}
I/O4	13	32	I/O11
I/O5	14	31	I/O10
I/O6	15	30	I/O9
I/O7	16	29	I/O8
$\overline{WE}$	17	28	NC
A5	18	27	A14
A6	19	26	A13
A7	20	25	A12
A8	21	24	A11
A9	22	23	A10

图 5.12 IS61LV25616AL 引脚配置(TSOP)

表 5.1 IS61LV25616AL 引脚描述

引脚名称	描 述
A0 ～A17	地址输入
$\overline{CE}$	芯片使能输入
$\overline{WE}$	写使能输入
NC	不连接
V_{DD}	电源
I/O0～I/O15	数据输入/输出
$\overline{OE}$	输出使能输入
$\overline{LB}$	低字节控制(I/O0～I/O7)
$\overline{UB}$	高字节控制(I/O8～I/O15)
GND	地

芯片 IS61LV25616AL 与 LPC2200 的连接如图 5.13 所示。LPC2200 在外部存储器接口 bank0 上使用 IS61LV25616AL，所以将 LPC2200 的 CS0 与 IS61LV25616AL 的

片选引脚连接。存储器连接使用了 16 位总线方式，数据总线使用了 D0～D15，地址总线使用了 A1～A18（16 位总线时，LPC2200 的 A0 引脚没有使用）。为了能够对 IS61LV25616AL 的字单元进行单独的字节操作（如高 8 位，或低 8 位），要把 LPC2200 的 BLS1、BLS0 控制信号分别连接到 IS61LV25616AL 的 $\overline{UB}$、$\overline{LB}$ 引脚。

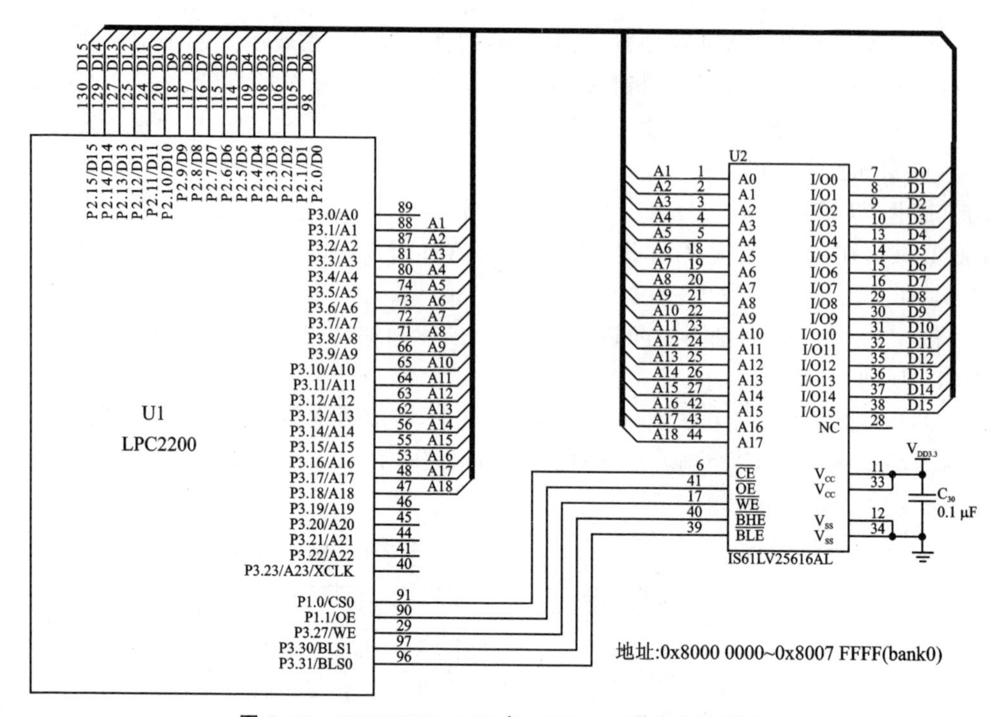

图 5.13　IS61LV25616AL 与 LPC2200 连接电路原理

5.2.2　PSRAM 接口电路

PSRAM（即 Pseudo－SRAM）器件是异步 SRAM 接口技术和利用存储阵列的高密度 DRAM 技术相结合的产物。实际上，这些器件实现了对主机系统透明的自刷新技术。通过扩展包括刷新操作和读出操作两部分时间在内的读出周期的规定周期时间，使得透明的刷新成为可能。这种方法同样也可用于写入周期。

这里以 CellularRAM 的 MT45W4ML16PFA 为例，介绍 PSRAM 存储器的结构及应用。CellularRAM 是一系列 PSRAM 产品，是一种高速、CMOS 动态随机存取存储器，它们向后可兼容 6T（6 电晶体）结构，适用于低功耗的便携式产品中。

为了能在异步存储器总线上实现无缝操作，CellularRAM 产品集成了一种透明的自刷新机制。隐藏刷新不需要系统存储器控制器的额外支持，它对器件的读/写性能没有明显影响。

MT45W4ML16PFA 是 CellularRAM 的一种，是一个 4M×16 位的 64 Mb 器

件。为了减少功耗,内核电压被降低到 1.8 V,为了兼容各种不同存储器总线的接口,I/O 电压为 1.7～3.6 V。MT45W4ML16PFA 的引脚描述如表 5.2 所列。

表 5.2 MT45W4ML16PFA 引脚描述

VFBGA 引脚分配	符 号	类 型	描 述
A3,A4,A5,B3,B4,C3 C4,D4,H2,H3,H4,H5 G3,G4,F3,F4,E4,D3, H1,G2,H6,E3	A[21:0]	输入	地址输入:读/写操作的地址输入,这些地址线也用来定义 CR 的装载值
A6	ZZ#	输入	睡眠使能:当 ZZ# 为低电平时,装载 CR 或者器件进入一种低功耗模式(DPD 或 PAR)
B5	CE#	输入	芯片使能:CE# 为低时器件激活,CE# 为高时器件禁止并进入等待模式
A2	OE#	输入	输出使能:OE# 为低时使能输出缓冲器,OE# 为高时输出缓冲器禁止
G5	WE#	输入	写使能:WE# 为低时使能写操作
A1	LB#	输入	低字节使能:DQ[7:0]
B2	UB#	输入	高字节使能:DQ[15:8]
B6,C5,C6,D5,E5,F5, F6,G6,B1,C1,C2,D2, E2,F2,F1,G1	DQ[15:0]	输入/输出	数据输入/输出
D6	V_{CC}	电源	器件电源:1.7～1.95 V 的器件内核工作电源
E1	V_{CCQ}	电源	I/O 电源:1,8 V,2.5 V,3.0 V 的输入/输出缓冲器电源
E6	V_{SS}	电源	V_{SS} 必须连接到地
D1	V_{SSQ}	电源	V_{SSQ} 必须连接到地

芯片 MT45W4ML16PFA 与 LPC2200 的连接如图 5.14 所示。LPC2200 在外部存储器接口 bank0 上使用 MT45W4ML16PFA,所以将 LPC2200 的 CS0 与 MT45W4ML16PFA 的片选引脚连接。存储器连接使用了 16 位总线方式,数据总线使用了 D0～D15,地址总线使用了 A1～A22(16 位总线时,LPC2200 的 A0 引脚没有使用)。为了能够对 MT45W4ML16PFA 的字节单元进行单独操作(如高 8 位,或低 8 位),要把 LPC2200 的 BLS1、BLS0 控制信号分别连接到 MT45W4ML16PFA 的 UB#、LB# 引脚上。

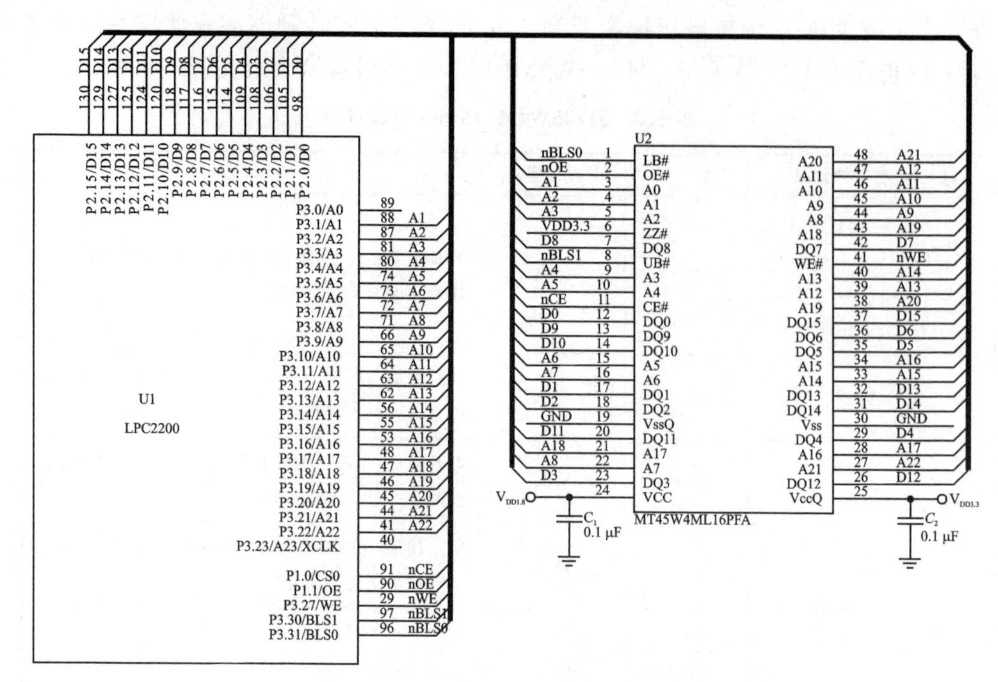

图 5.14 MT45W4ML16PFA 与 LPC2200 连接电路原理

5.2.3 Nor Flash 接口电路

这里以 SST39VF160 为例，介绍 Nor 型 Flash 存储器的结构及操作。SST39VF160 是 SST 公司的 CMOS 多功能 Flash(MPF)器件，存储容量为 2 MB，16 位数据宽度(即 1 个字等于 2 字节)，工作电压为 2.7～3.6 V。SST39VF160 由 SST 特有的高性能 SupcrFlash 技术制造而成，SuperFlash 技术提供了固定的擦除和编程时间，与擦除/编程周期数无关。

SST39VF160 芯片的引脚配置图如图 5.15 所示。

SST39VF160 芯片的引脚描述如表 5.3 所列。

从图 5.15 和表 5.3 中可以看出，Nor 型 Flash 存储器采用的是 SRAM 接口，其地址线和数据线是分开的。Nor 型 Flash 存储器容量越来越大，为了方便数据管理，将 Flash 划分为块(Block)，每个块又分成扇区(Sector)。SST39VF160 的块大小为 32 K 字，扇区大小为 2 K 字。

芯片 SST39VF160 与 LPC2200 的连接如图 5.16 所示。LPC2200 可以使用外部存储器接口 bank0 上的存储器引导程序运行，所以将 LPC2200 的 CS0 与 SST39VF160 的片选引脚连接(若不需要使用外部存储器引导程序运行，则可以将 SST39VF160 设置为 bank1、bank2 或 bank3)。存储器连接使用了 16 位总线方式，

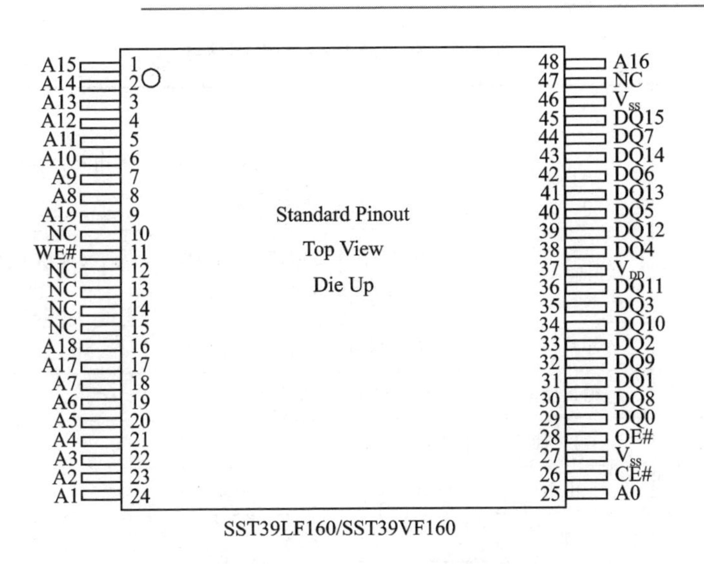

图 5.15　SST39VF160 的引脚配置图

数据总线使用了 D0～D15，地址总线使用了 A1～A20（16 位总线时，LPC2200 的 A0 引脚没有使用）。

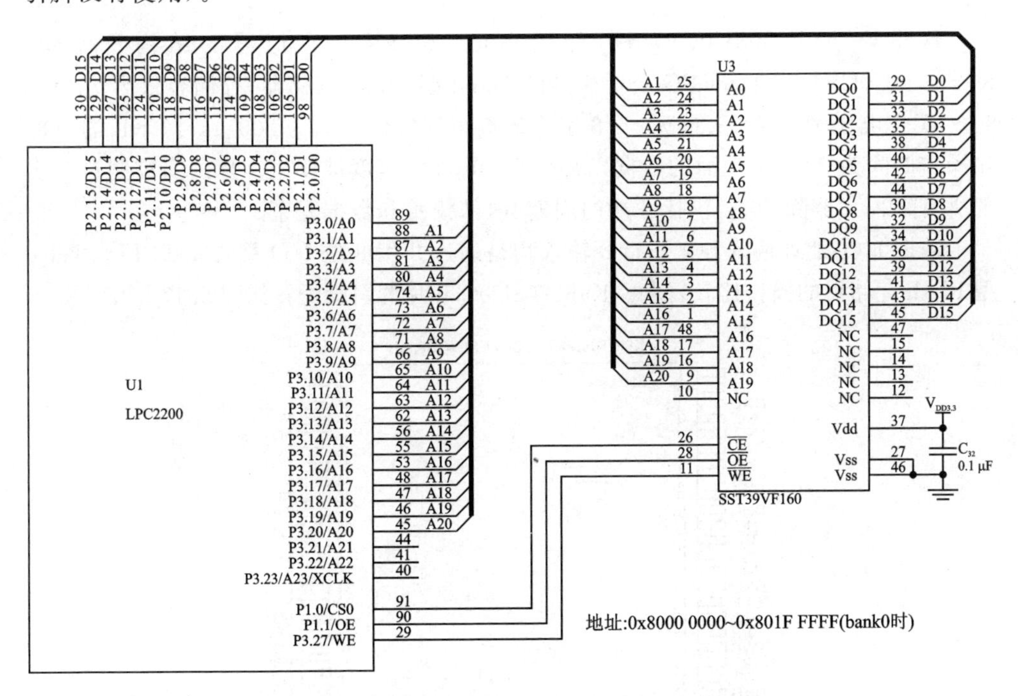

图 5.16　SST39VF160 与 LPC2200 连接电路原理图

表 5.3　SST39VF160 的引脚描述

引脚名称	功　能	描　述
A19～A0	地址输入	存储器地址：扇区擦除时，A19～A11 用来选择扇区；块擦除时，A19～A15 用来选择块
DQ15～DQ0	数据输入/输出	读周期内输出数据，写周期内输入数据，写周期内数据内部锁存，OE＃或 CE＃为高时输出为三态
CE＃	芯片使能	CE＃为低时启动器件开始工作
OE＃	输出使能	数据输出缓冲器的门控信号
WE＃	写使能	控制写操作
V_{DD}	电源	供给电源电压：2.7～3.6 V
V_{SS}	地	—
NC	不连接	悬空引脚

5.2.4　Nand Flash 接口电路

这里以 K9F2808U0C 为例，介绍 Nand 型 Flash 存储器的结构及操作。K9F2808U0C 是 SAMSUNG 公司生产的 Nand 型 Flash 存储器，存储容量为 16M×8 位，工作电压为 2.7～3.6 V。528 字节的页编程操作时间为 200 μs，16 KB 的块擦除操作时间为 2 ms。页面的数据以每个字 50 ns 的速度被读出。片内写控制自动实现所有编程和擦除功能，包括脉冲的周期、内部校验和数据冗余。

数据 I/O、地址输入和操作指令输入均是通过共用 8 位 I/O 总线完成，所以 Nand 型 Flash 存储器的操作比较复杂。K9F2808U0C 芯片的引脚配置如图 5.17 所示。

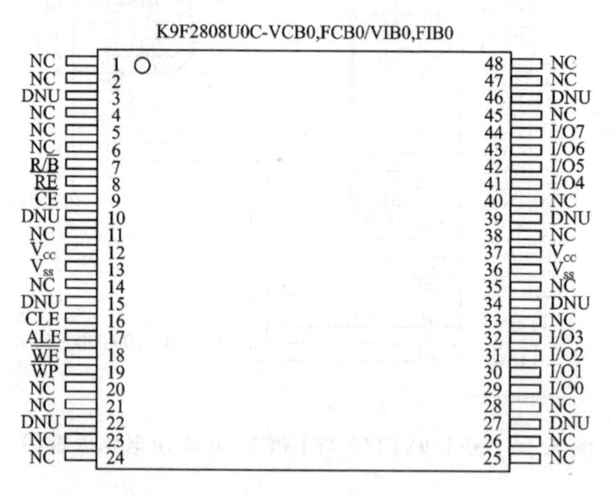

图 5.17　K9F2808U0C 引脚配置(WSOP1)

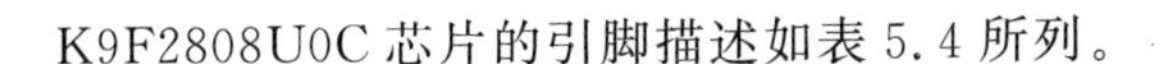

K9F2808U0C 芯片的引脚描述如表 5.4 所列。

表 5.4　K9F2808U0C 引脚描述

引脚名称	描　述
I/O0～I/O7	数据输入/输出：这些 I/O 口用来输入命令、地址和数据，以及在读操作时输出数据。当芯片未被选择使用或输出禁止时，I/O 口为高阻态
CLE	命令锁存使能：CLE 输入控制着发送到命令寄存器的命令的有效通路。当它为有效的高电平时，命令在 $\overline{\text{WE}}$ 信号的上升沿通过 I/O 口锁存到命令寄存器中
ALE	地址锁存使能：ALE 输入控制着地址到内部地址寄存器的有效路径。ALE 为高电平时，地址在 $\overline{\text{WE}}$ 信号的上升沿锁存
$\overline{\text{CE}}$	芯片使能：$\overline{\text{CE}}$ 输入是器件选择控制信号。当器件处于忙状态时，$\overline{\text{CE}}$ 的高电平被忽略，器件在执行编程或擦除操作时不会返回到等待模式
$\overline{\text{RE}}$	读使能：$\overline{\text{RE}}$ 输入控制串行数据的输出。当该信号有效时，数据被驱动到 I/O 总线上。$\overline{\text{RE}}$ 变为上升沿 tREA 后，数据有效。$\overline{\text{RE}}$ 每出现一次上升沿，内部列地址计数器加 1
$\overline{\text{WE}}$	写使能：$\overline{\text{WE}}$ 输入控制写 I/O 口操作。命令、地址和数据在 $\overline{\text{WE}}$ 脉冲的上升沿锁存
$\overline{\text{WP}}$	写保护：$\overline{\text{WP}}$ 为电源变化时的无意写提供了写/擦除保护。当 $\overline{\text{WP}}$ 引脚为有效低电平时，内部高电压发生器复位
R/$\overline{\text{B}}$	读/忙输出：R/$\overline{\text{B}}$ 输出用来指示器件的工作状态。为低时，表明器件正在执行编程、擦除或随机读操作，这些操作完成后 R/$\overline{\text{B}}$ 返回高电平。该信号是一个开漏输出，当芯片未被选择使用或输出禁止时它不呈现高阻态
V_{CC}	电源：V_{CC} 是器件电源
V_{SS}	地
NC	不连接，引脚内部不连接
DNU	未使用，该引脚不连接

K9F2808U0C 芯片的存储阵列组织如图 5.18 所示。K9F2808U0C 的存储空间分为 32K 页，每一页有(512＋16)字节。一个 528 字节的数据寄存器连接到存储器单元阵列，用来实现页面读和页面编程操作中 I/O 缓冲和存储器之间的数据传输。该寄存器被分为两个区：数据区和空闲区。数据区又可分为上、下 2 个区，每个区为 256 字节；空闲区可以用于存放 ECC 校验和其他信息。

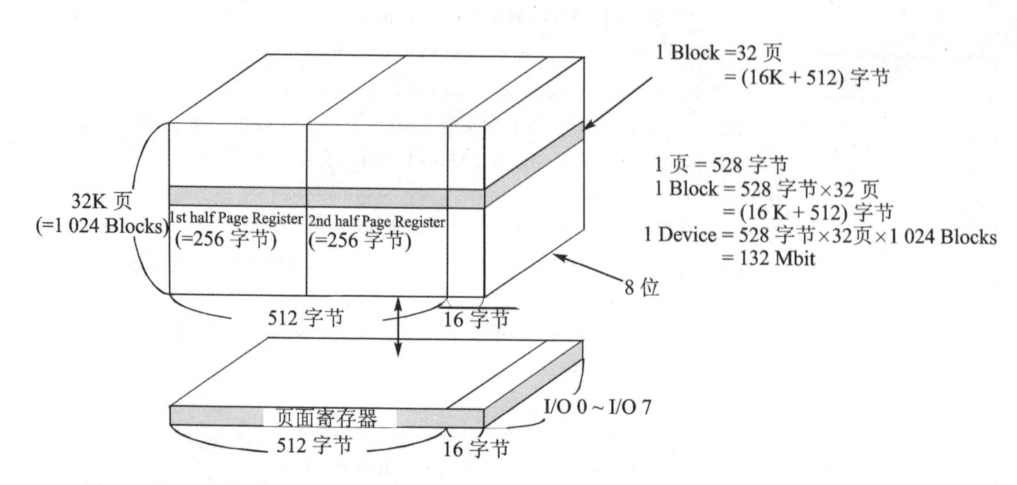

	I/O 0	I/O 1	I/O 2	I/O 3	I/O 4	I/O 5	I/O 6	I/O 7	
1st Cycle	A0	A1	A2	A3	A4	A5	A6	A7	列地址
2nd Cycle	A9	A10	A11	A12	A13	A14	A15	A16	行地址
3rd Cycle	A17	A18	A19	A20	A21	A22	A23	L	(页面地址)

图 5.18 K9F2808U0C 芯片存储阵列

K9F2808U0C 芯片的存储器阵列由 16 个单元组成，这 16 个单元串联到一起形成一个 Nand 结构。每个单元位于不同的页面。一个块由 2 个 Nand 结构的串组成。一个 Nand 结构包含 16 个单元。全部 135 168 个 Nand 单元位于一个块中。

写保护 $\overline{\text{WP}}$ 引脚接高电平，禁止 Flash 的写保护功能。R/$\overline{\text{B}}$ 引脚连接到 LPC2200 的 P1.22，用于查询 K9F2808U0C 的操作状态。

K9F2808U0C 与 LPC2200 的应用连接如图 5.19 所示。其中，使用 8 位数据总线（D0～D7）与 K9F2808U0C 的 I/O0～I/O7 引脚相连，通过数据总线发送地址、命令和数据。K9F2808U0C 的片选信号由 CS3 控制，也就是使用 LPC2200 外部存储器接口的 bank3 地址空间，而 CLE、ALE 信号分别由 A0、A1 控制，所以 K9F2808U0C 的操作地址如下：

命令输入：0x8300 0001 （CLE＝1，ALE＝0）。

地址输入：0x8300 0002 （CLE＝0，ALE＝1）。

数据操作：0x8300 0000 （CLE＝0，ALE＝0）。

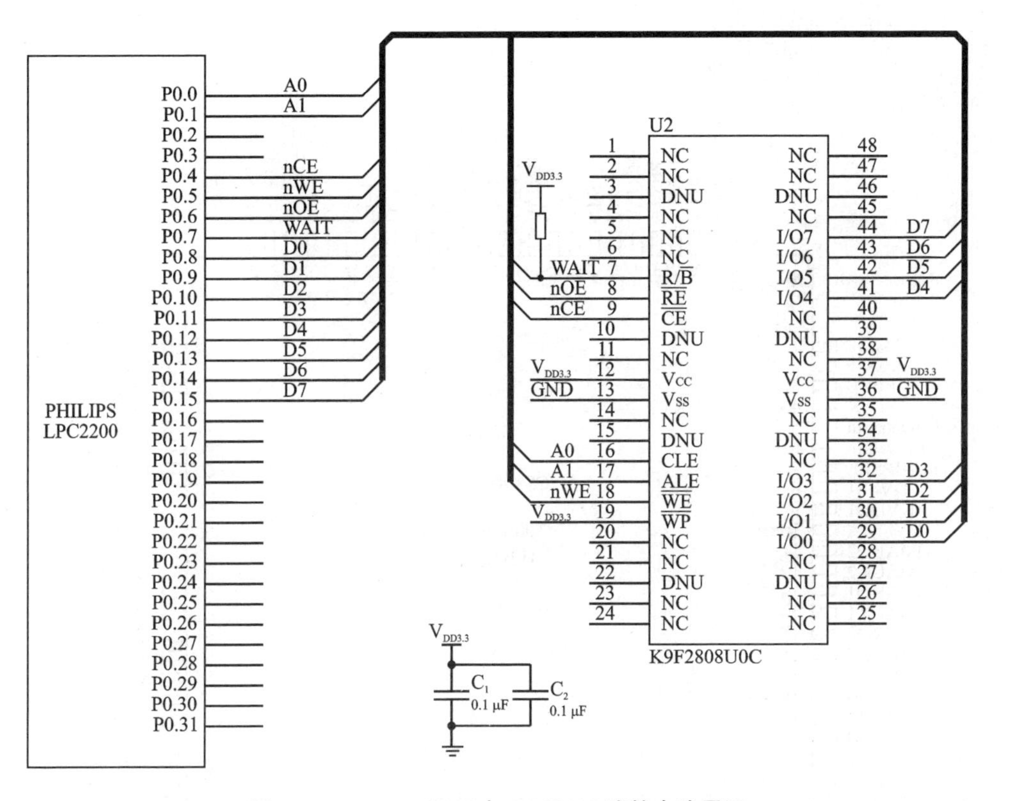

图 5.19　K9F2808U0C 与 LPC2200 连接电路原理

5.2.5　CS8900A 以太网接口电路

CS8900A 是一款符合 IEEE 802.3 标准的低功耗 10M 以太网控制器。它具有硬件连接简单、低电压工作、低功耗及具有工业级芯片的特点。

该器件具有 4 KB 片上 SRAM，用于缓存收发的数据包和芯片功能控制。具有标准的 ISA 总线接口，可以方便地修改为其他控制器的总线接口方式，器件引脚分布如图 5.20 所示。

CS8900A 具有 100 个引脚：

- SA[0：19]：系统地址总线。在 I/O 模式或 Memory 模式下，这 20 根地址线解码后用于访问 CS8900A 的内部存储器空间。只有输入的地址与内部设置的地址匹配后，CS8900A 才会做出响应。
- SD[0：15]：系统数据总线。这是一个双向的 16 位数据总线，通过设置可以工作在 8 位模式。
- RESET：硬件复位输入引脚。在该引脚上输入一个大于 400 ns 的高电平脉冲，将引起硬件复位。

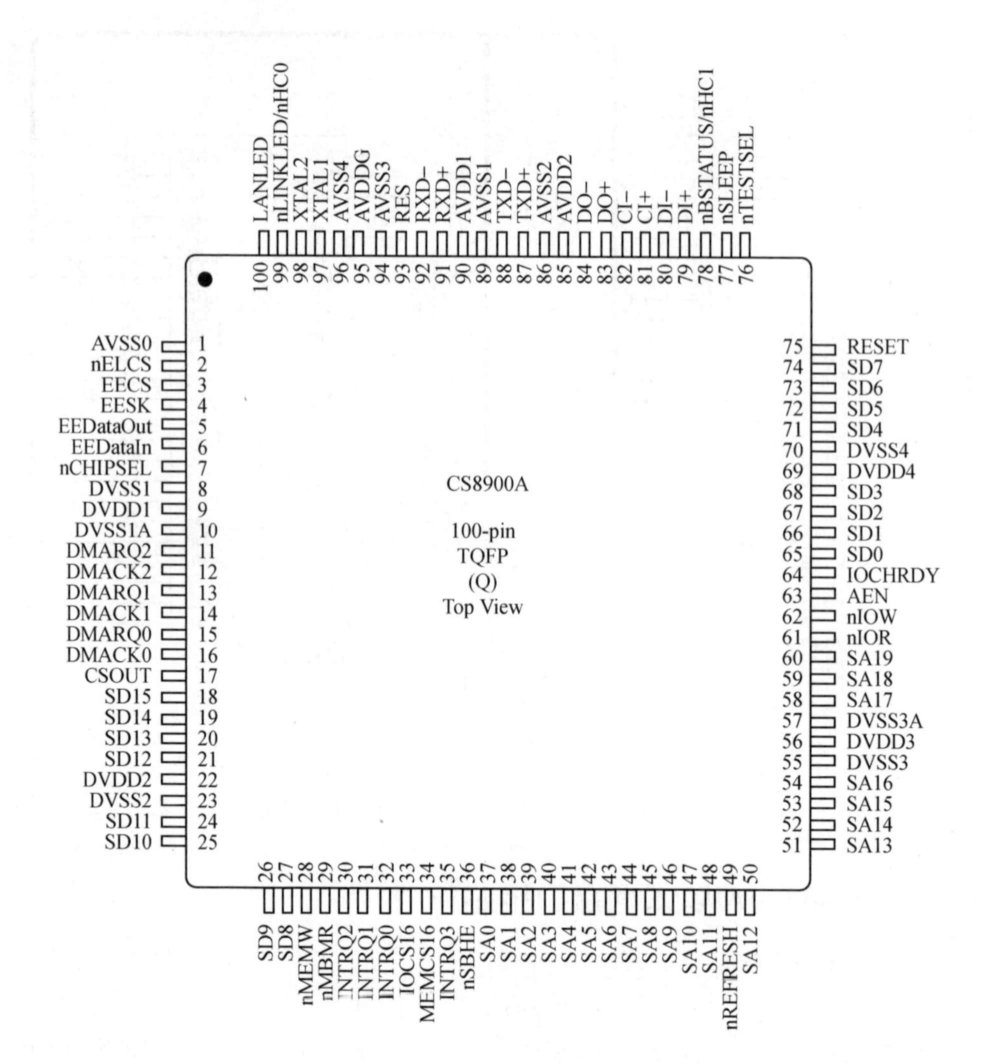

图 5.20　CS8900A 引脚分布图

- AEN：地址使能引脚。当 nTEST 引脚为高电平时，AEN 输入高电平表示器件已经被 ISA 总线的 DMA 控制器控制，并且不作为 I/O 设备响应外部主机的操作。常用该引脚作为 I/O 模式时的片选线。
- nIOR：I/O 读使能引脚。当该引脚为低电平，并且地址总线上输入的地址值成功解码，那么器件将输出所选寄存器的内容。
- nIOW：I/O 写使能引脚。当该引脚为低电平，并且从地址线上输入的地址值解码有效，那么数据线上的内容将被写入到所选的寄存器中。
- nSBHE：数据总线高字节使能。当该引脚为低电平时，表示本次数据的读/写为 16 位宽度。

注意：在I/O模式下，芯片在软件或者硬件复位后，必须在该引脚先输入一个从高到低，然后再输入一个从低到高的脉冲。

- INTRQ[0：3]：中断请求输出引脚。在任何允许的中断事件发生后，这些引脚中的其中某位将输出高电平。直到从中断状态寄存器（ISQ）读出的值为0x0000时，该引脚才恢复为低电平。未被选择的中断输出引脚将保持高阻状态。
- TXD+/TXD−：10BASE－T发送端。
- RXD+/RXD−：10BASE－T接收端。
- DO+/DO−、DI+/DI−、CI+/CI−：AUI接口引脚。
- EESK、EECS、EEDataOut、EEDataIn：外挂EEPROM存储器的SPI接口。
- XTAL[1：2]：外部晶振输入/输出引脚。通过这两个引脚，外接一个20 MHz的晶振。如果从外部引入20 MHz的时钟信号，那么该信号从XTAL1引脚引入，而XTAL2引脚悬空。

注意：CS8900A内部已经集成有负载电容，所以不需要外接电容。

- nLINKLED/nHC0：连接正常指示。当Self Control寄存器的HCE0位清零时，该引脚指示网络连接正常（通常外接LED）。当HCE0位置1时，该引脚受主机控制。
- nBSTATUS/nHC1：连接正常指示。当Self Control寄存器的HCE1位清零时，该引脚指示接收到数据包（通常外接LED）。当HCE1位置1时，该引脚受主机控制。
- RES：参考电阻输入端。为了内部模拟电路，需要在该引脚外接4.99(1±1%) kΩ的精密电阻。
- DVDD[1：4]：数字电源输入。从这些引脚提供芯片数字部分电路的电源。
- DVSS[1：4]、DVSS1A、DVSS3A：数字地引脚。
- AVDD[1：3]：模拟电源输入端。从这些引脚提供芯片模拟部分电路的电源。
- AVSS[0：4]：模拟地。

CS8900A与LPC2200系列ARM的硬件连接如图5.21所示，CS8900A通过nCS3引脚使能，因此器件的读/写基地址为0x83000 000。

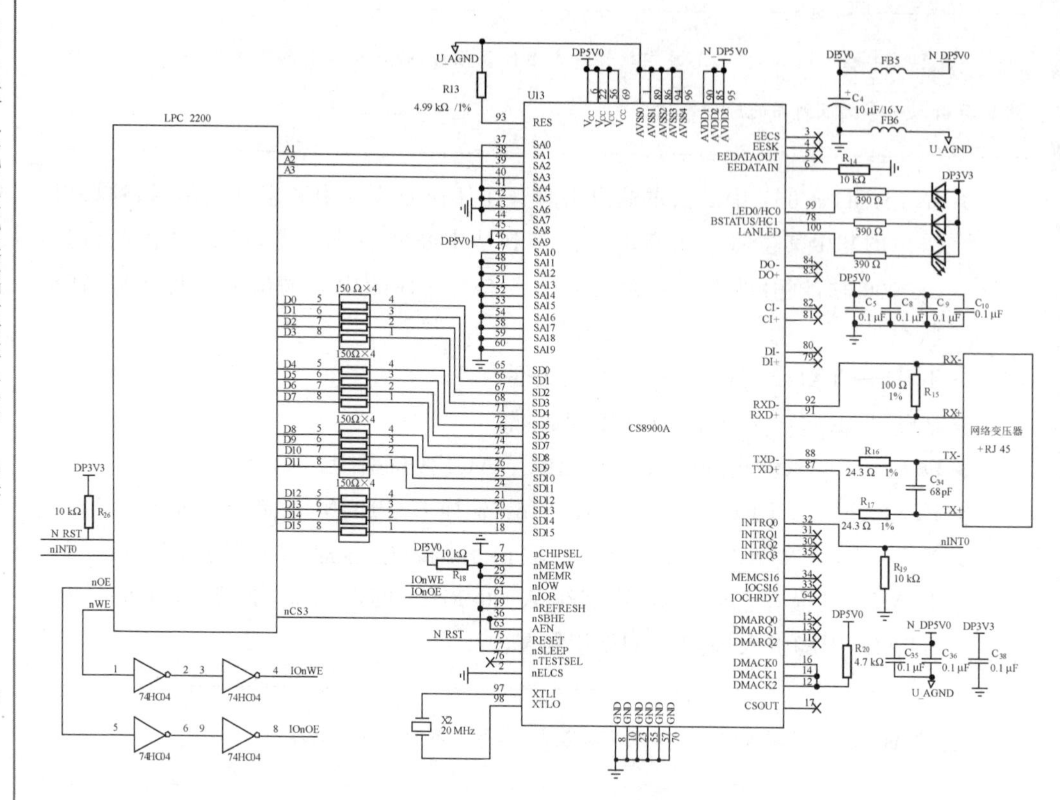

图 5.21　CS8900A 与 LPC2200 连接电路图

5.2.6　CF 卡接口电路

CF 卡是一种大容量存储设备,目前已广泛应用在数码相机、PDA、MP3、工控机等嵌入式系统中。CF 卡有 PC 卡 I/O、Memory 及 True IDE 这 3 种模式。而 True IDE 模式兼容 IDE 硬盘,该模式比其他的两种模式更实用,是 3 种模式中使用较多的一种。本节只介绍 CF 卡在 True IDE 模式下的接口。

使用 LPC2000 的通用可编程 I/O 口,模拟产生 ATA 设备的读/写时序,实现对 CF 卡及 IDE 硬盘等 ATA 设备读/写操作。使用 LPC2000 的 GPIO 功能,可以非常灵活而简单地实现 ATA 读/写时序。

如表 5.5 所列,卡上所有的输入和输出引脚都被标志,除了数据总线上的准双向触发态信号。表 5.6 分别描述了 CF 卡在 True IDE 工作模式下的各引脚的功能。

表 5.5　CF 卡引脚设定及引脚类型

引脚号	信号名称	类　型	引脚号	信号名称	类　型	引脚号	信号名称	类　型
1	GND		18	A2	I	35	$\overline{\text{IOWR}}$	I
2	D03	I/O	19	A1	I	36	$\overline{\text{WE}}$[③]	I
3	D04	I/O	20	A0	I	37	INTRQ	O
4	D05	I/O	21	D00	I/O	38	V_{CC}	
5	D06	I/O	22	D01	I/O	39	$\overline{\text{CSEL}}$	I
6	D07	I/O	23	D02	I/O	40	$\overline{\text{VS2}}$	O
7	$\overline{\text{CS0}}$	I	24	$\overline{\text{IOCS16}}$	O	41	$\overline{\text{RESET}}$	I
8	A10[②]	I	25	$\overline{\text{CD2}}$	O	42	IORDY	O
9	$\overline{\text{ATASEL}}$	I	26	$\overline{\text{CD1}}$	O	43	—	O
10	A9[②]	I	27	D11[①]	I/O	44	—[④]	I
11	A8[②]	I	28	D12[①]	I/O	45	$\overline{\text{DASP}}$	I/O
12	A7[②]	I	29	D13[①]	I/O	46	$\overline{\text{PDIAG}}$	I/O
13	V_{CC}		30	D14[①]	I/O	47	D08[①]	I/O
14	A6[②]	I	31	D15[①]	I/O	48	D09[①]	I/O
15	A5[②]	I	32	$\overline{\text{CS1}}$[①]	I	49	D10[①]	I/O
16	A4[②]	I	33	$\overline{\text{VS1}}$	O	50	GND	
17	A3[②]	I	34	$\overline{\text{IORD}}$	I			

① 这些信号仅对 16 位系统有用,在 8 位系统中无效。设备应允许设置三态信号以省电。

② 主控器上的这些信号应该接地。

③ 主控器上的这些信号应该与 V_{CC} 连接。

④ 该引脚应保持高电平或在主控器上与 V_{CC} 连接。

表 5.6　CF 卡信号描述

引　脚		类　型	描　述
18,19,20	A2～A0	I	在 True IDE 模式中,A[2:0]可用来选择 Task File(任务文件)中 8 个寄存器中的一个,其他的地址线应该被主控器设置为接地
46	$\overline{\text{PDIAG}}$	I/O	在 IDE 实模式下,诊断信号可通过主/从握手协议输入/输出
45	$\overline{\text{DASP}}$	I/O	在 True IDE 模式下,磁盘就绪信号可通过主/从握手协议输入/输出
26,25	$\overline{\text{CD1}}$,$\overline{\text{CD2}}$	O	CF 存储卡及 CF+卡上的这些卡检测引脚接地。它们被主控器用来检测 CF 存储卡及 CF+卡是否完全插进插槽

续表 5.6

引　脚		类　型	描　述
7,32	$\overline{CS0}$,$\overline{CS1}$	I	在 True IDE 模式下，当 $\overline{CS1}$ 用来选择辅助状态寄存器及设备控制寄存器，$\overline{CS0}$ 为任务文件寄存器的片选信号
39	$\overline{CSEL}$	I	卡内部该引脚上拉信号控制设备；当引脚接地，设备被配置为主模式，当引脚为空，设备被配置为从模式
31,30,29,28,27,49,48,47,6,5,4,3,2,23,22,21	D15～D00	I/O	当所有的数据通过 D[15：0]进行 16 位传输时，任务文件寄存器在总线低位 D[7：0]上以字节方式操作
1,50	GND	—	地
43	—	O	在 True IDE 模式，该输出信号无效，无需与主控器连接
34	$\overline{IORD}$	I	读 CF 卡寄存器信号引脚
35	$\overline{IOWR}$	I	写 CF 卡寄存器信号引脚
9	$\overline{ATASEL}$	I	为了使能 True IDE 模式，该输入信号线应被主控器接地
37	INTRQ	O	在 True IDE 模式下，该信号线对主控器发出中断请求
44	—	I	该输入信号无效，应被置高或通过主控器连接至 V_{CC}
41	$\overline{RESET}$	I	True IDE 模式下，通过主控器，该输入引脚低电平复位
13,38	V_{CC}	—	+5 V，+3.3 V 电源
33,40	$\overline{VS1}$,$\overline{VS2}$	O	CF 卡工作电压控测信号。$\overline{VS1}$ 接地，可使 CF 存储卡和 CF+卡在 3.3 V 下被读取；$\overline{VS2}$ 保留
42	IORDY	O	在 True IDE 模式下，该输出信号可当作 IORDY 信号使用
36	$\overline{WE}$	I	在 True IDE 模式下，该输入信号无效，可通过主控器接 V_{CC}
24	$\overline{IOCS16}$	O	在 Truc IDE 模式下，当设备为一个字数据传输周期时，该输出信号为低

LPC2200 的 GPIO 引脚与 CF 卡的硬件接线图如图 5.22 所示。表 5.7 为 LPC2200 的 GPIO 引脚与 CF 卡引脚连接分配表，表中描述了各 GPIO 引脚与 CF 卡对应的控制信号线，根据表中的描述配置 LPC2200 相关的寄存器。

CF 卡可以在 5 V 或 3.3 V 下工作，当 CF 工作电源为 5 V 时 CF 卡的某些引脚要求输入的逻辑电平最小值为 4.0 V，而 GPIO 的输出电平才 3.3 V，所以只能使用 3.3 V 给 CF 卡供电。

由于寄存器的地址是由 A0、A1、A2、$\overline{CS0}$ 和 $\overline{CS1}$ 决定，将它们都分配在 P1 口是为了简化编程；而数据总线 D00～D15 使用 P2.16～P2.31 连续的 GPIO，也是为了编程方便；其他的 I/O 引脚都没有特别的要求。

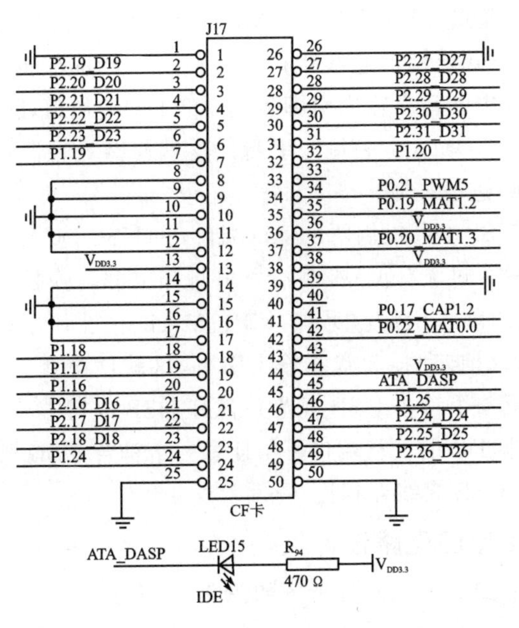

图 5.22　LPC2200 的 GPIO 引脚与 CF 卡硬件接线图

表 5.7　LPC2200 的 GPIO 引脚与 CF 卡连接引脚分配

LPC2200	CF 卡	类　型	LPC2210	CF 卡	类　型
* P0.17	$\overline{\text{RESET}}$	O	* P1.17	A1	O
* P2.16～P2.31	D00～D15	I/O	* P1.16	A0	O
P0.18	—	I	* P1.19	$\overline{\text{CS0}}$	O
* P0.19	$\overline{\text{IOWR}}$	O	P1.23	—	O
* P0.21	$\overline{\text{IORD}}$	O	P1.24	$\overline{\text{IOCS16}}$	I
P0.22	IORDY	I	P1.25	$\overline{\text{PDIAG}}$	I
P1.21	—	I	* P1.18	A2	O
P0.20	INTRQ	I	* P1.20	$\overline{\text{CS1}}$	O

注：(1) I/O 输入与输出是相对于 LPC2200 来说的，I 为 LPC2200 的输入，O 为输出。

(2) 带“ * ”号的引脚为使用到的引脚，其他引脚不需使用，但需要配置为适当的状态。

(3) 引脚描述见表 5.6。

5.2.7　USB Device/Host 接口电路

1. 概　述

ISP1161A1 是一个单片通用串行总线（USB）主机控制器（HC）和设备控制器（DC）。ISP1161A1 的主机控制器部分符合通用串行总线 2.0 规范，支持全速（12 Mbit/s）和低速（1.5 Mbit/s）的数据传输。ISP1161A1 的设备控制器部分也符合通用串行总线 2.0 规范,支持全速(12 Mbit/s)的数据传输。这两个 USB 控制器(HC 和 DC)共用一个微处理器总线接口。它们有相同的数据总线,但 I/O 地址不同。它们也有各自的中断请求输出引脚和独立的 DMA 通道,DMA 通道含有各自的 DMA 请求输出引脚和 DMA 应答输入引脚。这就使微处理器在应用中可以同时对 USB HC 和 USB DC 进行控制。

ISP1161A1 为 USB HC 提供两个下行端口,为 USB DC 提供一个上行端口。每一个下行端口都有一个过流(OC)检测输入引脚和电源转换控制输出引脚。上行端口也有一个 V_{BUS} 检测输入引脚。另外,ISP1161A1 还分别为 USB HC 和 USB DC 提供单独的唤醒输入引脚和挂起状态输出引脚,这就使电源管理起来很灵活。HC 的下行端口可与任意一个符合 USB 规范并含有 USB 上行端口的 USB 器件或 USB 集线器相连。类似地,DC 的上行端口可与任意一个符合 USB 规范并含有 USB 下行端口的 USB 主机或 USB 集线器相连。

2. ISP1161A1 接口电路设计

ISP1161A1 的 LQFP64 引脚配置图如图 5.23 所示。

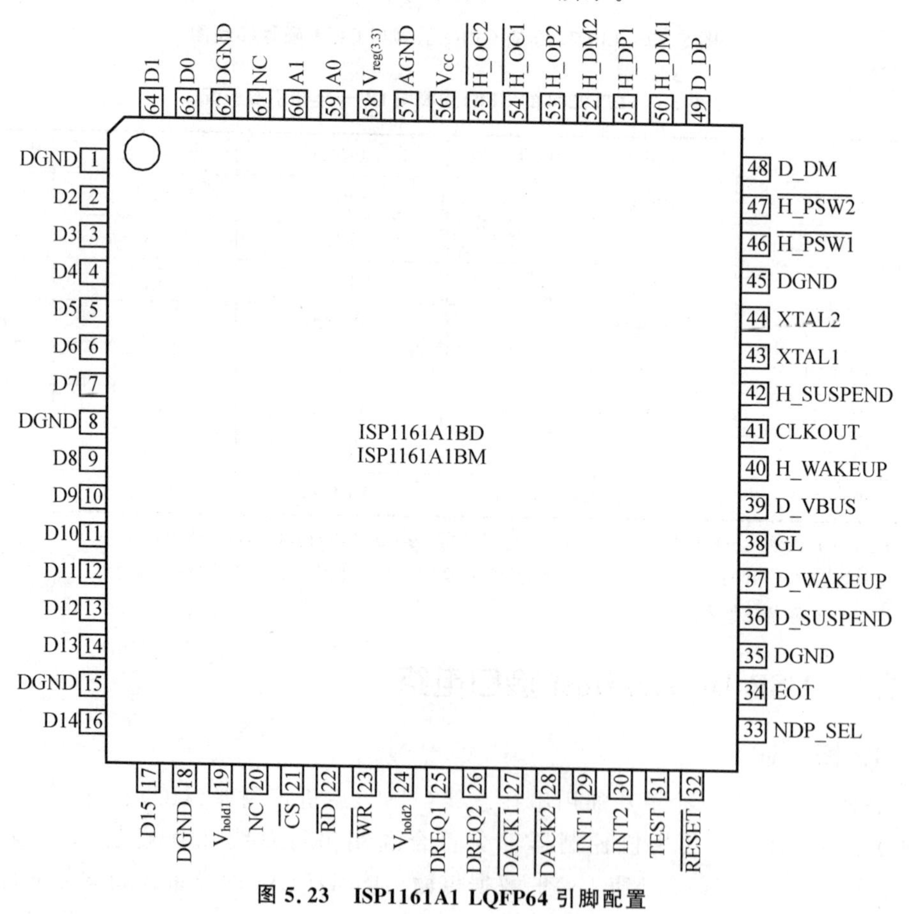

图 5.23 ISP1161A1 LQFP64 引脚配置

ISP1161A1 的引脚描述如表 5.8 所列。

表 5.8　ISP1161A1 的引脚描述

引　脚		类　型	描　述
1	DGND	—	数字地
	2	D2I/O	双向数据的 bit2,转换速率控制,TTL 电平输入,三态输出
3	D3	I/O	双向数据的 bit3,转换速率控制,TTL 电平输入,三态输出
4	D4	I/O	双向数据的 bit4,转换速率控制,TTL 电平输入,三态输出
5	D5	I/O	双向数据的 bit5,转换速率控制,TTL 电平输入,三态输出
6	D6	I/O	双向数据的 bit6,转换速率控制,TTL 电平输入,三态输出
7	D7	I/O	双向数据的 bit7,转换速率控制,TTL 电平输入,三态输出
8	DGND	—	数字地
9	D8	I/O	双向数据的 bit8,转换速率控制,TTL 电平输入,三态输出
10	D9	I/O	双向数据的 bit9,转换速率控制,TTL 电平输入,三态输出
11	D10	I/O	双向数据的 bit10,转换速率控制,TTL 电平输入,三态输出
12	D11	I/O	双向数据的 bit11,转换速率控制,TTL 电平输入,三态输出
13	D12	I/O	双向数据的 bit12,转换速率控制,TTL 电平输入,三态输出
14	D13	I/O	双向数据的 bit13,转换速率控制,TTL 电平输入,三态输出
15	DGND	—	数字地
16	D14	I/O	双向数据的 bit14,转换速率控制,TTL 电平输入,三态输出
17	D15	I/O	双向数据的 bit15,转换速率控制,TTL 电平输入,三态输出
18	DGND	—	数字地
19	V_{hold1}	—	电压保持引脚 1,内部连接到 $V_{reg(3.3)}$ 和 V_{hold2} 引脚。当 V_{CC} 连接到 5 V 时,该引脚将输出 3.3 V,因此须避免与 5 V 电压连接。当 V_{CC} 连接到 3.3 V 时,该引脚既可与 3.3 V 相连,也可悬空。在所有情况下,须将该引脚去耦接地
20	NC	—	不连接
21	$\overline{CS}$	I	片选输入
22	$\overline{RD}$	I	读选通输入
23	$\overline{WR}$	I	写选通输入
24	V_{hold2}	—	电压保持引脚 2:内部连接到 $V_{reg(3.3)}$ 和 V_{hold1} 引脚。当 V_{CC} 连接到 5 V 时,该引脚将输出 3.3 V,因此须避免与 5 V 电压连接。当 V_{CC} 连接到 3.3 V 时,该引脚既可与 3.3 V 相连,也可悬空。在所有情况下,须将该引脚去耦接地

续表 5.8

引脚		类型	描述
25	DREQ1	O	HC DMA 请求输出(极性可编程):当 DMA 控制器上获得信号时,ISP1161A1 启动 DMA 传输
26	DREQ2	O	DC DMA 请求输出(极性可编程):当 DMA 控制器上获得信号时,ISP1161A1 启动 DMA 传输
27	$\overline{\text{DACK1}}$	I	HC DMA 应答输入:当不使用时,该引脚必须外接一个 10 kΩ 电阻至 V_{CC}
28	$\overline{\text{DACK2}}$	I	DC DMA 应答输入:当不使用时,该引脚必须外接一个 10 kΩ 电阻至 V_{CC}
29	INT1	O	HC 中断输出:电平、触发沿和极性可编程
30	INT2	O	DC 中断输出:电平、触发沿和极性可编程
31	TEST	O	测试输出,仅用于测试,在正常操作的过程中该引脚不连接
32	$\overline{\text{RESET}}$	I	复位输入(施密特触发),一个低电平产生一次异步复位(内部上拉电阻)
33	NDP_SEL	I	指示 HC 的当前下行端口号:0 为选择 1 号下行端口;1 为选择 2 号下行端口。仅改变 HcRhDescriptorA 寄存器的 NDP 阶段值,2 个端口将一直使能
34	EOT	I	DMA 主机设备通知 ISP1161A1 DMA 传输结束,有效电平可编程
35	DGND	—	数字地
36	D_SUSPEND	O	DC 的"挂起"状态指示器输出,高电平有效
37	D_WAKEUP	I	DC 的唤醒输入:从"挂起"状态产生一个远程唤醒信号(高电平有效),当不使用时,该引脚必须通过一个外部 10 kΩ 的电阻连接到 DGND(内部下拉电阻)
38	$\overline{\text{GL}}$	O	GoodLink LED 指示器输出(开漏,8 mA):LED 默认为 ON,在 USB 通信时闪烁关闭,用一个 470 Ω(V_{CC}=5.0 V)或 330 Ω(V_{CC}=3.3 V)的串联电阻连接一个 LED
39	D_VBUS	I	DC 的 USB 上行端口 V_{BUS} 检测输入:当不使用时,该引脚必须通过一个 1 MΩ 的电阻连接到 DGND
40	H_WAKEUP	I	HC 的唤醒输入:从"挂起"状态产生一个远程唤醒信号(高电平有效),当不使用时,该引脚必须通过一个外部 10 kΩ 的电阻连接到 DGND(内部下拉电阻)
41	CLKOUT	O	可编程的时钟输出(3~48 MHz),默认为 12 MHz
42	H_SUSPEND	O	HC 的"挂起"状态指示器输出,高电平有效

续表 5.8

引脚		类型	描述
43	XTAL1	I	晶振输入：直接与一个6 MHz的晶振相连，当引脚XTAL1被连接到一个外部时钟源时，引脚XTAL2必须悬空
44	XTAL2	O	晶振输出：直接与一个6 MHz的晶振相连，当引脚XTAL1被连接到一个外部时钟源时，XTAL2必须悬空
45	DGND	—	数字地
46	$\overline{\text{H\_PSW1}}$	O	下行端口1的电源转换控制输出，开漏输出
47	$\overline{\text{H\_PSW2}}$	O	下行端口2的电源转换控制输出，开漏输出
48	D_DM	I/O	DC上行端口的USB D－数据线，当不使用时，该引脚必须悬空
49	D_DP	I/O	DC上行端口的USB D＋数据线，当不使用时，该引脚必须悬空
50	H_DM1	I/O	HC下行端口1的USB D－数据线
51	H_DP1	I/O	HC下行端口1的USB D＋数据线
52	H_DM2	I/O	HC下行端口2的USB D－数据线，当不使用时，该引脚必须悬空
53	H_DP2	I/O	HC下行端口2的USB D＋数据线，当不使用时，该引脚必须悬空
54	$\overline{\text{H\_OC1}}$	I	HC下行端口1的过流检测输入
55	$\overline{\text{H\_OC2}}$	I	HC下行端口2的过流检测输入
56	V_{CC}	—	电源电压输入(3.0～3.6 V或4.75～5.25 V)，该引脚与内部3.3 V调整器的输入端相连。当它连接到5 V时，内部调整器将输出3.3 V到引脚$V_{reg(3.3)}$、V_{hold1}和V_{hold2}。当它与3.3 V相连时，不再连接内部调整器
57	AGND	—	模拟地
58	$V_{reg(3.3)}$	—	内部3.3 V调整器输出：当引脚V_{CC}与5 V相连时，该引脚输出3.3 V；当引脚V_{CC}与3.3 V相连时，该引脚连接到3.3 V
59	A0	I	地址输入：用于选择命令(A0＝1)或数据(A0＝0)
60	A1	I	地址输入：选择将AutoMux切换到DC(A1＝1)或AutoMux切换到HC(A1＝0)
61	NC	—	不连接
62	DGND	—	数字地
63	D0	I/O	双向数据的bit0，转换速率控制，TTL电平输入，三态输出
64	D1	I/O	双向数据的bit1，转换速率控制，TTL电平输入，三态输出

(1) ISP1161A1与处理器的接口设计

ISP1161A1与LPC2200系列ARM的连接原理图如图5.24所示，ISP1161A1与LPC2200连接描述详见表5.9。

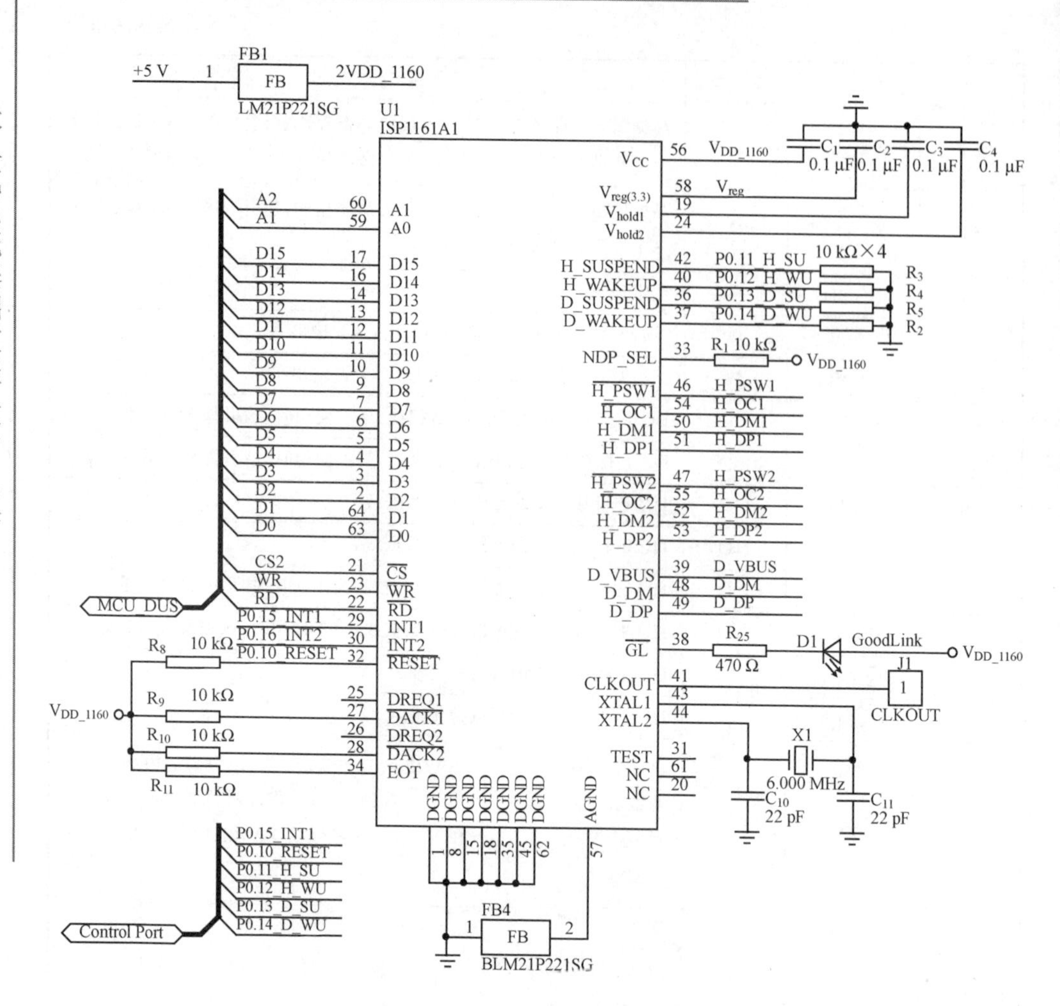

图 5.24 ISP1161A1 与 LPC2200 系列 ARM 的连接

ISP1161A1 的 16 根数据总线直接与 LPC2200 的低 16 位数据总线连接;地址总线 A0～A1 与 LPC2200 的 A1～A2 连接,由于使用处理器的 16 位数据总线,所以 LPC2200 的地址总线需要偏移 1 位,与 ISP1161A1 连接(LPC2200 的 bank 被配置为 16 位总线时,A0 无效);图 5.24 中以 LPC2200 外部控制器的 bank2 片选选择引脚与 ISP1161A1 的 $\overline{\text{CS}}$ 连接,所以 ISP1161A1 的有效地址范围为 0x8200 0000～0x8200 0006。其中:主机命令地址为 0x8200 0002;主机数据地址为 0x8200 0000;从机命令地址为 0x8200 0006;从机数据地址为 0x8200 0004。

微处理只需要通过以上的地址就可以实现对 ISP1161A1 的操作。

表 5.9 ISP1161A1 与 LPC2200 连接描述

ISP1161A1 引脚	功能描述	LPC2200 引脚
D0～D15	16 位数据总线	D0～D15
A0～A1	ISP1161A1 只使用 2 根地址总线	A1～A2
INI1	ISP1161A1 主机中断	P0.15
INT2	ISP1161A1 从机中断	P0.16
$\overline{\text{CS}}$	ISP1161A1 片选信号	nCS2
$\overline{\text{WR}}$	写使能	nWE
$\overline{\text{RD}}$	读使能	nOE
$\overline{\text{RESET}}$	控制 ISP1161A1 硬件复位	P0.10
H_WAKEUP	控制 ISP1161A1 主机唤醒	P0.12
H_SUSPEND	获取 ISP1161A1 主机挂起状态	P0.11
D_WAKEUP	控制 ISP1161A1 从机唤醒	P0.14
D_SUSPEND	获取 ISP1161A1 从机挂起状态	P0.13

(2) ISP1161A1 主机端口设计

ISP1161A1 主机下行端口原理图如图 5.25 所示。ISP1161A1 对下行端口提供了电源控制、过电流保护功能。ISP1161A1 的 $\overline{\text{H\_PSW1}}$(引脚 46)和 $\overline{\text{H\_PSW2}}$(引脚 47)分别用于控制下行端口的供电：当 $\overline{\text{H\_PSWn}}$ 引脚为低电平时，下行端口供电；为高电平时，下行端口断电。电源的控制还需要通过一个 P 沟道 MOSFET 管 NDS9435A 的配合。

ISP1161A1 的 $\overline{\text{H\_OC1}}$(引脚 54)和 $\overline{\text{H\_OC2}}$(引脚 55)为内部过流检测引脚。漏极与源极上的压降，为过流检测电压(V_{OC})。内部过流检测电路内嵌有一个电压比较器，其标称的电压阈值(ΔV_{TRIP})为 75 mV。当 V_{OC} 超过 V_{TRIP} 时，$\overline{\text{H\_PSWn}}$ 将输出一个高电平，逻辑 1 信号关闭 P 沟道 MOSFET。如果 P 沟道 MOSFET 上接 150 mΩ 的 R_{DSon}，过流阈值将达到 500 mA。P 沟道 MOSFET 选择不同的 R_{DSon} 将得到一个不同的过流阈值。

FB2 和 FB3 为磁珠，用于滤除电源电路中的高频噪声。PRTR5V0U2X 为 NXP(原 PHILIPS)半导体公司设计的 USB 专业 ESD 器件，防止人体静电对 ISP1161A1 的影响，提高数据传输的可靠性。R_6、R_7、R_{14} 和 R_{15} 为匹配电阻，精度要求小于 1%。

(3) ISP1161A1 从机端口设计

ISP1161A1 从机端口如图 5.26 所示。USB－B 口的上的 VBus 引脚经过 R_{18} 限流电阻与 ISP1161A1 的 D_VBUS(引脚 39)连接，用于检测设备与主机端口的连接状态。R_{16} 和 R_{17} 为匹配电阻，精度要求不大于 1%。

图 5.26 中的 D1 为 USB 从机的通信状态指示 LED，当有数据传输时 D1 闪烁，枚举成功后 D1 点亮，断开连接时 D1 熄灭。PRTR5V0U2X 为 NXP 半导体公司设计的 USB 专业 ESD 器件，防止人体静电对 ISP1161A1 的影响，提高数据传输的可靠性。

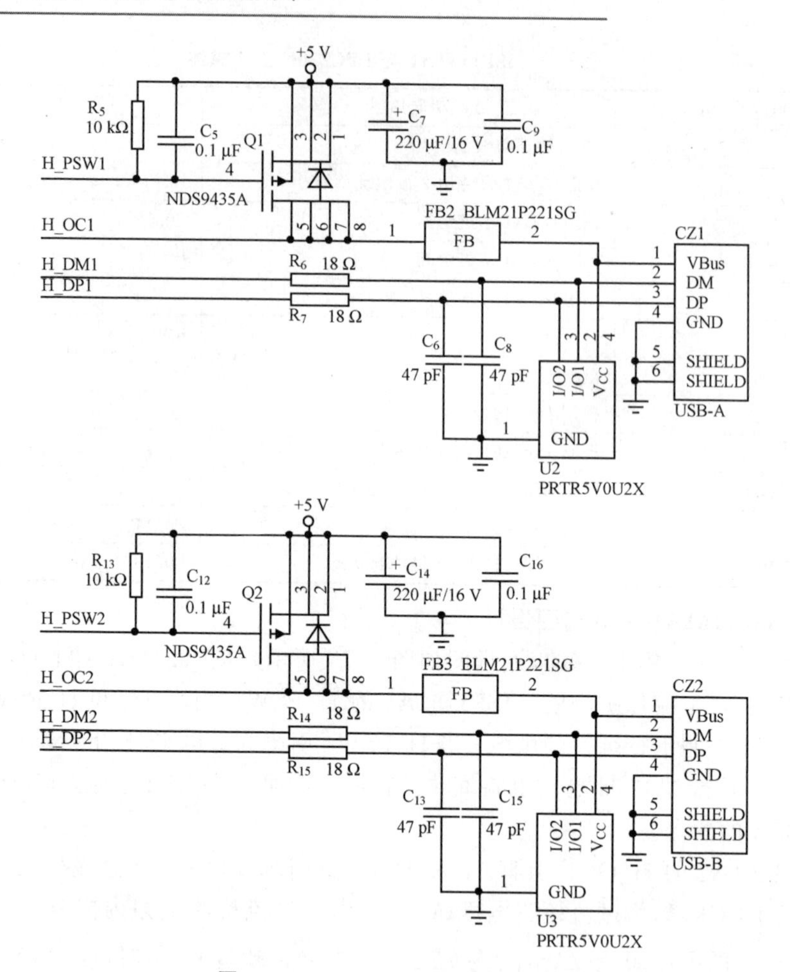

图 5.25 ISP1161A1 主机下行端口

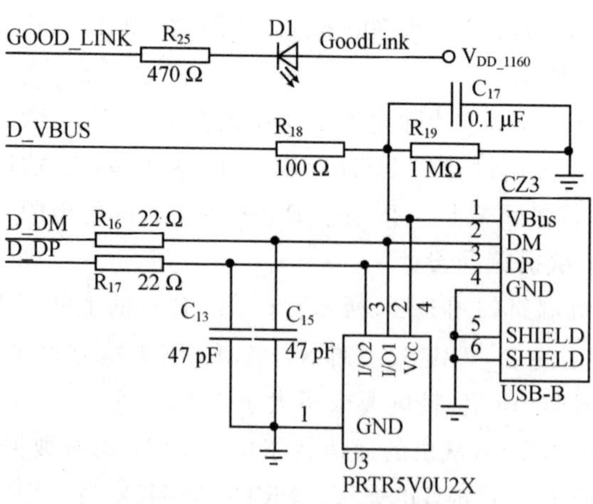

图 5.26 ISP1161A1 从机端口

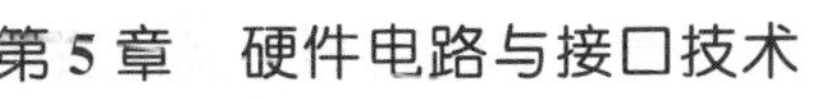

5.2.8　液晶接口电路

点阵式液晶模块一般采用并行接口进行数据传送，对于 LPC2200 系列微控制器可以采用外部存储器接口与液晶模块进行连接；对于 LPC2100 系列微控制器可以使用 I/O 模拟总线的方式与液晶模块进行连接。

这里以 SMG240128A 点阵图形液晶模块为例，介绍如何与 LPC2000 系列微控制器连接使用。SMG240128A 点阵图形液晶模块的点像素为 240×128 点，黑色字/白色底，STN 液晶屏，内嵌控制器为东芝公司的 T6963C，外部显示存储器为 32 KB。其引脚说明如表 5.10 所列。

表 5.10　SMG240128A 点阵图形液晶模块引脚说明

引脚		说明
1	FG	显示屏框架外壳地
2	Vss	电源地
3	V_{DD}	电源（+5 V）
4	V_{O}	LCD 驱动电压（对比度调节负电压输入）
5	WR	写操作信号，低电平有效
6	RD	读操作信号，低电平有效
7	CE	片选信号，低电平有效
8	C/D	C/D＝H 时，WR＝L：写命令；RD＝L：读状态 C/D＝L 时，WR＝L：写数据；RD＝L：读数据
9	Reset	复位，低电平有效
10	DB0	数据总线位 0
11	DB1	数据总线位 1
12	DB2	数据总线位 2
13	DB3	数据总线位 3
14	DB4	数据总线位 4
15	DB5	数据总线位 5
16	DB6	数据总线位 6
17	DB7	数据总线位 7
18	FS	字体选择，为高时 6×8 字体，为低时 8×8 字体
19	V_{OUT}	DC－DC 负电源输出
20	LED＋	背光灯电源正端
21	LED－	背光灯电源负端

注：FG 引脚接地。

液晶模块采用 8 位总线接口与微控制器连接，内部集成了负压 DC－DC 电路（LCD 驱动电压），使用时只需提供单 5 V 电源即可。液晶模块上装有 LED 背光，使用 5 V 电源供电，显示字符或图形时 LED 背光可点亮或熄灭。

SMG240128A 与 LPC2200 系列 ARM 的接口电路参考图 5.27。采用 8 位总线方式连接 SMG240128A 图形液晶模块，该模块没有地址总线，显示地址和显示数据均通过 DB0～DB7 接口实现。图形液晶模块的 C/D 与 A1 连接，使用 A1 控制模块处理数据/命令。模块的片选信号由 LPC2210 的 CS3 控制，当 nCS3 为 0 电平时，模块被选中，所以其数据操作地址为 0x8300 0000，命令操作地址为 0x8300 0002。

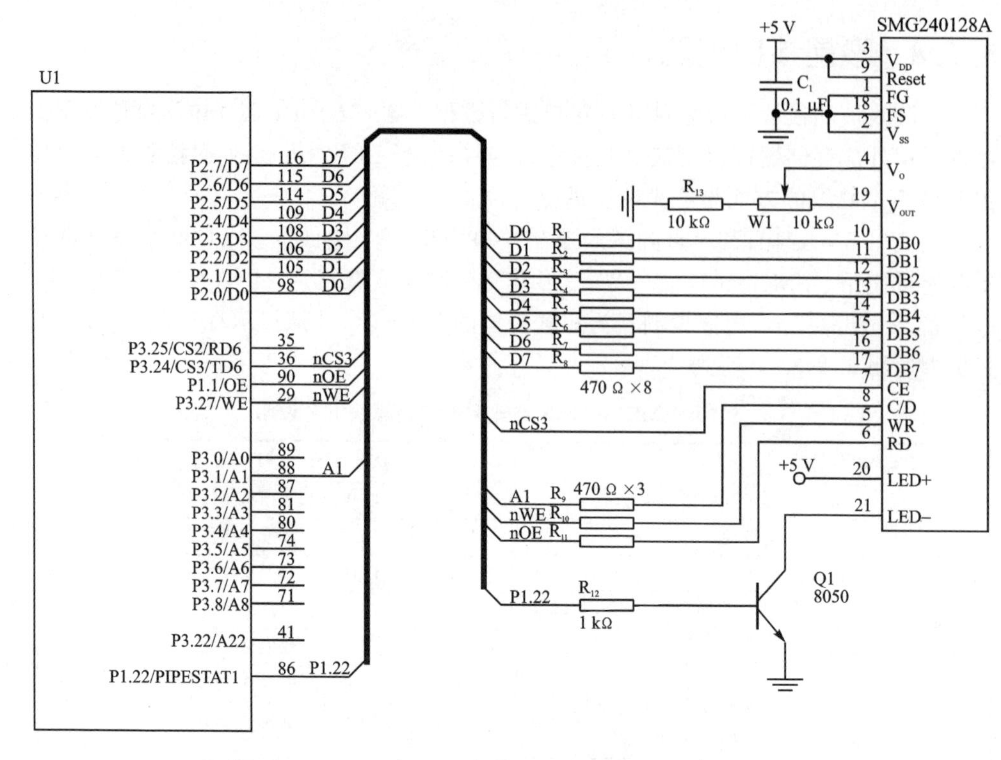

图 5.27 SMG240128A 点阵图形液晶模块应用连接电路

5.3 UART 接口电路

为了满足各种环境下对 UART 接口的需求,使数据能够更快地传输到各种不同的连接对象(LCD、GPS、GPRS、蓝牙、IrDA、无线耳机等),NXP 公司提供了一系列能够满足设计需求的 UART 最佳解决方案:

- 多通道 UART 接口(最多可达 8 个通道);
- 快速的总线周期时间;
- 大容量 FIFO 存储深度(可达 256 字节);
- 高速 UART 波特率(可达 5 Mbit/s);
- 高级中断功能。

这些功能可以将 CPU 从这些基本的任务中解放出来,从而可以集中处理其他更加紧要的任务了。UART 器件的型号如表 5.11 所列,有关 UART 器件的详细信息请登录网站 www.zlgmcu.com "UART 系列器件"专栏。

表 5.11 UART 器件列表

型 号	UART 端口	GPIO 数量	IrDA 最快速度/($kbit \cdot s^{-1}$)
SC16IS750	1	8	115.2
SC16IS760	1	8	1 152
SC16IS752	2	8	115.2
SC16IS762	2	8	1 152

SC16IS752/762 是 NXP 公司生产的 I²C/SPI 转 UART 的桥接器件，具有如下特点：全双工 UART、I²C/SPI 总线接口、2.5 V 或 3.3 V 工作电压、具备 5 V 输入电压的承受能力、接收和发送 FIFO 都可存储多达 64 字符并且具有可选用或可编程的触发点、硬件和软件复位等。

SC16IS752 与 LPC2000 系列 ARM 的连接电路如图 5.28 和图 5.29 所示。

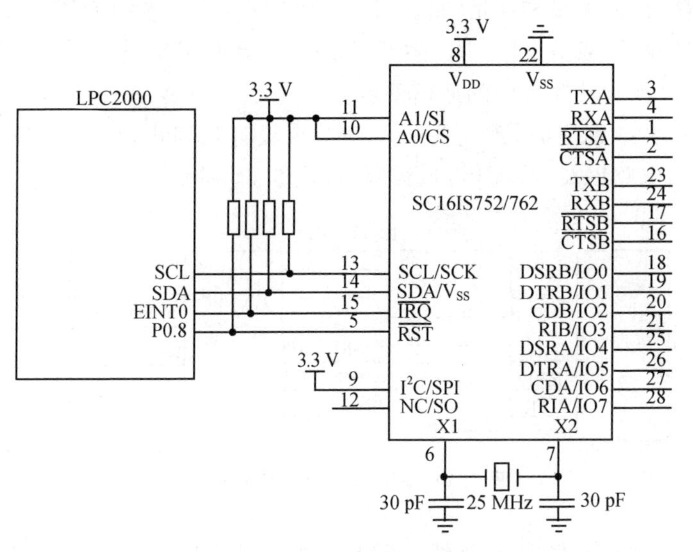

图 5.28 SC16IS752 与 LPC2000 系列 ARM I²C 接口的连接

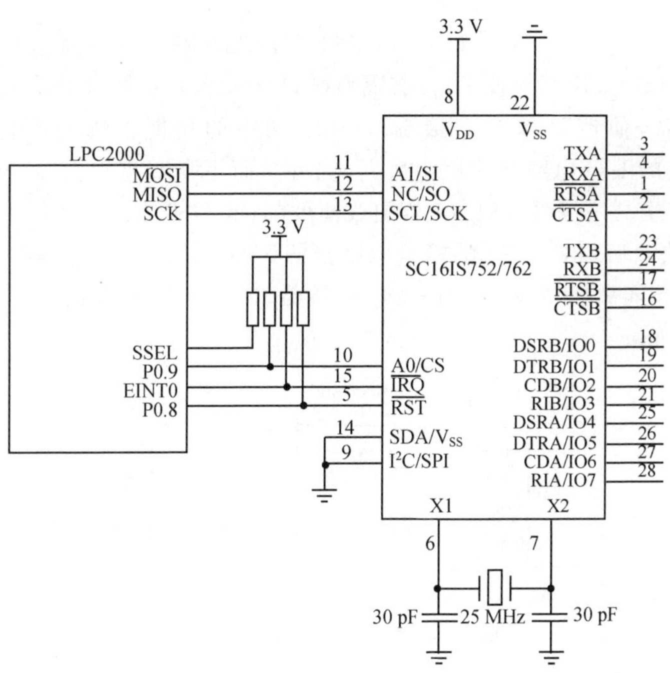

图 5.29 SC16IS752 与 LPC2000 系列 ARM SPI 接口的连接

5.4　RS－485 接口电路

RS－485 是一个电气接口规范，它只规定了平衡驱动器和接收器的电特性，而没有规定接插件、传输电缆和通信协议。RS－485 标准定义了一个基于单对平衡线的多点、双向（半双工）通信链路，是一种极为经济并具有相当强的噪声抑制、高传输速率、长传输距离和宽共模范围的通信平台。

使用 RS－485 网络时，需要为每一个节点设计接口电路，通常接口电路包括：DC－DC、隔离电路以及 RS－485 收发器，如图 5.30 所示。

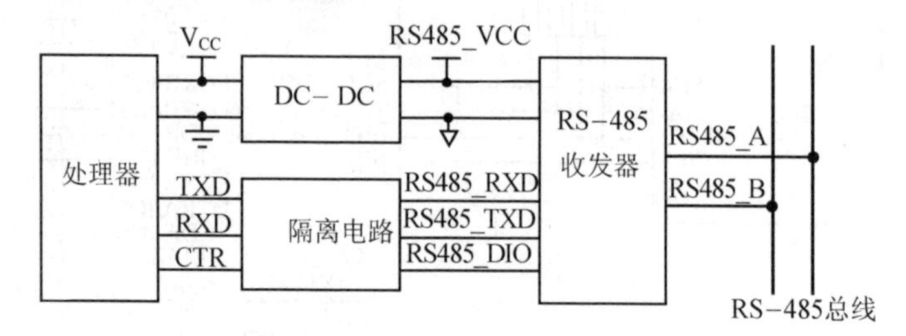

图 5.30　RS－485 接口电路图(1)

由于 RS－485 是半双工总线，所以需要专门使用一个 I/O（CTR）用来控制方向。

RSM485 即“RS－485 ⇔ UART（TTL）”，集成 RS－485 通信接口与 UART（TTL）通信接口，采用灌封技术，具有隔离（DC 3000 V）、总线保护功能于一身，方便嵌入用户设备，使产品具有连接 RS－485 网络的功能。数据流控制方式：由 RSM485 独有的 I/O 电路自动控制数据流方向，而不需要控制信号，从而保证了在 UART 半双工方式下编写的程序无需更改便可在 RS－485 方式下运行。使用 RS－485 隔离收发模块以后，RS－485 的接口电路框图如图 5.31 所示。实际电路如图 5.32 所示，RSM485 隔离模块及其 RS－485 中继器、RS485 Hub 等信息详见 www.embedcontrol.com。

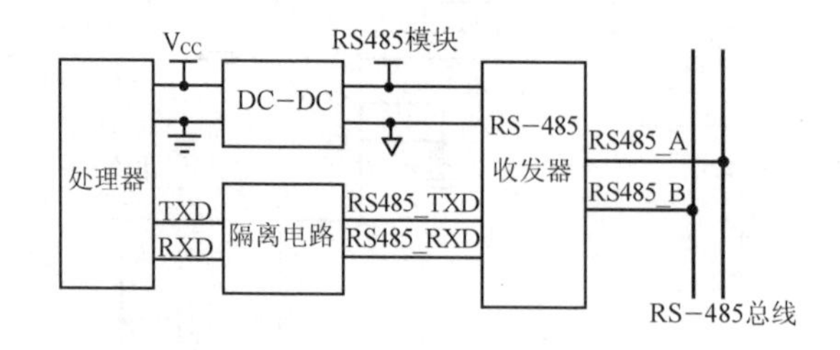

图 5.31　RS－485 接口电路图(2)

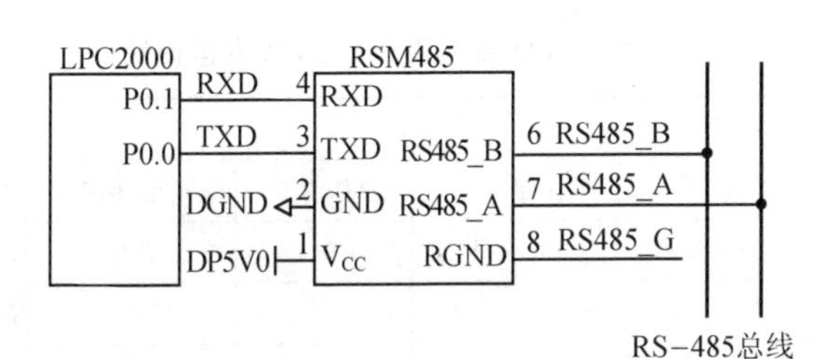

图 5.32 RS-485接口电路图(3)

使用RSM485隔离模块时,需要注意一点:RSM485的供电电源为5 V。信号接口TXD、RXD会自动兼容5 V和3.3 V系统。

5.5 CAN-bus接口电路

LPC2000系列ARM内部集成了2路CAN控制器,每个控制器需要一对收发引脚。CAN控制器需要连接专用的CAN收发器才能连接到CAN总线上,收发器的作用就是把收发引脚的TTL电平转换成CAN总线的差分电平,连接了CAN收发器的CAN控制器才能成为真正意义上的CAN节点。

在工业控制应用场合,强烈推荐使用隔离收发器电路,只有这样设计才能保证在恶劣的工业干扰环境下设备能够正常工作。为了简化电路的设计,电路采用了一体化的隔离收发器模块——CTM系列隔离收发器。电路连接非常简单,如图5.33所示。

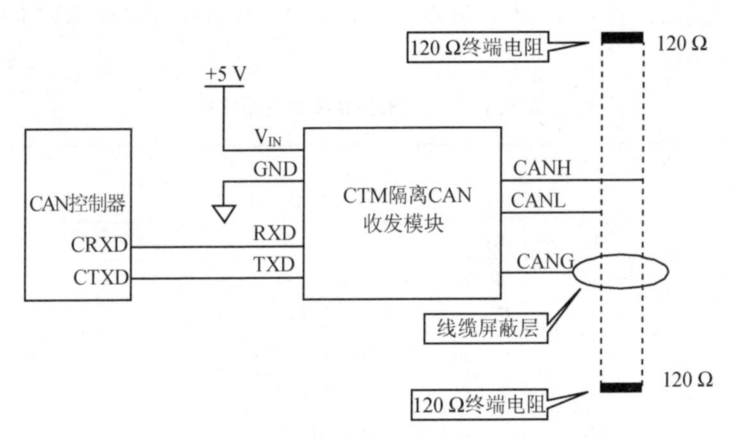

图 5.33 CTM模块与CAN控制器连接

CTM系列隔离CAN收发器模块的型号如表5.12所列,有关这些模块的详细信息请登录网站www.embedcontrol.com"CTM系列隔离CAN收发器模块"专栏。

表5.12　CTM系列隔离CAN收发器模块

分类	型号	主要参数				备注
		工作电压/V	工作温度/℃	总线保护	隔离电压/V	
工业级	CTM1050	4.75～5.25	−40 ～ +85	—	2 500	高速隔离CAN收发器
	CTM1050T	4.75～5.25	−40 ～ +85	√	2 500	高速隔离CAN收发器
	CTM1040	4.75～5.25	−40 ～ +85	—	2 500	高速隔离CAN收发器
	CTM1040T	4.75～5.25	−40 ～ +85	√	2 500	高速隔离CAN收发器
	CTM8250	4.75～5.25	−40 ～ +85	—	2 500	通用隔离CAN收发器
	CTM8250T	4.75～5.25	−40 ～ +85	√	2 500	通用隔离CAN收发器
	CTM8251	4.75～5.25	−40 ～ +85	—	2 500	通用隔离CAN收发器
	CTM8251T	4.75～5.25	−40 ～ +85	√	2 500	通用隔离CAN收发器
	CTM8251D	4.75～5.25	−40 ～ +85	—	2 500	双路隔离CAN收发器
汽车级	CTM1060	4.75～5.25	−40 ～+85	—	2 500	高速隔离CAN收发器
	CTM1060T	4.75～5.25	−40 ～ +85	√	2 500	高速隔离CAN收发器
	CTM8261	4.75～5.25	−40 ～ +85	—	2 500	通用隔离CAN收发器
	CTM8261T	4.75～5.25	−40 ～ +85	√	2 500	通用隔离CAN收发器
	CTM8231	3～3.6	−40 ～ +85	—	2 500	通用隔离CAN收发器
	CTM8231T	3～3.6	−40 ～ +85	√	2 500	通用隔离CAN收发器

由于LPC2000系列部分ARM含有2路CAN-bus接口,因此选用CTM8251D模块。CTM8251D的引脚定义如表5.13所列,CTM8251D与ARM的连接如图5.34所示。

表5.13　CTM8251D模块引脚描述

引脚		描述
1	V_{in}	电源输入(4.75～5.25 V)
2	GND	电源地
3	RXD1	第一路CAN控制器接收端
4	TXD1	第一路CAN控制器发送端
5	RXD2	第二路CAN控制器接收端
6	TXD2	第二路CAN控制器发送端
7	CANH2	第二路CANH信号线连接端
8	CANL2	第二路CANL信号线连接端
9	CANG	隔离电源输出地
10	CANH1	第一路CANH信号线连接端
11	CANL1	第一路CANL信号线连接端

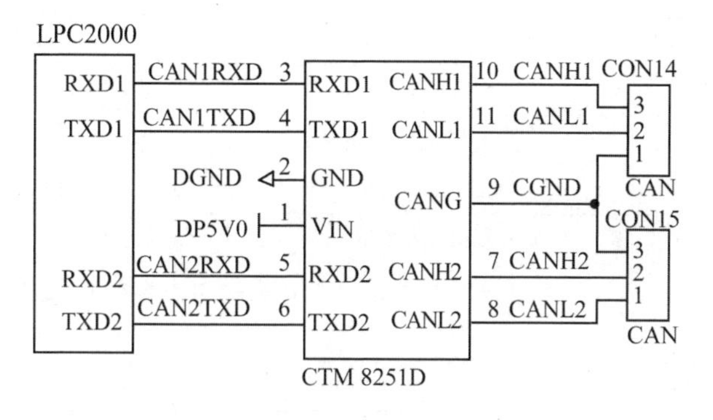

图5.34　双路CAN接口电路

5.6　GPRS DTU 接口电路

ZWG－23DP GPRS DTU 是一款嵌入式 DTU 模块。它具有体积小和应用方式灵活的特点，可以非常方便地嵌入到用户的设备中，使设备具有 GPRS 无线通信功能。该模块同时提供配置串口和通信串口，使用便捷。

ZWG－23DPS 除了具有 ZWG－23DP 的功能之外，还具备多根控制线和多个 I/O 和 A/D 可供用户配置使用，能实现远程 I/O 控制，如图 5.35 所示。更多的相关信息详见网站 http://www.embedcontrol.com。

ZWG－23DP GPRS DTU 的引脚说明如表 5.14 所列。

表5.14　ZWG－23DP GPRS DTU 引脚说明

引　脚		类　型	说　明	备　注
电源接口	VBAT	—	GPRS 模块供电引脚（4.2～4.5 V）	—
	V_{DD}	—	CPU 供电引脚 3.3 V	—
	GND	—	数字地	—
串行数据接口	TxD_A	O	串口 A 发送	通信口
	RxD_A	I	串口 A 接收	
	TxD_B	O	串口 B 发送	配置口
	RxD_B	I	串口 B 接收	
SIM 接口	SIM_RST_P	O	复位	当不使用模块的 SIM 卡插座时，可以将外接插座与这些引脚连接
	SIM_CLK_P	O	时钟	
	SIM_IO_P	I/O	I/O 数据	
	SIM_PRSNS	I	SIM 卡插入检测	
	VSIM	I	SIM 供电	

续表 5.14

引脚		类型	说明	备注
指示信号	NET	O	网络指示	当需要外接指示灯时连接;否则既可悬空,也可当作指示信号线。连接时直接接LED上拉到3.3 V
	LINK	O	上线指示,低电平有效	
	FULL	O	缓冲区满指示	
	ACT	O	数据收发指示	
控制信号	UART_CTR	I	通信口和配置口切换控制引脚	当该引脚为低电平时,切换到配置口
	RST_CTR	I	DTU复位控制引脚	低电平有效

如图5.36所示,IO1为输入口,用于检测DTU的上线情况。IO2为输出口,用于DTU的通信口和配置口的切换,IO2为低,将DTU的串口切换到配置端口B,TxD_B和RxD_B有效;IO2为高,则切换到通信口A,TxD_A和RxD_A有效。

图5.35 ZWG-23DP GPRS DTU模块侧视图

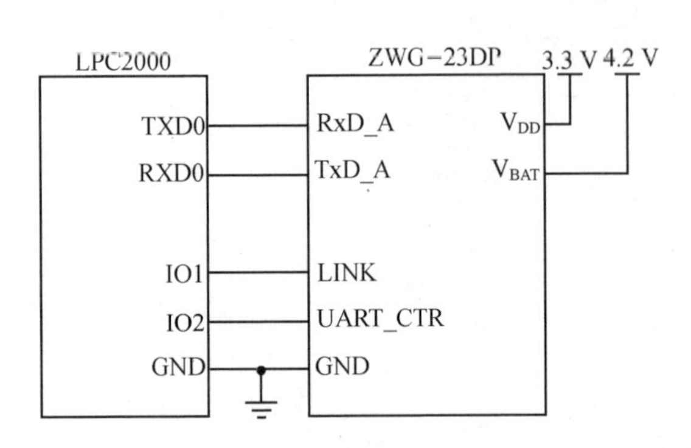

图5.36 LPC2000系列ARM与ZWG-23DP连接示意图

5.7　GPRS Modem 模块

ZWG－13DP 是一款嵌入式 GPRS Modem 模块，它为用户的设备提供最为简洁的嵌入式无线 Modem 接口，使用户的设备轻松实现 GPRS 上网、短信收发和拨打电话的功能，如图 5.37 所示。更多的相关信息详见网站 www.embedcontrlo.com。ZWG－13DP 的引脚说明如表 5.15 所列。

表 5.15　ZWG－13DP GPRS DTU 引脚说明

<table>
<tr><th colspan="2">引　脚</th><th>类　型</th><th>说　明</th><th>备　注</th></tr>
<tr><td rowspan="2">电源接口</td><td>V_{BAT}</td><td>—</td><td>模块供电引脚(4.2～4.5 V)</td><td>—</td></tr>
<tr><td>GND</td><td>—</td><td>数字地</td><td>—</td></tr>
<tr><td rowspan="8">Modem 接口</td><td>TXD</td><td>O</td><td>模块串口发送</td><td>接 LPC2000 UART1 的 RXD1 引脚</td></tr>
<tr><td>RXD</td><td>I</td><td>模块串口接收</td><td>接 LPC2000 UART1 的 TXD1 引脚</td></tr>
<tr><td>DTR</td><td>I</td><td>流控信号
数据终端准备就绪</td><td>接 LPC2000 UART1 的 DTR1 引脚</td></tr>
<tr><td>RTS</td><td>I</td><td>流控信号(数据终端)请求发送</td><td>接 LPC2000 UART1 的 RTS1 引脚</td></tr>
<tr><td>DSR</td><td>O</td><td>流控信号(低电平有效)Modem 准备就绪</td><td>接 LPC2000 UART1 的 DSR1 引脚</td></tr>
<tr><td>CTS</td><td>O</td><td>流控信号(低电平有效)Modem 可以接收数据</td><td>接 LPC2000 UART1 的 CTS1 引脚</td></tr>
<tr><td>DCD</td><td>O</td><td>流控信号(低电平有效)Modem 进入透明传输模式</td><td>接 LPC2000 UART1 的 DCD1 引脚</td></tr>
<tr><td>RI</td><td>O</td><td>流控信号(低电平有效)Modem 来电指示</td><td>接 LPC2000 UART1 的 RI1 引脚</td></tr>
<tr><td rowspan="5">外接 SIM 卡接口</td><td>SIM_RST</td><td>O</td><td>复位</td><td rowspan="5">当不使用模块的 SIM 卡插座时，可以将外接插座与这些引脚连接</td></tr>
<tr><td>SIM_CLK</td><td>O</td><td>时钟</td></tr>
<tr><td>SIM_IO</td><td>I/O</td><td>I/O 数据</td></tr>
<tr><td>SIM_PRSNS</td><td>I</td><td>SIM 卡插入检测</td></tr>
<tr><td>V_{SIM}</td><td>I</td><td>SIM 供电</td></tr>
<tr><td rowspan="2">指示灯接线</td><td>LED_ NET</td><td>O</td><td>网络指示</td><td rowspan="2">当需要外接指示灯时连接，否则可悬空。连接时直接将 LED 上拉到 3.3 V</td></tr>
<tr><td>LED_ ACT</td><td>O</td><td>数据收发指示</td></tr>
</table>

ZWG－13DP 与 LPC2000 系列 ARM 接口如图 5.38 所示，将 UART1 的各流控引脚与 ZWG－13DP 的对应引脚相连即可。**注意：**TXD 和 RXD 要交叉相连。

图 5.37　ZWG-13DP GPRS Modem 模块侧视图

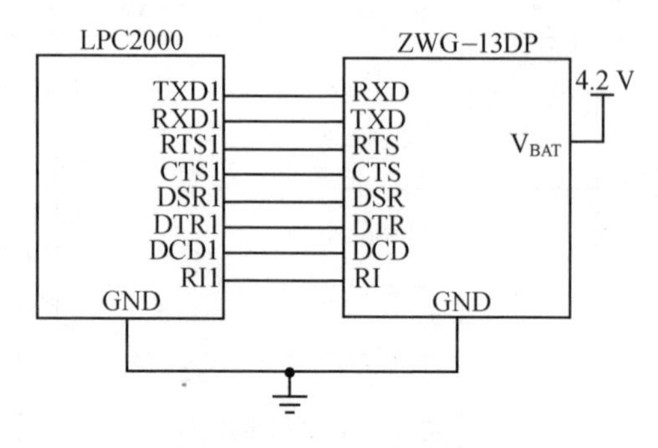

图 5.38　LPC2000 系列 ARM 与 ZWG-13DP 连接示意图

5.8　ZLG500 系列读卡模块

ZLG 系列读卡模块非接触式 IC 卡读卡模块，支持 Mifare S50、Mifare S70、Mifare Ultralight、Mifare Pro 和 Mifare DesFire 等符合 ISO 14443 标准的卡片，具有 I^2C、UART、RS-232 等多种通信接口，能灵活满足各种场合使用。其特点如下：

- 采用超小型封装读卡芯片，符合 ISO 14443 标准；
- 可选择 5 V 或 3.3 V 供电；
- 能接双天线，并能识别出是哪一个天线上有卡；
- 具有 I^2C、UART、RS-232 和 Wiegand 等多种通信接口；
- 可主动检测卡进入，检测到卡时可产生中断输出或通过 UART 输出数据；
- 符合 ISO 14443-4 标准，可支持 Mifare Pro、Mifare DesFire 等 CPU 卡。

ZLG 系列读卡模块的型号如表 5.16 所列，有关 ZLG 系列读卡模块的详细信息请登录网站 http：//www.ecardsys.com。

ZLG 系列读卡模块如图 5.39 所示，这里以 ZLG522S 系列模块为例来讲解如何设计读卡模块的应用接口。

表5.16　ZLG系列读卡模块列表

型　号	工作电压/V	通信接口	天　线	能否读/写卡片扇区
ZLG522S/L	3.3	I^2C,UART	外接	√
ZLG522S/LT	3.3	I^2C,UART	一体化	√
ZLG522S/LT+	3.3	I^2C,UART,RS-232	一体化	√
ZLG500S	5	I^2C,UART	外接	√
ZLG500S/T	5	I^2C,UART	一体化	√
ZLG500S/T+	5	I^2C,UART,RS-232	一体化	√
ZLG500S/L	3.3	I^2C,UART	外接	√
ZLG500S/LT	3.3	I^2C,UART	一体化	√
ZLG500S/LT+	3.3	I^2C,UART,RS-232	一体化	√
ZLG500M	5	I^2C,UART,Wiegand	外接	—
ZLG500M/L	3.3	I^2C,UART,Wiegand	外接	—

(a) ZLG522S

(b) ZLG500M

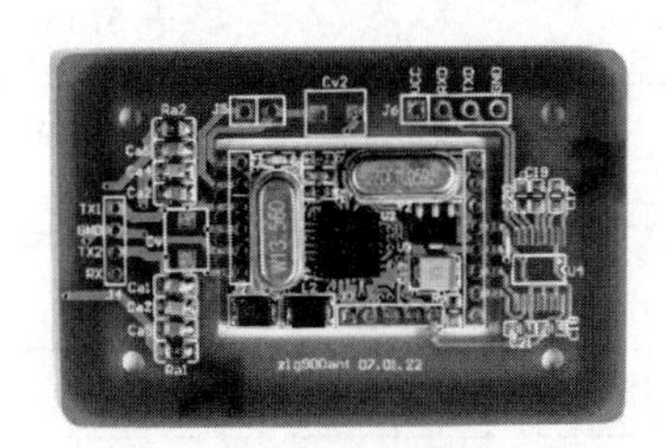

(c) ZLG500S/T

图5.39　ZLG系列几种读卡模块实物

ZLG522S系列模块的引脚接口分为通信接口(J1、J6)和天线接口(J2)两种，各引脚的功能如表5.17和表5.18所列。

表5.17　通信接口各引脚功能意义

引　脚		类　型	描　述
J1：电源、I^2C、UART			
J1.1	INT	O	中断输出信号，集电极开路。当使用I^2C通信，模块完成命令时，此引脚输出低电平；当设置为自动检测卡模式，检测到卡时，此引脚也输出低电平
J1.2	SCL	I	I^2C时钟输入，集电极开路
J1.3	SDA	I/O	I^2C数据输入/输出，集电极开路
J1.4	GND	地	电源地(电源负端)

续表 5.17

引　脚		类　型	描　述
J1.5	V_{CC}	电源	电源正端。若模块名后缀带 L，则为 +3.3 V 供电；否则为 +5 V 供电
J1.6	RXD	I	UART 接收端
J1.7	TXD	O	UART 发送端
J1.8	CON	空	
J6：电源、RS-232(只有天线一体化的模块才具有此接口)			
J6.1	V_{CC}	电源	电源正端
J6.2	RS-232　TXD	O	RS-232 的发送端
J6.3	RS-232　RXD	I	RS-232 的接收端
J6.4	GND	地	电源地(电源负端)

注：方形焊盘为第一引脚。

表 5.18　天线接口各引脚功能意义

引　脚		类　型	描　述
J2.1	TX1	O	天线输出驱动 1
J2.2	GND	地	天线地
J2.3	TX2	O	天线输出驱动 2
J2.4	RX	I	接收
J2.5	GND	地	天线地
J2.6	RX2	I	接收 2，在接双天线时与 TX2 和地可组成第二个天线接口

注：方形焊盘为第一引脚。

利用模块的 J1.6 和 J1.7 接口可以与主机进行 UART 通信，如图 5.40 所示，主机只要提供一个 UART 接口即可。

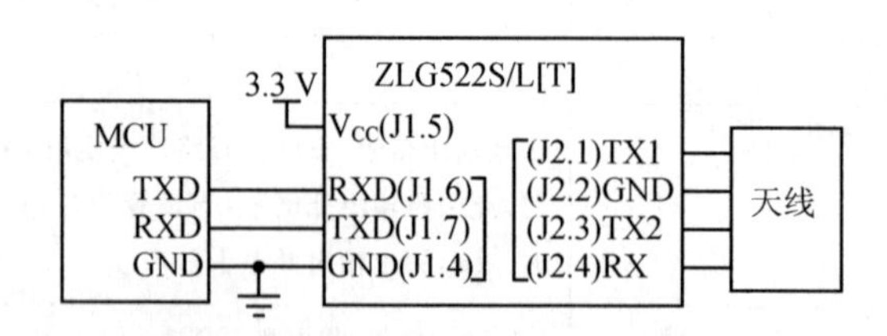

图 5.40　UART 接口应用接线图

利用模块的 J1.1～J1.3 接口可以与主机进行 I^2C 通信，如图 5.41 所示，只要主机提供任意 3 个 I/O 口即可。注意，本模块的这 3 个引脚为集电极开路，因此一定要接上拉电阻。

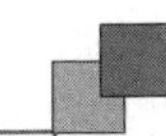

利用天线一体化模块上的接口J6可以进行RS－232通信，如图5.42所示，J6可直接与PC机的RS－232接口连接进行通信。

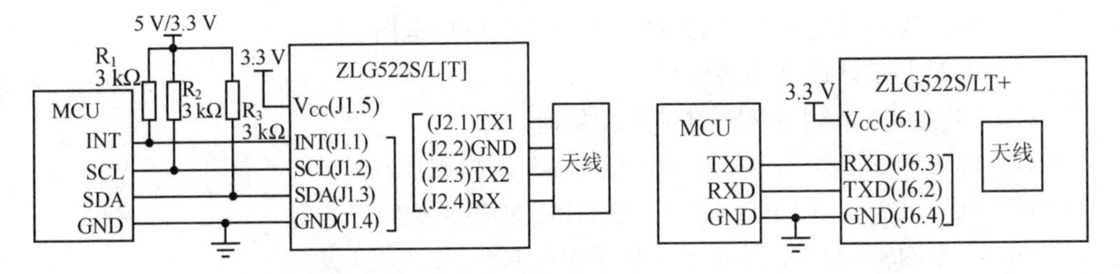

图5.41　I^2C接口应用接线图　　图5.42　RS－232接口应用接线图

ZLG522S模块可以同时连接2个天线，读写卡时可以识别是哪个天线上有卡。硬件连接如图5.43所示，J2口连接2个天线，2个天线分别由TX1和TX2驱动，RX和RX2分别是2个天线的接收。

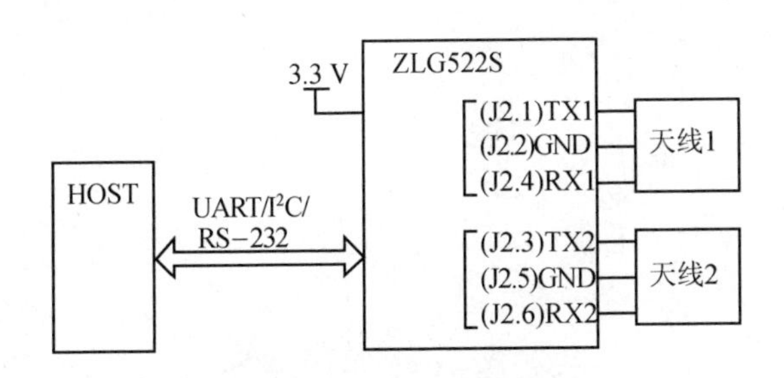

图5.43　双天线应用接线图

当天线离模块较远时，也可利用同轴电缆实现双天线的连接，如图5.44所示。TX1和TX2分别通过电容C_1和C_2与同轴电缆的中心线连接，同时分别接到接收端RX和RX2，地线接到同轴电缆的屏蔽地。

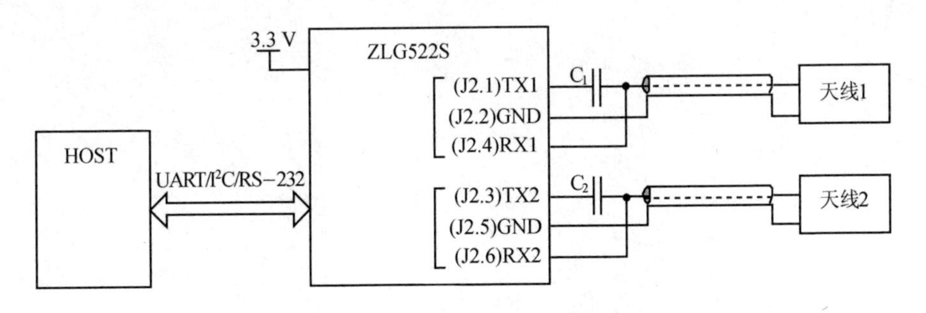

图5.44　远距离双天线应用接线图

思考题与练习题

(1) 写出最小系统的定义，并画出最小系统原理框图。

(2) 电源电路设计有哪些要点？

(3) LPC2000系列ARM时钟系统如何设计？

(4) 写出Nand型Flash和Nor型Flash的异同点。

(5) SC16IS752与LPC2000系列ARM如何连接？

(6) 一个RS-485节点通常包括哪些电路？

(7) LPC2000系列ARM使用CAN-bus接口时，如何设计接口电路？

第6章

μC/OS-II 程序设计基础

☞**本章导读**

本节重点介绍 μC/OS-II v2.52 版本嵌入式实时操作系统常用函数的基本用法，其特点是示例程序简单明了，电路也非常简单，初学者能够一看就懂、一学就会，达到快速入门的目的。

6.1 任务设计

在基于实时操作系统的应用程序设计中，任务设计是整个应用程序的基础，其他软件设计工作都是围绕任务设计来展开的，任务设计就是设计“任务函数”和相关的数据结构。

6.1.1 任务的分类

在用户任务函数中，必须包含至少一次对操作系统服务函数的调用，否则比其优先级低的任务将无法得到运行机会，这是用户任务函数与普通函数的明显区别。事实上，对于非单次执行的任务来说，必须调用延时和/或等待事件的系统服务函数，否则优先级更低的任务将没有机会执行。

任务函数的结构按任务的执行方式可以分为3类：单次执行、周期性执行和事件触发执行，下面分别介绍其结构特点。

1. 单次执行的任务

单次执行的任务在创建后只执行一次，在执行结束时自己删除自己，单次执行的任务函数的结构见程序清单6.1。

程序清单6.1　单次执行任务函数的结构

```
void  MyTask (void * pdata)                //单次执行的任务函数
{
    进行准备工作的代码;
```

```
        任务实体代码；
        调用任务删除函数；                    //调用 OSTaskDel(OS_PRIO_SELF)
    }
```

单次执行的任务函数由 3 部分组成。第一部分是“进行准备工作的代码”，用于完成各项准备工作，例如定义和初始化变量、初始化某些设备等。这部分代码的多少根据实际需要来决定，也可能完全空缺。第二部分是“任务实体代码”。这部分代码完成该任务的具体功能，通常包含对若干系统函数的调用，除若干临界段代码（中断被关闭）外，任务的其他代码均可以被中断，以保证高优先级的就绪任务能够及时运行。第三部分是“调用任务删除函数”。该任务完成后将自己删除，操作系统不再管理它。

单次执行的任务采用“创建任务函数”来启动，当该任务被另外一个任务（或主函数）创建时，就进入就绪状态，等到比它优先级高的任务都被挂起来时便获得运行权，进入运行状态，任务完成后再自行删除。

2. 周期性执行的任务

周期性执行的任务是按一个固定的周期来执行的任务，周期性执行的任务函数的结构见程序清单 6.2。

程序清单 6.2　周期性执行任务函数的结构

```
void  MyTask (void * pdata)                //周期性执行的任务函数
{
    进行准备工作的代码；
    while (1)                              // 无限循环
    {
        任务实体代码；
        调用系统延时函数；                 // 调用 OSTimeDly( )或 OSTimeDlyHMSM( )
    }
}
```

周期性执行的任务函数也由 3 部分组成：第一部分“进行准备工作的代码”和第二部分“任务实体代码”的含义与单次执行任务的含义相同；第三部分是“调用系统延时函数”，把 CPU 的控制权主动交给操作系统，使自己挂起，再由操作系统来启动其他已经就绪的任务。当延时时间到后，重新进入就绪状态，通常能够很快获得运行权。

3. 事件触发执行的任务

事件触发执行的任务在平时处于等待状态，当某个事件产生时才执行一次任务。此类任务在创建后可以很快获得运行权，但任务实体代码的执行需要等待某种事件的发生；在相关事件发生之前，被操作系统挂起。相关事件发生一次，该任务实体代码就执行一次，其任务函数的结构见程序清单 6.3。

程序清单 6.3　事件触发执行任务函数的结构

```
void  MyTask (void * pdata)                 //事件触发执行的任务函数
{
      进行准备工作的代码；
      while (1)                             //无限循环
      {
            调用获取事件的函数；            //如：等待信号量、等待邮箱中的消息等
            任务实体代码；
      }
}
```

事件触发执行的任务函数也由 3 部分组成：第一部分“进行准备工作的代码”和第三部分“任务实体代码”的含义与前面两种任务的含义相同；第二部分是“调用获取事件的函数”，使用了操作系统提供的某种通信机制，等待另外一个任务（或 ISR）发出信息（如信号量或邮箱中的消息）。在取得这个信息之前处于等待状态（挂起状态）。当另外一个任务（或 ISR）发出相关信息时（调用了操作系统提供的通信函数），操作系统就使该任务进入就绪状态，通过任务调度，任务的实体代码获得运行权，完成该任务的实际功能。

6.1.2　任务的划分

1. 任务划分的目标

在对一个具体的嵌入式应用系统进行任务划分时，可以有不同的任务划分方案。为了选择最佳划分方案，就必须知道任务划分的目标，目标可以总结为：

- 首要目标是满足“实时性”指标：即使在最坏的情况下，系统中所有对实时性有要求的功能都能够正常实现。
- 任务数目合理：对于同一个应用系统，任务划分的数目多时，每个任务需要实现的功能就简单一些；任务的设计也简单一些；但任务的调度操作和任务之间的通信活动增加，使系统运行效率下降，资源开销加大。任务划分的数目少时，每个任务需要实现的功能就繁杂一些，但可以免除不少通信工作，减少共享资源的数量，减轻操作系统的负担，减少资源开销。合理地合并一些任务，使任务数目适当少一些还是比较有利。
- 简化软件系统：一个任务要实现其功能，除了需要操作系统的调度功能支持外，还需要操作系统的其他服务功能支持，如时间管理功能、任务之间的同步功能、任务之间的通信功能、内存管理功能等。合理划分任务，可以减少对操作系统的服务要求，使操作系统的功能得到裁剪，简化软件系统，减少软件代

码的规模。

- 降低资源需求：合理划分任务，减少或简化任务之间的同步和通信需求，就可以减少相应数据结构的内存规模，从而降低对系统资源的需求。

2. 任务划分的方法

至于任务的划分，请参考第7章。

6.1.3 任务优先级安排

任务的优先级安排原则如下：

- 中断关联性：与中断服务程序(ISR)有关联的任务应该安排尽可能高的优先级，以便及时处理异步事件，提高系统的实时性。如果优先级安排得比较低，CPU有可能被优先级比较高的任务长期占用，以致于在第二次中断发生时连第一次中断还没有处理，产生信号丢失现象。
- 紧迫性：因为紧迫任务对响应时间有严格要求，在所有紧迫任务中，按响应时间要求排序，越紧迫的任务安排的优先级越高。紧迫任务通常与ISR关联。
- 关键性：任务越关键安排的优先级越高，以保障其执行机会。
- 频繁性：对于周期性任务，执行越频繁，则周期越短，允许耽误的时间也越短，故应该安排的优先级也越高，以保障及时得到执行。
- 快捷性：在前面各项条件相近时，越快捷(耗时短)的任务安排的优先级越高，以使其他就绪任务的延时缩短。
- 传递性：信息传递的上游任务的优先级高于下游任务的优先级。如信号采集任务的优先级高于数据处理任务的优先级。

6.2 系统函数使用概述

6.2.1 基本原则

1. 配对性原则

对于μC/OS-II来说，大多数API都是成对的，但一部分必须配对使用。当然，查询状态的系统函数一般不需要配对使用，而且部分API(如延时)，也不需要配对使用。配对的函数见表6.1。

表 6.1 配对函数列表

函数 1	功　能	函数 2	功　能	备　注
OSFlagCreate()	建立事件标志组	OSFlagDel()	删除事件标志组	动态使用事件时必须配对使用
OSMboxCreate()	建立消息邮箱	OSMboxDel()	删除消息邮箱	
OSMutexCreate()	建立互斥信号量	OSMutexDel()	删除互斥信号量	
OSQCreate()	建立消息队列	OSQDel()	删除消息队列	
OSSemCreate()	建立信号量	OSSemDel()	删除信号量	
OSFlagPend()	等待事件标志组的事件标志位	OSFlagPost()	置位或清 0 事件标志组中的标志	必须配对使用,但不在同一个任务中
OSMboxPend()	等待消息邮箱中的消息	OSMboxPost()或 OSMboxPostOpt()	以不同的方式向消息邮箱发送消息	
OSMutexPend()	等待一个互斥信号量	OSMutexPost()	释放一个互斥信号量	
OSQPend()	等待消息队列中的消息	OSQPost()、OSQPostFront()或 OSQPostOpt()	以不同的方式向消息队列发送一条消息	
OSSemPend()	等待一个信号量	OSSemPost()	发送一个信号量	
OSMemGet()	分配一个内存块	OSMemPut()	释放一个内存块	必须配对使用
OSTaskCreate()或 OSTaskCreateExt()	建立任务	OSTaskDel()	删除任务	动态使用任务时必须配对使用
OSTaskSuspend()	挂起任务	OSTaskResume()	恢复任务	必须配对使用
OSTimeDly()或 OSTimeDlyHMSM()	延时	OSTimeDlyResume()	恢复延时的任务	不必配对使用。OSTimeDlyHMSM()可能需要多个 OSTimeDlyResume()才能恢复
OSTimeGet()	获得系统时间	OSTimeSet()	设置系统时间	不必配对使用
OSIntEnter()	进入中断处理	OSIntExit()	退出中断处理	必须在中断服务程序中配对使用
OSSchedLock()	给调度器上锁	OSSchedUnlock()	给调度器解锁	必须在一个任务中配对使用

续表 6.1

函数 1	功 能	函数 2	功 能	备 注
OS_ENTER_CRITICAL()	进入临界区	OS_EXIT_CRITICAL()	退出临界区	必须在一个任务或中断中配对使用

2. 中断服务程序调用函数的限制

中断服务程序不能调用可能会导致任务调度的函数，它们主要是一些等待事件的函数，这些函数及其替代函数见表 6.2。

表 6.2 中断服务函数禁止使用的函数列表

禁止使用的函数	替代函数	功 能	备 注
OSFlagPend()	OSFlagAccept()	无等待获得事件标志组的事件标志位	需要程序自己判断是否获得了相应的事件
OSMboxPend()	OSMboxAccept()	无等待获得消息邮箱中的消息	
OSMutexPend()	OSMutexAccept()	无等待获得一个互斥信号量	
OSQPend()	OSQAccept()	无等待获得息队列中的消息	
OSSemPend()	OSSemAccept()	无等待获得一个信号量	

一些函数虽然没有明确地规定不能被中断服务程序调用，但因为中断服务程序的特性，一般不会使用。它们主要是一些创建事件和删除事件的函数，主要有：OSFlagCreate()、OSFlagDel()、OSMboxCreate()、OSMboxDel()、OSMemCreate()、OSMutexCreate()、OSMutexDel、OSQCreate()、OSQDel()、OSSemCreate()、OSSemDel()和 OSTaskDel()。

在中断服务程序中，与任务相关的函数一般都不会使用，除了以上提到的函数外，还有 OSTaskChangePrio()、OSTaskStkChk()和 OSTaskQuery()。至于函数 OSSchedLock()和 OSSchedUnlock()，在中断服务程序中使用没有任何意义。

注意：未列入表中的函数 OSTaskCreate()、OSTaskCreateExt()、OSTaskDel()、OSTaskDelReq()、OSTaskSuspend()、OSTimeDly()和 OSTimeDlyHMSM()都属于在中断服务程序中禁止调用的函数。

---

3. 任务必须调用某个系统函数

μC/OS-II 是完全基于优先级的操作系统，所以在一定的条件下必须出让 CPU 时间以便比自己优先级更低的任务能够运行。这是通过调用部分的系统函数来实现的，这些函数见表 6.3。一般的任务必须调用表 6.3 中至少一个函数，只有一种情况例外，就是单次执行的任务(参考 6.1.1 小节)，因为任务删除后肯定出让 CPU，所以可以不调用表 6.3 中的函数。

表6.3 出让CPU时间的函数列表

函数名	功 能	函数名	功 能
OSFlagPend	等待事件标志组的事件标志位	OSMutexPend	等待一个互斥信号量
OSQPend	等待消息队列中的消息	OSQPend	等待消息队列中的消息
OSSemPend	等待一个信号量	OSTaskSuspend	挂起任务
OSTimeDly	延时	OSTimeDlyHMSM	延时

6.2.2 系统函数的分类

根据功能不同,μC/OS-II的系统函数可以分为初始化函数、系统管理函数、任务管理函数、时间管理函数和事件管理函数。

1. 初始化函数

μC/OS-II的初始化函数有2个:OSInit()和OSStart()。它们不能在任何任务和/或中断服务程序中使用,仅在main()函数中按照一定的规范被调用。其中,OSInit()函数初始化μC/OS-II内部变量,OSStart()函数启动多任务环境。

2. 系统管理函数

系统管理函数是一些与μC/OS-II内核或功能相关的一些函数,详见表6.4。

表6.4 系统管理函数列表

函数名	功 能	备 注
OSStatInit()	使能任务统计功能	复位一次只能调用一次,并且必须在任务中调用,在调用时其他用户任务不能处于就绪状态
OSIntEnter()	进入中断处理	必须由中断服务程序按照规范调用,使用本公司的模板就不需要调用它们
OSIntExit()	退出中断处理	
OSSchedLock()	锁调度器	必须配对使用,一般情况不需要使用。事实上,μC/OS-II不推荐使用它们
OSSchedUnlock()	解锁调度器	
OS_ENTER_CRITICAL()	进入临界区	必须配对使用,一般通过禁止中断和允许中断来实现。对于一些移植代码来说,不能嵌套调用
OS_EXIT_CRITICAL()	退出临界区	

3. 任务管理函数

任务管理函数是操作与任务相关功能的函数,包括任务的建立与删除、任务优先级的改变、任务的挂起与恢复、任务堆栈的检查、任务状态的查询等,详见表6.5。

与OSTaskCreate()函数不同,OSTaskCreateExt()函数可以控制任务更多的属性;其次OSTaskSuspend()函数与OSTaskResume()函数必须配对使用;OSTaskDelReq()函数的使用有特殊之处。

表6.5 任务管理函数列表

函数名	功 能	函数名	功 能
OSTaskChangePrio()	改变任务优先级	OSTaskSuspend()	挂起任务
OSTaskCreate()	建立任务	OSTaskResume()	恢复任务
OSTaskCreateExt()	建立任务	OSTaskStkChk()	检查堆栈
OSTaskDel()	删除任务	OSTaskQuery()	获得任务信息
OSTaskDelReq()	请求删除任务		

4. 时间管理函数

一般的操作系统都提供时间管理函数，最基本的就是延时函数。μC/OS-II也不例外，μC/OS-II所具有的时间管理函数见表6.6。

表6.6 时间管理函数列表

函数名	功 能	备 注
OSTimeDly()	以时钟节拍为单位延时	
OSTimeDlyHMSM()	以时、分、秒、毫秒为单位延时	
OSTimeDlyResume()	恢复延时的任务	OSTimeDlyHMSM()可能需要多次才能恢复
OSTimeGet()	获得系统时间	以时钟节拍为单位
OSTimeSet()	设置系统时间	以时钟节拍为单位
OSTimeTick()	时钟节拍处理函数	由时钟节拍中断处理程序调用，用户很少使用

5. 事件管理函数

μC/OS-II把信号量等都称为事件，管理它们的就是事件管理函数。μC/OS-II v2.52的事件包含普通信号量、互斥信号量、事件标志组、消息邮箱和消息队列，这些都是μC/OS-II用于同步与通信的工具，本章后述的内容将会详细介绍。

6. 动态内存管理函数

μC/OS-II具有简单的动态内存管理能力。μC/OS-II是以固定大小的块为单位动态分配内存的，无论需要多大的内存，一次只能分配一个块。如果用户需要大于一块的连续内存空间，则不能通过动态内存分配来实现。所幸的是，μC/OS-II可以管理多个堆(用于动态内存管理的空间)，每个堆中块的大小可以不一样。μC/OS-II的动态内存管理函数见表6.7。

表 6.7　动态内存管理函数列表

函数名	功　能
OSMemCreate()	初始化一个堆
OSMemGet()	从指定堆中获得一个内存块
OSMemPut()	从指定堆中释放一个内存块
OSMemQuery()	查询指定堆的状态

6.3　系统函数的使用场合

6.3.1　时间管理

1. 控制任务的执行周期

时间管理函数中使用率最高的是延时函数 OSTimeDly()和 OSTimeDlyHMSM()，其主要应用场合是控制周期性任务的执行周期，其程序代码结构见程序清单 6.4。

程序清单 6.4　用延时函数控制任务执行周期

```
void  MyTask (void * pdata)                //周期性执行的任务函数
{
    进行准备工作的代码;
    while(1)                               //无限循环
    {
        任务实体代码;
        调用系统延时函数;                  //调用 OSTimeDly( )或 OSTimeDlyHMSM( )
    }
}
```

延时函数 OSTimeDly()是以系统节拍数为参数，而延时函数 OSTimeDlyHMSM()是以实际时间值为参数，但在执行过程中仍然转换为系统节拍数。如果实际时间不是系统节拍的整数倍，将进行四舍五入处理。设系统节拍为 50 ms，调用 OSTimeDly(20)的效果是延时 1 s，调用 OSTimeDlyHMSM(0,1,27,620)的实际时间是延时 1 min 27 s 600 ms。

2. 控制任务的运行节奏

在任务函数的代码中可以通过插入延时函数来控制任务的运行节奏，以便将空闲 CPU 时间利用起来，供其他任务使用。如某任务由 3 部分操作组成，相邻操作之间需要有一个时间间隔，则任务代码结构见程序清单 6.5，各种时间顺序控制任务可以用这种结构的任务函数实现。

程序清单 6.5 用延时函数控制任务运行节奏

```
void  MyTask (void * pdata)                  //任务函数
{
    进行准备工作的代码;
    while(1)                                 //无限循环
    {
        调用获取事件的函数;                   //如：等待信号量、等待邮箱中的消息等
        第一部分操作代码;
        调用系统延时函数;                     //调用 OSTimeDly( )或 OSTimeDlyHMSM( )
        第二部分操作代码;
        调用系统延时函数;                     //调用 OSTimeDly( )或 OSTimeDlyHMSM( )
        第三部分操作代码;
          …
    }
}
```

3. 状态查询

如果任务需要得到某种状态信息才能进行下一步的操作，通常采用等待信号量或消息的方法来处理。但有时这种状态消息不能通过具有行为同步功能的通信方法得到，必须由任务主动去查询。

查询过程是一个无限循环过程，只有当希望的状态出现以后才能退出这个无限循环，这种情况在实时操作系统管理下是不允许的，它将剥夺低优先级任务的运行机会。解决这个问题的办法是"用定时查询代替连续查询"，即在查询的过程中插入延时函数，不断地将 CPU 交出来，供其他任务使用。状态查询的函数结构可以参考程序清单 6.6。

程序清单 6.6 状态查询参考结构

```
void  MyTask (void * pdata)                  //任务函数
{
    进行准备工作的代码;
    while(1)                                 //无限循环
    {
        while (查询的条件不成立)
        {
            调用系统延时函数;                 //调用 OSTimeDly( )或 OSTimeDlyHMSM( )
        }
          其他处理代码;
    }
}
```

6.3.2 资源同步

被两个以上并发程序单元(任务或ISR)访问的资源称为共享资源。共享资源一定是全局资源,但不要以为全局资源就一定是共享资源。那些只为一个任务(或ISR)使用的全局资源并不是共享资源,而是这个任务(或ISR)的私有资源。对自己的私有资源进行读/写操作是不受限制的,例如,显示任务可以随时使用点阵字体数组(点阵字体数组常常定义为全局数组)。

任务对共享资源进行访问的代码称为临界区。各个任务访问同一共享资源的关键段落必须互斥,才能保障共享资源信息的可靠性和完整性。这种使得不同任务访问共享资源时能够确保共享资源信息可靠和完整的措施称为"资源同步"。"资源同步"可通过以下手段实现:

① 进入然后退出临界区　是通过调用禁止中断函数OS_ENTER_CRITICAL()和允许中断函数OS_EXIT_CRITICAL()实现的。

② 禁止然后允许调度　是通过调用函数OSSchedLock()和函数OSSchedUnlock()实现的,因为禁止调度违背了多任务的初衷,所以不建议用户使用。

③ 使用信号量与互斥信号量。

6.3.3 行为同步

一个任务的运行过程需要和其他任务的运行相配合,才能达到预定的效果,任务之间的这种动作配合和协调关系称为"行为同步"。由于行为同步过程往往由某种条件来触发,故又称为"条件同步"。行为同步的结果体现为任务之间的运行按某种预定的顺序来进行,故又称为"顺序控制"。在每一次同步的过程中,其中一个任务(或ISR)为"控制方",它使用操作系统提供的某种通信手段发出控制信息;另一个任务为"被控制方",通过通信手段得到控制信息后即进入就绪状态,根据优先级高低,或者立即进入运行状态,或者随后某个时刻进入运行状态。被控制方的运行状态受到控制方发出的信息控制,即被控制方的运行状态由控制方发出的信息来"同步"。

为实现任务之间的"行为同步",μC/OS-II提供了灵活多样的通信手段来适应不同场合的需要,它们分别是:信号量、事件标志组、消息邮箱、消息队列及任务之间的通信。

在嵌入式系统的运行过程中,ISR与任务之间、任务与任务之间必然伴随数据通信。在μC/OS-II中,可以使用全局变量、消息邮箱与消息队列实现ISR与任务之间、任务与任务之间的通信。

全局变量(包括全局数组和全局结构体)可以充当一种共享资源,用来在任务之间传输数据。提供数据的任务或ISR(生产者)对全局变量进行"写操作",使用数据的任务或ISR(消费者)对全局变量进行"读操作",从而实现了数据在任务或ISR之间的传输过程。这时全局变量是一种共享资源,对其进行的访问必须遵循

“资源同步”的规则，例如进入然后退出临界区。因为全局变量访问速度很快，所以使用进入然后退出临界区（通常使用禁止、允许中断实现）是最适合的方法。事实上，所有的事件实现代码中都使用了这种方法访问自己的全局变量。

特别注意，尽管指针可能是局部变量，但只要指针指向的变量是全局变量，操作指针指向的变量也需要当作全局变量来处理。

6.4　时间管理

μC/OS－II 提供了若干个时间管理服务函数，可以满足任务在运行过程中对时间管理的需求。在使用时间管理服务函数时，必须清楚一个事实：时间管理服务函数是以系统节拍为处理单位的，实际的时间与希望的时间是有误差的，最坏的情况下误差接近一个系统节拍。因此时间管理服务函数只能用在对时间精度要求不高的场合，或者时间间隔较长的场合。

1. 系统延时函数 OSTimeDly()

μC/OS－II 提供了这样一种系统服务：申请该服务的任务可以延时一段时间，这段时间的长短是由时钟节拍的数目来确定的，实现这个系统服务的函数就是 OSTimeDly()。调用该函数会使 μC/OS－II 进行一次任务调度，并且执行下一个优先级最高的处于就绪态的任务。

任务调用 OSTimeDly()函数后，一旦达到规定的时间或者有其他的任务通过调用 OSTimeDlyResume()取消了延时，它就会立刻进入就绪状态。**注意**：*只有当该任务在所有处于就绪态的任务中具有最高的优先级时，它才会立即运行。*

下面以图 6.1 为例说明 OSTimeDly()函数的用途，设计一个任务让一个 LED 以 50 个时钟节拍为单位闪烁，参考程序见程序清单 6.7。

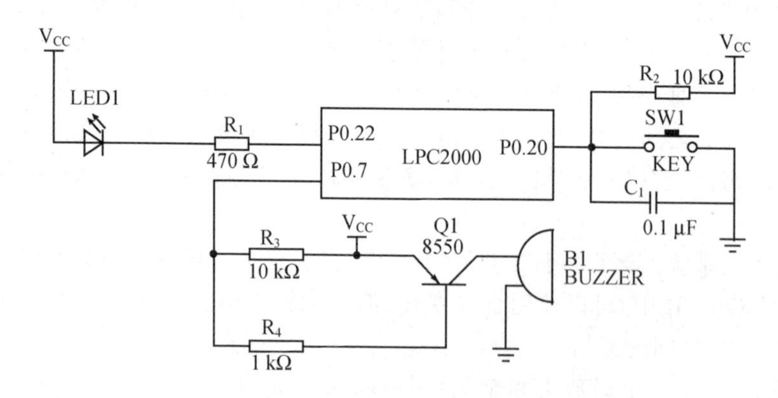

图 6.1　键盘、LED 与蜂鸣器参考原理图

特别提醒：图 6.1 中按键电路并接了一个小电容，其作用是延时去抖动。一般人们常常为了节约硬件成本而使用软件延时的方法去抖动。在这里使用了硬件延时去抖动的方法,而且本章所有应用示例全部默认采用这个图,主要是为了尽量简化示例程序,提高可读性。

程序清单 6.7 LED 延时闪烁

```
#include "config.h"
#include "stdlib.h"
#define    LED1    (1 << 22)                /* 定义 LED */
#define    TaskStkLengh    64               /* 定义任务 LED 的堆栈长度 */
OS_STK    TaskLEDStk [TaskStkLengh];        /* 定义任务 LED 的堆栈 */

void    TaskLED(void * pdata);              /* 声明任务 LED */
/*********************************************************************
** Function name:   main
** Descriptions:    主函数创建 LED 任务,初始化及启动操作系统
** Returned value:  0  失败
*********************************************************************/
int main (void)
{
    OSInit ();
    OSTaskCreate(TaskLED,(void *)0,                  /* 创建 LED 任务 */
                 &TaskLEDStk[TaskStkLengh - 1],3);
    OSStart ();
    return 0;
}
/*********************************************************************
** Function name:   TaskLED
** Descriptions:    LED 闪烁
** input parameters: * pdata   用于传递各种不同类型的数据甚至是函数
*********************************************************************/
void TaskLED (void  * pdata)
{
    pdata=pdata;
    TargetInit();                           /* 硬件初始化 */
    PINSEL0=0X00;
    IO0DIR |=LED1;                          /* 设置 LED 为输出 */
    while (1) {
        IO0CLR=LED1;                        /* 点亮 LED */
        OSTimeDly(25);                      /* 延时 25 个节拍 */
        IO0SET=LED1;                        /* 熄灭 LED */
        OSTimeDly(25);                      /* 延时 25 个节拍 */
    }
}
```

2. 系统延时函数 OSTimeDlyHMSM()

OSTimeDly()是一个非常有用的函数,但用户的应用程序需要知道延时时间对应的时钟节拍的数目。用户可以使用定义全局常数 OS_TICKS_PER_SEC 的方法将时间转换成时钟段。μC/OS-II 提供了 OSTimeDlyHMSM()函数,这个函数是按小时(H)、分(M)、秒(S)和毫秒(m)来定义延时时间的。与 OSTimeDly()函数一样,调用 OSTimeDlyHMSM()函数也会使 μC/OS-II 进行一次任务调度,并且执行下一个优先级最高的处于就绪态的任务。

任务调用 OSTimeDlyHMSM()函数后,一旦达到规定的时间或者有其他的任务通过调用 OSTimeDlyResume()函数取消了延时,它就会立刻处于就绪态。同样,只有当该任务在所有处于就绪态任务中具有最高的优先级时,它才会立即运行。OSTimeDlyHMSM()函数详见表 6.8。

表 6.8 OSTimeDlyHMSM()函数

函数名称	OSTimeDlyHMSM()	所属文件	OS_TIMC.C
函数原型	INT8U OSTimeDlyHMSM (INT8U hours, INT8U minutes, INT8U seconds, INT16U milli)		
功能描述	延时,指定的延时时间为时、分、秒、毫秒		
函数参数	hours: 小时; minutes: 分钟; seconds: 秒; milli: 毫秒		
函数返回值	OS_TIME_INVALID_MINUTES: minutes 参数错误; OS_TIME_INVALID_SECONDS: seconds 参数错误; OS_TIME_INVALID_MILLI: milli 参数错误		
特殊说明	① 所有参数为 0 时不延时,函数直接返回; ② 必须正确设置全局常数 OS_TICKS_PER_SEC,否则延时时间是错误的; ③ 因为 OSTimeDlyHMSM()是通过多次(或 1 次)调用 OSTimeDly()实现的,所以延时分辨率为时钟节拍; ④ 因为 OSTimeDlyHMSM()是通过多次(或 1 次)调用 OSTimeDly()实现的,所以可能需要调用多次 OSTimeDlyResume()才能恢复延时的任务		

为了说明 OSTimeDlyHMSM()函数的使用方法,不妨设计一个任务,让一个 LED 以 2 Hz 的频率闪烁。电路原理如图 6.1 所示,程序代码见程序清单 6.8。

程序清单 6.8 LED 延时闪烁

```
#include "config.h"
#include "stdlib.h"

#define     LED1     (1 << 22)                          /* 定义 LED */
#define     TaskStkLengh      64                        /* 定义任务 LED 的堆栈长度 */
OS_STK      TaskLEDStk [TaskStkLengh];                  /* 定义任务 LED 的堆栈 */

void      TaskLED(void * pdata);                        /* 声明任务 LED */
```

```
/***********************************************************
** Function name:  main
** Descriptions:     主函数创建 LED 任务,初始化及启动操作系统
** Returned value:  0  失败
***********************************************************/
int  main (void)
{
    OSInit ();
    OSTaskCreate(TaskLED,(void *)0,                    /* 创建 LED 任务 */
                &TaskLEDStk[TaskStkLengh -1],3);
    OSStart ();
    return 0;
}
/***********************************************************
** Function name:  TaskLED
** Descriptions:     LED 闪烁
** input parameters: * pdata   用于传递各种不同类型的数据甚至是函数
***********************************************************/
void TaskLED (void  * pdata)
{
    pdata=pdata;
    TargetInit ();                                 /* 硬件初始化 */
    PINSEL0=0X00;
    IO0DIR |=LED1;                                 /* 设置 LED 为输出 */
    while (1) {
        IO0CLR=LED1;                               /* 点亮 LED */
        OSTimeDlyHMSM(0,0,0,250);                  /* 延时 250 ms */
        IO0SET=LED1;                               /* 熄灭 LED */
        OSTimeDlyHMSM(0,0,0,250);                  /* 延时 250 ms */
    }
}
```

3. 强制延时的任务结束延时函数 OSTimeDlyResume()

μC/OS-II 允许用户结束正处于延时期的任务,延时的任务可以不等待延时期满,而是通过取消其他任务的延时来使自己处于就绪态,可以通过调用 OSTimeDlyResume()函数和指定要恢复的任务的优先级来完成。OSTimeDlyResume()函数的具体信息见表 6.9。

表 6.9 OSTimeDlyResume()函数

函数名称	OSTimeDlyResume()	所属文件	OS_TIMC.C
函数原型	INT8U OSTimeDlyResume(INT8U prio)		
功能描述	让延时的任务结束延时		
函数参数	prio：任务优先级		
函数返回值	OS_NO_ERR：成功；OS_PRIO_INVALID：prio 错误； OS_TIME_NOT_DLY：任务没有延时；OS_TASK_NOT_EXIST：任务不存在		
特殊说明	因为 OSTimeDlyHMSM()函数是通过多次(或1次)调用 OSTimeDly()函数实现的，所以可能需要调用多次 OSTimeDlyResume()函数才能恢复延时的任务		

为了说明 OSTimeDlyResume()函数的使用方法，以程序清单 6.9 为例，假设 TaskLED 的任务优先级为 2，让一个 LED 以 0.5 Hz 的频率闪烁，但每按一次按键，LED 状态翻转一次。

程序清单 6.9 键控 LED 闪烁

```
#include "config.h"
#include "stdlib.h"
#define    LED1      (1 << 22)                    /* 定义 LED */
#define    KEY1      (1 << 20)                    /* 定于按键 */
#define    TaskStkLengh     64                    /* 定义用户任务的堆栈长度 */
OS_STK     TaskLEDStk [TaskStkLengh];             /* 定义任务 LED 的堆栈 */
OS_STK     TaskKEYStk [TaskStkLengh];             /* 定义任务 KEY 的堆栈 */
void  TaskLED(void * pdata);                      /* 声明任务 LED */
void  TaskKEY(void * pdata);                      /* 声明任务 KEY */
/**********************************************************************
** Function name:  main
** Descriptions:   主函数创建 LED、按键任务，初始化及启动操作系统
** Returned value: 0  失败
**********************************************************************/
int  main (void)
{
    OSInit ();
    OSTaskCreate (TaskLED,(void *)0,              /* 创建 LED 任务 */
                  &TaskLEDStk[TaskStkLengh - 1],2);
    OSTaskCreate (TaskKEY,(void *)0,              /* 创建按键任务 */
                  &TaskKEYStk[TaskStkLengh - 1],3);
```

```
    OSStart ();
    return 0;
}
/****************************************************************************
** Function name:  TaskLED
** Descriptions:   LED 闪烁
** input parameters: * pdata   用于传递各种不同类型的数据甚至是函数
****************************************************************************/
void TaskLED (void * pdata)
{
    pdata=pdata;
    TargetInit ();                                  /* 硬件初始化 */
    IO0DIR |=LED1;                                  /* 设置 LED 为输出 */
    while (1) {
        IO0CLR=LED1;                                /* LED 亮 */
        OSTimeDly(OS_TICKS_PER_SEC);                /* 延时 1 s */
        IO0SET=LED1;                                /* LED 灭 */
        OSTimeDly(OS_TICKS_PER_SEC);                /* 延时 1 s */
    }
}
/****************************************************************************
** Function name:  TaskKEY
** Descriptions:   按键任务,恢复任务的延时
** input parameters: * pdata   用于传递各种不同类型的数据甚至是函数
****************************************************************************/
void TaskKEY (void * pdata)
{
    pdata=pdata;
    IO0DIR &=~ KEY1;                              /* 设置按键为输入 */
    while (1)
    {
        while ((IO0PIN & KEY1) ! =0) {            /* 等待按键按下 */
            OSTimeDly(1);                         /* 延时 1 个节拍,用于任务切换 */
        }
        OSTimeDlyResume(2);                       /* TaskLED 任务优先级为 2,恢复 */
                                                  /* TaskLED 任务 */
        while ((IO0PIN & KEY1) ==0) {             /* 等待按键释放 */
            OSTimeDly(1);                         /* 延时 1 个节拍,用于任务切换 */
        }
    }
}
```

4. 获得系统时间函数 OSTimeGet()和设置系统时间函数 OSTimeSet()

无论时钟节拍何时发生，μC/OS-II 都会将一个 32 位的计数器加 1，这个计数器在用户调用 OSStart()函数初始化多任务和 4 294 967 295 个节拍执行完一遍的时候从 0 开始计数。当时钟节拍的频率等于 100 Hz 时，这个 32 位的计数器每隔 497 天就重新开始计数。用户可以通过调用 OSTimeGet()函数来获得该计数器的当前值，也可以通过调用 OSTimeSet()函数来改变该计数器的值。

OSTimeGet()函数的详细信息见表 6.10，OSTimeSet()函数的详细信息见表 6.11。

表 6.10 OSTimeGet()函数

函数名称	OSTimeGet()	所属文件	OS_TIMC.C
函数原型	INT32U OSTimeGet(void)		
功能描述	获得系统时间		
函数参数	prio：任务优先级		
函数返回值	系统时间		

表 6.11 OSTimeSet()函数

函数名称	OSTimeSet()	所属文件	OS_TIMC.C
函数原型	void OSTimeSet(INT32U ticks)		
功能描述	设置系统时间		
函数参数	ticks：需要设置的值		
函数返回值	无		
特殊说明	很少使用		

以程序清单 6.10 为例计算两次按键的时间间隔，放在全局变量 ktime 中。

程序清单 6.10 获得按键时间间隔

```
#include "config.h"
#include "stdlib.h"
#define     KEY1     (1 << 20)                  /* 定义按键 */
INT32U      ktime;                              /* 定义按键时间间隔 */
#define     TaskStkLengh     64                 /* 定义任务的堆栈长度 */
OS_STK      TaskKEYStk [TaskStkLengh];          /* 定义任务 KEY 的堆栈 */
void        TaskKEY(void    * pdata);           /* 声明任务 KEY */
/****************************************************************
** Function name:  main
** Descriptions:      主函数创建按键任务，初始化及启动操作系统
** Returned value:  0  失败
****************************************************************/
```

```
int   main (void)
{
      OSInit ();
      OSTaskCreate (TaskKEY,(void * )0,              /* 创建按键任务 */
                    &TaskKEYStk[TaskStkLengh - 1],3);
      OSStart ();
      return 0;
}
/*********************************************************************
** Function name:   TaskKEY
** Descriptions:      按键任务,获得按键间隔时间
** input parameters: * pdata   用于传递各种不同类型的数据甚至是函数
*********************************************************************/
void TaskKEY (void    * pdata)
{
      uint8  i=0;
      pdata =pdata;
      TargetInit ();                                  /* 硬件初始化 */
      IO0DIR &=~ KEY1;                                /* 按键设置为输入 */
      while (1) {
          while ((IO0PIN & KEY1) ! =0) {              /* 等待按键按下 */
              OSTimeDly(1);                           /* 延时 1 个节拍 */
          }
          ktime=OSTimeGet() - ktime;                  /* 获得按键间隔时间 */
          while ((IO0PIN & KEY1) ==0) {               /* 等待按键释放 */
              OSTimeDly(1);                           /* 延时 1 个节拍 */
          }
      }
}
```

6.5　系统管理

1. 进入然后退出临界区

与其他内核一样，μC/OS－II 为了处理临界段代码需要禁止中断，处理完毕后再允许中断，这使得 μC/OS－II 能够避免同时有其他任务或中断服务进入临界区代码。

微处理器一般都有禁止中断/允许中断指令，用户使用的 C 语言编译器必须有某种机制能够在 C 中直接实现禁止中断/允许中断的操作。μC/OS－II 定义了两个宏(macros)来禁止中断和允许中断，以便避开不同 C 编译器厂商选择不同的方法来处理

禁止中断和允许中断,μC/OS-II中的这两个宏调用分别是:OS_ENTER_CRITICAL()和OS_EXIT_CRITICAL()。

设计两个任务,它们都对全局变量sum1和sum2操作。低优先级任务让这两个变量始终相等,并不断在计数;高优先级任务不断地判断这两个变量是否相等,不相等则点亮LED,参考程序见程序清单6.11。

程序清单6.11 通过全局变量通信

```
#include "config.h"
#include "stdlib.h"
#define    LED1     (1 << 22)                         /* 定义 LED */
unsigned int     sum1=0,sum2=0;                       /* 定义两个全局变量 */
#define     TaskStkLengh     64                       /* 定义任务的堆栈长度 */
OS_STK     TaskLEDStk [TaskStkLengh];                 /* 定义任务 LED 的堆栈 */
OS_STK     TaskAddStk [TaskStkLengh];                 /* 定义任务 Add 的堆栈 */
void  TaskLED(void * pdata);                          /* 声明任务 LED */
void   TaskAdd(void * pdata);                         /* 声明任务 Add */
/*********************************************************************
** Function name:  main
** Descriptions:      主函数创建 LED、计数任务,初始化及启动操作系统
** Returned value:  0  失败
*********************************************************************/
int  main (void)
{
    OSInit ();
    OSTaskCreate(TaskLED,(void *)0,                   /* 创建 LED 任务 */
                 &TaskLEDStk[TaskStkLengh -1],4);
    OSTaskCreate(TaskAdd,(void *)0,                   /* 创建计数任务 */
                 &TaskAddStk[TaskStkLengh -1],5);
    OSStart ();
    return 0;
}
/*********************************************************************
** Function name:  TaskLED
** Descriptions:      判断两个全局变量是否相等,不等则点亮 LED
** input parameters: * pdata   用于传递各种不同类型的数据甚至是函数
*********************************************************************/
void TaskLED (void * pdata)
```

```
{
    pdata=pdata;
    TargetInit ();                                  /* 硬件初始化 */
    PINSEL0=0X00;
    IO0DIR |=LED1;                                  /* 定义 LED 为输出 */
    IO0SET |=LED1;                                  /* 初始化 LED 灭 */
    while (1) {
        OS_ENTER_CRITICAL();                        /* 进入临界段 */
        if (sum1 ! =sum2) {                         /* 判断两个全局变量是否相等 */
            IO0CLR=LED1;                            /* 两个全局变量不等,点亮 LED */
        }
        OS_EXIT_CRITICAL();                         /* 退出临界段 */
        OSTimeDly(2);                               /* 延时 2 个节拍 */
    }
}
/*********************************************************************
** Function name:   TaskAdd
** Descriptions:    两个全局变量自加
** input parameters: * pdata   用于传递各种不同类型的数据甚至是函数
*********************************************************************/
void TaskAdd (void   * pdata)
{
    pdata=pdata;
    while (1) {
        OS_ENTER_CRITICAL();                          /* 进入临界段 */
        sum1++;                                       /* 全局变量 sum1 自加 */
        sum2++;                                       /* 全局变量 sum2 自加 */
        OS_EXIT_CRITICAL();                           /* 退出临界段 */
        OSTimeDly(1);                                 /* 延时 1 个节拍 */
    }
}
```

2. 禁止然后允许调度

给调度器上锁 OSSchedLock()函数用于禁止任务调度,直到任务完成后调用给调度器开锁 OSSchedUnLock()函数为止。OSSchedLock()函数和 OSSchedUnlock()函数必须成对使用,也可以嵌套使用。调用多少次 OSSchedLock()函数就需要调用多少次 OSSchedUnlock()函数,否则调度还是被禁止,μC/OS－II 允许嵌套深度达 255 层。

尽管有个优先级更高的任务进入了就绪态,调用 OSSchedLock()函数的任务仍然保持对 CPU 的控制权。但调用 OSSchedLock()函数不会对中断有任何影响,换句话说,此时如果允许中断,中断到来时还是会执行对应的中断服务程序。

使用OSSchedLock()函数和OSSchedUnlock()函数要非常谨慎,因为它们影响μC/OS-II对任务的正常管理。因为调度器上了锁,即锁住了系统,任何其他任务都不能运行,所以调用OSSchedLock()函数以后,用户的应用程序不得使用任何能将现行任务挂起的系统调用。也就是说,用户程序不得调用OSMutexPend()函数、OSMboxPend()函数、OSQPend()函数、OSSemPend()函数、OSTaskSuspend(OS_PR1O_SELF)函数、OSTimeDly()函数或OSTimeDlyHMSM()函数,直到配对的OSSchedUnlock()函数调用为止。

对于用户来说,极少使用禁止然后允许调度的方法。因为这种方法有极大的缺陷,另外也可使用其他方法替代,所以几乎没有人使用它。不过,很多操作系统内部和驱动程序使用它来减少中断响应时间。

6.6 事件的一般使用规则

6.6.1 相似性

事件管理函数是μC/OS-II中最多的系统函数,在μC/OS-II v2.52中总共有34个,而且每种事件具有的管理函数数目不同。但是所有的事件都有类似的6个函数,分别对应建立、删除、等待、发送、无等待获取和查询状态。它们是所有事件的基本功能,其函数名类似,使用方法也类似,详细函数见表6.12。

表6.12 事件管理核心函数

功 能	信号量	互斥信号量	事件标志组	消息邮箱	消息队列
建立事件	OSSemCreate()	OSMutexCreate()	OSFlagCreate()	OSMboxCreate()	OSQCreate()
删除事件	OSSemDel()	OSMutexDel()	OSFlagDel()	OSMboxDel()	OSQDel()
等待事件	OSSemPend()	OSMutexPend()	OSFlagPend()	OSMboxPend()	OSQPend()
发送事件	OSSemPost()	OSMutexPost()	OSFlagPost()	OSMboxPost()	OSQPost()
无等待获得事件	OSSemAccept()	OSMutexAccept()	OSFlagAccept()	OSMboxAccept()	OSQAccept()
查询事件状态	OSSemQuery()	OSMutexQuery()	OSFlagQuery()	OSMboxQuery()	OSQQuery()

6.6.2 先创建后使用

任何一个事件,必须先创建后使用。创建事件是通过调用函数OS??? Create()实现的,其中“???”为事件的类型。创建事件可以在main()函数中(OSStatInit()之后,OSStart()之前),但更多的是在任务的初始化部分。一般来说,在嵌入式系统中,事件是静态使用的,也就是说,创建后永远不删除。但有时候需要根据需要创建和删除事件,此时创建事件就是在任务的事件执行代码中,此时特别要注意创建和删除要配对，同时删除事件后不要再使用它。

静态使用事件时创建任务的方法见程序清单6.12。动态使用事件时创建任务的方法见程序清单6.13。

程序清单6.12 静态使用事件

```
OS_EVENT *event;

void Task0(void *pdata)
{
    pdata=pdata;
    event=OS??? Create(…);
    while (1)
    {
        /*其他代码 */
    }
}
```

程序清单6.13 动态使用事件

```
OS_EVENT *event;

void Task0(void *pdata)
{
    pdata=pdata;
    while (1)
    {
        event=OS??? Create(…);
        /*其他代码 */
        OS??? Del(event,…);
    }
}
```

6.6.3 配对使用

如果需要动态使用事件，那么建立事件和删除事件必须配对使用。如果建立事件比删除任务多，则会造成事件资源越来越少，最后不能创建事件，程序执行错误。如果删除事件比建立事件多，则可能误删事件，造成事件指针指向非法的数据(野指针)，会出现莫名其妙的错误。

使用事件必须使用等待事件和发送事件功能，否则就没有使用事件的意义。无等待获得事件是等待事件的一种特殊形式，有事件时，它与等待事件没有差别；没有事件时，它不等待，直接返回错误信息。事件的一般使用方法见程序清单6.14，假设Task0为高优先级任务，而Task1为中断服务程序。

注意：一些事件有多个发送事件的函数。与此同时因为已经具有无等待获得事件的功能，所以很少使用查询功能。

程序清单6.14 事件的一般使用方法

```
OS_EVENT * event;

void Task0(void * pdata)
{
      pdata=pdata;
      event=OS??? Create(…);
      while (1)
      {
            OS??? Pend(event,…)
            /* 其他代码 */
      }
}

void Task1(void * pdata)
{
      pdata=pdata;
      while (1)
      {
            /* 其他代码 */
            OS??? Post(event,…);
            /* 其他代码 */
      }
}
```

6.6.4 在中断服务程序中使用

中断的主要特点有：中断与所有的任务异步、中断服务程序总体是顺序结构、中断服务程序不能等待、中断服务程序需要尽快退出。所以，中断服务程序一般不会调用建立和删除事件函数，否则要么没有起到事件的作用，要么程序很复杂。特别是，中断服务程序不能调用等待事件的函数，否则可能造成程序崩溃。

事实上，在中断中调用无等待获得事件的情况都很少，在中断服务程序中使用事件的方法见程序清单6.15。

程序清单 6.15　中断中事件的一般使用方法

```
OS_EVENT  * event;
void Task0(void  * pdata)
{
    pdata=pdata;
    event=OS??? Create(…);
    while (1)
    {
        OS??? Pend(event,…)
        /* 其他代码  */
    }
}
void ISR(void)
{
    /* 其他代码  */
    OS??? Post(event,…);
    /* 其他代码  */
}
```

6.7　互斥信号量

6.7.1　概　述

在日常生活中，厕所就是常用的一种共享资源，如果有人将门反锁，那么从外面看牌子变成了红色；当人出来时，牌子就变成了绿色。显然这个牌子就是一个二值信号量。由于这种二值信号量可以实现对共享资源的独占式处理，所以叫做互斥信号量。

在嵌入式应用系统中任务也常常使用互斥型信号量实现对共享资源的独占式处理。互斥信号量也称为 mutex，专用于资源同步。除此之外，互斥信号量还具有其他一些特性：占用一个空闲优先级，以便解决优先级反转问题。

当低优先级任务占有某个共享资源而高优先级任务又要使用时，就会发生优先级反转。为了解决优先级反转，内核可以将低优先级任务的优先级提升到不低于那个高优先级任务的优先级，直到低优先级的任务使用完占用的共享资源。

解决优先级反转一般要求内核支持同优先级下的多任务，但 μC/OS－II 不满足这个条件，因此 μC/OS－II 使用了一些约定来实现互斥信号量。μC/OS－II 要求用户使用互斥信号量时必须为每个互斥信号量留出一个空闲的优先级，这个优先级在建立互斥信号量时提供给它，这个优先级必须高于所有使用这个互斥信号量的任务的优先级。当低优先级的任务获得互斥信号量后而未发送互斥信号量前,高优先级任务又等待互斥信号量时,低优先级的任务获得的优先级提升到互斥信号量保留的优先级。当它发送互斥信号量后,优先级恢复。

综上所述,也可以说能防止优先级反转现象的信号就是互斥信号量。

要点:

- 在嵌入式系统中,经常使用互斥信号量访问共享资源来实现资源同步。而用来实现资源同步的互斥信号量在创建时初始化,这是由 OSMutexCreate ()函数来实现的。
- OSMutexPost ()发送互斥信号量函数与 OSMutexPend ()等待互斥信号量函数必须成对出现在同一个任务调用的函数中,因此需要编写一个公共的库函数,因为有多个任务可能调用这个函数。
- 信号量最好在系统初始化的时候创建,不要在系统运行的过程中动态地创建和删除。在确保成功创建信号量之后,才可对信号量进行接收和发送操作。

6.7.2　互斥信号量函数列表

互斥信号量函数详见表 6.13～表 6.18。

表 6.13　OSMutexCreate( )函数

函数名称	OSMutexCreate()	所属文件	OS_MUTEX. C
函数原型	OS_EVENT　* OSMutexCreate (INT8U prio,INT8U * err)		
功能描述	建立并初始化一个互斥信号量		
函数参数	prio:优先级继承值(PIP);err:用于返回错误码		
函数返回值	指向分配给所建立的互斥信号量的事件控制块的指针。如果没有可用的事件控制块,则返回空指针。* err 可能为以下值: OS_NO_ERR:成功创建互斥信号量; OS_ERR_CREATE_ISR:在中断中调用该函数所引起的错误; OS_PRIO_INVALID:错误,指定的优先级非法; OS_PRIO_EXIST:错误,指定的优先级已经有任务存在; OS_ERR_PEVENT_NULL:错误,已经没有可用的事件控制块		

表 6.14　OSMutexPend( )函数

函数名称	OSMutexPend()	所属文件	OS_MUTEX. C
函数原型	void　OSMutexPend (OS_EVENT * pevent,INT16U timeout,INT8U * err)		
功能描述	等待互斥信号量:当互斥信号量有效时,则直接返回;如果互斥信号量无效,则等待任务获得互斥信号量后才能解除该等待状态或在超时的情况下运行		

续表 6.14

函数参数	pevent：指向互斥信号量的指针，OSMutexCreate()的返回值； timeout：超时时间，以时钟节拍为单位； err：用于返回错误码
函数返回值	* err 可能为以下值： OS_NO_ERR：调用成功； OS_ERR_EVENT_TYPE：pevent 不是指向互斥信号量的指针； OS_ERR_PEVENT_NULL：错误，pevent 为 NULL； OS_ERR_PEND_ISR：在中断中调用该函数所引起的错误； OS_TIMEOUT：超过等待时间

表 6.15　OSMutexPost()函数

函数名称	OSMutexPost()	所属文件	OS_MUTEX.C
函数原型	INT8U　OSMutexPost (OS_EVENT　* pevent)		
功能描述	发送互斥信号量：只有任务已调用 OSMutexAccept()或 OSMutexPend()请求得到互斥信号量时，OSMutexPost()才起作用。如果占用互斥信号量的任务的优先级被提高，OSMutexPost()会恢复其原来的优先级；如果有任务等待互斥信号量，优先级最高的任务将被唤醒；如果没有任务等待互斥信号量，OSMutexPost()把互斥信号量设置为有效状态		
函数参数	pevent：指向互斥信号量的指针，OSMutexCreate()的返回值		
函数返回值	OS_NO_ERR：调用成功 OS_ERR_POST_ISR：在中断中调用该函数所引起的错误； OS_ERR_EVENT_TYPE：pevent 不是指向互斥信号量的指针； OS_ERR_PEVENT_NULL：错误，pevent 为 NULL； OS_ERR_NOT_MUTEX_OWNER：发送互斥信号量的任务实际上并不占用互斥信号量		

表 6.16　OSMutexDel()函数

函数名称	OSMutexDel()	所属文件	OS_MUTEX.C
函数原型	OS_EVENT * OSMutexDel (OS_EVENT　* pevent, INT8U opt, INT8U　* err)		
功能描述	删除互斥信号量：在删除互斥信号量之前，应当先删除可能会使用这个互斥信号量的任务		

续表 6.16

函数参数	pevent：指向互斥信号量的指针，OSMutexCreate ()的返回值； opt：定义互斥信号量的删除条件； OS_DEL_NO_PEND：没有任务等待信号量才删除； OS_DEL_ALWAYS：立即删除； err：用于返回错误码
函数返回值	NULL：成功删除；pevent：删除失败。 * err 可能为以下值： OS_NO_ERR：成功删除互斥信号量； OS_ERR_DEL_ISR：在中断中删除互斥信号量所引起的错误； OS_ERR_INVALID_OPT：错误，opt 值非法； OS_ERR_TASK_WAITING：有一个或多个任务在等待互斥信号量； OS_ERR_EVENT_TYPE：错误，pevent 不是指向互斥信号量的指针； OS_ERR_PEVENT_NULL：错误，pevent 为 NULL
特殊说明	挂起任务就绪时，中断关闭时间与挂起任务数目有关

表 6.17 OSMutexAccept()函数

函数名称	OSMutexAccept()	所属文件	OS_MUTEX.C
函数原型	INT8U OSMutexAccept (OS_EVENT * pevent,INT8U * err)		
功能描述	查看指定的互斥信号量是否有效：不同于 OSMutexPend()函数，如果互斥信号量无效，则 OSMutexAccept ()并不挂起任务		
函数参数	pevent：指向需要查看的消息邮箱的指针，OSSemCreate()的返回值； err：用于返回错误码		
函数返回值	1：有效；0：无效。 * err 可能为以下值： OS_NO_ERR：调用成功； OS_ERR_EVENT_TYPE：pevent 不是指向互斥信号量的指针； OS_ERR_PEVENT_NULL：错误，pevent 为 NULL； OS_ERR_PEND_ISR：在中断中调用该函数所引起的错误		

表 6.18 OSMutexQuery()函数

函数名称	OSMutexQuery()	所属文件	OS_MUTEX.C
函数原型	INT8U OSMutexQuery (OS_EVENT * pevent,OS_MUTEX_DATA * pdata)		
功能描述	取得互斥信号量的状态：用户程序必须分配一个 OS_MUTEX_DATA 的数据结构，该结构用来从互斥信号量的事件控制块接收数据。通过调用 OSMutexQuery ()函数可以知道任务是否有其他任务等待互斥信号量，得到 PIP，以及确认互斥信号量是否有效		

续表 6.18

函数参数	pevent：指向互斥信号量的指针，OSMutexCreate ()的返回值。 pdata：指向 OS_MUTEX_DATA 数据结构的指针，该数据结构包含下述成员： OSValue：0—互斥信号量无效，1—互斥信号量有效； OSOwnerPrio：占用互斥信号量的任务优先级； OSMutexPIP：互斥信号量的优先级继承优先级(PIP)； OSEventTbl[]：互斥信号量等待队列的复制； OSEventGrp：互斥信号量等待队列索引的复制
函数返回值	OS_NO_ERR：调用成功； OS_ERR_EVENT_TYPE：错误，pevent 不是指向互斥信号量的指针； OS_ERR_PEVENT_NULL ：错误，pevent 为 NULL； OS_ERR_POST_ISR：在中断中调用该函数所引起的错误

6.7.3　资源同步

下面以程序清单 6.16 为例来说明使用互斥信号量访问共享资源实现资源同步，假设 TaskLED0 为高优先级任务，且低于优先级 5。设计两个任务，它们以不同的频率让 LED 点亮 30 个时钟节拍，然后熄灭 60 个时钟节拍，要求这两个任务不会互相干扰。

程序清单 6.16　LED 闪烁：资源同步示例

```
#include "config. h"
#include "stdlib. h"
#define      LED1           (1 << 22)                  /* 定义 LED */
#define      MUTEX_PRIO      5                         /* 定义互斥信号量优先级 */
OS_EVENT      * mutex;                                 /* 定义互斥信号量指针 */
#define      TaskStkLengh      64                      /* 定义任务的堆栈长度 */
OS_STK      TaskLED0Stk [TaskStkLengh];                /* 定义任务 LED0 的堆栈 */
OS_STK      TaskLED1Stk [TaskStkLengh];                /* 定义任务 LED1 的堆栈 */
void      TaskLED0(void  * pdata);                     /* 声明任务 LED0 */
void      TaskLED1(void  * pdata);                     /* 声明任务 LED1 */
/*****************************************************************
** Function name:   LED
** Descriptions:        接到信号量，LED 闪烁一次，释放信号量
** input parameters: * pdata   用于传递各种不同类型的数据甚至是函数
*****************************************************************/
void LED (void)
```

```
{
    INT8U err;
    OSMutexPend(mutex,0,&err);                    /* 等待互斥信号量 */
    IO0CLR=LED1;                                  /* LED 亮 */
    OSTimeDly(30);                                /* 延时 30 个节拍 */
    IO0SET=LED1;                                  /* LED 灭 */
    OSTimeDly(60);                                /* 延时 60 个节拍 */
    OSMutexPost(mutex);                           /* 发送互斥信号量 */
}
/***************************************************************
** Function name:   main
** Descriptions:    主函数创建两个 LED 任务,初始化及启动操作系统
** Returned value:  0   失败
***************************************************************/
int main (void)
{
    OSInit ();
    OSTaskCreate (TaskLED0,(void *)0,              /* 创建 LED0 任务 */
                  &TaskLED0Stk[TaskStkLengh -1],6);
    OSTaskCreate (TaskLED1,(void *)0,              /* 创建 LED1 任务 */
                  &TaskLED1Stk[TaskStkLengh -1],8);
    OSStart ();
    return 0;
}
/***************************************************************
** Function name:   TaskLED0
** Descriptions:    LED 定时 1000 个节拍闪烁
** input parameters: * pdata   用于传递各种不同类型的数据甚至是函数
***************************************************************/
void TaskLED0 (void * pdata)
{
    pdata=pdata;
    mutex=OSMutexCreate(MUTEX_PRIO,&err);          /* 创建互斥信号量 */
    TargetInit ();                                 /* 硬件初始化 */
    IO0DIR |=LED1;                                 /* 设置 LED 为输出 */
    while (1) {
        LED();                                     /* 调用 LED 函数 */
        OSTimeDly(1000);                           /* 延时 1000 个节拍 */
    }
}
```

```
/******************************************************************
** Function name:   TaskLED1
** Descriptions:    LED定时2000个节拍闪烁
** input parameters: * pdata   用于传递各种不同类型的数据甚至是函数
*******************************************************************
**/
void TaskLED1 (void  * pdata)
{
    pdata=pdata;
    while (1) {
        LED();                              /* 调用LED函数 */
        OSTimeDly(2000);                    /* 延时2000个节拍 */
    }
}
```

6.8　事件标志组

6.8.1　概　述

当任务要与多个事件同步时，就要使用事件标志。若任务需要与任何事件之一发生同步，可称为独立型同步（即逻辑或关系）。任务也可以与若干事件都发生了同步，称之为关联型（逻辑与关系）。独立型及关联型同步如图6.2所示。

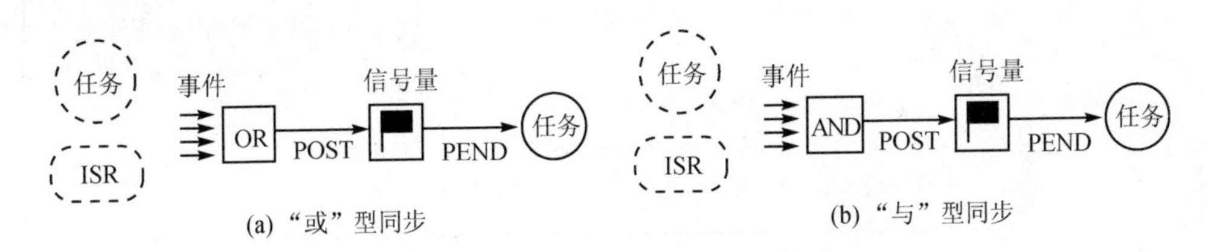

图6.2　独立型及关联型同步

可以用多个事件的组合发信号给多个任务，如图6.3所示，典型的有8个、16个或32个事件可以组合在一起，取决于用的是哪种内核。每个事件占1位（bit），以32位的情况较多。任务或中断服务可以给某一位置位或复位，当任务所需的事件都发生了，该任务继续执行，至于哪个任务该继续执行了，是在一组新的事件发生时判定的，也就是在事件位置位时做判断。

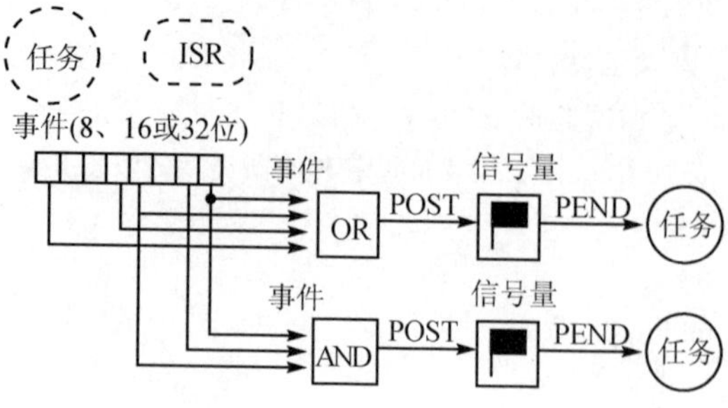

图 6.3 事件标志

6.8.2 事件标志组函数列表

事件标志组由两部分组成：一是用来保存当前事件组中各事件状态的一些标志位；二是等待这些标志位置位或清除的任务列表。内核支持事件标志，提供事件标志置位、事件标志清零和等待事件标志等服务。完成事件标志组的各种功能的函数详见表 6.19～表 6.24。

表 6.19 OSFlagCreate()函数

函数名称	OSFlagCreate()	所属文件	OS_FLAG.C
函数原型	OS_FLAG_GRP * OSFlagCreate (OS_FLAGS flags,INT8U * err)		
功能描述	建立并初始化一个事件标志组		
函数参数	flags：事件标志组的初始值； err：用于返回错误码		
函数返回值	指向分配给所建立的事件标志组的指针。如果没有空闲的事件标志组，则返回空指针。 * err 可能为以下值： OS_NO_ERR：成功创建事件标志组； OS_ERR_CREATE_ISR：在中断中调用该函数所引起的错误； OS_FLAG_GRP_DEPLETED：没有空闲的事件标志组		

表 6.20 OSFlagPost()函数

函数名称	OSFlagPost()	所属文件	OS_FLAG.C
函数原型	OS_FLAGS OSFlagPost (OS_FLAG_GRP * pgrp,OS_FLAGS flags,INT8U opt,INT8U * err)		
功能描述	设置事件标志位：可以置位或清 0 指定标志位。如果设置标志位后正好满足某个等待该事件标志组的任务，给任务将被设置为就绪态		

续表 6.20

函数参数	pgrp：指向事件标志组的指针，OSFlagCreate()的返回值。 Flags：指定需要设置的标志位，置位的位将被设置。 opt：设置方式。 OS_FLAG_CLR：清0指定标志位；OS_FLAG_SET：置位标志位。 err：用于返回错误码
函数返回值	事件标志组新的事件标志状态。 * err 可能为以下值： OS_NO_ERR：成功调用 OS_FLAG_INVALID_PGRP：错误，pgrp 为 NULL OS_ERR_EVENT_TYPE：错误，pgrp 不是指向事件标志组 OS_ERR_INVALID_OPT：错误，opt 值非法

表 6.21 OSFlagQuery()函数

函数名称	OSFlagQuery()	所属文件	OS_FLAG.C
函数原型	OS_FLAGS OSFlagQuery (OS_FLAG_GRP * pgrp,INT8U * err)		
功能描述	用于取得事件标志组的状态：当前版本还不能返回等待事件标志组的任务列表		
函数参数	pgrp：指向事件标志组的指针，OSFlagCreate()的返回值； err：用于返回错误码		
函数返回值	当前事件标志组的状态。 * err 可能为以下值： OS_NO_ERR：调用成功； OS_FLAG_INVALID_PGRP：错误，pgrp 为 NULL； OS_ERR_EVENT_TYPE：错误，pgrp 不是指向事件标志组		

表 6.22 OSFlagPend()函数

函数名称	OSFlagPend()	所属文件	OS_FLAG.C
函数原型	OS_FLAGS OSFlagPend (OS_FLAG_GRP * pgrp,OS_FLAGS flags,INT8U wait_type,INT16U timeout,INT8U * err)		
功能描述	等待事件标志组中的指定事件标志是否置位(或清0)：应用程序可以检查任意一位(或多位)是置位还是清0，如果所需的事件标志没有产生，任务挂起，直到所需条件满足		

续表 6.22

函数参数	pgrp：指向事件标志组的指针，OSFlagCreate()的返回值。 flags：指定需要检查的事件标志位，设置为1，则检查对应位；设置为0，则忽略对应位。 timeout：超时时间，以时钟节拍为单位。 wait_type：定义等待事件标志位的方式。 OS_FLAG_WAIT_CLR_ALL：所有指定的事件标志位清0； OS_FLAG_WAIT_CLR_ANY：任意指定的事件标志位清0； OS_FLAG_WAIT_SET_ALL：所有指定的事件标志位置位； OS_FLAG_WAIT_SET_ANY：任意指定的事件标志位置位； OS_FLAG_CONSUME：得到期望的标志位后，恢复相应的标志位。它必须与前面4个方式"或"，例如：OS_FLAG_WAIT_SET_ANY | OS_FLAG_CONSUME 表示等待任意指定的事件标志位置位，并且在任意标志位置位后清除该位。 err：用于返回错误码
函数返回值	返回事件标志组的状态；超时返回0。 *err 可能为以下值： OS_NO_ERR：成功调用； OS_ERR_PEND_ISR：在中断中调用该函数所引起的错误； OS_ERR_EVENT_TYPE：错误，pgrp 不是指向事件标志组； OS_FLAG_ERR_WAIT_TYPE：错误，wait_type 值非法； OS_FLAG_INVALID_PGRP：错误，pgrp 为 NULL； OS_TIMEOUT：超时

表 6.23 OSFlagDel()函数

函数名称	OSFlagDel()	所属文件	OS_FLAG.C
函数原型	OS_FLAG_GRP *OSFlagDel (OS_FLAG_GRP *pgrp, INT8U opt, INT8U *err)		
功能描述	删除事件标志组：在删除事件标志组之前，应当先删除可能会使用这个事件标志组的任务		
函数参数	pgrp：指向事件标志组的指针，OSFlagCreate()的返回值。 opt：定义事件标志组删除条件。 OS_DEL_NO_PEND：没有任何任务等待事件标志组时才删除； OS_DEL_ALWAYS：立即删除。 err：用于返回错误码		
函数返回值	NULL：成功删除；pgrp：删除失败。 *err 可能为以下值： OS_NO_ERR：成功删除事件标志组； OS_ERR_DEL_ISR：在中断中删除事件标志组所引起的错误； OS_ERR_INVALID_OPT：错误，opt 值非法； OS_ERR_TASK_WAITING：有一个或多个任务在事件标志组； OS_ERR_EVENT_TYPE：错误，pgrp 不是指向事件标志组的指针； OS_FLAG_INVALID_PGRP：错误，pgrp 为 NULL		
特殊说明	当挂起任务就绪时，中断关闭时间与挂起任务数目有关		

表 6.24 OSFlagAccept()函数

函数名称	OSFlagAccept()	所属文件	OS_FLAG.C
函数原型	OS_FLAGS OSFlagAccept (OS_FLAG_GRP *pgrp,OS_FLAGS flags,INT8U wait_type,INT8U *err)		
功能描述	无等待地获得事件标志组中的指定事件标志是否置位(或清 0):应用程序可以检查任意一位(或多位)是置位还是清 0,它与 OSFlagPend()的区别是,如果所需的事件标志没有产生,任务并不挂起		
函数参数	pgrp:指向事件标志组的指针,OSFlagCreate()的返回值。 flags:指定需要检查的事件标志位,置 1,则检查对应位;设置为 0,则忽略对应位。 wait_type:定义等待事件标志位的方式。 OS_FLAG_WAIT_CLR_ALL:所有指定的事件标志位清 0; OS_FLAG_WAIT_CLR_ANY:任意指定的事件标志位清 0; OS_FLAG_WAIT_SET_ALL:所有指定的事件标志位置位; OS_FLAG_WAIT_SET_ANY:任意指定的事件标志位置位; OS_FLAG_CONSUME:得到期望的标志位后,恢复相应的标志位。它必须与前面 4 种方式"或",例如:OS_FLAG_WAIT_SET_ANY|OS_FLAG_CONSUME 表示等待任意指定的事件标志位置位,并且在任意标志位置位后清除该位。 err:用于返回错误码		
函数返回值	返回事件标志组的状态。*err 可能为以下值: OS_NO_ERR:成功调用; OS_ERR_EVENT_TYPE:错误,pgrp 不是指向事件标志组; OS_FLAG_ERR_WAIT_TYPE :错误,wait_type 值非法; OS_FLAG_INVALID_PGRP:错误,pgrp 为 NULL; OS_FLAG_ERR_NOT_RD:指定的事件标志没有发生		

6.8.3 标志"与"

下面以程序清单 6.17 为例来说明如何使用标志事件组实现任务与若干个事件都发生了同步。当时间到且独立按键被按下,LED1 闪烁一下,假设 TaskLED 为高优先级任务。

程序清单 6.17 LED 闪烁:标志"与"

```
#include "config.h"
#include "stdlib.h"
#define     LED1      (1 << 22)          /* 定义 LED */
#define     KEY1      (1 << 20)          /* 定义按键 */
#define     KEY1FLAG      (1 << 0)       /* 定义按键任务标志 */
```

```
#define    DLY1FLAG      (1 << 1)            /* 定义定时任务标志 */
OS_FLAG_GRP      * flag;                     /* 定义事件标志组指针 */
#define    TaskStkLengh      64              /* 定义任务的堆栈长度 */
OS_STK     TaskLEDStk [TaskStkLengh];        /* 定义任务 LED 的堆栈 */
OS_STK     TaskKEYStk [TaskStkLengh];        /* 定义任务 KEY 的堆栈 */
OS_STK     TaskDlyStk [TaskStkLengh];        /* 定义任务 Dly 的堆栈 */
void     TaskLED(void  * pdata);             /* 声明任务 LED */
void     TaskKEY(void  * pdata);             /* 声明任务 KEY */
void     TaskDly(void  * pdata);             /* 声明任务 Dly */
/*************************************************************
 * * Function name:   main
 * * Descriptions:      主函数创建 LED、按键、定时任务,初始化及启动操作系统
 * * Returned value:  0   失败
*************************************************************/
int   main (void)
{
    OSInit ();
    OSTaskCreate (TaskLED,(void  * )0,                /* 创建 LED 任务 */
                  &TaskLEDStk[TaskStkLengh -1],2);
    OSTaskCreate (TaskKEY,(void  * )0,                /* 创建按键任务 */
                  &TaskKEYStk[TaskStkLengh -1],3);
    OSTaskCreate (TaskDly,(void  * )0,                /* 创建延时任务 */
                  &TaskDlyStk[TaskStkLengh -1],5);
    OSStart ();
    return 0;
}
*************************************************************
 * * Function name:   TaskLED
 * * Descriptions:      当时间到且独立按键被按下,LED1 闪烁一下
 * * input parameters: * pdata   用于传递各种不同类型的数据,甚至是函数
*************************************************************/
void   TaskLED (void    * pdata)
{
    INT8U err;
    pdata=pdata;
    flag=OSFlagCreate(0,&err);                        /* 创建事件标志组 */
    TargetInit ();                                    /* 目标板初始化 */
    IO0DIR |=LED1;                                    /* 设置 LED 为输出 */
    while (1) {
```

```
        OSFlagPend (flag,KEY1FLAG | DLY1FLAG ,     /* 等待标志组,最低 2 位 */
                    OS_FLAG_WAIT_SET_ALL |          /* 全为 1 */
                    OS_FLAG_CONSUME ,0,&err);      /* 复位标志,一直等待 */
        IO0CLR=LED1;                                /* LED 亮 */
        OSTimeDly(OS_TICKS_PER_SEC);                /* 延时 1 s */
        IO0SET=LED1;                                /* LED 灭 */
        OSTimeDly(OS_TICKS_PER_SEC);                /* 延时 1 s */
    }
}
/****************************************************************************
** Function name:   TaskKEY
** Descriptions:    按键任务,按键发送标志
** input parameters: * pdata   用于传递各种不同类型的数据,甚至是函数
****************************************************************************/
void  TaskKEY (void   * pdata)
{
    INT8U err;
    pdata=pdata;
    IO0DIR &=~ KEY1;                                     /* 设置按键为输入 */
    while (1) {
        while ((IO0PIN & KEY1) ! =0) {                   /* 等待按键按下 */
            OSTimeDly(1);                                /* 延时 1 个节拍 */
        }
        OSFlagPost(flag,KEY1FLAG,OS_FLAG_SET,&err);      /* 发送标志,最低位,1 有效 */
        while ((IO0PIN & KEY1) ==0) {                    /* 等待按键释放 */
            OSTimeDly(1);                                /* 延时 1 个节拍 */
        }
    }
}
/****************************************************************************
** Function name:   TaskDly
** Descriptions:    延时任务,发送定时标志
** input parameters: * pdata   用于传递各种不同类型的数据,甚至是函数
****************************************************************************/
void TaskDly(void  * pdata)
{
    INT8U err;
    pdata=pdata;
    while (1) {
        OSTimeDly(OS_TICKS_PER_SEC);                     /* 延时 1s */
        OSFlagPost(flag,DLY1FLAG,OS_FLAG_SET,&err);      /* 发送标志,次低位,1 有效 */
    }
}
```

6.8.4 标志"或"

下面以程序清单 6.18 为例来说明如何使用标志事件组来实现任务与任何事件之一同步。假设 TaskLED 为高优先级任务，当时间到或独立按键被按下，LED1 闪烁一下。

程序清单 6.18 LED 闪烁：标志"或"

```
#include "config.h"
#include "stdlib.h"
#define    LED1     (1 << 22)                        /* 定义 LED */
#define    KEY1     (1 << 20)                        /* 定义按键 */
#define    KEY1FLAG     (1 << 0)                     /* 定义按键任务标志 */
#define    DLY1FLAG     (1 << 1)                     /* 定义定时任务标志 */
OS_FLAG_GRP     *flag;                               /* 定义事件标志组指针 */
#define    TaskStkLengh     64                       /* 定义任务的堆栈长度 */
OS_STK     TaskLEDStk [TaskStkLengh];                /* 定义任务 LED 的堆栈 */
OS_STK     TaskKEYStk [TaskStkLengh];                /* 定义任务 KEY 的堆栈 */
OS_STK     TaskDlyStk [TaskStkLengh];                /* 定义任务 Dly 的堆栈 */
void     TaskLED(void *pdata);                       /* 声明任务 LED */
void     TaskKEY(void *pdata);                       /* 声明任务 KEY */
void     TaskDly(void *pdata);                       /* 声明任务 Dly */
/*******************************************************************
** Function name:   main
** Descriptions:    主函数创建 LED、按键、定时任务，初始化及启动操作系统
** Returned value:  0  失败
*******************************************************************/
int  main (void)
{
    OSInit ();
    OSTaskCreate (TaskLED,(void *)0,                      /* 创建 LED 任务 */
                 &TaskLEDStk[TaskStkLengh -1],2);
    OSTaskCreate (TaskKEY,(void *)0,                      /* 创建按键任务 */
                 &TaskKEYStk[TaskStkLengh - 1],3);
    OSTaskCreate (TaskDly,(void *)0,                      /* 创建延时任务 */
                 &TaskDlyStk[TaskStkLengh - 1],5);
    OSStart ();
    return 0;
}
```

```
/***************************************************************
** Function name:    TaskLED
** Descriptions:     当时间到或独立按键被按下,LED1 闪烁一下
** input parameters: * pdata   用于传递各种不同类型的数据,甚至是函数
***************************************************************/
void  TaskLED (void  * pdata)
{
    INT8U err;
    pdata=pdata;
    flag=OSFlagCreate(0,&err);                       /* 创建事件标志组 */
    TargetInit ();                                   /* 目标板初始化 */
    IO0DIR |=LED1;                                   /* 设置 LED 为输出 */
    while (1) {
        OSFlagPend (flag,KEY1FLAG | DLY1FLAG ,       /* 等待标志组,最低 2 位 */
        OS_FLAG_WAIT_SET_ANY |                       /* 任意一位为 1 */
        OS_FLAG_CONSUME ,0,&err);                    /* 复位标志,一直等待 */
        IO0CLR=LED1;                                 /* LED 亮 */
        OSTimeDly(OS_TICKS_PER_SEC);                 /* 延时 1 s */
        IO0SET=LED1;                                 /* LED 灭 */
        OSTimeDly(OS_TICKS_PER_SEC);                 /* 延时 1 s */
    }
}
/***************************************************************
** Function name:    TaskKEY
** Descriptions:     按键任务,按键发送标志
** input parameters: * pdata   用于传递各种不同类型的数据,甚至是函数
***************************************************************/
void  TaskKEY (void  * pdata)
{
    INT8U err;
    pdata=pdata;
    IO0DIR &=~ KEY1;                                     /* 设置按键为输入 */
    while (1) {
        while ((IO0PIN & KEY1) ! =0) {                   /* 等待按键按下 */
            OSTimeDly(1);                                /* 延时 1 个节拍 */
        }
        OSFlagPost(flag,KEY1FLAG,OS_FLAG_SET,&err);/* 发送标志,最低位,1 有效 */
        while ((IO0PIN & KEY1) ==0) {                    /* 等待按键释放 */
            OSTimeDly(1);                                /* 延时 1 个节拍 */
        }
    }
}
```

```
/*********************************************************************
** Function name:   TaskDly
** Descriptions:    延时任务,发送定时标志
** input parameters: * pdata   用于传递各种不同类型的数据,甚至是函数
*********************************************************************/
void TaskDly(void * pdata)
{
    INT8U err;
    pdata=pdata;
    while (1) {
        OSTimeDly(OS_TICKS_PER_SEC);                     /* 延时 1 s */
        OSFlagPost(flag,DLY1FLAG,OS_FLAG_SET,&err);/* 发送标志,次低位,1 有效 */
    }
}
```

6.9 信号量

在实时多任务系统中,信号量被广泛用于任务间对共享资源的互斥、任务和中断服务程序之间的同步以及任务之间的同步。

当任务调用 OSSemPost()函数发送信号时,如果没有任务在等待信号量,则信号量的值加 1 并返回;如果有任务在等待该信号量,则信号量的值不加 1,那么最高优先级的任务将得到信号量并进入就绪态(理论上是一个任务发送信息之后信号量加 1,然后另一个任务获得信息之后信号量再减 1,所以信号量的值不加 1)。然后进行任务调度,决定当前运行的任务是否仍然为处于最高优先级就绪态的任务。

如果任务调用 OSSemPend()函数接收信息时信号量的值大于 0,即信号量有效,则信号量的值减 1,然后返回"无错"错误代码,即等待信号量的任务继续运行。

如果任务调用 OSSemPend()函数接收信息时信号量的值为 0,则等待信号量的任务被放入等待信号量任务列表,等待另一个任务(或中断服务程序)发出信号量后才能解除该等待状态或在超时的情况下运行。

一般来说,OSSemPend()函数允许用户定义一个最长的等待时间 Timeout 作为它的参数,这样可以避免该任务无休止地等待下去。如果在限定的时间内任务还是没有收到信号量,那么该任务就进入就绪态并继续运行,且同时返回出错信息与等待超时错误。**注意**:μC/OS - II 不允许在中断服务程序中等待信号量。

信号量最好在系统初始化的时候创建,不要在系统运行的过程中动态地创建和删除。在确保成功地创建信号量之后,才可对信号量进行接收和发送操作。

要点： 互斥信号量是一个二值信号，因此只能为 0 和 1，仅用于资源同步以实现对共享资源的独占。计数信号量的取值范围为 0～65535，不仅可以用于资源同步以实现对共享资源的独占，而且还可以实现任务间以及中断与任务间的同步，这就是互斥信号量与计数信号量的最大区别，其共同的特点只能提供行为同步时刻的信息，但不能传递数据。

---

1. 任务间的同步

在实际的应用中，常用信号量实现任务间的同步，OSSemPend()函数和 OSSemPost()函数会出现在不同任务的不同函数中，但不一定成对出现。一对一是最典型、最常见的工作方式，如图 6.4 所示一个任务接收信号量 1，多个任务或中断发送信号量也是很常见的。

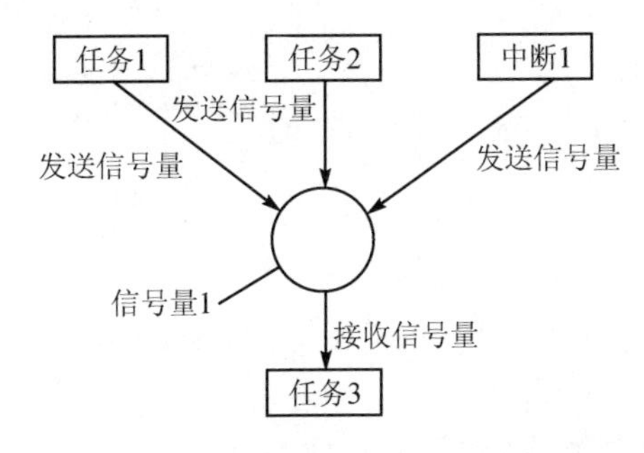

图 6.4　一个任务接收信号量，多个任务或中断发送信号量

在实际的应用中，还有多对多、一对多信号量操作的情况，但不常见，建议读者不要设计出这样的操作方式，因为这样会带来很多的麻烦。

2. 资源共享

发送信号量函数 OSSemPost ()与等待信号量函数 OSSemPend()必须成对出现在同一个任务调用的函数中，才能实现资源共享。因此需要编写一个公共的库函数 LED()，这样才有可能多个任务调用这个函数。

3. ISR 与任务同步

在实际的应用中，通过中断服务程序发送信号量，而另一个任务接收信号量是很常见的。定时器 1 中断服务程序发送信号量，任务完成了信号量的创建并在接收到信号量后让蜂鸣器响一声，以程序清单 6.19 为例来说明如何现实 ISR 与任务间同步。

程序清单 6.19　定时器控制蜂鸣器：ISR 与任务间同步示例

```
#include "config. h"
#include "stdlib. h"
```

```
#define    BEEP    (1 << 7)                         /* 定义蜂鸣器 */

OS_EVENT   *sem;                                     /* 定义信号量指针 */

#define    TaskStkLengh    64                        /* 定义任务的堆栈长度 */
OS_STK     TaskBeepStk [TaskStkLengh];               /* 定义任务 Beep 的堆栈 */

void       TaskBeep(void *pdata);                    /* 声明任务 Beep */
/*********************************************************************
** Function name:   Timer1_Exception
** Descriptions:    定时器 1 中断服务程序
*********************************************************************/
void Timer1_Exception (void)
{
    T1IR=0x01;                                       /* 清除中断标志 */
    VICVectAddr=0;                                   /* 更新中断硬件优先级 */
    OSSemPost (sem);                                 /* 发送信号量 */
}
/*********************************************************************
** Function name:   main
** Descriptions:    主函数创建 Beep 任务,初始化及启动操作系统
** Returned value:  0   失败
*********************************************************************/
int main (void)
{
    OSInit ();
    OSTaskCreate(TaskBeep,(void *)0,                 /* 创建 Beep 任务 */
                 &TaskBeepStk[TaskStkLengh - 1],4);
    OSStart ();
    return 0;
}
/*********************************************************************
** Function name:   TaskBeep
** Descriptions:    接收到信号量后,蜂鸣器鸣叫一次
** input parameters: *pdata   用于传递各种不同类型的数据,甚至是函数
*********************************************************************/
void TaskBeep (void *pdata)
{
    INT8U err;
    pdata=pdata;
    PINSEL0=0X00;
```

```
    IO0DIR |=BEEP;                          /* 蜂鸣器设置为输出 */
    sem=OSSemCreate(0);                     /* 创建信号量 */
    OS_ENTER_CRITICAL();                    /* 进入临界段 */
    /* 初始化 VIC(省略) */
    /* 初始化定时器 1(省略) */
    /* 目标板初始化(省略) */
    OS_EXIT_CRITICAL();                     /* 退出临界段 */
    while (1) {
        OSSemPend(sem,0,&err);              /* 等待信号量 */
        IO0CLR=BEEP;                        /* 蜂鸣器响 */
        OSTimeDly(60);                      /* 延时 60 个节拍 */
        IO0SET=BEEP;                        /* 蜂鸣器灭 */
        OSTimeDly(60);                      /* 延时 60 个节拍 */
    }
}
```

4. 任务间同步

在日常生活中,当列队跑步前进时,教练发令:跑步前进,列队就以同样的步伐,保持相同的队形,一起跑步前进;当教练说:“停!”,大家就全部停下来,而且保持同一队形,同一速度,这就是同步。

在嵌入式系统中,经常使用信号量来实现多个任务之间的同步。而用来实现任务间同步的信号量在创建时初始值可以为 0 或者 1,这是由 OSSemCreate()函数来实现的。

在实际的应用中,一个任务发送信号量,而另一个任务接收信号量也是很常见的。让一个 LED 以 0.5 Hz 的频率闪烁,每按键一次,LED 闪烁一次。很显然这两个任务的速度不匹配,那么如何让它们同步起来呢?以程序清单 6.20 为例来说明如何使用信号量实现任务间同步,假设 TaskLED 为高优先级的任务。

程序清单 6.20 LED 闪烁:使用信号量来实现任务间同步示例

```
#include "config.h"
#include "stdlib.h"

#define     LED1      (1 << 22)                 /* 定义 LED */
#define     KEY1      (1 << 20)                 /* 定义按键 */

OS_EVENT  *sem;                                 /* 定义信号量指针 */

#define     TaskStkLengh      64                /* 定义任务的堆栈长度 */
OS_STK      TaskLEDStk [TaskStkLengh];          /* 定义任务 LED 的堆栈 */
OS_STK      TaskKEYStk [TaskStkLengh];          /* 定义任务 KEY 的堆栈 */

void      TaskLED(void  *pdata);                /* 声明任务 LED */
void      TaskKEY(void  *pdata);                /* 声明任务 KEY */
```

```
/*********************************************************************
** Function name:  main
** Descriptions:     主函数创建LED、按键任务,初始化及启动操作系统
** Returned value:  0  失败
*********************************************************************/
int main (void)
{
    OSInit ();
    OSTaskCreate (TaskLED,(void *)0,              /*创建LED任务*/
                  &TaskLEDStk[TaskStkLengh - 1],2);
    OSTaskCreate (TaskKEY,(void *)0,              /*创建按键任务*/
                  &TaskKEYStk[TaskStkLengh - 1],3);
    OSStart ();
    return 0;
}
/*********************************************************************
** Function name:  TaskLED
** Descriptions:     接收消息后LED闪烁一次
** input parameters: * pdata  用于传递各种不同类型的数据,甚至是函数
*********************************************************************/
void TaskLED (void * pdata)
{
    INT8U err;
    pdata=pdata;
       sem=OSSemCreate(0);                        /*创建信号量,初始化为0*/
    TargetInit ();                                /*目标板初始化*/
    IO0DIR |=LED1;                               /*设置LED为输出*/
    while (1) {
        OSSemPend(sem,0,&err);                   /*等待消息*/
        IO0CLR=LED1;                             /*LED亮*/
        OSTimeDly(OS_TICKS_PER_SEC);             /*延时1s*/
        IO0SET=LED1;                             /*LED灭*/
        OSTimeDly(OS_TICKS_PER_SEC);             /*延时1s*/
    }
}
/*********************************************************************
** Function name:  TaskKEY
** Descriptions:     按键任务,按键发送消息
** input parameters: * pdata  用于传递各种不同类型的数据,甚至是函数
*********************************************************************/
```

```
void TaskKEY (void * pdata)
{
    pdata=pdata;
    IO0DIR &=~ KEY1;                              /* 设置按键为输入 */
    while (1) {
        while ((IO0PIN & KEY1) ! =0){             /* 等待按键按下 */
            OSTimeDly(1);                         /* 延时1个节拍 */
        }
        OSSemPost (sem);                          /* 发送信号量 */
        while ((IO0PIN & KEY1) ==0) {             /* 等待按键释放 */
            OSTimeDly(1);                         /* 延时1个节拍 */
        }
    }
}
```

5. 资源同步

在嵌入式系统中，经常使用信号量访问共享资源来实现资源同步。而用来实现资源同步的信号量在创建时初始值为资源的数目，不过嵌入式系统中极少出现完全等同的资源（例如，即使完全一样的串行口，但由于外接的设备不同，而不能替代使用，即为不同的资源），所以一般初始化为1，这是由OSSemCreate()函数来实现的。

设计两个任务，它们以不同的频率让LED点亮30个时钟节拍，然后熄灭60个时钟节拍，要求这两个任务不会互相干扰。以程序清单6.21为例来说明如何使用信号量访问共享资源实现资源同步，假设TaskLED0为高优先级任务。

程序清单 6.21　LED 闪烁：信号量访问共享资源实现资源同步示例

```
#define LED1    (1 << 22)
OS_EVENT *sem;
#include "config.h"
#include "stdlib.h"

#define     LED1     (1 << 22)                    /* 定义LED */
OS_EVENT      * sem;                              /* 定义信号量指针 */

#define     TaskStkLengh     64                   /* 定义任务的堆栈长度 */
OS_STK      TaskLED0Stk [TaskStkLengh];           /* 定义任务LED0的堆栈 */
OS_STK      TaskLED1Stk [TaskStkLengh];           /* 定义任务LED1的堆栈 */

void      TaskLED0(void * pdata);                 /* 声明任务LED0 */
void      TaskLED1(void * pdata);                 /* 声明任务LED1 */
/*************************************************************
** Function name:  LED
** Descriptions:     接到信号量,LED闪烁一次,释放信号量
** input parameters: * pdata    用于传递各种不同类型的数据,甚至是函数
*************************************************************/
```

```
void LED (void)
{
    INT8U err;
    OSSemPend(sem,0,&err);                    /* 等待信号量 */
    IO0CLR=LED1;                              /* LED 亮 */
    OSTimeDly(30);                            /* 延时 30 个节拍 */
    IO0SET=LED1;                              /* LED 灭 */
    OSTimeDly(60);                            /* 延时 60 个节拍 */
    OSSemPost (sem);                          /* 发送信号量 */
}
/*************************************************************
** Function name:    main
** Descriptions:     主函数创建两个 LED 任务,初始化及启动操作系统
** Returned value:   0  失败
*************************************************************/
int main (void)
{
    OSInit ();
    OSTaskCreate (TaskLED0,(void *)0,                /* 创建 LED0 任务 */
                  &TaskLED0Stk[TaskStkLengh - 1],6);
    OSTaskCreate (TaskLED1,(void *)0,                /* 创建 LED1 任务 */
                  &TaskLED1Stk[TaskStkLengh - 1],8);
    OSStart ();
    return 0;
}
/*************************************************************
** Function name:    TaskLED0
** Descriptions:     LED 定时 1 000 个节拍闪烁
** input parameters: * pdata  用于传递各种不同类型的数据,甚至是函数
*************************************************************/
void TaskLED0 (void * pdata)
{
    pdata=pdata;
    sem=OSSemCreate(1);                       /* 创建信号量,初值为 1 */
    TargetInit ();                            /* 硬件初始化 */
    IO0DIR |=LED1;                            /* 设置 LED 为输出 */
    while (1) {
        LED();                                /* 调用 LED 函数 */
        OSTimeDly(1000);                      /* 延时 1 000 个节拍 */
    }
}
/*************************************************************
```

```
* * Function name:  TaskLED1
* * Descriptions:   LED 定时 2 000 个节拍闪烁
* * input parameters: * pdata  用于传递各种不同类型的数据,甚至是函数
*****************************************************************/
void TaskLED1 (void * pdata)
{
    pdata=pdata;
    while (1) {
        LED();                                  /* 调用 LED 函数 */
        OSTimeDly(2000);                        /* 延时 2 000 个节拍 */
    }
}
```

6. 在中断中获得信号量

定时器 1 每秒产生一次中断,在中断服务程序中获得信号量,如果有,则翻转 LED。建立一个任务,它每(5/3)s 发送一次信号量。以程序清单 6.22 为例来说明如何在中断中获得信号量,程序中使用函数 OSSemAccept()来实现的。

程序清单 6.22　在中断中获得信号量参考程序

```
#include "config.h"
#include "stdlib.h"
#define    LED1    (1 << 22)                    /* 定义 LED */
OS_EVENT    * sem;                              /* 定义信号量指针 */
#define    TaskStkLengh    64                   /* 定义任务的堆栈长度 */
OS_STK    TaskLEDStk [TaskStkLengh];            /* 定义任务 LED 的堆栈 */
void   TaskLED(void * pdata);                   /* 声明任务 LED */
/****************************************************************
* * Function name:  Timer1_Exception
* * Descriptions:   定时器 1 中断服务程序
*****************************************************************/
void Timer1_Exception (void)
{
    T1IR=0x01;                                  /* 清除中断标志 */
    VICVectAddr=0;                              /* 更新中断硬件优先级 */
    if (OSSemAccept (sem) > 0)    {             /* 无等待地请求一个信号量 */
                                                /* 信号量有效 */
        if(IO0PIN & LED1) {                     /* 判断按键状态 */
                                                /* LED 灭 */
            IO0CLR=LED1;                        /* 点亮 LED */
        }
```

```
        else {                                         /*LED亮*/
            IO0SET=LED1;                               /*熄灭LED*/
        }
    }
}
/*****************************************************************
** Function name:    main
** Descriptions:     主函数创建LED任务,初始化及启动操作系统
** Returned value:   0  失败
*****************************************************************/
int main (void)
{
OSInit ();
    OSTaskCreate(TaskLED,(void *)0,
                 &TaskLEDStk[TaskStkLengh - 1],5);          /*创建LED任务*/
    OSStart ();
    return 0;
}
/*****************************************************************
** Function name:    TaskLED
** Descriptions:     每隔(5/3) s发送消息
** input parameters: *pdata  用于传递各种不同类型的数据,甚至是函数
*****************************************************************/
void TaskLED (void *pdata)
{
    pdata=pdata;
    PINSEL0=0x00;
    IO0DIR |=LED1;                                     /*LED设置为输出*/
    sem=OSSemCreate(0);                                /*创建信号量*/
    OS_ENTER_CRITICAL();
    /*初始化VIC(省略)*/
    /*初始化定时器1(省略)*/
    /* 目标板初始化(省略)*/
    OS_EXIT_CRITICAL();
    while (1) {
        OSTimeDly(OS_TICKS_PER_SEC * 5/3);             /*延时(5/3) s*/
        OSSemPost (sem);                               /*发送消息*/
    }
}
```

6.10 消息邮箱

6.10.1 概　述

消息是任务之间的一种通信手段，当同步过程需要传输具体内容时就不能使用信号量了，此时可以选择消息邮箱，即通过内核服务可以给任务发送消息。

邮箱用来在任务之间或中断与任务之间传递一个指针，以便任务可以通过指针发送和接收任意类型的数据（即消息，也就是指针指向消息缓冲区的内容）。消息是事先定义好的一个数据结构，包含了需要传递的参数，一个邮箱只能存放一条消息。消息邮箱仅仅是暂时保存来自一个发送者的消息，直到接收者准备读这些消息为止。由此可见，用来传递消息缓冲区指针的数据结构就是消息邮箱。

如图6.5所示，当消息放入邮箱后，如果消息邮箱中已经存在消息，则返回错误码，说明消息邮箱已满，OSMboxPost()函数立即返回，消息未发到消息邮箱；如果有任务在等待消息邮箱的消息，则通过内核服务将消息传递给等待消息的任务表中优先级最高的那个任务（基于优先级），然后进行任务调度，决定当前运行的任务是否仍然为处于最高优先级就绪态的任务。或者将消息传递给最开始等待消息的任务（基于先进先出原则）。

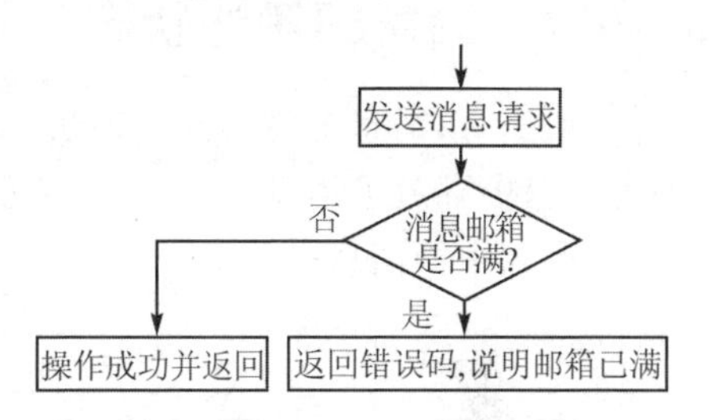

图6.5　向消息邮箱发送消息

如图6.6所示，当任务从消息邮箱接收消息时，每个邮箱都有相应的正在等待消息的任务列表。当邮箱为空时，则等待消息的任务被放入等待消息的任务列表中，等待另一个任务（或中断服务程序）向消息邮箱发出消息后才能解除该等待状态或在超时的情况下运行。

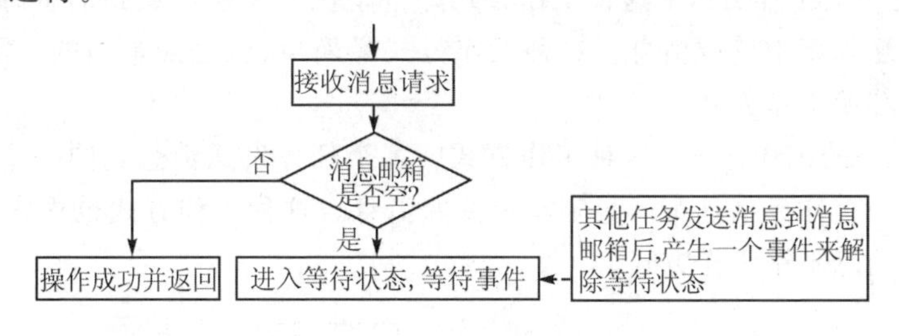

图6.6　从消息邮箱接收消息

一般而言，OSSemPend()函数允许用户定义一个最长的等待时间Timeout作为它的参数，这样可以避免该任务无休止地等待下去。如果在限定的时间之内任务还是没有收到消息，那么该任务就进入就绪态并继续运行，同时返回出错信息与等待超时错误。如果在限定的时间之内邮箱非空，则将邮箱中的消息指针返回给调用的任务,操作成功并返回。

内核一般提供以下邮箱服务：

- 邮箱内消息的内容初始化,此时邮箱内是否有消息并不重要；
- 将消息放入邮箱(POST)；
- 等待有消息进入邮箱(PEND)；
- 如果邮箱内有消息,则任务将消息从邮箱中取走;如果邮箱内没有消息,则内核不应该任务挂起(ACCEPT),返回空指针。

要点：消息邮箱可以存放一条完整的内容信息,而用信号量进行行为同步时,只能提供同步时刻的信息,不能提供内容信息,这就是消息邮箱与信号量最大的区别。

6.10.2 消息邮箱的状态

一般而言,消息邮箱只有 2 种状态,即空状态(消息邮箱中没有消息)和非空状态(消息邮箱中存放了消息)。如图 6.7 所示中的消息邮箱就是一个空的消息邮箱,如图 6.8 所示中的消息邮箱就是一个正常的消息邮箱,即存放了一条消息。

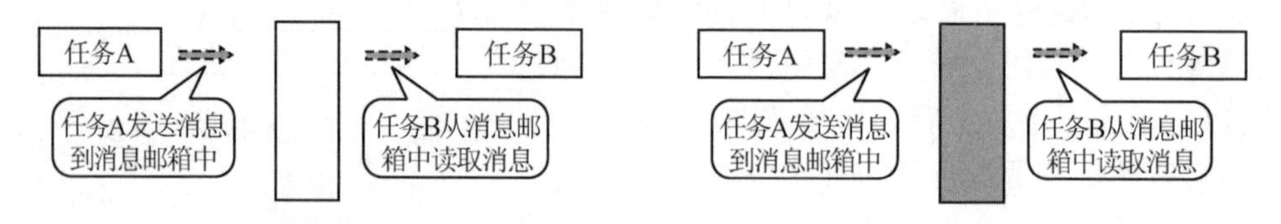

图 6.7 空状态消息邮箱　　图 6.8 非空消息邮箱

6.10.3 消息邮箱的工作方式

① 一对一的工作方式：这种工作方式即一个任务发送消息到消息邮箱,而另一个任务从消息邮箱中读取消息。这种工作方式最简单,也是最常用的。图 6.9 为一对一的消息邮箱工作方式。

② 多对一的工作方式：这种工作方式即多个任务发送消息到同一个消息邮箱,而另外只有一个任务从这个消息邮箱中读取消息。这种工作方式也很常见。图 6.10 为多对一的消息邮箱工作方式。

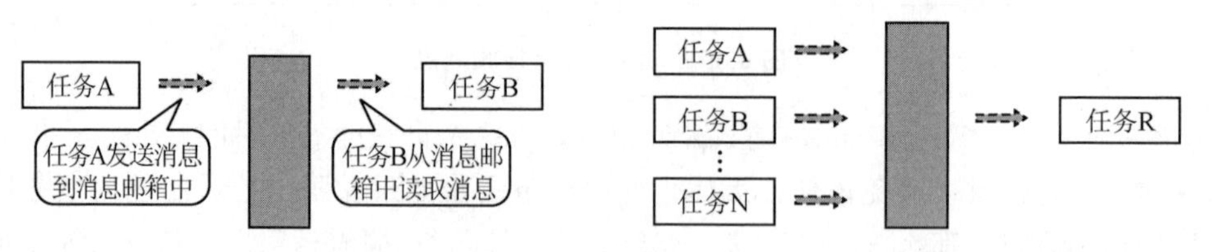

图 6.9 一对一的工作方式　　图 6.10 多对一的工作方式

③ 一对多的工作方式：这种工作方式即只有一个任务发送消息到消息邮箱，而另外有多个任务从这个消息邮箱中读取消息。这种工作方式虽然不常见，但还是有极少场合使用，比如，智能仪器仪表常常采用声、光与短信报警信号输出功能就是典型的一对多工作方式的应用。图 6.11 为一对多的消息邮箱工作方式。

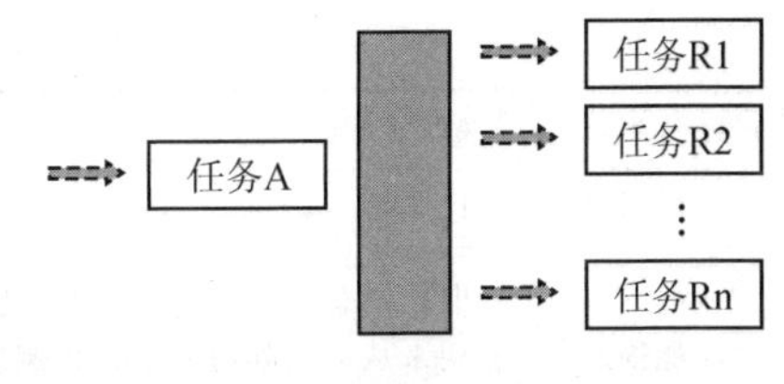

图 6.11　一对多的工作方式

多对多与全双工的工作方式均不常见，在此不再作介绍。

6.10.4　消息邮箱函数列表

消息邮箱的详细信息见表 6.25～表 6.31，消息邮箱比事件的基本函数多了一个函数 OSMboxPostOpt()，它是函数 OSMboxPost()的扩展。

表 6.25　OSMboxCreate()函数

函数名称	OSMboxCreate()	所属文件	OS_MBOX.C
函数原型	OS_EVENT　* OSMboxCreate(void　* msg)		
功能描述	建立并初始化一个消息邮箱，邮箱允许任务或中断向其他一个或几个任务发送消息		
函数参数	msg：用来初始化建立的消息邮箱。如果该指针不为空，则建立的消息邮箱将含有消息		
函数返回值	指向分配给所建立的消息邮箱的事件控制块的指针，如果没有可用的事件控制块，则返回空指针		

表 6.26　OSMboxPend()函数

函数名称	OSMboxPend()	所属文件	OS_MBOX.C
函数原型	void　* OSMboxPend (OS_EVNNT　* pevent,INT16U timeout,int8u　* err)		
功能描述	任务等待消息		
函数参数	pevent：指向即将接收消息的消息邮箱的指针，OSMboxCreate()的返回值； timeout：最多等待的时间(超时时间)，以时钟节拍为单位； err：用于返回错误码		
函数返回值	如果消息已经到达，返回指向该消息的指针；如果消息邮箱没有消息，则返回空指针。 * err 可能为以下值： OS_NO_ERR：得到消息；OS_TIMEOUT：超过等待时间； OS_ERR_PEND_ISR：在中断中调用该函数所引起的错误； OS_ERR_EVENT_TYPE：错误，pevent 不是指向邮箱的指针； OS_ERR_PEVENT_NULL：错误，pevent 为 NULL		

表 6.27 OSMboxQuery()函数

函数名称	OSMboxQuery()	所属文件	OS_MBOX.C
函数原型	INT8U OSMboxQuery(OS_EVENT * pevent,OS_MBOX_DATA * pdata)		
功能描述	取得消息邮箱的信息：用户程序必须分配一个 OS_MBOX_DATA 的数据结构，该结构用来从消息邮箱的事件控制块接收数据。通过调用 OSMboxQuery()函数可以知道任务是否在等待消息以及有多少个任务在等待消息，还可以检查消息邮箱现在的消息		
函数参数	pevent：指向即将接收消息的消息邮箱的指针，OSMboxCreate()的返回值。 pdata：指向 OS_MBOX_DATA 数据结构的指针，该数据结构包含以下成员： OSMsg：消息邮箱中消息的复制； OSEventTbl[]：消息邮箱等待队列的复制； OSEventGrp：消息邮箱等待队列索引的复制		
函数返回值	OS_NO_ERR：调用成功； OS_ERR_EVENT_TYPE：pevent 不是指向消息邮箱的指针； OS_ERR_PEVENT_NULL：错误，pevent 为 NULL		

表 6.28 OSMboxPost()函数

函数名称	OSMboxPost()	所属文件	OS_MBOX.C
函数原型	INT8U OSMboxPost(OS_EVENT * pevent,void * msg)		
功能描述	通过消息邮箱向任务发送消息		
函数参数	pevent：指向即将接收消息的消息邮箱的指针，OSMboxCreate()的返回值； msg：将要发送的消息，不能为 NULL		
函数返回值	OS_NO_ERR：消息成功地放到消息邮箱中； OS_MBOX_FULL：消息邮箱已经包含了其他消息，不空； OS_ERR_EVENT_TYPE：pevent 不是指向消息邮箱的指针； OS_ERR_PEVENT_NULL：错误，pevent 为 NULL； OS_ERR_POST_NULL_PTR：错误，msg 为 NULL		

表 6.29 OSMboxAccept()函数

函数名称	OSMboxAccept()	所属文件	OS_MBOX.C
函数原型	void * OSMboxAccept(OS_EVENT * pevent)		
功能描述	查看指定的消息邮箱是否有需要的消息：不同于 OSMboxPend()函数，如果没有需要的消息，则 OSMboxAccept()函数并不挂起任务。如果消息已经到达，则该消息被传递给用户任务并且从消息邮箱中清除。通常中断调用该函数，因为中断不允许挂起等待消息		
函数参数	pevent：指向需要查看的消息邮箱的指针，OSSemCreate()的返回值		
函数返回值	如果消息已经到达，则返回指向该消息的指针；如果消息邮箱没有消息，则返回空指针		

表 6.30　OSMboxDel()函数

函数名称	OSMboxDel()	所属文件	OS_MBOX.C
函数原型	OS_EVENT　＊OSMboxDel (OS_EVENT　＊pevent,INT8U opt,INT8U　＊err)		
功能描述	删除消息邮箱：在删除消息邮箱之前，应当先删除可能会使用这个消息邮箱的任务		
函数参数	pevent：指向信号量的指针，OSSemCreate()的返回值。 err：用于返回错误码。 opt：定义消息邮箱删除条件。 　　OS_DEL_NO_PEND：没有任务等待信号量才删除； 　　OS_DEL_ALWAYS：立即删除		
函数返回值	NULL：成功删除；pevent：删除失败。 ＊err 可能为以下值： 　　OS_NO_ERR：成功删除邮箱； 　　OS_ERR_DEL_ISR：在中断中删除邮箱所引起的错误； 　　OS_ERR_INVALID_OPT：错误，opt 值非法； 　　OS_ERR_TASK_WAITING：有一个或多个任务在等待邮箱； 　　OS_ERR_EVENT_TYPE：错误，pevent 不是指向邮箱的指针； 　　OS_ERR_PEVENT_NULL：错误，pevent 为 NULL		
特殊说明	当挂起任务就绪时，中断关闭时间与挂起任务数目有关		

表 6.31　OSMboxPostOpt()函数

函数名称	OSMboxPostOpt()	所属文件	OS_MBOX.C
函数原型	INT8U　OSMboxPostOpt (OS_EVENT　＊pevent,void　＊msg,INT8U opt)		
功能描述	OSMboxPost()的扩展，也是通过消息邮箱发送消息，不过可选择发送方式。如果消息邮箱中已经存在消息，则返回错误码说明消息邮箱已满，OSMboxPostOpt()函数立即返回调用者，消息也没有发到消息邮箱。如果有任何任务在等待消息邮箱的消息，则可选最高优先级的任务或所有等待的任务获得这个消息并进入就绪状态。然后进行任务调度，决定当前运行的任务是否仍然处于最高优先级就绪态的任务		
函数参数	pevent：指向即将接收消息的消息邮箱的指针，OSMboxCreate()的返回值。 msg：将要发送的消息，不能为 NULL。 opt：消息邮箱发送选择。 　　OS_POST_OPT_NONE：等待此邮箱优先级最高的任务获得消息； 　　OS_POST_OPT_BROADCAST：所有等待此邮箱的任务均获得消息		
函数返回值	OS_NO_ERR：消息成功地放到消息邮箱中； OS_MBOX_FULL：消息邮箱已经包含了其他消息，不空； OS_ERR_EVENT_TYPE：pevent 不是指向消息邮箱的指针； OS_ERR_PEVENT_NULL：错误，pevent 为 NULL； OS_ERR_POST_NULL_PTR：错误，msg 为 NULL		
特殊说明	OS_POST_OPT_BROADCAST 方式发送消息，本函数执行时间不确定		

6.10.5 任务间数据通信

让一个LED以传递过来的参数确定点亮时间,以程序清单6.23为例说明如何使用消息邮箱来实现任务间的数据通信,假设TaskLED为高优先级的任务。

程序清单6.23 使用消息邮箱来实现任务间的数据通信

```
#include "config.h"
#include "stdlib.h"
#define      LED1      (1 << 22)                           /* 定义LED */
OS_EVENT      * mbox;                                     /* 定义消息邮箱指针 */
INT16U dly      =20;                                      /* 定义延时参数 */
#define      TaskStkLengh      64                          /* 定义用户任务的堆栈长度 */
OS_STK      TaskLEDStk [TaskStkLengh];                    /* 定义任务LED的堆栈 */
OS_STK      SendDlyStk [TaskStkLengh];                    /* 定义任务SendDly的堆栈 */
void      TaskLED(void * pdata);                          /* 声明任务LED */
void      SendDly(void * pdata);                          /* 声明任务SendDly */
/*********************************************************
** Function name:    main
** Descriptions:     主函数创建LED、发送延时参数任务,初始化及启动操作系统
** Returned value:   0   失败
*********************************************************/
int main (void)
{
    OSInit ();
    OSTaskCreate (TaskLED,(void *)0,                      /* 创建LED任务 */
                  &TaskLEDStk[TaskStkLengh - 1],4);
    OSTaskCreate (SendDly,(void *)0,                      /* 创建发送延时参数任务 */
                  &SendDlyStk[TaskStkLengh - 1],5);
    OSStart ();
    return 0;
}
/*********************************************************
** Function name:    TaskLED
** Descriptions:     等待消息,点亮LED,延时时间由*pd传递的参数决定
** input parameters: * pdata   用于传递各种不同类型的数据,甚至是函数
*********************************************************/
void TaskLED (void * pdata)
{
    INT8U      err;
    INT16U  * pd;
```

```
    TargetInit ();                                              /* 硬件初始化 */
    pdata=pdata;
    mbox=OSMboxCreate(NULL);                                    /* 创建消息邮箱 */
    IO0DIR |=LED1;                                              /* 定义 LED 为输出 */
    while (1) {
        pd=(INT16U *)OSMboxPend(mbox,0,&err);                   /* 等待接收消息邮箱中的内容 */
        IO0CLR=LED1;                                            /* 点亮 LED */
        OSTimeDly( * pd);                                       /* 延时时间由 * pd 传递的参数决定 */
        IO0SET=LED1;                                            /* 熄灭 LED */
        OSTimeDly(10);                                          /* 延时 10 个节拍 */
    }
}
/*******************************************************************
** Function name:    SendDly
** Descriptions:     发送延时参数
** input parameters:    * pdata   用于传递各种不同类型的数据,甚至是函数
*******************************************************************/
void SendDly (void * pdata)
{
    pdata=pdata;
    while (1) {
        OSMboxPost(mbox,& dly);                                 /* 发送延时参数消息 */
        OSTimeDly(1000);                                        /* 延时 1 000 个节拍 */
        dly=dly + 20;                                           /* 每次延时参数加 20 */
        if (dly >=1000) {
            dly=20;                                             /* 延时参数大于 1 000,返回到 20 */
        }
    }
}
```

6.10.6　任务间同步

以程序清单 6.24 为例说明如何使用邮箱来实现任务间的同步,假设 TaskLED 为高优先级的任务。按键一按下,LED 按照一定的频率闪烁一定的时间,蜂鸣器开启一定的时间。

程序清单 6.24　使用邮箱来实现任务间同步

```
#include "config.h"
#include "stdlib.h"
```

```
#define     LED1     (1 << 22)                       /* 定义 LED */
#define     KEY1     (1 << 20)                       /* 定义按键 */
#define     BEEP     (1 << 7)                        /* 定义蜂鸣器 */
OS_EVENT      * mbox;                                /* 定义消息邮箱指针 */
INT16U       dly;                                    /* 定义延时参数 */
#define     TaskStkLengh     64                      /* 定义用户任务的堆栈长度 */
OS_STK     TaskLEDStk [TaskStkLengh];                /* 定义任务 LED 的堆栈 */
OS_STK     TaskBeepStk [TaskStkLengh];               /* 定义任务 Beep 的堆栈 */
OS_STK     TaskKEYStk [TaskStkLengh];                /* 定义任务 KEY 的堆栈 */
void     TaskLED(void * pdata);                      /* 声明任务 LED */
void     TaskBeep(void * pdata);                     /* 声明任务 Beep */
void     TaskKEY(void * pdata);                      /* 声明任务 KEY */
/**************************************************************
 ** Function name:  main
 ** Descriptions:     主函数创建 LED、蜂鸣器、按键任务、初始化及启动操作系统
 ** Returned value:  0   失败
**************************************************************/
int main (void)
{
    OSInit ();
    OSTaskCreate (TaskLED,(void *)0,                  /* 创建 LED 任务 */
                 &TaskLEDStk[TaskStkLengh - 1],4);
    OSTaskCreate (TaskBeep,(void *)0,                 /* 创建蜂鸣器任务 */
                 &TaskBeepStk[TaskStkLengh - 1],5);
    OSTaskCreate (TaskKEY,(void *)0,                  /* 创建按键任务 */
                 &TaskKEYStk[TaskStkLengh - 1],6);
    OSStart ();
    return 0;
}
/**************************************************************
 ** Function name:  TaskLED
 ** Descriptions:     等待消息,使 LED 按一定的频率闪烁 10 次
 ** input parameters: * pdata   用于传递各种不同类型的数据,甚至是函数
**************************************************************/
void TaskLED (void * pdata)
{
    INT8U      err;
    INT16U      * pd;
    int           i;
    pdata=pdata;
```

```
    TargetInit ();                                        /* 硬件初始化 */
    mbox=OSMboxCreate(NULL);                              /* 创建消息邮箱 */
    IO0DIR |=LED1;                                        /* 定义 LED 为输出 */
    while (1) {
        pd=(INT16U *)OSMboxPend(mbox,0,&err);             /* 等待消息 */
        for (i=0; i < 10; i++){
            IO0CLR=LED1;                                  /* 点亮 LED */
            OSTimeDly(10);                                /* 延时 10 个节拍 */
            IO0SET=LED1;                                  /* 熄灭 LED */
            OSTimeDly(10);                                /* 延时 10 个节拍 */
        }
    }
}
/*********************************************************
** Function name:   TaskBeep
** Descriptions:      接到消息后启动蜂鸣器一段时间
** input parameters:   * pdata   用于传递各种不同类型的数据,甚至是函数
*********************************************************/
void TaskBeep (void * pdata)
{
    INT8U err;
    INT16U * pd;

    pdata=pdata;
    IO0DIR |=BEEP;                                   /* 定义 LED 为输出 */
    while (1) {
        pd=(INT16U *)OSMboxPend(mbox,0,&err);        /* 等待消息 */
        IO0CLR=BEEP;                                 /* 启动蜂鸣器 */
        OSTimeDly(150);                              /* 延时 150 个节拍 */
        IO0SET=BEEP;                                 /* 关闭蜂鸣器 */
        OSTimeDly(50);                               /* 延时 50 个节拍 */
    }
}
/*********************************************************
** Function name:   TaskKEY
** Descriptions:      按键任务,广播消息
** input parameters: * pdata   用于传递各种不同类型的数据,甚至是函数
*********************************************************/
void  TaskKEY (void   * pdata)
{
    pdata=pdata;
```

```
        IO0DIR &= ~ KEY1;                           /* 设置按键为输入 */
        while (1) {
            while ((IO0PIN & KEY1) ! =0) {          /* 等待按键按下 */
                OSTimeDly(1);                       /* 延时 1 个节拍 */
            }
            OSMboxPostOpt (mbox, &dly,              /* 发送消息,所有等待此邮箱的任 */
                            OS_POST_OPT_BROADCAST);  /* 务均获得消息 */
            while ((IO0PIN & KEY1) ==0) {           /* 等待按键释放 */
                OSTimeDly(1);                       /* 延时 1 个节拍 */
            }
        }
    }
```

6.11 消息队列

6.11.1 概 述

消息队列就像一个类似于缓冲区的对象,通过消息队列任务和 ISR 发送和接收消息,实现数据的通信和同步。消息队列仅仅是暂时保存来自一个发送者的消息,直到接收者准备读这些消息为止。

消息队列传递的仍然是指针,以便任务可以通过指针发送和接收任意类型的数据(即消息,也就是指针指向消息队列缓冲区的内容)。消息队列具有一定的容量,可以容纳多条消息,因此可以看成是多个邮箱的组合。

消息队列的使用方法类似于邮箱,其遵循先进先出(FIFO)的原则,然而 μC/OS-II 也允许使用后进先出方式(LIFO),即提高该消息在队列中的优先级实现 LIFO 算法。

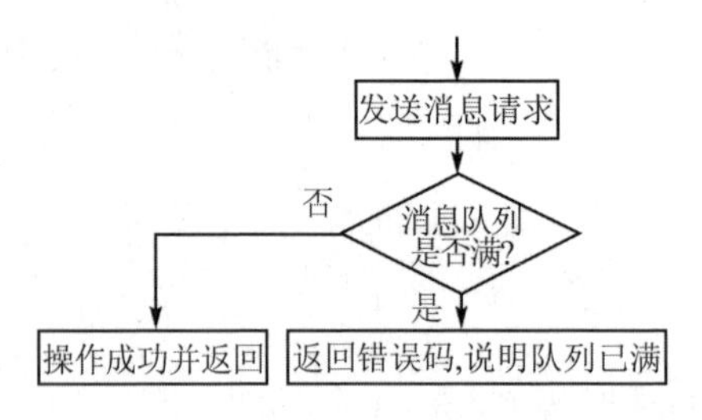

图 6.12 向消息队列发送消息

如图 6.12 所示,当任务向消息队列中发送消息时,它首先判断消息队列当前是否为满,如果是,那么返回错误码说明消息队列已满,OSQPost()立即返回调用者,消息也没有发送到消息队列中;如果有任务在等待消息队列的消息,则最高优先级的任务将得到这个消息并进入就绪态,然后进行任务调度,决定当前运行的任务是否仍然为处于最高优先级就绪态的任务。

如图 6.13 所示,当任务从消息队列中接收消息时,每个消息队列中都有一张等待消息的任务列表。如果消息队列为空,则等待消息的任务被放入等待消息的任务列表中,直到有其他任务向消息队列发送消息后才能解除该等待状态或在超时的情况下运行。

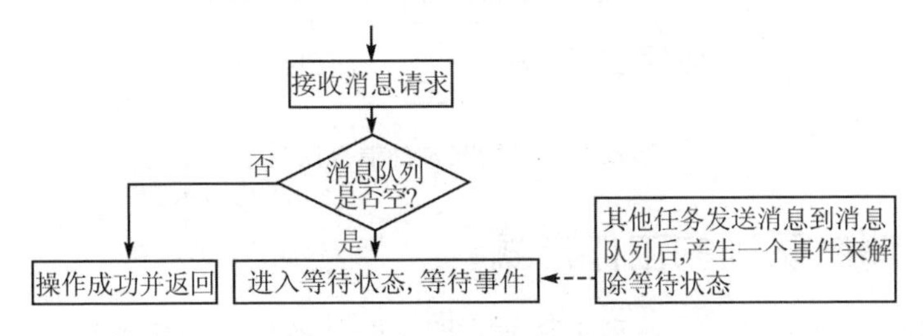

图6.13 从消息队列接收消息

一般来说,OSQPend()函数允许用户定义一个最长的等待时间Timeout作为它的参数,这样可以避免该任务无休止地等待下去。如果在限定的时间之内任务还是没有收到消息,那么该任务就进入就绪态并继续运行,且同时返回出错信息与等待超时错误。

如果消息队列不满,则通过内核服务将消息传递给等待消息的任务中优先级最高的任务,或最先进入等待消息任务列表的任务。

内核提供以下消息队列服务:

- 消息队列初始化,队列初始化时总是清为空;
- 将消息放入队列中去(POST);
- 等待消息的到来(PEND)。

无等待取得消息,如果消息队列中有消息,则任务将消息从消息队列中取走;如果消息队列为空,则内核不将该任务挂起,返回空指针。

要点:与信号量和邮箱相比,消息队列的最大优点就是通过缓冲的方式来传递多个消息,从而避免了信息的丢失或混乱。

6.11.2 消息队列的状态

一般来说,消息队列有3种状态,即空状态(消息队列中没有任何消息)、满状态(消息队列中的每个存储单元都存放了消息)、正常状态(消息队列中消息但又没有到满的状态)。

图6.14中的消息队列是一个空状态的消息队列。图6.15中的消息队列是一个满状态的消息队列。图6.16中的消息队列是一个正常状态的消息队列。

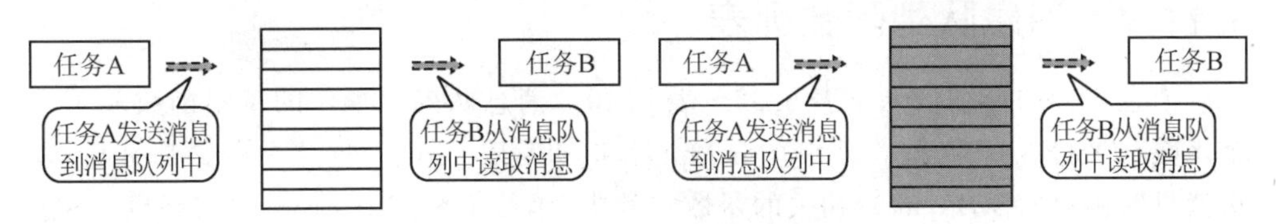

图6.14 空状态的消息队列 **图6.15 满状态的消息队列**

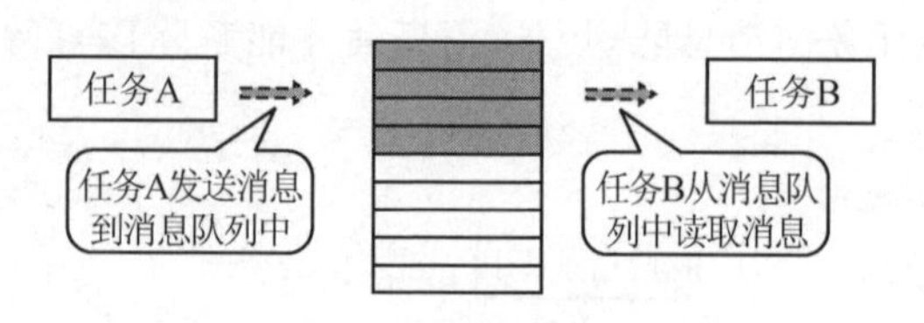

图 6.16 正常状态的消息队列

6.11.3 消息队列的工作方式

① 一对一的工作方式：这种工作方式即一个任务发送消息到消息队列，而另一个任务从消息队列中读取消息，这种工作方式最简单，也是最常用的，图 6.17 为一对一的消息队列工作方式。

② 多对一的工作方式：这种工作方式即多个任务发送消息到同一个消息队列，而另外只有一个任务从这个消息队列中读取消息，这种工作方式也很常见，图 6.18 为多对一的消息队列工作方式。

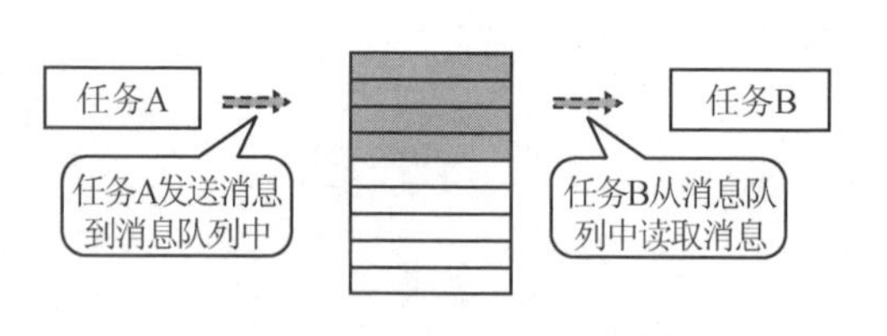

图 6.17 一对一的工作方式

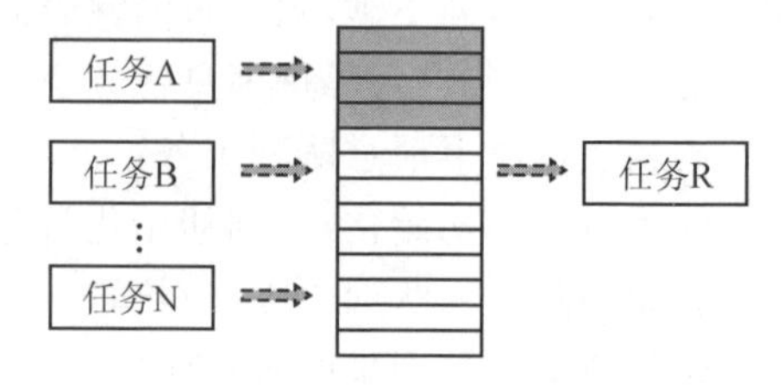

图 6.18 多对一的工作方式

③ 一对多的工作方式：这种工作方式即只有一个任务发送消息到消息队列，而另外有多个任务从这个消息队列中读取消息。这种工作方式虽然不常见，但还是有极少场合使用，比如智能仪器仪表常常采用声、光与短信报警信号输出功能就是典型的一对多工作方式的应用，图 6.19 为一对多的消息队列工作方式。

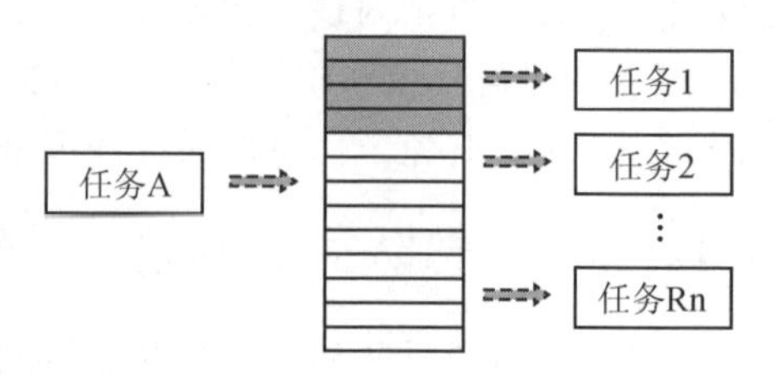

图 6.19 一对多的工作方式

多对多与全双工的工作方式均不常见，在此不再作介绍。

6.11.4 消息队列函数列表

消息队列的详细信息见表 6.32～表 6.40。消息队列比事件的基本函数多了几个函数：OSQPostFront()、OSQPostOpt()和 OSQFlush()。这几个函数都是与“发送消息”(函数 OSQPost())相关的函数。其中，函数 OSQPostFront()与函数 OSQPost()功能一样，只是函数 OSQPost()以 FIFO 方式发送消息，而函数 OSQPost-

Front()以LIFO方式发送消息；函数OSQPostOpt()包含函数OSQPost()和函数OSQPostFront()的所有功能，并且还有增强；函数OSQFlush()是用来清空消息队列的。

表6.32 OSQCreate()函数

函数名称	OSQCreate()	所属文件	OS_Q.C
函数原型	OS_EVENT * OSQCreate(void * * start,INT8U size)		
功能描述	建立一个消息队列：任务或中断可以通过消息队列向其他一个或多个任务发送消息		
函数参数	start：消息内存区的基地址，消息内存区是一个指针数组； size：消息内存区的大小		
函数返回值	返回一个指向消息队列事件控制块的指针，如果没有空余的事件空闲块，则返回空指针		

表6.33 OSQPend()函数

函数名称	OSQPend()	所属文件	OS_Q.C
函数原型	void * OSQPend(OS_EVENT * pevent,INT16U timeout,INT8U * err)		
功能描述	任务等待消息		
函数参数	pevent：指向即将接收消息的消息队列的指针，函数OSQCreate()的返回值； timeout：超时时间，以时钟节拍为单位； err：用于返回错误码		
函数返回值	如果消息已经到达，则返回指向该消息的指针；如果消息队列没有消息，则返回空指针。 * err 可能为以下值： OS_NO_ERR：得到消息； OS_TIMEOUT：超过等待时间； OS_ERR_PEND_ISR：在中断中调用该函数所引起的错误； OS_ERR_EVENT_TYPE：错误，pevent不是指向消息队列的指针； OS_ERR_PEVENT_NULL：错误，pevent为NULL		

表6.34 OSQPost()函数

函数名称	OSQPost()	所属文件	OS_Q.C
函数原型	INT8U OSQPost(OS_EVENT * pevent,void * msg)		
功能描述	通过消息队列向任务发送消息		
函数参数	pevent：指向即将接收消息的消息队列的指针，函数OSQCreate()的返回值； msg：将要发送的消息，不能为NULL		
函数返回值	OS_NO_ERR：消息成功地放到消息队列中； OS_Q_FULL：消息队列已经满； OS_ERR_EVENT_TYPE：pevent不是指向消息队列的指针； OS_ERR_PEVENT_NULL：错误，pevent为NULL； OS_ERR_POST_NULL_PTR：错误，msg为NULL		

表 6.35 OSQFlush()函数

函数名称	OSQFlush()	所属文件	OS_Q.C
函数原型	INT8U OSQFlush (OS_EVENT * pevent)		
功能描述	清空消息队列：并忽略发往消息队列的所有消息		
函数参数	pevent：指向消息队列的指针，OSQCreate()的返回值		
函数返回值	OS_NO_ERR：成功清空消息队列； OS_ERR_EVENT_TYPE：错误，pevent 不是指向消息队列的指针； OS_ERR_PEVENT_NULL：错误，pevent 为 NULL		
特殊说明	当挂起任务就绪时，中断关闭时间与挂起任务数目有关		

表 6.36 OSQDel()函数

函数名称	OSQDel()	所属文件	OS_Q.C
函数原型	OS_EVENT * OSQDel (OS_EVENT * pevent, INT8U opt, INT8U * err)		
功能描述	删除消息队列：在删除消息队列之前，应当先删除可能会使用这个消息队列的任务		
函数参数	pevent：指向消息队列的指针，OSQCreate()的返回值； err：用于返回错误码； opt：定义消息队列删除条件； OS_DEL_NO_PEND：没有任务等待消息队列才删除； OS_DEL_ALWAYS：立即删除		
函数返回值	NULL：成功删除；Pevent：删除失败。 * err 可能为以下值： OS_NO_ERR：成功删除消息队列； OS_ERR_DEL_ISR：在中断中删除消息队列所引起的错误； OS_ERR_INVALID_OPT：错误，opt 值非法； OS_ERR_TASK_WAITING：有一个或多个任务在等待消息队列； OS_ERR_EVENT_TYPE：错误，pevent 不是指向消息队列的指针； OS_ERR_PEVENT_NULL：错误，pevent 为 NULL		
特殊说明	当挂起任务就绪时，中断关闭时间与挂起任务数目有关		

表 6.37 OSQPostFront()函数

函数名称	OSQPostFront()	所属文件	OS_Q.C
函数原型	INT8U OSQPostFront(OS_EVENT * pevent, void * msg)		
功能描述	通过消息队列以 LIFO 方式向任务发送消息：它与 OSQPost()的唯一不同，就是后发送的消息将更早地被获得。也就是说，函数 OSQPostFront()将消息插到消息队列的最前面		

续表 6.37

函数参数	pevent：指向即将接收消息的消息队列的指针，函数 OSQCreate()的返回值； msg：将要发送的消息，不能为 NULL
函数返回值	OS_NO_ERR：消息成功地放到消息队列中； OS_Q_FULL：消息队列已经满； OS_ERR_EVENT_TYPE：pevent 不是指向消息队列的指针； OS_ERR_PEVENT_NULL：错误，pevent 为 NULL； OS_ERR_POST_NULL_PTR：错误，msg 为 NULL

表 6.38 OSQQuery()函数

函数名称	OSQQuery()	所属文件	OS_Q.C
函数原型	INT8U OSQQuery(OS_EVENT * pevent,OS_Q_DATA * pdata)		
功能描述	取得消息队列的信息：用户程序必须建立一个 OS_Q_DATA 的数据结构，该结构用来保存从消息队列的事件控制块得到的数据。通过调用 OSQQuery()可以知道任务是否在等待消息、有多少个任务在等待消息、队列中有多少消息以及消息队列可以容纳的消息数，OSQQuery()还可以得到即将被传递给任务的消息的信息		
函数参数	pevent：指向即将接收消息的消息队列的指针，函数 OSQCreate()的返回值。 pdata：指向 OS_Q_DATA 数据结构的指针。该数据结构包含下列成员： OSMsg：下一个可用的消息； OSNMsgs：队列中的消息数目； OSQSize：消息队列的大小； OSEventTbl[]：消息队列等待队列的复制； OSEventGrp：消息队列等待队列索引的复制		
函数返回值	OS_NO_ERR：调用成功； OS_ERR_EVENT_TYPE：错误，pevent 不是指向消息队列的指针； OS_ERR_PEVENT_NULL：错误，pevent 为 NULL		

表 6.39 OSQPostOpt()函数

函数名称	OSQPostOpt()	所属文件	OS_Q.C
函数原型	INT8U OSQPostOpt (OS_EVENT * pevent,void * msg,INT8U opt)		
功能描述	OSQPostOpt()是 OSMboxPost()和 OSQPostFront()的扩展，包含它们的功能同时进行了增强：可选择发送方式。如果消息队列中已经存满消息，则返回错误码说明消息队列已满，立即返回调用者，消息也没有发到消息队列。如果有任何任务在等待消息队列的消息，则可选最高优先级的任务或所有等待的任务获得这个消息并进入就绪状态。然后进行任务调度，决定当前运行的任务是否仍然为处于最高优先级就绪态的任务		

续表 6.39

函数参数	pevent：指向即将接收消息的消息队列的指针，函数 OSQCreate()的返回值。 msg：将要发送的消息，不能为 NULL。 opt：消息发送选择。 OS_POST_OPT_NONE：等同函数 OSQPost()； OS_POST_OPT_BROADCAST：等同函数 OSQPost()，但所有等待此消息队列的任务均获得消息； OS_POST_OPT_FRONT：等同函数 OSQPostFront()； OS_POST_OPT_BROADCAST | OS_POST_OPT_FRONT：等同函数 OSQPost-Front()，但所有等待此消息队列的任务均获得消息
函数返回值	OS_NO_ERR：消息成功地放到消息队列中； OS_Q_FULL：消息队列已经满； OS_ERR_EVENT_TYPE：pevent 不是指向消息队列的指针； OS_ERR_PEVENT_NULL：错误，pevent 为 NULL； OS_ERR_POST_NULL_PTR：错误，msg 为 NULL
特殊说明	包含 OS_POST_OPT_BROADCAST 的方式发送消息，本函数执行时间不确定

表 6.40 OSQAccept()函数

函数名称	OSQAccept()	所属文件	OS_Q.C
函数原型	void * OSQAccept(OS_EVENT * pevent)		
功能描述	检查消息队列中是否已经有需要的消息：不同于函数 OSQPend()，如果没有需要的消息，则函数 OSQAccept()并不挂起任务；如果消息已经到达，则该消息被传递给用户任务。通常中断调用该函数，因为中断不允许挂起等待消息		
函数参数	pevent：指向需要查看的消息队列的指针，函数 OSQCreate()的返回值		
函数返回值	如果消息已经到达，则返回指向该消息的指针；如果消息队列没有消息，则返回空指针		

6.11.5 数据通信

让一个 LED 以传递过来的参数确定点亮时间，以程序清单 6.25 为例说明如何使用消息队列来实现任务之间的数据通信，假设 TaskLED 为高优先级的任务。

程序清单 6.25 使用消息队列来实现任务间的数据通信

```
#include "config.h"
#include "stdlib.h"
#define    LED1    (1 << 22)                    /* 定义 LED */

#define QSIZE    16                             /* 定义消息队列的长度 */
OS_EVENT    *q;                                 /* 定义消息队列指针 */
void    *msg[QSIZE];                            /* 定义消息指针数组 */
INT16U    dly[QSIZE];                           /* 定义延时参数数组 */
```

```
#define    TaskStkLengh    64                  /* 定义用户任务的堆栈长度 */
OS_STK     TaskLEDStk [TaskStkLengh];          /* 定义任务 LED 的堆栈 */
OS_STK     SendDlyStk [TaskStkLengh];          /* 定义任务 SendDly 的堆栈 */

void    TaskLED(void * pdata);                 /* 声明任务 LED */
void    SendDly(void * pdata);                 /* 声明任务 SendDly */
/*********************************************************************
** Function name:   main
** Descriptions:    主函数创建 LED、发送延时参数任务,初始化及启动操作系统
** Returned value:  0  失败
*********************************************************************/
int main (void)
{
    OSInit ();
    OSTaskCreate (TaskLED,(void *)0,                  /* 创建 LED 任务 */
                  &TaskLEDStk[TaskStkLengh - 1],4);
    OSTaskCreate (SendDly,(void *)0,                  /* 创建发送延时参数任务 */
                  &SendDlyStk[TaskStkLengh - 1],5);
    OSStart ();
    return 0;
}
/*********************************************************************
** Function name:   TaskLED
** Descriptions:    等待消息,点亮 LED,延时时间由 * pd 传递的参数决定
** input parameters: * pdata   用于传递各种不同类型的数据,甚至是函数
*********************************************************************/
void TaskLED (void * pdata)
{
    INT8U     err;
    INT16U  * pd;

    pdata=pdata;
    TargetInit ();                              /* 硬件初始化 */
    q=OSQCreate(msg,QSIZE);                     /* 创建消息队列,长度为 16 条消息 */
    IO0DIR |=LED1;                              /* 定义 LED 为输出 */
    while (1) {
        pd=(INT16U *)OSQPend(q,0,&err);         /* 接收消息指针 */
        IO0CLR=LED1;                            /* 点亮 LED */
        OSTimeDly( * pd);                       /* 延时时间由 * pd 传递的参数决定 */
        IO0SET=LED1;                            /* 熄灭 LED */
        OSTimeDly(10);                          /* 延时 10 个节拍 */
    }
```

```
}
/*********************************************************
** Function name:   SendDly
** Descriptions:    发送延时参数
** input parameters: * pdata  用于传递各种不同类型的数据,甚至是函数
*********************************************************/
void SendDly (void * pdata)
{
    int i;
    pdata=pdata;
    for (i=0; i < QSIZE; i++) {                /* 存储延时参数,每次加 20 */
        dly[i]=i * 20;
    }
    while (1) {
        for (i=0; i < QSIZE; i++) {
            OSQPost (q,&dly[i]);               /* 将延时参数的存放地址放入队列中 */
        }
        OSTimeDly(QSIZE * QSIZE * 20);  /* 延时一段时间 */
    }
}
```

6.11.6 多任务接收数据

按键一按下,LED 按照指定节奏闪烁,蜂鸣器按照指定节奏鸣响,以程序清单 6.26 为例说明如何使用消息队列来实现多任务接收数据,假设 TaskLED 为高优先级的任务。

程序清单 6.26 使用消息队列来实现多任务接收数据

```
#include "config.h"
#include "stdlib.h"
#define    LED1    (1 << 22)                 /* 定义 LED */
#define    KEY1    (1 << 20)                 /* 定义按键 */
#define    BEEP    (1 << 7)                  /* 定义蜂鸣器 */
#define QSIZE    16                          /* 定义消息队列的长度 */
OS_EVENT    * q;                             /* 定义消息队列指针 */
void    * msg[QSIZE];                        /* 定义消息指针数组 */
INT16U    dly[QSIZE];                        /* 定义延时参数数组 */
#define    TaskStkLengh    64                /* 定义用户任务的堆栈长度 */
```

```
OS_STK    TaskLEDStk [TaskStkLengh];            /* 定义任务 LED 的堆栈 */
OS_STK    TaskBeepStk [TaskStkLengh];           /* 定义任务 Beep 的堆栈 */
OS_STK    TaskKEYStk [TaskStkLengh];            /* 定义任务 KEY 的堆栈 */
void    TaskLED(void * pdata);                  /* 声明任务 LED */
void    TaskBeep(void * pdata);                 /* 声明任务 Beep */
void    TaskKEY(void * pdata);                  /* 声明任务 KEY */
/*****************************************************************
** Function name:  main
** Descriptions:     主函数创建 LED、蜂鸣器、按键任务,初始化及启动操作系统
** Returned value:  0  失败
*****************************************************************/
int main (void)
{
    OSInit ();
    OSTaskCreate (TaskLED,(void *)0,                    /* 创建 LED 任务 */
                  &TaskLEDStk[TaskStkLengh - 1],4);
    OSTaskCreate (TaskBeep,(void *)0,                   /* 创建蜂鸣器任务 */
                  &TaskBeepStk[TaskStkLengh - 1],5);
    OSTaskCreate (TaskKEY,(void *)0,                    /* 创建按键任务 */
                  &TaskKEYStk[TaskStkLengh - 1],6);
    OSStart ();
    return 0;
}
/*****************************************************************
** Function name:  TaskLED
** Descriptions:     等待消息,使 LED 按一定的频率闪烁
** input parameters: * pdata   用于传递各种不同类型的数据,甚至是函数
*****************************************************************/
void TaskLED (void * pdata)
{
    INT8U     err;
    INT16U * pd;
    pdata=pdata;
    TargetInit ();                              /* 硬件初始化 */
    q=OSQCreate(msg,QSIZE);                     /* 创建消息队列,长度为 16 条消息 */
    IO0DIR |=LED1;                              /* 定义 LED 为输出 */
    while (1) {
        pd=(INT16U *)OSQPend(q,0,&err);         /* 接收消息指针 */
        IO0CLR=LED1;                            /* 点亮 LED */
        OSTimeDly( * pd / 2);                   /* 延时时间由 * pd 传递的参数决定 */
        IO0SET=LED1;                            /* 熄灭 LED */
```

```
        OSTimeDly( * pd / 2);                  /* 延时时间由 * pd 传递的参数决定 */
    }
}
/****************************************************************
** Function name:   TaskBeep
** Descriptions:    接到消息后启动蜂鸣器一段时间
** input parameters: * pdata   用于传递各种不同类型的数据,甚至是函数
****************************************************************/
void TaskBeep (void * pdata)
{
    INT8U err;
    INT16U * pd;
    pdata=pdata;
    IO0DIR |=BEEP;                                  /* 定义 LED 为输出 */
    while (1) {
        pd=(INT16U *)OSQPend(q,0,&err);            /* 接收消息指针 */
        IO0CLR=BEEP;                                /* 启动蜂鸣器 */
        OSTimeDly( * pd * 3 / 4);                  /* 延时时间由 * pd 传递的参数决定 */
        IO0SET=BEEP;                                /* 关闭蜂鸣器 */
        OSTimeDly( * pd / 4);                      /* 延时时间由 * pd 传递的参数决定 */
    }
}
/****************************************************************
** Function name:   TaskKEY
** Descriptions:    按键任务,广播消息队列中消息
** input parameters: * pdata   用于传递各种不同类型的数据,甚至是函数
****************************************************************/
void TaskKEY (void * pdata)
{
    int i;
    pdata=pdata;
    for (i=0; i < QSIZE; i++) {                    /* 存储延时参数,每次加 20 */
        dly[i]=i * 20;
    }
    IO0DIR &=~ KEY1;                                /* 设置按键为输入 */
    while (1) {
        while ((IO0PIN & KEY1) !=0) {               /* 等待按键按下 */
            OSTimeDly(1);                           /* 延时 1 个节拍 */
        }
        for (i=0; i < QSIZE; i++) {
```

```
        OSQPostOpt (q,&dly[i],          /* 发送消息,所有等待此队列的任 */
                    OS_POST_OPT_BROADCAST);  /* 务均获得消息 */
    }
    while ((IO0PIN & KEY1) ==0) {       /* 等待按键释放 */
        OSTimeDly(1);                   /* 延时 1 个节拍 */
    }
  }
}
```

6.12　动态内存管理

6.12.1　概　述

ANSI C 中，可以使用 malloc()和 free()两个函数来动态分配内存，在嵌入式系统中，它们一般也是可以实用的。而在嵌入式实时操作系统中使用它们并不适合，因为会产生碎片，造成：有内存也不能分配，程序执行失败；执行时间不确定；一般是不可重入的。

因此，μC/OS－II 自己设计了一套动态内存分配系统，可以解决以上 3 个问题。不过，μC/OS－II 的动态内存分配是以块为单位分配的，一次只能分配一个块，不能多，也不能少。所幸的是，块的大小可以由用户来定义，且可以管理多个堆(用于动态内存管理的空间)，每个堆中的块的大小可以不一样。

6.12.2　动态内存管理函数列表

μC/OS－II 的动态内存管理是数据队列的绝佳伴侣，配合使用异常方便，详见表 6.41～表 6.44。

表 6.41　OSMemCreate( )函数

函数名称	OSMemCreate()	所属文件	OS_MEM. C
函数原型	OS_MEM * OSMemCreate(void * addr,INT32U nblks ,INT32U blksize,INT8U * err)		
功能描述	建立并初始化一块内存区：一块内存区包含指定数目的大小确定的内存块，程序可以包含这些内存块并在用完后释放回内存区		
函数参数	addr：建立的内存区的起始地址； nblks：需要的内存块的数目，每一个内存区最少需要定义两个内存块； blksize：每个内存块的大小，最少应该能够容纳一个指针； err：用于返回错误码		

续表 6.41

函数返回值	指向内存区控制块的指针。如果没有剩余内存区,则返回空指针。 * err 可能为以下值: OS_NO_ERR:成功建立内存区; OS_MEM_INVALID_PART:没有空闲的内存区; OS_MEM_INVALID_BLKS:没有为每一个内存区建立至少两个内存块; OS_MEM_INVALID_SIZE:内存块大小不足以容纳一个指针变量

表 6.42 OSMemPut()函数

函数名称	OSMemPut()	所属文件	OS_MEM.C
函数原型	INT8U OSMemPut(OS_MEM * pmem,void * pblk)		
功能描述	释放一个内存块:内存块必须释放回原先申请的内存区		
函数参数	pmem:指向内存区控制块的指针,函数 OSMemCreate()的返回值; pblk:指向将被释放的内存块的指针		
函数返回值	OS_NO_ERR:成功释放内存块。 OS_MEM_FULL:错误,内存区已经不能再接收更多释放的内存块。这种情况说明用户程序出现了错误,释放了多于用 OSMemGet()函数得到的内存块。 OS_MEM_INVALID_PMEM:错误, pmem 为 NULL。 OS_MEM_INVALID_PBLK:错误,pblk 为 NULL		

表 6.43 OSMemGet()函数

函数名称	OSMemGet()	所属文件	OS_MEM.C
函数原型	void * OSMemGet(OS_MEM * pmem,INT8U * err)		
功能描述	从内存区分配一个内存块:用户程序必须知道所建立的内存块的大小,同时用户程序必须在使用完内存块后释放内存块,可以多次调用本函数		
函数参数	pmem:指向内存区控制块的指针,OSMemCreate()的返回值; err:用于返回错误码		
函数返回值	指向内存区块的指针,如果没有空间分配给内存块,则返回空指针。 * err 可能为以下值: OS_NO_ERR:成功得到一个内存块; OS_MEM_NO_FREE_BLKS:错误,内存区已经没有空间分配给内存块; OS_MEM_INVALID_PMEM:错误,pmem 为 NULL		

表 6.44　OSMemQuery()函数

函数名称	OSMemQuery()	所属文件	OS_MEM.C
函数原型	INT8U　OSMemQuery(OS_MEM ＊pmem,OS_MEM_DATA ＊pdata)		
功能描述	得到内存区的信息：该函数返回 OS_MEM 结构包含的信息,但使用了一个新的 OS_MEM_DATA 的数据结构,OS_MEM_DATA 数据结构还包含了正被使用的内存块数目的域		
函数参数	pmem：指向内存区控制块的指针,函数 OSMemCreate()的返回值。 pdata：指向 OS_MEM_DATA 数据结构的指针。该数据结构包含了以下的域： OSAddr：指向内存区起始地址的指针； OSFreeList：指向空闲内存块列表起始地址的指针； OSBlkSize：每个内存块的大小； OSNBlks：该内存区的内存块总数； OSNFree：空闲的内存块数目； OSNUsed：使用的内存块数目		
函数返回值	OS_NO_ERR：存储块有效； OS_MEM_INVALID_PMEM：错误,pmem 为 NULL； OS_MEM_INVALID_PDATA：错误,pdata 为 NULL		

6.12.3　数据通信

让一个 LED 以传递过来的参数确定点亮时间,以程序清单 6.27 为例说明如何使用动态内存管理来实现数据通信,假设 TaskLED 为高优先级的任务。

程序清单 6.27　使用动态内存管理来实现数据通信

```
#include "config.h"
#include "stdlib.h"
#define     LED1     (1 << 22)                          /* 定义 LED */

OS_MEM       * mem;                                     /* 定义内存分区指针 */
#define     QSIZE      16                               /* 定义消息队列的长度 */
OS_EVENT       * q;                                     /* 定义消息队列指针 */
void      * msg[QSIZE];                                 /* 定义消息指针数组 */
INT32U      dly[QSIZE];                                 /* 定义延时参数数组 */

#define     TaskStkLengh      64                        /* 定义用户任务的堆栈长度 */
OS_STK      TaskLEDStk [TaskStkLengh];                  /* 定义任务 LED 的堆栈 */
OS_STK      SendDlyStk [TaskStkLengh];                  /* 定义任务 SendDly 的堆栈 */

void      TaskLED(void  * pdata);                       /* 声明任务 LED */
void      SendDly(void  * pdata);                       /* 声明任务 SendDly */
/*************************************************************
```

```
** Function name:     main
** Descriptions:      主函数创建 LED、发送延时参数任务,初始化及启动操作系统
** Returned value:  0  失败
********************************************************************/
int main (void)
{
    OSInit ();
    OSTaskCreate (TaskLED,(void *)0,                    /* 创建 LED 任务 */
                  &TaskLEDStk[TaskStkLengh - 1],4);
    OSTaskCreate (SendDly,(void *)0,                    /* 创建发送延时参数任务 */
                  &SendDlyStk[TaskStkLengh - 1],5);
    OSStart ();
    return 0;
}
/*******************************************************************
** Function name:    TaskLED
** Descriptions:     等待消息,点亮 LED,延时时间由 * pd 传递的参数决定
** input parameters: * pdata   用于传递各种不同类型的数据,甚至是函数
********************************************************************/
void TaskLED (void * pdata)
{
    INT8U       err;
    INT32U      * pd;
    pdata=pdata;
    TargetInit ();                                   /* 硬件初始化 */
    q=OSQCreate(msg,QSIZE);                          /* 创建消息队列,长度为 16 条消息 */
    mem=OSMemCreate(dly,QSIZE,sizeof(INT32U),&err);
                                                     /* 创建内存分区,用于保存消息 */
    IO0DIR |=LED1;                                   /* 定义 LED 为输出 */
    while (1) {
        pd=(INT32U *)OSQPend(q,0,&err);              /* 接收消息指针 */
        IO0CLR=LED1;                                 /* 点亮 LED */
        OSTimeDly( * pd);                           /* 延时时间由 * pd 传递的参数决定 */
        OSMemPut(mem,pd);                            /* 释放内存块 */
        IO0SET=LED1;                                 /* 熄灭 LED */
        OSTimeDly(10);                               /* 延时 10 个节拍 */
    }
}
/*******************************************************************
** Function name:    SendDly
** Descriptions:     发送内存块中的延时参数
```

```
** input parameters: * pdata    用于传递各种不同类型的数据,甚至是函数
*******************************************************/
void SendDly (void * pdata)
{
    int i;
    void * tp;
    INT8U err;
    pdata=pdata;
    for (i=0; i < QSIZE; i++) {                     /* 存储延时参数,每次加 20 */
        dly[i]=i*20;
    }
    while (1) {
        for (i=0; i < QSIZE; i++) {
            tp=OSMemGet(mem,&err);                  /* 申请一个内存块 */
            OSQPost (q,tp);                         /* 发送内存块中指针 */
        }
        OSTimeDly(QSIZE * QSIZE * 20);              /* 延时一段时间 */
    }
}
```


思考题与练习题

(1) 请查找与互斥信号量有关的函数,并说明哪些函数已经用到,哪些函数还没有用到。那些没有用到的函数未来会不会用到?

(2) 请查找与事件标志组、信号量、消息邮箱、消息队列、内存分配和管理有关的函数,并说明哪些函数已经用到,哪些函数还没有用到。那些没有用到的函数未来会不会用到?

(3) 请列举所有影响任务划分的因素。

(4) 请列举实际的应用系统中用到的所有信号量/消息邮箱/消息队列,并将这些信号量、消息邮箱及消息队列的使用方式规类(一对一、多对一、一对多、多对多、全双工)。看哪些方式比较常用,哪些方式不常用或者用不到。

(5) 请编写实现一个空的、满的及正常状态的消息队列,并使用嵌入式操作系统提供的服务查看这些消息队列的信息。

(6) 请思考用消息队列实现任务间同步与用信号量实现任务间同步有什么区别?

(7) 如何实现多个任务间的同步?

(8) 在程序清单 6.25 中将 OSQPost()改成 OSQPostFront 会怎样?

第 7 章

电脑自动打铃器设计与实现

☞本章导读

通过对 ARM7TDMI 体系结构、LPC2000 系列 ARM、μC/OS-II 微小内核分析与程序设计基础的深入学习之后，现在可以说对嵌入式系统有了比较清晰的了解。本章将结合一个具体的实例——电脑自动打铃器来阐述嵌入式应用系统的工程设计方法。

7.1 设计要求

系统功能如下：

- 具有实时时钟功能，能显示时、分、秒、年、月、日、星期(采用 8 位数码管显示)；
- 具有键盘输入功能；
- 可以设置若干个闹钟，以及闹钟的禁止与使能；
- 可设置每个闹钟发生时的输出动作(一共 4 路输出，可独立设置每路输出的时间和电平状态)。

系统框图如图 7.1 所示。

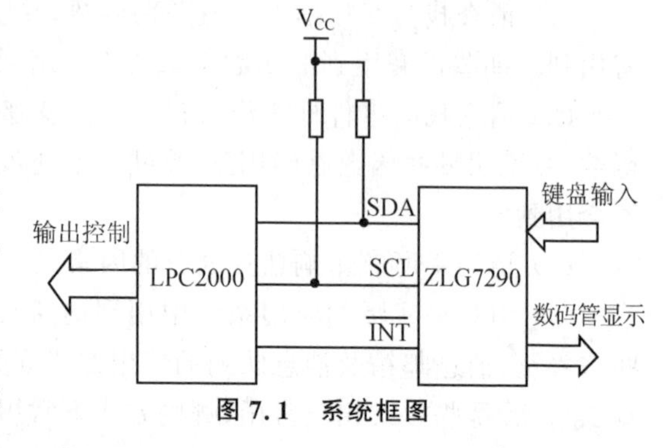

图 7.1　系统框图

LPC2000 系列 ARM 具有 RTC 功能，部分 RTC 掉电后仍可使用电池继续运行，从而保证了系统掉电后时钟的准确性。ZLG7290 是一款键盘和 LED 驱动芯片，最多支持 64 个按键和 8 个共阴极数码管。

7.2 硬件设计

1. 键盘显示电路

LPC2000 系列 ARM 提供 I^2C 接口，可以和 ZLG7290 连接，组成键盘显示电路，硬件电路如图7.2所示,具体请参考ZLG7290数据手册。

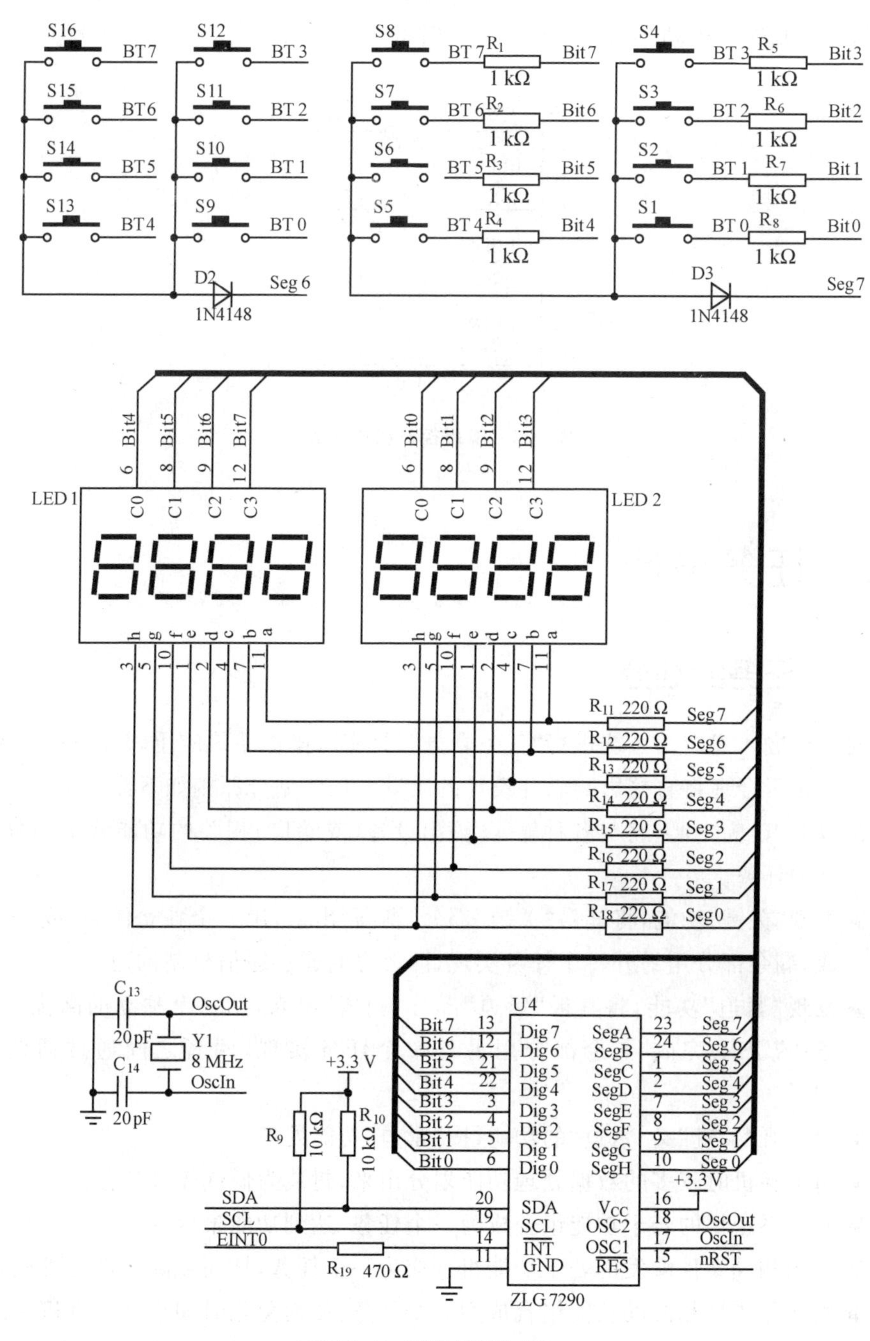

图7.2 键盘显示电路

2. 输出控制电路

输出控制模拟电路如图7.3所示(在实际应用中,可能需要控制继电器等)。

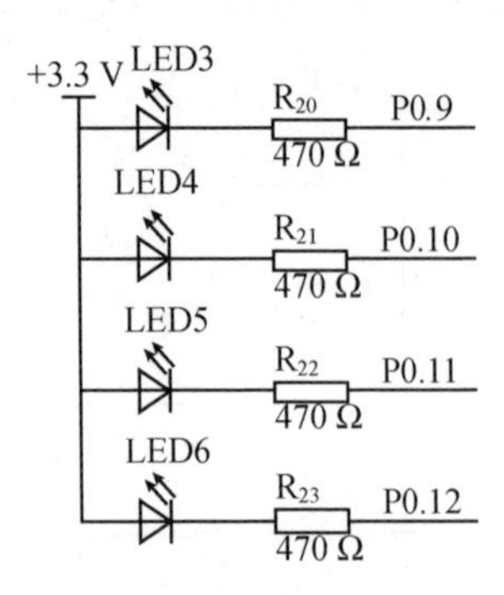

图7.3 输出控制模拟电路

7.3 任务设计

7.3.1 任务的划分

对一个嵌入式应用系统进行"任务划分",是实时操作系统应用软件设计的关键,任务划分是否合理将直接影响软件设计的质量。任务划分原则如下:

- 以CPU为中心,将与各种输入/输出设备(或端口)相关的功能分别划分为独立的任务。
- 发现"关键"功能,将其最"关键"部分"剥离"出来,用一个独立任务(或ISR)完成,剩余部分用另外一个任务实现,两者之间通过通信机制沟通。
- 发现"紧迫"功能,将其最"紧迫"部分"剥离"出来,用一个独立的高优先级任务(或ISR)完成,剩余部分用另外一个任务实现,两者之间通过通信机制沟通。
- 对于既"关键"又"紧迫"的功能,按"紧迫"功能处理。
- 将消耗机时较多的数据处理功能划分出来,封装为低优先级任务。
- 将关系密切的若干功能组合成为一个任务,达到功能聚合的效果。
- 将由相同事件触发的若干功能组合成为一个任务,从而免除事件分发机制。
- 将运行周期相同的功能组合成为一个任务,从而免除时间事件分发机制。
- 将若干按固定顺序执行的功能组合成为一个任务,从而免除同步接力通信的麻烦。

电脑自动打铃器具有键盘输入功能,用于设置时钟和闹钟,因此需要一个键盘任务;同时需要有显示功能,用来显示时钟和闹钟,因此需要一个显示任务;还需要一个输出控制任务,用来控制闹钟时间到达后各路的输出;另外,具有实时时钟功能,需要一个RTC中断。任务框图如图7.4所示。

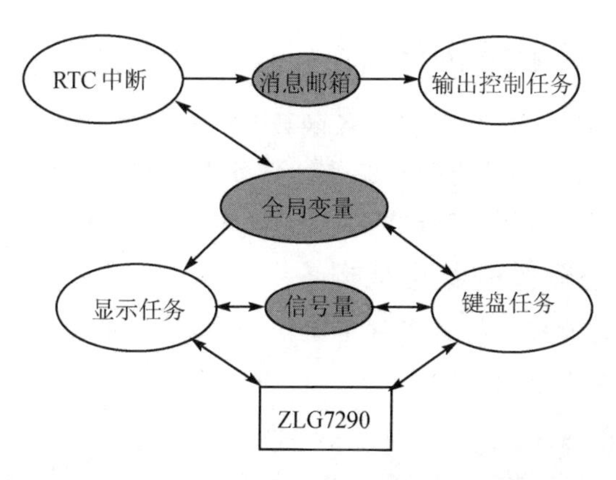

图7.4 任务框图

ZLG7290是键盘任务和显示任务的共享资源,需要信号量保护。RTC实时时钟中断,负责实时时钟计时,1 s产生一次中断,检测闹钟。输出控制任务由RTC中断触发,使用消息邮箱来传递控制信息。显示任务通过刷新的机制来显示信息,每隔100 ms刷新一次。显示任务,键盘任务,RTC中断通过全局变量(原子操作)传递信息。

7.3.2 任务的优先级设计

为不同任务安排不同的优先级,其最终目标是使系统的实时性指标能够得到满足。在实际的产品开发中,应该在项目开始时,仔细思考和推敲。如果任务优先级的设定有误,对以后的开发和调试会带来极大的困扰,会让工程师花很长时间来查错误,而且出现的错误不好排除。所以设计任务的优先级是很重要的。

任务优先级安排原则请参考第6章。

在电脑自动打铃器应用中,安排有键盘任务,显示任务,输出控制任务和RTC中断。在这些任务中,键盘任务和显示任务是人机接口任务,实时性要求很低;输出控制任务相对实时性要高一些。

μC/OS-II共有64个优先级,优先级的高低按编号从0(最高)到63(最低)排序。由于用户实际使用到的优先级总个数通常远小于64,所以为节约系统资源,可以通过定义系统常量OS_LOWEST_PRIO的值来限制优先级编号的范围。当最低优先级定为18(共19个不同的优先级)时,定义如下:

```
#define OS_LOWEST_PRIO              18
```

电脑自动打铃器的任务优先级设定如下:

- 输出控制任务优先级为6(最高);
- 键盘任务优先级为12;
- 显示任务优先级为13(最低)。

7.3.3 任务的数据结构设计

对于一个任务,除了它的代码(任务函数)外,还有相关的信息。为保存这些信息,必须为任务设计对应的若干数据结构。任务需要配备的数据结构分为两类:一类是与操作系统有关的数据结构;另外一类是与操作系统无关的数据结构。

1. 与操作系统有关的数据结构

一个任务要想在操作系统的管理下工作,必须首先被创建。在μC/OS-II中,任务的创建函数原型如下:

```
INT8U  OSTaskCreateExt (void( * task)(void * pd),     /* 任务函数指针 */
                        void      * pdata,            /* 任务参数指针 */
                        OS_STK    * ptos,             /* 任务堆栈栈顶指针 */
                        INT8U     prio,               /* 任务优先级 */
                        INT16U    id,                 /* 任务 ID */
                        OS_STK    * pbos,             /* 任务堆栈栈底指针 */
                        INT32U    stk_size,           /* 任务堆栈大小 */
                        void      * pext,             /* 任务附加数据指针 */
                        INT16U    opt);               /* 创建任务选项 */
```


从任务的创建函数的形参表可以看出,除了任务函数代码外,还必须准备三样东西:任务参数指针、任务堆栈指针和任务优先级。这三样东西实际上与任务的三个数据结构有关,即任务参数表、任务堆栈和任务控制块。

- 任务参数表:由用户定义的参数表,可用来向任务传输原始参数(即任务函数代码中的参数 void * pdata)。通常设为空表,即(void *)0。
- 任务堆栈:其容量由用户设置,必须保证足够大。
- 任务控制块:由操作系统设置。

操作系统还控制其他数据结构,这些数据结构与一个以上的任务有关,如信号量、消息邮箱、消息队列、内存块和事件控制块等。

操作系统控制的数据结构均为全局数据结构,用户可以对这些与操作系统有关的数据结构进行裁剪,通过对操作系统配置文件 OS_CFG.H 中的相关常量进行设置来完成。

在电脑自动打铃器应用中,设计了3个任务(键盘任务、显示任务和输出控制任务)。与操作系统有关的数据结构定义如下:

```
#define TASKKEY_ID              12              /* 定义键盘任务的ID */
#define TASKKEY_PRIO            TASKKEY_ID      /* 定义键盘任务的优先级 */
#define TASKKEY_STACK_SIZE      512             /* 定义键盘任务堆栈大小 */

#define TASKDISP_ID             13              /* 定义显示任务的ID */
#define TASKDISP_PRIO           TASKDISP_ID     /* 定义显示任务的优先级 */
#define TASKDISP_STACK_SIZE     512             /* 定义显示任务堆栈大小 */

#define TASKCTRL_ID             6               /* 定义控制任务的ID */
#define TASKCTRL_PRIO           TASKCTRL_ID     /* 定义控制任务的优先级 */
#define TASKCTRL_STACK_SIZE     512             /* 定义控制任务堆栈大小 */

OS_STK    TaskKeyStk[TASKKEY_STACK_SIZE];       /* 定义键盘任务的堆栈 */
OS_STK    TaskDispStk[TASKDISP_STACK_SIZE];     /* 定义显示任务的堆栈 */
OS_STK    TaskCtrlStk[TASKCTRL_STACK_SIZE];     /* 定义控制任务的堆栈 */

void TaskKey(void * pdata);                     /* TaskKey    键盘任务 */
void TaskDisp(void * pdata);                    /* TaskDisp   显示任务 */
void TaskCtrl(void * pdata);                    /* TaskCtrl   控制任务 */

OS_EVENT      * GmboxRingCtrl;                  /* 闹钟控制消息邮箱 */
```

创建键盘任务代码如下：

```
OSTaskCreateExt (TaskKey,
                 (void *)0,
                 &TaskKeyStk[TASKKEY_STACK_SIZE - 1],
                 TASKKEY_PRIO,
                 TASKKEY_ID,
                 &TaskKeyStk[0],
                 TASKKEY_STACK_SIZE,
                 (void *)0,
                 OS_TASK_OPT_STK_CHK | OS_TASK_OPT_STK_CLR);
                                        /* 创建键盘任务，优先级为12   */
```

2. 与操作系统无关的数据结构

每个任务都有其特定的功能，需要处理某些特定的信息，为此需要定义相应的数据结构来保存这些信息。常用的数据结构有变量、数组、结构体和字符串等。

每个信息都有其生产者(对数据结构进行写操作)和消费者(对数据结构进行读操作)，一个信息至少有一个生产者和一个消费者，且都可以不止一个。

当某个信息的生产者和消费者都是同一个任务(与其他任务无关)时，保存这个信息的数据结构应该在该任务函数内部定义，使它成为私有资源，例如局部变量。但一些大型数组(如字库、参数表格和数据缓冲区)也可以被定义为全局数组，这可以使任务代码简洁一些。

当某个信息的生产者和消费者不是同一个任务(包括ISR)时，保存这个信息的数据结构应该在任务函数的外部定义，使它成为共享资源，例如全局变量。对这部分数据结构的访问需要特别小心，必须保证访问的互斥性。

下面试设计电脑自动打铃器的数据结构。根据设计要求，电脑自动打铃器具有时钟和闹钟功能，那么首先就要构造这两个数据结构，定义如下：

```
/*********************************************************
  时钟结构定义
*********************************************************/
struct time {
    unsigned char       ucHour;                       /* 时 */
    unsigned char       ucMin;                        /* 分 */
    unsigned char       ucSec;                        /* 秒 */
    unsigned char       ucWeek;                       /* 星期 */
    unsigned short      usYear;                       /* 年 */
    unsigned char       ucMon;                        /* 月 */
    unsigned char       ucDay;                        /* 日 */
};
typedef struct time     TIME;
typedef TIME            * PTIME;
/*********************************************************
  闹钟结构定义
*********************************************************/
struct alarm {
    unsigned char       ucHour;                       /* 时 */
    unsigned char       ucMin;                        /* 分 */
    unsigned char       ucSec;                        /* 秒 */
    unsigned char       ucEnable;                     /* 闹钟使能控制 */
    struct {
        unsigned short  usLevel;                      /* 输出电平控制 */
        unsigned short  usTime;                       /* 输出时间控制 */
    } c[4];                                           /* 4路输出控制 */
};
typedef struct alarm    ALARM;
typedef ALARM           * PALARM;

#define MAX_ALARM 4                                   /* 最大闹钟个数 */

TIME                    GtimeCurrentTime;             /* 当前时间 */
ALARM                   GalarmRingTime[MAX_ALARM];    /* 闹钟时间 */
```

7.3.4 多任务之间的同步与互斥

1. 行为同步

为了说明问题，这里将键盘任务拆分为两个任务，一个是键盘扫描任务，另一个是键盘处理任务。当键盘扫描任务扫描到键值的时候，键盘处理任务就应及时处理该键值，二者之间是一种同步接力关系，如图7.5所示。

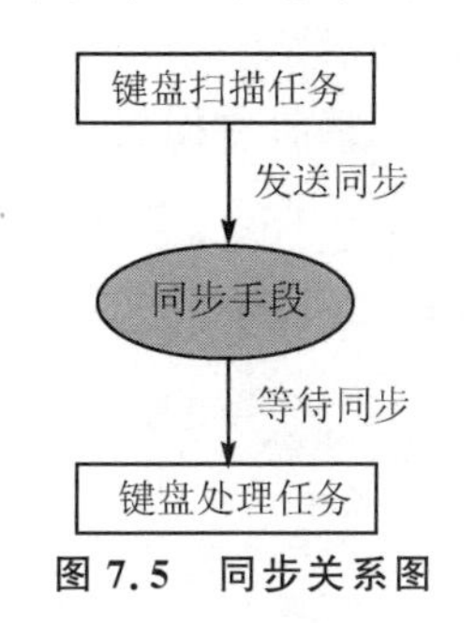

图7.5　同步关系图

用于行为同步的手段有计数信号量、事件标志组、消息邮箱、消息队列几种方法，关于这几种方法的使用请参考第6章。

在这里因为要处理键值，同步的同时伴随着通信，可以选择消息邮箱，代码如程序清单7.1所示。

程序清单7.1　使用消息邮箱同步

```
void TaskKeyScan(void  * pdata)                          /* 键盘扫描任务 */
{
    uint32 keytmp;
    ⋮
    if(扫描到按键) {
        OSMboxPost(Mbox,(void  * )keytmp);               /* 向消息邮箱发送键值消息 */
    }
    ⋮
}
void TaskKeyDeal(void  * pdata)                          /* 键盘处理任务 */
{
    uint32 keytmp;
    ⋮
    keytmp=(uint32)OSMboxPend(Mbox,0,&err);              /* 从消息邮箱获取键值消息 */
    处理按键
    ⋮
}
```

2. 资源互斥

在电脑自动打铃器的设计中，ZLG7290是通过I^2C总线与LPC2000连接的。I^2C总线是键盘任务和显示任务的共享资源，必须遵循资源互斥的原则进行访问。

资源互斥包括关中断、关调度、使用互斥信号量和使用计数信号量几种方法。关于这几种方法的使用请参考第6章。

操作ZLG7290使用到了I^2C软件包，该软件包是μC/OS-II系列中间件之一，所提供的接口函数在多任务环境下是安全的。关于 I^2C 软件包的介绍请参考相关章节，在此不再进行赘述。在本实例中对 ZLG7290 操作封装为两个函数。

(1) 获取键值

获取键值函数如程序清单 7.2 所示。LPC2000 具有 1～2 个 I^2C 接口，i2cRead()这个函数的功能是从指定 I^2C 接口，指定器件从机地址，指定子地址，读取指定字节数量的数据到接收数据缓冲区。

程序清单 7.2　获取键值函数

```
uint16 ZLG7290GetKey(void)
{
    uint8 temp[2];
    i2cRead( 0,                                    /* I2C0 */
             0x70,                                 /* 器件从机地址 */
             temp,                                 /* 接收数据的缓冲区 */
             1,                                    /* 器件子地址 */
             1,                                    /* 器件子地址类型为单字节型 */
             2);                                   /* 读取数据的长度 */
    while (i2cGetFlag(0) == I2C_BUSY);            /* 等待 I2C 操作完毕 */
    return (uint16)(temp[0] + (temp[1] * 256));
}
```


(2) 显示数据

数码管显示数据函数如程序清单 7.3 所示。LPC2000 具有 1～2 个 I^2C 接口，i2cWrite()这个函数的功能是向指定 I^2C 接口，指定器件从机地址，指定子地址，写入指定字节数量的写入数据缓冲区中的数据。

程序清单 7.3　数码管显示数据函数

```
void ZLG7290ShowChar(uint8 index,uint8 data)
{
    uint8 buf[2];
    buf[0]=(uint8)(0x60 | (index & 0x0f));
    buf[1]=data;
    i2cWrite(0,                                /* I2C0 */
             0x70,                             /* 器件从机地址 */
             buf,                              /* 要写入数据的缓冲区 */
             0x07,                             /* 器件子地址 */
             1,                                /* 器件子地址类型为单字节型 */
             2);                               /* 写入的数量 */
    while (i2cGetFlag(0) == I2C_BUSY);        /* 等待 I2C 操作完毕 */
}
```

7.3.5　多任务之间的信息传递

1. 全局变量

在任务的数据结构设计中,设计了时钟和闹钟两个数据结构,并定义了时钟和闹钟两个全局变量。键盘任务、显示任务和RTC中断通过它们传递信息。RTC中断每隔1 s中断一次,更新当前时钟信息,并检测闹钟。如果闹钟时间到,就向输出控制任务发送控制信息。显示任务每隔100 ms刷新一次,根据当前显示模式进行时钟或闹钟的显示。键盘任务负责时钟和闹钟的设置。这两个全局变量就是这三个任务的共享资源,必须保证访问互斥。

在一个任务执行过程中,如果有某些操作不希望在执行过程中被别的任务或中断打断,那么这些不希望在执行过程中被别的任务或中断打断的操作被称为原子操作。

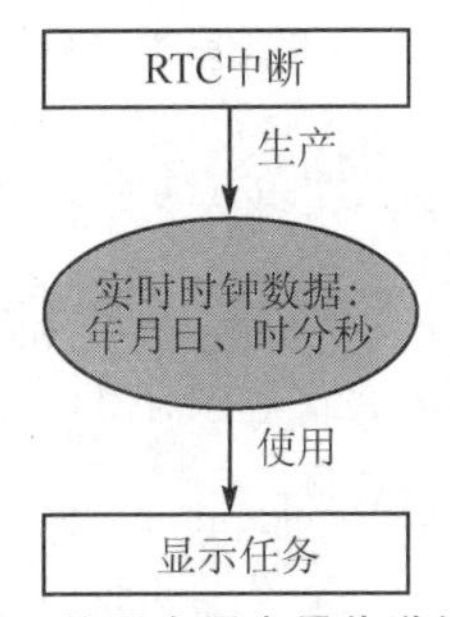

图7.6　使用全局变量传递信息

首先看一段原子操作的错误代码。在这段代码中,RTC实时时钟中断负责更新当前的时间,显示任务每隔100 ms刷新一次当前的显示时间。两者之间通过全局变量传递信息,如图7.6所示。

RTC中断:

```
void RTC_Exception(void)
{
    ⋮
GtimeCurrentTime.ucHour=(uint8)HOUR;            /*更新当前时间*/
GtimeCurrentTime.ucMin=(uint8)MIN;
GtimeCurrentTime.ucSec=(uint8)SEC;
    ⋮
}
```

显示任务:

```
void TaskDisp(void * pdata)
{
    while(1) {
        OSTimeDly(20);                                /*延时100 ms*/
        dispbuf[0]=GtimeCurrentTime.ucHour;           /*更新显示缓冲区*/
        dispbuf[1]=GtimeCurrentTime.ucMin;
        dispbuf[2] =GtimeCurrentTime.ucSec;
        ⋮
        显示时间
    }
}
```

仔细分析这段代码,发现存在显示混乱的可能。假设当前时间是00:59:59,显示任务在更新显示缓冲区dispbuf[0]=0x00后被RTC中断打断,当前时间变为01:00:00,紧接着显示任务更新显示缓冲区dispbuf[1]=0x00,dispbuf[2]=0x00,从而将会产生100 ms显示为00:00:00的错误时间。

根据资源互斥的方法,在这里只能采用关中断的保护措施,实现如下:

```
void TaskDisp(void * pdata)
{
    while(1) {
        OSTimeDly(20);                                   /* 延时100 ms */
        OS_ENTER_CRITICAL();                             /* 关中断 */
        dispbuf[0]=GtimeCurrentTime.ucHour;              /* 更新显示缓冲区 */
        dispbuf[1]=GtimeCurrentTime.ucMin;
        dispbuf[2] =GtimeCurrentTime.ucSec;
        ⋮
        OS_EXIT_CRITICAL();                              /* 开中断 */
        显示时间
    }
}
```


全局变量虽然可以实现数据传输,但不能实现行为同步:新的数据产生之后并不能自动通知相关使用者,使用者也不知道当前数据是何时产生(刷新)的。因此,全局变量只能用于没有行为同步要求的任务之间,即每次产生的新数据不要求立即使用,甚至可以不被使用。

2. 消息邮箱

RTC中断检测闹钟,闹钟时间到就向输出控制任务发送控制信息,在本设计实例中使用消息邮箱。代码如程序清单7.4所示。

程序清单7.4 使用消息邮箱传递信息

```
void RTC_Exception(void)                                 /* RTC中断 */
{
    static unsigned short usMsg[10];                     /* 消息内容 */
    更新当前时间
    遍历所有闹钟
    if(闹钟时间到) {
        填充消息内容
        OSMboxPost(GmboxRingCtrl,(void * )usMsg);        /* 向消息邮箱发送一条消息 */
    }
}
```

```
void TaskCtrl(void * pdata)                         /* 输出控制任务 */
{
    unsigned short * pusMsg;
    ⋮
    while(1) {
        pusMsg=(unsigned short * )OSMboxPend(GmboxRingCtrl,0,&ucErr);
                                                    /* 从消息邮箱接收一条消息 */
        输出控制处理
    }
}
```

当每次发送的数据都要求接收方及时接收和处理时，在数据通信的同时必然发生行为同步，“消息邮箱”就是具有行为同步功能的通信手段。

如果发送消息的一方是任务(不是ISR)，那么只要任务没有被删除，保存消息的变量(不管是全局变量还是局部变量)总是存在的，接收消息的一方总能够通过指针访问到这个变量，从而获取消息的内容。

很多情况下发送消息的一方是ISR，这时需要特别注意：如果用ISR的局部变量来保存消息，则接收消息的一方就不能获得真正的消息，原因是接收消息的一方在获得消息指针时ISR已经结束，其局部变量也一同消失。

ISR可靠发送消息的方法有以下3种：

① 将消息保存在全局变量里。ISR结束后消息仍然存在，这是绝对可靠的办法。缺点是变量定义与ISR代码分离，程序可读性下降。

② 将消息保存在ISR的静态局部变量里。由于静态局部变量分配有固定地址，所以ISR结束后仍然存在，其中保存的消息也不会消失；而且变量的定义就在ISR的代码中，程序可读性好。

③ 将消息内容冒充指针进行发送。接收消息的一方直接从“消息指针”中提取消息内容。但消息指针为(void *)，占用4字节的空间，只能发送不超过4字节的“短消息”。当消息的内容为0时，变成空指针，消息是发不出去的，需要进行预处理，确保数据不为0。

多任务之间信息传递的方法还有内存数据块、消息队列。关于这几种方法的使用请参考第6章。

7.4　程序设计详解

7.4.1　人机界面设计

对于一个具有人机界面的应用系统来说，首先应该考虑的是人机界面如何设计。电脑自动打铃器采用8位数码管进行显示，显示界面定义如图7.7所示。

时钟	星期		时十位	时个位	分十位	分个位	秒十位	秒个位
	2	0	年十位	年个位	月十位	月个位	日十位	日个位

闹钟	A	0	时十位	时个位	分十位	分个位	秒十位	秒个位
	E/d	E/d	E/d	E/d	E/d	E/d	E/d	E/d
	C	0		H/L	秒千位	秒百位	秒十位	秒个位
	C	1		H/L	秒千位	秒百位	秒十位	秒个位
	C	2		H/L	秒千位	秒百位	秒十位	秒个位
	C	3		H/L	秒千位	秒百位	秒十位	秒个位

图 7.7　显示界面

时钟显示分为两部分：星期、时分秒为一行，年月日为一行。

闹钟显示只列出了一个闹钟的情况。第一行，A 表示闹钟，0 表示第一个闹钟，接着是闹钟的时间。第二行，第一个是总开关（E 代表使能，d 代表禁止），接着是星期 6～0（分别对应星期日～星期一）的单独使能开关。第三行到第六行为四路输出，C 表示通道，0～3 指示通道数，H/L 表示每路输出高低电平设置，接着是控制输出的时间，最大为 9 999 s。

系统使用 16 个按键，按键上的标识和对应的功能定义如表 7.1 所列。

表 7.1　键码对应表

按键上的标识	按键功能定义	按键上的标识	按键功能定义
“S1”～“S9”键	数字“1”～“9”键	“S13”键	上移动键
“S10”键	数字“0”键	“S14”键	下移动键
“S11”键	左移动键	“S15”键	状态切换键
“S12”键	右移动键	“S16”键	确定键

“状态切换”键用于各个状态的循环切换，本实例定义了 0～1 共 2 种状态，不同状态下系统的功能和按键操作如表 7.2 所列。

状态转换图如图 7.8 所示。

状态 0：时钟显示状态，处理当前时间的显示和修改。在时钟显示状态下，按下“确定”键进入修改状态，用户可以根据闪烁光标的位置通过“数字”键修改当前显示时间，修改完毕后，再次按下“确定”键退出。

表 7.2 键盘状态转移表

当前状态	系统功能	操作键	动 作
状态 0	时钟显示	“确定”键	flag 状态翻转,进入或退出时钟设置状态
		“状态切换”键	如果 flag=0,进入状态 1;否则不响应
		“数字”键	如果 flag=1,设置时钟;否则不响应
		“移动”键	如果 flag=1,左右移动设置光标,上下移动不响应;否则左右移动时钟条目,上下移动不响应
状态 1	闹钟显示	“确定”键	flag 状态翻转,进入或退出闹钟设置状态
		“状态切换”键	如果 flag=0,则进入状态 0;否则不响应
		“数字”键	如果 flag=1,设置闹钟;否则不响应
		“移动”键	如果 flag=1,左右移动设置光标,上下移动不响应;否则左右移动查询条目,上下移动查询闹钟

注:flag 是键盘任务定义的一个局部变量。

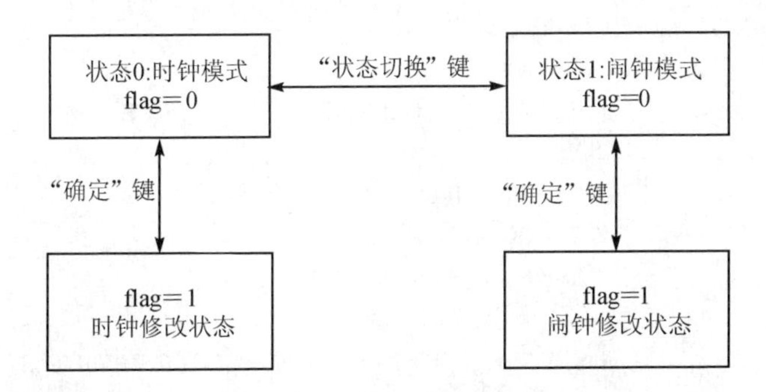

图 7.8 状态转换图

状态 1:闹钟显示状态,处理闹钟的显示和修改。在闹钟显示状态下,按下“确定”键进入修改状态,用户可以根据闪烁光标的位置通过“数字”键修改闹钟的时间,以及使能和输出控制等内容,修改完毕后,再次按下“确定”键退出。

“状态切换”键只有在退出修改状态的条件下才允许状态切换。

在修改状态下,“左右移动”键处理闪烁光标的移动,“上下移动”键没有任何功能;在退出修改状态下,“左右移动”键处理查询条目的移动,如图 7.7 所示的每一行就是一个条目,“上下移动”键在闹钟显示状态下,用于改变索引移动不同的闹钟,从而达到设置多个闹钟的目的。

因此,在电脑自动打铃器的程序设计中,定义了如下全局变量:

```
unsigned int    GuiMode=0;        /*状态*/
unsigned int    GuiCursor=8;      /*光标*/
unsigned int    GuiIndex=0;       /*索引*/
unsigned int    GuiItem=0;        /*条目*/
```

7.4.2 主函数

在程序设计的讲解中,首先讲一下主函数。在主函数中,进行了操作系统的初始化,创建了一个键盘任务,最后,启动多任务操作系统。主程序代码如程序清单7.5所示。主程序尽管是定义为一个返回整数值的函数,但是了解操作系统μC/OS-II的人都知道,这个"return (0)"的语句是不可能执行的。在主函数中创建了一个键盘任务TaskKey(),其优先级是12,负责初始化目标板和创建一些其他的任务。使用μC/OS-II必须在系统启动函数OSStart()调用以后再初始化系统时钟中断。因为目标板初始化中包含了系统时钟中断,所以,目标板初始化的程序调用也放在键盘任务中来完成。

程序清单7.5 主程序

```
int main(void)
{
    OSInit();                                          /* 初始化μC/OS-II */
    OSTaskCreateExt (TaskKey,
                    (void *)0,
                    &TaskKeyStk[TASKKEY_STACK_SIZE - 1],
                    TASKKEY_PRIO,
                    TASKKEY_ID,
                    &TaskKeyStk[0],
                    TASKKEY_STACK_SIZE,
                    (void *)0,
                    OS_TASK_OPT_STK_CHK | OS_TASK_OPT_STK_CLR);
                                                       /* 创建键盘任务 */
    OSStart();                                         /* 启动多任务操作系统 */
    return  (0);
}
```

7.4.3 键盘任务

键盘任务是周期性的任务,负责键盘的扫描和处理。键盘任务流程图如图7.9所示。

键盘任务首先进行目标板的初始化,主要完成系统时钟中断的设置;然后初始化I^2C0总线接口并设置中断,接着创建消息邮箱GmboxRingCtrl,用于闹钟触发输出控制任务,初始化RTC并设置中断,在这里使用到了VIC中断管理函数,具体请参考相关资料。最后创建了显示任务和输出控制任务,就进入了周期性循环。通过读取ZLG7290获取键值,然后进行按键处理。键盘任务代码如程序清单7.6所示。

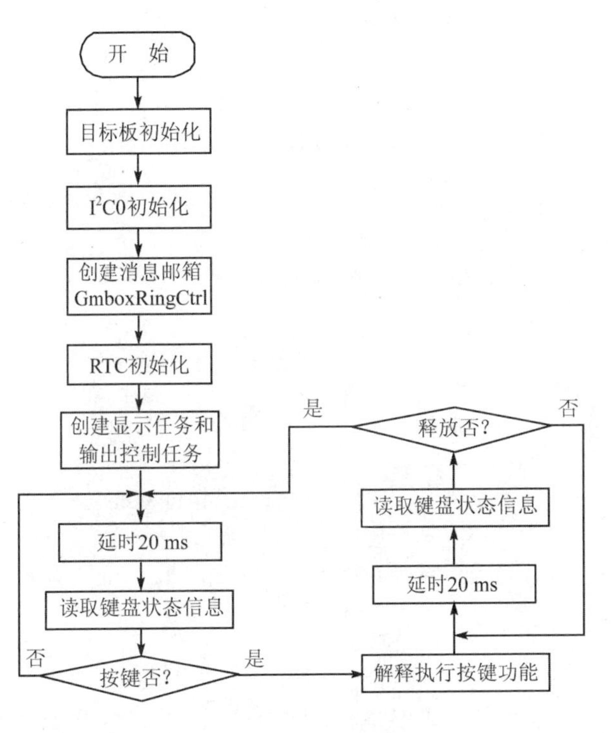

图 7.9 键盘任务流程图

程序清单 7.6 键盘任务

```
void TaskKey(void * pdata)
{
    unsigned char    ucKey;
    unsigned char    ucKey0;
    unsigned char    ucFlag=0;                          /* 修改状态标志 */

    pdata=pdata;                                         /* 防止编译器警告 */

    TargetInit();                                        /* 目标板初始化 */
    OSTimeDly(OS_TICKS_PER_SEC/10);                     /* 上电延时,等待 ZLG7290 复位 */

    PINSEL0=(PINSEL0 & 0xffffff0f) | 0x50;              /* 设置 I²C 引脚功能 */
    i2cInit(0,"Speed=30000",NULL);                      /* 初始化 I²C0,30 kHz */
    SetVICIRQFunction(9,2,(int)i2c0IRQ);                /* 设置 IRQ 中断,优先级为 2 */

    GmboxRingCtrl=OSMboxCreate((void *)0);              /* 创建消息邮箱 */
    rtcInit();                                           /* RTC 初始化 */
```

```
    SetVICIRQFunction(13,3,(int)RTC_Exception);   /* 设置 IRQ 中断,优先级为 3 */
OSTaskCreateExt (TaskDisp,
                 (void *)0,
                 &TaskDispStk[TASKDISP_STACK_SIZE - 1],
                 TASKDISP_PRIO,
                 TASKDISP_ID,
                 &TaskDispStk[0],
                 TASKDISP_STACK_SIZE,
                 (void *)0,
                 OS_TASK_OPT_STK_CHK | OS_TASK_OPT_STK_CLR);
                                                  /* 创建显示任务 */
OSTaskCreateExt (TaskCtrl,
                 (void *)0,
                 &TaskCtrlStk[TASKCTRL_STACK_SIZE - 1],
                 TASKCTRL_PRIO,
                 TASKCTRL_ID,
                 &TaskCtrlStk[0],
                 TASKCTRL_STACK_SIZE,
                 (void *)0,
                 OS_TASK_OPT_STK_CHK | OS_TASK_OPT_STK_CLR);
                                                  /* 创建输出控制任务 */
    while (1) {
        OSTimeDly(4);                             /* 延时 20 ms */
        ucKey=(uint8)ZLG7290GetKey();             /* 获取键值 */
        if ((ucKey ==0) || (ucKey > 16)) {
        continue;                                 /* 没有按键,继续扫描 */
        }
        //按键处理代码省略
        while (1) {                               /* 等待按键释放 */
            OSTimeDly(4);                         /* 延时 20 ms */
            ucKey=(uint8)ZLG7290GetKey();         /* 获取键值 */
            if ((ucKey ==0) || (ucKey > 16)) {    /* 按键释放 */
                break;
            }
        }
    }
}
```


LPC2000系列ARM部分芯片RTC掉电后可以使用电池继续运行,为了保证时间的准确性,RTC初始化程序只需要在上电时初始化一次,因为报警寄存器在电脑打铃器应用中不使用,所以在本例中使用年报警寄存器作为初始化标志,如程序清单 7.7 所示。

程序清单 7.7　RTC 初始化

```
void rtcInit(void)
{
    if(ALYEAR  !=2007) {                          /* 初始化一次 */
        CCR      =0x00;                           /* 禁止时间计数器 */
        PREINT   =Fpclk/32768 - 1;                /* 设置基准时钟分频器 */
        PREFRAC  =Fpclk%32768;
        AMR      =0xFF;                           /* 禁止报警中断 */
        CIIR     =0x01;                           /* 使能秒增量中断 */
        ILR      =0x03;                           /* 清除 RTC 中断标志 */
        ALYEAR   =2007;                           /* 初始化标志 */

        YEAR     =2007;                           /* 初始化时间寄存器 */
        MONTH    =11;
        DOM      =5;
        DOW      =0;
        HOUR     =12;
        MIN      =0;
        SEC      =0;
        CCR      =0x11;                           /* 启动 RTC,32.768 kHz 独立晶振 */
    }
}
```

7.4.4　显示任务

显示任务是周期的任务,负责显示界面的刷新。显示任务流程图如图 7.10 所示。

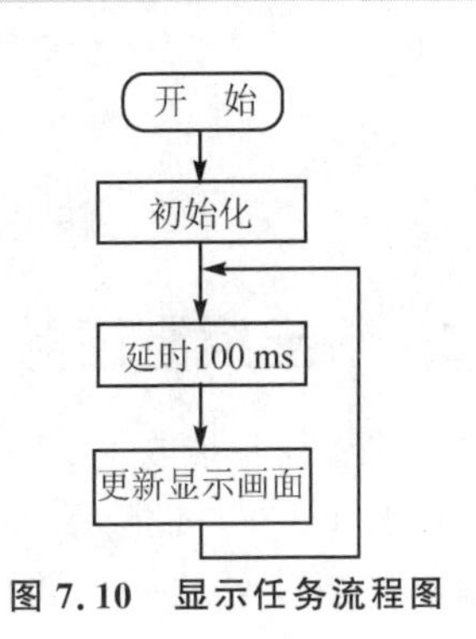

图 7.10　显示任务流程图

显示任务周期性地输出全局变量的信息(时钟和闹钟),100 ms 是一个经验值,用户会觉得比较舒服,不会产生“系统死机”的感觉。显示任务主要根据当前状态,光标位置、索引、条目进行相应的显示。显示任务代码如程序清单 7.8 所示。

程序清单 7.8　显示任务

```
void TaskDisp(void  * pdata)
{
    uint8 i;
    pdata=pdata;                                  /* 防止编译器警告 */
```

```
    while (1) {
        OSTimeDly(20);                                         /* 延时 100 ms */
        OS_ENTER_CRITICAL();                                   /* 进入临界区,原子操作 */
        ToDispBuf();                                           /* 刷新显示缓冲区 */
        OS_EXIT_CRITICAL();                                    /* 退出临界区 */
        switch (GuiMode) {                                     /* 显示信息 */
        case 0:                                                /* 时钟模式 */
            for (i=0; i<8; i++) {
                ZLG7290ShowChar(i,(uint8) ( ( (i==GuiCursor) ? 0x40 : 0x00)
                                | GucTimeDispBuf[GuiItem][i]));
                OSTimeDly(1);
            }
            break;
        case 1:                                                /* 闹钟模式 */
            for (i=0; i<8; i++) {
                ZLG7290ShowChar (i,(uint8)(((i==GuiCursor) ?
                                 0x40 : 0x00) | GucAlarmDispBuf[GuiIndex][Gui-
                                 Item][i]));
                OSTimeDly(1);
            }
            break;
        default:
            break;
        }
    }
}
```

7.4.5　输出控制任务

输出控制任务接收RTC中断发送的控制信息，控制4路输出的电平和时间。其任务流程图如图7.11所示。

输出控制任务首先初始化输出控制端口，默认为高电平，然后进入任务循环，从消息邮箱等待一条消息。由于消息邮箱没有消息。输出控制任务一直处于挂起状态，直到RTC中断检测到发生了闹钟事件，然后根据消息的内容设置各路的输出电平，接着就进入了输出时间控制循环。在此循环内不断查询消息邮箱是否有新的消息，如果有则退出循环，从而进行新的消息的处理，否则直至所有4路输出时间到为止。输出控制任务代码如程序清单7.9所示。

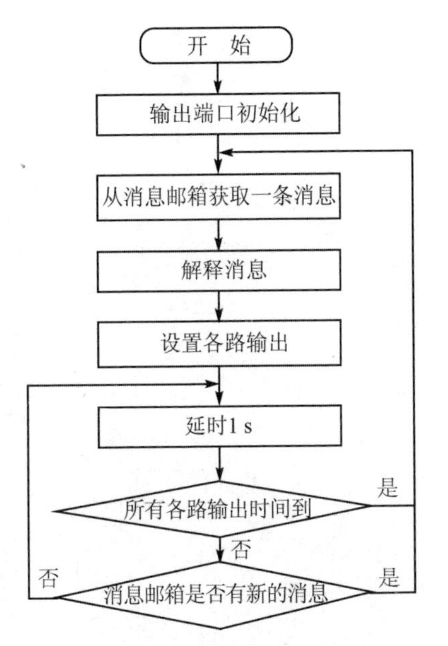

图 7.11　输出控制任务流程图

程序清单 7.9　输出控制任务

```
void TaskCtrl(void * pdata)
{
    INT8U    ucErr;
    unsigned short  usLevel[4];                      /* 4 路输出电平控制 */
    unsigned short  usTime[4];                       /* 4 路输出时间控制 */
    unsigned short * pusMsg;
    OS_MBOX_DATA mboxdataMsg;                        /* 查询消息的结构体 */
    int    i;

    pdata=pdata;
    IO0DIR |=  (LED0 | LED1 | LED2 | LED3);         /* 设置 I/O 方向 */
    IO0SET=(LED0 | LED1 | LED2 |LED3);              /* 设置 I/O 初值 */

    while (1) {
        pusMsg=(unsigned short * )OSMboxPend(GmboxRingCtrl,0,&ucErr);
                                                     /* 获取消息 */
        for (i=0; i<4; i++) {                        /* 解释消息 */
            usLevel[i]=pusMsg[2 * i];
            usTime[i]  =pusMsg[2 * i+1];
        }
        if (usLevel[0]==0) {                         /* 设置各路输出电平 */
```

```
        IO0CLR=LED0;
    }
    if (usLevel[1]==0) {
        IO0CLR=LED1;
    }
    if (usLevel[2]==0) {
        IO0CLR=LED2;
    }
    if (usLevel[3]==0) {
        IO0CLR=LED3;
    }
    while (1) {                                             /* 输出时间循环 */
        OSTimeDly(OS_TICKS_PER_SEC);                        /* 延时 1 s */
        if (usTime[0] !=0) {                                /* 0 路时间 */
            if (-- usTime[0] ==0) {
                IO0SET=LED0;
            }
        }
        if (usTime[1] !=0) {                                /* 1 路时间 */
            if (-- usTime[1] ==0) {
                IO0SET=LED1;
            }
        }
        if (usTime[2] !=0) {                                /* 2 路时间 */
            if (-- usTime[2] ==0) {
                IO0SET=LED2;
            }
        }
        if (usTime[3] !=0) {                                /* 3 路时间 */
            if (-- usTime[3] ==0) {
                IO0SET=LED3;
            }
        }
        if ((usTime[0] ==0) && (usTime[1] ==0) && (usTime[2] ==
          0) &&
          (usTime[3] ==0)) {
            break;                                          /* 所有各路输出时间到 */
        }
        OSMboxQuery(GmboxRingCtrl,&mboxdataMsg);
                                                            /* 查询是否有新的消息 */
        if (mboxdataMsg.OSMsg ! =(void *)0) {
```

```
                break;                                    /* 消息邮箱有新的消息 */
            }
        }
    }
}
```

7.4.6 RTC 中断

RTC 中断更新实时时钟，遍历所有闹钟，向输出控制任务发送闹钟控制信息。RTC 中断流程图如图 7.12 所示。

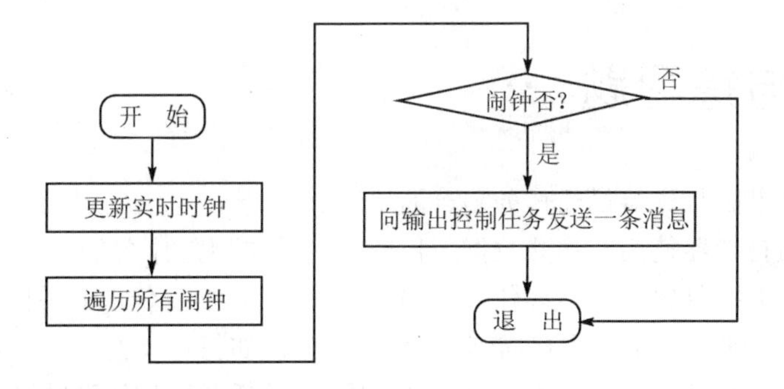

图 7.12　RTC 中断流程图

RTC 中断代码如程序清单 7.10 所示。

程序清单 7.10　RTC 中断

```
void RTC_Exception(void)
{
    static unsigned short usMsg[10];
    int i,j;
    GetTime();                                        /* 获取当前时间 */
    for (i=0; i<MAX_ALARM; i++) {                     /* 查询所有闹钟 */
        if (GtimeCurrentTime.ucHour ==GalarmRingTime[i].ucHour)
        if (GtimeCurrentTime.ucMin ==GalarmRingTime[i].ucMin)
        if (GtimeCurrentTime.ucSec ==GalarmRingTime[i].ucSec) {
            if ((GalarmRingTime[i].ucEnable & 0x80) ==0x80) {
                if (GalarmRingTime[i].ucEnable & (1 << GtimeCurrentTime.ucWeek)) {
                    break;
                }
            }
        }
    }
```

```
        if (i < MAX_ALARM) {                                        /* 闹钟到 */
            for (j=0; j<4; j++) {                                   /* 设置消息 */
                usMsg[2 * j]=GalarmRingTime[i]. c[j]. usLevel;
                usMsg[2 * j+1]=GalarmRingTime[i]. c[j]. usTime;
            }
            OSMboxPost(GmboxRingCtrl,(void  * )usMsg);              /* 发送消息 */
        }

        ILR=0x03;
        VICVectAddr=0;
}
```

思考题与练习题

(1) 结合电脑打铃器描述任务划分的原则。

(2) 电脑打铃器使用了哪些数据结构？它们的作用是什么？

(3) 结合电脑打铃器阐述多任务之间同步与互斥、信息传递的手段。

(4) 讨论：如果采用键盘扫描阵列，键盘任务该如何设计？

(5) 讨论：如果采用 8 个数码管独立扫描，显示任务该如何设计？

(6) 扩展电脑打铃器的功能，比如万年历等。

参考文献

[1] Labrosse. 嵌入式实时操作系统 μC/OS - II[M]. 2 版. 邵贝贝，等译. 北京：北京航空航天大学出版社，2003.

[2] ARM 公司. The ARM - THUMB Procedure Call Standard. 2000.

[3] ARM 公司. ARM Architecture Reference Manual. 2000.

[4] 周立功，等. ARM 微控制器基础与实战[M]. 北京：北京航空航天大学出版社，2003.

[5] ARM 公司. ARM PrimeCell™ Vectored Interrupt Controller(PL190).

[6] 马忠梅，马广云，等. ARM 嵌入式处理器结构与应用基础[M]. 北京：北京航空航天大学出版社，2002.

[7] [英]Furber S. ARM SoC 体系结构[M]. 田泽，于敦山，盛世敏，译. 北京：北京航空航天大学出版社，2002.

[8] PHILIPS 公司. LPC2114/2124/2212/2214 User Manual. 2004.

[9] PHILIPS 公司. LPC2200 User Manual. 2004.

[10] 吴明晖，等. 基于 ARM 的嵌入式系统开发与应用[M]. 北京：人民邮电出版社，2004.

温馨提示

- 读者若需要购买配套的 EasyARM2200、SmartARM2200 及 MagicARM2200 教学实验平台，请与广州周立功单片机发展有限公司联系（联系方式见本书最后）。
- 《ARM 嵌入式系统基础教程（第 2 版）》《ARM 嵌入式系统实验教程（一）》《ARM 嵌入式系统实验教程（二）》《ARM 嵌入式系统实验教程（三）》都配套可任意裁剪的多媒体教学课件。有需要教学课件的教师请与北京航空航天大学出版社或广州致远电子有限公司联系。北京航空航天大学出版社联系方式如下：

  通信地址　北京航空航天大学出版社市场部
  邮政编码　100191
  电话/传真　010－82317027
  E-mail　bhkejian@126.com

  广州致远电子有限公司联系方式如下：

  通信地址　广州致远电子有限公司嵌入式系统事业部（联系人：张斌）
  邮政编码　510660
  电　　话　020－28872377
  传　　真　020－38601859
  E－mail　ARM.support@zlgmcu.com
- 《ARM 嵌入式系统软件开发实例（一）》中的源码在 EasyARM2200、SmartARM2200 和 MagicARM2200 教学实验平台的配套光盘中提供；《ARM 嵌入式系统软件开发实例（二）》中的源码在 SmartARM2200 教学实验平台的配套光盘以及 MagicARM2200 教学实验平台的配套光盘中都提供。
- 如果读者在阅读本书时有什么问题，或需要技术支持，可与广州周立功单片机发展有限公司联系。

广州周立功单片机发展有限公司对选用本系列教程的理论课和实验课教师进行免费培训。有需要培训的教师请与该公司联系。

广州周立功公司销售网点

广州周立功单片机发展有限公司

地址：广州市天河北路 689 号光大银行大厦 12 楼 F4 邮编：510630
电话：(020)38730916 38730917 38730972 38730976 38730977
传真：(020)38730925
网址：www.zlgmcu.com

广州专卖店

地址：广州市天河区新赛格电子城 203/204 室
电话：(020) 87578634 87578842 87569917
传真：(020) 87578842

北京周立功

地址：北京市海淀区知春路 113 号银网中心 A 座 1207/1208 室
电话：(010) 62635033 62635573 62635884
传真：(010) 82614433

杭州周立功

地址：杭州市登云路 428 号浙江时代电子商城 205 号
电话：(0571) 88009201 88009202 88009203
传真：(0571) 88009204

深圳周立功

地址：深圳市深南中路 2070 号电子科技大厦 C 座 4 楼 D 室
电话：(0755) 83781788 (5 线)
传真：(0755) 83793285

上海周立功

地址：上海市北京东路 668 号科技京城东座 7E 室
电话：(021) 53083452 53083453 53083496
传真：(021) 53083491

南京周立功

地址：南京市珠江路 280 号珠江大厦 2006 室
电话：(025) 83613221 83603500 83603005
传真：(025) 83613271

重庆周立功

地址：重庆市九龙坡区石桥铺科园一路二号大西洋国际大厦（赛格电子市场）1611 室
电话：(023) 68796438 68796439 68797619
传真：(023) 68796439

成都周立功

地址：成都市一环路南二段 1 号数码同人港 401 室(磨子桥立交西北角)
电话：(028) 85439836 85432683 85437446
传真：(028) 85437896

武汉周立功

地址：武汉市洪山区广埠屯路瑜路 158 号 12128 室(华中电脑数码市场)
电话：(027) 87168497 87168397 87168297
传真：(027) 87163755

西安办事处

地址：西安市长安北路 54 号太平洋大厦 1201 室
电话：(029) 87881296 87881295 83063000
传真：(029) 87880865